Formeln und Tabellen
der mathematischen Statistik

Graf / Henning / Stange

Formeln und Tabellen der mathematischen Statistik

Zweite völlig neu bearbeitete Auflage

von

Kurt Stange und **Hans-Joachim Henning**

Dr. phil.
o. Professor der Technischen Hochschule
Aachen
Institut für Statistik
und Wirtschaftsmathematik

Dr. phil.
Deutsches Wollforschungsinstitut
an der Technischen Hochschule
Aachen

Mit 78 Abbildungen

Springer-Verlag Berlin Heidelberg GmbH

Library of Congress Catalog Card Number: 66—20667

ISBN 978-3-642-49376-8   ISBN 978-3-642-49654-7 (eBook)
DOI 10.1007/978-3-642-49654-7

Titelnummer 0322

Vorwort zur zweiten Auflage

Die erste Auflage des Formel- und Tabellenwerks erschien 1952. Damals konnten die Verfasser U. GRAF und H.-J. HENNING nur einen verhältnismäßig kleinen Kreis ansprechen, da die mathematisch-statistischen Verfahren in Deutschland noch wenig verbreitet waren. Dieser Zustand hat sich in der Zwischenzeit grundlegend geändert — nicht zuletzt infolge des unermüdlichen Wirkens von U. GRAF, der im Jahre 1954 starb, als die Erfolge seiner rastlosen Pionierarbeit deutlich sichtbar wurden.

In den vergangenen Jahren ist nicht nur die Zahl der Benutzer statistischer Methoden sprunghaft angestiegen, sondern es hat sich auch eine Strukturwandlung dieses Kreises vollzogen, die mit dem Ausbau der mathematischen und angewandten Statistik an den deutschen Hochschulen zusammenhängt und die bei der neuen Auflage des Buches berücksichtigt wurde. Infolgedessen wird das Formel- und Tabellenwerk dem Benutzer jetzt in völlig neuer Gestalt vorgelegt. Es soll zunächst (ebenso wie früher) dem Naturwissenschaftler, dem Ingenieur, dem Volks- und Betriebswirt, dem Mediziner und Psychologen u. a. ein verläßliches Hilfsmittel sein, wenn er statistische Methoden zur Lösung praktischer Fragen heranziehen muß. Darüber hinaus soll es aber auch dem angewandten Mathematiker und dem Fachstatistiker gelegentlich als nützliches Nachschlagewerk dienen. Dank des Entgegenkommens des Springer-Verlages konnte der Umfang der jetzigen Auflage wesentlich erweitert werden, wobei natürlich immer eine offene Frage bleibt, wo man die Abgrenzung vornehmen soll. Wir haben jedoch nicht nur zahlreiche neue Verfahren einbezogen, sondern auch die erforderlichen Zahlentafeln dazu bereitgestellt, welche die Verwendung der Methoden bei der praktischen Arbeit erst ermöglichen. Es liegt in der Natur der Sache, daß man sich dabei in erheblichem Ausmaß auf die an anderer Stelle geleistete Arbeit stützen muß. Deshalb sind wir vielen Fachkollegen zu Dank verpflichtet; die entsprechenden Quellenhinweise findet der Leser bei den einzelnen Zahlentafeln.

Weiter haben wir uns bemüht, die Begriffe, Methoden und Schlußweisen im Vergleich zur früheren Auflage zu ,,präzisieren''. In den Abschnitten Varianzanalyse, Korrelation und Regression haben wir den Formeln die zugrunde liegenden Modellvorstellungen vorausgeschickt.

Ein Beispiel für viele sei aus dem Abschnitt Testverfahren hervorgehoben. Hypothesen werden in der neuen Darstellung nicht mehr „angenommen" oder „abgelehnt", sondern je nach dem experimentellen Befund entweder „nicht verworfen" oder „verworfen". Damit wollen wir dem weitverbreiteten Irrtum entgegenarbeiten, daß mit der „Annahme einer Hypothese" ihre Richtigkeit „statistisch nachgewiesen" sei. Wenn sich Hypothese und Versuchsergebnis *nicht* widersprechen, so ist es sinnvoll, die Hypothese (gewissermaßen als Arbeitshypothese) beizubehalten, sie also nicht zu verwerfen. Keinesfalls (!) ist bei dieser Sachlage bewiesen, daß sie richtig ist. Stehen Hypothese und Versuchsergebnis im Widerspruch zueinander, so muß man die Hypothese zugunsten einer Gegenhypothese verwerfen. Das ist eine echte Entscheidung: Die Hypothese ist falsch.

Die von U. GRAF in der ersten Auflage gewählte zweckmäßige Anordnung der Stichworte ließ sich bei dem erweiterten Umfang des Werkes leider nicht mehr verwirklichen. Dagegen haben wir, ebenso wie früher, die wichtigsten Formeln durch eine Reihe kurzer Beispiele erläutert. Man kann darüber streiten, ob Beispiele in ein Tafelwerk gehören. Die freundliche Aufnahme dieses Teils in den früheren Besprechungen hat uns jedoch ermutigt, die Zahl der Beispiele sogar noch etwas zu vermehren.

Schließlich haben wir einigen Helfern für ihre überaus wertvolle Mitarbeit zu danken. Herr Dipl.-Math. H. SCHLÜSENER hat die Abschnitte „Formeln zur Berechnung von Wahrscheinlichkeiten" und „mehrdimensionale Verteilungen", Herr Dr. H. HILDEN hat die Abschnitte über „Regression" und „Korrelation" und Herr Dr. B. JOHN hat den Abschnitt „Kontrollkarten" vorbereitet. Die Entwürfe der Zeichnungen und das Manuskript wurden von Fräulein M.-L. MANDEL und Frau F. STEIN hergestellt. Auf den Schultern von Herrn Dipl.-Ing. P.-TH. WILRICH lag die Hauptlast der mühevollen redaktionellen Arbeit; er hat bei dieser Gelegenheit zahlreiche wertvolle Verbesserungsvorschläge in sachlicher Hinsicht gemacht.

Dem Benutzer des Buches werden wir für jeden Hinweis auf Ergänzungen dankbar sein, vor allem für solche Änderungen, die notwendig erscheinen, damit das Werk zu einem brauchbaren und unbedingt zuverlässigen Hilfsmittel für die praktische Verwendung wird.

Aachen, im April 1966　　　　　　　　　　**H.-J. Henning · K. Stange**

Inhaltsverzeichnis

A. Formeln

B. Beispiele

C. Tabellen

D. Nomogramme

Vorbemerkungen zur Benutzung des Tafelwerks

a) Einige ständig benutzte Bezeichnungen:

$M\{x\}$ Mittelwert (Erwartungswert) der Zufallsgröße x,

$V\{x\}$ Varianz der Zufallsgröße x,

$W\{x \leqq a\}$ Wahrscheinlichkeit, daß die Zufallsgröße x kleiner oder gleich a ist,

$\left.\begin{array}{l}\varphi(x;\mu;\sigma^2)\\[2pt]\varphi(x\mid\mu;\sigma^2)\\[2pt]\varphi(x)\end{array}\right\}$ Dichtefunktion für die Verteilung der Zufallsgröße x, abhängig von den Parametern μ und σ^2,

$\left.\begin{array}{l}\Phi(x;\mu;\sigma^2)\\[2pt]\Phi(x\mid\mu;\sigma^2)\\[2pt]\Phi(x)\end{array}\right\}$ Summenfunktion für die Verteilung der Zufallsgröße x, abhängig von den Parametern μ und σ^2.

b) Dem Benutzer des Buches wird gegebenenfalls empfohlen, begrifflich und in der Bezeichnungsweise die Kenngrößen (Mittelwert μ, Varianz σ^2, Korrelationszahl ϱ, Grundwahrscheinlichkeit p, ...) einer Gesamtheit von den entsprechenden Kenngrößen (Mittelwert $\bar{x}$, Varianz s^2, Korrelationszahl r, relative Häufigkeit $\hat{p}$, ...) zu unterscheiden, die man aus einer der Gesamtheit entnommenen Zufallsprobe findet. Während μ, σ^2, ϱ, p, ... *feste* (oft unbekannte) Parameter darstellen, sind ihre Schätzwerte $\bar{x}$, s^2, r, $\hat{p}$, ... von Probe zu Probe *veränderliche* Zufallsgrößen.

c) Gesuchte Begriffe, Formeln, Methoden usw., findet der Benutzer entweder mit Hilfe des am Schluß des Buches angeordneten Verzeichnisses der Stichworte oder über das (absichtlich) sehr ausführlich gehaltene Inhaltsverzeichnis der ersten Seiten. Da am Beginn der Abschnitte häufig Erläuterungen gegeben werden, die den ganzen Abschnitt betreffen, so ist es empfehlenswert, von der Stelle des „Stichworts" oder der „Formel" aus ein Stück weiter und/oder ein Stück zurück zu lesen, mindestens bis zum Beginn und zum Ende des betreffenden Abschnitts.

d) Zahlentafeln und Nomogramme, die man nur für *eine* Formel braucht, sind „in der Nähe" dieser Formel an passender Stelle untergebracht. Zahlentafeln und Nomogramme, die man zu mehreren Formeln braucht, sind in den Abschnitten C und D zusammengestellt.

e) Dem Charakter einer Formelsammlung entsprechend wurde auf jede Beweisführung verzichtet. Der an der Herleitung der Formeln interessierte Leser wird auf das Literaturverzeichnis verwiesen.

A. Formeln

1 Formeln zur Berechnung von Wahrscheinlichkeiten

Jedem zufälligen Ereignis A wird eine bestimmte Zahl $W\{A\}$ zugeordnet — seine Wahrscheinlichkeit. $W\{A\}$ kann Zahlenwerte zwischen 0 und 1 annehmen. Dem sicheren Ereignis entspricht $W\{A\} = 1$, dem unmöglichen Ereignis entspricht $W\{A\} = 0$ (die Umkehrung gilt nicht).

Im folgenden bezeichnet

$A + B$ das Ereignis, bei dem *entweder A oder B* eintritt;

AB das Ereignis, bei dem *sowohl A als auch B* eintritt.

Additionssatz

Sind A, B zufällige Ereignisse, dann gilt der Additionssatz

$$W\{A + B\} = W\{A\} + W\{B\} - W\{AB\}. \tag{1.1}$$

Verallgemeinerung: Für drei Ereignisse A, B, C gilt

$$W\{A + B + C\} = W\{A\} + W\{B\} + W\{C\} - W\{AB\} - W\{BC\}$$
$$- W\{CA\} + W\{ABC\}. \tag{1.2}$$

Dabei bezeichnet $A + B + C$ das Ereignis, bei dem A oder B oder C (d. h. *eins der drei* Ereignisse) eintritt, während ABC das Ereignis ist, bei dem *alle drei* eintreten.

Für endlich viele Ereignisse A_1, A_2, ..., A_m gilt

$$W\left\{\sum_{k=1}^{m} A_k\right\} = \sum_{k=1}^{m} W\{A_k\} - \sum_{\substack{k_1, k_2 = 1 \\ k_1 < k_2}}^{m} W\{A_{k_1} A_{k_2}\}$$

$$+ \sum_{\substack{k_1, k_2, k_3 = 1 \\ k_1 < k_2 < k_3}}^{m} W\{A_{k_1} A_{k_2} A_{k_3}\} + \cdots + (-1)^{m+1} W\{A_1 A_2 \ldots A_m\}. \tag{1.3}$$

Sonderfälle:

Für einander ausschließende Ereignisse A, B, d. h., A und B können nicht gleichzeitig eintreten, ist $W\{AB\} = 0$ und mithin

$$W\{A + B\} = W\{A\} + W\{B\}. \tag{1.4}$$

Für m Ereignisse A_1, A_2, ..., A_m, die sich paarweise ausschließen, gilt

$$W\{A_1 + A_2 + \cdots + A_m\} = W\{A_1\} + W\{A_2\} + \cdots + W\{A_m\}. \tag{1.5}$$

Ist insbesondere $A_1 + A_2 + \cdots + A_m$ das sichere Ereignis, also $W\{A_1 + A_2 + \cdots + A_m\} = 1$, sind außerdem $A_1, A_2, \ldots, A_m$ gleichwahrscheinlich, d. h.

$$W\{A_1\} = W\{A_2\} = \cdots = W\{A_m\} \tag{1.6}$$

und ordnet man die A_i so, daß die ersten k Ereignisse „günstig" sind, so gilt

$$W\{A_1 + A_2 + \cdots + A_k\} = \frac{k}{m} = \frac{\text{Zahl der günstigen Fälle}}{\text{Zahl der möglichen Fälle}} \cdot \tag{1.7}$$

Ist $\bar{A}$ (lies: nicht A) das dem Ereignis A entgegengesetzte, also $A + \bar{A}$ das sichere Ereignis, so folgt aus dem Additionssatz

$$W\{A\} + W\{\bar{A}\} = W\{A + \bar{A}\} = 1. \tag{1.8}$$

Multiplikationssatz

Sind A und B zufällige Ereignisse, dann gilt der Multiplikationssatz

$$W\{AB\} = W\{A\} \cdot W\{B\,|\,A\} = W\{B\} \cdot W\{A\,|\,B\}. \tag{1.9}$$

Dabei bezeichnet $W\{B\,|\,A\}$ die Wahrscheinlichkeit des Eintretens von B unter der Bedingung, daß A eingetreten ist. Entsprechendes gilt für $W\{A\,|\,B\}$.

Verallgemeinerung: Für drei Ereignisse A, B, C gilt

$$W\{ABC\} = W\{A\} \cdot W\{B\,|\,A\} \cdot W\{C\,|\,AB\}, \tag{1.10}$$

dabei ist $W\{C\,|\,AB\}$ die Wahrscheinlichkeit für das Eintreten von C unter der Bedingung, daß beide Ereignisse A und B eingetreten sind.

Für endlich viele Ereignisse $A_1, A_2, \ldots, A_m$ gilt

$$W\{A_1 A_2 \ldots A_m\} = W\{A_1\} \cdot W\{A_2\,|\,A_1\} \cdot W\{A_3\,|\,A_1 A_2\} \ldots$$
$$\cdot W\{A_m\,|\,A_1 A_2 \ldots A_{m-1}\}. \tag{1.11}$$

Unabhängige Ereignisse: Zwei Ereignisse A, B heißen unabhängig voneinander, wenn die Gleichung

$$W\{AB\} = W\{A\} \cdot W\{B\} \tag{1.12}$$

besteht. Die Formel (1.12) ist der Beziehung

$$W\{A\,|\,B\} = W\{A\} \quad \text{oder} \quad W\{B\,|\,A\} = W\{B\} \tag{1.13}$$

gleichwertig. Die Formeln (1.13) besagen, daß die Wahrscheinlichkeit des einen Ereignisses nicht davon abhängt, ob das andere Ereignis eingetroffen ist oder nicht.

Allgemeiner nennt man m Ereignisse $A_1, A_2, \ldots, A_m$ unabhängig voneinander, wenn für jedes $i \leq m$ und beliebige verschiedene ganze Zahlen $k_1, k_2, \ldots, k_i \leq m$

$$W\{A_{k_1} A_{k_2} \ldots A_{k_i}\} = W\{A_{k_1}\} \cdot W\{A_{k_2}\} \ldots W\{A_{k_i}\}. \tag{1.14}$$

gilt.

Diese Definition ist der folgenden gleichwertig: Für jedes A_j und für beliebige $A_{k_1}, A_{k_2}, \ldots, A_{k_i}(k_1 \neq j, k_2 \neq j, \ldots, k_i \neq j)$ der Ereignisse $A_1, A_2, \ldots, A_m$ gilt

$$W\{A_j \mid A_{k_1} A_{k_2} \ldots A_{k_i}\} = W\{A_j\}. \tag{1.15}$$

Aus (1.11) wird dann

$$W\{A_1 A_2 \ldots A_m\} = W\{A_1\} \cdot W\{A_2\} \cdot \ldots \cdot W\{A_m\} \tag{1.16}$$

2 Verteilungen mit sprunghaft veränderlichem Merkmal (diskrete Verteilungen)

2.1 Allgemeine diskrete Verteilung

Die Merkmalwerte x sind sprunghaft veränderlich, meist um $\Delta x = 1$. x_A sei der kleinste und x_E der größte auftretende Merkmalwert. $\varphi(x_i)$ ist die Wahrscheinlichkeit für das Auftreten des Merkmalwertes x_i; Abb. 2.1.1. $\Phi(x_i)$ gibt den relativen Anteil der Merkmalwerte x mit der Eigenschaft $x \leqq x_i$; Abbildung 2.1.2.

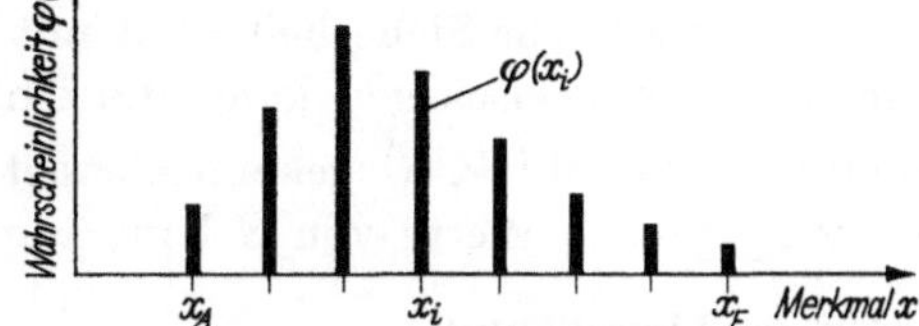

Abb. 2.1.1. Die Verteilung für ein sprunghaft veränderliches Merkmal x. Der Merkmalwert x_i tritt mit der Wahrscheinlichkeit $\varphi(x_i)$ auf

Normierung:

$$\sum_{x=x_A}^{x_E} \varphi(x) = 1. \tag{2.1.1}$$

Mittelwert:

$$M\{x\} = \mu = \sum_{x=x_A}^{x_E} x\,\varphi(x). \tag{2.1.2}$$

Die Varianz (das Moment zweiter Ordnung bezogen auf den Mittelwert μ) ist:

$$V_\mu\{x\} = V\{x\} = \sigma^2 = \sum_{x=x_A}^{x_E} (x - \mu)^2\,\varphi(x). \tag{2.1.3}$$

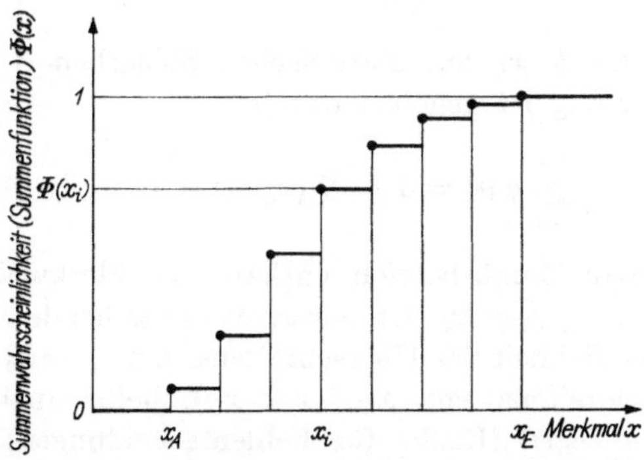

Abb. 2.1.2. Die Summenlinie der Verteilung aus Abb. 2.1.1. Ein Merkmalwert $x \leqq x_i$ tritt mit der Wahrscheinlichkeit $W\{x \leqq x_i\} = \Phi(x_i)$ auf

Die Standardabweichung (mittlere quadratische Abweichung) ist:

$$\sigma = \left| \sqrt{V\{x\}} \right|. \tag{2.1.4}$$

Das Moment zweiter Ordnung bezogen auf einen beliebigen Hilfswert a ist:

$$V_a\{x\} = m_2(a) = \sum_{x=x_A}^{x_E} (x-a)^2\, \varphi(x). \tag{2.1.5}$$

Der Verschiebungssatz für Momente zweiter Ordnung lautet:

$$V_a\{x\} = V_\mu\{x\} + (a-\mu)^2. \tag{2.1.6}$$

Summenwahrscheinlichkeit (Summenfunktion):

$$\Phi(x_i) = \sum_{t=x_A}^{x_i} \varphi(t). \tag{2.1.7}$$

Zufallsbereiche bei vorgegebener statistischer Sicherheit

können einseitig *oder* zweiseitig abgegrenzt werden. Die zur Abgrenzung gewählte statistische Sicherheit wird mit S bezeichnet. Zur Unterscheidung von der zweiseitigen kann die einseitige Abgrenzung durch ein geeignetes Symbol $\left(S', \bar{S}\right)$ gekennzeichnet werden. Im allgemeinen kann man vorgegebene Werte von S bzw. α nur angenähert realisieren.

Einseitige Abgrenzung

Die *obere Schwelle* $x_O \equiv x_{1-\alpha}$ zur statistischen Sicherheit $S = 1 - \alpha$ bei *einseitiger* Abgrenzung ist gegeben durch

$$\sum_{t=x_A}^{x_O} \varphi(t) = \Phi(x_O) = S. \tag{2.1.8}$$

Der so abgegrenzte Zufallsbereich enthält alle Merkmalwerte t mit $x_A \leqq t \leqq x_O$.

Die *untere Schwelle* x_U zur statistischen Sicherheit $S = 1 - \alpha$ bei *einseitiger* Abgrenzung ist gegeben durch

$$\sum_{t=x_U}^{x_E} \varphi(t) = 1 - \Phi(x_{U-1}) = S. \tag{2.1.9}$$

Der so abgegrenzte Zufallsbereich enthält alle Merkmalwerte t mit $x_U \leqq t \leqq x_E$; $x_a \equiv x_{U-1} < x_U$ ist der x_U vorausgehende Merkmalwert.

Die Wahrscheinlichkeit des Überschreitens von $x_O \equiv x_{1-\alpha}$, $(x > x_O)$, bzw. des Unterschreitens von x_U, $(x < x_U)$, heißt auch (einseitige) *Irrtumswahrscheinlichkeit* (Risiko für Fehlentscheidungen),

$$\alpha = 1 - S. \tag{2.1.10}$$

Zweiseitige Abgrenzung

Die *Schwellenwerte* x_U und $x_O \equiv x_{1-\alpha''}$ zur statistischen Sicherheit $S = 1 - \alpha$ bei *zweiseitiger* Abgrenzung sind gegeben durch

$$\sum_{t=x_U}^{x_O} \varphi(t) = \Phi(x_O) - \Phi(x_{U-1}) = S. \qquad (2.1.11)$$

Der so abgegrenzte Zufallsbereich enthält alle Merkmalwerte t mit $x_U \leq t \leq x_O$; vgl. Abb. 2.1.3.

Die Wahrscheinlichkeit, den Bereich zu unterschreiten, $(x < x_U)$, ist α'; die Wahrscheinlichkeit, ihn zu überschreiten, $(x > x_O)$, ist α''. Insgesamt hat die „Überschreitungswahrscheinlichkeit" den Wert

$$1 - S = \alpha' + \alpha'' = \alpha. \qquad (2.1.12)$$

α heißt auch (zweiseitige) Irrtumswahrscheinlichkeit. Normalerweise wählt man Bereiche, die *symmetrisch bezüglich der Wahrscheinlichkeit* sind, d. h., man wählt

$$\alpha' = \alpha'' = \alpha/2. \qquad (2.1.13)$$

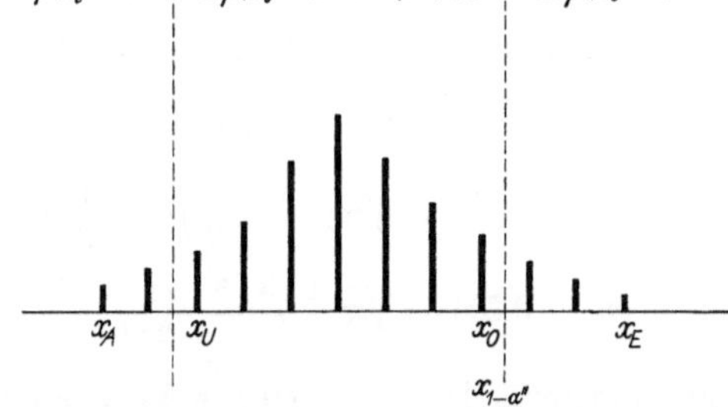

Abb. 2.1.3. Zur Erläuterung der Schwellenwerte x_U und $x_O \equiv x_{1-\alpha''}$ bei zweiseitiger Abgrenzung eines Zufallsbereichs

Bei symmetrischer Abgrenzung $\alpha' = \alpha/2$ ist die einseitige untere Schwelle x_U zur Sicherheit $S' = 1 - (\alpha/2)$ gleich der zweiseitigen unteren Schwelle x_U zur Sicherheit $S = 1 - \alpha$. Entsprechend ist für $\alpha'' = \alpha/2$ die einseitige obere Schwelle $x_O \equiv x_{1-\alpha''}$ zur Sicherheit $S'' = 1 - (\alpha/2)$ gleich der zweiseitigen oberen Schwelle $x_O \equiv x_{1-(\alpha/2)}$ zur Sicherheit $S = 1 - \alpha$; vgl. die entsprechenden Verhältnisse bei stetigen Verteilungen nach Abb. 3.1.3c.

Momente und daraus abgeleitete Kenngrößen

Das Moment der Ordnung k bezogen auf den beliebigen Wert a ist

$$m_k(a) = \sum_{x=x_A}^{x_E} (x - a)^k \, \varphi(x). \qquad (2.1.14)$$

Sonderfälle:

$k = 0$ gibt die Normierungsbedingung nach (2.1.1),

$k = 1$, $a = 0$ gibt den Mittelwert μ nach (2.1.2),

$k = 2$, $a = \mu$ gibt die Varianz σ^2 nach (2.1.3).

Variationszahl (Variationskoeffizient): $\gamma = \sigma/\mu; \quad \mu \neq 0.$ (2.1.15)

Schiefe: $\qquad \gamma_1 = \sum\limits_{x=x_A}^{x_E} \left(\frac{x-\mu}{\sigma}\right)^3 \varphi(x).$ (2.1.16)

Wölbung (Exzeß): $\quad \gamma_2 = \sum\limits_{x=x_A}^{x_E} \left(\frac{x-\mu}{\sigma}\right)^4 \varphi(x) - 3.$ (2.1.17)

Fakultät und Gammafunktion

Fakultät: $\qquad\qquad n! = 1 \cdot 2 \cdot 3 \cdot \ldots \cdot (n-1)\, n,$ (2.1.18)

$$0! = 1.$$

Gammafunktion: $\quad \Gamma(x+1) = x! = \int\limits_0^\infty t^x e^{-t}\, dt; \quad x > -1.$ (2.1.19)

STIRLINGsche Formel: $\quad n! \approx n^n e^{-n} \sqrt{2\pi n}\left(1 + \frac{1}{12n}\right).$ (2.1.20)

Besondere Werte der Γ-Funktion:

$$\left(-\frac{1}{2}\right)! = \sqrt{\pi}; \qquad \left(\frac{1}{2}\right)! = \frac{1}{2}\sqrt{\pi}; \qquad \left(\frac{3}{2}\right)! = \frac{3}{4}\sqrt{\pi}$$

$$(n + 0{,}5)! = \sqrt{\pi}\,\frac{1 \cdot 3 \cdot 5 \cdot \ldots \cdot (2n+1)}{2^{n+1}}.$$ (2.1.21)

Rekursionsformel: $\qquad \Gamma(x+1) = x\,\Gamma(x).$ (2.1.22)

Verdoppelungsformel: $\quad \Gamma(2x) = \frac{2^{2x-1}}{\sqrt{\pi}}\,\Gamma(x)\,\Gamma\left(x + \frac{1}{2}\right).$ (2.1.23)

Binomialfaktoren

$$\binom{n}{x} = \frac{n!}{x!(n-x)!} = \frac{n(n-1)\ldots(n-x+1)}{1 \cdot 2 \cdot \ldots \cdot x}$$ (2.1.24)

$$\binom{n}{0} = \binom{n}{n} = 1; \qquad \binom{n}{x} = \binom{n}{n-x}$$ (2.1.25)

$$\sum\limits_{x=0}^{n}\binom{n}{x} = 2^n; \qquad \sum\limits_{x=0}^{n}\binom{n}{x}^2 = \binom{2n}{n}$$ (2.1.26)

Tafelwerk

J. C. P. MILLER. Table of Binomial Coefficients. Royal Soc. Math. Tables Vol. 3. Cambridge: Cambridge University Press 1954.

2.2 Hypergeometrische Verteilung

Die Grundgesamtheit der Größe (Umfang) N enthält X Einheiten oder Elemente mit dem Merkmal A und Y Einheiten oder Elemente mit dem Merkmal $B = $ Nicht-A. Es ist $N = X + Y$.

Die Wahrscheinlichkeit für das Auftreten des Merkmals A in der Gesamtheit (*Grundwahrscheinlichkeit*) ist $p = X/N$, des Merkmals B in der Gesamtheit (*Gegenwahrscheinlichkeit*) ist $q = Y/N = 1 - p$.

Eine ohne Zurücklegen entnommene Zufallsstichprobe der Größe (Umfang) n enthält x Elemente A und y Elemente B. Es ist

$$x + y = n \quad \text{und} \quad x/n = \hat{p}; \quad y/n = \hat{q} = 1 - \hat{p}. \qquad (2.2.1)$$

Wahrscheinlichkeit für eine Probe n der Zusammensetzung $(x; y)$ oder Wahrscheinlichkeit für x:

$$\psi(x; y) = \varphi(x) = \varphi(N; n; X; x) = \frac{\binom{X}{x}\binom{Y}{y}}{\binom{N}{n}} = \frac{\binom{n}{x}}{\binom{N}{X}}\binom{N-n}{X-x}.$$

$$0 \leqq x \leqq n; \quad 0 \leqq x \leqq X; \quad 0 \leqq y \leqq Y. \qquad (2.2.2)$$

Rekursionsformel:

$$\varphi(x + 1) = \frac{n - x}{x + 1}\,\frac{X - x}{(N - n) - (X - x) + 1}\,\varphi(x). \qquad (2.2.3)$$

Zweckmäßigerweise beginnt man die Berechnung von $\varphi(x)$ bei einer der zu $\mu = n\,p$ benachbarten *ganzen* Zahlen.

Mittelwert:
$$M\{x\} = \mu = n\,p. \qquad (2.2.4)$$

Varianz: $V\{x\} = \sigma^2 = n\,p\,q\,\dfrac{N - n}{N - 1} \approx n\,p\,q\left(1 - \dfrac{n}{N}\right)$ für $N \gg 1$. $\quad (2.2.5)$

Summenfunktion:
$$\Phi(x) = \sum_{t\,=\,\max[0;\,n+X-N]}^{x} \varphi(t); \qquad (2.2.6)$$
dabei ist

$$\max[a; b] = \begin{cases} a & \text{für} \quad a \geqq b \\ b & \text{für} \quad b \geqq a \end{cases}$$

Symmetrieeigenschaften: $\quad \varphi(N; n; X; x) = \varphi(N; X; n; x) \qquad (2.2.7)$

$$\Phi(N; n; X; x) = \Phi(N; X; n; x), \qquad (2.2.8)$$

n und X sind vertauschbar, was bei der Benutzung von Tafelwerken nützlich ist.

Für $\dfrac{n}{N} < 0{,}1$ kann an Stelle der hypergeometrischen Verteilung näherungsweise die Binomialverteilung verwendet werden (vgl. Abschn. 2.3).

Tafelwerk

G. J. LIEBERMAN and D. B. OWEN. Tables of the Hypergeometric Probability Distribution. Stanford: Stanford University Press 1961.

2.3 Binomialverteilung (Bernoulli-Verteilung)

p Wahrscheinlichkeit für das Auftreten des Merkmals A in der Gesamtheit;
$q = 1 - p$ Gegenwahrscheinlichkeit;
n Größe (Umfang) der Zufallsstichprobe;
x Zahl der Elemente mit der Eigenschaft A in der Probe;
$\hat{p} = x/n$ beobachtete relative Häufigkeit der Elemente A;
y Zahl der Elemente mit der Eigenschaft $B = $ Nicht-A in der Probe;
$\hat{q} = y/n$ beobachtete relative Häufigkeit der Elemente B.

Es ist $x + y = n$; $\hat{p} + \hat{q} = 1$.

Wahrscheinlichkeit für eine Probe n der Zusammensetzung $(x; y)$ oder Wahrscheinlichkeit für x:

$$\psi(x; y) = \varphi(x) = \varphi(x; p; n) = \binom{n}{x} p^x q^{n-x} = \frac{n!}{x!\, y!} p^x q^y; \quad 0 \leqq x \leqq n. \tag{2.3.1}$$

Rekursionsformel: $\qquad \varphi(x + 1) = \frac{n - x}{x + 1} \frac{p}{q} \varphi(x). \tag{2.3.2}$

Zweckmäßigerweise beginnt man die Berechnung von $\varphi(x)$ bei einer der zu $n\,p$ „benachbarten" ganzen Zahlen x.

Mittelwert: $\qquad\qquad\qquad M\{x\} = \mu = n\,p. \tag{2.3.3}$

Varianz: $\qquad\qquad\qquad V\{x\} = \sigma^2 = n\,p\,q. \tag{2.3.4}$

Schiefe: $\qquad\qquad\qquad \gamma_1 = \frac{q - p}{\sqrt{n\,p\,q}} = \frac{q - p}{\sigma}. \tag{2.3.5}$

Wölbung (Exzeß): $\qquad \gamma_2 = \frac{1 - 6p\,q}{n\,p\,q} = \frac{1 - 6p\,q}{\sigma^2}. \tag{2.3.6}$

Summenfunktion: $\qquad \Phi(x) = \Phi(x; p; n) = \sum_{t=0}^{x} \varphi(t). \tag{2.3.7}$

Symmetrieeigenschaften:

$$\varphi(x; p; n) = \varphi(n - x; q; n) \tag{2.3.8}$$

$$\Phi(x; p; n) + \Phi(n - x - 1; q; n) = 1. \tag{2.3.9}$$

Zusammenhang mit der F-Verteilung:

Setzt man $\qquad\qquad \frac{n - x}{x + 1} \frac{p}{1 - p} = F(f_1; f_2) \tag{2.3.10}$

mit $\qquad\qquad f_1 = 2(x + 1); \quad f_2 = 2(n - x),$

dann ist die Summenwahrscheinlichkeit der Binomialverteilung

$$\Phi(x; p; n) = 1 - \Psi(F; f_1; f_2), \tag{2.3.11}$$

wobei $\Psi(F; f_1; f_2)$ die Summenwahrscheinlichkeit der F-Verteilung darstellt; vgl. Abschn. 3.5.

Näherung: Für $n\,p\,q > 4$ ist in brauchbarer und für $n\,p\,q > 9$ in guter Näherung

$$\frac{x - n\,p}{\sqrt{n\,p\,q}} = u \qquad (2.3.12)$$

(nahezu) standardisiert normal verteilt mit dem Mittelwert

$$M\{u\} = 0 \quad \text{und der Varianz} \quad V\{u\} = 1. \qquad (2.3.13)$$

Vgl. Abschn. 3.2.

Tafelwerke

Tables of the Binomial Probability Distribution, National Bureau of Standards, Applied Math. Series 6, Washington, 1952. — H. G. Romig. 50—100 Binomial Tables, New York: Wiley 1953. — Tables of the Cumulative Binomial Probability Distribution. Cambridge, Mass.: Harvard University Press, 1955. — S. Weintraub. Tables of the Cumulative Binomial Probability Distribution for Small Values of p. London: The Free Press of Glencoe, 1963.

2.4 Poisson-Verteilung

x (bezogene) Ereigniszahl (z. B. Zahl der Fehler je Längen-, Flächen- oder Zeiteinheit; Zahl der Unfälle je Zeiteinheit, ... allgemein Ereigniszahl je Zählabschnitt)
μ Mittelwert für x.

Wird auf das t-fache des Zählabschnitts übergegangen, dann geht der Mittelwert μ über in $\mu' = t\,\mu$ *und* die Standardabweichung $\sigma = \sqrt{\mu}$ in $\sigma' = \sqrt{t\,\mu}$.

Wahrscheinlichkeit für x: $\quad \varphi(x) = \dfrac{\mu^x\,e^{-\mu}}{x!}; \quad x = 0, 1, 2, \ldots \qquad (2.4.1)$

Rekursionsformel: $\qquad \varphi(x + 1) = \dfrac{\mu}{x + 1}\,\varphi(x). \qquad (2.4.2)$

Varianz: $\qquad V\{x\} = \sigma^2 = \mu. \qquad (2.4.3)$

Schiefe: $\qquad \gamma_1 = \dfrac{1}{\sqrt{\mu}}. \qquad (2.4.4)$

Wölbung (Exzeß): $\qquad \gamma_2 = \dfrac{1}{\mu}. \qquad (2.4.5)$

Additionstheorem: Sind $x_1, x_2, \ldots, x_k$ unabhängig und poissonverteilt mit den Mittelwerten $\mu_1, \mu_2, \ldots, \mu_k$, dann ist die Summe

$$x = x_1 + x_2 + \cdots + x_k \qquad (2.4.6)$$

poissonverteilt mit dem Mittelwert:

$$\mu = \mu_1 + \mu_2 + \cdots + \mu_k. \qquad (2.4.7)$$

Zusammenhang mit der χ^2-Verteilung:

Setzt man
$$2\mu = \chi^2_f \quad \text{mit} \quad f = 2(x+1), \tag{2.4.8}$$

dann ist die Summenwahrscheinlichkeit der Poisson-Verteilung

$$\Phi(x;\mu) = 1 - \Psi(\chi^2;f), \tag{2.4.9}$$

wobei $\Psi(\chi^2;f)$ die Summenwahrscheinlichkeit der χ^2-Verteilung bedeutet; vgl. Abschn. 3.4.

Zahlenwerte für $\chi^2_{1-\alpha;\,f}$ s. Tab. C 6 oder Nomogramme D 2 und D 3. Näherung: Für $\mu > 4$ ist in brauchbarer und für $\mu > 9$ in guter Näherung

$$\frac{x-\mu}{\sqrt{\mu}} = u \tag{2.4.10}$$

(nahezu) standardisiert normal verteilt mit dem Mittelwert

$$M\{u\} = 0 \quad \text{und der Varianz} \quad V\{u\} = 1, \tag{2.4.11}$$

vgl. Abschn. 3.2.

Tafelwerke

E. C. Molina. Poisson's Exponential Binomial Limit. Princeton, N. J.: van Nostrand 1942. — Tables of the Individual and Cumulative Terms of Poisson Distribution. Princeton, N. J.: van Nostrand 1962.

2.5 Negative Binomialverteilung

Wahrscheinlichkeit für das Auftreten von x Ereignissen:

$$\varphi(x) = (-1)^r \binom{-k}{x} p^k q^r = \binom{x+k-1}{k-1} p^k q^x$$

$$\text{mit} \qquad \binom{-k}{x} = \frac{-k(-k-1)\ldots(-k-x+1)}{1\cdot 2\cdot 3\cdot\ldots\cdot x}, \tag{2.5.1}$$

$$x = 0, 1, 2, \ldots; \quad p, q > 0; \quad p+q = 1; \quad k > 0.$$

Rekursionsformel:
$$\varphi(x+1) = \frac{x+k}{x+1}\, q\, \varphi(x). \tag{2.5.2}$$

Mittelwert:
$$M\{x\} = \frac{kq}{p}. \tag{2.5.3}$$

Varianz:
$$V\{x\} = \frac{kq}{p^2}. \tag{2.5.4}$$

Schiefe:
$$\gamma_1 = \frac{1+q}{\sqrt{kq}}. \tag{2.5.5}$$

Wölbung (Exzeß):
$$\gamma_2 = \frac{1+4q+q^2}{kq}. \tag{2.5.6}$$

Zusammenhang mit der Poisson-Verteilung: Für $k \to \infty$, $q \to 0$ und $k\,q/p = \mu$ erhält man die Poisson-Verteilung

$$\varphi(x) = \frac{\mu^x\,e^{-\mu}}{x!}\,,$$

vgl. Abschn. 2.4.

Tafelwerk

E. WILLIAMSON and M. H. BRETHERTON. Tables of the Negative Binomial Probability Distribution. London: Wiley 1963.

3 Verteilungen mit stetig veränderlichem Merkmal (stetige Verteilungen)

3.1 Allgemeine stetige Verteilung

x_A sei der kleinste und x_E der größte auftretende Merkmalwert; $\varphi(x)$ ist die Wahrscheinlichkeitsdichte; Abb. 3.1.1. Die Wahrscheinlichkeit

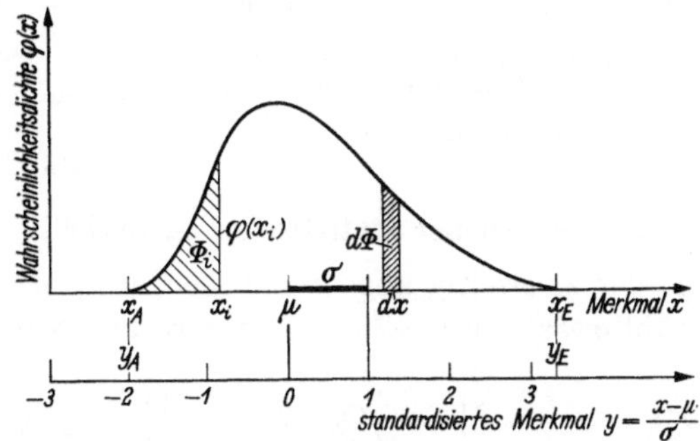

Abb. 3.1.1. Die Verteilungsdichte für ein stetig veränderliches Merkmal x. Die dem Bereich dx zugeordnete Wahrscheinlichkeit $d\Phi$ ist $\varphi(x)\,dx$

für das Auftreten eines Merkmalwertes im Bereich x bis $x + dx$ ist

$$d\Phi(x) = \varphi(x)\,dx \quad \text{mit} \quad \int\limits_{x_A}^{x_E} \varphi(x)\,dx = 1\,. \tag{3.1.1}$$

Mittelwert:
$$M\{x\} = \mu = \int\limits_{x_A}^{x_E} x\,\varphi(x)\,dx\,. \tag{3.1.2}$$

Die Varianz (das Moment zweiter Ordnung bezogen auf den Mittelwert μ) ist:

$$V_\mu\{x\} = V\{x\} = \sigma^2 = \int\limits_{x_A}^{x_E} (x - \mu)^2\,\varphi(x)\,dx\,. \tag{3.1.3}$$

Das Moment zweiter Ordnung bezogen auf einen beliebigen Hilfswert a ist:

$$V_a\{x\} = m_2(a) = \int\limits_{x_A}^{x_E} (x - a)^2\,\varphi(x)\,dx\,. \tag{3.1.4}$$

Der Verschiebungssatz für Momente zweiter Ordnung lautet:

$$V_a\{x\} = V_\mu\{x\} + (a - \mu)^2 . \qquad (3.1.5)$$

Standardabweichung (mittlere quadratische Abweichung):

$$\sigma = \left| \sqrt{V\{x\}} \right| . \qquad (3.1.6)$$

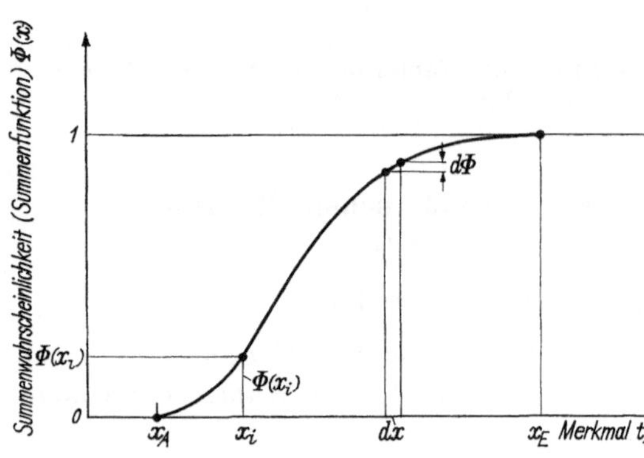

Das standardisierte Merkmal ist:

$$y = \frac{x - \mu}{\sigma} , \qquad (3.1.7)$$

mit $M\{y\} = 0$

und $V\{y\} = 1$. $\qquad (3.1.8)$

Summenfunktion:

$$\Phi(x) = \int\limits_{x_A}^{x} \varphi(t)\, dt ;$$

$$\frac{d\Phi}{dx} = \varphi(x) , \qquad (3.1.9)$$

vgl. Abb. 3.1.2.

Abb. 3.1.2. Die Summenlinie der Verteilung aus Abb. 3.1.1. Ein Merkmalwert $x \leq x_i$ tritt mit der Wahrscheinlichkeit $W\{x \leq x_i\} = \Phi(x_i)$ auf; m. a. W. $\Phi(x_i)$ gibt den relativen Anteil der Merkmalwerte t mit der Eigenschaft $t \leq x_i$

Zufallsbereiche bei vorgegebener statistischer Sicherheit

können einseitig *oder* zweiseitig abgegrenzt werden; Abb. 3.1.3. Die zur Abgrenzung gewählte statistische Sicherheit wird mit S bezeichnet. Zur

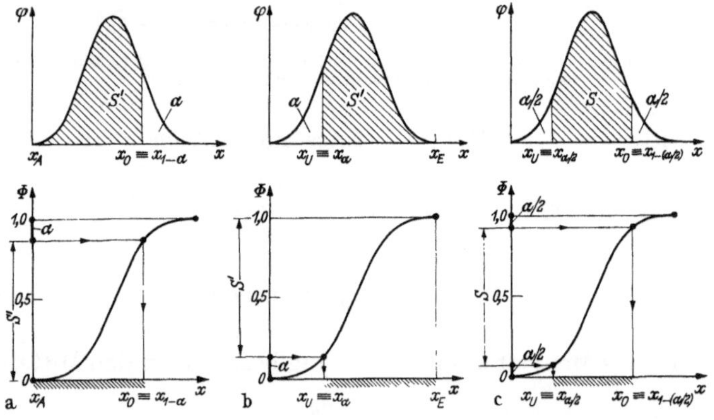

Abb. 3.1.3

Zur Abgrenzung von Zufallsbereichen für x bei vorgegebener Sicherheit S' (einseitig) oder S (zweiseitig). Zweiseitige Bereiche begrenzt man meist symmetrisch bezüglich der Wahrscheinlichkeit $\Phi = 1/2$ ab, so daß je der Anteil $(\alpha/2)$ unterhalb x_U und oberhalb x_O liegt

Unterscheidung von der zweiseitigen kann die einseitige Abgrenzung durch ein geeignetes Symbol $\left(S', \bar{S}\right)$ gekennzeichnet werden.

Einseitige Abgrenzung

Die *obere Schwelle* $x_O \equiv x_{1-\alpha}$ zur statistischen Sicherheit $S = 1 - \alpha$ bei *einseitiger* Abgrenzung ist gegeben durch

$$\int_{x_A}^{x_O} \varphi(t)\, dt = \Phi(x_O) = S. \qquad (3.1.10)$$

Der so abgegrenzte Zufallsbereich enthält alle Merkmalwerte t mit

$$x_A \leqq t \leqq x_O.$$

Die *untere Schwelle* $x_U \equiv x_\alpha$ zur statistischen Sicherheit $S = 1 - \alpha$ bei *einseitiger* Abgrenzung ist gegeben durch

$$\int_{x_U}^{x_E} \varphi(t)\, dt = 1 - \Phi(x_U) = S. \qquad (3.1.11)$$

Der so abgegrenzte Zufallsbereich enthält alle Merkmalwerte t mit

$$x_U \leqq t \leqq x_E.$$

Die Wahrscheinlichkeit des Überschreitens von $x_O \equiv x_{1-\alpha}$, $(x > x_O)$, bzw. des Unterschreitens von $x_U \equiv x_\alpha$, $(x < x_U)$, heißt auch Irrtumswahrscheinlichkeit (Risiko für Fehlentscheidungen)

$$\alpha = 1 - S. \qquad (3.1.12)$$

Zweiseitige Abgrenzung

Die *Schwellenwerte* $x_U \equiv x_{\alpha'}$ *und* $x_O \equiv x_{1-\alpha''}$ zur statistischen Sicherheit $S = 1 - \alpha$ bei *zweiseitiger* Abgrenzung sind gegeben durch

$$\int_{x_U}^{x_O} \varphi(t)\, dt = \Phi(x_O) - \Phi(x_U) = S. \qquad (3.1.13)$$

Der so abgegrenzte Zufallsbereich enthält alle Merkmalwerte t mit

$$x_U \leqq t \leqq x_O.$$

Die Wahrscheinlichkeit des Unterschreitens von x_U ist α', die des Überschreitens von x_O ist α''. Die Summe

$$\alpha = \alpha' + \alpha'' = 1 - S \qquad (3.1.14)$$

heißt auch Irrtumswahrscheinlichkeit (Risiko für Fehlentscheidungen). Normalerweise wählt man Bereiche, die *symmetrisch bezüglich der Wahrscheinlichkeit* sind,   d. h., man wählt

$$\alpha' = \alpha'' = \alpha/2.$$

Bei symmetrischer Abgrenzung $\alpha' = \alpha/2$ ist die einseitige untere Schwelle $x_U \equiv x_{\alpha'}$ zur Sicherheit $S' = 1 - (\alpha/2)$ gleich der zweiseitigen unteren

Schwelle $x_U \equiv x_{\alpha/2}$ zur Sicherheit $S = 1 - \alpha$. Entsprechend ist für $\alpha'' = \alpha/2$ die einseitige obere Schwelle $x_O \equiv x_{1-\alpha''}$ zur Sicherheit $S'' = 1 - (\alpha/2)$ gleich der zweiseitigen oberen Schwelle $x_O \equiv x_{1-(\alpha/2)}$ zur Sicherheit $S = 1 - \alpha$; vgl. Abb. 3.1.3c.

Momente und daraus abgeleitete Kenngrößen

Das Moment der Ordnung k bezogen auf den beliebigen Wert a ist:

$$m_k(a) = \int\limits_{x_A}^{x_E} (x - a)^k \, \varphi(x) \, dx. \tag{3.1.15}$$

Sonderfälle:

$k = 0$ gibt die Normierungsbedingung nach (3.1.1),

$k = 1,\ a = 0$ gibt den Mittelwert μ nach (3.1.2),

$k = 2,\ a = \mu$ gibt die Varianz σ^2 nach (3.1.3).

Variationszahl (Variationskoeffizient):

$$\gamma = \sigma/\mu; \quad \mu \neq 0. \tag{3.1.16}$$

Mit $y = (x - \mu)/\sigma$ nach (3.1.7) ist die
Schiefe:

$$\gamma_1 = \frac{1}{\sigma^3} \int\limits_{x_A}^{x_E} (x - \mu)^3 \, \varphi(x) \, dx = \int\limits_{y_A}^{y_E} y^3 \, \varphi(y) \, dy, \tag{3.1.17}$$

Wölbung (Exzeß):

$$\gamma_2 = \frac{1}{\sigma^4} \int\limits_{x_A}^{x_E} (x - \mu)^4 \, \varphi(x) \, dx - 3 = \int\limits_{y_A}^{y_E} y^4 \, \varphi(y) \, dy - 3. \tag{3.1.18}$$

Symmetrie bezüglich $\mu = 0$: Für symmetrische Verteilungen mit dem Mittelwert $\mu = 0$ gilt

$$\varphi(-x) = \varphi(x), \tag{3.1.19}$$

$$\Phi(0) = 1/2; \quad \Phi(-x) + \Phi(x) = 1, \tag{3.1.20}$$

$$\int\limits_{-x}^{+x} \varphi(t) \, dt = 2 \int\limits_{0}^{x} \varphi(t) \, dt = 2\,\Phi(x) - 1. \tag{3.1.21}$$

3.2 Normalverteilung (Gauß-Verteilung)

mit dem Mittelwert μ und der Varianz σ^2; $NV(\mu; \sigma^2)$.
Dichtefunktion (Glockenkurve):

$$\varphi(x) = \frac{1}{\sqrt{2\pi}\,\sigma} \, e^{-\frac{1}{2}\left(\frac{x-\mu}{\sigma}\right)^2}; \quad -\infty < x < \infty. \tag{3.2.1}$$

Standardisierte Form $NV(0;1)$:

$$\varphi(u) = \frac{1}{\sqrt{2\pi}}\, e^{-\frac{1}{2}u^2} \quad \text{mit} \quad u = \frac{x-\mu}{\sigma} \tag{3.2.2}$$

und
$$M\{u\} = 0; \quad V\{u\} = 1. \tag{3.2.3}$$

Zahlenwerte für $\varphi(u)$ s. Tab. C 1.

Die zentralen Momente sind:

$$\mu_k = M\{u^k\} = \int\limits_{-\infty}^{+\infty} u^k\,\varphi(u)\,du = \begin{cases} 0 \text{ für alle ungeraden } k = 2\lambda - 1 \\ 1\cdot 3\cdot 5\cdot\ \cdots\ \cdot(2\lambda-1) \text{ für gerade} \\ \qquad k = 2\lambda; \quad \lambda = 1, 2, 3, \ldots \end{cases} \tag{3.2.4}$$

Insbesondere ist $\mu_4 = 3$, was bei der Wölbung anderer Verteilungen als Bezugswert dient [vgl. (3.1.18)].
Die zentralen absoluten Momente sind:

$$M\{|u|^k\} = \int\limits_{-\infty}^{+\infty} |u|^k\,\varphi(u)\,du = \frac{2^{k/2}}{\sqrt{\pi}}\,\Gamma\!\left(\frac{k+1}{2}\right). \tag{3.2.5}$$

Summenfunktion:
$$\Phi(u) = \int\limits_{-\infty}^{u} \varphi(t)\,dt. \tag{3.2.6}$$

Zahlenwerte für $\Phi(u)$ s. Tab. C 2.
Die Summenlinie der Normalverteilung wird im Wahrscheinlichkeitsnetz (vgl. Beispiel 3) eine Gerade.
Die Fläche unter der Glockenkurve zwischen u_1 und $u_2 > u_1$ ist

$$F(u_1; u_2) = \Phi(u_2) - \Phi(u_1). \tag{3.2.7}$$

Für $u_1 = -u$ und $u_2 = u$ ergibt sich insbesondere

$$F(-u; u) = \Phi(u) - \Phi(-u) = 2\,\Phi(u) - 1 = \Phi^*(u). \tag{3.2.8}$$

Zahlenwerte für $\Phi^*(u)$ s. Tab. C 3.

Schwellenwerte und Zufallsbereiche

a) *zweiseitige Abgrenzung* zur Sicherheit $S = 1 - \alpha$ mit $u_{\alpha/2}$ und $u_{1-(\alpha/2)}$, Irrtumswahrscheinlichkeit $\alpha = 1 - S$.

S in %	90	95	99	99,9
$-u_{\alpha/2} = u_{1-(\alpha/2)}$	1,64	1,96	2,58	3,29

$$\tag{3.2.9}$$

Zahlenwerte für $u_{1-(\alpha/2)}$ erhält man entweder aus Tab. C 3, wenn man mit $S = 1 - \alpha = \Phi^*(u)$ oder aus Tab. C 2, wenn man mit $1 - (\alpha/2) = \Phi(u)$ eingeht.

b) *einseitige Abgrenzung* zur Sicherheit $S = 1 - \alpha$ mit u_α bzw. $u_{1-\alpha}$, Irrtumswahrscheinlichkeit $\alpha = 1 - S$.

S in %	90	95	99	99,9
$-u_\alpha = u_{1-\alpha}$	1,28	1,64	2,33	3,09

$$(3.2.10)$$

Zahlenwerte für $u_{1-\alpha}$ erhält man aus Tab. C 2, wenn man mit $S = 1 - \alpha = \Phi(u)$ eingeht.

Additionstheorem

Sind u_1, u_2, ..., u_k unabhängig voneinander und standardisiert normal verteilt, dann ist die Summe

$$U_k = u_1 + u_2 + \cdots + u_k \tag{3.2.11}$$

normal verteilt mit dem Mittelwert $M\{U_k\} = 0$ und der Varianz $V\{U_k\} = k$.

Zentraler Grenzwertsatz

Die Zufallsgrößen x_i, $i = 1, 2, 3, \ldots$, seien unabhängig voneinander verteilt mit den Mittelwerten $M\{x_i\} = \mu_i$ und den Varianzen $V\{x_i\} = \sigma_i^2$. Dann ist (unter sehr schwachen Voraussetzungen über die Ausgangsverteilungen) die standardisierte Summe u_k,

$$u_k = \frac{\sum\limits_{i=1}^{k} (x_i - \mu_i)}{\sqrt{\sum\limits_{i=1}^{k} \sigma_i^2}}, \tag{3.2.12}$$

mit wachsender Zahl der Summanden, d. h. für $k \to \infty$, standardisiert normal verteilt.

Für die bei praktischen Problemen auftretenden Verteilungen sind die Voraussetzungen des zentralen Grenzwertsatzes im allgemeinen erfüllt. In vielen Fällen gilt der Satz bereits für kleine endliche Werte von k mit großer Genauigkeit, z. B. für $k \gtrsim 5$, wenn die Ausgangsverteilungen der x_i Gleichverteilungen mit $(\mu_i; \sigma_i^2)$ sind.

Tafelwerke

Tables of Normal Probability Functions. National Bureau of Standards, Applied Math. Series 23, Washington 1953. — N. V. SMIRNOV (Editor): Tables of the Normal Probability Integral, the Normal Density and its Normalized Derivatives. Oxford: Pergamon Press 1965.

3.3 t-Verteilung (Student-Verteilung)

$$t = t_f = \frac{u}{\sqrt{\chi^2/f}}, \qquad (3.3.1)$$

u ist standardisiert normal verteilt, χ^2 genügt einer χ^2-Verteilung mit f Freiheitsgraden; vgl. Abschn. 3.4.

Dichtefunktion: $\qquad \varphi(t) = C(f) \dfrac{1}{\sqrt{\left(1 + \dfrac{t^2}{f}\right)^{f+1}}} \qquad (3.3.2)$

mit $\qquad C(f) = \dfrac{1}{\sqrt{\pi f}} \dfrac{\Gamma\left(\dfrac{f+1}{2}\right)}{\Gamma\left(\dfrac{f}{2}\right)}; \quad -\infty < t < \infty \qquad (3.3.3)$

$$M\{t\} = 0; \qquad V\{t\} = \frac{f}{f-2}. \qquad (3.3.4)$$

Einseitige Schwellenwerte $t_{1-\alpha;f}$ zur statistischen Sicherheit $S = 1 - \alpha$:

$$\int\limits_{-\infty}^{t} \varphi(y)\, dy = 1 - \alpha \quad \text{gibt} \quad t = t_{1-\alpha;f} \qquad (3.3.5)$$

mit $\qquad\qquad\qquad t_{1-\alpha;f} = -t_{\alpha;f}. \qquad (3.3.6)$

Zahlenwerte für $t_{1-\alpha;f}$ s. Tab. C 4 oder Nomogramm D 1.
Zweiseitige Schwellenwerte $t_{\alpha/2;f}$ und $t_{1-(\alpha/2);f}$ zur statistischen Sicherheit $S = 1 - \alpha$:

$$\int\limits_{-t}^{+t} \varphi(y)\, dy = 1 - \alpha \quad \text{gibt} \quad t = t_{1-(\alpha/2);f} = -t_{\alpha/2;f}. \qquad (3.3.7)$$

Zahlenwerte für $t_{1-(\alpha/2);f}$ s. Tab. C 5.
Grenzwerte:
Mit wachsender Zahl f der Freiheitsgrade gilt

$$\left.\begin{array}{l} \lim\limits_{f \to \infty} t_{1-\alpha;f} = u_{1-\alpha} \\[2mm] \lim\limits_{f \to \infty} t_{1-(\alpha/2);f} = u_{1-(\alpha/2)} \end{array}\right\} \begin{array}{l} \text{vgl. Normalverteilung} \\ \text{(Abschnitt 3.2) und} \\ \text{Nomogramm D 1.} \end{array} \qquad (3.3.8)$$

Tafelwerk

N. V. SMIRNOV: Tables for the Distribution and Density Functions of t-Distribution ("Student's" Distribution). Oxford: Pergamon Press 1961.

3.4 χ^2-Verteilung (Helmert-Pearson-Verteilung)

$$\chi^2 = \chi_f^2 = \sum_{i=1}^{f} u_i^2, \qquad (3.4.1)$$

wobei alle u_i unabhängig voneinander standardisiert normal verteilt sind; die Zahl f der Summanden heißt auch Zahl der Freiheitsgrade für χ^2.

Dichtefunktion:
$$\varphi(\chi^2) = C(f)\,(\chi^2)^{\frac{f-2}{2}}\,e^{-\frac{\chi^2}{2}} \qquad (3.4.2)$$

mit
$$C(f) = \frac{1}{2^{f/2}\,\Gamma(f/2)}\,; \qquad 0 \leqq \chi^2 < \infty \qquad (3.4.3)$$

$$M\{\chi^2\} = f; \qquad V\{\chi^2\} = 2f. \qquad (3.4.4)$$

Schwellenwerte $\chi^2_{1-\alpha;\,f}$ und $\chi^2_{\alpha;\,f}$ zur statistischen Sicherheit $S = 1 - \alpha$ bei *einseitiger* Abgrenzung:

$$\int\limits_0^{\chi^2} \varphi(y^2)\,d(y^2) = 1 - \alpha \quad \text{gibt} \quad \chi^2 = \chi^2_{1-\alpha;\,f}, \qquad (3.4.5)$$

$$\int\limits_0^{\chi^2} \varphi(y^2)\,d(y^2) = \alpha \quad \text{oder} \quad \int\limits_{\chi^2}^{\infty} \varphi(y^2)\,d(y^2) = 1 - \alpha \quad \text{gibt} \quad \chi^2 = \chi^2_{\alpha;\,f}.$$
$$(3.4.6)$$

Zahlenwerte für $\chi^2_{1-\alpha;\,f}$ s. Tab. C 6 oder Nomogramme D 2 und D 3. *Additionstheorem*: Sind $\chi^2_1, \chi^2_2, \ldots, \chi^2_k$ unabhängig voneinander und χ^2-verteilt mit $f_1, f_2, \ldots, f_k$ Freiheitsgraden, dann ist die Summe

$$\chi^2 = \chi^2_1 + \chi^2_2 + \cdots + \chi^2_k \qquad (3.4.7)$$

χ^2-verteilt mit

$$f = f_1 + f_2 + \cdots + f_k \qquad (3.4.8)$$

Freiheitsgraden.

Näherung: Für $f \gtrsim 30$ ist χ (nicht χ^2) nahezu normal verteilt mit

$$M\{\chi\} \approx \sqrt{f - \tfrac{1}{2}}\,; \qquad V\{\chi\} \approx \tfrac{1}{2}. \qquad (3.4.9)$$

Infolgedessen ist $\sqrt{2}\,(\chi - \sqrt{f - \tfrac{1}{2}}) \approx u$ standardisiert normal verteilt und

$$\chi^2_{1-\alpha;\,f} \approx \tfrac{1}{2}\big(\sqrt{2f - 1} + u_{1-\alpha}\big)^2. \qquad (3.4.10)$$

Zahlenwerte für $u_{1-\alpha}$ s. Tab. C 2.

Für $f = 25$ und $\alpha = 1\%$ gibt Näherungsformel (3.4.10) $\chi^2_{0,99;\,25} \approx 43{,}5$ mit etwa 2% Fehler im Vergleich zum genauen Wert $\chi^2_{0,99;\,25} = 44{,}3$.

3.5 *F*-Verteilung (Fisher-Verteilung)

$$F = \frac{\chi^2_{f_1}/f_1}{\chi^2_{f_2}/f_2}, \qquad (3.5.1)$$

wobei $\chi^2_{f_i}$ der χ^2-Verteilung mit f_i Freiheitsgraden genügt; vgl. Abschn. 3.4.

Dichtefunktion:
$$\varphi(F) = C(f_1; f_2)\,\frac{F^{\frac{f_1-2}{2}}}{(f_2 + f_1 F)^{\frac{f_1+f_2}{2}}} \qquad (3.5.2)$$

mit
$$C(f_1; f_2) = \frac{\Gamma\left(\frac{f_1+f_2}{2}\right)}{\Gamma\left(\frac{f_1}{2}\right)\Gamma\left(\frac{f_2}{2}\right)} f_1^{f_1/2} f_2^{f_2/2}; \quad 0 \leq F < \infty, \quad (3.5.3)$$

$$M\{F\} = \frac{f_2}{f_2-2}; \quad V\{F\} = \frac{2(f_1+f_2-2)}{f_1(f_2-4)}\left(\frac{f_2}{f_2-2}\right)^2 \quad (3.5.4)$$

$$f_2 > 2; \quad\quad\quad f_2 > 4.$$

Grenzwerte:

Asymptotisch gilt mit wachsender Zahl der Freiheitsgrade

$$M\{F\} \to 1 \quad\quad\quad \text{für} \quad f_2 \to \infty; \quad (3.5.5)$$

$$V\{F\} \to \frac{2}{f_1} \quad\quad\quad \text{für} \quad f_2 \to \infty; \quad (3.5.6)$$

$$V\{F\} \to \left(\frac{f_2}{f_2-2}\right)^2 \frac{2}{f_2-4} \quad \text{für} \quad f_1 \to \infty. \quad (3.5.7)$$

Schwellenwerte $F_{1-\alpha}(f_1; f_2)$ und $F_\alpha(f_1; f_2)$ zur statistischen Sicherheit $S = 1 - \alpha$ bei *einseitiger* Abgrenzung:

$$\int\limits_0^F \varphi(y)\,dy = 1 - \alpha \quad \text{gibt} \quad F = F_{1-\alpha}(f_1; f_2); \quad (3.5.8)$$

$$\int\limits_0^F \varphi(y)\,dy = \alpha \quad \text{oder} \quad \int\limits_F^\infty \varphi(y)\,dy = 1 - \alpha \quad \text{gibt} \quad F = F_\alpha(f_1; f_2), \quad (3.5.9)$$

$$F_{1-\alpha}(f_1; f_2)\, F_\alpha(f_2; f_1) = 1. \quad (3.5.10)$$

Zahlenwerte für $F_{1-\alpha}(f_1; f_2)$ s. Tab. C 7 bis C 10.

Sonderfälle:

$F(1; \infty) = u^2$ führt zur Normalverteilung;   (3.5.11)

$F(1; f) \;\; = t_f^2$ führt zur t-Verteilung mit f Freiheitsgraden;   (3.5.12)

$F(f; \infty) = \chi_f^2/f$ führt zur χ^2-Verteilung mit f Freiheitsgraden. (3.5.13)

Vgl. Übersicht 3.11.

3.6 Gamma-Verteilung

Dichtefunktion:

$$\varphi(x\,|\,a; p) = \frac{a^p}{\Gamma(p)} x^{p-1} e^{-ax}; \quad x \geq 0; \quad a > 0; \quad p > 0. \quad (3.6.1)$$

Summenfunktion:

$$\Phi(x\,|\,a; p) = \frac{a^p}{\Gamma(p)} \int\limits_0^x v^{p-1} e^{-av}\,dv = \frac{\Gamma_{ax}(p)}{\Gamma(p)}, \quad (3.6.2)$$

wobei $\Gamma(p)$ die vollständige und $\Gamma_{ax}(p)$ die unvollständige Gamma-Funktion ist;

$$\Gamma(p) = \int\limits_0^\infty y^{p-1} e^{-y} dy; \qquad \Gamma_{ax}(p) = \int\limits_0^{ax} y^{p-1} e^{-y} dy.$$

Mittelwert: $$M\{x\} = \frac{p}{a}.$$ (3.6.3)

Varianz: $$V\{x\} = \frac{p}{a^2}.$$ (3.6.4)

Sonderfall:

$a = 1/2$; $p = f/2$ mit ganzzahligem $f \geqq 1$ und $x = \chi^2$ führt auf die χ^2-Verteilung mit f Freiheitsgraden (vgl. Abschn. 3.4).

Tafelwerk

K. Pearson: Tables of the Incomplete Γ-Function. Cambridge: Cambridge University Press 1957.

Dort ist u. a. der Quotient

$$I(u; p) = \frac{\int\limits_0^{u\sqrt{p+1}} e^{-v} v^p dv}{\Gamma(p+1)} = \frac{\Gamma_{u\sqrt{p+1}}(p+1)}{\Gamma(p+1)}$$

vertafelt.

3.7 Beta-Verteilung

Dichtefunktion:

$$\varphi(x\,|\,p;\,q) = \frac{\Gamma(p+q)}{\Gamma(p)\,\Gamma(q)} x^{p-1} (1-x)^{q-1}; \quad 0 \leqq x \leqq 1; \quad p > 0; \quad q > 0.$$ (3.7.1)

Summenfunktion:

$$\Phi(x\,|\,p;\,q) = \frac{\Gamma(p+q)}{\Gamma(p)\,\Gamma(q)} \int\limits_0^x v^{p-1} (1-v)^{q-1} dv = \frac{B_x(p;\,q)}{B(p;\,q)},$$ (3.7.2)

wobei $B(p;\,q)$ die vollständige und $B_x(p;\,q)$ die unvollständige Beta-Funktion ist;

$$B(p;\,q) = \int\limits_0^1 v^{p-1} (1-v)^{q-1} dv; \quad B_x(p;\,q) = \int\limits_0^x v^{p-1} (1-v)^{q-1} dv.$$

Mittelwert: $$M\{x\} = \frac{p}{p+q}.$$ (3.7.3)

Varianz: $$V\{x\} = \frac{pq}{(p+q)^2 (p+q+1)}.$$ (3.7.4)

Sonderfälle:

Rechteckverteilung: $p = 1$; $q = 1$ führt zur Gleich- (Rechteck-) Verteilung über den Bereich $0 \leqq x \leqq 1$ mit der von x unabhängigen

Dichte
$$\varphi(x\,|\,1;\,1) = 1. \tag{3.7.5}$$

F-Verteilung: $p = f_1/2$; $q = f_2/2$ mit ganzzahligem f_1 und f_2 und

$$F = \frac{x}{1-x}\,\frac{f_2}{f_1} \tag{3.7.6}$$

führt zur F-Verteilung mit $(f_1;\,f_2)$ Freiheitsgraden (vgl. Abschn. 3.5).

Tafelwerk

K. Pearson: Tables of the Incomplete Beta-Function. Cambridge: Cambridge University Press 1956.

Dort ist u. a. der Quotient

$$I_x(p;\,q) = \frac{\displaystyle\int_0^x v^{p-1}(1-v)^{q-1}\,dv}{\displaystyle\int_0^1 v^{p-1}(1-v)^{q-1}\,dv} = \frac{B_x(p;\,q)}{B(p;\,q)}$$

vertafelt.

3.8 Exponentialverteilung (Weibull-Verteilung)

Summenfunktion:　　$\Phi(x) = 1 - e^{-(x/a)^b}$;　　$0 \leqq x < \infty$ 　　(3.8.1)

$$a;\,b > 0.$$

Dichtefunktion:　　$\varphi(x) = (b/a)\,(x/a)^{b-1}\,e^{-(x/a)^b}$.　　(3.8.2)

Mittelwert:　　$M\{x\} = a\,(1/b)!$　　(3.8.3)

Varianz:　　$V\{x\} = a^2\big[(2/b)! - (1/b)!^2\big]$.　　(3.8.4)

Besondere Anwendungen:

a) Abgangsfunktion bei Lebensdaueruntersuchungen

$$F(t) = 1 - \Phi(t) = e^{-(t/T)^\alpha} \tag{3.8.5}$$

$a \equiv T$ 　kennzeichnende Lebensdauer,

$b \equiv \alpha$ 　Steilheit des Abgangs,

$x \equiv t$ 　Zeit.

Die Abgangsfunktion $F(t)$ wird im Lebensdauernetz nach K. Stange eine Gerade; die zu einer beobachteten Punktreihe $(t;\,F)$ passenden Parameter T und α können graphisch gefunden werden, vgl. Beispiel 29.

b) Siebdurchgang für die Korngrößen fein zerkleinerter Stoffe

$$D(d) = 1 - e^{-(d/d')^n} \tag{3.8.6}$$

$a \equiv d'$ kennzeichnender Korndurchmesser,

$b \equiv n$ Gleichmäßigkeitszahl,

$x \equiv d$ Korndurchmesser.

Die Siebdurchgangslinie $D(d)$ wird im Körnungsnetz nach ROSIN-RAMMLER eine Gerade; die zu einer beobachteten Punktreihe $(d; D)$ passenden Parameter d' und n können graphisch gefunden werden.

Tafelwerk

Tables of the Exponential Function e^x. Nat. Bur. of Standards, Appl. Math. Ser. 14, Washington 1961. Dort ist e^x und e^{-x} über x vertafelt.

3.9 Doppelte Exponentialverteilung

Summenfunktion: $\quad \Phi(x) = e^{-(e^{-x})}, \quad -\infty < x < \infty.$ $\hfill (3.9.1)$

Dichtefunktion: $\quad \varphi(x) = e^{-(x+e^{-x})}.$ $\hfill (3.9.2)$

Mittelwert: $\quad M\{x\} = \gamma,$ $\hfill (3.9.3)$

wobei $\gamma \approx 0{,}57722$ die EULERsche Konstante ist.

Varianz: $\quad V\{x\} = \dfrac{\pi^2}{6} \approx 1{,}6449.$ $\hfill (3.9.4)$

Die Summenfunktion $\Phi(x)$ wird über x im Extremwertnetz nach E. J. GUMBEL zu einer Geraden gestreckt.

Besondere Anwendung

Die Summenfunktion für die Verteilung der Extremwerte $y_{(n)}$ aus Proben der Größe n strebt mit wachsendem n unter bestimmten Voraussetzungen (über die Verteilung von y) gegen eine doppelte Exponentialverteilung, vgl. E. J. GUMBEL. Statistical Theory of Extreme Values and Some Practical Applications. National Bureau of Standards. Appl. Math. Ser. 33, Washington 1954.

Tafelwerk

Probability Tables for the Analysis of Extreme-Value Data. Nat. Bur. of Standards, Appl. Math. Ser. 22. Washington 1953.

3.10 Ungleichungen von Tschebyscheff und Camp-Meidell

Ungleichung von Tschebyscheff:

Die Wahrscheinlichkeit W, daß der standardisierte Merkmalwert $(x - \mu)/\sigma$ einer *ganz beliebigen* Verteilung dem Betrage nach größer als λ ist, genügt der Ungleichung

Abb. 3.10.1.
$$W\left\{\left|\frac{x-\mu}{\sigma}\right| \geqq \lambda\right\} \;\leqq\; \left(\frac{1}{\lambda}\right)^2;\qquad(3.10.1)$$

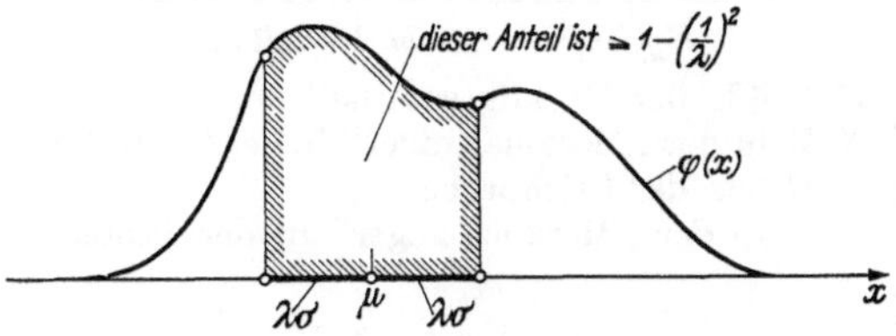

Abb. 3.10.1. Zur Tschebyscheff-Ungleichung

Ungleichung von Camp-Meidell:

Ist die Verteilung *stetig und eingipflig* (mit *einem* Maximum bei μ_h), dann gilt

Abb. 3.10.2.
$$W\left\{\left|\frac{x-\mu_h}{\sigma_h}\right| \geqq \lambda\right\} \;\leqq\; \left(\frac{2}{3\lambda}\right)^2;\qquad(3.10.2)$$

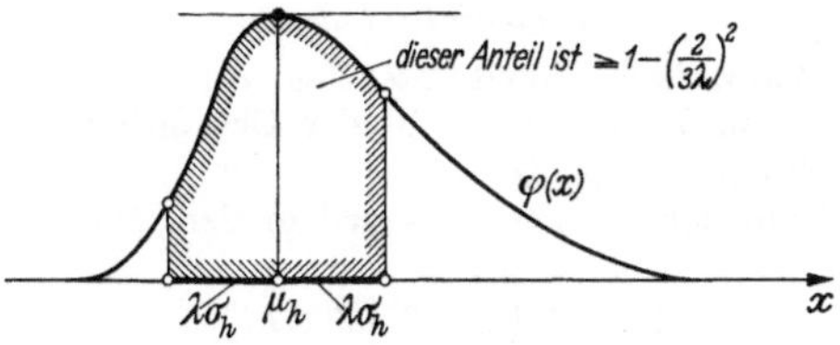

Abb. 3.10.2. Zur Camp-Meidell-Ungleichung

Dabei ist $\sigma_h^2 = \sigma^2 + (\mu - \mu_h)^2$ die auf den häufigsten Wert μ_h bezogene Varianz (Moment zweiter Ordnung) der Verteilung. Liegt μ_h nahe bei μ, was bei nahezu symmetrischen Verteilungen zutrifft, dann ist $\sigma_h^2 \approx \sigma^2$, und man darf in der Ungleichung das Wertepaar $(\mu_h; \sigma_h)$ durch $(\mu; \sigma)$ ersetzen.

	Es liegt außerhalb der Grenzen		
Grenzen $\pm\lambda\sigma$ vom Mittelwert μ oder vom häufigsten Wert μ_h aus	$\mu \pm \lambda\sigma$	$\mu_h \pm \lambda\sigma_h$	$\mu \pm \lambda\sigma$
	bei einer *Normalverteilung*	bei einer Verteilung, die der Camp-Meidell-Bedingung genügt,	bei einer *ganz beliebigen* Verteilung (Tschebyscheff-Ungleichung)
	der Anteil der Gesamtheit in %		
$\pm 2\sigma$	4,55	$< 11{,}1$	< 25
$\pm 3\sigma$	0,3	$< 4{,}9$	$< 11{,}1$
$\pm 4\sigma$	0,006	$< 2{,}8$	$< 6{,}3$
$\pm 5\sigma$	0,00006	$< 1{,}8$	$< 4{,}0$

$$(3.10.3)$$

3.11 Übersicht über die wichtigsten

Diskrete Verteilungen

Hypergeometrische Verteilung

N Größe der Grundgesamtheit
X Zahl der „Merkmalträger" in der Gesamtheit
n Größe der Stichprobe
x Zahl der „Merkmalträger" in der Probe

$$\varphi(x) = \frac{\binom{n}{x}}{\binom{N}{X}} \binom{N-n}{X-x}$$

$$N \to \infty, \quad X \to \infty, \quad X/N = p$$

Binomialverteilung

p Wahrscheinlichkeit für das Auftreten von „Merkmalträgern" in der Gesamtheit
n Stichprobengröße
x Zahl der „Merkmalträger" in der Probe

$$\varphi(x) = \binom{n}{x} p^x (1-p)^{n-x}$$

$$n\,p\,q \gtrless 9$$
$$\frac{x-np}{\sqrt{n\,p\,q}} = u$$

$$n \to \infty, \quad p \to 0, \quad n\,p = \mu$$

Poisson-Verteilung

μ Mittelwert
x (bezogene) Ereigniszahl

$$\varphi(x) = \frac{\mu^x\, e^{-\mu}}{x!}$$

$$\mu \gtrless 9$$
$$\frac{x-\mu}{\sqrt{\mu}} = u$$

$$k \to \infty, \; q \to 0, \; k\,q/p = \mu$$

Negative Binomialverteilung

x Zahl der Ereignisse
$p, q = 1 - p, k$ Parameter

$$\varphi(x) = \binom{x+k-1}{k-1} p^k\, q^x$$

eindimensionalen ·Verteilungen

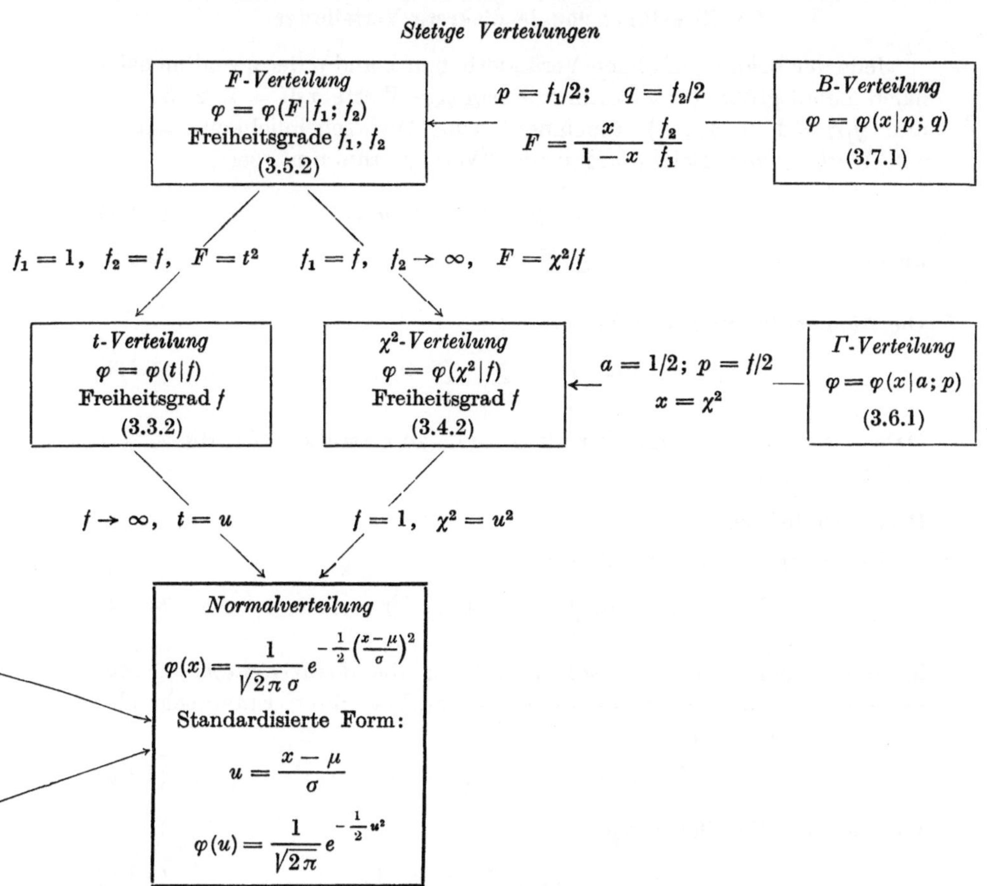

4 Mehrdimensionale Verteilungen

4.1 Zweidimensionale diskrete Verteilungen

Jede der beiden zufälligen Veränderlichen x und y der zweidimensionalen Zufallsgröße $(x; y)$ kann nur isolierte Werte $x_i (i = 1, 2, 3, \ldots)$ und $y_j (j = 1, 2, 3, \ldots)$ annehmen. Die Wahrscheinlichkeit, daß x den Wert x_i und gleichzeitig y den Wert y_j annimmt, sei

$$W\{x = x_i; y = y_i\} \quad = w_{ij}. \tag{4.1.1}$$

Es gilt

$$\sum_i \sum_j w_{ij} = 1. \tag{4.1.2}$$

Die *Summenfunktion* der Verteilung ist

$$\Phi(x, y) = \sum_{x_i \leq x} \sum_{y_j \leq y} w_{ij}. \tag{4.1.3}$$

Dabei ist die Summation über alle i und j zu erstrecken, für die $x_i \leq x$ und $y_j \leq y$ ist.

Randverteilungen

Die Wertepaare $(x_i; w_i.)$ mit

$$W\{x = x_i\} \quad = \sum_j w_{ij} = w_i., \quad (i = 1, 2, 3, \ldots) \tag{4.1.4}$$

bestimmen eine *eindimensionale* Verteilung, die *Randverteilung der Zufallsgröße* x bezüglich der zweidimensionalen Verteilung. Entsprechendes gilt für $(y_j; w.j)$ mit

$$W\{y = y_j\} \quad = \sum_i w_{ij} = w.j. \tag{4.1.5}$$

Es bestehen die Gleichungen

$$\sum_i w_i. = 1, \quad \sum_j w.j = 1. \tag{4.1.6}$$

Die Summenfunktionen der Randverteilungen sind

$$\Phi_1(x) = \sum_{x_i \leq x} w_i. \quad \text{und} \quad \Phi_2(y) = \sum_{y_j \leq y} w.j. \tag{4.1.7}$$

Bedingte Verteilungen

Bei festem i und veränderlichem j stellen die Werte

$$W\{y = y_j \,|\, x_i\} \quad = \frac{w_{ij}}{w_i.} \tag{4.1.8}$$

die Verteilung von y unter der Bedingung $x = x_i$ dar. Entsprechendes gilt für

$$W\{x = x_i \,|\, y_j\} \quad = \frac{w_{ij}}{w.j}. \tag{4.1.9}$$

Es bestehen die Gleichungen

$$\sum_j W\{y = y_j \,|\, x_i\} = 1 \quad \text{und} \quad \sum_i W\{x = x_i \,|\, y_j\} = 1. \qquad (4.1.10)$$

Die Summenfunktionen der bedingten Verteilungen sind

$$\Phi(y\,|\,x_i) = \sum_{y_j \leq y} \frac{w_{ij}}{w_{i\cdot}} \quad \text{und} \quad \Phi(x\,|\,y_j) = \sum_{x_i \leq x} \frac{w_{ij}}{w_{\cdot j}}. \qquad (4.1.11)$$

Unabhängigkeit

Für unabhängige Zufallsgrößen x, y gilt

$$w_{ij} = W\{x = x_i; y = y_j\} = W\{x = x_i\}\, W\{y = y_j\} = w_{i\cdot}\, w_{\cdot j} \qquad (4.1.12)$$

für beliebige Paare (i, j) und

$$\Phi(x, y) = \Phi_1(x)\, \Phi_2(y). \qquad (4.1.13)$$

Folgerung: Für unabhängige x, y ist

$$W\{y = y_j\,|\,x_i\} = W\{y = y_j\}, \quad W\{x = x_i\,|\,y_j\} = W\{x = x_i\}. \qquad (4.1.14)$$

Mittelwerte; Momente

Der *Mittelwert* der zufälligen Veränderlichen $v = g(x, y)$ ist

$$M\{v\} = M\{g(x, y)\} = \sum_i \sum_j g(x_i, y_j)\, w_{ij}. \qquad (4.1.15)$$

Für die gewöhnlichen (auf Null bezogenen) *Momente der Ordnung* $(k + l)$, $(k, l \geq 0$, ganzzahlig) der zweidimensionalen Verteilung gilt

$$m_{kl} = M\{x^k y^l\} = \sum_i \sum_j x_i^k y_j^l\, w_{ij}. \qquad (4.1.16)$$

Bedingte Momente (bei gegebenen Werten von x_i bzw. y_j)

$$M\{y^l\,|\,x_i\} = \sum_j y_j^l \frac{w_{ij}}{w_{i\cdot}}, \quad M\{x^k\,|\,y_j\} = \sum_i x_i^k \frac{w_{ij}}{w_{\cdot j}}. \qquad (4.1.17)$$

Weitere Beziehungen über Momente s. Abschn. 4.3.

4.2 Zweidimensionale stetige Verteilungen

Die *Dichtefunktion* ist $\varphi(x, y)$. Die Wahrscheinlichkeit, daß ein Wertepaar $(x; y)$ im Bereich (Rechteck) $u \leq x \leq u + du$, $v \leq y \leq v + dv$ auftritt, ist $\varphi(u, v)\, du\, dv$.

Die *Summenfunktion* ist

$$\Phi(x, y) = \int\limits_{-\infty}^{x} \int\limits_{-\infty}^{y} \varphi(u, v)\, du\, dv. \qquad (4.2.1)$$

Für die *Dichtefunktion* $\varphi(x, y)$ gilt:

$$\varphi(x, y) \geqq 0, \quad \int\limits_{-\infty}^{\infty} \int\limits_{-\infty}^{\infty} \varphi(u, v)\, du\, dv = 1. \tag{4.2.2}$$

Randverteilungen

Die Dichtefunktionen für die Randverteilungen der zufälligen Veränderlichen x und y sind

$$\varphi_1(x) = \int\limits_{-\infty}^{\infty} \varphi(x, v)\, dv \quad \text{und} \quad \varphi_2(y) = \int\limits_{-\infty}^{\infty} \varphi(u, y)\, du. \tag{4.2.3}$$

Für die zugehörigen Summenfunktionen gilt:

$$\Phi_1(x) = \int\limits_{-\infty}^{x} \int\limits_{-\infty}^{\infty} \varphi(u, v)\, du\, dv \quad \text{und} \quad \Phi_2(y) = \int\limits_{-\infty}^{\infty} \int\limits_{-\infty}^{y} \varphi(u, v)\, du\, dv. \tag{4.2.4}$$

Bedingte Verteilungen

Dichte- und Summenfunktion von y bei festem x bzw. von x bei festem y sind

$$\varphi(y\,|\,x) = \frac{\varphi(x, y)}{\varphi_1(x)}, \quad \Phi(y\,|\,x) = \frac{\int\limits_{-\infty}^{y} \varphi(x, v)\, dv}{\varphi_1(x)} \tag{4.2.5}$$

$$\varphi(x\,|\,y) = \frac{\varphi(x, y)}{\varphi_2(y)}, \quad \Phi(x\,|\,y) = \frac{\int\limits_{-\infty}^{x} \varphi(u, y)\, du}{\varphi_2(y)}.$$

Unabhängigkeit

Für unabhängige Veränderliche x, y gilt

$$\varphi(x, y) = \varphi_1(x)\, \varphi_2(y),$$
$$\Phi(x, y) = \Phi_1(x)\, \Phi_2(y), \tag{4.2.6}$$

$$W\{x' \leqq x \leqq x''; y' \leqq y \leqq y''\} = W\{x' \leqq x \leqq x''\}\, W\{y' \leqq y \leqq y''\}$$

für beliebige Paare (x', x''), (y', y'').

Folgerung: Für unabhängige x, y ist

$$\varphi(y\,|\,x) = \varphi_2(y), \quad \varphi(x\,|\,y) = \varphi_1(x). \tag{4.2.7}$$

Mittelwerte; Momente

Der *Mittelwert* der zufälligen Veränderlichen $v = g(x, y)$ ist

$$M\{v\} = M\{g(x, y)\} = \int\limits_{-\infty}^{\infty} \int\limits_{-\infty}^{\infty} g(u, v)\, \varphi(u, v)\, du\, dv. \tag{4.2.8}$$

Für die gewöhnlichen (auf Null bezogenen) *Momente der Ordnung* $(k + l)$, $(k, l \geqq 0$, ganzzahlig) der zweidimensionalen Verteilung gilt

$$m_{kl} = M\{x^k y^l\} = \int\limits_{-\infty}^{\infty} \int\limits_{-\infty}^{\infty} u^k v^l \, \varphi(u, v) \, du \, dv. \tag{4.2.9}$$

Bedingte Momente (bei gegebenen Werten von x bzw. y)

$$M\{y^l \mid x\} = \int\limits_{-\infty}^{\infty} v^l \, \frac{\varphi(x, v)}{\varphi_1(x)} \, dv, \quad M\{x^k \mid y\} = \int\limits_{-\infty}^{\infty} u^k \, \frac{\varphi(u, y)}{\varphi_2(y)} \, du. \tag{4.2.10}$$

Weitere Beziehungen über Momente s. Abschn. 4.3.

4.3 Beziehungen über Momente zweidimensionaler Verteilungen

Die Formeln dieses Abschnitts gelten sowohl für diskrete als auch für stetige Verteilungen.

Momente erster Ordnung bezüglich $x = 0$ bzw. $y = 0$:

$$m_{10} = M\{x\} = \mu_x, \quad m_{01} = M\{y\} = \mu_y. \tag{4.3.1}$$

Dabei sind μ_x und μ_y die Mittelwerte der Randverteilungen von x und y.

Zentrale (auf die Mittelwerte bezogene) *Momente*:

$$z_{kl} = M\{(x - \mu_x)^k \, (y - \mu_y)^l\}. \tag{4.3.2}$$

Es gilt insbesondere

$$\begin{aligned} z_{10} &= M\{x - \mu_x\} &&= 0, & z_{01} &= M\{y - \mu_y\} &&= 0, \\ z_{20} &= M\{(x - \mu_x)^2\} &&= \sigma_x^2, & z_{02} &= M\{(y - \mu_y)^2\} &&= \sigma_y^2. \end{aligned} \tag{4.3.3}$$

Dabei sind σ_x^2 und σ_y^2 die *Varianzen der Randverteilungen* von x und y. Das Moment z_{11} heißt *Kovarianz* $C(x, y)$ von x und y

$$C\{x, y\} = M\{(x - \mu_x) \, (y - \mu_y)\} = z_{11}. \tag{4.3.4}$$

Für unabhängige Zufallsgrößen x, y ist $C\{x, y\} = 0$. (Im allgemeinen gilt die Umkehrung nicht, jedoch gilt sie im Sonderfall der zweidimensionalen Normalverteilung.)

Beziehungen zwischen gewöhnlichen und zentralen Momenten

$$\begin{aligned} z_{11} &= C\{x, y\} = m_{11} - m_{10} \, m_{01}, \\ z_{20} &= m_{20} - m_{10}^2; \quad z_{02} = m_{02} - m_{01}^2. \end{aligned} \tag{4.3.5}$$

Korrelationszahl (*Korrelationskoeffizient*):

$$\varrho = \frac{C\{x, y\}}{\sigma_x \sigma_y} = \frac{M\{(x - \mu_x) \, (y - \mu_y)\}}{\sqrt{M\{(x - \mu_x)^2\}} \, \sqrt{M\{(y - \mu_y)^2\}}}. \tag{4.3.6}$$

ϱ erfüllt die Ungleichung

$$-1 \leqq \varrho \leqq +1. \tag{4.3.7}$$

Grenzfälle:

Für unabhängige Veränderliche x, y ist $\varrho = 0$. (Im allgemeinen gilt die Umkehrung nicht, jedoch gilt sie im Sonderfall der zweidimensionalen Normalverteilung.)

Wenn x und y linear voneinander abhängen, d. h. für $y = a\,x + b$, ist $\varrho^2 = 1$, und zwar $\varrho = +1$ für $a > 0$, $\varrho = -1$ für $a < 0$.

4.4 p-dimensionale Verteilungen

Im diskreten Fall können die p zufälligen Veränderlichen $x_1, x_2, \ldots, x_p$ nur die isolierten Werte $x_{1\,i_1}(i_1 = 1, 2, 3, \ldots)$, $x_{2\,i_2}(i_2 = 1, 2, 3, \ldots)$, $\ldots, x_{p\,i_p}(i_p = 1, 2, 3, \ldots)$ annehmen.

Mit

$$W\{x_1 = x_{1\,i_1}, \ x_2 = x_{2\,i_2}, \ \ldots, x_p = x_{p\,i_p}\} = w_{i_1\,i_2\ldots\,i_p} \tag{4.4.1}$$

gilt

$$\sum_{i_1} \sum_{i_2} \cdots \sum_{i_p} w_{i_1\,i_2\ldots\,i_p} = 1. \tag{4.4.2}$$

Die *Summenfunktion* der p-dimensionalen *diskreten* Verteilung ist

$$\Phi(x_1, x_2, \ldots, x_p) = \sum_{x_{1\,i_1} \leqq x_1} \sum_{x_{2\,i_2} \leqq x_2} \cdots \sum_{x_{p\,i_p} \leqq x_p} w_{i_1\,i_2\ldots\,i_p}, \tag{4.4.3}$$

wobei die Summation über alle $i_1, i_2, \ldots, i_p$ zu erstrecken ist, für die $x_{1\,i_1} \leqq x_1$, $x_{2\,i_2} \leqq x_2$, $\ldots, x_{p\,i_p} \leqq x_p$ ist.

Die *Summenfunktion* einer p-dimensionalen *stetigen* Verteilung ist durch

$$\Phi(x_1, x_2, \cdots, x_p) = \int_{-\infty}^{x_1} \int_{-\infty}^{x_2} \cdots \int_{-\infty}^{x_p} \varphi(t_1, t_2, \cdots, t_p)\, dt_1\, dt_2 \cdots dt_p \tag{4.4.4}$$

gegeben. Dabei bedeutet $\varphi(x_1, x_2, \ldots, x_p)$ die *Dichtefunktion* der Verteilung.

Randverteilungen

Die Verteilung irgendeiner Anzahl a der p Zufallsgrößen unabhängig von dem Verhalten der $(p - a)$ übrigen Veränderlichen heißt die Randverteilung der a Veränderlichen bezüglich der gegebenen p-dimensionalen Verteilung. Die Zahl der k-dimensionalen Randverteilungen $(k = 1, 2, \ldots, p - 1)$ ist $\binom{p}{k}$.

Bedingte Verteilungen

Die Verteilung einer Anzahl a der p Veränderlichen unter der Bedingung, daß die übrigen $(p - a)$ Veränderlichen feste Werte annehmen, heißt die bedingte Verteilung der a Veränderlichen.

Unabhängigkeit

Für unabhängige Veränderliche $x_1, x_2, \ldots, x_p$ gilt

$$\varphi(x_1, x_2, \ldots, x_p) = \varphi_1(x_1)\, \varphi_2(x_2) \ldots \varphi_p(x_p),$$

$$\Phi(x_1, x_2, \ldots, x_p) = \Phi_1(x_1)\, \Phi_2(x_2) \ldots \Phi_p(x_p),$$

$$(4.4.5)$$

$$W\{x_1' \leqq x_1 \leqq x_1''; \; x_2' \leqq x_2 \leqq x_2''; \; \ldots; \; x_p' \leqq x_p \leqq x_p''\}$$

$$= W\{x_1' \leqq x_1 \leqq x_1''\}\, W\{x_2' \leqq x_2 \leqq x_2''\} \cdot \ldots \cdot W\{x_p' \leqq x_p \leqq x_p''\}$$

für beliebige Paare $(x_1', x_1''), \ldots, (x_p', x_p'')$.

Dabei sind $\varphi_1(x_1)$, $\varphi_2(x_2)$, $\ldots$, $\varphi_p(x_p)$ die Dichtefunktionen und $\Phi_1(x_1)$, $\Phi_2(x_2)$, $\ldots$, $\Phi_p(x_p)$ die Summenfunktionen der Randverteilungen der Veränderlichen $x_1, x_2, \ldots, x_p$.

Mittelwerte; Momente

Der *Mittelwert* der zufälligen Veränderlichen $v = g(x_1, x_2, \ldots, x_p)$ ist im stetigen Fall

$$M\{v\} = \int\limits_{-\infty}^{\infty} \int\limits_{-\infty}^{\infty} \cdots \int\limits_{-\infty}^{\infty} g(t_1, t_2, \ldots, t_p)\, \varphi(t_1, t_2, \ldots, t_p)\, dt_1\, dt_2 \ldots dt_p,$$

$$(4.4.6)$$

im diskreten Fall

$$M\{v\} = \sum_{i_1} \sum_{i_2} \cdots \sum_{i_p} g(x_{1\,i_1}, x_{2\,i_2}, \ldots, x_{p\,i_p})\, w_{i_1\,i_2\ldots i_p}. \tag{4.4.7}$$

Die *Momente erster Ordnung* bezüglich $x_1 = x_2 = \cdots = x_p = 0$ seien mit $\mu_1, \mu_2, \ldots, \mu_p$ bezeichnet, also $M\{x_i\} = \mu_i$.

Die *zentralen* (auf die Mittelwerte bezogenen) *Momente* zweiter Ordnung seien

$$\sigma_i^2 = M\{(x_i - \mu_i)^2\}, \tag{4.4.8}$$

$$\varrho_{ij}\, \sigma_i\, \sigma_j = M\{(x_i - \mu_i)\,(x_j - \mu_j)\}. \tag{4.4.9}$$

Dabei bedeutet σ_i^2 die *Varianz* der Veränderlichen x_i, während $\varrho_{ij}\, \sigma_i\, \sigma_j$ die *Kovarianz* und ϱ_{ij} die *Korrelationszahl* von x_i und x_j bezeichnet. Es gilt

$$\varrho_{ij} = \varrho_{ji}, \qquad \varrho_{ii} = 1. \tag{4.4.10}$$

Die Matrix

$$R = \begin{pmatrix} \varrho_{11} & \varrho_{12} & \cdots & \varrho_{1p} \\ \varrho_{21} & \varrho_{22} & \cdots & \varrho_{2p} \\ \vdots & \vdots & & \vdots \\ \varrho_{p1} & \varrho_{p2} & \cdots & \varrho_{pp} \end{pmatrix} \tag{4.4.11}$$

heißt *Korrelationsmatrix*.

4.5 Sonderfälle mehrdimensionaler Verteilungen

a) Zweidimensionale Normalverteilung

Dichtefunktion: $\varphi(x; y) = \dfrac{1}{2\pi\,\sigma_x\,\sigma_y\sqrt{1-\varrho^2}}\; e^{-\frac{1}{2(1-\varrho^2)}(\xi^2 - 2\varrho\,\xi\,\eta + \eta^2)}$ (4.5.1)

mit $\qquad \xi = \dfrac{x-\mu_x}{\sigma_x}\,; \qquad \eta = \dfrac{y-\mu_y}{\sigma_y}\,; \qquad -\infty < \dfrac{\xi}{\eta} < \infty\,.$ (4.5.2)

$$M\{x\} = \mu_x\,; \qquad V\{x\} = \sigma_x^2\,; \tag{4.5.3}$$

$$M\{y\} = \mu_y\,; \qquad V\{y\} = \sigma_y^2\,. \tag{4.5.4}$$

Kovarianz zwischen x und y:

$$C\{x; y\} = M\{x\,y\} - \mu_x\,\mu_y = \sigma_x\,\sigma_y\,\varrho\,. \tag{4.5.5}$$

Korrelationszahl (Korrelationskoeffizient) ϱ zwischen x und y:

$$\varrho = M\{\xi\,\eta\} = M\left\{\frac{x-\mu_x}{\sigma_x}\,\frac{y-\mu_y}{\sigma_y}\right\}. \tag{4.5.6}$$

Bedingte Verteilung: y ist bei gegebenem festem x normal verteilt mit dem (bedingten) Mittelwert

$$M\{y\,|\,x\} = \mu_y + \varrho\,\frac{\sigma_y}{\sigma_x}\,(x-\mu_x) \tag{4.5.7}$$

und der Varianz

$$V\{y\,|\,x\} = \sigma_y^2\,(1-\varrho^2)\,. \tag{4.5.8}$$

Sonderfall:

Für $\varrho = 0$ ist die Dichte $\varphi(x; y)$ das *Produkt der Dichten* von zwei Normalverteilungen

$$\varphi(x; y) = \frac{1}{\sigma_x\sqrt{2\pi}}\,e^{-\frac{1}{2}\xi^2}\,\frac{1}{\sigma_y\sqrt{2\pi}}\,e^{-\frac{1}{2}\eta^2}. \tag{4.5.9}$$

Tafelwerk

Tables of the Bivariate Normal Distribution Function and Related Functions. National Bureau of Standards, Applied Mathematics Series 50, Washington 1959.

b) p-dimensionale Normalverteilung

Die Dichtefunktion ist durch

$$\varphi(x_1, x_2, \ldots, x_p) = \frac{1}{(2\pi)^{p/2}\,\sigma_1\,\sigma_2\ldots\sigma_p\sqrt{|R|}}\,\exp\left[-\frac{1}{2|R|}\sum_{i,\,j=1}^{p}|R_{ij}|\,\xi_i\,\xi_j\right] \tag{4.5.10}$$

mit $\qquad \xi_i = \dfrac{x_i-\mu_i}{\sigma_i}\,, \qquad -\infty < \xi_i < \infty$

gegeben. Dabei ist $|R| \neq 0$ die **Determinante** der Korrelationsmatrix R aus (4 4.11) und $|R_{ij}|$ die zu dem Element ϱ_{ij} gehörige, mit $(-1)^{i+j}$ multiplizierte Unterdeterminante von $|R|$.

c) Polynomische Verteilung

Merkmal A mit k Ausprägungen oder k Merkmale	A_1	A_2	A_3	$\ldots$	A_k
Wahrscheinlichkeit für das Auftreten des Merkmals in der Grundgesamtheit	p_1	p_2	p_3	$\ldots$	p_k
Zahl der Träger des Merkmals A_i (absolute Häufigkeit) in der Zufallsprobe n	x_1	x_2	x_3	$\ldots$	x_k

$$\sum_{i=1}^{k} p_i = 1; \qquad \sum_{i=1}^{k} x_i = n. \tag{4.5.11}$$

Wahrscheinlichkeit für eine Probe n der Zusammensetzung $(x_1; x_2; \ldots; x_k)$:

$$\varphi(x_1; x_2; \ldots; x_k \,|\, p_1; p_2; \ldots; p_k \,|\, n) = n! \prod_{i=1}^{k} \frac{p_i^{x_i}}{x_i!}. \tag{4.5.12}$$

Mittelwert für x_i: $\qquad M\{x_i\} = \mu_i = n\,p_i.$ $\hfill$ (4.5.13)

Varianz für x_i: $\quad V\{x_i\} = \sigma_i^2 = n\,p_i\,q_i = n\,p_i(1 - p_i).$ $\hfill$ (4.5.14)

Kovarianz zwischen x_i und x_j für $i \neq j$:

$$C\{x_i; x_j\} = \sigma_i\,\sigma_j\,\varrho_{ij} = -\,n\,p_i\,p_j. \tag{4.5.15}$$

Korrelationszahl (Korrelationskoeffizient) zwischen x_i und x_j für $i \neq j$:

$$\varrho_{ij} = -\sqrt{\frac{p_i}{(1 - p_i)} \, \frac{p_j}{(1 - p_j)}}. \tag{4.5.16}$$

Sonderfall:

$k = 2$, $(p_1 = p; p_2 = q = 1 - p)$ und $(x_1 = x; x_2 = y = n - x)$ führt auf die Binomialverteilung

$$\varphi(x \,|\, p; n) = n! \,\frac{p^x\,q^y}{x!\,y!} \quad \text{mit} \quad \varrho_{xy} = -1; \tag{4.5.17}$$

vgl. Abschn. 2.3.

d) Verallgemeinerte hypergeometrische Verteilung

Merkmal A mit k Ausprägungen oder k Merkmale	A_1	A_2	$\ldots$	A_i	$\ldots$	A_k
Zahl der Träger des Merkmals A_i in der Gesamtheit N	N_1	N_2	$\ldots$	N_i	$\ldots$	N_k
Zahl der Träger des Merkmals A_i (absolute Häufigkeit) in der Zufallsprobe $n \leq N$	x_1	x_2	$\ldots$	x_i	$\ldots$	x_k

$$\sum_{i=1}^{k} N_i = N; \qquad \sum_{i=1}^{k} x_i = n. \tag{4.5.18}$$

Wahrscheinlichkeit für das Auftreten einer Probe n der Zusammensetzung $(x_1; x_2; \ldots x_i; \ldots; x_k)$:

$$\varphi(x_1; x_2; \ldots; x_k \,|\, N_1; N_2; \ldots; N_k) = \frac{\prod\limits_{i=1}^{k} \binom{N_i}{x_i}}{\binom{N}{n}}. \qquad (4.5.19)$$

Mittelwert für x_i:

$$M\{x_i\} = \mu_i = n\,p_i \quad \text{mit} \quad p_i = \frac{N_i}{N}. \qquad (4.5.20)$$

Varianz für x_i:

$$V\{x_i\} = \sigma_i^2 = n\,p_i(1 - p_i)\frac{N - n}{N - 1}. \qquad (4.5.21)$$

Kovarianz zwischen x_i und x_j für $i \neq j$:

$$C\{x_i; x_j\} = \sigma_i\,\sigma_j\,\varrho_{ij} = -\,n\,p_i\,p_j\frac{N - n}{N - 1}. \qquad (4.5.22)$$

Korrelationszahl (Korrelationskoeffizient) ϱ_{ij} zwischen x_i und x_j für $i \neq j$:

$$\varrho_{ij} = -\sqrt{\frac{p_i}{(1 - p_i)}\,\frac{p_j}{(1 - p_j)}}. \qquad (4.5.23)$$

Sonderfall:

$k = 2$, $(N_1 = X; N_2 = Y = N - X)$ und $(x_1 = x; x_2 = y = n - x)$ führt auf die Hypergeometrische Verteilung

$$\varphi(x; y \,|\, X; Y) = \frac{\binom{X}{x}\binom{Y}{y}}{\binom{N}{n}} \quad \text{mit} \quad \varrho_{xy} = -1; \qquad (4.5.24)$$

vgl. Abschn. 2.2.

5 Kenngrößen einer Verteilung, Zufallsschranken, Vertrauensgrenzen, Toleranzgrenzen

5.1 Stichprobe; abgeleitete statistische Kenngrößen

a) Einzelwerte (ohne Klasseneinteilung)

Einzelwerte $x_i\,(i = 1; 2; \ldots; n)$, Probengröße (Stichprobenumfang) n.

Werden die n Stichprobenwerte der Größe nach geordnet und mit $x_{(1)}, x_{(2)}, \ldots, x_{(n)}$ bezeichnet, so daß

$$x_{(1)} \leqq x_{(2)} \leqq \cdots \leqq x_{(i)} \leqq \cdots \leqq x_{(n)} \qquad (5.1.1)$$

gilt, dann heißt jede der Größen $x_{(i)}$ *Ranggröße* (order statistic).

Gilt in (5.1.1) lediglich das Ungleichheitszeichen, so bezeichnet man die Nummer, die jedem der Stichprobenwerte in der Folge (5.1.1) zugeteilt wird, als *Rangzahl* (rank). Der Ranggröße $x_{(i)}$ entspricht also die Rangzahl i.

Der Merkmalwert, der von $(n - i)$ Einzelwerten übertroffen wird, sei $x(n - i)$. Nach Definition ist

$$x(n - i) = \frac{x_{(i)} + x_{(i+1)}}{2} \quad \text{für} \quad 1 \leqq i \leqq (n - 1). \tag{5.1.2}$$

Unter Benutzung von (5.1.2) kann für $(n - i) < q\,n < (n - i + 1)$; $0 < q < 1$; linear interpoliert werden.

Summenfunktion

α) Die *Summenfunktion* einer aus n Einzelwerten bestehenden Stichprobe ist

$$F(x) = 0 \quad \text{für} \quad x < x_{(1)},$$

$$F(x) = \frac{i}{n} \quad \text{für} \quad x_{(i)} \leqq x < x_{(i+1)} \tag{5.1.3}$$

$$F(x) = 1 \quad \text{für} \quad x_{(n)} \leqq x.$$

Die n Einzelwerte der Stichprobe werden der Größe nach geordnet [vgl. (5.1.1)] und (i/n) über $x_{(i)}$ aufgetragen. Die so gewonnenen Punkte $[x_{(i)}; (i/n)]$ definieren die treppenförmige Summenlinie nach Abb. 5.1.1.

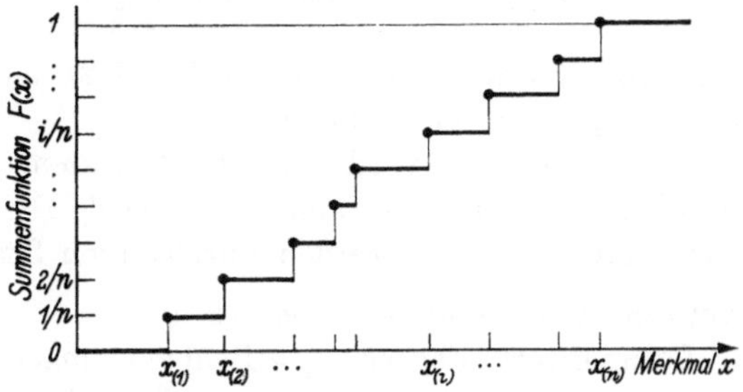

β) Stammt die Probe aus einer Verteilung mit der Summenfunktion $\Phi(x)$, so ist der Mittelwert der Summenhäufigkeit $\Phi_i = \Phi[x_{(i)}]$ an der Stelle $x_{(i)}$ bei wiederholter Probenahme

$$M\{\Phi_i\} = i/(n + 1) \tag{5.1.4}$$

Abb. 5.1.1. Summenlinie einer Stichprobe der Größe $n = 9$.

unabhängig von der Summenfunktion $\Phi(x)$; vgl. (5.2.47). Man benutzt daher zur Ermittlung der Summenlinie häufig die Punkte $[x_{(i)}; i/(n + 1)]$. Falls man dazu ein Funktionspapier verwendet, in dem die Summenlinie $\Phi(x)$ der Gesamtheit zu einer Geraden gestreckt wird, legt man durch diese Punkte eine ausgleichende Gerade $G(x)$, die man als Summenlinie der Probe ansieht.

γ) Liegt insbesondere eine Stichprobe aus einer Normalverteilung $NV(\mu; \sigma^2)$ vor, dann wird zweckmäßigerweise das Verfahren S. 39 in Verbindung mit Tab. 5.1.3 angewendet. Der nach dem graphischen Verfahren S. 40 gewonnene Schätzwert für die Standardabweichung σ der Gesamtheit ist dann unverzerrt, während er nach β) mit einem (geringen) systematischen Fehler behaftet ist.

b) Klasseneinteilung

Beliebige Klasseneinteilung

Anzahl der Klassen k; die Klasse mit der Nummer j hat die Klassenmitte x_j, die obere Grenze x_j', die Breite c_j und die Besetzungszahl (absolute Häufigkeit) n_j.

Relative Häufigkeit bei x_j:

$$h_j = \frac{n_j}{n} \, . \tag{5.1.5}$$

Absolute Häufigkeitsdichte bei x_j:

$$g_j = \frac{n_j}{c_j} \, . \tag{5.1.6}$$

Relative Häufigkeitsdichte bei x_j:

$$f_j = \frac{n_j}{n \, c_j} = \frac{h_j}{c_j} \, . \tag{5.1.7}$$

Absolute Summenhäufigkeit bei x_j':

$$B_j = \sum_{\lambda=1}^{j} n_\lambda \quad \text{und} \quad B_k = \sum_{\lambda=1}^{k} n_\lambda = n \, . \tag{5.1.8}$$

Relative Summenhäufigkeit bei x_j':

$$H_j = \sum_{\lambda=1}^{j} h_\lambda \quad \text{und} \quad H_k = \sum_{\lambda=1}^{k} h_\lambda = 1 = 100\% \, . \tag{5.1.9}$$

Im Häufigkeitsschaubild (nach Abb. 5.1.2) ist g_j oder f_j über dem Bereich x_{j-1}' bis x_j' aufzutragen.

Die *Summenlinie* wird gezeichnet, indem H_j (oder B_j) über der oberen Klassengrenze x_j' aufgetragen wird. Die so gewonnenen Punkte $(x_j'; H_j)$ [oder $(x_j'; B_j)$] werden durch einen Streckenzug verbunden.

Berechnung von $x(q\,n)$ bei gegebenem q:
Der Merkmalwert, der von $q\,n$ Beobachtungen überschritten wird, sei $x(q\,n); 0 < q < 1$. Man bestimmt die Klassen-Nr. ν aus der Ungleichung

$$B_\nu \leqq (1 - q)\, n \leqq B_{\nu+1} \, .$$

Dann gilt

$$x(q\,n) = x_\nu' + \frac{(1 - q)\, n - B_\nu}{n_{\nu+1}} \, c_{\nu+1} \, . \tag{5.1.10}$$

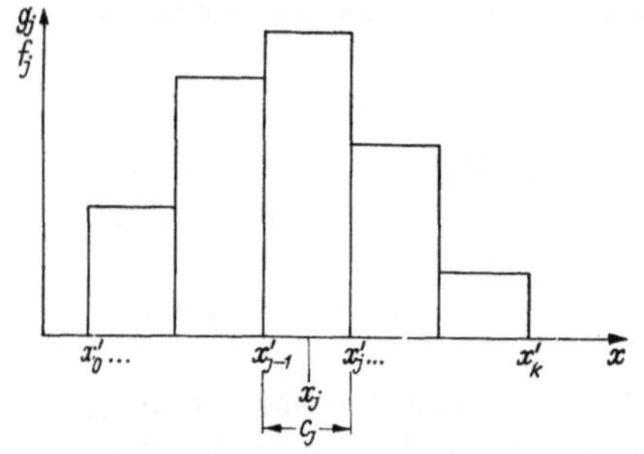

Abb. 5.1.2
Häufigkeitsschaubild (Staffeldiagramm)

Gleichabständige Klassengrenzen

Klassenbreite[1] c; die Mitte der beliebigen „Bezugsklasse" sei a. Ver-

---

[1] Damit der (mit der Klasseneinteilung verbundene) Fehler bei der Berechnung der Varianz s^2 nicht wesentlich über 2% liegt, sollte die Klassenbreite c nicht größer als (etwa) die Hälfte der Standardabweichung sein (vgl. DIN 55302).

schlüsselung (Merkmaltransformation zur Berechnung der Kenngrößen einer Verteilung)

$$z_j = \frac{x_j - a}{c}. \tag{5.1.11}$$

Zweckmäßig wählt man für a entweder die kleinste Klassenmitte x_1 oder die Mitte der Klasse mit der größten Besetzungszahl.

c) Mittelwert $\bar{x}$

Berechnung aus n Einzelwerten

Die Definitionsgleichung für $\bar{x}$ ist

$$\bar{x} = \frac{1}{n} \sum_{i=1}^{n} x_i. \tag{5.1.12}$$

Wählt man einen beliebigen Bezugswert a (meist einen *glatten* Wert in der Nähe des gesuchten Mittelwerts $\bar{x}$), so gilt

$$\bar{x} = a + \frac{1}{n} \sum_{i=1}^{n} (x_i - a). \tag{5.1.13}$$

Berechnung bei Klasseneinteilung

$$\bar{x} = \frac{1}{n} \sum_{j=1}^{k} n_j\, x_j, \qquad \text{Klasseneinteilung beliebig}, \tag{5.1.14}$$

$$\bar{x} = a + \frac{c}{n} \sum_{j=1}^{k} n_j\, z_j, \quad \text{gleichabständige Klassengrenzen} \tag{5.1.15}$$

mit z_j nach (5.1.11).

Näherungsverfahren zur Ermittlung von $\bar{x}$

bei nahezu symmetrischer Verteilung:

$\bar{x}$ wird angenähert durch

$$\bar{x}_m = \tfrac{1}{2}\left[x\left(\tfrac{1}{4}n\right) + x\left(\tfrac{3}{4}n\right)\right]; \tag{5.1.16}$$

$x(q\,n)$ wird bei Einzelwerten x_i durch Interpolation mit (5.1.2) und bei Klasseneinteilung unmittelbar aus (5.1.10) gebildet.

Schätzt man den unbekannten Mittelwert μ einer *Normalverteilung* durch $\bar{x}_m$ statt durch $\bar{x}$, so ist die Wirksamkeit (Effizienz) $E = 0{,}81 = 81\%$. Gegenüber der Berechnung von $\bar{x}$ geht demnach die Information aus $(1 - E)\, n = 0{,}19 n \approx n/5$ Werten verloren.

bei mäßig schiefer Verteilung:

$\bar{x}$ wird angenähert durch

$$\bar{x}_Q = \frac{1}{6}\left[x\left(\frac{1}{16}\,n\right) + x\left(\frac{1}{4}\,n\right) + 2x\left(\frac{1}{2}\,n\right) + x\left(\frac{3}{4}\,n\right) + x\left(\frac{15}{16}\,n\right)\right]; \tag{5.1.17}$$

$x(q\,n)$ wird bei Einzelwerten x_i durch Interpolation mit (5.1.2) und bei Klasseneinteilung unmittelbar aus (5.1.10) gebildet.

Tab. 5.1.3.[1] *Summenhäufigkeiten $H_{(i)}(n)$ (in Prozent) zum Eintragen der Punkte $[x_{(i)}; H_{(i)}]$ von geordneten Stichproben in das Wahrscheinlichkeitsnetz bei kleinem Umfang n der Stichprobe; $(6 \leqq n \leqq 30)$*

i \ n	6	7	8	9	10	11	12	13	14	15	16	17	18	19	20	21	22	23	24	25	26	27	28	29	30	n \ i
1	10,2	8,9	7,8	6,8	6,2	5,6	5,2	4,8	4,5	4,1	3,9	3,7	3,4	3,3	3,1	2,9	2,8	2,7	2,6	2,4	2,4	2,3	2,2	2,1	2,1	1
2	26,1	22,4	19,8	17,6	15,9	14,5	13,1	12,3	11,3	10,6	10,0	9,3	8,9	8,4	7,9	7,6	7,2	6,9	6,7	6,4	6,2	5,9	5,7	5,5	5,3	2
3	42,1	36,3	31,9	28,4	25,5	23,3	21,5	19,8	18,4	17,1	16,1	15,2	14,2	13,6	12,9	12,3	11,7	11,3	10,7	10,4	9,9	9,5	9,2	8,9	8,7	3
4	57,9	50,0	44,0	39,4	35,2	32,3	29,5	27,4	25,5	23,9	22,4	20,9	19,8	18,7	17,9	17,1	16,4	15,6	14,9	14,2	13,8	13,4	12,7	12,3	11,9	4
5	73,9	63,7	56,0	50,0	45,2	41,3	37,8	34,8	32,3	30,2	28,4	26,8	25,1	23,9	22,7	21,8	20,6	19,8	18,9	18,1	17,6	16,9	16,4	15,9	15,2	5
6	89,8	77,6	68,1	60,6	54,8	50,0	46,0	42,5	39,4	36,7	34,8	32,6	30,9	29,1	27,8	26,4	25,1	24,2	23,3	22,4	21,5	20,6	19,8	19,2	18,7	6
7		91,2	80,2	71,6	64,8	58,7	54,0	50,0	46,4	43,3	40,9	38,2	36,3	34,5	32,6	31,2	29,8	28,4	27,4	26,1	25,1	24,2	23,3	22,7	21,8	7
8			92,2	82,4	74,5	67,7	62,2	57,5	53,6	50,0	46,8	44,0	41,7	39,7	37,8	35,9	34,1	32,6	31,6	30,2	29,1	28,1	27,1	26,1	25,1	8
9				93,2	84,1	76,7	70,5	65,2	60,6	56,7	53,2	50,0	47,2	44,8	42,5	40,5	38,6	37,1	35,6	34,1	33,0	31,6	30,5	29,5	28,4	9
10					93,8	85,5	78,5	72,6	67,7	63,3	59,1	56,0	52,8	50,0	47,6	45,2	43,3	41,3	39,7	38,2	36,7	35,2	34,1	33,0	31,9	10
11						94,4	86,9	80,2	74,5	69,8	65,2	61,8	58,3	55,2	52,4	50,0	47,6	45,6	43,6	42,1	40,5	39,0	37,4	36,3	35,2	11
12							94,9	87,7	81,6	76,1	71,6	67,4	63,7	60,3	57,5	54,8	52,4	50,0	48,0	46,0	44,4	42,5	41,3	39,7	38,6	12
13								95,3	88,7	82,9	77,6	73,2	69,1	65,5	62,2	59,5	56,7	54,4	52,0	50,0	48,0	46,4	44,8	43,3	41,7	13
14									95,5	89,4	83,9	79,1	74,9	70,9	67,4	64,1	61,4	58,7	56,4	54,0	52,0	50,0	48,4	46,4	45,2	14
15										95,9	90,0	84,8	80,2	76,1	72,2	68,8	65,9	62,9	60,3	57,9	55,6	53,6	51,6	50,0	48,4	15
16											96,1	90,7	85,8	81,3	77,3	73,6	70,2	67,4	64,4	61,8	59,5	57,5	55,2	53,6	51,6	16
17												96,3	91,2	86,4	82,1	78,2	74,9	71,6	68,4	65,9	63,3	61,0	58,7	56,7	54,8	17
18													96,6	91,6	87,1	82,9	79,4	75,8	72,6	69,8	67,0	64,8	62,6	60,3	58,3	18
19														96,7	92,1	87,7	83,6	80,2	76,7	73,9	70,9	68,4	65,9	63,7	61,4	19
20															96,9	92,4	88,3	84,4	81,1	77,6	74,9	71,9	69,5	67,0	64,8	20
21																97,1	92,8	88,7	85,1	81,9	78,5	75,8	72,9	70,5	68,1	21
22																	97,2	93,1	89,3	85,8	82,4	79,4	76,7	73,9	71,6	22
23																		97,3	93,3	89,6	86,2	83,1	80,2	77,3	74,9	23
24																			97,4	93,6	90,2	86,6	83,6	80,8	78,2	24
25																				97,6	93,8	90,5	87,3	84,1	81,3	25
26																					97,6	94,1	90,8	87,7	84,8	26
27																						97,7	94,3	91,2	88,1	27
28																							97,8	94,5	91,3	28
29																								97,9	94,7	29
30																									97,9	30

[1] Nach H.-J. HENNING und R. WARTMANN. Stichproben kleinen Umfangs im Wahrscheinlichkeitsnetz. Mittbl. f. math. Statistik, 9, 1957, S. 168.

Die Wirksamkeit (Effizienz) ist bei einer Normalverteilung $E = 0{,}93$ $= 93\%$. Vgl. die Bemerkung zu (5.1.16).

Graphische Ermittlung von $\bar{x}$ im Wahrscheinlichkeitsnetz bei angenähert normal verteilter Gesamtheit

bei Einzelwerten ($n \leqq 30$): Über den nach der Größe geordneten Werten $x_{(i)}$ werden die Summenhäufigkeiten $H_{(i)}(n)$ [der Tab. 5.1.3 für den Stichprobenumfang n] abgetragen. Mit der Ausgleichsgeraden „durch" die n Punkte $[x_{(i)}; H_{(i)}]$ wird $\bar{x}_g$ bei der Summenhäufigkeit $H = 50\%$ abgelesen.

bei Klasseneinteilung: Die relativen Summenhäufigkeiten H_j werden als Ordinaten über den oberen Klassengrenzen x_j' abgetragen. Mit der Ausgleichsgeraden „durch" die $(k - 1)$ Punkte $[x_j'; H_j]$ wird $\bar{x}_g$ bei der Summenhäufigkeit $H = 50\%$ abgelesen.

d) Zentralwert (Median) $\tilde{x}$

Die n Einzelwerte x_i werden geordnet zu $x_{(i)}$. Dann ist

$$\tilde{x} = x_{(m)} \qquad \text{für} \quad n = 2m - 1,$$
$$\tilde{x} = \tfrac{1}{2}[x_{(m)} + x_{(m+1)}] \quad \text{für} \quad n = 2m. \qquad (5.1.18)$$

Bei *Klasseneinteilung* wird $\tilde{x}$ nach (5.1.10) mit $q = \tfrac{1}{2}$ berechnet.

Schätzt man den Mittelwert μ einer Normalverteilung durch $\tilde{x}$ statt $\bar{x}$, so beträgt die Wirksamkeit (Effizienz) $E \approx 64\% \approx 2/3$. Ein Zentralwert $\tilde{x}$ aus $n' = 7$ Beobachtungen ist danach ein fast ebenso guter Schätzwert für μ wie ein Mittelwert $\bar{x}$ aus $n = 5$ Beobachtungen.

e) Varianz s^2 und Standardabweichung s

Berechnung aus n Einzelwerten

Die Definitionsgleichung für die Varianz s^2 ist

$$s^2 = \frac{1}{n - 1} \sum_{i=1}^{n} (x_i - \bar{x})^2. \qquad (5.1.19)$$

Die Standardabweichung s ist der positive Wert von $\sqrt{s^2}$.
Wählt man einen beliebigen Bezugswert a (meist einen *glatten* Wert in der Nähe des Mittelwerts $\bar{x}$), so gilt

$$s^2 = \frac{1}{n - 1} \left[\sum_{i=1}^{n} (x_i - a)^2 - \frac{1}{n} \left(\sum_{i=1}^{n} (x_i - a) \right)^2 \right], \qquad (5.1.20)$$

$$s^2 = \frac{1}{n - 1} \left[\sum_{i=1}^{n} (x_i - a)^2 - n(\bar{x} - a)^2 \right]. \qquad (5.1.21)$$

Bei Benutzung einer *Rechenmaschine* ist

$$s^2 = \frac{1}{n - 1} \left[\sum_{i=1}^{n} x_i^2 - \frac{1}{n} \left(\sum_{i=1}^{n} x_i \right)^2 \right]. \qquad (5.1.22)$$

Berechnung bei Klasseneinteilung

$$s^2 = \frac{1}{n-1} \sum_{j=1}^{k} n_j (x_j - \bar{x})^2; \qquad \text{Klasseneinteilung beliebig} \qquad (5.1.23)$$

$$s^2 = \frac{1}{n-1} \left[\sum_{j=1}^{k} n_j x_j^2 - \frac{1}{n} \left(\sum_{j=1}^{k} n_j x_j \right)^2 \right]; \qquad \text{Klasseneinteilung beliebig; Rechenmaschine} \qquad (5.1.24)$$

$$s^2 = \frac{c^2}{n-1} \left[\sum_{j=1}^{k} n_j z_j^2 - \frac{1}{n} \left(\sum_{j=1}^{k} n_j z_j \right)^2 \right]; \qquad (5.1.25)$$

$$\text{gleichabständige Klassengrenzen}$$

$$s^2 = \frac{c^2}{n-1} \sum_{j=1}^{k} n_j z_j^2 - \frac{n}{n-1} (\bar{x} - a)^2, \qquad (5.1.26)$$

wobei

$$z_j = \frac{x_j - a}{c} \qquad (5.1.27)$$

ist.

Zweckmäßig wählt man in (5.1.25) für a entweder die kleinste Klassenmitte x_1 oder die Mitte der Klasse mit der größten Besetzungszahl, in (5.1.26) jedoch nur die Mitte der Klasse mit der größten Besetzungszahl.

Summationsverfahren bei gleichabständigen Klassengrenzen (wenn nur eine Additionsmaschine zur Verfügung steht):

$$\text{Man berechnet} \qquad B_j = \sum_{\lambda=1}^{j} n_\lambda, \qquad Z_1 = \sum_{j=1}^{k} B_j$$

$$(5.1.28)$$

$$\text{und} \qquad B_j' = \sum_{\lambda=1}^{j} B_\lambda, \qquad Z_2 = \sum_{j=1}^{k} B_j'.$$

$$\text{Dann ist} \qquad s^2 = \frac{c^2}{n-1} \left[2 Z_2 - Z_1 - \frac{1}{n} Z_1^2 \right]. \qquad (5.1.29)$$

Näherungsverfahren zur Berechnung von s

Die Standardabweichung s wird angenähert durch

$$s_m = \frac{1}{4} \left[x\left(\frac{1}{16} n\right) + \frac{3}{4} x\left(\frac{1}{4} n\right) - \frac{1}{4} x\left(\frac{3}{4} n\right) - x\left(\frac{15}{16} n\right) \right]; \qquad (5.1.30)$$

$x(q\,n)$ wird bei Einzelwerten x_i durch Interpolation mit (5.1.2) und bei Klasseneinteilung unmittelbar aus (5.1.10) gebildet.

Schätzt man die unbekannte Standardabweichung σ einer Normalverteilung durch s_m statt durch s, so ist die Wirksamkeit (Effizienz) nur $E = 0{,}73 = 73\%$. Vgl. die Bemerkung zu (5.1.16).

Graphische Ermittlung von s im Wahrscheinlichkeitsnetz bei angenähert normal verteilter Gesamtheit

An der Ausgleichsgeraden im Wahrscheinlichkeitsnetz (siehe graphische Ermittlung von $\bar{x}$) werden zu den Summenhäufigkeiten

$H' = 15{,}9\%$ und $H'' = 84{,}1\%$ die Abszissen $x' = (\bar{x}_g - s_g)$ und $x'' = (\bar{x}_g + s_g)$ abgelesen; dann ist

$$s_g = \tfrac{1}{2}[(\bar{x}_g + s_g) - (\bar{x}_g - s_g)] = \tfrac{1}{2}(x'' - x').\qquad(5.1.31)$$

f) Spannweite R

Die Spannweite (Variationsbreite) R ist

$$R = x_{(n)} - x_{(1)},\qquad(5.1.32)$$

wobei $x_{(n)}$ der größte und $x_{(1)}$ der kleinste Wert der Stichprobe ist.

Für Stichproben vom Umfang n aus einer normalen Grundgesamtheit mit der Standardabweichung σ gilt für den Erwartungswert der Spannweiten (Mittelwert)

$$M\{R\} = d_2(n)\,\sigma.\qquad(5.1.33)$$

Zahlenwerte für $d_2(n) \equiv \alpha_n$ in Tab. C 11, Spalte 2.

Ermittlung der Standardabweichung s aus einem Spannweiten-Mittelwert $\bar{R}$:

Die n Werte der Gesamtprobe werden in k Gruppen (oder Unterproben) vom Umfang $m(3 \leqq m \leqq 10)$ geteilt; bei nichtzufälliger Anordnung der Einzelwerte sind dafür „Zufallswürfel" oder Zufallszahlen (s. Tab. C 19) zu Hilfe zu nehmen. Aus dem Mittelwert $\bar{R}$ der k Spannweiten R_i ergibt sich für s der Näherungswert

$$s_R = \frac{1}{d_2(m)}\,\bar{R}.\qquad(5.1.34)$$

Schätzt man die unbekannte Standardabweichung einer Normalverteilung durch s_R statt durch s, so ist für alle n die Wirksamkeit $E(n) \geqq 0{,}74 = 74\%$.

Insbesondere ist für $k = 1$ und $m = n$ die Wirksamkeit $E(n)$ dieser Schätzung:

n	2	3	4	5	6	7	9	15
$E(n)$ in %	100	99	98	96	93	91	87	77

g) Variationszahl (Variationskoeffizient) V

$$V = \frac{s}{\bar{x}}; \quad \bar{x} \neq 0.\qquad(5.1.35)$$

h) Schiefe g_1

Berechnung aus n Einzelwerten:

$$g_1 = \frac{1}{s^3}\,\frac{n}{(n-1)(n-2)}\sum_{i=1}^{n}(x_i - \bar{x})^3,\qquad(5.1.36)$$

$$g_1 = \frac{1}{s^3}\,\frac{n}{(n-1)(n-2)}\left(S_3 - \frac{3}{n}S_2 S_1 + \frac{2}{n^2}S_1^3\right),\qquad(5.1.37)$$

wobei $S_r = \sum_{i=1}^{n}(x_i - a)^r$ und a ein beliebiger Bezugswert ist (meist wird $a = 0$ gesetzt oder in der Nähe des Mittelwerts gewählt).

Berechnung bei gleichabständigen Klassengrenzen:

$$g_1 = \frac{c^3}{s^3}\, \frac{n}{(n-1)\,(n-2)} \left[S_3' - \frac{3}{n}\, S_2'\, S_1' + \frac{2}{n^2}\, (S_1')^3 \right], \qquad (5.1.38)$$

wobei $\qquad S_r' = \sum_{j=1}^{k} n_j\, z_j^r \quad$ und $\quad z_j = \dfrac{x_j - a}{c} \quad$ ist.

5.2 Schluß von einer bekannten Gesamtheit auf die Stichprobe. Zufallsschranken, Zufallsbereich

a) Zufallsschranken bzw. -bereiche bei Normalverteilung (vgl. Abschn. 3.2)

Voraussetzung: Die Grundgesamtheit ist eine bekannte Normalverteilung $NV(\mu;\sigma^2)$ mit dem Mittelwert $M\{x\} = \mu$ oder dem Zentralwert $Z\{x\} = \zeta = \mu$ und der Varianz $V\{x\} = \sigma^2$.

Einzelwert x aus $NV(\mu;\sigma^2)$

Zu x gehören bei der statistischen Sicherheit $S = 1 - \alpha$ die einseitigen *Zufallsschranken*

$$x_U = \mu - u_{1-\alpha}\,\sigma \quad \text{bzw.} \quad x_O = \mu + u_{1-\alpha}\,\sigma, \qquad (5.2.1)$$

bei der statistischen Sicherheit $S = 1 - \alpha$ der zweiseitige *Zufallsbereich*

$$\mu - u_{1-(\alpha/2)}\,\sigma \;\leqq\; x \leqq\; \mu + u_{1-(\alpha/2)}\,\sigma. \qquad (5.2.2)$$

Zahlenwerte für $u_{1-\alpha}$ und $u_{1-(\alpha/2)}$ s. Tab. C 2 und C 3.

Extremwerte $x_{(1)}$ und $x_{(n)}$ einer Stichprobe aus $NV(\mu;\sigma^2)$

Der kleinste Wert $x_{(1)}$ bzw. der größte Wert $x_{(n)}$ einer geordneten Stichprobe aus $NV(\mu;\sigma^2)$ genügt einer Verteilung mit dem Mittelwert

$$M\{x_{(1)}\} = \mu - \tfrac{1}{2}M\{R\} = \mu - \tfrac{1}{2}\alpha_n\,\sigma$$

bzw. $\qquad M\{x_{(n)}\} = \mu + \tfrac{1}{2}M\{R\} = \mu + \tfrac{1}{2}\alpha_n\,\sigma. \qquad (5.2.3)$

Für genügend große Werte von n $(n \gtrsim 20)$ gilt für die Varianz:

$$V\{x_{(1)}\} = V\{x_{(n)}\} \approx \tfrac{1}{2}V\{R\} = \tfrac{1}{2}(\beta_n\,\sigma)^2. \qquad (5.2.4)$$

Zahlenwerte für α_n und β_n s. Tab C 11, Spalte 2 und 3.

Mit der statistischen Sicherheit $S = 1 - \alpha$ liegen alle n Werte einer Stichprobe unterhalb bzw. oberhalb der einseitigen *Zufallsschranke*

$$x_{(n)\,O} = \mu + u_{\sqrt[n]{1-\alpha}}\,\sigma \quad \text{bzw.} \quad x_{(1)\,U} = \mu - u_{\sqrt[n]{1-\alpha}}\,\sigma. \qquad (5.2.5)$$

Zahlenwerte für $u_{\sqrt[n]{1-\alpha}}$ s. Nomogramm D 4.

Mittelwerte, Varianzen und Kovarianzen der Werte $x_{(i)}$ einer geordneten Stichprobe des Umfangs n aus $NV(0;1)$ entnimmt man dem

Tafelwerk: D. B. Owen: Handbook of Statistical Tables, Reading, Mass.; Addison-Wesley 1962.

Mittelwert $\bar{x}$ einer Stichprobe aus $NV(\mu; \sigma^2)$

$\bar{x}$ ist normal verteilt wie $NV\left(\mu; \dfrac{\sigma^2}{n}\right)$. Zu $\bar{x}$ gehören bei der statistischen Sicherheit $S = 1 - \alpha$ die einseitigen *Zufallsschranken*

$$\bar{x}_U = \mu - u_{1-\alpha}\frac{\sigma}{\sqrt{n}} \quad \text{bzw.} \quad \bar{x}_O = \mu + u_{1-\alpha}\frac{\sigma}{\sqrt{n}}, \qquad (5.2.6)$$

bei der statistischen Sicherheit $S = 1 - \alpha$ der zweiseitige *Zufallsbereich*

$$\mu - u_{1-(\alpha/2)}\frac{\sigma}{\sqrt{n}} \;\leqq\; \bar{x} \leqq\; \mu + u_{1-(\alpha/2)}\frac{\sigma}{\sqrt{n}}. \qquad (5.2.7)$$

Zahlenwerte für $u_{1-\alpha}$ und $u_{1-(\alpha/2)}$ s. Tab. C 2 und C 3.

Die $\bar{x}_m$ nach (5.1.16) bzw. $\bar{x}_Q$ nach (5.1.17) zugeordneten Bereiche findet man aus (5.2.6) und (5.2.7) angenähert, indem man n durch den Anteil $E\,n$ ersetzt.

Zentralwert (Median) $\tilde{x}$ einer Stichprobe aus $NV(\mu; \sigma^2)$

$\tilde{x}$ ist mit guter Näherung normal verteilt wie $NV\left(\mu; c_n^2\,\dfrac{\sigma^2}{n}\right)$.

Zu $\tilde{x}$ gehören bei der statistischen Sicherheit $S = 1 - \alpha$ die einseitigen *Zufallsschranken*

$$\tilde{x}_U = \mu - u_{1-\alpha}\, c_n\frac{\sigma}{\sqrt{n}} \quad \text{bzw.} \quad \tilde{x}_O = \mu + u_{1-\alpha}\, c_n\frac{\sigma}{\sqrt{n}}, \qquad (5.2.8)$$

bei der statistischen Sicherheit $S = 1 - \alpha$ der zweiseitige *Zufallsbereich*

$$\mu - u_{1-\,\alpha/2\rangle}\, c_n\frac{\sigma}{\sqrt{n}} \;\leqq\; \tilde{x} \leqq\; \mu + u_{1-(\alpha/2\rangle}\, c_n\frac{\sigma}{\sqrt{n}}. \qquad (5.2.9)$$

Zahlenwerte für $u_{1-\alpha}$ und $u_{1-(\alpha/2)}$ s. Tab. C 2 und C 3.
Zahlenwerte für c_n s. Tab. C 18.
Für $n \to \infty$ gilt

$$c_\infty = \sqrt{\pi/2} \approx 1{,}253. \qquad (5.2.10)$$

Varianz s^2 und Standardabweichung s aus $NV(\mu; \sigma^2)$

$(n - 1)\,(s/\sigma)^2$ ist verteilt wie χ_f^2 mit $f = (n - 1)$ Freiheitsgraden; vgl. Abschn. 3.4.

Es ist
$$M\{s^2\} = \sigma^2 \qquad (5.2.11)$$

und
$$V\{s^2\} = \frac{2\,\sigma^4}{n - 1}. \qquad (5.2.12)$$

s folgt der Verteilung

$$\varphi(s) = \frac{2}{\left(\dfrac{n-3}{2}\right)!} \left(\frac{n-1}{2}\right)^{\frac{n-1}{2}} \left(\frac{s}{\sigma}\right)^{n-2} e^{-\frac{n-1}{2}\left(\frac{s}{\sigma}\right)^2} \frac{1}{\sigma} \qquad (5.2.13)$$

mit

$$M\{s\} = a_n\,\sigma; \quad a_n = \sqrt{\frac{2}{n-1}}\;\frac{\left(\dfrac{n-2}{2}\right)!}{\left(\dfrac{n-3}{2}\right)!} \approx 1 - \frac{1}{4(n-1)}, \quad (5.2.14)$$

$$V\{s\} = b_n^2\,\sigma^2; \quad b_n^2 = 1 - a_n^2 \approx \frac{1}{2(n-1)}. \quad (5.2.15)$$

Zahlenwerte für a_n und b_n s. Tab. C 18.

Für $n \gtrless 10$ ist s angenähert normal verteilt wie $NV\left(\sigma;\ \dfrac{\sigma^2}{2(n-1)}\right)$.

Zu s^2 und s gehören bei der statistischen Sicherheit $S = 1 - \alpha$ die einseitigen *Zufallsschranken*

$$s_U^2 = \frac{\chi_{\alpha;f}^2}{n-1}\,\sigma^2 = \frac{1}{\varkappa_O^2}\,\sigma^2 \quad \text{bzw.} \quad s_O^2 = \frac{\chi_{1-\alpha;f}^2}{n-1}\,\sigma^2 = \frac{1}{\varkappa_U^2}\,\sigma^2 \quad (5.2.16)$$

mit $f = (n-1)$

und

$$s_U = \frac{\sigma}{\varkappa_O} \quad \text{bzw.} \quad s_O = \frac{\sigma}{\varkappa_U}. \quad (5.2.17)$$

Zu s^2 und s gehören bei der statistischen Sicherheit $S = 1 - \alpha$ die zweiseitigen *Zufallsbereiche*

$$\frac{\chi_{\alpha/2;f}^2}{n-1}\,\sigma^2 \;\leqq\; s^2 \;\leqq\; \frac{\chi_{1-(\alpha/2);f}^2}{n-1}\,\sigma^2 \quad (5.2.18)$$

und

$$\sqrt{\frac{\chi_{\alpha/2;f}^2}{n-1}}\,\sigma \;\leqq\; s \;\leqq\; \sqrt{\frac{\chi_{1-(\alpha/2);f}^2}{n-1}}\,\sigma \quad (5.2.19)$$

mit $f = (n-1)$.

Zahlenwerte für $\varkappa_O$ und $\varkappa_U$ zur Sicherheit $S = 1 - \alpha$ siehe Nomogramme D 8 bis D 10.

Zahlenwerte für $\chi_{1-\alpha;f}^2$ s. Tab. C 6 oder Nomogramme D 2 und D 3.

Die s_{n_i} nach (5.1.30) bzw. s_R nach (5.1.34) zugeordneten Bereiche findet man aus (5.2.16) bis (5.2.19) angenähert, indem man n durch den Anteil $E\,n$ ersetzt.

Spannweite R einer Stichprobe aus $NV(\mu;\,\sigma^2)$

R genügt einer Verteilung mit

$$M\{R\} = \alpha_n\,\sigma \equiv d_2(n)\,\sigma \quad (5.2.20)$$

und

$$V\{R\} = \beta_n^2\,\sigma^2. \quad (5.2.21)$$

Zahlenwerte für $\alpha_n \equiv d_2(n)$ und β_n s. Tab. C 11, Spalte 2 und 3.

Zu R gehören bei der statistischen Sicherheit $S = 1 - \alpha$ die einseitigen *Zufallsschranken*

$$R_U = w_\alpha(n)\,\sigma \quad \text{bzw.} \quad R_O = w_{1-\alpha}(n)\,\sigma, \quad (5.2.22)$$

bei der statistischen Sicherheit $S = 1 - \alpha$ der zweiseitige *Zufallsbereich*

$$w_{\alpha/2}(n)\,\sigma \;\leqq\; R \;\leqq\; w_{1-(\alpha/2)}(n)\,\sigma. \qquad (5.2.23)$$

Zahlenwerte für $w_\alpha(n)$ s. Tab. C 11.

Variationszahl (Variationskoeffizient) V einer Stichprobe aus $NV(\mu;\sigma^2)$

Angaben zur Berechnung von exakten Schwellenwerten der Verteilung von V finden sich bei N. L. JOHNSON und B. L. WELCH, Biometrika *31* (1939/40) S. 362.

Unter der Voraussetzung, daß $\gamma = \sigma/\mu < 40\%$ und $n > 10$ ist, gehören zu V bei der statistischen Sicherheit $S = 1 - \alpha$ die einseitigen *Zufallsschranken*

$$V_U \approx q_U\,\gamma \quad \text{bzw.} \quad V_O \approx q_O\,\gamma \qquad (5.2.24)$$

mit $\quad q_U = \dfrac{1 - a^2}{1 + a\sqrt{1 + (b\,\gamma^2/n)}} \quad$ bzw. $\quad q_O = \dfrac{1 - a^2}{1 - a\sqrt{1 + (b\,\gamma^2/n)}}$

$$(5.2.25)$$

und $\qquad a = \dfrac{u_{1-\alpha}}{\sqrt{2(n-1)}}\,; \quad b = 2(n-1) - u_{1-\alpha}^2,$

bei der statistischen Sicherheit $S = 1 - \alpha$ der zweiseitige *Zufallsbereich*

$$q_U\,\gamma \lesseqgtr V \lesseqgtr q_O\,\gamma \qquad (5.2.26)$$

mit q_U und q_O nach (5.2.25), wobei man a und b jedoch mit $u_{1-(\alpha/2)}$ anstatt mit $u_{1-\alpha}$ berechnet.

Zahlenwerte für $u_{1-\alpha}$ und $u_{1-(\alpha/2)}$ s. Tab. C 2 und C 3.

Mittelwertsunterschied y zweier unabhängiger Stichproben aus normal verteilten Gesamtheiten

Die erste Stichprobe aus $NV(\mu_1;\sigma_1^2)$ vom Umfang n_1 gibt den Mittelwert $\bar{x}_1$. Die zweite Stichprobe aus $NV(\mu_2;\sigma_2^2)$ vom Umfang n_2 gibt den Mittelwert $\bar{x}_2$. Die Mittelwertsdifferenz $y = \bar{x}_1 - \bar{x}_2$ ist normal verteilt mit

$$M\{y\} = \mu_1 - \mu_2, \qquad (5.2.27)$$

$$V\{y\} = \frac{\sigma_1^2}{n_1} + \frac{\sigma_2^2}{n_2}. \qquad (5.2.28)$$

Die *Zufallsschranken* und den *Zufallsbereich* berechnet man nach (5.2.1) und (5.2.2), indem man darin für μ den Mittelwert $M\{y\}$ nach (5.2.27) und für σ^2 die Varianz $V\{y\}$ nach (5.2.28) einsetzt.

Varianzverhältnis z zweier unabhängiger Stichproben aus normal verteilten Gesamtheiten

Die erste Stichprobe aus $NV(\mu_1;\sigma_1^2)$ vom Umfang n_1 gibt die Varianz s_1^2. Die zweite Stichprobe aus $NV(\mu_2;\sigma_2^2)$ vom Umfang n_2 gibt die Varianz s_2^2. Das Verhältnis der Varianzen sei $z = s_1^2/s_2^2$. Die Größe $(\sigma_2^2/\sigma_1^2)\,z$ gehorcht der F-Verteilung mit $f_1 = (n_1 - 1)$ und $f_2 = (n_2 - 1)$ Freiheitsgraden, vgl. Abschn. 3.5.

Zu z gehören bei der statistischen Sicherheit $S = 1 - \alpha$ die einseitigen *Zufallsschranken*

$$z_U = \frac{\sigma_1^2}{\sigma_2^2}\,\frac{1}{F_{1-\alpha}(f_2;\,f_1)} \quad \text{bzw.} \quad z_O = \frac{\sigma_1^2}{\sigma_2^2}\,F_{1-\alpha}(f_1;\,f_2), \qquad (5.2.29)$$

bei der statistischen Sicherheit $S = 1 - \alpha$ der zweiseitige *Zufallsbereich*

$$\frac{\sigma_1^2}{\sigma_2^2}\,\frac{1}{F_{1-(\alpha/2)}(f_2;\,f_1)} \;\leqq\; z \;\leqq\; \frac{\sigma_1^2}{\sigma_2^2}\,F_{1-(\alpha/2)}(f_1;\,f_2). \qquad (5.2.30)$$

Zahlenwerte für $F_{1-\alpha}(f_1;\,f_2)$ s. Tab. C 7 bis C 10.

b) Zufallsschranken bzw. -bereiche bei Binomialverteilung (vgl. Abschnitt 2.3)

Relative Häufigkeit $\hat{p}$ der „Merkmalträger" in der Probe der Größe n

Zu $\hat{p}$ gehören bei gegebenem p und n bei der statistischen Sicherheit $S = 1 - \alpha$ die einseitigen *Zufallsschranken*

$$\hat{p}_U = \frac{x_U}{n} \quad \text{bzw.} \quad \hat{p}_O = \frac{x_O}{n}, \qquad (5.2.31)$$

wobei man x_U bzw. x_O aus den Gleichungen oder den Ungleichungen

$$\sum_{x=0}^{x_U-1} \binom{n}{x} p^x (1-p)^{n-x} \leqq \alpha < \sum_{x=0}^{x_U} \binom{n}{x} p^x (1-p)^{n-x}$$

bzw. $$\sum_{x=x_O+1}^{n} \binom{n}{x} p^x (1-p)^{n-x} \leqq \alpha < \sum_{x=x_O}^{n} \binom{n}{x} p^x (1-p)^{n-x}$$

bestimmt.

Zu $\hat{p}$ gehört bei der statistischen Sicherheit $S = 1 - \alpha$ der zweiseitige *Zufallsbereich*

$$\frac{x_U}{n} = \hat{p}_U \leqq \hat{p} \leqq \hat{p}_O = \frac{x_O}{n}, \qquad (5.2.32)$$

wobei man x_U und x_O aus den Gleichungen oder den Ungleichungen

$$\sum_{x=0}^{x_U-1} \binom{n}{x} p^x (1-p)^{n-x} \leqq \alpha/2 < \sum_{x=0}^{x_U} \binom{n}{x} p^x (1-p)^{n-x}$$

und $$\sum_{x=x_O+1}^{n} \binom{n}{x} p^x (1-p)^{n-x} \leqq \alpha/2 < \sum_{x=x_O}^{n} \binom{n}{x} p^x (1-p)^{n-x}$$

bestimmt.

Zahlenwerte für $\hat{p}_U$ und $\hat{p}_O$ bei zweiseitiger Abgrenzung mit $S = 95\%$ und $S = 99\%$ entnimmt man den Nomogrammen D 11 und D 12.

Anleitung: Die Schnittpunkte der Waagerechten durch p mit den beiden Kurven für n liefern auf der Abszisse die Werte $\hat{p}_U$ und $\hat{p}_O$.

Relative Häufigkeit $\hat{p}$; Näherung durch NV

Für $n\,p\,q > 4$ ergeben sich in brauchbarer und für $n\,p\,q > 9$ in guter Näherung zu $\hat{p}$ bei der statistischen Sicherheit $S = 1 - \alpha$ die einseitigen *Zufallsschranken*

$$\hat{p}_U \approx p - \frac{1}{2n} - u_{1-\alpha}\sqrt{\frac{p(1-p)}{n}}$$

$$\text{bzw.} \qquad \hat{p}_O \approx p + \frac{1}{2n} + u_{1-\alpha}\sqrt{\frac{p(1-p)}{n}}\,, \tag{5.2.33}$$

bei der statistischen Sicherheit $S = 1 - \alpha$ der zweiseitige *Zufallsbereich*

$$p - \frac{1}{2n} - u_{1-(\alpha/2)}\sqrt{\frac{p(1-p)}{n}} \;\leqq\; \hat{p} \;\leqq\; p + \frac{1}{2n} + u_{1-(\alpha/2)}\sqrt{\frac{p(1-p)}{n}}\,. \tag{5.2.34}$$

Zahlenwerte für $u_{1-\alpha}$ und $u_{1-(\alpha/2)}$ s. Tab. C 2 und C 3.

Relative Häufigkeit $\hat{p}$; Näherung mit Winkeltransformation

Für $n\,p\,q > 4$ gehorcht in brauchbarer und für $n\,p\,q > 9$ in guter Näherung $\hat{z} = \arcsin \sqrt{\hat{p}}$ der Normalverteilung $N\,V\,(\arcsin\sqrt{p};\, 1/4n)$. Dann gehören zu $\hat{z} = \arcsin \sqrt{\hat{p}}$ bei der statistischen Sicherheit $S = 1 - \alpha$ die einseitigen *Zufallsschranken*

$$\hat{z}_U = \arcsin \sqrt{p} - \frac{u_{1-\alpha}}{2\sqrt{n}} \quad \text{bzw.} \quad \hat{z}_O = \arcsin \sqrt{p} + \frac{u_{1-\alpha}}{2\sqrt{n}}\,, \tag{5.2.35}$$

bei der statistischen Sicherheit $S = 1 - \alpha$ der zweiseitige *Zufallsbereich*

$$\arcsin \sqrt{p} - \frac{u_{1-(\alpha/2)}}{2\sqrt{n}} \;\leqq\; \arcsin \sqrt{\hat{p}} \;\leqq\; \arcsin \sqrt{p} + \frac{u_{1-(\alpha/2)}}{2\sqrt{n}}\,. \tag{5.2.36}$$

$\hat{p}_U$ und $\hat{p}_O$ erhält man aus der Umkehrung

$$\hat{p} = \sin^2 \hat{z}\,. \tag{5.2.37}$$

Zahlenwerte für $y = \arcsin \sqrt{p}$ s. Tab. C 15.
Zahlenwerte für $u_{1-\alpha}$ und $u_{1-(\alpha/2)}$ s. Tab. C 2 und C 3.

Relative Häufigkeit $\hat{p}$; Graphische Ermittlung im Binomialpapier nach Mosteller-Tukey (vgl. Beispiel 8)

Einseitige *Zufallsschranken* zur Sicherheit $S = 1 - \alpha$: Man zeichnet den zur Grundwahrscheinlichkeit p gehörenden Strahl s und die Parallelen s_U bzw. s_O im Abstand $u_{1-\alpha}/2$ unterhalb bzw. oberhalb s. Die Schnittpunkte der Geraden s_U bzw. s_O mit dem Kreis $n = $ konst haben die Ordinatenwerte $\hat{x}_U = n\,\hat{p}_U$ bzw. $\hat{x}_O = n\,\hat{p}_O$.

Zweiseitiger *Zufallsbereich* zur Sicherheit $S = 1 - \alpha$: Die Schnittpunkte der Parallelen s'_U und s'_O, die im Abstand $u_{1-(\alpha/2)}/2$ unterhalb und oberhalb s gezogen werden, mit dem Kreis $n =$ konst haben die Ordinatenwerte $\hat{x}_U = n\,\hat{p}_U$ und $\hat{x}_O = n\,\hat{p}_O$.

c) Zufallsschranken bzw. -bereiche bei Poisson-Verteilung (vgl. Abschnitt 2.4)

(Bezogene) Ereigniszahl x

Zu x gehören bei gegebenem μ bei der statistischen Sicherheit $S = 1 - \alpha$ die einseitigen *Zufallsschranken*

$$x_U \quad \text{bzw.} \quad x_O, \tag{5.2.38}$$

wobei man x_U und x_O aus den Gleichungen oder den Ungleichungen

$$\sum_{x=0}^{x_U-1} \frac{\mu^x e^{-\mu}}{x!} \leqq \alpha < \sum_{x=0}^{x_U} \frac{\mu^x e^{-\mu}}{x!}$$

bzw.

$$\sum_{x=x_O+1}^{\infty} \frac{\mu^x e^{-\mu}}{x!} \leqq \alpha < \sum_{x=x_O}^{\infty} \frac{\mu^x e^{-\mu}}{x!}$$

bestimmt.

Zu x gehört bei gegebenem μ bei der statistischen Sicherheit $S = 1 - \alpha$ der zweiseitige *Zufallsbereich*

$$x_U \leqq x \leqq x_O, \tag{5.2.39}$$

wobei man x_U und x_O aus den Gleichungen oder den Ungleichungen

$$\sum_{x=0}^{x_U-1} \frac{\mu^x e^{-\mu}}{x!} \leqq \alpha/2 < \sum_{x=0}^{x_U} \frac{\mu^x e^{-\mu}}{x!}$$

und

$$\sum_{x=x_O+1}^{\infty} \frac{\mu^x e^{-\mu}}{x!} \leqq \alpha/2 < \sum_{x=x_O}^{\infty} \frac{\mu^x e^{-\mu}}{x!}$$

bestimmt.

Zahlenwerte für x_U bzw. x_O bei einseitiger Abgrenzung zur Sicherheit $S = 95\%$, $97,5\%$, 99%, $99,5\%$ entnimmt man dem Nomogramm D 14.

Anleitung: Die Schnittpunkte der Waagerechten durch μ mit den beiden Kurven für das gewählte S liefern auf der Abszisse die Werte x_U bzw. x_O.

(Bezogene) Ereigniszahl x; Näherung durch NV

Für $\mu > 4$ ergeben sich in brauchbarer und für $\mu > 9$ in guter Näherung bei der statistischen Sicherheit $S = 1 - \alpha$ die einseitigen *Zufallsschranken*

$$x_U = \mu - 0{,}5 - u_{1-\alpha}\sqrt{\mu} \quad \text{bzw.} \quad x_O = \mu + 0{,}5 + u_{1-\alpha}\sqrt{\mu}, \tag{5.2.40}$$

bei der statistischen Sicherheit $S = 1 - \alpha$ der zweiseitige *Zufallsbereich*

$$\mu - 0{,}5 - u_{1-(\alpha/2)} \sqrt{\mu} \;\leqq\; x \;\leqq\; \mu + 0{,}5 + u_{1-(\alpha/2)} \sqrt{\mu}. \qquad (5.2.41)$$

Zahlenwerte für $u_{1-\alpha}$ und $u_{1-(\alpha/2)}$ s. Tab. C 2 und C 3.

(Bezogene) Ereigniszahl x; Näherung mit Wurzeltransformation

Für $\mu > 4$ gehorcht in brauchbarer und für $\mu > 9$ in guter Näherung $z = 2 \sqrt{x}$ der Normalverteilung $NV(2\sqrt{\mu}\,; 1)$.

Dann gehören zu $z = 2\sqrt{x}$ bei der statistischen Sicherheit $S = 1 - \alpha$ die einseitigen *Zufallsschranken*

$$z_U = 2\sqrt{\mu} - u_{1-\alpha} \quad \text{bzw.} \quad z_O = 2\sqrt{\mu} + u_{1-\alpha}, \qquad (5.2.42)$$

bei der statistischen Sicherheit $S = 1 - \alpha$ der zweiseitige *Zufallsbereich*

$$2\sqrt{\mu} - u_{1-(\alpha/2)} \leqq 2\sqrt{x} \leqq 2\sqrt{\mu} + u_{1-(\alpha/2)}. \qquad (5.2.43)$$

x_U und x_O erhält man aus der Umkehrung

$$x = \frac{z^2}{4}. \qquad (5.2.44)$$

Zahlenwerte für $u_{1-\alpha}$ und $u_{1-(\alpha/2)}$ s. Tab. C 2 und C 3.

Übergang auf den t-fachen Zählabschnitt

Wird anstelle der Ereigniszahl x im Zählabschnitt A die Ereigniszahl y im t-fachen Zählabschnitt tA beobachtet, dann erhält man Zufallsschranken bzw. -bereiche für y, indem man in (5.2.38) bis (5.2.43) x durch y und μ durch $t\,\mu$ ersetzt. Aus Nomogramm D 14 erhält man y_U bzw. y_O, indem man mit $t\,\mu$ eingeht.

d) Zufallsschranken bzw. -bereiche bei beliebiger Verteilung

Zufallsbereich für Einzelwerte

Zum beliebig verteilten standardisierten Merkmalwert $u = (x - \mu)/\sigma$ gehört bei der statistischen Sicherheit $S = 1 - \alpha$ der *Zufallsbereich*

$$-\frac{1}{\sqrt{\alpha}} \leqq u \leqq \frac{1}{\sqrt{\alpha}}. \qquad (5.2.45)$$

Vgl. dazu die Ungleichung von TSCHEBYSCHEFF (3.10.1).

Ist die Verteilung eingipflig (mit *einem* Maximum beim häufigsten Wert $\mu_h \approx \mu$), dann ergibt sich der Zufallsbereich für den standardisierten Merkmalwert $u = (x - \mu_h)/\sigma_h$ zur Sicherheit $S = 1 - \alpha$ zu

$$-\frac{2}{3\sqrt{\alpha}} \leqq u \leqq \frac{2}{3\sqrt{\alpha}}. \qquad (5.2.46)$$

Vgl. dazu die Ungleichung von CAMP-MEIDELL (3.10.2).

Zufallsbereich für die Summenhäufigkeit einer stetigen Verteilung

Bei Einzelwerten: Es sei $x_{(1)}$, $x_{(2)}$, $\ldots$, $x_{(i)}$, $\ldots$, $x_{(n)}$ eine geordnete Stichprobe der Größe n aus einer stetigen Verteilung mit der Summenfunktion $\Phi(x)$. Bezeichnet man mit $\Phi(x_{(i)}) = \Phi_i$ die dem Wert $x_{(i)}$ zugeordnete Summenhäufigkeit, so gilt für den Erwartungswert

$$M\{\Phi_i\} = \frac{i}{n+1}\,, \tag{5.2.47}$$

für die Varianz

$$V\{\Phi_i\} = \frac{1}{n+2}\ \frac{i}{n+1}\left(1 - \frac{i}{n+1}\right). \tag{5.2.48}$$

Den zur Wahrscheinlichkeit $S = 1 - \alpha$ gehörenden Zufallsbereich $(\Phi_i)_U \leqq \Phi_i \leqq (\Phi_i)_O$ für Φ_i berechnet man mit

$$(\Phi_i)_U = \frac{1}{1 + \dfrac{f_1}{f_2}\, F_{1-(\alpha/2)}\,(f_1;\ f_2)}\,, \tag{5.2.49}$$

$$(\Phi_i)_O = \frac{1}{1 + \dfrac{f_1}{f_2}\, F_{\alpha/2}(f_1;\ f_2)}\,, \tag{5.2.50}$$

wobei $f_1 = 2(n + 1 - i)$ und $f_2 = 2i$ ist.

Zahlenwerte für $F_{1-\alpha}(f_1;\ f_2)$ s. Tab. C 7 bis C 10.

Grenzt man bei *bekannter* Summenfunktion $\Phi(x)$ mit Hilfe der Gleichungen

$$(\Phi_i)_U = \Phi(x_{(i)\,U}) \quad\text{und}\quad (\Phi_i)_O = \Phi(x_{(i)\,O}) \tag{5.2.51}$$

auf der Merkmalachse den Bereich $x_{(i)\,U} \leqq x \leqq x_{(i)\,O}$ ab, dann liegt der beobachtete Wert $x_{(i)}$ einer Probe der Größe n mit der Sicherheit $S = 1 - \alpha$ in diesem Bereich; Abbildung 5.2.1.

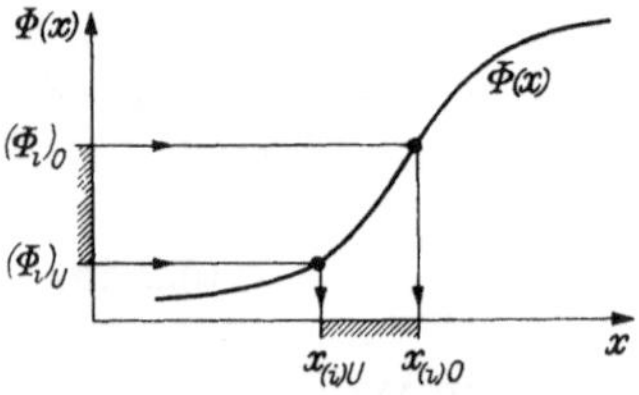

Bei Klasseneinteilung: Es liege eine Stichprobe der Größe n in k Klassen aus einer Verteilung mit der *bekannten* Summenfunktion $\Phi(x)$ vor (vgl. S. 36). Den Zufallsbereich für die der festen oberen Klassengrenze x_j' zugeordnete Summenhäufigkeit H_j findet man zu $(H_j)_U = \hat{p}_U$

Abb. 5.2.1. Zur Abgrenzung des Zufallsbereichs für $x_{(i)}$

und $(H_j)_O = \hat{p}_O$ aus Abschn. 5.2 b), wenn man in den dort angegebenen Gleichungen $p = \Phi(x_j')$ setzt. Die Abgrenzung des Zufallsbereichs für die beobachtete Summenhäufigkeit $H(x)$ gilt (nicht nur für die Klassengrenzen x_j', sondern) für beliebige Merkmalwerte $x = $ konst., wobei $p = \Phi(x)$ zu setzen ist.

5.3 Schluß von der Stichprobe auf die Gesamtheit. Vertrauensgrenzen (Konfidenzgrenzen), Vertrauensbereich (Konfidenzbereich)

a) Allgemeine Vertrauensgrenzen, allgemeiner Vertrauensbereich

Der aus den Beobachtungen ermittelte Wert der Kenngröße in der Stichprobe sei z. Die zugehörige unbekannte Kenngröße der Gesamtheit sei ξ. Mit z berechnet man für eine vorgegebene Sicherheit $S = 1 - \alpha$ die einseitige obere (ξ_O) bzw. die einseitige untere (ξ_U) Vertrauensgrenze oder den zweiseitigen Vertrauensbereich ($\xi_U \leqq \xi \leqq \xi_O$) für die Kenngröße ξ der Gesamtheit, aus der die Probe entnommen wurde.

Bei einseitiger Abgrenzung trifft die Aussage $\xi \leqq \xi_O$ bzw. $\xi \geqq \xi_U$, bei zweiseitiger Abgrenzung die Aussage $\xi_U \leqq \xi \leqq \xi_O$ im Mittel auf lange Sicht bei dem Anteil $S = 1 - \alpha$ aller Fälle zu. [M.a.W.: Die Aussagen $\xi \leqq \xi_O$ bzw. $\xi \geqq \xi_U$ oder $\xi_U \leqq \xi \leqq \xi_O$ sind mit der Wahrscheinlichkeit $(1 - \alpha)$ richtig und mit der Wahrscheinlichkeit α falsch.]

b) Vertrauensgrenzen bzw. -bereiche bei Normalverteilung (vgl. Abschnitt 3.2)

Mittelwert μ; Standardabweichung σ der Gesamtheit bekannt

Wird μ durch $\bar{x}$ geschätzt, dann sind die *einseitigen Vertrauensgrenzen* zur Sicherheit $S = 1 - \alpha$

$$\mu_U = \bar{x} - u_{1-\alpha}\frac{\sigma}{\sqrt{n}} \quad \text{bzw.} \quad \mu_O = \bar{x} + u_{1-\alpha}\frac{\sigma}{\sqrt{n}}, \qquad (5.3.1)$$

der *zweiseitige Vertrauensbereich* zur Sicherheit $S = 1 - \alpha$

$$\bar{x} - u_{1-(\alpha/2)}\frac{\sigma}{\sqrt{n}} \leqq \mu \leqq \bar{x} + u_{1-(\alpha/2)}\frac{\sigma}{\sqrt{n}}. \qquad (5.3.2)$$

Zahlenwerte für $u_{1-\alpha}$ und $u_{1-(\alpha/2)}$ s. Tab. C 2 und C 3.

Mittelwert μ; Standardabweichung σ der Gesamtheit nicht bekannt

Wird μ durch $\bar{x}$ und σ durch s geschätzt, dann sind die *einseitigen Vertrauensgrenzen* zur Sicherheit $S = 1 - \alpha$

$$\mu_U = \bar{x} - t_{1-\alpha;f}\frac{s}{\sqrt{n}} \quad \text{bzw.} \quad \mu_O = \bar{x} + t_{1-\alpha;f}\frac{s}{\sqrt{n}} \quad \text{mit } f = n - 1, \quad (5.3.3)$$

der *zweiseitige Vertrauensbereich* zur Sicherheit $S = 1 - \alpha$

$$\bar{x} - t_{1-(\alpha/2);f}\frac{s}{\sqrt{n}} \leqq \mu \leqq \bar{x} + t_{1-(\alpha/2);f}\frac{s}{\sqrt{n}} \quad \text{mit } f = n - 1. \qquad (5.3.4)$$

Zahlenwerte für $t_{1-\alpha;f}$ s. Tab. C 4 oder Nomogramm D 1.
Zahlenwerte für $t_{1-(\alpha/2);f}$ s. Tab. C 5.

4*

Relative Weite des Vertrauensbereichs um $\bar{x}$ *zur Sicherheit* $S = 1 - \alpha$:

$$p = t_{1-(\alpha/2)\,;\,f}\,\frac{s}{\bar{x}\sqrt{n}}\,. \tag{5.3.5}$$

Zahlenwerte für p siehe Nomogramme D 5 bis D 7.

Wird μ durch $\bar{x}_m$ nach (5.1.16) bzw. durch $\bar{x}_Q$ nach (5.1.17) geschätzt, dann berechnet man die zugeordneten Bereiche für μ zur Sicherheit $S = 1 - \alpha$ angenähert, indem man in (5.3.1) bis (5.3.5) n durch den Anteil $E\,n$ ersetzt.

Mittelwert μ; Spannweitenverfahren bei kleinem Stichprobenumfang

Wird μ durch $\bar{x}$ und σ mit Hilfe von R geschätzt, dann ist der *zweiseitige Vertrauensbereich* zur Sicherheit $S = 1 - \alpha$

$$\bar{x} - \lambda_{1-(\alpha/2)}\,R \;\leqq\; \mu \leqq\; \bar{x} + \lambda_{1-(\alpha/2)}\,R\,, \tag{5.3.6}$$

wobei die Zahlenwerte $\lambda_{1-(\alpha/2)}$ für Proben der Größe $2 \leqq n \leqq 20$ aus (5.3.7) zu entnehmen sind.

Tab. 5.3.7.[1] *Zahlenwerte* $\lambda_{1-\alpha}$ *zur Berechnung des Vertrauensbereichs nach* (5.3.6)

n \ α	5 %	2,5 %	1 %	0,5 %	0,1 %	0,05 %
2	3,157	6,353	15,910	31,828	159,16	318,31
3	0,885	1,304	2,111	3,008	6,77	9,58
4	,529	0,717	1,023	1,316	2,29	2,85
5	,388	,507	0,685	0,843	1,32	1,58
6	0,312	0,399	0,523	0,628	0,92	1,07
7	,263	,333	,429	,507	,71	0,82
8	,230	,288	,366	,429	,59	,67
9	,205	,255	,322	,374	,50	,57
10	,186	,230	,288	,333	,44	,50
11	0,170	0,210	0,262	0,302	0,40	0,44
12	,158	,194	,241	,277	,36	,40
13	,147	,181	,224	,256	,33	,37
14	,138	,170	,209	,239	,31	,34
15	,131	,160	,197	,224	,29	,32
16	0,124	0,151	0,186	0,212	0,27	0,30
17	,118	,144	,177	,201	,26	,28
18	,113	,137	,168	,191	,24	,26
19	,108	,131	,161	,182	,23	,25
20	,104	,126	,154	,175	,22	,24

(5.3.7)

[1] Nach E. LORD. The use of range in place of standard deviation in the t-test. Biometrika 34, 1947, S. 41.

Mittelwert $\mu \equiv$ Zentralwert (Median) ζ; Abgrenzung mit $\tilde{x}$ und s

Wird μ bzw. ζ durch $\tilde{x}$ und σ durch s geschätzt, dann sind
die *einseitigen Vertrauensgrenzen* für $\mu \equiv \zeta$ zur Sicherheit $S = 1 - \alpha$

$$\mu_U \equiv \zeta_U = \tilde{x} - t_{1-\alpha;f}\, c_n \frac{s}{\sqrt{n}} \quad \text{bzw.} \quad \mu_O \equiv \zeta_O = \tilde{x} + t_{1-\alpha;f}\, c_n \frac{s}{\sqrt{n}}$$

mit $f = (n - 1)$, $\hspace{6cm}$ (5.3.8)

der *zweiseitige Vertrauensbereich* für $\mu \equiv \zeta$ zur Sicherheit $S = 1 - \alpha$

$$\tilde{x} - t_{1-(\alpha/2);f}\, c_n \frac{s}{\sqrt{n}} \;\leqq\; \mu \;\leqq\; \tilde{x} + t_{1-(\alpha/2);f}\, c_n \frac{s}{\sqrt{n}} \quad \text{mit } f = (n-1). \quad (5.3.9)$$

Zahlenwerte für $t_{1-\alpha;\,f}$ s. Tab. C 4 oder Nomogramm D 1.
Zahlenwerte für $t_{1-(\alpha/2);\,f}$ s. Tab. C 5.
Zahlenwerte c_n nach Tab. C 18.

Varianz σ^2 und Standardabweichung σ

Einseitige Vertrauensgrenzen zur Sicherheit $S = 1 - \alpha$

$$\sigma_U^2 = \frac{f}{\chi^2_{1-\alpha;f}}\, s^2 = \varkappa_U^2\, s^2 \quad \text{bzw.} \quad \sigma_O^2 = \frac{f}{\chi^2_{\alpha;f}}\, s^2 = \varkappa_O^2\, s^2 \hspace{2cm} (5.3.10)$$

mit $f = (n - 1)$

und

$$\sigma_U = \varkappa_U\, s \quad \text{bzw.} \quad \sigma_O = \varkappa_O\, s. \hspace{3cm} (5.3.11)$$

Zweiseitige Vertrauensbereiche zur Sicherheit $S = 1 - \alpha$

$$\frac{f}{\chi^2_{1-(\alpha/2);f}}\, s^2 \;\leqq\; \sigma^2 \;\leqq\; \frac{f}{\chi^2_{\alpha/2;f}}\, s^2 \hspace{3cm} (5.3.12)$$

und $\hspace{1cm}$ $\text{mit } f = (n-1)$

$$\sqrt{\frac{f}{\chi^2_{1-(\alpha/2);f}}}\; s \;\leqq\; \sigma \;\leqq\; \sqrt{\frac{f}{\chi^2_{\alpha/2;f}}}\, s. \hspace{3cm} (5.3.13)$$

Zahlenwerte für $\varkappa_U$ und $\varkappa_O$ s. Nomogramme D 8 bis D 10.
Zahlenwerte für $\chi^2_{1-\alpha;\,f}$ s. Tab. C 6 oder Nomogramme D 2 und D 3.
Wird σ^2 bzw. σ durch s_m^2 bzw. s_m nach (5.1.30) geschätzt, dann
findet man die zugeordneten Bereiche für σ^2 bzw. σ zur Sicherheit
$S = 1 - \alpha$ angenähert, indem man in (5.3.10) bis (5.3.13) n durch den
Anteil $E\, n$ ersetzt.

Standardabweichung σ (aus einem Spannweiten-Mittelwert $\overline{R}$):

Die (zufällig angeordneten) n Werte der Gesamtprobe werden in k
Gruppen oder Unterproben der Größe m geteilt; $k\, m = n$. Aus dem
Mittelwert $\overline{R}$ der k Spannweiten R_i erhält man
einseitige Vertrauensgrenzen für σ zur Sicherheit $S = 1 - \alpha$

$$\sigma_U = \frac{\overline{R}/\alpha_m}{1 + u_{1-\alpha}\gamma_m \dfrac{1}{\sqrt{k}}} \quad \text{bzw.} \quad \sigma_O = \frac{\overline{R}/\alpha_m}{1 - u_{1-\alpha}\gamma_m \dfrac{1}{\sqrt{k}}}, \hspace{1.5cm} (5.3.14)$$

den *zweiseitigen Vertrauensbereich* für σ zur Sicherheit $S = 1 - \alpha$

$$\frac{\overline{R}/\alpha_m}{1 + u_{1-(\alpha/2)}\,\gamma_m\,\dfrac{1}{\sqrt{k}}} \leqq \sigma \leqq \frac{\overline{R}/\alpha_m}{1 - u_{1-(\alpha/2)}\,\gamma_m\,\dfrac{1}{\sqrt{k}}}. \qquad (5.3.15)$$

Zahlenwerte für $u_{1-\alpha}$ und $u_{1-(\alpha/2)}$ s. Tab. C 2 und C 3.

Zahlenwerte für $\alpha_m \equiv d_2(m)$ und γ_m s. Tab. C 11, Spalte 2 und 4.

Variationszahl (Variationskoeffizient) γ

Wegen der exakten Berechnung der Vertrauensgrenzen für die Variationszahl $\gamma = \sigma/\mu$ vgl. N. L. JOHNSON und B. L. WELCH, Biometrika *31* (1939/40), S. 362.

Für $V = s/\bar{x} < 35\%$ und $n > 10$ genügt die Näherung für die *einseitigen Vertrauensgrenzen* zur Sicherheit $S = 1 - \alpha$

$$\gamma_U \approx \omega_U\,V \quad \text{bzw.} \quad \gamma_O \approx \omega_O\,V \qquad (5.3.16)$$

mit

$$\omega_U = \frac{1}{1 + a\sqrt{1 + 2\,V^2}} \quad \text{bzw.} \quad \omega_O = \frac{1}{1 - a\sqrt{1 + 2\,V^2}} \qquad (5.3.17)$$

und

$$a = \frac{u_{1-\alpha}}{\sqrt{2(n-1)}}.$$

Als grobe Abschätzung genügt in den meisten Fällen

$$\omega_U \approx \varkappa_U \quad \text{bzw.} \quad \omega_O \approx \varkappa_O. \qquad (5.3.18)$$

Zahlenwerte für $\varkappa_U$ und $\varkappa_O$ s. Nomogramme D 8 bis D 10.

Für den *zweiseitigen Vertrauensbereich* zur Sicherheit $S = 1 - \alpha$ gilt

$$\omega_U\,V \lessgtr \gamma \lessgtr \omega_O\,V \qquad (5.3.19)$$

mit ω_U und ω_O nach (5.3.17), wobei man a jedoch mit $u_{1-(\alpha/2)}$ anstatt mit $u_{1-\alpha}$ berechnet.

Zahlenwerte für $u_{1-\alpha}$ und $u_{1-(\alpha/2)}$ s. Tab. C 2 und C 3.

Schiefe γ_1

Für große Stichproben n $(n \gtrsim 50)$ ist g_1 angenähert normal verteilt mit

$$M\{g_1\} = 0, \qquad (5.3.20)$$

$$V\{g_1\} = \sigma_{g_1}^2 = \frac{6n(n-1)}{(n-2)(n+1)(n+3)} \approx \frac{6}{n}. \qquad (5.3.21)$$

Dann ergeben sich die *einseitigen Vertrauensgrenzen* zur Sicherheit $S = 1 - \alpha$

$$\gamma_{1U} \approx g_1 - u_{1-\alpha}\sqrt{6/n} \quad \text{bzw.} \quad \gamma_{1O} \approx g_1 + u_{1-\alpha}\sqrt{6/n}, \qquad (5.3.22)$$

der *zweiseitige Vertrauensbereich* zur Sicherheit $S = 1 - \alpha$

$$g_1 - u_{1-(\alpha/2)} \sqrt{6/n} \;\;\leqq\; \gamma_1 \leqq\;\; g_1 + u_{1-(\alpha/2)} \sqrt{6/n}. \qquad (5.3.23)$$

Zahlenwerte für $u_{1-\alpha}$ und $u_{1-(\alpha/2)}$ s. Tab. C 2 und C 3.

c) Vertrauensgrenzen bzw. -bereiche bei Binomialverteilung (vgl. Abschnitt 2.3)

Grundwahrscheinlichkeit p

Mit $x = n\,\hat{p}$ erhält man die *einseitigen Vertrauensgrenzen* zur Sicherheit $S = 1 - \alpha$

$$p_U = \frac{x}{x + (n - x + 1)\,F_{1-\alpha}(f_1;\,f_2)} \quad \text{mit} \quad f_1 = 2(n - x + 1); \quad f_2 = 2x$$

bzw. $\qquad\qquad\qquad\qquad\qquad\qquad\qquad\qquad\qquad\qquad\qquad (5.3.24)$

$$p_O = \frac{(x + 1)\,F_{1-\alpha}(f_1;\,f_2)}{n - x + (x + 1)\,F_{1-\alpha}(f_1;\,f_2)} \quad \text{mit} \quad f_1 = 2(x + 1); \quad f_2 = 2(n - x),$$

den *zweiseitigen Vertrauensbereich* zur Sicherheit $S = 1 - \alpha$

$$p_U \leqq p \leqq p_O, \qquad (5.3.25)$$

wobei

$$p_U = \frac{x}{x + (n - x + 1)\,F_{1-(\alpha/2)}(f_1;\,f_2)} \quad \text{mit} \quad f_1 = 2(n - x + 1); \quad f_2 = 2x$$

und

$$p_O = \frac{(x + 1)\,F_{1-(\alpha/2)}(f_1;\,f_2)}{n - x + (x + 1)\,F_{1-(\alpha/2)}(f_1;\,f_2)} \quad \text{mit} \quad f_1 = 2(x + 1); \quad f_2 = 2(n - x)$$

ist.

Zahlenwerte für $F_{1-\alpha}(f_1;\,f_2)$ s. Tab. C 7 bis C 10.

Zahlenwerte für p_U und p_O bei zweiseitiger Abgrenzung mit $S = 95\%$ und $S = 99\%$ entnimmt man den Nomogrammen D 11 und D 12.

Anleitung: Die Schnittpunkte der Senkrechten durch $\hat{p}$ mit den beiden Kurven für n liefern auf der Ordinate die Werte p_U und p_O.

Grundwahrscheinlichkeit p; Näherung durch NV

Wird $\qquad\qquad p_U \geqq \dfrac{12}{n + 12} \quad \text{bzw.} \quad p_O \leqq \dfrac{n}{n + 12} \qquad (5.3.26)$

(vgl. Nomogramm D 13), dann erhält man mit $\hat{p}$ die *einseitigen Vertrauensgrenzen* zur Sicherheit $S = 1 - \alpha$

$$p_U \approx \hat{p} - \frac{1}{2n} - u_{1-\alpha} \sqrt{\frac{\hat{p}(1 - \hat{p})}{n}}$$

$$\qquad\qquad\qquad\qquad\qquad\qquad\qquad\qquad (5.3.27)$$

bzw. $\qquad\qquad p_O \approx \hat{p} + \dfrac{1}{2n} + u_{1-\alpha} \sqrt{\dfrac{\hat{p}(1 - \hat{p})}{n}},$

den *zweiseitigen Vertrauensbereich* zur Sicherheit $S = 1 - \alpha$

$$\hat{p} - \frac{1}{2n} - u_{1-(\alpha/2)} \sqrt{\frac{\hat{p}(1-\hat{p})}{n}} \;\leqq\; p \;\leqq\; \hat{p} + \frac{1}{2n} + u_{1-(\alpha/2)} \sqrt{\frac{\hat{p}(1-\hat{p})}{n}} .$$
$$(5.3.28)$$

Zahlenwerte für $u_{1-\alpha}$ und $u_{1-(\alpha/2)}$ s. Tab. C 2 und C 3.

Grundwahrscheinlichkeit p; Näherung mit Winkeltransformation

Wird $\qquad\qquad p_U \geqq \dfrac{12}{n+12} \quad$ bzw. $\quad p_O \leqq \dfrac{n}{n+12}$

(vgl. Nomogramm D 13), dann erhält man mit $\hat{p}$ die *einseitigen Vertrauensgrenzen* p_U bzw. p_O zur Sicherheit $S = 1 - \alpha$ aus

$$\arcsin \sqrt{p_U} \approx \arcsin \sqrt{\hat{p}} - \frac{u_{1-\alpha}}{2\sqrt{n}}$$
$$(5.3.29)$$

bzw. $\qquad\qquad \arcsin \sqrt{p_O} \approx \arcsin \sqrt{\hat{p}} + \frac{u_{1-\alpha}}{2\sqrt{n}} .$

Der *zweiseitige Vertrauensbereich* zur Sicherheit $S = 1 - \alpha$ ist

$$p_U \leqq p \leqq p_O, \qquad\qquad (5.3.30)$$

wobei p_U und p_O aus

$$\arcsin \sqrt{p_U} \approx \arcsin \sqrt{\hat{p}} - \frac{u_{1-(\alpha/2)}}{2\sqrt{n}}$$

und $\qquad\qquad \arcsin \sqrt{p_O} \approx \arcsin \sqrt{\hat{p}} + \frac{u_{1-(\alpha/2)}}{2\sqrt{n}}$

bestimmt werden.

Zahlenwerte für $y = \arcsin \sqrt{p}$ s. Tab. C 15.
Zahlenwerte für $u_{1-\alpha}$ und $u_{1-(\alpha/2)}$ s. Tab. C 2 und C 3.

Grundwahrscheinlichkeit p; Graphische Ermittlung im Binomialpapier nach Mosteller-Tukey (vgl. Beispiel 8)

Einseitige Vertrauensgrenzen zur Sicherheit $S = 1 - \alpha$: Man zeichnet zur beobachteten relativen Häufigkeit $x/n = \hat{p}$ den Strahl s und zu s im Abstand $u_{1-\alpha}/2$ die Parallele s_U unterhalb s [bzw. s_O oberhalb s]. Der Schnittpunkt der Geraden s_U [bzw. s_O] mit dem Kreis vom Halbmesser $n = $ konst hat die Ordinate $x_U = n\,p_U$ [bzw. $x_O = n\,p_O$].

Zweiseitiger Vertrauensbereich zur Sicherheit $S = 1 - \alpha$: Ermittlung wie bei den einseitigen Vertrauensgrenzen, jedoch mit den Parallelen s'_U und s'_O im Abstand $u_{1-(\alpha/2)}/2$ von s.

Grundwahrscheinlichkeit p; Sonderfall $\hat{p} = 0$ bzw. $\hat{p} = 1$

Ist $\hat{p} = 0$, dann erhält man die *einseitige obere Vertrauensgrenze* p_O zur Sicherheit $S = 1 - \alpha$

$$p_O = 1 - \sqrt[n]{\alpha}. \qquad\qquad (5.3.31)$$

Für $S = 95\%$ und $n > 50$ gilt angenähert

$$p_O \approx \frac{3}{n}\,. \tag{5.3.32}$$

Ist $\hat{p} = 1$, dann erhält man die *einseitige untere Vertrauensgrenze* p_U zur Sicherheit $S = 1 - \alpha$

$$p_U = \sqrt[n]{\alpha}\,. \tag{5.3.33}$$

Für $S = 95\%$ und $n > 50$ gilt angenähert

$$p_U \approx 1 - \frac{3}{n} \tag{5.3.34}$$

d) Vertrauensgrenzen bzw. -bereiche bei Poisson-Verteilung (vgl. Abschnitt 2.4)

Mittelwert μ

Mit der beobachteten Ereigniszahl x erhält man die *einseitigen Vertrauensgrenzen* zur Sicherheit $S = 1 - \alpha$

$$\text{bzw.} \qquad \begin{aligned} \mu_U &= \tfrac{1}{2}\,\chi^2_{\alpha;\,f} \quad \text{mit} \quad f = 2x \\ \mu_O &= \tfrac{1}{2}\,\chi^2_{1-\alpha;\,f} \quad \text{mit} \quad f = 2(x+1), \end{aligned} \tag{5.3.35}$$

den *zweiseitigen Vertrauensbereich* zur Sicherheit $S = 1 - \alpha$

$$\mu_U \leqq \mu \leqq \mu_O \tag{5.3.36}$$

aus $\qquad\qquad \mu_U = \tfrac{1}{2}\chi^2_{\alpha/2;\,f} \qquad \text{mit} \quad f = 2x$

und $\qquad\qquad \mu_O = \tfrac{1}{2}\chi^2_{1-(\alpha/2);\,f} \quad \text{mit} \quad f = 2(x+1).$

Zahlenwerte für $\chi^2_{1-\alpha;\,f}$ s. Tab. C 6 oder Nomogramme D 2 und D 3.

Zahlenwerte für μ_U bzw. μ_O bei einseitiger Abgrenzung mit $S = 95\%$, $97,5\%$, 99%, $99,5\%$ entnimmt man dem Nomogramm D 14.

Anleitung: Der Schnittpunkt der Senkrechten durch x mit der Kurve für das gewählte S liefert auf der Ordinate den Wert μ_U bzw. μ_O.

Mittelwert μ; Näherung bei großen x

Ist die beobachtete Ereigniszahl $x \gtrsim 9$, dann erhält man näherungsweise die *einseitigen Vertrauensgrenzen* zur Sicherheit $S = 1 - \alpha$

$$\text{bzw.} \qquad \begin{aligned} \mu_U &\approx x - \tfrac{1}{2} + \tfrac{1}{4}u^2_{1-\alpha} - u_{1-\alpha}\sqrt{x - \tfrac{1}{2}} \\ \mu_O &\approx x + \tfrac{1}{2} + \tfrac{1}{4}u^2_{1-\alpha} + u_{1-\alpha}\sqrt{x + \tfrac{1}{2}}, \end{aligned} \tag{5.3.37}$$

den *zweiseitigen Vertrauensbereich* zur Sicherheit $S = 1 - \alpha$

$$x - \tfrac{1}{2} + \tfrac{1}{4} u^2_{1-(\alpha/2)} - u_{1-(\alpha/2)} \sqrt{x - \tfrac{1}{2}} \leqq$$

$$\leqq \mu \leqq \quad x + \tfrac{1}{2} + \tfrac{1}{4} u^2_{1-(\alpha/2)} + u_{1-(\alpha/2)} \sqrt{x + \tfrac{1}{2}}. \qquad (5.3.38)$$

Zahlenwerte für $u_{1-\alpha}$ und $u_{1-(\alpha/2)}$ s. Tab. C 2 und C 3.

Übergang auf den *t*-fachen Zählabschnitt

Wird anstelle der Ereigniszahl x im Zählabschnitt A die Ereigniszahl y im t-fachen Zählabschnitt tA beobachtet, dann erhält man Vertrauensgrenzen bzw. -bereiche für μ (bezogen auf A), indem man in (5.3.35) bis (5.3.38) x durch y ersetzt und die gefundenen Grenzen durch t dividiert.

e) Vertrauensgrenzen bei beliebiger stetiger Verteilung

Mittelwert μ

Einschränkung: Probengröße $n \leqq 20$.

1. Man bestimmt einen Näherungswert a für die obere [bzw. b für die untere] Vertrauensgrenze von μ, beispielsweise aus (5.3.3).

2. Man bildet die Abweichungen $(x_i - a)$ [bzw. $(x_i - b)$] der n Meßwerte x_i von a [bzw. b].

3. Man bringt die Beträge $|x_i - a|$ [bzw. $|x_i - b|$] der Abweichungen in eine Rangfolge, d. h., man ordnet sie der Größe nach und versieht sie — ausgehend vom kleinsten Betrag — fortlaufend mit den Rangzahlen $1, 2, \ldots, n$.

Sind die nach der Größe geordneten Beträge Nr. ν bis Nr. $(\nu + c)$ gleich, dann erhält jeder dieser $(c + 1)$ Beträge die Rangzahl $\nu + (c/2)$.

Zu jeder Rangzahl wird vermerkt, ob die zugehörige Abweichung positiv oder negativ ist.

4. Die Rangzahlen der positiven Abweichungen $(x_i - a)$ seien r'_i [bzw. die Rangzahlen der negativen Abweichungen $(x_i - b)$ seien r''_i] und ihre Summe sei

$$R' = \sum r'_i \qquad [\text{bzw. } R'' = \sum r''_i].$$

5. Man berechnet

$$L' = R' - \frac{n(n+1)}{4} + u_{1-\alpha} \sqrt{\frac{1}{24} n(n+1)(2n+1)}$$

$$\left[\text{bzw. } \quad L'' = R'' - \frac{n(n+1)}{4} + u_{1-\alpha} \sqrt{\frac{1}{24} n(n+1)(2n+1)}\right]. \qquad (5.3.39)$$

6. Man verändert den Näherungswert a so, daß $L' = 0$ [bzw. b so, daß $L'' = 0$] wird. Dann ist $a = \mu_O$ die *einseitige obere* [bzw. $b = \mu_U$ die *einseitige untere*] Vertrauensgrenze für μ zur Sicherheit $S = 1 - \alpha$.

Zahlenwerte für $u_{1-\alpha}$ s. Tab. C 2.

Zentralwert ζ

Die *einseitige untere Vertrauensgrenze* für ζ zur Sicherheit $S = 1 - \alpha$ ist

$$\zeta_U = x_{(k)}, \tag{5.3.40}$$

die *einseitige obere Vertrauensgrenze* für ζ zur Sicherheit $S = 1 - \alpha$ ist

$$\zeta_O = x_{(n-k+1)}, \tag{5.3.41}$$

wobei $x_{(k)}$ der Wert Nr. k, $x_{(n-k+1)}$ der Wert Nr. $(n - k + 1)$ der geordneten Stichprobe ist und $k = k(n; 1 - \alpha)$ zur Probengröße n und zur Sicherheit $S = 1 - \alpha$ aus

$$\sum_{i=0}^{k} \binom{n}{i} \frac{1}{2^n} \leqq \alpha < \sum_{i=0}^{k+1} \binom{n}{i} \frac{1}{2^n} \tag{5.3.42}$$

ermittelt wird.

a) $1 < n \leqq 80$: Zahlenwerte für $k(n; 1 - \alpha)$ s. Tab. C 14.

b) $n > 50$: Zahlenwerte für $k(n; 1 - \alpha)$ erhält man in guter Näherung aus

$$k = \frac{n-1}{2} - u_{1-\alpha} \frac{1}{2} \sqrt{n}. \tag{5.3.43}$$

Zahlenwerte für $u_{1-\alpha}$ s. Tab. C 2.

Varianz σ^2 und Standardabweichung σ

1. Die Gesamtprobe der Größe n wird zufallsmäßig (z. B. unter Benutzung von Zufallszahlen, vgl. Tab. C 19) in l Unterproben $1, 2, \ldots,$ $i, \ldots, l$ der gleichen Größe m ($m \geqq 3$) unterteilt, wobei natürlich $m \, l = n$ sein muß.

2. Für jede Unterprobe i wird die Varianz s_i^2 ihrer m Werte und daraus

$$y_i = \log s_i^2 \tag{5.3.44}$$

berechnet.

3. Mittelwert $\bar{y}$ und Varianz s_y^2 der l Werte y_i werden gebildet zu

$$\bar{y} = \frac{1}{l} \sum_{i=1}^{l} y_i, \tag{5.3.45}$$

$$s_y^2 = \frac{1}{l-1} \sum_{i=1}^{l} (y_i - \bar{y})^2. \tag{5.3.46}$$

4. Man berechnet

$$\eta_U = \bar{y} - t_{1-\alpha; f} \frac{s_y}{\sqrt{l}}, \tag{5.3.47}$$

bzw.

$$\eta_O = \bar{y} + t_{1-\alpha; f} \frac{s_y}{\sqrt{l}}, \tag{5.3.48}$$

mit $f = l - 1$.

Zahlenwerte für $t_{1-\alpha; f}$ s. Tab. C 4 oder Nomogramm D 1.

5. Dann ist der Numerus von $\bar{y}$ ein Schätzwert für σ^2, der Numerus von η_U die *einseitige untere Vertrauensgrenze* für σ^2 zur Sicherheit $S = 1 - \alpha$ bzw. der Numerus von η_O die *einseitige obere Vertrauensgrenze* für σ^2 zur Sicherheit $S = 1 - \alpha$. Die Quadratwurzeln aus den Numeri liefern die Vertrauensgrenzen für σ zur Sicherheit $S = 1 - \alpha$.

5.4 Toleranzgrenzen und Toleranzbereich

Gesucht wird ein einseitig durch T_U nach unten bzw. T_O nach oben oder ein zweiseitig durch T_U und T_O abgegrenzter Bereich (Toleranzbereich), in dem mit der vorgeschriebenen Sicherheit $S = 1 - \alpha$ der relative Anteil $(1 - \gamma)$ einer Gesamtheit zu erwarten ist, wenn eine Zufallsprobe der Größe n vorliegt.

Diese statistisch erklärten Toleranzgrenzen bzw. -bereiche sind nicht mit den technischen Toleranzen (z. B. Zeichnungstoleranzen) zu verwechseln. Die technischen Toleranzbereiche sollten aber mindestens so weit sein wie die statistischen, wenn ein Auslesen der Fertigung vermieden werden soll.

a) Toleranzgrenzen und -bereiche bei Normalverteilung (vgl. Abschn. 3.2)

Varianz σ^2 der Gesamtheit bekannt

Mit $\bar{x}$ und σ erhält man die *einseitigen Toleranzgrenzen* zur Sicherheit $S = 1 - \alpha$

$$T_U = \bar{x} - \left(u_{1-\gamma} + u_{1-\alpha}\frac{1}{\sqrt{n}}\right)\sigma$$

bzw.
$$T_O = \bar{x} + \left(u_{1-\gamma} + u_{1-\alpha}\frac{1}{\sqrt{n}}\right)\sigma,$$

(5.4.1)

den *zweiseitigen Toleranzbereich* zur Sicherheit $S = 1 - \alpha$

$$\bar{x} - u_{\alpha,\gamma}\,\sigma \;\leqq\; x \;\leqq\; \bar{x} + u_{\alpha,\gamma}\,\sigma,$$

(5.4.2)

wobei $u_{\alpha,\gamma}$ aus

$$\frac{1}{\sqrt{2\pi}} \int_{U(\alpha;\,n)-u_{\alpha,\gamma}}^{U(\alpha;\,n)+u_{\alpha,\gamma}} e^{-\frac{t^2}{2}}\,dt = 1 - \gamma$$

(5.4.3)

mit Hilfe von (3.2.7) zu berechnen ist. Dabei ist $U(\alpha;\,n) = u_{1-(\alpha/2)}/\sqrt{n}$. Zahlenwerte für $u_{1-\alpha}$ und $u_{1-(\alpha/2)}$ s. Tab. C 2 und C 3.

Varianz σ^2 der Gesamtheit nicht bekannt

Mit $\bar{x}$ und s erhält man für $n \gtrsim 5$ die *einseitigen Toleranzgrenzen* zur Sicherheit $S = 1 - \alpha$

$$T_U = \bar{x} - k'_T\,s \quad \text{bzw.} \quad T_O = \bar{x} + k'_T\,s$$

(5.4.4)

mit

$$k_T' = \frac{2(n-1)}{2(n-1) - u_{1-\alpha}^2}\left[u_{1-\gamma} + u_{1-\alpha}\sqrt{\frac{2(n-1) + n\,u_{1-\gamma}^2 - u_{1-\alpha}^2}{2n(n-1)}}\,\right]. \quad (5.4.5)$$

Zahlenwerte für $u_{1-\alpha}$ s. Tab. C 2; Zahlenwerte für k_T' s. Abb. 5.4.1.

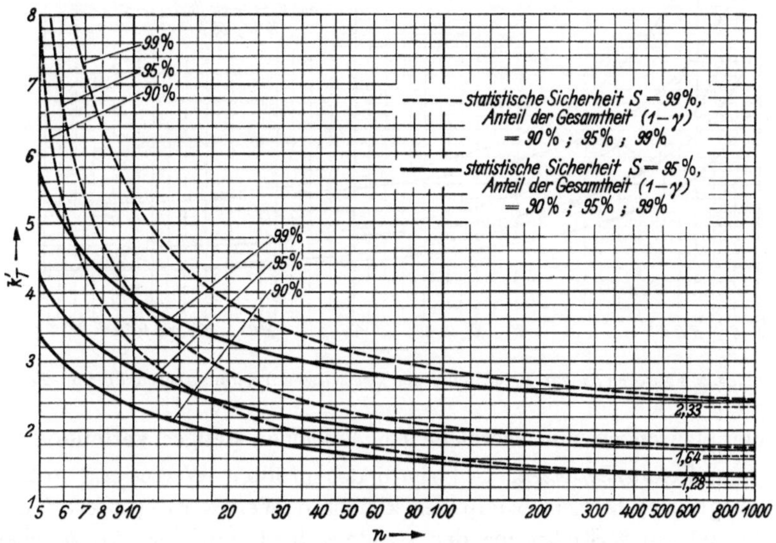

Abb. 5.4.1. Faktoren k_T' zur Berechnung der einseitigen Toleranzgrenzen T_U bzw. T_O

Mit $\bar{x}$ und s erhält man für $n \gtrless 5$ den *zweiseitigen Toleranzbereich* zur Sicherheit $S = 1 - \alpha$

$$\bar{x} - k_T s \leqq x \leqq \bar{x} + k_T s \quad (5.4.6)$$

mit
$$k_T = r(n;\, 1 - \gamma)\, v(f;\, 1 - \alpha), \quad (5.4.7)$$

wobei
$$v = \sqrt{\frac{f}{\chi_{\alpha;\, f}^2}} \quad \text{mit} \quad f = n - 1 \quad \text{ist.}$$

Der Faktor r wird aus

$$\frac{1}{\sqrt{2\pi}} \int\limits_{\frac{1}{\sqrt{n}} - r}^{\frac{1}{\sqrt{n}} + r} e^{-\frac{t^2}{2}}\, dt = 1 - \gamma \quad (5.4.8)$$

mit Hilfe von (3.2.7) bestimmt.

Zahlenwerte für $\chi_{1-\alpha;\, f}^2$ s. Tab. C 6 oder Nomogramme D 2 und D 3.

Zahlenwerte für k_T s. Abb. 5.4.2.

Zahlenwerte für $r(n;\, 1 - \gamma)$ und $v(f;\, 1 - \alpha)$ s. Tab. C 17.

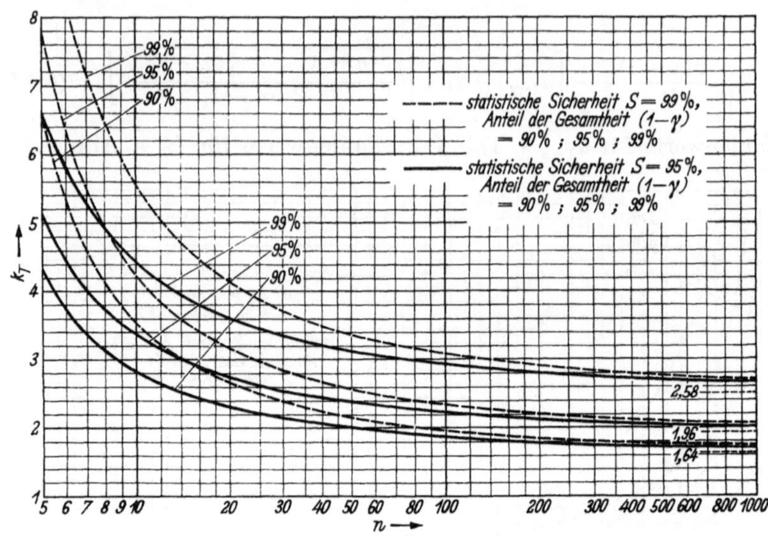

Abb. 5.4.2. Faktoren k_T zur Berechnung der zweiseitigen Toleranzgrenzen T_U und T_O

b) Toleranzgrenzen und -bereiche bei beliebiger stetiger Verteilung

Einseitige Toleranzgrenzen. Unterhalb des größten Wertes $x_{(n)}$ (obere Toleranzgrenze) bzw. oberhalb des kleinsten Wertes $x_{(1)}$ (untere Toleranzgrenze) einer Stichprobe der Größe n liegt mit der statistischen Sicherheit $S = 1 - \alpha$ der relative Anteil $(1 - \gamma)$ der Grundgesamtheit, wenn gilt

$$(1 - \gamma)^n = \alpha. \tag{5.4.9}$$

n ist in Abhängigkeit von $(1 - \gamma)$ und $S = 1 - \alpha$ aus Tab. 5.4.3 zu entnehmen:

Tab. 5.4.3[1] *Stichprobengröße n zur Bestimmung einseitiger Toleranzgrenzen in Abhängigkeit von S und $(1 - \gamma)$*

Sicherheit $S = 1 - \alpha$	relativer Anteil $(1 - \gamma)$ der Grundgesamtheit						
	0,50	0,70	0,75	0,80	0,85	0,90	0,95
0,800	3	5	6	8	10	16	32
,900	4	7	9	11	15	22	45
,950	5	9	11	14	19	29	59
,975	6	11	13	17	23	36	72
,990	7	13	17	21	29	44	90
,995	8	15	19	24	33	51	104
,999	10	20	25	31	43	66	135
0,9995	11	22	27	35	47	73	149

[1] Nach D. B. OWEN. Handbook of Statistical Tables. Reading, Mass.: Addison-Wesley 1962, S. 318.

Tab. 5.4.3. (Fortsetzung)

Sicherheit $S = 1 - \alpha$	relativer Anteil $(1 - \gamma)$ der Grundgesamtheit					
	0,975	0,980	0,990	0,995	0,999	0,9995
0,800	64	80	161	322	1609	3219
,900	91	114	230	460	2302	4605
,950	119	149	299	598	2995	5990
,975	146	183	368	736	3688	7376
,990	182	228	459	919	4603	9209
,995	210	263	528	1058	5296	10594
,999	273	342	688	1379	6905	13813
0,9995	301	377	757	1517	7598	15199

Zweiseitiger Toleranzbereich. Zwischen dem kleinsten Wert $x_{(1)}$ und dem größten Wert $x_{(n)}$ einer Stichprobe der Größe n, d. h. im Toleranzbereich $x_{(1)} \leqq x \leqq x_{(n)}$, liegt mit der Sicherheit $S = 1 - \alpha$ der relative Anteil $(1 - \gamma)$ der Grundgesamtheit, wenn gilt

$$n(1 - \gamma)^{n-1} - (n - 1)(1 - \gamma)^n = \alpha. \tag{5.4.10}$$

n ist in Abhängigkeit von $(1 - \gamma)$ und $S = 1 - \alpha$ der Tab. 5.4.4 zu entnehmen oder angenähert zu berechnen aus

$$n \approx \frac{2 - \gamma}{4\gamma} \chi^2_{1-\alpha;f} + \frac{1}{2} \quad \text{mit} \quad f = 4. \tag{5.4.11}$$

Zahlenwerte für $\chi^2_{1-\alpha;f}$ s. Tab. C 6 oder Nomogramme D 2 und D 3.

Tab. 5.4.4[1] *Stichprobengröße n zur Bestimmung zweiseitiger Toleranzbereiche in Abhängigkeit von S und $(1 - \gamma)$*

Sicherheit $S = 1 - \alpha$	relativer Anteil $(1 - \gamma)$ der Grundgesamtheit						
	0,50	0,70	0,75	0,80	0,85	0,90	0,95
0,800	5	9	11	14	19	29	59
,900	7	12	15	18	25	38	77
,950	8	14	18	22	30	46	93
,975	9	17	20	26	35	54	110
,990	11	20	24	31	42	64	130
,995	12	22	27	34	47	72	146
,999	14	27	33	42	58	89	181
0,9995	15	29	36	46	63	96	196

---

[1] Nach D. B. OWEN. Handbook of Statistical Tables. Reading, Mass.: Addison-Wesley 1962, S. 321.

$$\textit{Tab. 5.4.4.} \quad \text{(Fortsetzung)}$$

Sicherheit $S = 1 - \alpha$	relativer Anteil $(1 - \gamma)$ der Grundgesamtheit					
	0,975	0,980	0,990	0,995	0,999	0,9995
0,800	119	149	299	598	2994	5988
,900	155	194	388	777	3889	7778
,950	188	236	473	947	4742	9486
,975	221	277	555	1113	5570	11141
,990	263	330	662	1325	6636	13274
,995	294	369	740	1483	7427	14858
,999	366	458	920	1843	9230	18463
0,9995	396	496	996	1996	9995	19993

5.5 Ausreißerkriterien bei normaler Gesamtheit

a) Ausreißerschranken für die Extremwerte einer Stichprobe

Die Annahme, daß der größte Wert $x_{(n)}$ [bzw. der kleinste Wert $x_{(1)}$] zu derselben Grundgesamtheit gehört, wie die übrigen $(n-1)$ Werte der Stichprobe, ist mit der statistischen Sicherheit $S = 1 - \alpha$ zu verwerfen, wenn die beobachtete Prüfgröße z_B den zu S gehörenden Schwellenwert (Tafelwert) z_T überschreitet [unterschreitet]. Dann ist $x_{(n)}$ [bzw. $x_{(1)}$] als Ausreißer anzusehen.

$(\mu; \sigma^2)$ der Gesamtheit bekannt

$$z_B = x_{(n)}; \quad z_T = x_{(n)O}$$

bzw.
$$z_B = x_{(1)}; \quad z_T = x_{(1)U}. \tag{5.5.1}$$

Zahlenwerte für $x_{(n)O}$ und $x_{(1)U}$ nach (5.2.5).

$(\mu; \sigma^2)$ der Gesamtheit unbekannt; σ^2 durch s^2 aus einer unabhängigen Stichprobe geschätzt

$$z_B = (x_{(p)} - x_{(1)})/s_f; \quad z_T = q_{1-\alpha}(f; p).$$

Dabei sind $x_{(p)}$ und $x_{(1)}$ die Extremwerte einer Stichprobe vom Umfang p und s_f die Standardabweichung einer davon unabhängigen Stichprobe vom Umfang $n = f + 1$ aus der gleichen Gesamtheit.
Zahlenwerte für $q_{1-\alpha}(f; p)$ s. Tab. C 12 und C 13.

Ist $z_B > z_T$, dann wird zusätzlich $(x_{(p)} - \bar{x})$ und $(\bar{x} - x_{(1)})$ gebildet. Für $(x_{(p)} - \bar{x}) > (\bar{x} - x_{(1)})$ wird $x_{(p)}$, für $(x_{(p)} - \bar{x}) < (\bar{x} - x_{(1)})$ wird $x_{(1)}$ als Ausreißer fortgelassen. Danach wird wieder z_B gebildet und mit z_T verglichen usw.

$(\mu; \sigma^2)$ der Gesamtheit unbekannt; Stichprobenumfang $n \leq 25$

$$z_B \text{ und } z_T \text{ nach Tab. 5.5.1.}$$

$(\mu; \sigma^2)$ der Gesamtheit unbekannt; Stichprobenumfang $n \geq 20$

$x_{(1)}$, $x_{(n)}$, $\bar{x}$ und s stammen aus derselben Probe.

$$z_B = \frac{x_{(n)} - x_{(1)}}{s}; \quad z_T \text{ nach Tab. 5.5.2.}$$

Ist $z_B > z_T$, dann wird zusätzlich $(x_{(n)} - \bar{x})$ und $(\bar{x} - x_{(1)})$ gebildet. Für $(x_{(n)} - \bar{x}) > (\bar{x} - x_{(1)})$ wird $x_{(n)}$, für $(x_{(n)} - \bar{x}) < (\bar{x} - x_{(1)})$ wird $x_{(1)}$ als Ausreißer fortgelassen. Danach wird wieder z_B gebildet und mit z_T verglichen usw.

Tab. 5.5.1[1]. *Prüfgrößen und Schwellenwerte zum Ausreißerkriterium bei unbekannter Varianz σ^2 und kleiner Stichprobengröße n zur Sicherheit $S = 1 - \alpha$*

n	Prüfgröße z_B	Schwellenwert z_T zur statistischen Sicherheit $S = 1 - \alpha$				
		90 %	95 %	98 %	99 %	99,5 %
3	$\dfrac{x_{(n)} - x_{(n-1)}}{x_{(n)} - x_{(1)}}$ oder $\dfrac{x_{(2)} - x_{(1)}}{x_{(n)} - x_{(1)}}$	0,886	0,941	0,976	0,988	0,994
4		,679	,765	,846	,889	,926
5		,557	,642	,729	,780	,821
6		,482	,560	,644	,698	,740
7		,434	,507	,586	,637	,680
8	$\dfrac{x_{(n)} - x_{(n-1)}}{x_{(n)} - x_{(2)}}$ oder $\dfrac{x_{(2)} - x_{(1)}}{x_{(n-1)} - x_{(1)}}$	,479	,554	,631	,683	,725
9		,441	,512	,587	,635	,677
10		,409	,477	,551	,597	,639
11	$\dfrac{x_{(n)} - x_{(n-2)}}{x_{(n)} - x_{(2)}}$ oder $\dfrac{x_{(3)} - x_{(1)}}{x_{(n-1)} - x_{(1)}}$	,517	,576	,638	,679	,713
12		,490	,546	,605	,642	,675
13		,467	,521	,578	,615	,649
14	$\dfrac{x_{(n)} - x_{(n-2)}}{x_{(n)} - x_{(3)}}$ oder $\dfrac{x_{(3)} - x_{(1)}}{x_{(n-2)} - x_{(1)}}$	,492	,546	,602	,641	,674
15		,472	,525	,579	,616	,647
16		,454	,507	,559	,595	,624
17		,438	,490	,542	,577	,605
18		,424	,475	,527	,561	,589
19		,412	,462	,514	,547	,575
20		,401	,450	,502	,535	,562
21		,391	,440	,491	,524	,551
22		,382	,430	,481	,514	,541
23		,374	,421	,472	,505	,532
24		,367	,413	,464	,497	,524
25		0,360	0,406	0,457	0,489	0,516

---

[1] Nach W. J. Dixon: Ratios involving extreme values. Ann. Math. Stat. 22, 1951, S. 68. Dort können weitere Schwellenwerte entnommen werden.

Tab. 5.5.2[1]. *Schwellenwerte der Verteilung von $z = (x_{(n)} - x_{(1)})/s$ in Stichproben der Größe n aus einer Normalverteilung*

Ablesebeispiel: Für $n = 100$ liegt z mit der Wahrscheinlichkeit 5% unter 4,31 bzw. über 5,90

n	Wahrscheinlichkeit $1 - \alpha$										n
	0,5%	1,0%	2,5%	5,0%	10,0%	90%	95%	97,5%	99%	99,5%	
20	2,95	3,01	3,10	3,18	3,29	4,32	4,49	4,63	4,79	4,91	20
30	3,22	3,27	3,37	3,46	3,58	4,70	4,89	5,06	5,25	5,39	30
40	3,41	3,46	3,57	3,66	3,79	4,96	5,15	5,34	5,54	5,69	40
50	3,57	3,61	3,72	3,82	3,94	5,15	5,35	5,54	5,77	5,91	50
60	3,69	3,74	3,85	3,95	4,07	5,29	5,50	5,70	5,93	6,09	60
80	3,88	3,93	4,05	4,15	4,27	5,51	5,73	5,93	6,18	6,35	80
100	4,02	4,09	4,20	4,31	4,44	5,68	5,90	6,11	6,36	6,54	100
150	4,30	4,36	4,47	4,59	4,72	5,96	6,18	6,39	6,64	6,84	150
200	4,50	4,56	4,67	4,78	4,90	6,15	6,38	6,59	6,85	7,03	200
500	5,06	5,13	5,25	5,37	5,49	6,72	6,94	7,15	7,42	7,60	500
1000	5,50	5,57	5,68	5,79	5,92	7,11	7,33	7,54	7,80	7,99	1000

b) Ausreißerschranken für die größte von k Varianzen

Es liegen k unabhängige Stichproben $i\,(i = 1, 2, \ldots, k)$ vom Umfang n mit den Varianzen s_i^2 aus k Normalverteilungen vor. Es wird vermutet, daß die Varianzen σ_i^2 dieser k Normalverteilungen gleich sind. Die Prüfung, ob die größte der k Varianzen s_i^2 aus einer normalen Gesamtheit mit größerer Varianz stammt, also als Ausreißer anzusehen ist, erfolgt mit dem Cochran-Test, vgl. (6.4.11).

6 Testverfahren

6.1 Verträglichkeit eines Sollwertes mit einem aus einer Stichprobe berechneten Kenngrößenwert (Parametertest)

ζ unbekannte Kenngröße der Gesamtheit (z. B. Mittelwert μ; Varianz σ^2; ...);

ζ_V *vorgeschriebener* Sollwert der Gesamtheit;

z Kenngröße der Probe (z. B. Mittelwert $\bar{x}$; Varianz s^2; ...), Schätzwert für ζ;

z_B *„beobachteter"* Kenngrößenwert aus einer Stichprobe der Größe n;

ζ_U; ζ_O untere und obere Vertrauensgrenze für ζ, berechnet mit Hilfe von z_B zur Sicherheit $S = 1 - \alpha$;

---

[1] Nach H. A. DAVID, H. O. HARTLEY and E. S. PEARSON. The distribution of the ratio, in a single normal sample, of range, to standard deviation. Biometrika 41, 1954, S. 482.

z_U; z_O untere und obere Zufallsgrenze für z, berechnet mit Hilfe von ζ_V zur Sicherheit $S = 1 - \alpha$;

n Probengröße (Stichprobenumfang);

$S = 1 - \alpha$ Wahrscheinlichkeit, eine Hypothese nicht zu verwerfen, wenn sie richtig ist (statistische Sicherheit gegen den Fehler erster Art).

Die Frage, ob ein vorgeschriebener Sollwert ζ_V und ein beobachteter Kenngrößenwert z_B verträglich miteinander sind, läßt sich formal auf zweifache Weise entscheiden:

a) Man berechnet den ein- oder zweiseitigen Zufallsbereich für z bei vorgeschriebenem $\zeta = \zeta_V$. Liegt der beobachtete Wert z_B im Zufallsbereich, so sind ζ_V und z_B verträglich miteinander.

b) Man berechnet den ein- oder zweiseitigen Vertrauensbereich für ζ bei beobachtetem $z = z_B$. Liegt der vorgeschriebene Wert ζ_V im Vertrauensbereich, so sind ζ_V und z_B verträglich miteinander.

Wenn die Angaben über die erforderlichen Zufallsbereiche in Abschnitt 5.2 fehlen, sollte man die Verträglichkeit zwischen ζ_V und z_B mit Hilfe der entsprechenden Vertrauensbereiche des Abschn. 5.3 testen.

Einseitige Fragestellung: Überschreiten von ζ_V ist schädlich

(Beispiel Wassergehalt in Kohle)

$$\text{Hypothese} \qquad H_1: \zeta \leqq \zeta_V,$$
$$\text{Gegenhypothese } H_2: \zeta > \zeta_V.$$

Die Hypothese H_1 wird *nicht verworfen*, wenn

die beobachtete Kenngröße z_B unterhalb der einseitigen oberen Zufallsgrenze $z_O = z_O(\zeta_V; S; n)$	der vorgeschriebene Sollwert ζ_V oberhalb der einseitigen unteren Vertrauensgrenze $\zeta_U = \zeta_U(z_B; S; n)$

liegt. Andernfalls wird die Hypothese $\zeta \leqq \zeta_V$ verworfen.

Falls $\zeta \leqq \zeta_V$ verworfen wird, erhält man für den Unterschied $\zeta - \zeta_V$ mit der Sicherheit $S = 1 - \alpha$ die Ungleichung

$$\zeta - \zeta_V \geqq \zeta_U - \zeta_V.$$

Falls ein *zweiseitiger Vertrauensbereich* für $\zeta - \zeta_V$ gebraucht wird, berechnet man mit z_B zusätzlich $\zeta_O(z_B; S; n)$. Dann gilt mit der Sicherheit $S' = 1 - 2\alpha$

$$(\zeta_O - \zeta_V) \geqq (\zeta - \zeta_V) \geqq (\zeta_U - \zeta_V).$$

Einseitige Fragestellung: Unterschreiten von ζ_V ist schädlich

(Beispiel Festigkeit) $\text{Hypothese } H_1: \zeta \geqq \zeta_V,$

$$\text{Hypothese } H_2: \zeta < \zeta_V.$$

Die Hypothese H_1 wird *nicht verworfen,* wenn

die beobachtete Kenngröße z_B oberhalb der einseitigen unteren Zufallsgrenze $z_U = z_U(\zeta_V; S; n)$	der vorgeschriebene Sollwert ζ_V unterhalb der einseitigen oberen Vertrauensgrenze $\zeta_O = \zeta_O(z_B; S; n)$

liegt. Andernfalls wird die Hypothese $\zeta \geqq \zeta_V$ verworfen.

Falls $\zeta \geqq \zeta_V$ verworfen wird, erhält man für den Unterschied $\zeta - \zeta_V$ mit der Sicherheit $S = 1 - \alpha$ die Ungleichung

$$\zeta - \zeta_V \leqq \zeta_O - \zeta_V.$$

Falls ein *zweiseitiger Vertrauensbereich* für $\zeta - \zeta_V$ gebraucht wird, berechnet man mit z_B zusätzlich $\zeta_U(z_B; S; n)$. Dann gilt mit der Sicherheit $S' = 1 - 2\alpha$

$$(\zeta_U - \zeta_V) \leqq (\zeta - \zeta_V) \leqq (\zeta_O - \zeta_V).$$

Zweiseitige Fragestellung

$$\text{Hypothese} \qquad H_1: \zeta = \zeta_V,$$
$$\text{Gegenhypothese } H_2: \zeta \neq \zeta_V.$$

Die Hypothese $\zeta = \zeta_V$ wird *nicht verworfen,* wenn

die beobachtete Kenngröße z_B im Zufallsbereich	der vorgeschriebene Sollwert ζ_V im Vertrauensbereich
$z_U \leqq z \leqq z_O$	$\zeta_U \leqq \zeta \leqq \zeta_O$
mit	mit
$z_U = z_U(\zeta_V; S; n),$	$\zeta_U = \zeta_U(z_B; S; n),$
$z_O = z_O(\zeta_V; S; n)$	$\zeta_O = \zeta_O(z_B; S; n)$

liegt; Abb. 6.1.1. Andernfalls wird die Hypothese $\zeta = \zeta_V$ verworfen.

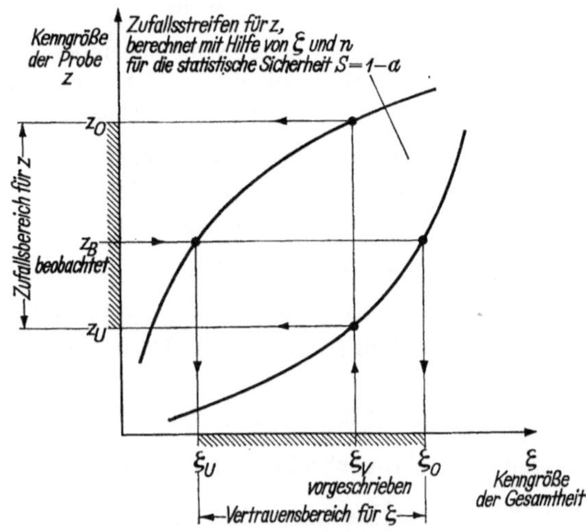

Abb. 6.1.1. Zum Testen der Hypothese $\zeta = \zeta_V$ gegen $\zeta \neq \zeta_V$. Im eingezeichneten Falle wird $\zeta = \zeta_V$ nicht verworfen

Falls $\zeta = \zeta_V$ verworfen wird, dann ist der *zweiseitige Vertrauensbereich* für $(\zeta - \zeta_V)$ zur Sicherheit $S = 1 - \alpha$

$$(\zeta_U - \zeta_V) \leqq (\zeta - \zeta_V) \leqq (\zeta_O - \zeta_V).$$

6.2 Vergleich von Mittelwerten bei (angenähert) normalen Grundgesamtheiten

a) Allgemeines Verfahren

Gesamtheit	1	2	$\ldots$	i	$\ldots$	k
Mittelwert	μ_1	μ_2	$\ldots$	μ_i	$\ldots$	μ_k
Varianz	σ_1^2	σ_2^2	$\ldots$	σ_i^2	$\ldots$	σ_k^2
Bekannte voneinander unabhängige Proben	1	2	$\ldots$	i	$\ldots$	k
Größe	n_1	n_2	$\ldots$	n_i	$\ldots$	n_k
Mittelwert	$\bar{x}_1$	$\bar{x}_2$	$\ldots$	$\bar{x}_i$	$\ldots$	$\bar{x}_k$
Varianz	s_1^2	s_2^2	$\ldots$	s_i^2	$\ldots$	s_k^2
Spannweite	R_1	R_2	$\ldots$	R_i	$\ldots$	R_k

$$(6.2.1)$$

Hypothese $\qquad H_1: \mu_1 = \mu_2(\cdots = \mu_i = \cdots \doteq \mu_k = \mu).$
Gegenhypothese H_2 wird von Fall zu Fall angegeben.

Die statistische Sicherheit gegen den Fehler erster Art (d. h. gegen das Verwerfen von H_1, wenn H_1 zutrifft) ist $S = 1 - \alpha$.

Aus den Beobachtungen wird ein Prüfgrößenwert $z_{BEOB} = z_B$ berechnet, der mit einem (aus Tafelwerken entnommenen) Schwellenwert $z_{TAFEL} = z_T$ verglichen wird.

Die Hypothese H_1 wird nicht verworfen, wenn z_B im Bereich
$z_B \leqq z_{1-\alpha}$ bzw. $z_B \geqq z_\alpha$ $\qquad$ bei einseitiger Fragestellung,
$z_{\alpha/2} \leqq z_B \leqq z_{1-(\alpha/2)}$ $\qquad$ bei zweiseitiger Fragestellung
liegt.

b) Vergleich der Mittelwerte bei zwei unabhängigen Stichproben

Standardabweichungen σ_1 und σ_2 der Gesamtheiten bekannt

Man berechnet die Hilfsgröße

$$\sigma_d^2 = \frac{\sigma_1^2}{n_1} + \frac{\sigma_2^2}{n_2}.$$

$$(6.2.2)$$

Gegenhypothese	Die Hypothese $\mu_1 = \mu_2$ wird verworfen für	
	Prüfgröße	Schwellenwert
$\mu_1 > \mu_2$ (einseitig)	$(\bar{x}_1 - \bar{x}_2)/\sigma_d \qquad >$	$u_{1-\alpha}$
$\mu_1 < \mu_2$ (einseitig)	$(\bar{x}_1 - \bar{x}_2)/\sigma_d \qquad <$	$-u_{1-\alpha}$
$\mu_1 \neq \mu_2$ (zweiseitig)	$|\bar{x}_1 - \bar{x}_2|/\sigma_d \qquad >$	$u_{1-(\alpha/2)}$

$$(6.2.3)$$

Zahlenwerte für $u_{1-\alpha}$ und $u_{1-(\alpha/2)}$ s. Tab. C 2 und C 3.

Wird H_1 verworfen, dann berechnet man den Vertrauensbereich für $\mu_1 - \mu_2$ zur Sicherheit $S = 1 - \beta$

$$(\bar{x}_1 - \bar{x}_2) - u_{1-(\beta/2)}\,\sigma_d \;\leqq\; (\mu_1 - \mu_2) \leqq\; (\bar{x}_1 - \bar{x}_2) + u_{1-(\beta/2)}\,\sigma_d. \quad (6.2.4)$$

Wird die Prüfgröße mit $\bar{x}_m$ nach (5.1.16) oder mit $\bar{x}_Q$ nach (5.1.17) berechnet, dann sind n_1 und n_2 durch die Anteile $E\,n_1$ und $E\,n_2$ zu ersetzen.

Standardabweichungen der Gesamtheiten nicht bekannt, aber gleich (t-Test)

Test der Hypothese $\sigma_1^2 = \sigma_2^2$ mit Verfahren Abschn. 6.4.b). Wenn die Hypothese $\sigma_1^2 = \sigma_2^2$ nicht verworfen wird, so berechnet man aus s_1^2 und s_2^2 den gewogenen Mittelwert

$$s^2 = \frac{(n_1 - 1)\,s_1^2 + (n_2 - 1)\,s_2^2}{n_1 + n_2 - 2}. \quad (6.2.5)$$

Gegenhypothese	Die Hypothese $\mu_1 = \mu_2$ wird verworfen für	
	Prüfgröße	Schwellenwert
$\mu_1 > \mu_2$ (einseitig)	$\dfrac{\bar{x}_1 - \bar{x}_2}{s}\sqrt{\dfrac{n_1 n_2}{n_1 + n_2}} \;>$	$t_{1-\alpha;\,f}$ mit $f = n_1 + n_2 - 2$
$\mu_1 < \mu_2$ (einseitig)	$\dfrac{\bar{x}_1 - \bar{x}_2}{s}\sqrt{\dfrac{n_1 n_2}{n_1 + n_2}} \;<$	$-t_{1-\alpha;\,f}$ mit $f = n_1 + n_2 - 2$
$\mu_1 \neq \mu_2$ (zweiseitig)	$\dfrac{|\bar{x}_1 - \bar{x}_2|}{s}\sqrt{\dfrac{n_1 n_2}{n_1 + n_2}} \;>$	$t_{1-(\alpha/2);\,f}$ mit $f = n_1 + n_2 - 2$

$$(6.2.6)$$

Zahlenwerte für $t_{1-\alpha;\,f}$ s. Tab. C 4 oder Nomogramm D 1.

Zahlenwerte für $t_{1-(\alpha/2);\,f}$ s. Tab. C 5.

Wird H_1 verworfen, dann berechnet man den Vertrauensbereich für $\mu_1 - \mu_2$ zur Sicherheit $S = 1 - \beta$

$$(\bar{x}_1 - \bar{x}_2) - t_{1-(\beta/2);\,f}\,s\sqrt{\frac{n_1 + n_2}{n_1 n_2}} \;\leqq (\mu_1 - \mu_2) \leqq$$

$$\leqq (\bar{x}_1 - \bar{x}_2) + t_{1-(\beta/2);\,f}\,s\sqrt{\frac{n_1 + n_2}{n_1 n_2}} \quad (6.2.7)$$

mit $f = n_1 + n_2 - 2$ Freiheitsgraden.

Standardabweichungen der Gesamtheiten nicht bekannt, aber gleich; Spannweitenverfahren bei kleinen Stichprobenumfängen

$2 \leqq (n_1; n_2) \leqq 20$

Gegenhypothese	Die Hypothese $\mu_1 = \mu_2$ wird verworfen für	
	Prüfgröße	Schwellenwert
$\mu_1 > \mu_2$ (einseitig)	$\dfrac{\bar{x}_1 - \bar{x}_2}{R_1 + R_2} \quad >$	$k_{1-\alpha}(n_1; n_2)$
$\mu_1 < \mu_2$ (einseitig)	$\dfrac{\bar{x}_1 - \bar{x}_2}{R_1 + R_2} \quad <$	$-k_{1-\alpha}(n_1; n_2)$
$\mu_1 \neq \mu_2$ (zweiseitig)	$\dfrac{|\bar{x}_1 - \bar{x}_2|}{R_1 + R_2} \quad >$	$k_{1-(\alpha/2)}(n_1; n_2)$

$$(6.2.8)$$

Für Proben der Größe n mit $2 \leqq (n_1; n_2) \leqq 20$ erhält man die Zahlenwerte für $k_{1-\alpha}(n_1; n_2)$ aus Tab. 6.2.1.

Wird H_1 verworfen, dann berechnet man den Vertrauensbereich für $\mu_1 - \mu_2$ zur Sicherheit $S = 1 - \beta$

$$(\bar{x}_1 - \bar{x}_2) - k_{1-(\beta/2)}(R_1 + R_2) \leqq (\mu_1 - \mu_2) \leqq$$
$$\leqq (\bar{x}_1 - \bar{x}_2) + k_{1-(\beta/2)}(R_1 + R_2). \quad (6.2.9)$$

Standardabweichungen σ_1 und σ_2 der Gesamtheiten nicht bekannt und verschieden; gleicher Umfang beider Stichproben; $n_1 = n_2 = n$

Man berechnet die Hilfsgröße

$$s_d^2 = \frac{1}{n}(s_1^2 + s_2^2). \quad (6.2.10)$$

Gegenhypothese	Die Hypothese $\mu_1 = \mu_2$ wird verworfen für	
	Prüfgröße	Schwellenwert
$\mu_1 > \mu_2$ (einseitig)	$(\bar{x}_1 - \bar{x}_2)/s_d \quad >$	$t_{1-\alpha;f}$ mit $f = n - 1$
$\mu_1 < \mu_2$ (einseitig)	$(\bar{x}_1 - \bar{x}_2)/s_d \quad <$	$-t_{1-\alpha;f}$ mit $f = n - 1$
$\mu_1 \neq \mu_2$ (zweiseitig)	$|\bar{x}_1 - \bar{x}_2|/s_d \quad >$	$t_{1-(\alpha/2);f}$ mit $f = n - 1$

$$(6.2.11)$$

Zahlenwerte für $t_{1-\alpha;f}$ s. Tab. C 4 oder Nomogramm D 1.
Zahlenwerte für $t_{1-(\alpha/2);f}$ s. Tab. C 5.
Wird H_1 verworfen, dann berechnet man den Vertrauensbereich für $\mu_1 - \mu_2$ zur Sicherheit $S = 1 - \beta$

$$(\bar{x}_1 - \bar{x}_2) - t_{1-(\beta/2);f}\, s_d \leqq (\mu_1 - \mu_2) \leqq (\bar{x}_1 - \bar{x}_2) + t_{1-(\beta/2);f}\, s_d \quad (6.2.12)$$

mit $f = n - 1$ Freiheitsgraden.

Tab. 6.2.1[1]. *Schwellenwerte* $k_{1-\alpha}(n_1; n_2)$ *zum Test (6.2.8)*

n_1	n_2	95 %	97,5 %	99 %	99,5 %
2	2	1,161	1,714	2,776	3,958
	3	0,693	0,915	1,255	1,557
	4	,556	,732	1,002	1,242
	5	,478	,619	0,827	1,008
	6	,429	,549	,721	0,865
	7	,396	,502	,652	,776
	8	,372	,469	,603	,713
	9	,353	,443	,567	,666
	10	,338	,423	,538	,630
	11	,326	,407	,515	,601
	12	,316	,393	,496	,557
	13	,307	,382	,480	,557
	14	,300	,372	,467	,541
	15	,294	,363	,455	,526
	16	,287	,356	,445	,513
	17	,282	,349	,436	,502
	18	,278	,343	,428	,492
	19	,274	,338	,420	,483
	20	,270	,333	,414	0,475
3	3	,487	,635	,860	1,050
	4	,398	,511	,663	0,814
	5	,339	,429	,556	,660
	6	,311	,391	,501	,590
	7	,288	,360	,458	,536
	8	,271	,338	,427	,498
	9	,258	,321	,404	,469
	10	,248	,307	,385	,446
	11	,240	,296	,370	,427
	12	,232	,287	,358	,412
	13	,226	,279	,347	,399
	14	,221	,272	,338	,388
	15	,216	,266	,330	,378
	16	,212	,261	,323	,370
	17	,209	,256	,317	,362
	18	,205	,252	,311	,356
	19	,202	,248	,306	,350
	20	0,200	0,245	0,302	0,344

n_1	n_2	95 %	97,5 %	99 %	99,5 %
4	4	0,322	0,407	0,526	0,620
	5	,282	,353	,450	,528
	6	,256	,319	,403	,469
	7	,237	,294	,370	,429
	8	,224	,276	,346	,399
	9	,213	,263	,327	,377
	10	,204	,252	,313	,359
	11	,197	,242	,301	,345
	12	,191	,235	,291	,333
	13	,186	,228	,282	,322
	14	,182	,223	,275	,314
	15	,178	,218	,268	,306
	16	,175	,213	,263	,299
	17	,172	,210	,258	,293
	18	,169	,206	,253	,288
	19	,166	,203	,249	,283
	20	,164	,200	,246	,279
5	5	,247	,307	,387	,450
	6	,224	,277	,347	,402
	7	,208	,256	,319	,368
	8	,195	,240	,299	,343
	9	,186	,228	,282	,323
	10	,178	,218	,270	,309
	11	,172	,210	,260	,296
	12	,167	,204	,251	,286
	13	,162	,198	,244	,277
	14	,158	,193	,237	,270
	15	,155	,189	,232	,263
	16	,152	,185	,227	,257
	17	,149	,182	,222	,252
	18	,147	,179	,218	,248
	19	,144	,176	,215	,244
	20	,142	,173	,212	,240
6	6	,203	,250	,312	,359
	7	,188	,240	,287	,329
	8	,177	,217	,268	,307
	9	,168	,206	,254	,289
	10	0,161	0,197	0,242	0,276

[1] Nach P. G. Moore: Table of significance points for a two-sample t-test based on range. Biometrika 44, 1957, S. 482.

Tab. 6.2.1. (Fortsetzung)

n_1	n_2	95%	97,5%	99%	99,5%
6	11	0,155	0,189	0,233	0,265
	12	,150	,183	,225	,255
	13	,146	,178	,218	,247
	14	,142	,173	,212	,241
	15	,139	,169	,207	,235
	16	,136	,166	,203	,229
	17	,134	,163	,199	,225
	18	,131	,160	,195	,221
	19	,129	,157	,192	,217
	20	,128	,155	,189	,214
7	7	,174	,213	,263	,301
	8	,163	,200	,246	,281
	9	,155	,189	,233	,265
	10	,148	,181	,222	,252
	11	,143	,174	,213	,242
	12	,138	,168	,206	,233
	13	,134	,163	,199	,226
	14	,131	,159	,194	,220
	15	,128	,155	,189	,214
	16	,125	,152	,185	,209
	17	,123	,149	,181	,205
	18	,121	,146	,178	,201
	19	,119	,144	,175	,198
	20	,117	,142	,172	,195
8	8	,153	,187	,231	,262
	9	,145	,177	,217	,247
	10	,139	,169	,207	,235
	11	,133	,162	,199	,225
	12	,129	,157	,192	,217
	13	,125	,152	,186	,210
	14	,122	,148	,180	,204
	15	,119	,144	,176	,199
	16	,116	,141	,172	,194
	17	,114	,138	,168	,190
	18	,112	,136	,165	,186
	19	,110	,134	,162	,183
	20	,109	,132	,160	,180
9	9	,137	,167	,205	,233
	10	0,131	0,160	0,195	0,221

n_1	n_2	95%	97,5%	99%	99,5%
9	11	0,126	0,153	0,187	0,212
	12	,122	,148	,180	,204
	13	,118	,143	,175	,197
	14	,115	,139	,170	,192
	15	,112	,136	,165	,187
	16	,110	,133	,162	,182
	17	,107	,130	,158	,178
	18	,106	,128	,155	,175
	19	,104	,126	,152	,172
	20	,102	,124	,150	,169
10	10	,125	,152	,186	,210
	11	,120	,146	,178	,201
	12	,116	,141	,171	,194
	13	,112	,136	,166	,187
	14	,109	,133	,161	,182
	15	,107	,129	,157	,177
	16	,104	,126	,153	,173
	17	,102	,124	,150	,169
	18	,100	,121	,147	,165
	19	,098	,119	,144	,162
	20	,097	,117	,142	,160
11	11	,115	,140	,170	,193
	12	,111	,135	,164	,185
	13	,108	,131	,159	,179
	14	,105	,127	,154	,174
	15	,102	,123	,150	,169
	16	,100	,121	,146	,165
	17	,098	,118	,143	,161
	18	,096	,116	,140	,158
	19	,094	,114	,138	,155
	20	,092	,112	,135	,152
12	12	,107	,130	,158	,178
	13	,104	,126	,153	,172
	14	,101	,122	,148	,167
	15	,098	,119	,144	,162
	16	,096	,116	,140	,158
	17	,094	,113	,137	,154
	18	0,092	0,111	0,134	0,151

The columns 95%, 97,5%, 99% and 99,5% are grouped under the common heading $1 - \alpha$.

Tab. 6.2.1 (Fortsetzung)

n_1	n_2	$1-\alpha$				n_1	n_2	$1-\alpha$			
		95%	97,5%	99%	99,5%			95%	97,5%	99%	99,5%
12	19	0,090	0,109	0,132	0,149	15	18	0,083	0,101	0,122	0,137
	20	,089	,107	,130	,146		19	,082	,099	,119	,134
13	13	,100	,121	,147	,166		20	,080	,097	,117	,131
	14	,097	,118	,143	,161	16	16	,085	,103	,124	,139
	15	,095	,115	,139	,156		17	,083	,100	,121	,136
	16	,092	,112	,135	,152		18	,081	,098	,118	,133
	17	,090	,109	,132	,149		19	,080	,096	,116	,130
	18	,089	,107	,130	,146		20	,078	,094	,114	,128
	19	,087	,105	,127	,143	17	17	,081	,098	,118	,132
	20	,086	,103	,125	,140		18	,079	,096	,115	,130
14	14	,094	,114	,138	,156		19	,078	,094	,113	,127
	15	,092	,111	,135	,151		20	,076	,092	,111	,124
	16	,090	,108	,131	,147	18	18	,077	,093	,113	,126
	17	,088	,106	,128	,144		19	,076	,092	,110	,124
	18	,086	,104	,125	,141		20	,074	,090	,108	,121
	19	,084	,102	,123	,138						
	20	,083	,101	,121	,135	19	19	,074	,090	,108	,121
15	15	,089	,108	,131	,147		20	,073	,088	,106	,119
	16	,087	,105	,127	,143						
	17	0,085	0,103	0,124	0,140	20	20	0,071	0,086	0,104	0,116

Standardabweichungen σ_1 und σ_2 der Gesamtheiten nicht bekannt und verschieden; Näherung für große und gleiche Stichprobenumfänge $n_1 = n_2 = n$; $n > 20$.

Man berechnet nach (5.1.17) $\bar{x}_{m1}$ und $\bar{x}_{m2}$, nach (5.1.30) s_{m1} und s_{m2} und die Hilfsgröße

$$s_d^2 = \frac{1}{n}\left(s_{m1}^2 + s_{m2}^2\right). \tag{6.2.13}$$

Gegenhypothese	Die Hypothese $\mu_1 = \mu_2$ wird verworfen für	
	Prüfgröße	Schwellenwert
$\mu_1 > \mu_2$ (einseitig)	$(\bar{x}_{m1} - \bar{x}_{m2})/s_d \qquad >$	$1{,}04\,u_{1-\alpha}$
$\mu_1 < \mu_2$ (einseitig)	$(\bar{x}_{m1} - \bar{x}_{m2})/s_d \qquad <$	$-1{,}04\,u_{1-\alpha}$
$\mu_1 \neq \mu_2$ (zweiseitig)	$\lvert\bar{x}_{m1} - \bar{x}_{m2}\rvert/s_d \qquad >$	$1{,}04\,u_{1-(\alpha/2)}$

$$\tag{6.2.14}$$

Zahlenwerte für $u_{1-\alpha}$ und $u_{1-(\alpha/2)}$ s. Tab. C 2 und C 3.

Wird H_1 verworfen, dann berechnet man den Vertrauensbereich für $\mu_1 - \mu_2$ zur Sicherheit $S = 1 - \beta$

$$(\bar{x}_{m1} - \bar{x}_{m2}) - 1{,}04\,u_{1-(\beta/2)}\,s_d \leqq (\mu_1 - \mu_2) \leqq$$
$$\leqq (\bar{x}_{m1} - \bar{x}_{m2}) + 1{,}04\,u_{1-(\beta/2)}\,s_d. \tag{6.2.15}$$

Standardabweichungen σ_1 und σ_2 der Gesamtheiten nicht bekannt und verschieden; ungleiche Stichprobenumfänge

Man berechnet die Hilfsgrößen $f_1 = n_1 - 1$, $\quad f_2 = n_2 - 1$,

$$s_d^2 = \frac{s_1^2}{n_1} + \frac{s_2^2}{n_2} \quad \text{und} \quad c = \frac{s_1^2/n_1}{(s_1^2/n_1) + (s_2^2/n_2)}. \tag{6.2.16}$$

Gegenhypothese	Die Hypothese $\mu_1 = \mu_2$ wird verworfen für		
	Prüfgröße		Schwellenwert
$\mu_1 > \mu_2$ (einseitig)	$(\bar{x}_1 - \bar{x}_2)/s_d$	$>$	$L_{1-\alpha}(f_1; f_2; c)$
$\mu_1 < \mu_2$ (einseitig)	$(\bar{x}_1 - \bar{x}_2)/s_d$	$<$	$-L_{1-\alpha}(f_1; f_2; c)$
$\mu_1 \neq \mu_2$ (zweiseitig)	$\lvert \bar{x}_1 - \bar{x}_2 \rvert/s_d$	$>$	$L_{1-(\alpha/2)}(f_1; f_2; c)$

$$\tag{6.2.17}$$

Zahlenwerte für $L_{1-\alpha}(f_1; f_2; c)$ entnimmt man Tab. 6.2.2.

Wird H_1 verworfen, dann berechnet man den Vertrauensbereich für $\mu_1 - \mu_2$ zur Sicherheit $S = 1 - \beta$

$$(\bar{x}_1 - \bar{x}_2) - L_{1-(\beta/2)}(f_1; f_2; c)\, s_d \;\leqq\; (\mu_1 - \mu_2) \;\leqq$$

$$\leqq (\bar{x}_1 - \bar{x}_2) + L_{1-(\beta/2)}(f_1; f_2; c)\, s_d. \tag{6.2.18}$$

Standardabweichungen σ_1 und σ_2 der Gesamtheiten nicht bekannt und verschieden; Näherungsverfahren für ungleiche Stichprobenumfänge

Die in (6.2.20) benutzten Schwellenwerte $t_{1-\alpha;f}$ stimmen in sehr guter Näherung mit den für $\alpha = 5\%$ und $\alpha = 1\%$ in Tab. 6.2.2 angegebenen Werten $L_{1-\alpha}$ überein, die in (6.2.17) verwendet werden.

Man berechnet die Hilfsgröße

$$s_d^2 = \frac{s_1^2}{n_1} + \frac{s_2^2}{n_2}. \tag{6.2.19}$$

Gegenhypothese	Die Hypothese $\mu_1 = \mu_2$ wird verworfen für		
	Prüfgröße		Schwellenwert
$\mu_1 > \mu_2$ (einseitig)	$(\bar{x}_1 - \bar{x}_2)/s_d$	$>$	$t_{1-\alpha;f}$
$\mu_1 < \mu_2$ (einseitig)	$(\bar{x}_1 - \bar{x}_2)/s_d$	$<$	$-t_{1-\alpha;f}$
$\mu_1 \neq \mu_2$ (zweiseitig)	$\lvert \bar{x}_1 - \bar{x}_2 \rvert/s_d$	$>$	$t_{1-(\alpha/2);f}$

$$\tag{6.2.20}$$

Die Zahl der Freiheitsgrade f berechnet man aus

$$\frac{1}{f} = \frac{c^2}{n_1 - 1} + \frac{(1-c)^2}{n_2 - 1} \quad \text{mit} \quad c = \frac{s_1^2/n_1}{(s_1^2/n_1) + (s_2^2/n_2)}$$

Zahlenwerte für $t_{1-\alpha;f}$ s. Tab. C 4 oder Nomogramm D 1.
Zahlenwerte für $t_{1-(\alpha/2);f}$ s. Tab. C 5.

Wird H_1 verworfen, dann berechnet man den Vertrauensbereich für $\mu_1 - \mu_2$ zur Sicherheit $S = 1 - \beta$

$$(\bar{x}_1 - \bar{x}_2) - t_{1-(\beta/2);\,f}\, s_d \leqq (\mu_1 - \mu_2) \leqq (\bar{x}_1 - \bar{x}_2) + t_{1-(\beta/2);\,f}\, s_d. \qquad (6.2.21)$$

Tab. 6.2.2.[1] *Zahlenwerte* $L_{1-\alpha}(f_1;\, f_2;\, c)$ *zum Test (6.2.17)*

$1-\alpha$ $=95\%$	c	0,0	0,1	0,2	0,3	0,4	0,5	0,6	0,7	0,8	0,9	1,0
$f_2 = 6$	$f_1 = 6$	1,94	1,90	1,85	1,80	1,76	1,74	1,76	1,80	1,85	1,90	1,94
	8	1,94	1,90	1,85	1,80	1,76	1,73	1,74	1,76	1,79	1,82	1,86
	10	1,94	1,90	1,85	1,80	1,76	1,73	1,73	1,74	1,76	1,78	1,81
	15	1,94	1,90	1,85	1,80	1,76	1,73	1,71	1,71	1,72	1,73	1,75
	20	1,94	1,90	1,85	1,80	1,76	1,73	1,71	1,70	1,70	1,71	1,72
	∞	1,94	1,90	1,85	1,80	1,76	1,72	1,69	1,67	1,66	1,65	1,64
$f_2 = 8$	$f_1 = 6$	1,86	1,82	1,79	1,76	1,74	1,73	1,76	1,80	1,85	1,90	1,94
	8	1,86	1,82	1,79	1,76	1,73	1,73	1,73	1,76	1,79	1,82	1,86
	10	1,86	1,82	1,79	1,76	1,73	1,72	1,72	1,74	1,76	1,78	1,81
	15	1,86	1,82	1,79	1,76	1,73	1,71	1,71	1,71	1,72	1,73	1,75
	20	1,86	1,82	1,79	1,76	1,73	1,71	1,70	1,70	1,70	1,71	1,72
	∞	1,86	1,82	1,79	1,75	1,72	1,70	1,68	1,66	1,65	1,65	1,64
$f_2 = 10$	$f_1 = 6$	1,81	1,78	1,76	1,74	1,73	1,73	1,76	1,80	1,85	1,90	1,94
	8	1,81	1,78	1,76	1,74	1,72	1,72	1,73	1,76	1,79	1,82	1,86
	10	1,81	1,78	1,76	1,73	1,72	1,71	1,72	1,73	1,76	1,78	1,81
	15	1,81	1,78	1,76	1,73	1,72	1,70	1,70	1,71	1,72	1,73	1,75
	20	1,81	1,78	1,76	1,73	1,71	1,70	1,69	1,69	1,70	1,71	1,72
	∞	1,81	1,78	1,76	1,73	1,71	1,69	1,67	1,66	1,65	1,65	1,64
$f_2 = 15$	$f_1 = 6$	1,75	1,73	1,72	1,71	1,71	1,73	1,76	1,80	1,85	1,90	1,94
	8	1,75	1,73	1,72	1,71	1,71	1,71	1,73	1,76	1,79	1,82	1,86
	10	1,75	1,73	1,72	1,71	1,70	1,70	1,72	1,73	1,76	1,78	1,81
	15	1,75	1,73	1,72	1,70	1,70	1,69	1,70	1,70	1,72	1,73	1,75
	20	1,75	1,73	1,72	1,70	1,69	1,69	1,69	1,69	1,70	1,71	1,72
	∞	1,75	1,73	1,72	1,70	1,68	1,67	1,66	1,65	1,65	1,65	1,64
$f_2 = 20$	$f_1 = 6$	1,72	1,71	1,70	1,70	1,71	1,73	1,76	1,80	1,85	1,90	1,94
	8	1,72	1,71	1,70	1,70	1,70	1,71	1,73	1,76	1,79	1,82	1,86
	10	1,72	1,71	1,70	1,69	1,69	1,70	1,71	1,73	1,76	1,78	1,81
	15	1,72	1,71	1,70	1,69	1,69	1,69	1,69	1,70	1,72	1,73	1,75
	20	1,72	1,71	1,70	1,69	1,68	1,68	1,68	1,69	1,70	1,71	1,72
	∞	1,72	1,71	1,70	1,68	1,67	1,66	1,66	1,65	1,65	1,65	1,64
$f_2 = \infty$	$f_1 = 6$	1,64	1,65	1,66	1,67	1,69	1,72	1,76	1,80	1,85	1,90	1,94
	8	1,64	1,65	1,65	1,66	1,68	1,70	1,72	1,75	1,79	1,82	1,86
	10	1,64	1,65	1,65	1,66	1,67	1,69	1,71	1,73	1,76	1,78	1,81
	15	1,64	1,65	1,65	1,65	1,66	1,67	1,68	1,70	1,72	1,73	1,75
	20	1,64	1,65	1,65	1,65	1,66	1,66	1,67	1,68	1,70	1,71	1,72
	∞	1,64	1,64	1,64	1,64	1,64	1,64	1,64	1,64	1,64	1,64	1,64

[1] Nach A. A. ASPIN. Tables for use in comparisons whose accuracy involves two variances, separately estimated. Biometrika, 36, 1949, S. 290.

Tab. 6.2.2. (Fortsetzung)

$1-\alpha$ $=99\%$	c	0,0	0,1	0,2	0,3	0,4	0,5	0,6	0,7	0,8	0,9	1,0
$f_2=10$	$f_1=10$	2,76	2,70	2,63	2,56	2,51	2,50	2,51	2,56	2,63	2,70	2,76
	12	2,76	2,70	2,63	2,56	2,51	2,49	2,49	2,52	2,57	2,62	2,68
	15	2,76	2,70	2,63	2,56	2,51	2,48	2,47	2,48	2,52	2,56	2,60
	20	2,76	2,70	2,63	2,56	2,51	2,47	2,45	2,45	2,47	2,49	2,53
	30	2,76	2,70	2,63	2,56	2,50	2,46	2,43	2,42	2,42	2,44	2,46
	∞	2,76	2,70	2,63	2,56	2,50	2,44	2,40	2,36	2,34	2,33	2,33
$f_2=12$	$f_1=10$	2,68	2,62	2,57	2,52	2,49	2,49	2,51	2,56	2,63	2,70	2,76
	12	2,68	2,62	2,57	2,52	2,48	2,47	2,48	2,52	2,57	2,62	2,68
	15	2,68	2,62	2,57	2,52	2,48	2,46	2,46	2,48	2,52	2,56	2,60
	20	2,68	2,62	2,57	2,52	2,48	2,45	2,44	2,45	2,47	2,49	2,53
	30	2,68	2,62	2,57	2,52	2,47	2,44	2,42	2,41	2,42	2,44	2,46
	∞	2,68	2,62	2,57	2,51	2,46	2,42	2,38	2,36	2,34	2,33	2,33
$f_2=15$	$f_1=10$	2,60	2,56	2,52	2,48	2,47	2,48	2,51	2,56	2,63	2,70	2,76
	12	2,60	2,56	2,52	2,48	2,46	2,46	2,48	2,52	2,57	2,62	2,68
	15	2,60	2,56	2,51	2,48	2,45	2,45	2,45	2,48	2,51	2,56	2,60
	20	2,60	2,56	2,51	2,48	2,45	2,43	2,43	2,44	2,46	2,49	2,53
	30	2,60	2,56	2,51	2,47	2,44	2,42	2,41	2,41	2,42	2,44	2,46
	∞	2,60	2,56	2,51	2,47	2,43	2,40	2,37	2,35	2,34	2,33	2,33
$f_2=20$	$f_1=10$	2,53	2,49	2,47	2,45	2,45	2,47	2,51	2,56	2,63	2,70	2,76
	12	2,53	2,49	2,47	2,45	2,44	2,45	2,48	2,52	2,57	2,62	2,68
	15	2,53	2,49	2,46	2,44	2,43	2,43	2,45	2,48	2,51	2,56	2,60
	20	2,53	2,49	2,46	2,44	2,42	2,42	2,42	2,44	2,46	2,49	2,53
	30	2,53	2,49	2,46	2,44	2,42	2,40	2,40	2,40	2,42	2,43	2,46
	∞	2,53	2,49	2,46	2,43	2,40	2,38	2,36	2,34	2,33	2,33	2,33
$f_2=30$	$f_1=10$	2,46	2,44	2,42	2,42	2,43	2,46	2,50	2,56	2,63	2,70	2,76
	12	2,46	2,44	2,42	2,41	2,42	2,44	2,47	2,52	2,57	2,62	2,68
	15	2,46	2,44	2,42	2,41	2,41	2,42	2,44	2,47	2,51	2,56	2,60
	20	2,46	2,43	2,42	2,40	2,40	2,40	2,42	2,44	2,46	2,49	2,53
	30	2,46	2,43	2,42	2,40	2,39	2,39	2,39	2,40	2,42	2,43	2,46
	∞	2,46	2,43	2,41	2,39	2,37	2,36	2,35	2,34	2,33	2,33	2,33
$f_2=\infty$	$f_1=10$	2,33	2,33	2,34	2,36	2,40	2,44	2,50	2,56	2,63	2,70	2,76
	12	2,33	2,33	2,34	2,36	2,38	2,42	2,46	2,51	2,57	2,62	2,68
	15	2,33	2,33	2,34	2,35	2,37	2,40	2,43	2,47	2,51	2,56	2,60
	20	2,33	2,33	2,33	2,34	2,36	2,38	2,40	2,43	2,46	2,49	2,53
	30	2,33	2,33	2,33	2,34	2,35	2,36	2,37	2,39	2,41	2,43	2,46
	∞	2,33	2,33	2,33	2,33	2,33	2,33	2,33	2,33	2,33	2,33	2,33

c) Vergleich der Mittelwerte bei zwei abhängigen (verbundenen) Stichproben (paarweiser Vergleich)

Die Einzelwerte x_{i1} und x_{i2} $(i = 1, 2, \ldots, n)$ beider Stichproben gleichen Umfangs n gehören (aus sachlichen Gründen) paarweise zusammen. Die Differenz eines Wertepaares i ist

$$d_i = x_{i1} - x_{i2}. \tag{6.2.22}$$

Der Mittelwert der n Differenzen d_i ist

$$\bar{d} = \bar{x}_1 - \bar{x}_2. \tag{6.2.23}$$

Die Varianz der n Differenzen d_i ist

$$s_d^2 = \frac{1}{n-1} \sum_{i=1}^{n} (d_i - \bar{d})^2. \tag{6.2.24}$$

Gegenhypothese	Die Hypothese $M\{d_i\} = \delta = 0$ wird verworfen für	
	Prüfgröße	Schwellenwert
$M\{d_i\} = \delta > 0$ (einseitig)	$\dfrac{\bar{x}_1 - \bar{x}_2}{s_d} \sqrt{n} \quad >$	$t_{1-\alpha;f}$ mit $f = n-1$
$M\{d_i\} = \delta < 0$ (einseitig)	$\dfrac{\bar{x}_1 - \bar{x}_2}{s_d} \sqrt{n} \quad <$	$-t_{1-\alpha;f}$ mit $f = n-1$
$M\{d_i\} = \delta \neq 0$ (zweiseitig)	$\dfrac{|\bar{x}_1 - \bar{x}_2|}{s_d} \sqrt{n} \quad >$	$t_{1-(\alpha/2);f}$ mit $f = n-1$

$$\tag{6.2.25}$$

Zahlenwerte für $t_{1-\alpha;f}$ s. Tab. C 4 oder Nomogramm D 1.

Zahlenwerte für $t_{1-(\alpha/2);f}$ s. Tab. C 5.

Wird H_1 verworfen, dann berechnet man den Vertrauensbereich für $M\{d_i\} = \delta$ zur Sicherheit $S = 1 - \beta$

$$(\bar{x}_1 - \bar{x}_2) - t_{1-(\beta/2);f} \frac{s_d}{\sqrt{n}} \;\leqq\; \delta \leqq\; (\bar{x}_1 - \bar{x}_2) + t_{1-(\beta/2);f} \frac{s_d}{\sqrt{n}}. \tag{6.2.26}$$

d) Prüfen mehrerer Mittelwerte μ_i von Normalverteilungen (mit unbekannter aber gleicher Varianz σ^2) auf Gleichheit

Hypothese H_1: $\mu_1 = \mu_2 = \cdots = \mu_i = \cdots = \mu_k = \mu$,

Gegenhypothese H_2: $\mu_i \neq \mu$ für bestimmte i.

Die Hypothese H_1 wird verworfen, wenn

Prüfgröße	Schwellenwert
$\dfrac{\dfrac{1}{k-1} \sum_{i=1}^{k} (\bar{x}_i - \bar{\bar{x}})^2 n_i}{\dfrac{1}{n-k} \sum_{i=1}^{k} s_i^2 (n_i - 1)} \quad >$	$F_{1-\alpha}(f_1; f_2)$ mit $f_1 = k-1$; $f_2 = n-k$,

wobei

$$\bar{\bar{x}} = \frac{\sum_{i=1}^{k} n_i \bar{x}_i}{\sum_{i=1}^{k} n_i} = \frac{1}{n} \sum_{i=1}^{k} n_i \bar{x}_i. \tag{6.2.27}$$

Zahlenwerte für $F_{1-\alpha}(f_1; f_2)$ s. Tab. C 7 bis C 10.

6.3 Vergleich der Lage (Mittelwert, Zentralwert u. a.) von zwei beliebigen Grundgesamtheiten

Die statistische Sicherheit gegen den Fehler erster Art (d. h. gegen das Verwerfen der Hypothese H_1, wenn sie zutrifft) ist $S = 1 - \alpha$.

a) Unabhängige Stichproben

Median-Test

n_1 Größe der Stichprobe aus der ersten Grundgesamtheit,
n_2 Größe der Stichprobe aus der zweiten Grundgesamtheit.

Die $(n_1 + n_2)$ Werte müssen sich der Größe nach ordnen lassen.

1. Zu den $(n_1 + n_2)$ Werten der beiden Stichproben wird der gemeinsame Zentralwert $\tilde{z}$ ermittelt.

2. Die Werte jeder Stichprobe werden nach ihrer Größe im Vergleich zu $\tilde{z}$ in folgendes Schema eingeordnet:

	Stichprobe 1	Stichprobe 2
Zahl der Werte, die größer als $\tilde{z}$ sind	x_1	x_2
Zahl der Werte, die kleiner oder gleich $\tilde{z}$ sind	$n_1 - x_1$	$n_2 - x_2$

$$(6.3.1)$$

Hypothese H_1:   Die Zentralwerte der beiden Grundgesamtheiten sind gleich.

Gegenhypothese H_2: Die Zentralwerte der beiden Grundgesamtheiten sind verschieden.

α) Ist $(n_1 + n_2) > 40$ oder $[20 < (n_1 + n_2) \leqq 40$ und $n_1, n_2 > 10]$, dann wird die Hypothese H_1 mit dem χ^2-Näherungsverfahren (6.6.6) geprüft, wobei $\bar{p} = 1/2$ gesetzt wird und $x_1' = x_1$, $x_2' = x_2$ ist.

β) Ist $(n_1 + n_2) \leqq 20$ oder $[20 < (n_1 + n_2) \leqq 40$ und n_1 bzw. $n_2 \leqq 10]$, dann wird die Hypothese H_1 mit dem exakten Test von FISHER und YATES (6.6.3) geprüft.

Weitere Tests

Die Hypothese $\Phi_1(x) = \Phi_2(x)$ der Tests aus Abschnitt 6.10a) (Test von MANN-WHITNEY-WILCOXON und KOLMOGOROFF-SMIRNOW-Test) umfaßt die Hypothese $\mu_1 = \mu_2$. Daher sind diese Tests auch geeignet, die Hypothese $\mu_1 = \mu_2$ zu prüfen. Nach Möglichkeit sollte man diese beiden Tests gegenüber dem Mediantest bevorzugen.

b) Abhängige Stichproben (verbundene Stichproben)

Die Einzelwerte x_{i1} und x_{i2} $(i = 1, 2, \ldots, n)$ beider Stichproben gleichen Umfangs n gehören (aus sachlichen Gründen) paarweise zusammen.

Vorzeichen-Test

Voraussetzung: Reduzierte (s. unten) Probengröße $n \geqq 10$, stetige Verteilungen; mindestens die Werte $(x_{i1}; x_{i2})$ *jedes einzelnen Paares* müssen sich der Größe nach ordnen lassen.

1. Für jedes Wertepaar wird das Vorzeichen der Differenz $d_i = x_{i1} - x_{i2}$ (oder das Vorzeichen der Differenz der zu x_{i1} und x_{i2} gehörenden Rangzahlen) gebildet. Paare mit gleichen Einzelwerten werden fortgelassen, wodurch gegebenenfalls die Größe der Probe reduziert wird.

2. Es wird die Zahl n der von Null verschiedenen Differenzen d_i und die Zahl z der weniger häufigen Vorzeichenart bestimmt.

Hypothese H_1:   Der Zentralwert der Differenzen $x_1 - x_2$ ist gleich Null; $Z\{x_1 - x_2\} = 0$.

Gegenhypothese H_2: Der Zentralwert der Differenzen $x_1 - x_2$ ist ungleich Null; $Z\{x_1 - x_2\} \neq 0$.

Die Hypothese H_1 wird verworfen für

$$z > k(n; 1-\alpha), \qquad (6.3.2)$$

wobei $k(n; 1-\alpha)$ aus Tab. C 14 zu entnehmen ist oder (für $n > 50$) aus (5.3.43) berechnet wird.

Weiterer Test

Die Hypothese $\Phi_1(x) = \Phi_2(x)$ des Vorzeichen-Rangfolge-Tests von WILCOXON aus Abschn. 6.10 b) umfaßt die Hypothese $\mu_1 = \mu_2$. Daher ist dieser Test auch geeignet, die Hypothese $\mu_1 = \mu_2$ zu prüfen. Nach Möglichkeit sollte man diesen Test gegenüber dem Vorzeichen-Test bevorzugen.

6.4 Vergleich von Varianzen oder Standardabweichungen bei (angenähert) normalen Grundgesamtheiten

a) Allgemeines Verfahren

	1	2	...	i	...	k
Gesamtheit .	1	2	...	i	...	k
Varianz . . .	σ_1^2	σ_2^2	...	σ_i^2	...	σ_k^2
Bekannte voneinander unabhängige Proben . . .	1	2	...	i	...	k
Größe . . .	n_1	n_2	...	n_i	...	n_k
Zahl der Freiheitsgrade	$f_1 = n_1 - 1$	$f_2 = n_2 - 1$	...	$f_i = n_i - 1$	...	$f_k = n_k - 1$
Varianz . . .	s_1^2	s_2^2	...	s_i^2	...	s_k^2

$$(6.4.1)$$

Hypothese H_1: $\sigma_1^2 = \sigma_2^2 (\cdots = \sigma_i^2 = \cdots = \sigma_k^2 = \sigma^2)$.

Gegenhypothese H_2: wird von Fall zu Fall angegeben.

Die statistische Sicherheit gegen den Fehler erster Art (d. h. gegen das Verwerfen von H_1, wenn H_1 zutrifft) ist $S = 1 - \alpha$.

Aus den Beobachtungen wird ein Prüfgrößenwert $z_{BEOB} = z_B$

berechnet, der mit einem (aus Tafelwerken entnommenen) Schwellenwert $z_{TAFEL} = z_T$ verglichen wird.

Die Hypothese H_1 wird nicht verworfen, wenn z_B im Bereich

$z_B \leqq z_{1-\alpha}$ bzw. $z_B \geqq z_\alpha$ bei einseitiger Fragestellung,

$z_{\alpha/2} \leqq z_B \leqq z_{1-(\alpha/2)}$ bei zweiseitiger Fragestellung

liegt.

b) Vergleich zweier Standardabweichungen (Varianzen)

Exaktes Verfahren (F-Test)

Gegenhypothese	Die Hypothese $\sigma_1^2 = \sigma_2^2$ wird verworfen für	
	Prüfgröße	Schwellenwert
$\sigma_1^2 > \sigma_2^2$ (einseitig)	$\dfrac{s_1^2}{s_2^2} >$	$F_{1-\alpha}(f_1; f_2)$ mit $f_1 = n_1 - 1;\ f_2 = n_2 - 1$
$\sigma_1^2 < \sigma_2^2$ (einseitig)	$\dfrac{s_1^2}{s_2^2} <$	$F_\alpha(f_1; f_2)$ mit $f_1 = n_1 - 1;\ f_2 = n_2 - 1$
$\sigma_1^2 \neq \sigma_2^2$ (zweiseitig)	$\dfrac{s_1^2}{s_2^2} \begin{cases} > \\ \text{oder} \\ < \end{cases}$	$F_{1-(\alpha/2)}(f_1; f_2)$ $F_{\alpha/2}(f_1; f_2)$ mit $f_1 = n_1 - 1;\ f_2 = n_2 - 1$

$$(6.4.2)$$

Rechnerisch zweckmäßiger ist die folgende Übersicht, in der die Bezeichnungen $(\sigma_1^2, s_1^2, n_1, f_1)$ und $(\sigma_2^2, s_2^2, n_2, f_2)$ so zu wählen sind, daß $s_1^2 > s_2^2$ ist:

Gegenhypothese	Die Hypothese $\sigma_1^2 = \sigma_2^2$ wird verworfen für	
	Prüfgröße (mit $s_1^2 > s_2^2$)	Schwellenwert
$\sigma_1^2 > \sigma_2^2$ (einseitig)	$\dfrac{s_1^2}{s_2^2} >$	$F_{1-\alpha}(f_1; f_2)$ mit $f_1 = n_1 - 1;\ f_2 = n_2 - 1$
$\sigma_1^2 \neq \sigma_2^2$ (zweiseitig)	$\dfrac{s_1^2}{s_2^2} >$	$F_{1-(\alpha/2)}(f_1; f_2)$ mit $f_1 = n_1 - 1;\ f_2 = n_2 - 1$

$$(6.4.3)$$

Die Hypothese $\sigma_1^2 = \sigma_2^2$ wird wegen $s_1^2 > s_2^2$ gegen die Hypothese $\sigma_1^2 < \sigma_2^2$ nicht verworfen.

Zahlenwerte für $F_{1-\alpha}(f_1; f_2)$ s. Tab. C 7 bis C 10.

Zur Bildung von $F_\alpha(f_1; f_2)$ benutzt man die Beziehung

$$F_\alpha(f_1; f_2) = \frac{1}{F_{1-\alpha}(f_2; f_1)}. \tag{6.4.4}$$

Wird H_1 verworfen, dann berechnet man den Vertrauensbereich für σ_1^2/σ_2^2 zur Sicherheit $S = 1 - \beta$

$$\frac{1}{F_{1-(\beta/2)}(f_1; f_2)} \frac{s_1^2}{s_2^2} \leqq \frac{\sigma_1^2}{\sigma_2^2} \leqq \frac{1}{F_{\beta/2}(f_1; f_2)} \frac{s_1^2}{s_2^2} \tag{6.4.5}$$

mit $f_1 = n_1 - 1;\ f_2 = n_2 - 1$.

Näherungsverfahren für große Stichprobenumfänge

$n_1, n_2 \gtrsim 100$.

Man berechnet die Hilfsgröße $\quad s_d^2 = \dfrac{s_1^2}{2n_1} + \dfrac{s_2^2}{2n_2}$. $\hfill$ (6.4.6)

Gegenhypothese	Die Hypothese $\sigma_1^2 = \sigma_2^2$ wird verworfen für	
	Prüfgröße	Schwellenwert
$\sigma_1^2 > \sigma_2^2$ (einseitig)	$(s_1 - s_2)/s_d \qquad >$	$u_{1-\alpha}$
$\sigma_1^2 < \sigma_2^2$ (einseitig)	$(s_1 - s_2)/s_d \qquad <$	$-u_{1-\alpha}$
$\sigma_1^2 \neq \sigma_2^2$ (zweiseitig)	$|s_1 - s_2|/s_d \qquad >$	$u_{1-(\alpha/2)}$

$\hfill$ (6.4.7)

Zahlenwerte für $u_{1-\alpha}$ und $u_{1-(\alpha/2)}$ s. Tab. C 2 und C 3.

Wird H_1 verworfen, dann berechnet man den Vertrauensbereich für $\sigma_1 - \sigma_2$ zur Sicherheit $S = 1 - \beta$

$$(s_1 - s_2) - u_{1-(\beta/2)}\, s_d \;\leqq\; (\sigma_1 - \sigma_2) \leqq\; (s_1 - s_2) + u_{1-(\beta/2)}\, s_d. \qquad (6.4.8)$$

Wird die Prüfgröße mit s_m nach (5.1.30) berechnet, dann sind n_1 und n_2 durch die Anteile $E\,n_1$ und $E\,n_2$ zu ersetzen.

c) Prüfen mehrerer Varianzen σ_i^2 von Normalverteilungen auf Gleichheit

Bartlett-Test

Einschränkung: $f_i \gtrsim 5$

Hypothese H_1: $\qquad \sigma_1^2 = \sigma_2^2 = \cdots = \sigma_i^2 = \cdots = \sigma_k^2 = \sigma^2$.

Gegenhypothese H_2: $\sigma_i^2 \neq \sigma^2$ für bestimmte i.

Die Hypothese H_1 wird verworfen, wenn

Prüfgröße	Schwellenwert
$-\dfrac{1}{c} \sum\limits_{i=1}^{k} f_i \ln \dfrac{s_i^2}{s^2}$	$\chi^2_{1-\alpha;\,f}$ mit $f = k - 1$
oder rechentechnisch zweckmäßiger	
$\dfrac{2{,}3026}{c} \left(f_g \lg s^2 - \sum\limits_{i=1}^{k} f_i \lg s_i^2 \right)$	$\chi^2_{1-\alpha;\,f}$ mit $f = k - 1$,

$\hfill$ (6.4.9)

$$\text{wobei} \quad c = 1 + \frac{1}{3(k-1)} \left(\sum_{i=1}^{k} \frac{1}{f_i} - \frac{1}{f_g} \right), \qquad f_g = \sum_{i=1}^{k} f_i$$

$$\text{und} \quad s^2 = \left(\sum_{i=1}^{k} f_i s_i^2 \right) \Big/ \left(\sum_{i=1}^{k} f_i \right) \quad \text{ist.}$$

Für große Werte $f_i (i = 1, 2, \ldots k)$ ist $c \approx 1$.

Zahlenwerte für $\chi^2_{1-\alpha;\,f}$ s. Tab. C 6 oder Nomogramme D 2 und D 3.

Ist insbesondere $f_1 = f_2 = \cdots = f_k = f_0 \gtrless 5$, dann wird die Hypothese H_1 verworfen für

Prüfgröße	Schwellenwert
$\dfrac{2{,}3026}{c}\, k\, f_0 \left(\lg s^2 - \dfrac{1}{k} \sum\limits_{i=1}^{k} \lg s_i^2 \right) \quad > \quad \chi^2_{1-\alpha;\,f}$ mit $f = k - 1$,	

$$(6.4.10)$$

wobei $\quad c = 1 + \dfrac{k+1}{3\,k\,f_0} \quad$ und $\quad s^2 = \dfrac{1}{k} \sum\limits_{i=1}^{k} s_i^2 \quad$ ist.

Zahlenwerte für $\chi^2_{1-\alpha;\,f}$ s. Tab. C 6 oder Nomogramme D 2 und D 3.

Einfacher Test bei gleichen Probengrößen

Hypothese H_1: $\qquad \sigma_1^2 = \sigma_2^2 = \cdots = \sigma_i^2 = \cdots = \sigma_k^2 = \sigma^2$.

Gegenhypothese H_2: $\sigma_i^2 \neq \sigma^2$ für bestimmte i.

$s_{(k)}^2$ sei die größte, $s_{(1)}^2$ die kleinste der k beobachteten Varianzen s_i^2. Die Hypothese H_1 wird verworfen für

Prüfgröße	Schwellenwert
$\dfrac{s_{(k)}^2}{s_{(1)}^2} \quad > \quad v_{1-\alpha}(k;\,f)$ mit $f = n - 1$	

$$(6.4.11)$$

Zahlenwerte für $v_{1-\alpha}(k;\,f)$ s. Tab 6.4.1.

Cochran-Test

$s_{(k)}^2$ sei die größte der k beobachteten Varianzen s_i^2.

Hypothese H_1: $\qquad \sigma_1^2 = \sigma_2^2 = \cdots = \sigma_i^2 = \cdots = \sigma_k^2 = \sigma^2$.

Gegenhypothese H_2: $\sigma_i^2 \neq \sigma^2$ für $i = (k)$.

Die Hypothese H_1 wird verworfen für

Prüfgröße	Schwellenwert
$\dfrac{s_{(k)}^2}{s_1^2 + s_2^2 + \cdots + s_k^2} \quad > \quad g_{1-\alpha}(k;\,n)$	

$$(6.4.12)$$

Zahlenwerte für $g_{1-\alpha}(k;\,n)$ s. Abb. 6.4.2.

Tab. 6.4.1.[1] *Zahlenwerte* $v_{1-\alpha}(k; f)$ *zum Test 6.4.11*

$S = 1 - \alpha = 95\%$

f \ k	2	3	4	5	6	7	8	9	10	11	12
2	39,0	87,5	142	202	266	333	403	475	550	626	704
3	15,4	27,8	39,2	50,7	62,0	72,9	83,5	93,9	104	114	124
4	9,60	15,5	20,6	25,2	29,5	33,6	37,5	41,1	44,6	48,0	51,4
5	7,15	10,8	13,7	16,3	18,7	20,8	22,9	24,7	26,5	28,2	29,9
6	5,82	8,38	10,4	12,1	13,7	15,0	16,3	17,5	18,6	19,7	20,7
7	4,99	6,94	8,44	9,70	10,8	11,8	12,7	13,5	14,3	15,1	15,8
8	4,43	6,00	7,18	8,12	9,03	9,78	10,5	11,1	11,7	12,2	12,7
9	4,03	5,34	6,31	7,11	7,80	8,41	8,95	9,45	9,91	10,3	10,7
10	3,72	4,85	5,67	6,34	6,92	7,42	7,87	8,28	8,66	9,01	9,34
12	3,28	4,16	4,79	5,30	5,72	6,09	6,42	6,72	7,00	7,25	7,48
15	2,86	3,54	4,01	4,37	4,68	4,95	5,19	5,40	5,59	5,77	5,93
20	2,46	2,95	3,29	3,54	3,76	3,94	4,10	4,24	4,37	4,49	4,59
30	2,07	2,40	2,61	2,78	2,91	3,02	3,12	3,21	3,29	3,36	3,39
60	1,67	1,85	1,96	2,04	2,11	2,17	2,22	2,26	2,30	2,33	2,36
∞	1,00	1,00	1,00	1,00	1,00	1,00	1,00	1,00	1,00	1,00	1,00

$S = 1 - \alpha = 99\%$

f \ k	2	3	4	5	6	7	8	9	10	11	12
2	199	448	729	1036	1362	1705	2063	2432	2813	3204	3605
3	47,5	85	120	151	184	216	249	281	310	337	361
4	23,2	37	49	59	69	79	89	97	106	113	120
5	14,9	22	28	33	38	42	46	50	54	57	60
6	11,1	15,5	19,1	22	25	27	30	32	34	36	37
7	8,89	12,1	14,5	16,5	18,4	20	22	23	24	26	27
8	7,50	9,9	11,7	13,2	14,5	15,8	16,9	17,9	18,9	19,8	21
9	6,54	8,5	9,9	11,1	12,1	13,1	13,9	14,7	15,3	16,0	16,6
10	5,85	7,4	8,6	9,6	10,4	11,1	11,8	12,4	12,9	13,4	13,9
12	4,91	6,1	6,9	7,6	8,2	8,7	9,1	9,5	9,9	10,2	10,6
15	4,07	4,9	5,5	6,0	6,4	6,7	7,1	7,3	7,5	7,8	8,0
20	3,32	3,8	4,3	4,6	4,9	5,1	5,3	5,5	5,6	5,8	5,9
30	2,63	3,0	3,3	3,4	3,6	3,7	3,8	3,9	4,0	4,1	4,2
60	1,96	2,2	2,3	2,4	2,4	2,5	2,5	2,6	2,6	2,7	2,7
∞	1,00	1,0	1,0	1,0	1,0	1,0	1,0	1,0	1,0	1,0	1,0

[1] Nach H. A. DAVID. Upper 5 and 1% points of the maximum F-ratio. Biometrika 39, 1952, S. 422.

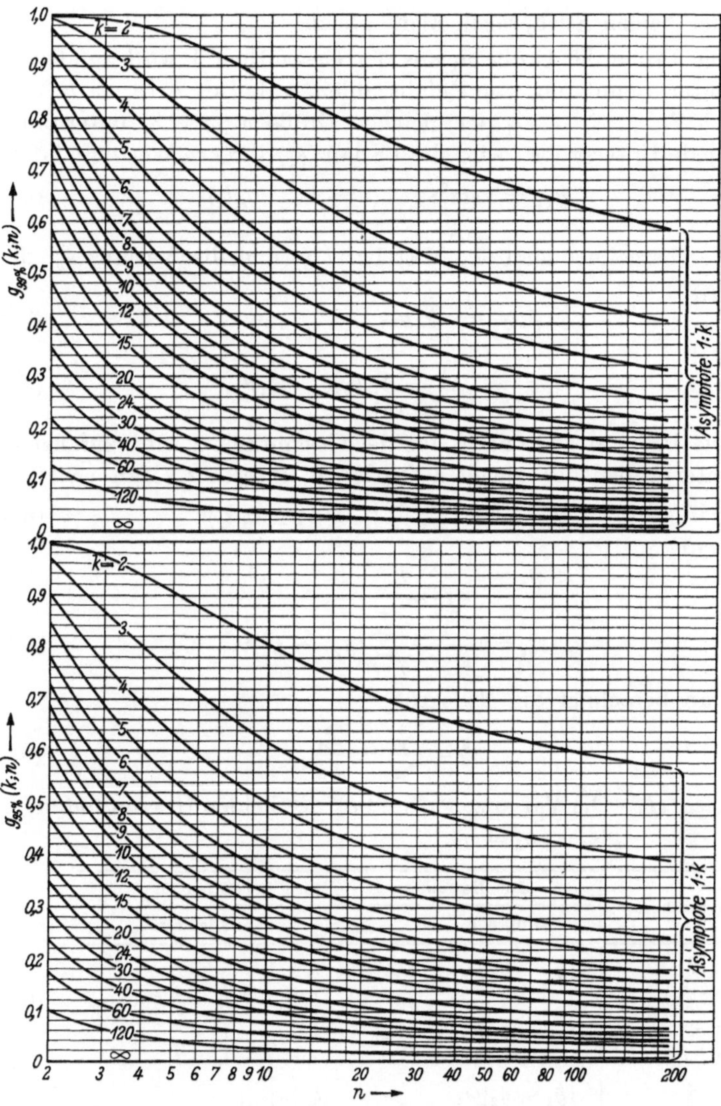

Abb. 6.4.2. Schwellenwerte $g_{1-\alpha}(k; n)$ zur statistischen Sicherheit $S = 95\%$ und $S = 99\%$ zum Test von COCHRAN nach (6.4.12)

6.5 Vergleich der Varianzen bzw. Streuungen von zwei beliebigen stetigen Gesamtheiten

Die statistische Sicherheit gegen den Fehler erster Art (d. h. gegen das Verwerfen der Hypothese H_1, wenn sie zutrifft) ist $S = 1 - \alpha$.

Größe der beiden Stichproben nicht gleich

1. Die Probe der Größe n_1 aus der Gesamtheit 1 wird zufallsmäßig (z. B. unter Benutzung von Zufallszahlen, vgl. Tab. C 19) in l_1 Unterproben 1, 2, ..., i, ..., l_1 der gleichen Größe $m\,(m \geqq 3)$ unterteilt.

Für jede Unterprobe i wird die Varianz s_{1i}^2 ihrer m Werte und daraus

$$y_{1i} = \log s_{1i}^2; \quad (i = 1, \ldots, l_1) \tag{6.5.1}$$

gebildet.

Ferner berechnet man den Mittelwert $\bar{y}_1$ und die Varianz $s_{y_1}^2$ der l_1 Werte y_{1i}

$$\bar{y}_1 = \frac{1}{l_1} \sum_{i=1}^{l_1} y_{1i} \,, \tag{6.5.2}$$

$$s_{y_1}^2 = \frac{1}{l_1 - 1} \sum_{i=1}^{l_1} (y_{1i} - \bar{y}_1)^2. \tag{6.5.3}$$

2. Die Probe der Größe n_2 aus der Gesamtheit 2 wird zufallsmäßig in l_2 Unterproben der gleichen Größe m unterteilt. Man erhält wie unter 1.:

$$y_{2j} = \log s_{2j}^2; \quad (j = 1, \ldots, l_2) \tag{6.5.4}$$

und daraus

$$\bar{y}_2 = \frac{1}{l_2} \sum_{j=1}^{l_2} y_{2j} \,, \tag{6.5.5}$$

$$s_{y_2}^2 = \frac{1}{l_2 - 1} \sum_{j=1}^{l_2} (y_{2j} - \bar{y}_2)^2. \tag{6.5.6}$$

3. Man berechnet die Hilfsgröße

$$s_d^2 = \frac{s_{y_1}^2}{n_1} + \frac{s_{y_2}^2}{n_2}. \tag{6.5.7}$$

Hypothese H_1: Die Varianzen σ_1^2 und σ_2^2 der beiden Gesamtheiten sind gleich; $\sigma_1^2 = \sigma_2^2$.

Gegenhypothese	Die Hypothese $\sigma_1^2 = \sigma_2^2$ wird verworfen für	
	Prüfgröße	Schwellenwert
$\sigma_1^2 > \sigma_2^2$ (einseitig)	$(\bar{y}_1 - \bar{y}_2)/s_d \quad >$	$t_{1-\alpha;\,f}$ mit $f = l_1 + l_2 - 2$
$\sigma_1^2 < \sigma_2^2$ (einseitig)	$(\bar{y}_1 - \bar{y}_2)/s_d \quad <$	$-t_{1-\alpha;\,f}$ mit $f = l_1 + l_2 - 2$
$\sigma_1^2 \neq \sigma_2^2$ (zweiseitig)	$|\bar{y}_1 - \bar{y}_2|/s_d \quad >$	$t_{1-(\alpha/2);\,f}$ mit $f = l_1 + l_2 - 2$

$$\tag{6.5.8}$$

Zahlenwerte für $t_{1-\alpha;\,f}$ s. Tab. C 4 oder Nomogramm D 1.

Zahlenwerte für $t_{1-(\alpha/2);\,f}$ s. Tab. C 5.

Größe der beiden Stichproben gleich; Zentralwerte der beiden Gesamtheiten gleich

Man bestimmt die Zahl r der Werte $y_1, y_2, \ldots, y_n$ der einen Stichprobe, die außerhalb der Extremwerte $x_{(1)}$ und $x_{(n)}$ der anderen Stichprobe liegen.

Hypothese H_1:   Die Merkmalwerte der beiden Gesamtheiten streuen über den gleichen Bereich.

Gegenhypothese H_2: Die Gesamtheit der y-Werte streut über einen größeren Bereich als die der x-Werte.

Die Hypothese H_1 wird verworfen für

$$r \geqq r_g(S; n).$$
(6.5.9)

Zahlenwerte für $r_g(S; n)$ s. Tab. 6.5.1.

Tab. 6.5.1[1] *Zahlenwerte $r_g(S; n)$*

$S = 1 - \alpha = 95\%$		$S = 1 - \alpha = 99\%$	
n	r_g	n	r_g
5 bis 6	5	6	6
7 bis 25	6	7 bis 10	7
>25	7	11 bis 20	8
		21 bis 50	9
		>50	10

Ausführliche Tabellen für $r_g(S; n)$ mit $n_1 \neq n_2 \leqq 50$ findet man in dem Tafelwerk: D. B. OWEN: Handbook of Statistical Tables. Reading, Mass.: Addison — Wesley 1962, S. 504.

6.6 Vergleich der Grundwahrscheinlichkeiten von Binomialverteilungen

a) Vergleich der Grundwahrscheinlichkeiten von zwei Binomialverteilungen

Allgemeines Verfahren

Gesamtheit	1	2	
Grundwahrscheinlichkeit	p_1	p_2	
Gegenwahrscheinlichkeit	q_1	q_2	
Probe bzw. Unterprobe	1	2	insgesamt
Größe	n_1	n_2	$n_1 + n_2 = n$
Zahl der Merkmalträger	x_1	x_2	$x_1 + x_2 = x$
Zahl der Nichtmerkmalträger	y_1	y_2	$y_1 + y_2 = y$
relative Häufigkeit der Merkmalträger	$\hat{p}_1$	$\hat{p}_2$	
relative Häufigkeit der Nicht-merkmalträger	$\hat{q}_1$	$\hat{q}_2$	

(6.6.1)

Der stark umrandete Teil heißt auch Häufigkeitstafel (Vierfeldertafel mit Randwerten).

---

[1] Nach S. ROSENBAUM. Tables for a nonparametric test of dispersion. Ann. Math. Stat. 24, 1953, S. 663.

Hypothese H_1: $p_1 = p_2$.

Gegenhypothese H_2: wird von Fall zu Fall angegeben.

Die statistische Sicherheit gegen den Fehler erster Art (d. h. gegen das Verwerfen von H_1, wenn H_1 zutrifft) ist $S = 1 - \alpha$.

Aus den Beobachtungen wird ein Prüfgrößenwert $z_{BEOB} = z_B$ berechnet, der mit einem (aus Tafelwerken entnommenen) Schwellenwert $z_{TAFEL} = z_T$ verglichen wird.

Die Hypothese H_1 wird nicht verworfen, wenn z_B im Bereich

$z_B \leqq z_{1-\alpha}$ bzw. $z_B \geqq z_\alpha$ bei einseitiger Fragestellung,

$z_{\alpha/2} \leqq z_B \leqq z_{1-(\alpha/2)}$ bei zweiseitiger Fragestellung

liegt.

Exakter Test von Fisher und Yates (für kleine n)

Die Probe mit dem größeren Umfang und die ihr zugeordnete Gesamtheit wird mit Nr. 1 bezeichnet, $n_1 \geqq n_2$.

Dann werden die Elemente als „Merkmalträger" bezeichnet, die in der Probe 1 häufiger vorkommen, $(x_1/n_1) \geqq (x_2/n_2)$. Man erhält damit die Häufigkeitstafel (Vierfeldertafel) (6.6.2).

	Probe 1	Probe 2	insgesamt
Größe	$n_1(\geqq n_2)$	n_2	$n_1 + n_2 = n$
Zahl der Merkmalträger	$x_1\left(\geqq \dfrac{n_1}{n_2} x_2\right)$	x_2	$x_1 + x_2 = x$
Zahl der Nichtmerkmalträger	y_1	y_2	$y_1 + y_2 = y$

$$(6.6.2)$$

Gegenhypothese	Die Hypothese $p_1 = p_2$ wird verworfen für	
	Prüfgröße	Schwellenwert
$p_1 > p_2$ (einseitig)	$x_2 \leqq x_T(n_1, n_2, x_1, 1 - \alpha),$	

wobei x_T aus

$$\sum_{\nu=0}^{x_T} f(\nu\,|\,n_1, n_2, x_1) \leqq \alpha < \sum_{\nu=0}^{x_T+1} f(\nu\,|\,n_1, n_2, x_1)$$

mit

$$(6.6.3)$$

$$f(\nu\,|\,n_1, n_2, x_1) = \frac{\dbinom{n_1}{x_1}\dbinom{n_2}{\nu}}{\dbinom{n}{x_1 + \nu}}$$

$$= \frac{n_1!\,n_2!\,(x_1 + \nu)!\,(n - x_1 - \nu)!}{\nu!\,x_1!\,(n_2 - \nu)!\,(n_1 - x_1)!\,n!}$$

bestimmt wird.

Gegenhypothese	Die Hypothese $p_1 = p_2$ wird verworfen für	
	Prüfgröße	Schwellenwert
$p_1 \neq p_2$ (zweiseitig)	$x_2 \leqq x_T(n_1, n_2, x_1, 1-(\alpha/2))$, wobei x_T aus $$\sum_{\nu=0}^{x_T} f(\nu \mid n_1, n_2, x_1) \leqq \alpha/2 < \sum_{\nu=0}^{x_T+1} f(\nu \mid n_1, n_2, x_1)$$ mit $$f(\nu \mid n_1, n_2, x_1) = \frac{\binom{n_1}{x_1}\binom{n_2}{\nu}}{\binom{n}{x_1+\nu}}$$ $$= \frac{n_1! \, n_2! \, (x_1+\nu)! \, (n-x_1-\nu)!}{\nu! \, x_1! \, (n_2-\nu)! \, (n_1-x_1)! \, n!}$$ bestimmt wird.	

Die Hypothese $p_1 = p_2$ wird wegen $\hat{p}_1 = (x_1/n_1) \geqq \hat{p}_2 = (x_2/n_2)$ gegen die Hypothese $p_1 < p_2$ nicht verworfen.

Die Hypothese wird immer dann nicht verworfen, wenn für ein Wertetripel (n_1, n_2, x_1) mit $n_1 = n_2 = n \leqq 20$ in Tab. 6.6.1 kein Schwellenwert x_T vertafelt ist.

Zahlenwerte für $x_T(n_1 = n_2 = n, x_1, 1-\alpha)$ s. Tab. 6.6.1.

χ^2-Näherungsverfahren

Das Verfahren ist anwendbar, wenn

a) $n > 40$ oder

b) $20 < n \leqq 40$ ist und keine der erwarteten Häufigkeiten nach (6.6.5) kleiner als 5 ausfällt.

Wenn $H_1(p_1 = p_2 = p)$ gilt, dann ist der wirksamste Schätzwert für p

$$\bar{p} = \frac{x_1+x_2}{n_1+n_2} = \frac{n_1 \hat{p}_1 + n_2 \hat{p}_2}{n_1+n_2} = \frac{x}{n}. \tag{6.6.4}$$

Für $p = \bar{p}$ sind folgende Besetzungszahlen in der Häufigkeitstafel zu erwarten:

	Probe 1	Probe 2	insgesamt	
Größe	n_1	n_2	$n_1 + n_2 = n$	
Zahl der Merkmalträger	$n_1 \bar{p}$	$n_2 \bar{p}$	x	(6.6.5)
Zahl der Nicht-merkmalträger	$n_1(1-\bar{p})$	$n_2(1-\bar{p})$	y	

Die beobachteten Häufigkeiten x_1, x_2 in Tafel (6.6.1) werden um den Betrag $1/2$ so korrigiert, daß die korrigierten Werte x_1', x_2' näher an den entsprechenden Werten $n_1 \bar{p}$, $n_2 \bar{p}$ der Tafel (6.6.5) liegen.

Tab. 6.6.1.[1] *Zahlenwerte für $x_T (n_1 = n_2 = n. \; x_1, 1 - \alpha)$ zum exakten Test von Fisher und Yates.* Die fettgedruckten Zahlen sind die Schwellenwerte x_T; die rechts daneben stehenden dünngedruckten sind die genauen Irrtumswahrscheinlichkeiten α in %.

$n = n_1 = n_2$	x_1	95 %		97,5 %		99 %		99,5 %	
3	3	**0**	5,0	—		—		—	
4	4	**0**	1,4	**0**	1,4	—		—	
5	5	**1**	2,4	**1**	2,4	**0**	0,4	**0**	0,4
	4	**0**	2,4	**0**	2,4	—		—	
6	6	**2**	3,0	**1**	0,8	**1**	0,8	**0**	0,1
	5	**1**	4,0	**0**	0,8	**0**	0,8	—	
	4	**0**	3,0	—		—		—	
7	7	**3**	3,5	**2**	1,0	**1**	0,2	**1**	0,2
	6	**1**	1,5	**1**	1,5	**0**	0,2	**0**	0,2
	5	**0**	1,0	**0**	1,0	—		—	
	4	**0**	3,5	—		—		—	
8	8	**4**	3,8	**3**	1,3	**2**	0,3	**2**	0,3
	7	**2**	2,0	**2**	2,0	**1**	0,5	**0**	0,1
	6	**1**	2,0	**1**	2,0	**0**	0,3	**0**	0,3
	5	**0**	1,3	**0**	1,3	—		—	
	4	**0**	3,8	—		—		—	
9	9	**5**	4,1	**4**	1,5	**3**	0,5	**3**	0,5
	8	**3**	2,5	**3**	2,5	**2**	0,8	**1**	0,2
	7	**2**	2,8	**1**	0,8	**1**	0,8	**0**	0,1
	6	**1**	2,5	**1**	2,5	**0**	0,5	**0**	0,5
	5	**0**	1,5	**0**	1,5	—		—	
	4	**0**	4,1	—		—		—	
10	10	**6**	4,3	**5**	1,6	**4**	0,5	**3**	0,2
	9	**4**	2,9	**3**	1,0	**3**	1,0	**2**	0,3
	8	**3**	3,5	**2**	1,2	**1**	0,3	**1**	0,3
	7	**2**	3,5	**1**	1,0	**1**	1,0	**0**	0,2
	6	**1**	2,9	**0**	0,5	**0**	0,5	—	
	5	**0**	1,6	**0**	1,6	—		—	
	4	**0**	4,3	—		—		—	
11	11	**7**	4,5	**6**	1,8	**5**	0,6	**4**	0,2
	10	**5**	3,2	**4**	1,2	**3**	0,4	**3**	0,4
	9	**4**	4,0	**3**	1,5	**2**	0,4	**2**	0,4
	8	**3**	4,3	**2**	1,5	**1**	0,4	**1**	0,4
	7	**2**	4,0	**1**	1,2	**0**	0,2	**0**	0,2
	6	**1**	3,2	**0**	0,6	**0**	0,6	—	
	5	**0**	1,8	**0**	1,8	—		—	
	4	**0**	4,5	—		—		—	
12	12	**8**	4,7	**7**	1,9	**6**	0,7	**5**	0,2
	11	**6**	3,4	**5**	1,4	**4**	0,5	**4**	0,5
	10	**5**	4,5	**4**	1,8	**3**	0,6	**2**	0,2
	9	**4**	5,0	**3**	2,0	**2**	0,6	**1**	0,1
	8	**3**	5,0	**2**	1,8	**1**	0,5	**1**	0,5
	7	**2**	4,5	**1**	1,4	**0**	0,2	**0**	0,2
	6	**1**	3,4	**0**	0,7	**0**	0,7	—	
	5	**0**	1,9	**0**	1,9	—		—	
	4	**0**	4,7	—		—		—	
13	13	**9**	4,8	**8**	2,0	**7**	0,7	**6**	0,3
	12	**7**	3,7	**6**	1,5	**5**	0,6	**4**	0,2
	11	**6**	4,8	**5**	2,1	**4**	0,8	**3**	0,2
	10	**4**	2,4	**4**	2,4	**3**	0,8	**2**	0,2
	9	**3**	2,4	**3**	2,4	**2**	0,8	**1**	0,2
	8	**2**	2,1	**2**	2,1	**1**	0,6	**0**	0,1
	7	**2**	4,8	**1**	1,5	**0**	0,3	**0**	0,3
	6	**1**	3,7	**0**	0,7	**0**	0,7	—	
	5	**0**	2,0	**0**	2,0	—		—	
	4	**0**	4,8	—		—		—	
14	14	**10**	4,9	**9**	2,0	**8**	0,8	**7**	0,3
	13	**8**	3,8	**7**	1,6	**6**	0,6	**5**	0,2
	12	**6**	2,3	**6**	2,3	**5**	0,9	**4**	0,3
	11	**5**	2,7	**4**	1,1	**3**	0,4	**3**	0,4
	10	**4**	2,8	**3**	1,1	**2**	0,3	**2**	0,3
	9	**3**	2,7	**2**	0,9	**2**	0,9	**1**	0,2
	8	**2**	2,3	**2**	2,3	**1**	0,6	**0**	0,1
	7	**1**	1,6	**1**	1,6	**0**	0,3	**0**	0,3
	6	**1**	3,8	**0**	0,8	**0**	0,8	—	
	5	**0**	2,0	**0**	2,0	—		—	
	4	**0**	4,9	—		—		—	
15	15	**11**	5,0	**10**	2,1	**9**	0,8	**8**	0,3
	14	**9**	4,0	**8**	1,8	**7**	0,7	**6**	0,3
	13	**7**	2,5	**6**	1,0	**5**	0,4	**5**	0,4
	12	**6**	3,0	**5**	1,3	**4**	0,5	**4**	0,5
	11	**5**	3,3	**4**	1,3	**3**	0,5	**3**	0,5
	10	**4**	3,3	**3**	1,3	**2**	0,4	**2**	0,4
	9	**3**	3,0	**2**	1,0	**1**	0,3	**1**	0,3
	8	**2**	2,5	**1**	0,7	**1**	0,7	**0**	0,1
	7	**1**	1,8	**1**	1,8	**0**	0,3	**0**	0,3
	6	**1**	4,0	**0**	0,8	**0**	0,8	—	
	5	**0**	2,1	**0**	2,1	—		—	
	4	**0**	5,0	—		—		—	

Tab. 6.6.1. Fortsetzung

$n = n_1 = n_2$	x_1	95 %		97,5 %		99 %		99,5 %	
16	16	11	2,2	11	2,2	10	0,9	9	0,3
	15	10	4,1	9	1,9	8	0,8	7	0,3
	14	8	2,7	7	1,2	6	0,5	6	0,5
	13	7	3,3	6	1,5	5	0,6	4	0,2
	12	6	3,7	5	1,6	4	0,6	3	0,2
	11	5	3,8	4	1,6	3	0,6	2	0,2
	10	4	3,7	3	1,5	2	0,5	2	0,5
	9	3	3,3	2	1,2	1	0,3	1	0,3
	8	2	2,7	1	0,8	1	0,8	0	0,1
	7	1	1,9	1	1,9	0	0,3	0	0.3
	6	1	4,1	0	0,9	0	0,9	—	
	5	0	2,2	0	2,2	—		—	
17	17	12	2,2	12	2,2	11	0,9	10	0,4
	16	11	4,3	10	2,0	9	0,8	8	0,3
	15	9	2,9	8	1,3	7	0,5	6	0,2
	14	8	3,5	7	1,6	6	0,7	5	0,2
	13	7	4,0	6	1,8	5	0,7	4	0,3
	12	6	4,2	5	1,9	4	0,7	3	0,2
	11	5	4,2	4	1,8	3	0,7	2	0,2
	10	4	4,0	3	1,6	2	0,5	1	0,1
	9	3	3,5	2	1,3	1	0,3	1	0,3
	8	2	2,9	1	0,8	1	0,8	0	0,1
	7	1	2,0	1	2,0	0	0,4	0	0,4
	6	1	4,3	0	0,9	0	0,9	—	
	5	0	2,2	0	2,2	—		—	
18	18	13	2,3	13	2,3	12	1,0	11	0,4
	17	12	4,4	11	2,0	10	0,9	9	0,4
	16	10	3,0	9	1,4	8	0,6	7	0,2
	15	9	3,8	8	1,8	7	0,8	6	0,3
	14	8	4,3	7	2,0	6	0,9	5	0,3
	13	7	4,6	6	2,2	5	0,9	4	0,3
	12	6	4,7	5	2,2	4	0,9	3	0,3
	11	5	4,6	4	2,0	3	0,8	2	0,2
	10	4	4,3	3	1,8	2	0,6	1	0,1
	9	3	3,8	2	1,4	1	0,4	1	0,4
	8	2	3,0	1	0,9	1	0,9	0	0,1
	7	1	2,0	1	2,0	0	0,4	0	0,4
	6	1	4,4	0	1,0	0	1,0	—	
	5	0	2,3	0	2,3	—		—	

$n = n_1 = n_2$	x_1	95 %		97,5 %		99 %		99,5 %	
19	19	14	2,3	14	2,3	13	1,0	12	0,4
	18	13	4,5	12	2,1	11	0,9	10	0,4
	17	11	3,1	10	1,5	9	0,6	8	0,3
	16	10	3,9	9	1,9	8	0,9	7	0,3
	15	9	4,6	8	2,2	6	0,4	6	0,4
	14	8	5,0	7	2,4	5	0,4	5	0,4
	13	6	2,5	5	1,1	4	0,4	4	0,4
	12	5	2,4	5	2,4	3	0,3	3	0,3
	11	5	5,0	4	2,2	3	0,9	2	0,3
	10	4	4,6	3	1,9	2	0,6	1	0,2
	9	3	3,9	2	1,5	1	0,4	1	0,4
	8	2	3,1	1	0,9	1	0,9	0	0,2
	7	1	2,1	1	2,1	0	0,4	0	0,4
	6	1	4,5	0	1,0	0	1,0	—	
	5	0	2,3	0	2,3	—		—	
20	20	15	2,4	15	2,4	13	0,4	13	0,4
	19	14	4,6	13	2,2	12	1,0	11	0,4
	18	12	3,2	11	1,5	10	0,7	9	0,3
	17	11	4,1	10	2,0	9	0,9	8	0,4
	16	10	4,8	9	2,4	7	0,5	7	0,5
	15	8	2,7	7	1,2	6	0,5	5	0,2
	14	7	2,8	6	1,3	5	0,5	4	0,2
	13	6	2,8	5	1,2	4	0,5	4	0,5
	12	5	2,7	4	1,1	3	0,4	3	0,4
	11	4	2,4	4	2,4	3	0,9	2	0,3
	10	4	4,8	3	2,0	2	0,7	1	0,2
	9	3	4,1	2	1,5	1	0,4	1	0,4
	8	2	3,2	1	1,0	1	1,0	0	0,2
	7	1	2,2	1	2,2	0	0,4	0	0,4
	6	1	4,6	0	1,0	—		—	
	5	0	2,4	0	2,4	—		—	

[1] Nach D. J. FINNEY: The Fisher-Yates test of significance in 2×2 contingency tables, Biometrika 35, 1948, S. 145 und R. LATSCHA: Tests of significance in a 2×2 contingency table: extension of FINNEYS table, Biometrika 40, 1953, S. 74. Dort können auch Schwellenwerte $x_T(n_1, n_2, x_1, 1 - \alpha)$ für $n_1 \neq n_2$ entnommen werden.

Gegenhypothese	Die Hypothese $p_1 = p_2$ wird verworfen für		
	Prüfgröße		Schwellenwert
$p_1 > p_2$ (einseitig)	$\dfrac{x_1' n_2 - x_2' n_1}{\sqrt{\bar{p}(1 - \bar{p})\, n_1 n_2 (n_1 + n_2)}}$	$>$	$u_{1-\alpha}$
$p_1 < p_2$ (einseitig)	$\dfrac{x_1' n_2 - x_2' n_1}{\sqrt{\bar{p}(1 - \bar{p})\, n_1 n_2 (n_1 + n_2)}}$	$<$	$-u_{1-\alpha}$
$p_1 \neq p_2$ (zweiseitig)	$\dfrac{|x_1' n_2 - x_2' n_1|}{\sqrt{\bar{p}(1 - \bar{p})\, n_1 n_2 (n_1 + n_2)}}$	$>$	$u_{1-(\alpha/2)}$,

mit $\bar{p}$ nach (6.6.4).

$$(6.6.6)$$

Zahlenwerte für $u_{1-\alpha}$ und $u_{1-(\alpha/2)}$ s. Tab. C 2 und C 3.

Wird H_1 verworfen, dann berechnet man den Vertrauensbereich für $p_1 - p_2$ zur Sicherheit $S = 1 - \beta$

$$(\hat{p}_1 - \hat{p}_2) - u_{1-(\beta/2)} \sqrt{\frac{\hat{p}_1 \hat{q}_1}{n_1} + \frac{\hat{p}_2 \hat{q}_2}{n_2}} \leq (p_1 - p_2) \leq$$

$$\leq (\hat{p}_1 - \hat{p}_2) + u_{1-(\beta/2)} \sqrt{\frac{\hat{p}_1 \hat{q}_1}{n_1} + \frac{\hat{p}_2 \hat{q}_2}{n_2}}. \tag{6.6.7}$$

Näherungsverfahren mit Winkeltransformation

Das Verfahren ist anwendbar, wenn die zu erwartenden Häufigkeiten nach (6.6.5) alle mindestens gleich 5 sind.

Die relativen Häufigkeiten $\hat{p}_1$ und $\hat{p}_2$ werden um den Betrag $1/(2n_1)$ bzw. $1/(2n_2)$ so korrigiert, daß die korrigierten Werte p_1' und p_2' näher an dem nach (6.6.4) berechneten Wert $\bar{p}$ liegen.

Gegenhypothese	Die Hypothese $p_1 = p_2$ wird verworfen für		
	Prüfgröße		Schwellenwert
$p_1 > p_2$ (einseitig)	$\dfrac{\arcsin \sqrt{p_1'} - \arcsin \sqrt{p_2'}}{\dfrac{1}{2}\sqrt{\dfrac{1}{n_1} + \dfrac{1}{n_2}}}$	$>$	$u_{1-\alpha}$
$p_1 < p_2$ (einseitig)	$\dfrac{\arcsin \sqrt{p_1'} - \arcsin \sqrt{p_2'}}{\dfrac{1}{2}\sqrt{\dfrac{1}{n_1} + \dfrac{1}{n_2}}}$	$<$	$-u_{1-\alpha}$
$p_1 \neq p_2$ (zweiseitig)	$\dfrac{|\arcsin \sqrt{p_1'} - \arcsin \sqrt{p_2'}|}{\dfrac{1}{2}\sqrt{\dfrac{1}{n_1} + \dfrac{1}{n_2}}}$	$>$	$u_{1-(\alpha/2)}$

$$(6.6.8)$$

Zahlenwerte für $z = \arcsin \sqrt{p}$ s. Tab. C 15.

Zahlenwerte für $u_{1-\alpha}$ und $u_{1-(\alpha/2)}$ s. Tab. C 2 und C 3.

b) Vergleich der Grundwahrscheinlichkeiten von k Binomialverteilungen

Gesamtheit	1	2	...	i	...	k
Grundwahrscheinlichkeit	p_1	p_2	...	p_i	...	p_k
Gegenwahrscheinlichkeit .	q_1	q_2	...	q_i	...	q_k
Probe	1	2	...	i	...	k
Größe	n_1	n_2	...	n_i	...	n_k
Zahl der Merkmalträger .	x_1	x_2	...	x_i	...	x_k
Zahl der Nichtmerkmalträger	y_1	y_2	...	y_i	...	y_k
relative Häufigkeit der Merkmalträger	$\hat{p}_1$	$\hat{p}_2$	...	$\hat{p}_i$	...	$\hat{p}_k$
relative Häufigkeit der Nichtmerkmalträger	$\hat{q}_1$	$\hat{q}_2$	...	$\hat{q}_i$	...	$\hat{q}_k$

$$(6.6.9)$$

Hypothese H_1: $\qquad p_1 = p_2 = \cdots = p_i = \cdots = p_k = p.$

Gegenhypothese H_2: $p_i \neq p$ für bestimmte i.

Die statistische Sicherheit gegen den Fehler erster Art (d. h. gegen das Verwerfen von H_1, wenn H_1 zutrifft) ist $S = 1 - \alpha$.

χ^2-Näherungsverfahren

Man berechnet (den bei Gültigkeit von H_1 wirksamsten Schätzwert für p)

$$\bar{p} = \frac{1}{n} \sum_{i=1}^{k} x_i = \frac{1}{n} \sum_{i=1}^{k} n_i \, \hat{p}_i \quad \text{mit} \quad n = \sum_{i=1}^{k} n_i. \qquad (6.6.10)$$

Das Verfahren ist anwendbar, wenn

a) keine der bei Gültigkeit von H_1 zu erwartenden Besetzungszahlen

$$\bar{x}_i = n_i \, \bar{p} \quad \text{bzw.} \quad \bar{y}_i = n_i(1 - \bar{p}) \qquad (6.6.11)$$

kleiner als 1 ist und

b) höchstens 1/5 der Besetzungszahlen nach (6.6.11) kleiner als 5 ist. Die Hypothese H_1 wird verworfen für

Prüfgröße	Schwellenwert
$\dfrac{1}{\bar{p}(1 - \bar{p})} \sum_{i=1}^{k} n_i(\hat{p}_i - \bar{p})^2$	$> \quad \chi^2_{1-\alpha;\,f}$ mit $f = k - 1.$

$$(6.6.12)$$

Zahlenwerte für $\chi^2_{1-\alpha;\,f}$ s. Tab. C 6 oder Nomogramme D 2 und D 3.

Näherungsverfahren mit Winkeltransformation

Das Verfahren ist unter den gleichen Einschränkungen anwendbar wie das χ^2-Näherungsverfahren (s. o.).

Die Hypothese H_1 wird verworfen für

Prüfgröße	Schwellenwert
$4 \sum_{i=1}^{k} n_i (\hat{z}_i - \bar{z})^2$	$> \quad \chi^2_{1-\alpha;\,f}$

$$\text{wobei} \qquad \hat{z}_i = \arc\sin \sqrt{\hat{p}_i} \quad \text{und} \quad \bar{z} = \frac{\sum_{i=1}^{k} n_i \hat{z}_i}{\sum_{i=1}^{k} n_i}$$

mit $f = k - 1$, (6.6.13)

ist.

Zahlenwerte für $z = \arc\sin \sqrt{p}$ s. Tab. C 15.
Zahlenwerte für $\chi^2_{1-\alpha;\,f}$ s. Tab. C 6 oder Nomogramme D 2 und D 3.

6.7 Vergleich der Parameter von Polynomialverteilungen

Gesamtheit	1	2	$\cdots$	i	$\cdots$	k	
Wahrscheinlichkeit für das Auftreten des Merkmals j $(j = 1, 2, \ldots, l)$ in der Gesamtheit	p_{1j}	p_{2j}	$\cdots$	p_{ij}	$\cdots$	p_{kj}	
Probe	1	2	$\cdots$	i	$\cdots$	k	$\sum_{i=1}^{k}$
Zahl der Freiheitsgrade	$f_1 = n_1 - 1$	$f_2 = n_2 - 1$	$\cdots$	$f_i = n_i - 1$	$\cdots$	$f_k = n_k - 1$	
Größe	n_1	n_2	$\cdots$	n_i	$\cdots$	n_k	n
Häufigkeit des Merkmals 1	n_{11}	n_{21}	$\cdots$	n_{i1}	$\cdots$	n_{k1}	$n_{\bullet 1}$
Häufigkeit des Merkmals 2	n_{12}	n_{22}	$\cdots$	n_{i2}	$\cdots$	n_{k2}	$n_{\bullet 2}$
	$\vdots$	$\vdots$		$\vdots$		$\vdots$	$\vdots$
Häufigkeit des Merkmals j	n_{1j}	n_{2j}	$\cdots$	n_{ij}	$\cdots$	n_{kj}	$n_{\bullet j}$
	$\vdots$	$\vdots$		$\vdots$		$\vdots$	$\vdots$
Häufigkeit des Merkmals l	n_{1l}	n_{2l}	$\cdots$	n_{il}	$\cdots$	n_{kl}	$n_{\bullet l}$

(6.7.1)

Hypothese H_1: $\qquad p_{1j} = p_{2j} = \cdots = p_{ij} = \cdots = p_{kj} = p_j$ für alle j.

Gegenhypothese H_2: $p_{ij} \neq p_j$ für bestimmte i, j.

Die statistische Sicherheit gegen den Fehler erster Art (d. h. gegen das Verwerfen von H_1, wenn H_1 zutrifft) ist $S = 1 - \alpha$.

Aus den Beobachtungen wird ein Prüfgrößenwert $z_{BEOB} = z_B$ berechnet, der mit einem (aus Tafelwerken entnommenen) Schwellenwert $z_{TAFEL} = z_T$ verglichen wird.

Der bei Gültigkeit von H_1 wirksamste Schätzwert $\bar{p}_j$ für p_j ist

$$\bar{p}_j = \frac{\sum\limits_{i=1}^{k} n_{ij}}{n} = \frac{n_{\cdot j}}{n}. \qquad (6.7.2)$$

Das Verfahren ist anwendbar, wenn

a) keine der bei Gültigkeit von H_1 zu erwartenden Besetzungszahlen

$$\bar{n}_{ij} = n_i \, \bar{p}_j = \frac{n_i \, n_{\cdot j}}{n} \qquad (i = 1, 2, \ldots, k; \, j = 1, 2, \ldots, l) \qquad (6.7.3)$$

kleiner als 1 ist und

b) höchstens 1/5 der Besetzungszahlen nach (6.7.3) kleiner als 5 ist. Sind die Voraussetzungen nicht erfüllt, dann sind Spalten und/oder Zeilen so zusammenzufassen, daß die Voraussetzungen erfüllt sind.

Die Hypothese H_1 wird verworfen für

Prüfgröße	Schwellenwert
$n \left[\sum\limits_{j=1}^{l} \sum\limits_{i=1}^{k} \dfrac{n_{ij}^2}{n_i \, n_{\cdot j}} - 1 \right] \quad >$	$\chi^2_{1-\alpha;\,f}$ mit $f = (k-1)\,(l-1)$.

$(6.7.4)$

Sind die Wahrscheinlichkeiten p_j bekannt, dann wird H_1 verworfen für

Prüfgröße	Schwellenwert
$\sum\limits_{j=1}^{l} \sum\limits_{i=1}^{k} \dfrac{(n_{ij} - n_i \, p_j)^2}{n_i \, p_j} \quad >$	$\chi^2_{1-\alpha;\,f}$ mit $f = k(l-1)$.

$(6.7.5)$

Zahlenwerte für $\chi^2_{1-\alpha;\,f}$ s. Tab. C 6 oder Nomogramme D 2 und D 3.

6.8 Vergleich der Mittelwerte von Poisson-Verteilungen
a) Allgemeines Verfahren

Gesamtheit	1	2	. . .	i	. . .	k	
Mittelwert	μ_1	μ_2	. . .	μ_i	. . .	μ_k	
Probe	1	2	. . .	i	. . .	k	$(6.8.1)$
beobachtete (bezogene) Ereigniszahl = Zahl der Ereignisse je Prüfeinheit, die für alle Proben gleich ist	x_1	x_2	. . .	x_i	. . .	x_k	

Hypothese H_1: $\qquad \mu_1 = \mu_2 (= \cdots = \mu_i = \cdots = \mu_k = \mu)$.

Gegenhypothese H_2: wird von Fall zu Fall angegeben.

Die statistische Sicherheit gegen den Fehler erster Art (d. h. gegen das Verwerfen von H_1, wenn H_1 zutrifft) ist $S = 1 - \alpha$.

Aus den Beobachtungen wird ein Prüfgrößenwert $z_{BEOB} = z_B$ berechnet, der mit einem (aus Tafelwerken entnommenen) Schwellenwert $z_{TAFEL} = z_T$ verglichen wird.

Die Hypothese H_1 wird nicht verworfen, wenn z_B im Bereich

$z_B \leqq z_{1-\alpha}$ bzw. $z_B \geqq z_\alpha$ bei einseitiger Fragestellung,

$z_{\alpha/2} \leqq z_B \leqq z_{1-(\alpha/2)}$ bei zweiseitiger Fragestellung

liegt.

b) Vergleich der Mittelwerte von zwei Poisson-Verteilungen

Exaktes Verfahren

Die Bezeichnungen werden so gewählt, daß $x_1 > x_2$ ist.

Gegenhypothese	Die Hypothese $\mu_1 = \mu_2$ wird verworfen für	
	Prüfgröße	Schwellenwert
$\mu_1 > \mu_2$ (einseitig)	$\dfrac{x_1}{x_2 + 1} \geqq$	$F_{1-\alpha}(f_1; f_2)$ mit $f_1 = 2(x_2 + 1)$; $\quad f_2 = 2x_1$
$\mu_1 \neq \mu_2$ (zweiseitig)	$\dfrac{x_1}{x_2 + 1} \geqq$	$F_{1-(\alpha/2)}(f_1; f_2)$ mit $f_1 = 2(x_2 + 1)$; $\quad f_2 = 2x_1$

$$(6.8.2)$$

Die Hypothese $\mu_1 = \mu_2$ wird wegen $x_1 > x_2$ gegen die Hypothese $\mu_1 < \mu_2$ nicht verworfen.

Zahlenwerte für $F_{1-\alpha}(f_1; f_2)$ s. Tab. C 7 bis C 10.

Wird H_1 verworfen, dann berechnet man den Vertrauensbereich für μ_1/μ_2 zur Sicherheit $S = 1 - \beta$

$$\frac{x_1}{x_2 + 1} \frac{1}{F_{1-(\beta/2)}(f_1; f_2)} \leqq \frac{\mu_1}{\mu_2} \leqq \frac{x_1}{x_2 + 1} \frac{1}{F_{\beta/2}(f_1; f_2)}. \qquad (6.8.3)$$

Bei Benutzung von Tab. C 14 kann der Test ohne Rechenaufwand folgendermaßen durchgeführt werden:

Die Bezeichnungen werden so gewählt, daß $x_1 > x_2$ ist.

Gegenhypothese	Die Hypothese $\mu_1 = \mu_2$ wird verworfen für	
	Prüfgröße	Schwellenwert
$\mu_1 > \mu_2$ (einseitig)	x_2	$\leqq k(n; 1-\alpha)$ mit $n = x_1 + x_2$,
$\mu_1 \neq \mu_2$ (zweiseitig)	x_2	$\leqq k(n; 1-(\alpha/2))$ mit $n = x_1 + x_2$.

$$(6.8.4)$$

Die Hypothese $\mu_1 = \mu_2$ wird wegen $x_1 > x_2$ gegen die Hypothese $\mu_1 < \mu_2$ nicht verworfen.

Zahlenwerte für $k(n; 1-\alpha)$ für $n \leqq 80$ entnimmt man Tab. C 14. Für $n > 50$ erhält man $k(n; 1-\alpha)$ in guter Näherung aus (5.3.43).

Näherungsverfahren mit Normalverteilung

Das Verfahren ist anwendbar, wenn $x_1 + x_2 > 10$ ist.
Die Bezeichnungen werden so gewählt, daß $x_1 > x_2$ ist.

Gegenhypothese	Die Hypothese $\mu_1 = \mu_2$ wird verworfen für	
	Prüfgröße	Schwellenwert
$\mu_1 > \mu_2$ (einseitig)	$\dfrac{x_1 - x_2 - 1}{\sqrt{x_1 + x_2}} \quad >$	$u_{1-\alpha}$
$\mu_1 \neq \mu_2$ (zweiseitig)	$\dfrac{x_1 - x_2 - 1}{\sqrt{x_1 + x_2}} \quad >$	$u_{1-(\alpha/2)}$

$$(6.8.5)$$

Die Hypothese $\mu_1 = \mu_2$ wird wegen $x_1 > x_2$ gegen die Hypothese $\mu_1 < \mu_2$ nicht verworfen.

Zahlenwerte für $u_{1-\alpha}$ und $u_{1-(\alpha/2)}$ s. Tab. C 2 und C 3.

Näherungsverfahren mit Wurzeltransformation

Das Verfahren ist anwendbar, wenn $x_1 + x_2 > 10$ ist.
Die Bezeichnungen werden so gewählt, daß $x_1 > x_2$ ist.

Gegenhypothese	Die Hypothese $\mu_1 = \mu_2$ wird verworfen für	
	Prüfgröße	Schwellenwert
$\mu_1 > \mu_2$ (einseitig)	$\left(\sqrt{x_1 - \tfrac{1}{2}} - \sqrt{x_2 + \tfrac{1}{2}}\right)\sqrt{2} \quad >$	$u_{1-\alpha}$
$\mu_1 \neq \mu_2$ (zweiseitig)	$\left(\sqrt{x_1 - \tfrac{1}{2}} - \sqrt{x_2 + \tfrac{1}{2}}\right)\sqrt{2} \quad >$	$u_{1-(\alpha/2)}$

$$(6.8.6)$$

Die Hypothese $\mu_1 = \mu_2$ wird wegen $x_1 > x_2$ gegen die Hypothese $\mu_1 < \mu_2$ nicht verworfen.

Zahlenwerte für $u_{1-\alpha}$ und $u_{1-(\alpha/2)}$ s. Tab. C 2 und C 3.

c) Vergleich der mittleren Ereigniszahlen je Bezugseinheit bei zwei Poisson-Verteilungen

Gesamtheit				Probe	
	mittlere Ereigniszahl je Bezugseinheit	Zahl der (glatten) Bezugseinheiten, aus denen die Prüfeinheit besteht	mittlere Ereigniszahl je Prüfeinheit		beobachtete Ereigniszahl je Prüfeinheit
1	λ_1	t_1	$\mu_1 = \lambda_1 t_1$	1	x_1
2	λ_2	t_2	$\mu_2 = \lambda_2 t_2$	2	x_2

$$(6.8.7)$$

Vgl. Abb. 6.8.1.

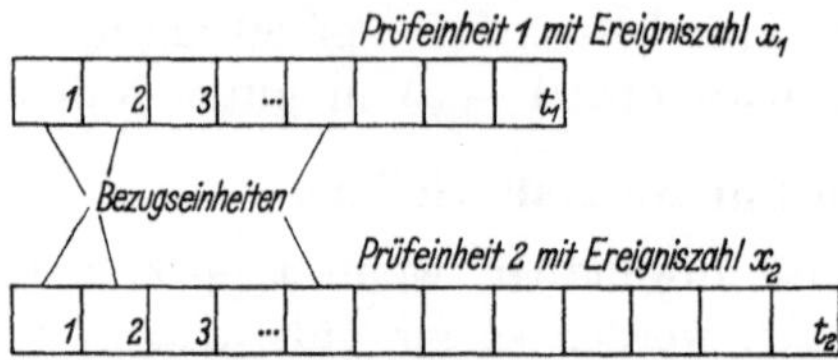

Abb. 6.8.1
Zum Vergleich der mittleren Ereigniszahlen je Bezugseinheit bei zwei Poissonverteilungen

Die Bezeichnungen werden so gewählt, daß $(x_1/t_1) \geqq (x_2/t_2)$ ist. Hypothese H_1: $\lambda_1 = \lambda_2$.

Gegenhypothese	Die Hypothese $\lambda_1 - \lambda_2$ wird verworfen für	
	Prüfgröße	Schwellenwert
$\lambda_1 > \lambda_2$ (einseitig)	$\dfrac{x_1}{x_2 + 1}\dfrac{t_2}{t_1} \geqq$	$F_{1-\alpha}(f_1; f_2)$
$\lambda_1 \neq \lambda_2$ (zweiseitig)	$\dfrac{x_1}{x_2 + 1}\dfrac{t_2}{t_1} \geqq$	$F_{1-(\alpha/2)}(f_1; f_2)$ mit $f_1 = 2(x_2 + 1)$, $f_2 = 2x_1$

$$(6.8.8)$$

Die Hypothese $\lambda_1 = \lambda_2$ wird wegen $(x_1/t_1) \geqq (x_2/t_2)$ gegen die Hypothese $\lambda_1 < \lambda_2$ nicht verworfen.

Zahlenwerte für $F_{1-\alpha}(f_1; f_2)$ s. Tab. C 7 bis C 10.

d) Vergleich der Mittelwerte von k Poisson-Verteilungen

Hypothese H_1: $\qquad \mu_1 = \mu_2 = \cdots = \mu_i = \cdots = \mu_k = \mu$.

Gegenhypothese H_2: $\mu_i \neq \mu$ für bestimmte i.

Das Verfahren ist anwendbar, wenn alle $x_i \gtrsim 5\,(i = 1, \ldots, k)$ sind. Die Hypothese H_1 wird verworfen für

Prüfgröße	Schwellenwert
$\dfrac{\sum\limits_{i=1}^{k}(x_i - \bar{x})^2}{\bar{x}} = \dfrac{k\sum\limits_{i=1}^{k} x_i^2}{\sum\limits_{i=1}^{k} x_i} - \sum\limits_{i=1}^{k} x_i \quad >$	$\chi^2_{1-\alpha; f}$ mit $f = k - 1$,

$$(6.8.9)$$

wobei

$$\bar{x} = \frac{1}{k}\sum_{i=1}^{k} x_i$$

ist.

Zahlenwerte für $\chi^2_{1-\alpha; f}$ s. Tab. C 6 oder Nomogramme D 2 und D 3.

6.9 Vergleich einer beobachteten mit einer vorgegebenen Verteilung
(Anpassungs-Tests)

Die statistische Sicherheit gegen den Fehler erster Art (d. h. gegen das Verwerfen der Hypothese H_1, wenn sie zutrifft) ist $S = 1 - \alpha$.

χ^2-Test

Voraussetzung: Für x liegt eine diskrete Verteilung mit k Gruppen oder eine stetige Verteilung mit Einteilung in k Klassen vor.

a) für $k = 2$ müssen die zu erwartenden Besetzungszahlen h_j der beiden Klassen (Gruppen) größer als 5 sein,

b) für $k > 2$ müssen alle h_j größer als 1 sein; es dürfen höchstens 20% der h_j kleiner als 5 sein.

n_j aus der Stichprobe gefundene Besetzungszahl der Klasse j,

h_j bei Gültigkeit von H_1 zu erwartende Besetzungszahl der Klasse j.

Hypothese H_1:   Die Stichprobe stammt aus der bekannten Verteilung $F_1(x)$.

Gegenhypothese H_2: Die Stichprobe stammt nicht aus der bekannten Verteilung $F_1(x)$.

Die Hypothese H_1 wird verworfen für

$$\sum_{j=1}^{k} \frac{(n_j - h_j)^2}{h_j} > \chi^2_{1-\alpha;\,f} \quad \text{mit} \quad f = k - 1. \tag{6.9.1}$$

Werden in der Verteilung $F_1(x)$ insgesamt a unbekannte Parameter mit Hilfe der Stichprobe geschätzt, dann verringert sich die Zahl der Freiheitsgrade zu $f = k - a - 1$. Die Hypothese H_1 lautet dann:

Die Stichprobe stammt aus einer Verteilung der Form $F_1(x)$, wobei a Parameter unbekannt sind.

Zahlenwerte für $\chi^2_{1-\alpha;\,f}$ s. Tab. C 6 oder Nomogramme D 2 und D 3.

Kolmogoroff-Smirnow-Test

Voraussetzung: Stetige[1] Verteilungen, Probengröße $n > 5$.

Mit den n nach der Größe geordneten Werten $x_{(i)}$ bildet man die Summenfunktion der Stichprobe

$$\left.\begin{aligned}
F_n(x) &= 0 & \text{für} \quad & x \;\;< x_{(1)}, \\
F_n(x) &= \frac{i}{n} & \text{für} \quad & x_{(i)} \leqq x < x_{(i+1)}, \\
F_n(x) &= 1 & \text{für} \quad & x_{(n)} \leqq x.
\end{aligned}\right\} \tag{6.9.2}$$

---

[1] Der Test ist auch bei diskreten Verteilungen anwendbar. Dabei ist den hier vertafelten Schwellenwerten $D(1 - \alpha;\, n)$ eine Sicherheit $S' \geqq S = 1 - \alpha$ zugeordnet.

Hypothese H_1: Die Stichprobe stammt aus der Verteilung mit der Summenfunktion $\Phi(x) = \Phi_1(x)$.

Gegenhypothese	Die Hypothese $\Phi(x) = \Phi_1(x)$ wird verworfen für	
	Prüfgröße	Schwellenwert
$\Phi(x) > \Phi_1(x)$ (einseitig)	$\Delta^+ = \mathrm{Max}\{F_n(x) - \Phi_1(x)\}$ über alle x $\qquad >$	$D(1 - \alpha;\, n)$
$\Phi(x) < \Phi_1(x)$ (einseitig)	$\Delta^- = \mathrm{Min}\{F_n(x) - \Phi_1(x)\}$ über alle x $\qquad <$	$-D(1 - \alpha;\, n)$
$\Phi(x) \neq \Phi_1(x)$ (zweiseitig)	$\Delta\ = \mathrm{Max}\,|F_n(x) - \Phi_1(x)|$ über alle x $\qquad >$	$D(1 - \alpha/2;\, n)$

$$(6.9.3)$$

Zahlenwerte für $D(1 - \alpha;\, n)$ s. Tab. 6.9.1.

Tab. 6.9.1.[1] *Schwellenwerte $D(1 - \alpha;\, n)$ zum Kolmogoroff-Smirnow-Test (6.9.3)*

n	$1 - \alpha$				n	$1 - \alpha$			
	95 %	97,5 %	99 %	99,5 %		95 %	97,5 %	99 %	99,5 %
6	0,468	0,519	0,577	0,617	21	0,259	0,287	0,321	0,344
7	,436	,483	,538	,576	22	,253	,281	,314	,337
8	,410	,454	,507	,542	23	,247	,275	,307	,330
9	,387	,430	,480	,513	24	,242	,269	,301	,323
10	,369	,409	,457	,489	25	,238	,264	,295	,317
11	,352	,391	,437	,468	26	,233	,259	,290	,311
12	,338	,375	,419	,449	27	,229	,254	,284	,305
13	,325	,361	,404	,432	28	,225	,250	,279	,300
14	,314	,349	,390	,418	29	,221	,246	,275	,295
15	,304	,338	,377	,404	30	,218	,242	,270	,290
16	,295	,327	,366	,392	31	,214	,238	,266	,285
17	,286	,318	,355	,381	32	,211	,234	,262	,281
18	,279	,309	,346	,371	33	,208	,231	,258	,277
19	,271	,301	,337	,361	34	,205	,227	,254	,273
20	0,265	0,294	0,329	0,352	35	0,202	0,224	0,251	0,269
					Näherung für $n > 35$	$\dfrac{1,22}{\sqrt{n}}$	$\dfrac{1,36}{\sqrt{n}}$	$\dfrac{1,52}{\sqrt{n}}$	$\dfrac{1,63}{\sqrt{n}}$

[1] Nach L. H. Miller. Table of percentage points of Kolmogorov statistics. J. Am. Stat. Ass. 51, 1956, S. 111.

6.10 Test der Hypothese, daß zwei Stichproben aus der gleichen Grundgesamtheit stammen

Die statistische Sicherheit gegen den Fehler erster Art (d. h. gegen das Verwerfen der Hypothese H_1, wenn sie zutrifft) ist $S = 1 - \alpha$.

a) Unabhängige Stichproben

Test von Mann-Whitney-Wilcoxon

Voraussetzung: Stetige Verteilungen.

n_1 Größe der Stichprobe 1 aus der Grundgesamtheit 1 mit der Summenfunktion $\Phi_1(x)$,

n_2 Größe der Stichprobe 2 aus der Grundgesamtheit 2 mit der Summenfunktion $\Phi_2(x)$.

1. Die $(n_1 + n_2)$ Werte beider Stichproben werden in *eine* Rangfolge gebracht, d. h., sie werden der Größe nach geordnet und — ausgehend vom kleinsten Wert — mit den Rangzahlen $1, 2, \ldots, (n_1 + n_2)$ versehen.

Sind die nach der Größe geordneten Werte Nr. v bis Nr. $(v + c)$ gleich, dann erhält jeder dieser $(c + 1)$ Werte die Rangzahl $v + (c/2)$. Zu jeder Rangzahl wird vermerkt, aus welcher der beiden Stichproben der zugehörige Wert stammt. Die Summe der auf Stichprobe 1 entfallenden Rangzahlen sei R_1, die Summe der auf Stichprobe 2 entfallenden Rangzahlen sei R_2.

2. Man berechnet
$$U_1 = n_1\, n_2 + \frac{n_1(n_1 + 1)}{2} - R_1 \qquad (6.10.1)$$

und
$$U_2 = n_1\, n_2 + \frac{n_2(n_2 + 1)}{2} - R_2. \qquad (6.10.2)$$

$U_{\min} = \min[U_1, U_2]$ sei die kleinere der beiden Größen U_1 und U_2.

3. Als Kontrolle benutzt man die Beziehung

$$U_1 + U_2 = n_1\, n_2. \qquad (6.10.3)$$

Hypothese H_1: Die beiden Stichproben stammen aus der gleichen Gesamtheit; $\Phi_1(x) = \Phi_2(x)$.

Gegenhypothese	Die Hypothese $\Phi_1(x) = \Phi_2(x)$ wird verworfen für		
	Prüfgröße		Schwellenwert
$\Phi_1(x) > \Phi_2(x)$ (einseitig)	$U_2 = n_1\, n_2 - U_1$	$\leq$	$U(n_1; n_2; \alpha)$
$\Phi_1(x) < \Phi_2(x)$ (einseitig)	$U_1 = n_1\, n_2 - U_2$	$\leq$	$U(n_1; n_2; \alpha)$
$\Phi_1(x) \neq \Phi_2(x)$ (zweiseitig)	$U_{\min} = \min[U_1, U_2]$	$\leq$	$U(n_1; n_2; \alpha/2)$

$$(6.10.4)$$

Zahlenwerte $U(n_1; n_2; \alpha)$ für $n_1, n_2 \leq 20$ entnimmt man Tab. 6.10.1.

Tab. 6.10.1[1]. *Schwellenwerte* $U(n_1; n_2; \alpha)$ *für* $\alpha = 2{,}5\%$ *(obere Zeile) und* $\alpha = 0{,}5\%$ *(untere Zeile) zum Test (6.10.4) von Mann-Whitney-Wilcoxon*

n_2 \ n_1	5	6	7	8	9	10	11	12	13	14	15	16	17	18	19	20
3	0	1	1	2	2	3	3	4	4	5	5	6	6	7	7	8
	—	—	—	—	0	0	0	1	1	1	2	2	2	2	3	3
4	1	2	3	4	4	5	6	7	8	9	10	11	11	12	13	14
	—	0	0	1	1	2	2	3	3	4	5	5	6	6	7	8
5	2	3	5	6	7	8	9	11	12	13	14	15	17	18	19	20
	0	1	1	2	3	4	5	6	7	7	8	9	10	11	12	13
6	3	5	6	8	10	11	13	14	16	17	19	21	22	24	25	27
	1	2	3	4	5	6	7	9	10	11	12	13	15	16	17	18
7	5	6	8	10	12	14	16	18	20	22	24	26	28	30	32	34
	1	3	4	6	7	9	10	12	13	15	16	18	19	21	22	24
8	6	8	10	13	15	17	19	22	24	26	29	31	34	36	38	41
	2	4	6	7	9	11	13	15	17	18	20	22	24	26	28	30
9	7	10	12	15	17	20	23	26	28	31	34	37	39	42	45	48
	3	5	7	9	11	13	16	18	20	22	24	27	29	31	33	36
10	8	11	14	17	20	23	26	29	33	36	39	42	45	48	52	55
	4	6	9	11	13	16	18	21	24	26	29	31	34	37	39	42
11	9	13	16	19	23	26	30	33	37	40	44	47	51	55	58	62
	5	7	10	13	16	18	21	24	27	30	33	36	39	42	45	48
12	11	14	18	22	26	29	33	37	41	45	49	53	57	61	65	69
	6	9	12	15	18	21	24	27	31	34	37	41	44	47	51	54
13	12	16	20	24	28	33	37	41	45	50	54	59	63	67	72	76
	7	10	13	17	20	24	27	31	34	38	42	45	49	53	57	60
14	13	17	22	26	31	36	40	45	50	55	59	64	69	74	78	83
	7	11	15	18	22	26	30	34	38	42	46	50	54	58	63	67
15	14	19	24	29	34	39	44	49	54	59	64	70	75	80	85	90
	8	12	16	20	24	29	33	37	42	46	51	55	60	64	69	73
16	15	21	26	31	37	42	47	53	59	64	70	75	81	86	92	98
	9	13	18	22	27	31	36	41	45	50	55	60	65	70	74	79
17	17	22	28	34	39	45	51	57	63	69	75	81	87	93	99	105
	10	15	19	24	29	34	39	44	49	54	60	65	70	75	81	86
18	18	24	30	36	42	48	55	61	67	74	80	86	93	99	106	112
	11	16	21	26	31	37	42	47	53	58	64	70	75	81	87	92
19	19	25	32	38	45	52	58	65	72	78	85	92	99	106	113	119
	12	17	22	28	33	39	45	51	57	63	69	74	81	87	93	99
20	20	27	34	41	48	55	62	69	76	83	90	98	105	112	119	127
	13	18	24	30	36	42	48	54	60	67	73	79	86	92	99	105

[1] Nach D. B. OWEN. Handbook of Statistical Tables. Reading, Mass.: Addison-Wesley 1962, S. 349. Dort können weitere Schwellenwerte entnommen werden.

Ist $n_1 > 20$ oder $n_2 > 20$ oder $(n_1 + n_2) > 40$, dann gilt

$$U(n_1; n_2; \alpha) = \frac{n_1\, n_2}{2} - u_{1-\alpha}\sqrt{\frac{n_1\, n_2(n_1 + n_2 + 1)}{12}}. \qquad (6.10.5)$$

und

$$U(n_1; n_2; \alpha/2) = \frac{n_1\, n_2}{2} - u_{1-(\alpha/2)}\sqrt{\frac{n_1\, n_2(n_1 + n_2 + 1)}{12}}. \qquad (6.10.6)$$

Zahlenwerte für $u_{1-\alpha}$ und $u_{1-(\alpha/2)}$ s. Tab. C 2 und C 3.

Zwei-Stichproben-Test von Kolmogoroff-Smirnow

Voraussetzung: Stetige[1] Verteilungen.

n_1 Größe der Stichprobe 1 aus der Grundgesamtheit 1 mit der Summenfunktion $\Phi_1(x)$,

n_2 Größe der Stichprobe 2 aus der Grundgesamtheit 2 mit der Summenfunktion $\Phi_2(x)$.

Mit den n_1 nach der Größe geordneten Werten $x_{(i)}$ der Stichprobe 1 bildet man die Summenfunktion $F_1(x)$ der Stichprobe 1

$$\left.\begin{aligned}
F_1(x) &= 0 && \text{für} \quad x < x_{(1)}, \\
F_1(x) &= \frac{i}{n_1} && \text{für} \quad x_{(i)} \leqq x < x_{(i+1)}, \\
F_1(x) &= 1 && \text{für} \quad x_{(n_1)} \leqq x.
\end{aligned}\right\} \qquad (6.10.7)$$

Mit den n_2 nach der Größe geordneten Werten $x_{(i)}$ der Stichprobe 2 bildet man entsprechend (6.10.7) die Summenfunktion $F_2(x)$ der Stichprobe 2.

Bei Klasseneinteilung müssen bei beiden Stichproben die gleichen Klassengrenzen gewählt werden.

Hypothese H_1:   Die beiden Stichproben stammen aus der gleichen Grundgesamtheit, $\Phi_1(x) = \Phi_2(x)$.

Gegenhypothese H_2: Die beiden Stichproben stammen aus verschiedenen Grundgesamtheiten, $\Phi_1(x) \neq \Phi_2(x)$.

Die Hypothese $\Phi_1(x) = \Phi_2(x)$ wird verworfen für	
Prüfgröße	Schwellenwert
Max $\lvert F_1(x) - F_2(x)\rvert$ über alle x	$\gtreqless \quad \lambda_{1-\alpha}\sqrt{\dfrac{n_1 + n_2}{n_1\, n_2}}$

$$(6.10.8)$$

Zahlenwerte für $\lambda_{1-\alpha}$ entnimmt man (6.10.9).

$S = 1 - \alpha$	95 %	97,5 %	99 %	99,5 %
$\lambda_{1-\alpha}$	1,36	1,48	1,63	1,73

$$(6.10.9)$$

[1] Der Test ist auch bei diskreten Verteilungen anwendbar. Dabei ist dem Schwellenwert $\lambda_{1-\alpha}$ eine Sicherheit $S' \geqq S = 1 - \alpha$ zugeordnet.

Weitere Zahlenwerte $\lambda_{1-\alpha}$ findet man bei N. SMIRNOV: Table for estimating the goodness of fit of empirical distributions. Ann. Math. Stat. 19, 1948, S. 279.

Für $\alpha \geqq 50\%$ gilt in guter Näherung

$$\lambda_{1-\alpha} \approx \sqrt{\frac{1}{2}\ln\frac{2}{\alpha}}\,.$$

Ist $n_1 = n_2 = n$, dann bildet man die Prüfgröße zweckmäßig mit $i_1 = n\,F_1(x)$ und $i_2 = n\,F_2(x)$ und verwirft $\Phi_1(x) = \Phi_2(x)$ für

$$\mathop{\text{Max}}_{\text{über alle }x}\left|i_1(x) - i_2(x)\right| \geqq \lambda_{1-\alpha}\sqrt{2n}\,, \qquad (6.10.10)$$

wobei der berechnete Schwellenwert $\lambda_{1-\alpha}\sqrt{2n}$ auf die nächst größere *ganze* Zahl *aufgerundet* wird.

Schwellenwerte zum Testen der Hypothese $\Phi_1(x) = \Phi_2(x)$ gegenüber der Hypothese $\Phi_1(x) > \Phi_2(x)$ und Schwellenwerte für einen entsprechenden Drei-Stichproben-Test findet man bei Z. W. BIRNBAUM and R. A. HALL: Small sample distributions for multi-sample statistics of the Smirnov type. Ann. Math. Stat. 31, 1960, S. 710.

b) Abhängige Stichproben (verbundene Stichproben)

Die Einzelwerte x_{i1} und x_{i2} $(i = 1, 2, \ldots, n')$ beider Stichproben *gleichen* Umfangs n' gehören (aus sachlichen Gründen) paarweise zusammen. Stichprobe 1 stammt aus der Grundgesamtheit 1 mit der Summenfunktion $\Phi_1(x)$, Stichprobe 2 aus der Grundgesamtheit 2 mit der Summenfunktion $\Phi_2(x)$.

Vorzeichen-Rangfolge-Test von Wilcoxon

Voraussetzung: Stetige Verteilungen; reduzierte (s. unten) Probengröße $n > 5$.

Für jedes Wertepaar wird die Differenz

$$d_i = x_{i1} - x_{i2} \qquad (6.10.11)$$

gebildet. Paare mit gleichen Einzelwerten werden fortgelassen, wodurch gegebenenfalls die Größe n' der Probe zu n reduziert wird.

2. Die Beträge $|d_i|$ der n von Null verschiedenen Differenzen d_i werden in eine Rangfolge gebracht, d. h., sie werden der Größe nach geordnet und — ausgehend vom kleinsten Betrag — mit den Rangzahlen $1, 2, \ldots, n$ versehen. Sind die nach der Größe geordneten Beträge Nr. v bis Nr. $(v + c)$ gleich, dann erhält jeder dieser $(c + 1)$ Beträge die Rangzahl $v + (c/2)$. Zu jeder Rangzahl wird vermerkt, ob die zugehörige Differenz positiv oder negativ ist.

3. Man bildet die Summe T_p der zu positiven Differenzen gehörenden Rangzahlen und die Summe T_n der zu negativen Differenzen gehörenden Rangzahlen.

$T_{\min} = \min[T_p, T_n]$ sei die kleinere der beiden Summen.

4. Als Kontrolle benutzt man die Beziehung

$$T_p + T_n = \frac{n(n+1)}{2}. \tag{6.10.12}$$

Hypothese H_1: Die beiden Stichproben stammen aus der gleichen Grundgesamtheit; $\Phi_1(x) = \Phi_2(x)$.

Gegenhypothese	Die Hypothese $\Phi_1(x) = \Phi_2(x)$ wird verworfen für		
	Prüfgröße		Schwellenwert
$\Phi_1(x) > \Phi_2(x)$ (einseitig)	$T_p = \dfrac{n(n+1)}{2} - T_n$	$\leqq$	$T(\alpha; n)$
$\Phi_1(x) < \Phi_2(x)$ (einseitig)	$T_n = \dfrac{n(n+1)}{2} - T_p$	$\leqq$	$T(\alpha; n)$
$\Phi_1(x) \neq \Phi_2(x)$ (zweiseitig)	$T_{\min} = \min[T_p; T_n]$	$\leqq$	$T(\alpha/2; n)$

$$(6.10.13)$$

Zahlenwerte $T(\alpha; n)$ für $n \leqq 25$ entnimmt man Tab. 6.10.3.

Ist $n > 25$, dann gilt

$$T(\alpha; n) = \frac{n(n+1)}{4} - u_{1-\alpha}\sqrt{\frac{1}{24}\, n(n+1)(2n+1)} \tag{6.10.14}$$

und

$$T(\alpha/2; n) = \frac{n(n+1)}{4} - u_{1-(\alpha/2)}\sqrt{\frac{1}{24}\, n(n+1)(2n+1)}. \tag{6.10.15}$$

Zahlenwerte für $u_{1-\alpha}$ und $u_{1-(\alpha/2)}$ s. Tab. C 2 und C 3.

Tab. 6.10.3.[1] *Schwellenwerte $T(\alpha; n)$ zum Vorzeichen-Rangfolge-Test von Wilcoxon*

n	6	7	8	9	10	11	12	13	14	15	16
$\alpha = 5\%$	2	4	6	8	11	14	17	21	26	30	36
$\alpha = 2,5\%$	1	2	4	6	8	11	14	17	21	25	30
$\alpha = 1,0\%$	—	0	2	3	5	7	10	13	16	20	24
$\alpha = 0,5\%$	—	—	0	2	3	5	7	10	13	16	19

n	17	18	19	20	21	22	23	24	25	30	35
$\alpha = 5\%$	41	47	54	60	68	75	83	92	101	152	214
$\alpha = 2,5\%$	35	40	46	52	59	66	73	81	90	137	195
$\alpha = 1,0\%$	28	33	38	43	49	56	62	69	77	120	174
$\alpha = 0,5\%$	23	28	32	37	43	49	55	61	68	109	160

[1] Nach F. Wilcoxon and R. A. Wilcox. Some Rapid Approximate Statistical Procedures. New York: American Cyanamid Company 1964, S. 28. Dort können weitere Schwellenwerte entnommen werden.

7 Varianzanalyse (Streuungszerlegung)

Wenn die beobachtete Gesamtvarianz eines Merkmals durch Überlagerung mehrerer Einflüsse entsteht und verkleinert werden muß, so wird man eine Aufteilung auf diese Einflüsse versuchen. Dazu bedient man sich der Methoden der Varianzanalyse. Jeder Streuungszerlegung liegt eine *Modellvorstellung* über die Entstehung der Meßwerte zugrunde. Die Aufgabe der Streuungszerlegung besteht darin,

1. Schätzwerte für die unbekannten *Parameter* des mathematisch-statistischen Modells zu *bestimmen*,

2. gewisse *Hypothesen* über diese Parameter zu *testen*.

Im folgenden werden Normalverteilungen vorausgesetzt. Zur Berechnung der Schätzwerte für die Modellparameter ist diese Voraussetzung nicht notwendig, jedoch für die in den Abschn. 7.1 bis 7.5 angegebenen Testverfahren und Vertrauensbereiche. Wenn die obengenannte Voraussetzung (normal verteilte Merkmalwerte) nicht erfüllt ist, sind verteilungsunabhängige Verfahren zu verwenden (Abschn. 7.6) oder die Merkmalwerte sind so zu transformieren, daß die transformierten Merkmalwerte normal verteilt sind (Abschn. 12.1).

7.1 Einfache Zerlegung; gleiche Besetzungszahlen für alle Gruppen

Anordnung der Meßwerte

Die $(p\,n)$ Meßwerte $x_{i\nu}$ sind in p Gruppen oder Spalten zu je n Beobachtungen angeordnet.

Gruppe; Spalte						
1	2	$\cdots$	i	$\cdots$	p	
x_{11}	x_{21}		x_{i1}		x_{p1}	
x_{12}	x_{22}		x_{i2}		x_{p2}	
$\vdots$	$\vdots$		$\vdots$		$\vdots$	
$x_{1\nu}$	$x_{2\nu}$		$x_{i\nu}$		$x_{p\nu}$	
$\vdots$	$\vdots$		$\vdots$		$\vdots$	
x_{1n}	x_{2n}		x_{in}		x_{pn}	
$x_{1\bullet}$	$x_{2\bullet}$	$\cdots$	$x_{i\bullet}$	$\cdots$	$x_{p\bullet}$	$x_{\bullet\bullet}$
s_1^2	s_2^2	$\cdots$	s_i^2	$\cdots$	s_p^2	s^2

Die *Gruppe* oder *Spalte* i hat den Mittelwert

$$x_{i\bullet} = \frac{1}{n} \sum_{\nu=1}^{n} x_{i\nu} \tag{7.1.1}$$

und die Varianz

$$s_i^2 = \frac{1}{n-1} \sum_{\nu=1}^{n} (x_{i\nu} - x_i.)^2 \ . \tag{7.1.2}$$

Die *gesamte* Beobachtungsreihe hat den Mittelwert

$$x.. = \frac{1}{p} \sum_{i=1}^{p} x_i. = \frac{1}{p\,n} \sum_{i=1}^{p} \sum_{\nu=1}^{n} x_{i\nu} \ . \tag{7.1.3}$$

Die *mittlere* Varianz *innerhalb der Gruppen* ist

$$\frac{1}{p} \sum_{i=1}^{p} s_i^2 = \frac{1}{p(n-1)} \sum_{i=1}^{p} \sum_{\nu=1}^{n} (x_{i\nu} - x_i.)^2 = s_{\mathrm{I}}^2, \tag{7.1.4}$$

die Varianz *zwischen den Gruppenmittelwerten* hat den Wert

$$\frac{1}{(p-1)} \sum_{i=1}^{p} (x_i. - x..)^2 = \frac{1}{n} s_{\mathrm{II}}^2 \ . \tag{7.1.5}$$

(Vgl. Zerlegungstafel S. 109.)

a) Das Modell mit systematischen Komponenten

Beim Modell mit p systematischen Komponenten existieren entweder nur die untersuchten p Gruppen oder sie allein sind praktisch von In-

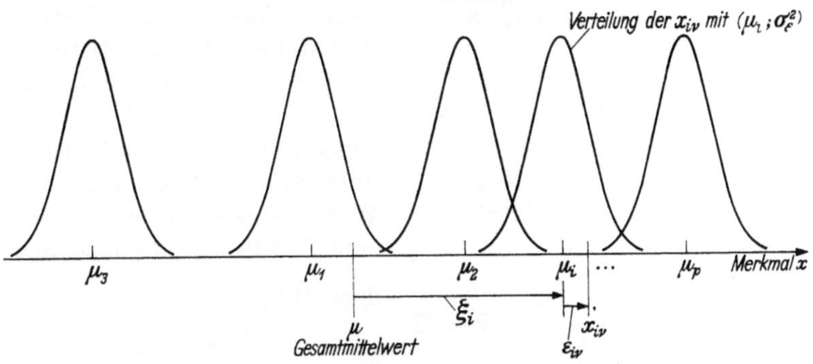

Abb. 7.1.1
Zur Veranschaulichung des Modells mit systematischen Komponenten bei einfacher Zerlegung

teresse. Jeder Gruppe oder Spalte i ist nach Abb. 7.1.1 eine Normalverteilung mit dem festen Mittelwert μ_i und der für alle Gruppen gleichen Varianz σ_ε^2 zugeordnet. Aus jeder dieser p Verteilungen werden n Beobachtungen $x_{i\nu}$ entnommen. Das Modell enthält insgesamt $(p+1)$ *unbekannte Parameter*, nämlich

p Mittelwerte μ_i und eine Varianz σ_ε^2 .

An Stelle der μ_i wählt man zweckmäßigerweise

einen Gesamtmittelwert μ durch
$$\mu = \frac{1}{p} \sum_{i=1}^{p} \mu_i \qquad (7.1.6)$$

und p *Abweichungen* $\xi_i = \mu_i - \mu$ von diesem Mittelwert

mit
$$\sum_{i=1}^{p} \xi_i = 0, \qquad (7.1.7)$$

so daß $(p-1)$ Abweichungen ξ_i unabhängig voneinander sind. Jeder Meßwert $x_{i\nu}$ enthält *additiv* einen *systematischen Anteil* ξ_i, den Spalteneinfluß, und einen *Zufallsanteil* $\varepsilon_{i\nu}$, z. B. den Versuchsfehler:

$$x_{i\nu} = \mu_i + \varepsilon_{i\nu} = \mu + \underbrace{\xi_i}_{\substack{\text{systematische}\\\text{Komponente}}} + \underbrace{\varepsilon_{i\nu}}_{\substack{\text{Zufalls-}\\\text{komponente}}} . \qquad (7.1.8)$$

Für das Modell[1] gilt

$$M\{\xi_i\} = \frac{1}{p} \sum_{i=1}^{p} \xi_i = 0; \qquad V\{\xi_i\} = \frac{1}{(p-1)} \sum_{i=1}^{p} \xi_i^2 = \sigma_\xi^2; \qquad (7.1.9)$$

$$M\{\varepsilon_{i\nu}\} = 0; \qquad\qquad V\{\varepsilon_{i\nu}\} = \sigma_\varepsilon^2 \quad \text{für alle } i. \qquad (7.1.10)$$

b) Das Modell mit Zufallskomponenten

Die untersuchten p Gruppen sind eine Zufallsprobe aus einer Gesamtheit von $P \gg p$ vorhandenen Gruppen, wobei vorausgesetzt wird, daß die P Mittelwerte μ_i (nahezu) normal verteilt sind.

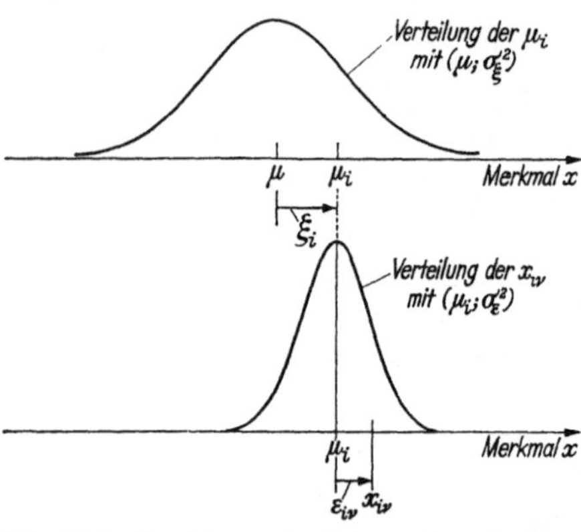

Abb. 7.1.2. **Zur Veranschaulichung des Modells mit Zufallskomponenten bei einfacher Zerlegung**

Jeder Gruppe oder Spalte i ist nach Abb. 7.1.2 eine Normalverteilung mit dem Mittelwert $\mu_i = \mu + \xi_i$ und der für alle Gruppen gleichen Varianz σ_ε^2 zugeordnet. Während jedoch unter a) die μ_i unbekannte feste Werte darstellen, ist μ_i jetzt eine Zufallsveränderliche mit dem Mittelwert

$$M\{\mu_i\} = \mu$$

und der Varianz $\qquad (7.1.11)$

$$V\{\mu_i\} = V\{\xi_i\} = \sigma_\xi^2 .$$

Das Modell enthält *drei unbekannte Parameter*, nämlich einen Mittelwert μ und zwei Varianzen σ_ξ^2 und σ_ε^2 .

---

[1] Um bei der Behandlung der Modelle mit systematischen Komponenten und mit Zufallskomponenten formale Übereinstimmung zu bekommen, sind in Gl. (7.1.9) und in den entsprechenden Gleichungen der folgenden Abschnitte die Symbole M und V verwendet worden, obwohl die ξ_i keine Zufallsgrößen sind.

Jeder Meßwert $x_{i\nu}$ enthält additiv *zwei Zufallsanteile*, ξ_i in der ersten Stufe (erster Zufallseinfluß) und $\varepsilon_{i\nu}$ in der zweiten Stufe (zweiter Zufallseinfluß)

$$x_{i\nu} = \mu + \underbrace{\xi_i}_{\substack{\text{Zufallskomponente}\\ \text{der Stufe 1}}} + \underbrace{\varepsilon_{i\nu}}_{\substack{\text{Zufallskomponente}\\ \text{der Stufe 2}}} . \qquad (7.1.12)$$

Auswertung der Meßreihe für beide Modelle
(vgl. Rechentechnik S. 110).

Man berechnet die Summe der quadrierten Abweichungen (S.d.q.A.):
die S.d.q.A. *zwischen* den Gruppen

$$S_{(p)} = \sum_{i=1}^{p} \sum_{\nu=1}^{n} (x_i. - x..)^2 = n \sum_{i=1}^{p} (x_i. - x..)^2 \qquad (7.1.13)$$

mit $(p-1) = f_{\text{II}}$ Freiheitsgraden (Fr.gr.),

die S.d.q.A. *innerhalb* der Gruppen

$$S_{(n)} = \sum_{i=1}^{p} \sum_{\nu=1}^{n} (x_{i\nu} - x_i.)^2 = (n-1) \sum_{i=1}^{p} s_i^2 \qquad (7.1.14)$$

mit $p(n-1) = f_{\text{I}}$ Fr.gr.,

die S.d.q.A. *insgesamt*

$$S = \sum_{i=1}^{p} \sum_{\nu=1}^{n} (x_{i\nu} - x..)^2 \qquad (7.1.15)$$

mit $(np-1) = f_0$ Fr.gr.

Es gilt für die S.d.q.A.

$$S_{(p)} + S_{(n)} = S \qquad (7.1.16)$$

und für die zugeordneten Freiheitsgrade

$$(p-1) + p(n-1) = (np-1). \qquad (7.1.17)$$

Zerlegungstafel für beide Modelle

1	2	3	4	5	6
				Modell mit	
Varianz	S.d.q.A.	Zahl der Fr.gr.	Quotient	systematischen Komponenten	Zufallskomponenten
				Der Quotient ist ein Schätzwert für	
zwischen den Gruppen	$S_{(p)} = n \sum_{i=1}^{p} (x_i. - x..)^2$	$(p-1) = f_{\text{II}}$	s_{II}^2	$\sigma_\varepsilon^2 + \dfrac{n}{p-1} \sum_{i=1}^{p} \xi_i^2$	$\sigma_\varepsilon^2 + n\,\sigma_\xi^2$
innerhalb der Gruppen	$S_{(n)} = \sum_{i=1}^{p} \sum_{\nu=1}^{n} (x_{i\nu} - x_i.)^2$	$p(n-1) = f_{\text{I}}$	s_{I}^2	σ_ε^2	σ_ε^2
insgesamt	$S = \sum_{i=1}^{p} \sum_{\nu=1}^{n} (x_{i\nu} - x..)^2$	$(pn)-1 = f_0$	s_0^2	(*)	(*)

(*) s_0^2 ist nur dann ein Schätzwert für σ_ε^2 mit $(pn-1)$ Fr.gr., falls die Hypothese $\xi_i \equiv 0$ oder $\sigma_\xi^2 = 0$ gilt. Deshalb sollte s_0^2 nur dann als Schätzwert für σ_ε^2 verwendet werden, wenn die Hypothese $\xi_i \equiv 0$ oder $\sigma_\xi^2 = 0$ *nicht* verworfen wird.

Man teilt jede S.d.q.A. durch die ihr zugeordnete Zahl der Freiheitsgrade. Die so gefundenen Quotienten s_I^2 und s_{II}^2 sind Schätzwerte für die in Spalte 5 bzw. 6 genannten Modellparameter.

Zweckmäßige Rechentechnik für beide Modelle

Die zur Auswertung erforderlichen Summen S, $S_{(n)}$ und $S_{(p)}$ kann man selbstverständlich aus den Definitionsgleichungen (7.1.15), (7.1.14) und (7.1.13) berechnen. Zweckmäßiger ist folgender Weg: Man berechnet *für jede Spalte i*

die Summe aller Beobachtungen	$S_i = \sum_{\nu=1}^{n} x_{i\nu} = n\, x_{i\cdot}\,,$ (7.1.18)
die Summe aller quadrierten Werte	$(SQ)_i = \sum_{\nu=1}^{n} x_{i\nu}^2\,,$ (7.1.19)
ferner	$S_i^2/n\,.$ (7.1.20)
Dann ist die S.d.q.A. für Spalte i	$(SQA)_i = (SQ)_i - \dfrac{S_i^2}{n}\,.$ (7.1.21)
Gegebenenfalls für den *Bartlett-Test* zur Prüfung der Hypothese, daß alle Varianzen σ_ε^2 innerhalb der Gruppen einander gleich sind; vgl. (6.4.10).	
Zahl der Freiheitsgrade	$(n-1)$
Varianz *innerhalb* der Spalte i	$s_i^2 = \dfrac{1}{n-1}(SQA)_i\,.$ (7.1.22)

Die vier Hilfsgrößen S_i, $(SQ)_i$, S_i^2/n und $(SQA)_i$ summiert man noch *zeilenweise* über i,

$$\sum_{i=1}^{p} S_i \quad = S\cdot \quad = A\,, \tag{7.1.23}$$

$$\sum_{i=1}^{p} (SQ)_i \quad = (SQ)\cdot \quad = B\,, \tag{7.1.24}$$

$$\sum_{i=1}^{p} (S_i^2/n) \quad = (S^2/n)\cdot \quad =: C\,, \tag{7.1.25}$$

$$\sum_{i=1}^{p} (SQA)_i = (SQA)\cdot = D\,. \tag{7.1.26}$$

Dann ist

$$S_{(p)} = C - \frac{1}{n\,p}A^2\,, \tag{7.1.27}$$

$$S_{(n)} = D\,, \tag{7.1.28}$$

$$S \quad = B - \frac{1}{n\,p}A^2\,. \tag{7.1.29}$$

Schätzwerte der Parameter für beide Modelle

Modell mit			
systematischen Komponenten		Zufallskomponenten	
Der Parameter	wird geschätzt durch	Der Parameter	wird geschätzt durch
μ	$x_{\cdot\cdot}$	μ	$x_{\cdot\cdot}$
μ_i	$x_i\cdot$	σ_ξ^2	$s_\xi^2 = (s_{II}^2 - s_I^2)/n$
ξ_i	$x_i\cdot - x_{\cdot\cdot}$	σ_ε^2	$s_\varepsilon^2 = s_I^2$
$\mu_i - \mu_j$	$x_i\cdot - x_j\cdot$		
σ_ε^2	$s_\varepsilon^2 = s_I^2$		

Testen von Hypothesen über die Modellparameter für beide Modelle

Modell mit systematischen Komponenten: Es ist *kein* Spalteneinfluß vorhanden; d. h. $\xi_i = 0$ für alle i.

Modell mit Zufallskomponenten: Die Zufallskomponente ξ der ersten Stufe ist *nicht* vorhanden; d. h. $\sigma_\xi^2 = 0$.

Prüfgröße:
$$F_{BEOB} = s_{II}^2/s_I^2 \ . \tag{7.1.30}$$

Man vergleicht den aus den Beobachtungen gewonnen Wert F_{BEOB} mit dem Tafelwert

$$F_{TAFEL} = F_{1-\alpha}(f_1; f_2) \quad \text{mit} \quad f_1 = p - 1; \qquad f_2 = p(n-1) \tag{7.1.31}$$

und *verwirft die Hypothese* für $F_{BEOB} > F_{TAFEL}$.

Zahlenwerte für $F_{1-\alpha}(f_1; f_2)$ s. Tab. C 7 bis C 10.

Vertrauensbereiche für die Modellparameter beim Modell mit systematischen Komponenten

Wird die Hypothese $\xi_i = 0$ verworfen, so berechnet man die Vertrauensbereiche für die Modellparameter aus

$$x_{\cdot\cdot} - t_{1-(\alpha/2);f}\frac{s_I}{\sqrt{p\,n}} \ \leqq \mu \leqq \ x_{\cdot\cdot} + t_{1-(\alpha/2);f}\frac{s_I}{\sqrt{p\,n}}, \tag{7.1.32}$$

$$x_i\cdot - t_{1-(\alpha/2);f}\frac{s_I}{\sqrt{n}} \ \leqq \mu_i \leqq \ x_i\cdot + t_{1-(\alpha/2);f}\frac{s_I}{\sqrt{n}}, \tag{7.1.33}$$

$$(x_i\cdot - x_{\cdot\cdot}) - t_{1-(\alpha/2);f}\sqrt{\frac{p-1}{p}}\frac{s_I}{\sqrt{n}} \ \leqq \xi_i$$
$$\leqq (x_i\cdot - x_{\cdot\cdot}) + t_{1-(\alpha/2);f}\sqrt{\frac{p-1}{p}}\frac{s_I}{\sqrt{n}}, \tag{7.1.34}$$

$$(x_i\cdot - x_j\cdot) - t_{1-(\alpha/2);f}\frac{\sqrt{2}\,s_I}{\sqrt{n}} \leqq (\mu_i - \mu_j)$$
$$\leqq (x_i\cdot - x_j\cdot) + t_{1-(\alpha/2);f}\frac{\sqrt{2}\,s_I}{\sqrt{n}} \tag{7.1.35}$$

mit $f = f_1 = p(n-1)$.

Zahlenwerte für $t_{1-(\alpha/2);f}$ s. Tab. C 5.

Der größte Gruppenmittelwert $\mu_{\max}$ (bzw. der kleinste Gruppenmittelwert $\mu_{\min}$) liegt mindestens mit der Sicherheit $S = 1 - \alpha$ unterhalb (bzw. oberhalb) der Vertrauensgrenze

$$\mu_{\max} \leqq \mu_{\max O} = x_{(p)\cdot} + t_{1-\alpha;f}\,\frac{s_{\mathrm{I}}}{\sqrt{n}},$$

bzw.

$$\mu_{\min} \geqq \mu_{\min U} = x_{(1)\cdot} - t_{1-\alpha;f}\,\frac{s_{\mathrm{I}}}{\sqrt{n}}$$

$$(7.1.36)$$

mit $f = f_{\mathrm{I}} = p(n-1)$. Dabei ist $x_{(p)\cdot}$ der größte und $x_{(1)\cdot}$ der kleinste beobachtete Gruppenmittelwert.

Zahlenwerte für $t_{1-\alpha;f}$ s. Tab. C 4 oder Nomogramm D 1.

Vertrauensbereiche für die Modellparameter beim Modell mit Zufallskomponenten

Wird die Hypothese $\sigma_\xi^2 = 0$ verworfen, dann berechnet man den Vertrauensbereich für μ aus

$$x_{\cdot\cdot} - t_{1-(\alpha/2);f}\,\frac{s_{\mathrm{II}}}{\sqrt{n\,p}} \;\leqq\; \mu \;\leqq\; x_{\cdot\cdot} + t_{1-(\alpha/2);f}\,\frac{s_{\mathrm{II}}}{\sqrt{n\,p}} \qquad (7.1.37)$$

oder aus

$$x_{\cdot\cdot} - t_{1-(\alpha/2);f}\,\sqrt{\frac{s_\xi^2}{p} + \frac{s_\varepsilon^2}{n\,p}} \;\leqq\; \mu \;\leqq\; x_{\cdot\cdot} + t_{1-(\alpha/2);f}\,\sqrt{\frac{s_\xi^2}{p} + \frac{s_\varepsilon^2}{n\,p}} \qquad (7.1.38)$$

mit $f = f_{\mathrm{II}} = (p-1)$.

Zahlenwerte für $t_{1-(\alpha/2);f}$ s. Tab. C 5.

Den Vertrauensbereich für σ_ε^2 berechnet man aus (5.3.12) mit $s^2 = s_{\mathrm{I}}^2$ und $f = f_{\mathrm{I}} = p(n-1)$.

Den Vertrauensbereich für $(\sigma_\xi/\sigma_\varepsilon)^2$ berechnet man aus

$$\frac{1}{n}\left[\frac{(s_{\mathrm{II}}/s_{\mathrm{I}})^2}{F_{1-(\alpha/2)}(f_1;\,f_2)} - 1\right] \;\leqq\; \left(\frac{\sigma_\xi}{\sigma_\varepsilon}\right)^2 \;\leqq\; \frac{1}{n}\left[\frac{(s_{\mathrm{II}}/s_{\mathrm{I}})^2}{F_{\alpha/2}(f_1;\,f_2)} - 1\right] \qquad (7.1.39)$$

mit $f_1 = f_{\mathrm{II}} = (p-1)$ und $f_2 = f_{\mathrm{I}} = p(n-1)$.

Zahlenwerte für $F_{1-\alpha}(f_1;\,f_2)$ s. Tab. C 7 bis C 10.

Den Vertrauensbereich für σ_ξ^2 kann man nur grob angenähert angeben[1]
für $p \gtrless 20$, indem man die Varianz von $s_\xi^2 = (s_{\mathrm{II}}^2 - s_{\mathrm{I}}^2)/n$,

$$V\{s_\xi^2\} = \frac{1}{n^2}\left[\frac{2\,(n\,\sigma_\xi^2 + \sigma_\varepsilon^2)^2}{(p-1)} + \frac{2\,\sigma_\varepsilon^4}{p\,(n-1)}\right] \approx \frac{2}{n^2}\left[\frac{s_{\mathrm{II}}^4}{f_{\mathrm{II}}} + \frac{s_{\mathrm{I}}^4}{f_{\mathrm{I}}}\right], \qquad (7.1.40)$$

---

[1] Eine andere Lösung ergibt sich, wenn man für σ_ξ^2 die Fiduzialgrenzen berechnet (vgl. FISHER and YATES: Statistical Tables. Edinburgh: Oliver and Boyd, 1963, S. 58f.).

zur Beurteilung heranzieht [vgl. (5.2.12)],
für $p(n-1) \gtrsim 10$ aus

$$\frac{1}{n}\left[\frac{s_{\mathrm{II}}^2}{F_{1-(\alpha/2)}(f_1; f_2)} - s_{\mathrm{I}}^2\right] \lessgtr \sigma_\xi^2 \lessgtr \frac{1}{n}\left[\frac{s_{\mathrm{II}}^2}{F_{\alpha/2}(f_1; f_2)} - s_{\mathrm{I}}^2\right] \qquad (7.1.41)$$

mit $f_1 = f_{\mathrm{II}} = (p-1)$ und $f_2 = f_{\mathrm{I}} = p(n-1)$.
Zahlenwerte für $F_{1-\alpha}(f_1; f_2)$ s. Tab. C 7 bis C 10.

7.2 Einfache Zerlegung mit ungleichen Besetzungszahlen n_i der Spalten oder Gruppen

Man wird dieses Modell beispielsweise einsetzen, wenn die Gesamtheit aus p Gruppen mit N_i Einheiten in der Gruppe i besteht, von denen man den festen relativen Anteil $\lambda = n_i/N_i$, $\lambda \ll 1$, ausgewählt hat (Versuch mit festem Auswahlsatz je Gruppe).

Mit $\sum\limits_{i=1}^{p} n_i = \bar{n}\,p$ und $\sum\limits_{i=1}^{p} N_i = N$ gilt für den Auswahlsatz λ $\qquad$ (7.2.1)

$$\lambda = \frac{\bar{n}\,p}{N} . \qquad (7.2.2)$$

Dabei ist $\bar{n}$ die mittlere Besetzungszahl der Spalten.
Die *Gruppe* oder *Spalte* i hat den Mittelwert

$$x_{i\cdot} = \frac{1}{n_i} \sum_{\nu=1}^{n_i} x_{i\nu} \qquad (7.2.3)$$

und die Varianz

$$s_i^2 = \frac{1}{n_i - 1} \sum_{\nu=1}^{n_i} (x_{i\nu} - x_{i\cdot})^2 . \qquad (7.2.4)$$

Die *gesamte* Beobachtungsreihe hat den Mittelwert

$$x_{\cdot\cdot} = \frac{1}{\bar{n}\,p} \sum_{i=1}^{p} n_i\, x_{i\cdot} = \frac{1}{\bar{n}\,p} \sum_{i=1}^{p} \sum_{\nu=1}^{n_i} x_{i\nu} . \qquad (7.2.5)$$

Die *mittlere* Varianz *innerhalb der Gruppen* ist

$$\frac{1}{p(\bar{n}-1)} \sum_{i=1}^{p} (n_i - 1)\, s_i^2 = \frac{1}{p(\bar{n}-1)} \sum_{i=1}^{p} \sum_{\nu=1}^{n_i} (x_{i\nu} - x_{i\cdot})^2 = s_{\mathrm{I}}^2 ; \qquad (7.2.6)$$

die Varianz *zwischen den Gruppenmittelwerten* hat den Wert

$$\frac{1}{\bar{n}(p-1)} \sum_{i=1}^{p} n_i(x_{i\cdot} - x_{\cdot\cdot})^2 = \frac{1}{\bar{n}}\, s_{\mathrm{II}}^2 . \qquad (7.2.7)$$

(vgl. S. 107).

a) Das Modell mit systematischen Komponenten [vgl. 7.1 a)]

Gesamtmittelwert
$$\mu = \frac{1}{\bar{n}\,p} \sum_{i=1}^{p} n_i\,\mu_i, \qquad (7.2.8)$$

p systematische Abweichungen $\xi_i = \mu_i - \mu$ von diesem Mittelwert mit

$$\sum_{i=1}^{p} n_i\,\xi_i = 0. \qquad (7.2.9)$$

Für das Modell gilt

$$M\{\xi_i\} = \frac{1}{p} \sum_{i=1}^{p} \left(\frac{n_i}{\bar{n}}\right) \xi_i = 0; \qquad V\{\xi_i\} = \frac{1}{(p-1)} \sum_{i=1}^{p} \left(\frac{n_i}{\bar{n}}\right) \xi_i^2, \qquad (7.2.10)$$

$$M\{\varepsilon_{i\,\nu}\} = 0; \qquad V\{\varepsilon_{i\,\nu}\} = \sigma_\varepsilon^2 \quad \text{für alle } i. \qquad (7.2.11)$$

b) Das Modell mit Zufallskomponenten

Das Modell bleibt gegen das Modell 7.1 b) mit $n_i = $ konst $= n$ ungeändert.

Auswertung der Meßreihe für beide Modelle

(vgl. Rechentechnik S. 115). Man berechnet
die S.d.q.A. *zwischen* den Gruppen

$$S_{(p)} = \sum_{i=1}^{p} \sum_{\nu=1}^{n_i} (x_i. - x..)^2 = \sum_{i=1}^{p} n_i(x_i. - x..)^2 \qquad (7.2.12)$$

mit $(p-1) = f_{\mathrm{II}}$ Freiheitsgraden (Fr.gr.),

die S.d.q.A. *innerhalb* der Gruppen

$$S_{(n)} = \sum_{i=1}^{p} \sum_{\nu=1}^{n_i} (x_{i\,\nu} - x_i.)^2 \quad \text{mit } p(\bar{n}-1) = f_{\mathrm{I}} \text{ Fr.gr.,} \qquad (7.2.13)$$

die S.d.q.A. *insgesamt*

$$S = \sum_{i=1}^{p} \sum_{\nu=1}^{n_i} (x_{i\,\nu} - x..)^2 \quad \text{mit } (\bar{n}\,p - 1) = f_0 \text{ Fr.gr..} \qquad (7.2.14)$$

Es gilt für die S.d.q.A.
$$S_{(p)} + S_{(n)} = S \qquad (7.2.15)$$

und für die zugeordneten Freiheitsgrade

$$(p-1) + p(\bar{n}-1) = (\bar{n}\,p - 1). \qquad (7.2.16)$$

Zerlegungstafel für beide Modelle

1	2	3	4	5	6
				Modell mit	
Varianz	S.d.q.A.	Zahl der Fr.gr.	Quotient	systematischen Komponenten	Zufallskomponenten
				Der Quotient ist ein Schätzwert für	
zwischen den Gruppen	$S_{(p)} = \sum\limits_{i=1}^{p} n_i(x_i. - x..)^2$	$(p-1) = f_{\mathrm{II}}$	s_{II}^2	$\sigma_\varepsilon^2 + \dfrac{1}{p-1}\sum\limits_{i=1}^{p} n_i \xi_i^2$	$\sigma_\varepsilon^2 + \bar{\bar{n}}\,\sigma_\xi^2$ (**)
innerhalb der Gruppen	$S_{(n)} = \sum\limits_{i=1}^{p}\sum\limits_{\nu=1}^{n_i}(x_{i\nu} - x_i.)^2$	$p(\bar{n}-1) = f_{\mathrm{I}}$	s_{I}^2	σ_ε^2	σ_ε^2
insgesamt	$S \doteq \sum\limits_{i=1}^{p}\sum\limits_{\nu=1}^{n_i}(x_{i\nu} - x..)^2$	$(p\,\bar{n})-1 = f_0$	s_0^2	(*)	(*)

Es ist $\bar{n}\,p = \sum\limits_{i=1}^{p} n_i$; für $n_i = \text{konst} = n$ geht diese Zerlegungstafel in die des Abschnitts 7.1 über.

(*) s_0^2 ist nur dann ein Schätzwert für σ_ε^2 mit $(p\,\bar{n} - 1)$ Fr.gr., falls die Hypothese $\xi_i \equiv 0$ oder $\sigma_\xi^2 = 0$ gilt. Deshalb sollte s_0^2 nur dann als Schätzwert für σ_ε^2 verwendet werden, wenn die Hypothese $\xi_i \equiv 0$ oder $\sigma_\xi^2 = 0$ *nicht* verworfen wird.

(**) $\bar{\bar{n}}$ folgt aus (7.2.27) oder (7.2.30).

Zweckmäßige Rechentechnik für beide Modelle

Man berechnet *für jede Spalte i*

die Summe aller Beobachtungen	$S_i = \sum\limits_{\nu=1}^{n_i} x_{i\nu} = n_i\, x_i.\ ,$	(7.2.17)
die Summe aller quadrierten Werte	$(SQ)_i = \sum\limits_{\nu=1}^{n_i} x_{i\nu}^2\ ,$	(7.2.18)
ferner	$S_i^2/n_i\ .$	(7.2.19)
Dann ist die S.d.q.A. für Spalte i	$(SQA)_i = (SQ)_i - \dfrac{S_i^2}{n_i}\ .$	(7.2.20)
Gegebenenfalls für den *Bartlett-Test* zur Prüfung der Hypothese, daß alle Varianzen innerhalb der Gruppen einander gleich sind; vgl. (6.4.9):		
Zahl der Freiheitsgrade	$(n_i - 1)$	
Varianz *innerhalb* der Spalte i	$s_i^2 = \dfrac{1}{n_i - 1}\,(SQA)_i\ .$	(7.2.21)

8*

Die vier Hilfsgrößen S_i, $(SQ)_i$, S_i^2/n_i und $(SQA)_i$ summiert man noch *zeilenweise* über i wie in (7.1.23), (7.1.24), (7.1.25) und (7.1.26). Die Summen $S_{(p)}$, $S_{(n)}$ und S findet man aus (7.1.27), (7.1.28) und (7.1.29), wobei nur n durch $\bar{n}$ zu ersetzen ist.

Testen von Hypothesen über die Modellparameter

Wie (7.1.30) und (7.1.31), wenn man n in (7.1.31) durch $\bar{n}$ ersetzt.

Vertrauensbereiche für die Modellparameter beim Modell mit systematischen Komponenten

Wird die Hypothese $\xi_i = 0$ verworfen, so berechnet man die Vertrauensbereiche für die Parameter aus

$$x_{..} - t_{1-(\alpha/2);f}\ \frac{s_\mathrm{I}}{\sqrt{\bar{n}\,p}} \ \leqq \mu \leqq\ x_{..} + t_{1-(\alpha/2);f}\ \frac{s_\mathrm{I}}{\sqrt{\bar{n}\,p}}, \quad (7.2.22)$$

$$x_{i.} - t_{1-(\alpha/2);f}\ \frac{s_\mathrm{I}}{\sqrt{n_i}} \ \leqq \mu_i \leqq\ x_{i.} + t_{1-(\alpha/2);f}\ \frac{s_\mathrm{I}}{\sqrt{n_i}}, \quad (7.2.23)$$

$$(x_{i.} - x_{..}) - t_{1-(\alpha/2);f}\ \frac{s_\mathrm{I}}{\sqrt{n_i}}\sqrt{1 - \frac{n_i}{\bar{n}\,p}}\ \leqq \xi_i \leqq$$

$$\leqq (x_{i.} - x_{..}) + t_{1-(\alpha/2);f}\ \frac{s_\mathrm{I}}{\sqrt{n_i}}\sqrt{1 - \frac{n_i}{\bar{n}\,p}}, \quad (7.2.24)$$

für $|\Delta n_i| = |n_i - \bar{n}| \ll \bar{n}$ wird aus (7.2.24) näherungsweise

$$(x_{i.} - x_{..}) - t_{1-(\alpha/2);f}\sqrt{\frac{p-1}{p}}\ \frac{s_\mathrm{I}}{\sqrt{n_i}}\ \leqq \xi_i \leqq$$

$$\leqq (x_{i.} - x_{..}) + t_{1-(\alpha/2);f}\sqrt{\frac{p-1}{p}}\ \frac{s_\mathrm{I}}{\sqrt{n_i}}, \quad (7.2.25)$$

$$(x_{i.} - x_{j.}) - t_{1-(\alpha/2);f}\ s_\mathrm{I}\sqrt{\frac{1}{n_i} + \frac{1}{n_j}}\ \leqq (\mu_i - \mu_j) \leqq$$

$$\leqq (x_{i.} - x_{j.}) + t_{1-(\alpha/2);f}\ s_\mathrm{I}\sqrt{\frac{1}{n_i} + \frac{1}{n_j}} \quad (7.2.26)$$

mit $f = f_\mathrm{I} = p(\bar{n} - 1)$.

Zahlenwerte für $t_{1-(\alpha/2);f}$ s. Tab. C 5.

Vertrauensbereiche für die Modellparameter beim Modell mit Zufallskomponenten

Abweichend von Abschn. 7.1 b) ist s_{II}^2 jetzt ein Schätzwert für

$$\sigma_\varepsilon^2 + \bar{\bar{n}}\,\sigma_\xi^2 \quad \text{mit} \quad \bar{\bar{n}} = \frac{1}{(p-1)}\left[\sum_{i=1}^{p} n_i - \frac{\sum_{i=1}^{p} n_i^2}{\sum_{i=1}^{p} n_i}\right]. \qquad (7.2.27)$$

Setzt man $\qquad\qquad n_i = \bar{n} + \Delta n_i, \quad$ dann ist $\qquad\qquad (7.2.28)$

$$\sum_{i=1}^{p} (\Delta n_i) = 0 \quad \text{und} \quad \frac{1}{p-1}\sum_{i=1}^{p} (\Delta n_i)^2 = V\{n_i\}. \qquad (7.2.29)$$

Damit gilt

$$\bar{\bar{n}} = \bar{n}\left[1 - \frac{1}{p(p-1)}\sum_{i=1}^{p}\left(\frac{\Delta n_i}{\bar{n}}\right)^2\right] = \bar{n} - \frac{1}{\bar{n}\,p}\,V\{n_i\}. \qquad (7.2.30)$$

Es ist $\bar{\bar{n}} \approx \bar{n}$, falls die relativen Schwankungen $|\Delta n_i/\bar{n}|$ klein gegen 1 bleiben.

Vertrauensbereiche für die Modellparameter sind jetzt nur angenähert bestimmbar; deshalb sollte man das Modell mit gleicher Besetzungszahl $n_i = \text{konst} = n$ bevorzugen.

Der Gesamtmittelwert μ wird geschätzt durch $x..$, wobei die Varianz von $x..$ durch

$$V\{x..\} = \frac{\sum_{i=1}^{p} n_i^2}{(p\,\bar{n})^2}\,\sigma_\xi^2 + \frac{1}{p\,\bar{n}}\,\sigma_\varepsilon^2 = \frac{\sigma_\xi^2}{p}\left[1 + \frac{1}{p}\sum_{i=1}^{p}\left(\frac{\Delta n_i}{\bar{n}}\right)^2\right] + \frac{\sigma_\varepsilon^2}{p\,\bar{n}} \qquad (7.2.31)$$

gegeben ist. Falls $|\Delta n_i/\bar{n}| \lesssim 1/4$ bleibt, ist ausreichend genau

$$V\{x..\} \approx \frac{\sigma_\xi^2}{p} + \frac{\sigma_\varepsilon^2}{p\,\bar{n}}. \qquad (7.2.32)$$

Varianzanalyse mit Spannweiten

Wird eine Varianzanalyse durchgeführt, indem man die erforderlichen Standardabweichungen mit Hilfe von Spannweiten schätzt, so ändern sich nur die Tests und Vertrauensbereiche, während das Auswertungsschema mit geringen Änderungen erhalten bleibt.

Zur Varianzanalyse mit Spannweiten sei verwiesen auf

1. P. B. PATNAIK: The use of mean range as an estimator of variance in statistical tests. Biometrika 37, 1950, S. 78.

2. H. O. HARTLEY: The use of range in analysis of variance. Biometrika 37, 1950, S. 271.

3. H. A. DAVID: Further applications of range to the analysis of variance. Biometrika 38, 1951, S. 393.

4. H. STAUDE: Abkürzung des Range-Verfahrens von H. O. HARTLEY zur Auswertung von Blockversuchen. Biometr. Z. 1, 1959, S. 261.

7.3 Zweifache Zerlegung, zwei Einflußgrößen; gleiche Besetzungszahlen für alle Zellen

Anordnung der Meßwerte

Zeile Nr.	Spalte Nr.							Zeilenmittelwert
	1	2	3	...	i	...	p	
1	z_{11}	z_{21}	z_{31}	...		...	z_{p1}	$z_{.1}$
2	z_{12}	z_{22}	z_{32}	...		...	z_{p2}	$z_{.2}$
⋮	⋮	⋮	⋮				⋮	⋮
j					z_{ij}			$z_{.j}$
⋮	⋮	⋮	⋮				⋮	⋮
q	z_{1q}	z_{2q}	z_{3q}	...		...	z_{pq}	$z_{.q}$
Spalten-mittelwert	$z_{1.}$	$z_{2.}$	$z_{3.}$	...	$z_{i.}$	...	$z_{p.}$	$z_{..} = z$

Zelle ij mit n Beobachtungen

$$z_{ij1} \; , \; z_{ij2} \; , \; .... \; z_{ij\nu} \; , \; .... \; z_{ijn}$$

Man hat

p Spalten, gekennzeichnet durch i; $1 \leqq i \leqq p$;

q Zeilen j; $1 \leqq j \leqq q$;

pq Zellen (Felder) ij; Bereiche wie vorher;

pqn Meßwerte $z_{ij\nu}$ $1 \leqq i \leqq p$, $1 \leqq j \leqq q$, $1 \leqq \nu \leqq n$.

Zellenmittelwert:
$$\frac{1}{n} \sum_{\nu=1}^{n} z_{ij\nu} = z_{ij.} \equiv z_{ij} \; ; \tag{7.3.1}$$

Spaltenmittelwert:
$$\frac{1}{q} \sum_{j=1}^{q} z_{ij} = z_{i..} \equiv z_{i.} \; ; \tag{7.3.2}$$

Zeilenmittelwert:
$$\frac{1}{p} \sum_{i=1}^{p} z_{ij} = z_{.j.} \equiv z_{.j} \; ; \tag{7.3.3}$$

Gesamtmittelwert:

$$\frac{1}{pqn} \sum_{i=1}^{p} \sum_{j=1}^{q} \sum_{\nu=1}^{n} z_{ij\nu} = \frac{1}{pq} \sum_{i=1}^{p} \sum_{j=1}^{q} z_{ij} = \frac{1}{p} \sum_{i=1}^{p} z_{i.} = \frac{1}{q} \sum_{j=1}^{q} z_{.j} = z_{..} \equiv z \; . \tag{7.3.4}$$

Der Meßwert $z_{ij\nu}$ hat die Form

$$z_{ij\nu} = \mu + \xi_i + \eta_j + \alpha_{ij} + \varepsilon_{ij\nu}. \tag{7.3.5}$$

Zufallsabweichung; Versuchsfehler

Die einzelnen Komponenten haben je nach der zugrunde gelegten Modellvorstellung unterschiedliche Bedeutung.

Auswertung der Meßreihe (vgl. Rechentechnik, S. 120)

Man berechnet aus den $z_{ij\nu}$

die Zellenmittelwerte $\quad z_{ij}$,
die Spaltenmittelwerte $\quad z_{i\cdot}$,
die Zeilenmittelwerte $\quad z_{\cdot j}$,
den Gesamtmittelwert $\quad z$;

ferner die Summen der quadrierten Abweichungen
S.d.q.A. *insgesamt*

$$S = \sum_{i=1}^{p} \sum_{j=1}^{q} \sum_{\nu=1}^{n} (z_{ij\nu} - z)^2 \quad \text{mit} \quad f_0 = (n\,p\,q - 1) \text{ Fr.gr.;} \qquad (7.3.6)$$

S.d.q.A. *zwischen den Spalten* (Einfluß von x)

$$S_{(p)} = \sum_{i=1}^{p} \sum_{j=1}^{q} \sum_{\nu=1}^{n} (z_{i\cdot} - z)^2 = n\,q \sum_{i=1}^{p} (z_{i\cdot} - z)^2 \qquad (7.3.7)$$

$$\text{mit } f_{\text{IV}} = (p - 1) \text{ Fr.gr.;}$$

S.d.q.A. *zwischen den Zeilen* (Einfluß von y)

$$S_{(q)} = \sum_{i=1}^{p} \sum_{j=1}^{q} \sum_{\nu=1}^{n} (z_{\cdot j} - z)^2 = n\,p \sum_{j=1}^{q} (z_{\cdot j} - z)^2 \qquad (7.3.8)$$

$$\text{mit } f_{\text{III}} = (q - 1) \text{ Fr.gr.;}$$

S.d.q.A. *für die Wechselwirkung*

$$S_{(pq)} = \sum_{i=1}^{p} \sum_{j=1}^{q} \sum_{\nu=1}^{n} (z_{ij} - z_{i\cdot} - z_{\cdot j} + z)^2 = n \sum_{i=1}^{p} \sum_{j=1}^{q} (z_{ij} - z_{i\cdot} - z_{\cdot j} + z)^2$$
$$(7.3.9)$$

$$\text{mit } f_{\text{II}} = (p - 1)(q - 1) \text{ Fr.gr.;}$$

S.d.q.A. *innerhalb der Zellen* (Versuchsfehler)

$$S_{(n)} = \sum_{i=1}^{p} \sum_{j=1}^{q} \sum_{\nu=1}^{n} (z_{ij\nu} - z_{ij})^2 \quad \text{mit} \quad f_{\text{I}} = p\,q(n - 1) \text{ Fr.gr.} \qquad (7.3.10)$$

Es gilt für die S.d.q.A.

$$S = S_{(p)} + S_{(q)} + S_{(pq)} + S_{(n)} \qquad (7.3.11)$$

und für die Zahl der zugeordneten Freiheitsgrade

$$n\,p\,q - 1 = (p - 1) + (q - 1) + (p - 1)(q - 1) + p\,q(n - 1).$$
$$(7.3.12)$$

Die Ergebnisse der Rechnung faßt man in der folgenden Zerlegungstafel zusammen.

Zerlegungstafel

1	2	3	4
Varianz	S.d.q.A.	Zahl der Fr.gr.	Quotient Q
zwischen den Spalten	$S_{(p)} = q\,n \sum\limits_{i=1}^{p} (z_{i\bullet} - z)^2$	$(p - 1) = f_{\mathrm{IV}}$	s^2_{IV}
zwischen den Zeilen	$S_{(q)} = p\,n \sum\limits_{j=1}^{q} (z_{\bullet j} - z)^2$	$(q - 1) = f_{\mathrm{III}}$	s^2_{III}
Wechselwirkung (Interaction)	$S_{(pq)} = n \sum\limits_{i=1}^{p} \sum\limits_{j=1}^{q} (z_{ij} - z_{i\bullet} - z_{\bullet j} + z)^2$	$(p - 1)(q - 1) = f_{\mathrm{II}}$	s^2_{II}
innerhalb der Zellen	$S_{(n)} = \sum\limits_{i=1}^{p} \sum\limits_{j=1}^{q} \sum\limits_{\nu=1}^{n} (z_{ij\nu} - z_{ij})^2$	$p\,q(n - 1) = f_{\mathrm{I}}$	s^2_{I}
insgesamt	$S = \sum\limits_{i=1}^{p} \sum\limits_{j=1}^{q} \sum\limits_{\nu=1}^{n} (z_{ij\nu} - z)^2$	$(p\,q\,n) - 1 = f_0$	—

Rechentechnik zur zweifachen Zerlegung

Die Auswertung kann man (nicht zweckmäßig) nach den Definitionsgleichungen der S.d.q.A. (7.3.6) bis (7.3.10) vornehmen. Besser ist die Verwendung der folgenden Formeln unter Benutzung der Zellensumme

$$S_{ij} = \sum_{\nu=1}^{n} z_{ij\nu} \tag{7.3.13}$$

Rechenblatt 1

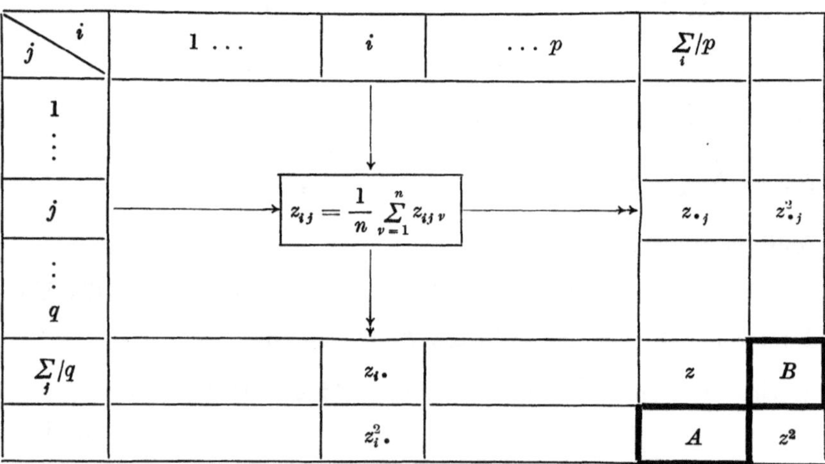

$$A = \sum_{i=1}^{p} z_{i\bullet}^2 \quad \text{für} \quad S_{(p)}; \qquad B = \sum_{j=1}^{q} z_{\bullet j}^2 \quad \text{für} \quad S_{(q)} \,.$$

5	6	7
	Modell mit	
systematischen Komponenten	Zufallskomponenten	einer systematischen (x) und einer Zufallskomponente (y)
	Q ist ein Schätzwert für	
$\sigma_\varepsilon^2 + \dfrac{n\,q}{(p-1)} \sum\limits_{i=1}^{p} \xi_i^2$	$\sigma_\varepsilon^2 + n\,\sigma_\alpha^2 + n\,q\,\sigma_\xi^2$	$\sigma_\varepsilon^2 + n\,\sigma_\alpha^2 + \dfrac{n\,q}{(p-1)} \sum\limits_{i=1}^{p} \xi_i^2$
$\sigma_\varepsilon^2 + \dfrac{n\,p}{(q-1)} \sum\limits_{j=1}^{q} \eta_j^2$	$\sigma_\varepsilon^2 + n\,\sigma_\alpha^2 + n\,p\,\sigma_\eta^2$	$\sigma_\varepsilon^2 + n\,p\,\sigma_\eta^2$
$\sigma_\varepsilon^2 + \dfrac{n}{(p-1)\,(q-1)} \sum\limits_{i=1}^{p} \sum\limits_{j=1}^{q} \alpha_{ij}^2$	$\sigma_\varepsilon^2 + n\,\sigma_\alpha^2$	$\sigma_\varepsilon^2 + n\,\sigma_\alpha^2$
σ_ε^2	σ_ε^2	σ_ε^2
—	—	—

oder der Zellenmittelwerte $z_{ij} = \dfrac{1}{n}\,S_{ij}$, wobei im allgemeinen die S_{ij} vorzuziehen sind.

Im Rechenblatt 1 berechnet man aus den n Einzelwerten $z_{ij\nu}$ die Zellenmittelwerte z_{ij}, ferner die zwei Spalten für $z_{.j}$ und $z_{.j}^2$ am rechten Rand und die zwei Zeilen für $z_{i.}$ und $z_{i.}^2$ am unteren Rand.

Das Rechenblatt 2 entsteht, indem man alle Zellenmittelwerte z_{ij} quadriert und wieder die „Randwerte" $\sum\limits_{i=1}^{p} z_{ij}^2$ und $\sum\limits_{j=1}^{q} z_{ij}^2$ berechnet.

Rechenblatt 2

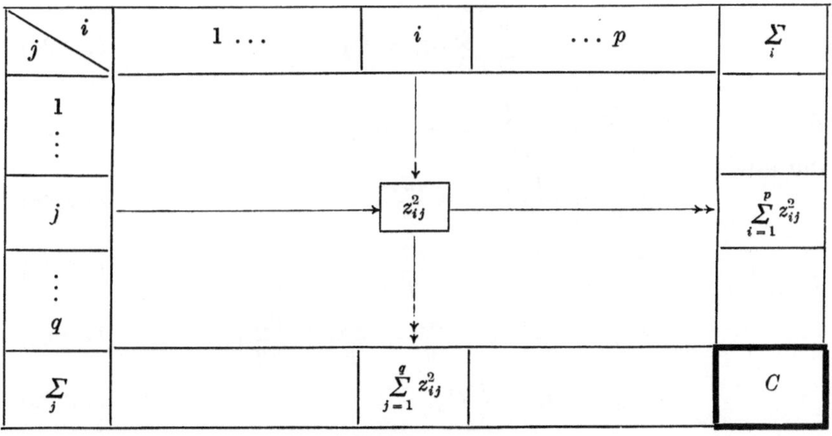

$$C = \sum_{i=1}^{p} \sum_{j=1}^{q} z_{ij}^2 \quad \text{für} \quad S_{(pq)} \text{ und } S_{(n)}\,.$$

Schließlich bestimmt man die Summe aller quadrierten Meßwerte $z_{ij\nu}^2$,

$$\sum_{i=1}^{p}\sum_{j=1}^{q}\sum_{\nu=1}^{n} z_{ij\nu}^2 = D \; . \tag{7.3.14}$$

Dann ist

$$S_{(p)} = n\,q\,(A - p\,z^2)\,, \tag{7.3.15}$$

$$S_{(q)} = n\,p\,(B - q\,z^2)\,, \tag{7.3.16}$$

$$S_{(pq)} = n\,(C - q\,A - p\,B + p\,q\,z^2)\,, \tag{7.3.17}$$

$$S_{(n)} = D - n\,C\,, \tag{7.3.18}$$

$$S = D - p\,q\,n\,z^2 \; . \tag{7.3.19}$$

Wenn man als Zellenwert an Stelle von z_{ij} die *Summe* S_{ij} verwendet, bildet man die Randwerte im Rechenblatt 1 nach den folgenden Gleichungen

rechts $\qquad \left| \quad \displaystyle\sum_{i=1}^{p} S_{ij} = S_{\cdot j} = p\,n\,z_{\cdot j} \quad\text{und}\quad S_{\cdot j}^2 = p^2\,n^2\,z_{\cdot j}^2 \; , \right.$ $\qquad$ (7.3.20)

unten $\qquad \left| \quad \displaystyle\sum_{j=1}^{q} S_{ij} = S_{i\cdot} = q\,n\,z_{i\cdot} \quad\text{und}\quad S_{i\cdot}^2 = q^2\,n^2\,z_{i\cdot}^2 \; . \right.$ $\qquad$ (7.3.21)

Zweckmäßig berechnet man jetzt

die Spaltensumme: $\qquad \displaystyle\sum_{j=1}^{q} S_{\cdot j}^2 = B_S\,, \tag{7.3.22}$

die Zeilensumme: $\qquad \displaystyle\sum_{i=1}^{p} S_{i\cdot}^2 = A_S\,, \tag{7.3.23}$

die Summe der quadrierten Werte S_{ij}^2:

$$\sum_{i=1}^{p}\sum_{j=1}^{q} S_{ij}^2 = C_S \tag{7.3.24}$$

und $\qquad \displaystyle\sum_{i=1}^{p} S_{i\cdot} = \sum_{j=1}^{q} S_{\cdot j} = S_{\cdot\cdot} = p\,q\,n\,z \; . \tag{7.3.25}$

Dann gilt

$$S_{(p)} = \frac{1}{q\,n}\left(A_S - \frac{S_{\cdot\cdot}^2}{p}\right), \tag{7.3.26}$$

$$S_{(q)} = \frac{1}{p\,n}\left(B_S - \frac{S_{\cdot\cdot}^2}{q}\right), \tag{7.3.27}$$

$$S_{(pq)} = \frac{1}{n}\left(C_S - \frac{A_S}{q} - \frac{B_S}{p} + \frac{S_{\cdot\cdot}^2}{p\,q}\right), \tag{7.3.28}$$

$$S_{(n)} = D - \frac{1}{n}\,C_S, \tag{7.3.29}$$

$$S = D - \frac{S_{\cdot\cdot}^2}{p\,q\,n} \; . \tag{7.3.30}$$

a) Das Modell mit systematischen Komponenten

Man hat

$P = p$ verschiedene *Stufen* oder *Ausprägungen* der Einflußgröße x,

$Q = q$ verschiedene *Stufen* oder *Ausprägungen* der Einflußgröße y.

Die Zielgröße z hängt von den Einflußgrößen x und y ab. Der Meßwert hat die Gestalt

$$z_{ij\nu} = \underbrace{\zeta_{ij}}_{\substack{\text{systematischer Einfluß}\\ \text{der „Spalte" } i \textit{ und}\\ \text{der „Zeile" } j \text{ auf die}\\ \text{Zielgröße } z}} + \underbrace{\varepsilon_{ij\nu}}_{\text{Zufallsabweichung}} . \qquad (7.3.31)$$

Die „Zufallskomponente" ε enthält auch alle nicht durch x (Spalten) und y (Zeilen) erfaßten weiteren Einflüsse $u, v, w \ldots$, die normalerweise „klein" gegen die durch Spalten und Zeilen erfaßten Einflüsse sein sollen.

Das Modell enthält $(p\,q + 1)$ *unbekannte Parameter*, nämlich $p\,q$ *systematische Komponenten* ζ_{ij} und eine *Zufallskomponente* ε mit

$$M\{\varepsilon\} = 0 \quad \text{und} \quad V\{\varepsilon\} = \sigma_\varepsilon^2 \quad \text{für alle } (i;\,j). \qquad (7.3.32)$$

Einführung neuer Modellparameter

An Stelle der $p\,q$ systematischen Komponenten ζ_{ij} führt man zweckmäßig ein

einen *Gesamtmittelwert* $\qquad\qquad \zeta \equiv \mu;$

p *reine Spaltenkomponenten* $\quad \xi_i = \zeta_{i\cdot} - \zeta,$ von denen $(p - 1)$ voneinander unabhängig sind, mit

$$M\{\xi_i\} = \frac{1}{p} \sum_{i=1}^{p} \xi_i = 0 \quad \text{und} \quad V\{\xi_i\} = \frac{1}{p-1} \sum_{i=1}^{p} \xi_i^2; \qquad (7.3\ 33)$$

q *reine Zeilenkomponenten* $\quad \eta_j = \zeta_{\cdot j} - \zeta,$ von denen $(q - 1)$ voneinander unabhängig sind, mit

$$M\{\eta_j\} = \frac{1}{q} \sum_{j=1}^{q} \eta_j = 0 \quad \text{und} \quad V\{\eta_j\} = \frac{1}{q-1} \sum_{j=1}^{q} \eta_j^2; \qquad (7.3.34)$$

$p\,q$ *Zellenkomponenten* $\quad \alpha_{ij} = \zeta_{ij} - \zeta_{i\cdot} - \zeta_{\cdot j} + \zeta,$
von denen $(p - 1)\,(q - 1)$ voneinander unabhängig sind, mit

$$\left. \begin{aligned} \sum_{i=1}^{p} \alpha_{ij} &= 0 \quad \text{für} \quad j = 1;\,2;\,\ldots;\,q; \\[2mm] \sum_{j=1}^{q} \alpha_{ij} &= 0 \quad \text{für} \quad i = 1;\,2;\,\ldots;\,p; \\[2mm] \sum_{i=1}^{p} \sum_{j=1}^{q} \alpha_{ij} &= 0 \end{aligned} \right\} \qquad (7.3.35)$$

und $\qquad V\{\alpha_{ij}\} = \dfrac{1}{(p-1)\,(q-1)} \sum_{i=1}^{p} \sum_{j=1}^{q} \alpha_{ij}^2 = \sigma_\alpha^2 . \qquad (7.3.36)$

Die genannten Parameter folgen aus der Zerlegung der ursprünglichen Komponente ζ_{ij} in

$$
\begin{aligned}
\zeta_{ij} &= \zeta &+ \underbrace{(\zeta_{i\cdot} - \zeta)}_{} &+ \underbrace{(\zeta_{\cdot j} - \zeta)}_{} &+ \underbrace{(\zeta_{ij} - \zeta_{i\cdot} - \zeta_{\cdot j} + \zeta)}_{} \\
&= \mu &+ \underbrace{\xi_i}_{} &+ \underbrace{\eta_j}_{} &+ \underbrace{\alpha_{ij}}_{} \qquad (7.3.37)
\end{aligned}
$$

| | Gesamt-mittel-wert | reiner Spal-teneinfluß, nur abhängig von i | reiner Zeilen-einfluß, nur abhängig von j | Zelleneinfluß oder Wechselwirkung, abhängig von i und j |

Der Ansatz (7.3.31) für den Meßwert ist also mit (7.3.37) dem allgemeinen Ansatz (7.3.5) gleichwertig. Auch nach (7.3.37) enthält das Modell $[1 + (p - 1) + (q - 1) + (p - 1)(q - 1)] = p\,q$ systematische Komponenten und einen Zufallsanteil ε mit der Varianz σ_ε^2, also insgesamt $(p\,q + 1)$ Parameter.

Schätzwerte für die Modellparameter (vgl. Zerlegungstafel S. 120 und 121, Spalte 5)

Der Parameter	wird geschätzt durch
$\zeta \equiv \mu$	z
ξ_i	$z_{i\cdot} - z$
η_j	$z_{\cdot j} - z$
α_{ij}	$z_{ij} - z_{i\cdot} - z_{\cdot j} + z$
σ_ε^2	$s_{\mathrm{I}}^2 \equiv s_\varepsilon^2$

Testen von Hypothesen über die Modellparameter (vgl. Zerlegungstafel S. 120 und 121, Spalte 5)

Hypothese	keine Wechselwirkung	kein reiner Zeilenfluß	kein reiner Spalteneinfluß
	$\alpha_{ij} = 0$ für alle $(i;j)$	$\eta_j = 0$ für alle j	$\xi_i = 0$ für alle i
	$\displaystyle\sum_{i=1}^{p}\sum_{j=1}^{q}\alpha_{ij}^2 = 0$	$\displaystyle\sum_{j=1}^{q}\eta_j^2 = 0$	$\displaystyle\sum_{i=1}^{p}\xi_i^2 = 0$
Prüfgröße F_{BEOB}	$s_{\mathrm{II}}^2 / s_{\mathrm{I}}^2$	$s_{\mathrm{III}}^2 / s_{\mathrm{I}}^2$	$s_{\mathrm{IV}}^2 / s_{\mathrm{I}}^2$
Tafelwert F_{TAFEL}	$F_{1-\alpha}(f_1; f_2)$ mit $f_1 = (p-1)(q-1);$ $f_2 = p\,q(n-1)$	$F_{1-\alpha}(f_1; f_2)$ mit $f_1 = q - 1;$ $f_2 = p\,q(n-1)$	$F_{1-\alpha}(f_1; f_2)$ mit $f_1 = p - 1;$ $f_2 = p\,q(n-1)$

Man verwirft die Hypothese für

$$F_{BEOB} > F_{TAFEL}.$$

Zahlenwerte für $F_{1-\alpha}(f_1; f_2)$ s. Tab. C 7 bis C 10.

Wenn die Hypothese $\sum\limits_{i=1}^{p} \sum\limits_{j=1}^{q} \alpha_{ij}^2 = 0$ gilt, dann darf man $S_{(pq)}$ und $S_{(n)}$ zusammenfassen. Der beste Schätzwert für σ_ε^2 ist dann

$$s^2 = \frac{f_{\mathrm{I}}\,s_{\mathrm{I}}^2 + f_{\mathrm{II}}\,s_{\mathrm{II}}^2}{f_{\mathrm{I}} + f_{\mathrm{II}}} = \frac{S_{(n)} + S_{(pq)}}{(pqn - p - q + 1)}. \qquad (7.3.38)$$

Die Vereinigung von $S_{(pq)}$ und $S_{(n)}$ zu einem neuen Schätzwert für σ_ε^2 ist nur dann zu empfehlen, wenn die Hypothese $\sum\limits_{i=1}^{p} \sum\limits_{j=1}^{q} \alpha_{ij}^2 = 0$ *nicht* verworfen wird und $s_{\mathrm{II}}^2 \lesssim s_{\mathrm{I}}^2$ ist.

Entsprechende Möglichkeiten zur Zusammenfassung der S.d.q.A. bestehen auch, wenn die Hypothesen $\sum\limits_{j=1}^{q} \eta_j^2 = 0$ und/oder $\sum\limits_{i=1}^{p} \xi_i^2 = 0$ gelten.

Vertrauensbereiche für die Modellparameter

Werden die Hypothesen verworfen, so berechnet man Vertrauensbereiche für die Modellparameter aus

$$z_{ij} - t_{1-(\alpha/2);\,f}\,\frac{s_{\mathrm{I}}}{\sqrt{n}} \;\leqq\; \zeta_{ij} \leqq\; z_{ij} + t_{1-(\alpha/2);\,f}\,\frac{s_{\mathrm{I}}}{\sqrt{n}}, \qquad (7.3.39)$$

$$z_{i\cdot} - t_{1-(\alpha/2);\,f}\,\frac{s_{\mathrm{I}}}{\sqrt{nq}} \;\leqq\; \zeta_{i\cdot} \leqq\; z_{i\cdot} + t_{1-(\alpha/2);\,f}\,\frac{s_{\mathrm{I}}}{\sqrt{nq}}, \qquad (7.3.40)$$

$$(z_{i\cdot} - z) - t_{1-(\alpha/2);\,f}\,\sqrt{\frac{p-1}{npq}}\,s_{\mathrm{I}} \;\leqq\; (\zeta_{i\cdot} - \zeta) = \xi_i$$
$$= \xi_i \leqq\; (z_{i\cdot} - z) + t_{1-(\alpha/2);\,f}\,\sqrt{\frac{p-1}{npq}}\,s_{\mathrm{I}}, \qquad (7.3.41)$$

$$z_{\cdot j} - t_{1-(\alpha/2);\,f}\,\frac{s_{\mathrm{I}}}{\sqrt{np}} \;\leqq\; \zeta_{\cdot j} \leqq\; z_{\cdot j} + t_{1-(\alpha/2);\,f}\,\frac{s_{\mathrm{I}}}{\sqrt{np}}, \qquad (7.3.42)$$

$$(z_{\cdot j} - z) - t_{1-(\alpha/2);\,f}\,\sqrt{\frac{q-1}{npq}}\,s_{\mathrm{I}} \;\leqq\; (\zeta_{\cdot j} - \zeta) = \eta_j$$
$$= \eta_j \leqq\; (z_{\cdot j} - z) + t_{1-(\alpha/2);\,f}\,\sqrt{\frac{q-1}{npq}}\,s_{\mathrm{I}}, \qquad (7.3.43)$$

$$z - t_{1-(\alpha/2);\,f}\,\frac{s_{\mathrm{I}}}{\sqrt{npq}} \;\leqq\; \zeta \leqq\; z + t_{1-(\alpha/2);\,f}\,\frac{s_{\mathrm{I}}}{\sqrt{npq}} \qquad (7.3.44)$$

mit $f = f_{\mathrm{I}} = pq(n - 1)$.

Zahlenwerte für $t_{1-(\alpha/2);\,f}$ s. Tab. C 5.

Der Vertrauensbereich für die Differenz $(\zeta_{\varphi\cdot} - \zeta_{\psi\cdot})$ der Mittelwerte der Spalten $i = \varphi$ und $i = \psi$ ist

$$(z_{\varphi\cdot} - z_{\psi\cdot}) - t_{1-(\alpha/2);\,f}\,\frac{\sqrt{2}\,s_{\mathrm{I}}}{\sqrt{nq}} \;\leqq\; (\zeta_{\varphi\cdot} - \zeta_{\psi\cdot}) \leqq$$
$$\leqq\; (z_{\varphi\cdot} - z_{\psi\cdot}) + t_{1-(\alpha/2);\,f}\,\frac{\sqrt{2}\,s_{\mathrm{I}}}{\sqrt{nq}} \qquad (7.3.45)$$

mit $f = f_{\mathrm{I}} = pq(n - 1)$.

Zahlenwerte für $t_{(1-\alpha/2;)\,f}$ s. Tab. C 5.

Der größte Spaltenmittelwert $\zeta_{\max}\cdot$ (bzw. der kleinste Spaltenmittelwert $\zeta_{\min}\cdot$) liegt mit mindestens der Sicherheit $S = 1 - \alpha$ unterhalb (bzw. oberhalb) der Vertrauensgrenze

$$\zeta_{\max}\cdot \leqq \zeta_{\max}\cdot_O = z_{(p)}\cdot + t_{1-\alpha;f}\ \frac{s_{\mathrm{I}}}{\sqrt{n\,q}}\,,$$

bzw.

$$\zeta_{\min}\cdot \geqq \zeta_{\min}\cdot_U = z_{(1)}\cdot - t_{1-\alpha;f}\ \frac{s_{\mathrm{I}}}{\sqrt{n\,q}}$$

$$(7.3.46)$$

mit $f = f_{\mathrm{I}} = p\,q\,(n - 1)$. Dabei ist $z_{(p)}\cdot$ der größte und $z_{(1)}\cdot$ der kleinste beobachtete Spaltenmittelwert.

Zahlenwerte für $t_{1-\alpha;f}$ s. Tab. C 4 oder Nomogramm D 1.

Für die Differenz $(\zeta\cdot_\varphi - \zeta\cdot_\psi)$ der Mittelwerte zweier Zeilen, für $\zeta\cdot_{\max}$ und $\zeta\cdot_{\min}$ gelten Gleichungen, die (7.3.45) und (7.3.46) entsprechen.

Den Vertrauensbereich für σ_ε^2 berechnet man aus (5.3.12) mit $s^2 = s_{\mathrm{I}}^2$ und $f = f_{\mathrm{I}} = p\,q\,(n - 1)$.

b) Das Modell mit Zufallskomponenten

	Zahl der vorhandenen Einheiten	Zahl der beim Versuch entnommenen Einheiten
für den Spalteneinfluß	P	$p \ll P$
für den Zeileneinfluß	Q	$q \ll Q$

In der Zerlegung des Meßwerts nach (7.3.5) stellen jetzt ξ, η, α und ε *Zufallskomponenten* dar.

Das Modell enthält *fünf unbekannte Parameter*, nämlich

einen Mittelwert $\qquad\qquad \zeta \equiv \mu$

und vier Varianzen $\qquad \sigma_\xi^2,\ \sigma_\eta^2,\ \sigma_\alpha^2,\ \sigma_\varepsilon^2$

mit

$$M\{\xi_i\} = \frac{1}{P}\sum_{i=1}^{P}\xi_i = 0;\qquad V\{\xi_i\} = \frac{1}{(P-1)}\sum_{i=1}^{P}\xi_i^2 = \sigma_\xi^2;\qquad (7.3.47)$$

$$M\{\eta_j\} = \frac{1}{Q}\sum_{j=1}^{Q}\eta_j = 0;\qquad V\{\eta_j\} = \frac{1}{(Q-1)}\sum_{j=1}^{Q}\eta_j^2 = \sigma_\eta^2;\qquad (7.3.48)$$

$$\left.\begin{aligned} M\{\alpha_{ij}\}_{i=\mathrm{konst}} &= \frac{1}{Q}\sum_{j=1}^{Q}\alpha_{ij} = 0\quad \text{für alle } i;\\[2mm] M\{\alpha_{ij}\}_{j=\mathrm{konst}} &= \frac{1}{P}\sum_{i=1}^{P}\alpha_{ij} = 0\quad \text{für alle } j;\\[2mm] V\{\alpha_{ij}\} &= \frac{1}{(P-1)(Q-1)}\sum_{i=1}^{P}\sum_{j=1}^{Q}\alpha_{ij}^2 = \sigma_\alpha^2; \end{aligned}\right\} \qquad (7.3.49)$$

$$M\{\varepsilon_{ij\,\nu}\} = 0 \text{ für alle } (i;j);\quad V\{\varepsilon_{ij\,\nu}\} = \int_{\infty}^{+\infty}\varepsilon^2\,\varphi(\varepsilon)\,d\varepsilon = \sigma_\varepsilon^2\,. \qquad (7.3.50)$$

Schätzwerte für die Modellparameter

(vgl. Zerlegungstafel S. 120 und 121, Spalte 6)

Der Parameter	wird geschätzt durch
$\zeta = \mu$	z
σ_ε^2	$s_\mathrm{I}^2 = s_\varepsilon^2$
σ_α^2	$\dfrac{1}{n}\,(s_\mathrm{II}^2 - s_\mathrm{I}^2) \quad = s_\alpha^2$
σ_η^2	$\dfrac{1}{p\,n}\,(s_\mathrm{III}^2 - s_\mathrm{II}^2) = s_\eta^2$
σ_ξ^2	$\dfrac{1}{q\,n}\,(s_\mathrm{IV}^2 - s_\mathrm{II}^2) = s_\xi^2$

Die Varianz des Mittelwertes z ist

$$V\{z\} = \sigma_z^2 = \frac{\sigma_\xi^2}{p} + \frac{\sigma_\eta^2}{q} + \frac{\sigma_\alpha^2}{p\,q} + \frac{\sigma_\varepsilon^2}{p\,q\,n} \; ; \tag{7.3.51}$$

sie wird geschätzt durch

$$s_z^2 = \frac{1}{p\,q\,n}\,(s_\mathrm{IV}^2 + s_\mathrm{III}^2 - s_\mathrm{II}^2) = \frac{s_\xi^2}{p} + \frac{s_\eta^2}{q} + \frac{s_\alpha^2}{p\,q} + \frac{s_\varepsilon^2}{p\,q\,n}. \tag{7.3.52}$$

Testen von Hypothesen über die Modellparameter

Hypothese	$\sigma_\alpha^2 = 0$	$\sigma_\eta^2 = 0$	$\sigma_\xi^2 = 0$
Prüfgröße F_{BEOB}	$s_\mathrm{II}^2/s_\mathrm{I}^2$	$s_\mathrm{III}^2/s_\mathrm{II}^2$	$s_\mathrm{IV}^2/s_\mathrm{II}^2$
Tafelwert F_{TAFEL}	$F_{1-\alpha}(f_1;f_2)$ mit $f_1=(p-1)(q-1);$ $f_2=p\,q(n-1)$	$F_{1-\alpha}(f_1;f_2)$ mit $f_1=q-1$ $f_2=(p-1)(q-1)$	$F_{1-\alpha}(f_1;f_2)$ mit $f_1=p-1$ $f_2=(p-1)(q-1)$

Man verwirft die Hypothese für

$$F_{BEOB} > F_{TAFEL}.$$

Zahlenwerte für $F_{1-\alpha}(f_1;f_2)$ s. Tab. C 7 bis C 10.

Wenn die Hypothese $\sigma_\alpha^2 = 0$ gilt, dann darf man $S_{(pq)}$ und $S_{(n)}$ zusammenfassen. Der beste Schätzwert für σ_ε^2 ist dann

$$s^2 = \frac{f_\mathrm{I}\,s_\mathrm{I}^2 + f_\mathrm{II}\,s_\mathrm{II}^2}{f_\mathrm{I} + f_\mathrm{II}} = \frac{S_{(n)} + S_{(pq)}}{(p\,q\,n - p - q + 1)}. \tag{7.3.53}$$

Die Vereinigung von $S_{(pq)}$ und $S_{(n)}$ zu einem neuen Schätzwert für σ_ε^2 ist nur dann zu empfehlen, wenn die Hypothese $\sigma_\alpha^2 = 0$ *nicht* verworfen wird und $s_\mathrm{II}^2 \lesssim s_\mathrm{I}^2$ ist.

Entsprechende Möglichkeiten zur Zusammenfassung der S.d.q.A. bestehen auch, wenn die Hypothesen $\sigma_\eta^2 = 0$ und/oder $\sigma_\xi^2 = 0$ gelten.

Vertrauensbereiche für die Modellparameter

Werden die Hypothesen $\sigma_\xi^2 = 0$ und $\sigma_\eta^2 = 0$ verworfen, dann kann man den Vertrauensbereich für $\zeta \equiv \mu$ mit Hilfe von z und s_z^2 nur behelfsmäßig angeben.

Wenn die Hypothesen $\sigma_\xi^2 = 0$ und $\sigma_\eta^2 = 0$ gelten, dann berechnet man den Vertrauensbereich für $\zeta = \mu$ aus

$$z - t_{1-(\alpha/2);\,f}\,\frac{s_{\mathrm{II}}}{\sqrt{p\,q\,n}} \;\leqq\; \zeta \;\leqq\; z + t_{1-(\alpha/2);\,f}\,\frac{s_{\mathrm{II}}}{\sqrt{p\,q\,n}} \qquad (7.3.54)$$

mit $f = f_{\mathrm{II}} = (p-1)(q-1)$.

Die Berechnung des Vertrauensbereichs nach (7.3.54) soll nur dann durchgeführt werden, wenn die Hypothesen $\sigma_\xi^2 = 0$ und $\sigma_\eta^2 = 0$ *nicht* verworfen werden.

Zahlenwerte für $t_{1-(\alpha/2);\,f}$ s. Tab. C 5.

Den Vertrauensbereich für σ_ε^2 berechnet man aus (5.3.12) mit $s^2 = s_{\mathrm{I}}^2$ und $f = f_{\mathrm{I}} = p\,q\,(n-1)$.

Den Vertrauensbereich für $(\sigma_\alpha/\sigma_\varepsilon)^2$ berechnet man aus

$$\frac{1}{n}\left[\frac{s_{\mathrm{II}}^2/s_{\mathrm{I}}^2}{F_{1-(\alpha/2)}(f_1;\,f_2)} - 1\right] \leq \left(\frac{\sigma_\alpha}{\sigma_\varepsilon}\right)^2 \leq \frac{1}{n}\left[\frac{s_{\mathrm{II}}^2/s_{\mathrm{I}}^2}{F_{\alpha/2}(f_1;\,f_2)} - 1\right] \qquad (7.3.55)$$

mit $f_1 = f_{\mathrm{II}} = (p-1)(q-1)$ und $f_2 = f_{\mathrm{I}} = p\,q\,(n-1)$.

Zahlenwerte für $F_{1-\alpha}(f_1;\,f_2)$ s. Tab. C 7 bis C 10.

Für $p\,q\,(n-1) \gtrless 10$ berechnet man den Vertrauensbereich für σ_α^2 näherungsweise[1] aus

$$\frac{1}{n}\left[\frac{s_{\mathrm{II}}^2}{F_{1-(\alpha/2)}(f_1;\,f_2)} - s_{\mathrm{I}}^2\right] \;\leqq\; \sigma_\alpha^2 \;\leqq\; \frac{1}{n}\left[\frac{s_{\mathrm{II}}^2}{F_{\alpha/2}(f_1;\,f_2)} - s_{\mathrm{I}}^2\right] \qquad (7.3.56)$$

mit $f_1 = f_{\mathrm{II}} = (p-1)(q-1)$ und $f_2 = f_{\mathrm{I}} = p\,q\,(n-1)$.

Zahlenwerte für $F_{1-\alpha}(f_1;f_2)$ s. Tab. C 7 bis C 10.

Vertrauensbereiche für σ_ξ^2 und σ_η^2 kann man nur behelfsmäßig angeben, indem man die Schätzwerte s_ξ^2 und s_η^2 und deren Varianzen zur Beurteilung heranzieht [vgl. Zerlegungstafel S. 120 und 121 und (5.2.12)].

c) Das Modell mit systematischen Komponenten und Zufallskomponenten (gemischtes Modell)

Man hat

$p = P$	verschiedene *Stufen* oder *Ausprägungen* der Einflußgröße x,
Q	Zahl der vorhandenen Einheiten für y
$q \ll Q$	Zahl der beim Versuch entnommenen Einheiten für y

[1] Vgl. Fußnote S. 112.

In der Zerlegung des Meßwerts nach (7.3.5) stellen jetzt die ξ_i systematische und die η_j, α_{ij}, ε_{ijv} Zufallskomponenten dar.

Das Modell enthält $(p + 3)$ *unbekannte Parameter*, nämlich einen Mittelwert μ, $(p - 1)$ unabhängige Spaltenkomponenten ξ_i und drei Varianzen σ_η^2, σ_α^2, σ_ε^2. Es gelten die Gleichungen (7.3.33), (7.3.48), (7.3.49) und (7.3.50).

Schätzwerte für die Modellparameter

(vgl. Zerlegungstafel S. 120 und 121, Spalte 7)

Der Parameter	wird geschätzt durch
$\zeta \equiv \mu$	z
ξ_i	$z_{i\bullet} - z$
σ_η^2	$\dfrac{1}{n\,p}\,(s_{\text{III}}^2 - s_{\text{I}}^2) = s_\eta^2$
σ_α^2	$\dfrac{1}{n}\,(s_{\text{II}}^2 - s_{\text{I}}^2) = s_\alpha^2$
σ_ε^2	$s_{\text{I}}^2 = s_\varepsilon^2$

Testen von Hypothesen über die Modellparameter

Hypothese	kein reiner Spalteneinfluß $\xi_i \equiv 0$ für alle i $\sum\limits_{i=1}^{p} \xi_i^2 = 0$	$\sigma_\eta^2 = 0$	$\sigma_\alpha^2 = 0$
Prüfgröße F_{BEOB}	$s_{\text{IV}}^2/s_{\text{II}}^2$	$s_{\text{III}}^2/s_{\text{I}}^2$	$s_{\text{II}}^2/s_{\text{I}}^2$
Tafelwert F_{TAFEL}	$F_{1-\alpha}(f_1; f_2)$ mit $f_1 = p - 1;$ $f_2 = (p-1)(q-1)$	$F_{1-\alpha}(f_1; f_2)$ mit $f_1 = q - 1;$ $f_2 = p\,q(n-1)$	$F_{1-\alpha}(f_1; f_2)$ mit $f_1 = (p-1)(q-1);$ $f_2 = p\,q(n-1)$

Man verwirft die Hypothese für

$$F_{BEOB} > F_{TAFEL}.$$

Zahlenwerte für $F_{1-\alpha}(f_1; f_2)$ s. Tab. C 7 bis C 10.

Wenn bestimmte Hypothesen gelten, lassen sich die entsprechenden S.d.q.A. zusammenfassen (vgl. dazu S. 127).

Vertrauensbereiche für die Modellparameter

Wird die Hypothese $\sigma_\eta^2 = 0$ verworfen, dann kann man die Vertrauensbereiche für ζ und $\zeta_{i\bullet}$ nur behelfsmäßig angeben, indem man den entsprechenden Schätzwert und dessen Varianz zur Beurteilung heranzieht.

Wenn die Hypothese $\sigma_\eta^2 = 0$ gilt, dann berechnet man Vertrauensbereiche für ζ und $\zeta_i.$ aus

$$z - t_{1-(\alpha/2);f}\, \frac{s_{\mathrm{I}}}{\sqrt{p\,q\,n}} \;\leqq\; \zeta \;\leqq\; z + t_{1-(\alpha/2);f}\, \frac{s_{\mathrm{I}}}{\sqrt{p\,q\,n}} \tag{7.3.57}$$

mit $f = f_{\mathrm{I}} = p\,q(n-1)$;

$$z_{i\cdot} - t_{1-(\alpha/2);f}\, \frac{s_{\mathrm{II}}}{\sqrt{n\,q}} \;\leqq\; \zeta_{i\cdot} \;\leqq\; z_{i\cdot} + t_{1-(\alpha/2);f}\, \frac{s_{\mathrm{II}}}{\sqrt{n\,q}} \tag{7.3.58}$$

mit $f = f_{\mathrm{II}} = (p-1)(q-1)$.

Zahlenwerte für $t_{1-(\alpha/2);f}$ s. Tab. C 5.

Die Berechnung der Vertrauensbereiche nach (7.3.57) und (7.3.58) soll nur dann durchgeführt werden, wenn die Hypothese $\sigma_\eta^2 = 0$ *nicht* verworfen wird.

Die Vertrauensbereiche für die Differenz von Spaltenmittelwerten erhält man auch für $\sigma_\eta^2 \neq 0$ aus (7.3.45), wobei man dort s_{I} durch s_{II} und $f = f_{\mathrm{I}}$ durch $f = f_{\mathrm{II}} = (p-1)(q-1)$ ersetzt.

Den Vertrauensbereich für σ_ε^2 berechnet man aus (5.3.12) mit $s^2 = s_{\mathrm{I}}^2$ und $f = f_{\mathrm{I}} = p\,q(n-1)$.

Die Vertrauensbereiche für $(\sigma_\alpha/\sigma_\varepsilon)^2$ und σ_α^2 berechnet man aus (7.3.55) und (7.3.56).

Den Vertrauensbereich für $(\sigma_\eta/\sigma_\varepsilon)^2$ berechnet man aus

$$\frac{1}{n\,p}\left[\frac{s_{\mathrm{III}}^2/s_{\mathrm{I}}^2}{F_{1-(\alpha/2)}(f_1;\,f_2)} - 1\right] \;\leqq\; \left(\frac{\sigma_\eta}{\sigma_\varepsilon}\right)^2 \;\leqq\; \frac{1}{n\,p}\left[\frac{s_{\mathrm{III}}^2/s_{\mathrm{I}}^2}{F_{\alpha/2}(f_1;\,f_2)} - 1\right] \tag{7.3.59}$$

mit $f_1 = f_{\mathrm{III}} = (q-1)$ und $f_2 = f_{\mathrm{I}} = p\,q(n-1)$.

Zahlenwerte für $F_{1-\alpha}(f_1;\,f_2)$ s. Tab. C 7 bis C 10.

Für $f_2 = f_{\mathrm{I}} = p\,q(n-1) \gtrless 10$ berechnet man den Vertrauensbereich für σ_η^2 näherungsweise[1] aus

$$\frac{1}{n\,p}\left[\frac{s_{\mathrm{III}}^2}{F_{1-(\alpha/2)}(f_1;\,f_2)} - s_{\mathrm{I}}^2\right] \;\leqq\; \sigma_\eta^2 \;\leqq\; \frac{1}{n\,p}\left[\frac{s_{\mathrm{III}}^2}{F_{\alpha/2}(f_1;\,f_2)} - s_{\mathrm{I}}^2\right] \tag{7.3.60}$$

mit $f_1 = f_{\mathrm{III}} = (q-1)$ und $f_2 = f_{\mathrm{I}} = p\,q(n-1)$.

Zahlenwerte für $F_{1-\alpha}(f_1;\,f_2)$ s. Tab. C 7 bis C 10.

Zweifache Zerlegung mit ungleicher Zellenbesetzung

Zur zweifachen Zerlegung mit ungleicher Besetzung n_{ij} der Zellen sei verwiesen auf

1. C. Y. KRAMER: On the analysis of variance of a two-way classification with unequal sub-class numbers. Biometrics 11, 1955, S. 441.

2. D. RASCH: Probleme der Varianzanalyse bei ungleicher Klassenbesetzung. Biometr. Z. 2, 1960, S. 194.

---

[1] Vgl. Fußnote S. 112.

7.4 Das Modell ohne Wechselwirkung

Wenn man von vornherein weiß, daß die Wechselwirkungskomponenten α_{ij} zwischen den Einflußgrößen x und y für alle $(i; j)$ verschwinden, dann ist $\sum\limits_{i=1}^{p} \sum\limits_{j=1}^{q} \alpha_{ij}^2 = 0$ bzw. $\sigma_\alpha^2 = 0$. In dem Falle genügt es, *eine* Beobachtung je Zelle anzustellen; $n = 1$. Dann ist $z_{ij\nu} = z_{ij}$ und die S.d.q.A. $S_{(n)}$ innerhalb der Zellen verschwindet. Auch der Nenner $p\,q(n-1)$ wird gleich 0. Man verliert also in der Zerlegungstafel S. 120 und 121 die Summe $S_{(n)}$ und den Schätzwert s_{I}^2 für σ_ε^2. Jedoch liefert dann s_{II}^2 einen Schätzwert für σ_ε^2 mit $f_{\mathrm{II}} = (p-1)(q-1)$ Freiheitsgraden.

Rechentechnik

wie beim Modell 7.3, wobei wegen $n = 1$ die Zellensumme $S_{ij} = z_{ij}$ ist.

a) Das Modell mit systematischen Komponenten
Schätzwerte für die Modellparameter
(vgl. Zerlegungstafel S. 132 und 133, Spalte 5)

Der Parameter	wird geschätzt durch
$\zeta \equiv \mu$	z
ξ_i	$z_{i\bullet} - z$
η_j	$z_{\bullet j} - z$
σ_ε^2	$s_{\mathrm{II}}^2 = s_\varepsilon^2$

Testen von Hypothesen über die Modellparameter

Hypothese	kein reiner Zeileneinfluß $\eta_j \equiv 0$ für alle j $\sum\limits_{j=1}^{q} \eta_j^2 = 0$	kein reiner Spalteneinfluß $\xi_i \equiv 0$ für alle i $\sum\limits_{i=1}^{p} \xi_i^2 = 0$
Prüfgröße F_{BEOB}	$s_{\mathrm{III}}^2/s_{\mathrm{II}}^2$	$s_{\mathrm{IV}}^2/s_{\mathrm{II}}^2$
Tafelwert F_{TAFEL}	$F_{1-\alpha}(f_1; f_2)$ mit $f_1 = q - 1$ $f_2 = (q-1)(p-1)$	$F_{1-\alpha}(f_1; f_2)$ mit $f_1 = p - 1$ $f_2 = (q-1)(p-1)$

Man verwirft die Hypothese für

$$F_{BEOB} > F_{TAFEL}.$$

Zahlenwerte für $F_{1-\alpha}(f_1; f_2)$ s. Tab. C 7 bis C 10.

Zerlegungstafel für das Modell ohne Wechselwirkung

1	2	3	4
Varianz	S.d.q.A.	Zahl der Freiheitsgrade	Quotient
zwischen den Spalten	$S_{(p)} = q \sum\limits_{i=1}^{p} (z_{i\bullet} - z)^2$	$p - 1 = f_{\mathrm{IV}}$	s_{IV}^2
zwischen den Zeilen	$S_{(q)} = p \sum\limits_{j=1}^{q} (z_{\bullet j} - z)^2$	$q - 1 = f_{\mathrm{III}}$	s_{III}^2
Restvarianz	$S_{(pq)} = \sum\limits_{i=1}^{p} \sum\limits_{j=1}^{q} (z_{ij} - z_{i\bullet} - z_{\bullet j} + z)^2$	$(p - 1)(q - 1) = f_{\mathrm{II}}$	s_{II}^2
insgesamt	$S = \sum\limits_{i=1}^{p} \sum\limits_{j=1}^{q} (z_{ij} - z)^2$	$p\,q - 1$	—

[1] Falls $\sigma_\alpha^2 \neq 0$ ist, muß σ_ε^2 durch $(\sigma_\varepsilon^2 + \sigma_\alpha^2)$ ersetzt werden. In dem Falle sind kann man über die Größe der Wechselwirkung nichts aussagen.

Vertrauensbereiche für die Modellparameter

Vertrauensbereiche für $\zeta_{i\bullet}$, $\xi_i = \zeta_{i\bullet} - \zeta$, $\zeta_{\bullet j}$, $\eta_j = \zeta_{\bullet j} - \zeta$, ζ, die Differenzen $\zeta_{\varphi\bullet} - \zeta_{\psi\bullet}$ (bzw. $\zeta_{\bullet\varphi} - \zeta_{\bullet\psi}$) und die extremen Spalten- bzw. Zeilenmittelwerte erhält man aus (7.3.40) bis (7.3.46), wenn man dort $n = 1$, $s_{\mathrm{I}} = s_{\mathrm{II}}$ und $f = f_{\mathrm{II}} = (p - 1)(q - 1)$ setzt.

Den Vertrauensbereich für σ_ε^2 berechnet man aus (5.3.12) mit $s^2 = s_{\mathrm{II}}^2$ und $f = f_{\mathrm{II}} = (p - 1)(q - 1)$.

b) Das Modell mit Zufallskomponenten

Beim Modell mit Zufallskomponenten kann die Voraussetzung $\sigma_\alpha^2 = 0$ wegfallen (vgl. die Fußnote in der Zerlegungstafel S. 132 und 133).

Schätzwerte für die Modellparameter

(vgl. Zerlegungstafel S. 132 und 133, Spalte 6)

Der Parameter	wird geschätzt durch
$\zeta \equiv \mu$	z
σ_ξ^2	$\dfrac{1}{q}(s_{\mathrm{IV}}^2 - s_{\mathrm{II}}^2)$
σ_η^2	$\dfrac{1}{p}(s_{\mathrm{III}}^2 - s_{\mathrm{II}}^2)$
σ_ε^2	$s_{\mathrm{II}}^2 = s_\varepsilon^2$

5	6	7
	Modell mit	
systematischen Komponenten	Zufallskomponenten[1]	einer systematischen (x) und einer Zufallskomponente (y)
	Der Quotient ist ein Schätzwert für	
$\sigma_\varepsilon^2 + \dfrac{q}{p-1} \sum\limits_{i=1}^{p} \xi_i^2$	$\sigma_\varepsilon^2 + q\,\sigma_\xi^2$	$\sigma_\varepsilon^2 + \dfrac{q}{p-1} \sum\limits_{i=1}^{p} \xi_i^2$
$\sigma_\varepsilon^2 + \dfrac{p}{q-1} \sum\limits_{j=1}^{q} \eta_j^2$	$\sigma_\varepsilon^2 + p\,\sigma_\eta^2$	$\sigma_\varepsilon^2 + p\,\sigma_\eta^2$
σ_ε^2	σ_ε^2	σ_ε^2

zwar die Teste für den Spalten- und Zeileneinfluß noch durchführbar, jedoch

Testen von Hypothesen über die Modellparameter

Hypothese	$\sigma_\eta^2 = 0$	$\sigma_\xi^2 = 0$
Prüfgröße F_{BEOB}	$s_{\mathrm{III}}^2/s_{\mathrm{II}}^2$	$s_{\mathrm{IV}}^2/s_{\mathrm{II}}^2$
Tafelwert F_{TAFEL}	$F_{1-\alpha}(f_1; f_2)$ mit $f_1 = q - 1$ $f_2 = (p-1)(q-1)$	$F_{1-\alpha}(f_1; f_2)$ mit $f_1 = p - 1$ $f_2 = (p-1)(q-1)$

Die Hypothese wird verworfen für

$$F_{BEOB} > F_{TAFEL}.$$

Zahlenwerte für $F_{1-\alpha}(f_1; f_2)$ s. Tab. C 7 bis C 10.

Vertrauensbereiche für die Modellparameter

Werden die Hypothesen $\sigma_\xi^2 = 0$ und $\sigma_\eta^2 = 0$ verworfen, dann kann man den Vertrauensbereich für $\zeta \equiv \mu$ mit Hilfe von z und s_z^2 nur behelfsmäßig angeben.

Wenn die Hypothesen $\sigma_\xi^2 = 0$ und $\sigma_\eta^2 = 0$ gelten, dann berechnet man den Vertrauensbereich für $\zeta = \mu$ aus

$$z - t_{1-(\alpha/2);f} \frac{s_{\mathrm{II}}}{\sqrt{p\,q}} \;\leq\; \zeta \;\leq\; z + t_{1-(\alpha/2);f} \frac{s_{\mathrm{II}}}{\sqrt{p\,q}} \qquad (7.4.1)$$

mit $f = f_{\mathrm{II}} = (p-1)(q-1)$.

Die Berechnung des Vertrauensbereichs nach (7.4.1) soll nur dann durchgeführt werden, wenn die Hypothesen $\sigma_\xi^2 = 0$ und $\sigma_\eta^2 = 0$ *nicht* verworfen werden.

Zahlenwerte für $t_{1-(\alpha/2);\,f}$ s. Tab. C 5.

Den Vertrauensbereich für σ_ε^2 berechnet man aus (5.3.12) mit $s^2 = s_{\mathrm{II}}^2$ und $f = f_{\mathrm{II}} = (p-1)(q-1)$.

Den Vertrauensbereich für $(\sigma_\eta/\sigma_\varepsilon)^2$ berechnet man aus

$$\frac{1}{p}\left[\frac{s_{\mathrm{III}}^2/s_{\mathrm{II}}^2}{F_{1-(\alpha/2)}(f_1;\,f_2)} - 1\right] \leqq \left(\frac{\sigma_\eta}{\sigma_\varepsilon}\right)^2 \leqq \frac{1}{p}\left[\frac{s_{\mathrm{III}}^2/s_{\mathrm{II}}^2}{F_{\alpha/2}(f_1;\,f_2)} - 1\right] \quad (7.4.2)$$

mit $f_1 = f_{\mathrm{III}} = q-1$ und $f_2 = f_{\mathrm{II}} = (p-1)(q-1)$.
Zahlenwerte für $F_{1-\alpha}(f_1;\,f_2)$ s. Tab. C 7 bis C 10.

Für $(p-1)(q-1) \gtrless 10$ berechnet man den Vertrauensbereich für σ_η^2 näherungsweise[1] aus

$$\frac{1}{p}\left[\frac{s_{\mathrm{III}}^2}{F_{1-(\alpha/2)}(f_1;\,f_2)} - s_{\mathrm{II}}^2\right] \leqq \sigma_\eta^2 \leqq \frac{1}{p}\left[\frac{s_{\mathrm{III}}^2}{F_{\alpha/2}(f_1;\,f_2)} - s_{\mathrm{II}}^2\right] \quad (7.4.3)$$

mit $f_1 = f_{\mathrm{III}} = q-1$ und $f_2 = f_{\mathrm{II}} = (p-1)(q-1)$.
Zahlenwerte für $F_{1-\alpha}(f_1;\,f_2)$ s. Tab. C 7 bis C 10.

Den Vertrauensbereich für $(\sigma_\xi/\sigma_\varepsilon)^2$ berechnet man aus

$$\frac{1}{q}\left[\frac{s_{\mathrm{IV}}^2/s_{\mathrm{II}}^2}{F_{1-(\alpha/2)}(f_1;\,f_2)} - 1\right] \leqq \left(\frac{\sigma_\xi}{\sigma_\varepsilon}\right)^2 \leqq \frac{1}{q}\left[\frac{s_{\mathrm{IV}}^2/s_{\mathrm{II}}^2}{F_{\alpha/2}(f_1;\,f_2)} - 1\right] \quad (7.4.4)$$

mit $f_1 = f_{\mathrm{IV}} = p-1$ und $f_2 = f_{\mathrm{II}} = (p-1)(q-1)$.
Zahlenwerte für $F_{1-\alpha}(f_1;\,f_2)$ s. Tab. C 7 bis C 10.

Für $(p-1)(q-1) \gtrless 10$ berechnet man den Vertrauensbereich für σ_ξ^2 näherungsweise[1] aus

$$\frac{1}{q}\left[\frac{s_{\mathrm{IV}}^2}{F_{1-(\alpha/2)}(f_1;\,f_2)} - s_{\mathrm{II}}^2\right] \leqq \sigma_\xi^2 \leqq \frac{1}{q}\left[\frac{s_{\mathrm{IV}}^2}{F_{\alpha/2}(f_1;\,f_2)} - s_{\mathrm{II}}^2\right] \quad (7.4.5)$$

mit $f_1 = f_{\mathrm{IV}} = p-1$ und $f_2 = f_{\mathrm{II}} = (p-1)(q-1)$.
Zahlenwerte für $F_{1-\alpha}(f_1;\,f_2)$ s. Tab. C 7 bis C 10.

c) Das Modell mit systematischen Komponenten und Zufallskomponenten (gemischtes Modell)

Schätzwerte für die Modellparameter

(vgl. Zerlegungstafel S. 132 und 133, Spalte 7)

Der Parameter	wird geschätzt durch
$\zeta \equiv \mu$	z
ξ_i	$z_{i\bullet} - z$
σ_η^2	$\dfrac{1}{p}(s_{\mathrm{III}}^2 - s_{\mathrm{II}}^2) = s_\eta^2$
σ_ε^2	$s_{\mathrm{II}}^2 = s_\varepsilon^2$

---

[1] Vgl. Fußnote S. 112.

Testen von Hypothesen über die Modellparameter

Hypothese	$\sigma_\eta^2 = 0$	kein reiner Spalteneinfluß $\xi_i = 0$ für alle i $\sum\limits_{i=1}^{p} \xi_i^2 = 0$
Prüfgröße F_{BEOB}	$s_{\mathrm{III}}^2/s_{\mathrm{II}}^2$	$s_{\mathrm{IV}}^2/s_{\mathrm{II}}^2$
Tafelwert F_{TAFEL}	$F_{1-\alpha}(f_1; f_2)$ mit $f_1 = q - 1$ $f_2 = (p - 1)(q - 1)$	$F_{1-\alpha}(f_1; f_2)$ mit $f_1 = p - 1$ $f_2 = (p - 1)(q - 1)$

Man verwirft die Hypothese für

$$F_{BEOB} > F_{TAFEL}.$$

Zahlenwerte für $F_{1-\alpha}(f_1; f_2)$ s. Tab. C 7 bis C 10.

Vertrauensbereiche für die Modellparameter

Wird die Hypothese $\sigma_\eta^2 = 0$ verworfen, dann kann man die Vertrauensbereiche für ζ und ζ_i. nur behelfsmäßig angeben, indem man den entsprechenden Schätzwert und dessen Varianz zur Beurteilung heranzieht.

Wenn die Hypothese $\sigma_\eta^2 = 0$ zutrifft, dann berechnet man Vertrauensbereiche für ζ und ζ_i. aus (7.3.57) und (7.3.58), indem man dort $n = 1$ setzt und in (7.3.57) s_{I} durch s_{II} und $f = f_{\mathrm{I}}$ durch $f = f_{\mathrm{II}} = (p - 1) \cdot (q - 1)$ ersetzt.

Die Berechnung der Vertrauensbereiche nach (7.3.57) und (7.3.58) soll nur dann durchgeführt werden, wenn die Hypothese $\sigma_\eta^2 = 0$ *nicht* verworfen wird.

Die Vertrauensbereiche für die Differenz von Spaltenmittelwerten erhält man (auch für $\sigma_\eta^2 \neq 0$) aus (7.3.45), wenn man dort n durch 1, s_{I} durch s_{II} und $f = f_{\mathrm{I}}$ durch $f = f_{\mathrm{II}} = (p - 1)(q - 1)$ ersetzt.

Den Vertrauensbereich für σ_ε^2 berechnet man aus (5.3.12) mit $s^2 = s_{\mathrm{II}}^2$ und $f = f_{\mathrm{II}} = (p - 1)(q - 1)$.

Die Vertrauensbereiche für $(\sigma_\eta/\sigma_\varepsilon)^2$ und σ_η^2 berechnet man aus (7.3.59) und (7.3.60), wenn man dort n durch 1, s_{I}^2 durch s_{II}^2 und $f_2 = f_{\mathrm{I}}$ durch $f_2 = f_{\mathrm{II}} = (p - 1)(q - 1)$ ersetzt.

7.5 Das „Schachtelmodell" mit drei (oder mehr) Zufallskomponenten

Die *(unbekannte) Gesamtheit* hat N_1 Einheiten erster Stufe, $N_1 N_2$ Einheiten zweiter Stufe, $N_1 N_2 N_3$ Einheiten dritter Stufe, usw., vgl. Abb. 7.5.1.

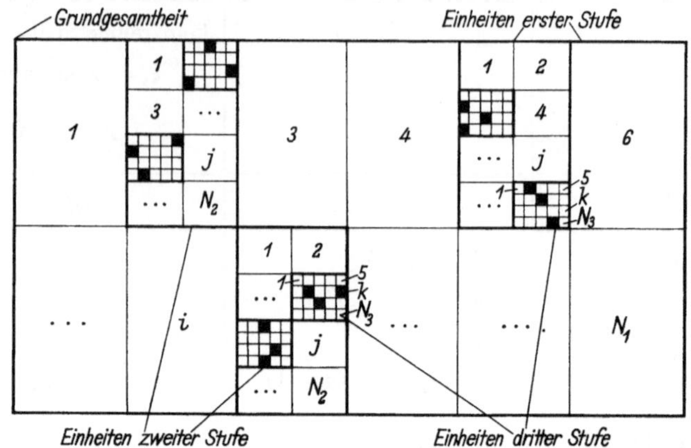

Abb. 7.5.1. Zur Veranschaulichung eines Schachtelmodells mit drei Stufen

Stufe	Zahl der vorhandenen Einheiten	Merkmalwerte	Mittelwerte	Varianzen	Laufzahlen
1	N_1	a_i	a	σ_1^2	$1 \leqq i \leqq N_1$
2	N_2	a_{ij}	a_i	σ_2^2	$1 \leqq j \leqq N_2$
3	N_3	a_{ijk}	a_{ij}	σ_3^2	$1 \leqq k \leqq N_3$
⋮	⋮	⋮	⋮	⋮	⋮

Dabei gilt in den einzelnen Stufen für die Mittelwerte und Varianzen

$$1 \quad a = \frac{1}{N_1} \sum_{i=1}^{N_1} a_i \quad \text{und} \quad V\{a_i\} = \sigma_1^2 = \frac{1}{N_1 - 1} \sum_{i=1}^{N_1} (a_i - a)^2;$$

$$2 \quad a_i = \frac{1}{N_2} \sum_{j=1}^{N_2} a_{ij} \quad \text{und} \quad \underset{i=\text{konst}}{V\{a_{ij}\}} = \sigma_2^2 = \frac{1}{N_2 - 1} \sum_{j=1}^{N_2} (a_{ij} - a_i)^2$$

$$\text{für alle } i;$$

$$3 \quad a_{ij} = \frac{1}{N_3} \sum_{k=1}^{N_3} a_{ijk} \quad \text{und} \quad \underset{(i,j)=\text{konst}}{V\{a_{ijk}\}} = \sigma_3^2 = \frac{1}{N_3 - 1} \sum_{k=1}^{N_3} (a_{ijk} - a_{ij})^2$$

$$\text{für alle } (i; j);$$

$$\vdots \qquad \vdots \qquad\qquad\qquad \vdots$$

(vgl. Abb. 7.5.2)

Die gezogene (*bekannte*) *Probe* hat n_1 Einheiten erster Stufe, $n_1\, n_2$ Einheiten zweiter Stufe, $n_1\, n_2\, n_3$ Einheiten dritter Stufe, usw. Wirklich gemessen werden nur die Merkmalwerte der *letzten* Stufe. Dabei soll $n_\varrho \ll N_\varrho$ sein für $\varrho = 1, 2, 3, \dots$

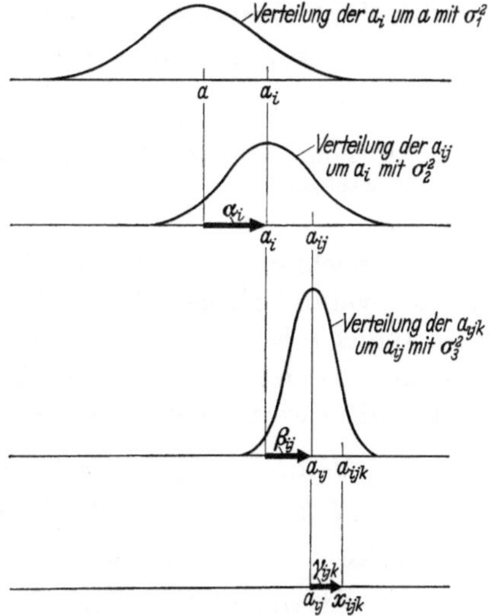

Abb. 7.5.2 Zur Veranschaulichung der Mittelwerte und Varianzen für ein Schachtelmodell mit drei Stufen

Stufe	Zahl der entnommenen Einheiten	Merkmalwerte	Mittelwerte	Varianzen	Laufzahlen
1	n_1	x_i	x	s_1^2	$1 \leqq i \leqq n_1$
2	n_2	x_{ij}	x_i	s_2^2	$1 \leqq j \leqq n_2$
3	n_3	x_{ijk}	x_{ij}	s_3^2	$1 \leqq k \leqq n_3$
⋮	⋮	⋮	⋮	⋮	⋮

Dabei gilt in den einzelnen Stufen für die Mittelwerte und die Summen der quadrierten Abweichungen (S.d.q.A.)

$$1 \quad x = \frac{1}{n_1} \sum_{i=1}^{n_1} x_i \qquad ; \qquad S_1 = n_2\, n_3 \sum_{i=1}^{n_1} (x_i - x)^2$$

$$2 \quad x_i = \frac{1}{n_2} \sum_{j=1}^{n_2} x_{ij} \qquad ; \qquad S_2 = n_3 \sum_{i=1}^{n_1} \sum_{j=1}^{n_2} (x_{ij} - x_i)^2$$

$$3 \quad x_{ij} = \frac{1}{n_3} \sum_{k=1}^{n_3} x_{ijk}\,{}^* \qquad ; \qquad S_3 = \sum_{i=1}^{n_1} \sum_{j=1}^{n_2} \sum_{k=1}^{n_3} (x_{ijk} - x_{ij})^2$$

$$\vdots \qquad \qquad \text{Rechenweg}$$

und insgesamt

$$x = \frac{1}{n_1\, n_2\, n_3} \sum_{i=1}^{n_1} \sum_{j=1}^{n_2} \sum_{k=1}^{n_3} x_{ijk}; \qquad S = \sum_{i=1}^{n_1} \sum_{j=1}^{n_2} \sum_{k=1}^{n_3} (x_{ijk} - x)^2 .$$

---

* Die Meßwerte x_{ijk} stimmen natürlich mit einem Teil der Merkmalwerte a_{ijk} überein. Der Bezeichnungswechsel von a zu x ist jedoch nützlich, um den Unterschied zwischen Gesamtheit und Probe hervorzuheben.

Jeder Merkmalwert a_{ijk} enthält *drei (oder mehr) Zufallskomponenten*

$$a_{ijk} = a + (a_i - a) + (a_{ij} - a_i) + (a_{ijk} - a_{ij}) + \cdots$$
$$= a + \alpha_i + \beta_{[i]j} + \gamma_{[ij]k} + \cdots \qquad (7.5.1)$$

Gesamt-mittelwert   Zufallskomponente der Stufe
$$1 \qquad 2 \qquad 3 \qquad \cdots$$

Die Bezeichnung $x_{[i]j}$ bedeutet, daß die Merkmalwerte $x_{[i]j}$ zweiter Stufe bei veränderlichem Index j nur einer Einheit erster Stufe mit festem Index $i = $ konst entstammen. Im folgenden werden die [ ] zur Vereinfachung der Schreibweise wieder fortgelassen.

Für die Mittelwerte und Varianzen der Zufallskomponenten gilt

$$M\{\alpha_i\} = 0; \qquad V\{\alpha_i\} = \sigma_1^2; \qquad (7.5.2)$$
$$M\{\beta_{ij}\} = 0; \qquad V\{\beta_{ij}\} = \sigma_2^2 \quad \text{für alle } i; \qquad (7.5.3)$$
$$i-\text{konst} \qquad\qquad i-\text{konst}$$
$$M\{\gamma_{ijk}\} = 0; \qquad V\{\gamma_{ijk}\} = \sigma_3^2 \quad \text{für alle } i \text{ und } j. \qquad (7.5.4)$$
$$(i;j)-\text{konst} \qquad\qquad (i;j)-\text{konst}$$

Das Modell mit drei (oder mehr) Stufen enthält *vier (oder mehr) unbekannte Parameter*, nämlich einen Mittelwert a und drei (oder mehr) Varianzen σ_1^2, σ_2^2, σ_3^2, ... Die folgenden Formeln gelten für ein Modell mit *drei* Stufen.

Auswertung der Meßreihe

Aus den $n_1 n_2 n_3$ Meßwerten x_{ijk} berechnet man die Mittelwerte x_{ij}, x_i und x; ferner die S.d.q.A. in den einzelnen Stufen S_3, S_2 und S_1 und die S.d.q.A. insgesamt S. Dieser Rechnung entspricht die Zerlegung des Meßwerts x_{ijk} in

$$x_{ijk} = x + (x_i - x) + (x_{ij} - x_i) + (x_{ijk} - x_{ij}). \qquad (7.5.5)$$

beobachteter   beobachtete Zufallsabweichungen der Stufe
Gesamtmittelwert
$$1 \qquad 2 \qquad 3$$

Zweckmäßige Rechentechnik

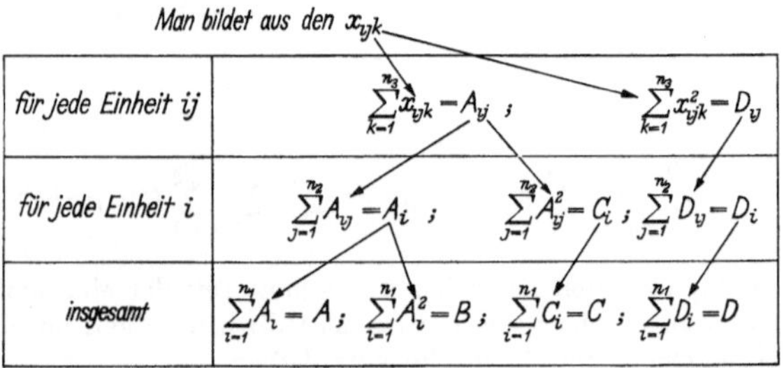

Anmerkung: Die Berechnung der aus gleichen Ausgangsgrößen gebildeten Summen (wo die Pfeile im Schema vom gleichen Punkt ausgehen) läßt sich auf den meisten Tischrechenmaschinen gleichzeitig ausführen. Dann ist

$$x_{ij} = \frac{1}{n_3}\, A_{ij}; \qquad S_3 = D - \frac{C}{n_3}, \tag{7.5.6}$$

$$x_i = \frac{1}{n_2\, n_3}\, A_i; \qquad S_2 = \frac{C}{n_3} - \frac{B}{n_2\, n_3}, \tag{7.5.7}$$

$$x = \frac{1}{n_1\, n_2\, n_3}\, A; \qquad S_1 = \frac{B}{n_2\, n_3} - \frac{A^2}{n_1\, n_2\, n_3}, \tag{7.5.8}$$

$$S = D - \frac{A^2}{n_1\, n_2\, n_3}. \tag{7.5.9}$$

Zerlegungstafel

1	2	3	4	5
Stufe	S.d.q.A.	Zahl der Freiheitsgrade	Quotient	Der Quotient ist ein Schätzwert für
1	$n_2\, n_3 \sum\limits_{i=1}^{n_1} (x_i - x)^2 = S_1$	$(n_1 - 1) = f_{\mathrm{III}}$	s_{III}^2	$\sigma_3^2 + n_3\, \sigma_2^2 + n_3\, n_2\, \sigma_1^2$
2	$n_3 \sum\limits_{i=1}^{n_1} \sum\limits_{j=1}^{n_2} (x_{ij} - x_i)^2 = S_2$	$n_1(n_2 - 1) = f_{\mathrm{II}}$	s_{II}^2	$\sigma_3^2 + n_3\, \sigma_2^2$
3	$\sum\limits_{i=1}^{n_1} \sum\limits_{j=1}^{n_2} \sum\limits_{k=1}^{n_3} (x_{ijk} - x_{ij})^2 = S_3$	$n_1\, n_2(n_3 - 1) = f_{\mathrm{I}}$	s_{I}^2	σ_3^2
	$\sum\limits_{i=1}^{n_1} \sum\limits_{j=1}^{n_2} \sum\limits_{k=1}^{n_3} (x_{ijk} - x)^2 = S$	$n_1\, n_2\, n_3 - 1$	—	—

Man teilt jede S.d.q.A. durch die ihr zugeordnete Zahl der Freiheitsgrade. Die so gefundenen Quotienten s_{I}^2, s_{II}^2 und s_{III}^2 sind Schätzwerte für die in Spalte 5 genannten Modellparameter.

Schätzwerte für die Modellparameter

(vgl. Zerlegungstafel oben, Spalte 5)

Der Parameter	wird geschätzt durch
a	x
σ_1^2	$s_1^2 = \dfrac{1}{n_2\, n_3}\, (s_{\mathrm{III}}^2 - s_{\mathrm{II}}^2)$
σ_2^2	$s_2^2 = \dfrac{1}{n_3}\, (s_{\mathrm{II}}^2 - s_{\mathrm{I}}^2)$
σ_3^2	$s_3^2 = s_{\mathrm{I}}^2$

Die Erwartungswerte für die Stichprobenvarianzen der x_{ijk}, x_{ij}, x_i und x sind

$$V\{x_{ijk}\}_{i \,=\, \text{konst};\ j \,=\, \text{konst}} = \sigma_3^2, \tag{7.5.10}$$

$$V\{x_{ijk}\}_{i \,=\, \text{konst}} = \sigma_2^2 + \sigma_3^2, \tag{7.5.11}$$

$$V\{x_{ijk}\} = \sigma_1^2 + \sigma_2^2 + \sigma_3^2, \tag{7.5.12}$$

$$V\{x_{ij}\} = \sigma_1^2 + \sigma_2^2 + \frac{\sigma_3^2}{n_3}, \tag{7.5.13}$$

$$V\{x_i\} = \sigma_1^2 + \frac{\sigma_2^2}{n_2} + \frac{\sigma_3^2}{n_2\,n_3}, \tag{7.5.14}$$

$$V\{x\} = \frac{\sigma_1^2}{n_1} + \frac{\sigma_2^2}{n_1\,n_2} + \frac{\sigma_3^2}{n_1\,n_2\,n_3}. \tag{7.5.15}$$

Die Varianz $V\{x\}$ wird geschätzt durch $s_{\mathrm{III}}^2/n_1\,n_2\,n_3$.

Testen von Hypothesen über die Modellparameter

Hypothese	keine Varianz in Stufe 2 $\sigma_2^2 = 0$	keine Varianz in Stufe 1 $\sigma_1^2 = 0$	
Prüfgröße F_{BEOB}	$s_{\mathrm{II}}^2/s_{\mathrm{I}}^2$	$s_{\mathrm{III}}^2/s_{\mathrm{II}}^2$	$s_{\mathrm{III}}^2/s_{\mathrm{I}}^2$
Tafelwert F_{TAFEL}	$F_{1-\alpha}(f_1; f_2)$ mit $f_1 = f_{\mathrm{II}} = n_1(n_2-1)$ $f_2 = f_{\mathrm{I}} = n_1\,n_2(n_3-1)$	$F_{1-\alpha}(f_1; f_2)$ mit $f_1 = f_{\mathrm{III}} = n_1-1$ $f_2 = f_{\mathrm{II}} = n_1(n_2-1)$ falls die Hypothese $\sigma_2^2 = 0$ verworfen wird.	$F_{1-\alpha}(f_1; f_2)$ mit $f_1 = f_{\mathrm{III}} = n_1-1$ $f_2 = f_{\mathrm{I}} = n_1\,n_2(n_3-1)$ falls die Hypothese $\sigma_2^2 = 0$ gilt. Deshalb sollte dieser Test nur durchgeführt werden, wenn die Hypothese $\sigma_2^2 = 0$ *nicht* verworfen wird.

Man verwirft die Hypothese für

$$F_{BEOB} > F_{TAFEL}.$$

Zahlenwerte für $F_{1-\alpha}(f_1; f_2)$ s. Tab. C 7 bis C 10.

Vertrauensbereiche für die Modellparameter

Den Vertrauensbereich für a berechnet man aus

$$x - t_{1-(\alpha/2);f}\,\frac{s_{\mathrm{III}}}{\sqrt{n_1\,n_2\,n_3}} \leqq a \leqq x + t_{1-(\alpha/2);f}\,\frac{s_{\mathrm{III}}}{\sqrt{n_1\,n_2\,n_3}} \tag{7.5.16}$$

oder umgeformt

$$x - t_{1-(\alpha/2);f} \sqrt{\frac{s_1^2}{n_1} + \frac{s_2^2}{n_1 n_2} + \frac{s_3^2}{n_1 n_2 n_3}} \; \leqq a \leqq$$

$$\leqq x + t_{1-(\alpha/2);f} \sqrt{\frac{s_1^2}{n_1} + \frac{s_2^2}{n_1 n_2} + \frac{s_3^2}{n_1 n_2 n_3}} \tag{7.5.17}$$

mit $f = f_{\mathrm{III}} = n_1 - 1$.

Zahlenwerte für $t_{1-(\alpha/2);f}$ s. Tab. C 5.

Den Vertrauensbereich für σ_3^2 berechnet man aus (5.3.12) mit $s^2 = s_{\mathrm{I}}^2$ und $f = f_{\mathrm{I}} = n_1 n_2 (n_3 - 1)$.

Den Vertrauensbereich für $(\sigma_2/\sigma_3)^2$ berechnet man aus

$$\frac{1}{n_3} \left[\frac{(s_{\mathrm{II}}/s_{\mathrm{I}})^2}{F_{1-(\alpha/2)}(f_1;f_2)} - 1 \right] \; \leqq \left(\frac{\sigma_2}{\sigma_3} \right)^2 \leqq \; \frac{1}{n_3} \left[\frac{(s_{\mathrm{II}}/s_{\mathrm{I}})^2}{F_{\alpha/2}(f_1;f_2)} - 1 \right] \tag{7.5.18}$$

mit $f_1 = f_{\mathrm{II}} = n_1(n_2 - 1)$ und $f_2 = f_{\mathrm{I}} = n_1 n_2 (n_3 - 1)$.

Für $f_2 = f_{\mathrm{I}} = n_1 n_2 (n_3 - 1) \gtrless 10$ berechnet man den Vertrauensbereich für σ_2^2 näherungsweise[1] aus

$$\frac{1}{n_3} \left[\frac{s_{\mathrm{II}}^2}{F_{1-(\alpha/2)}(f_1;f_2)} - s_{\mathrm{I}}^2 \right] \; \leqq \sigma_2^2 \leqq \; \frac{1}{n_3} \left[\frac{s_{\mathrm{II}}^2}{F_{\alpha/2}(f_1;f_2)} - s_{\mathrm{I}}^2 \right] \tag{7.5.19}$$

mit $f_1 = f_{\mathrm{II}} = n_1(n_2 - 1)$ und $f_2 = f_{\mathrm{I}} = n_1 n_2 (n_3 - 1)$.

Für $f_{\mathrm{II}} = n_1(n_2 - 1) \gtrless 10$ berechnet man den Vertrauensbereich für σ_1^2 näherungsweise[1] aus

$$\frac{1}{n_2 n_3} \left[\frac{s_{\mathrm{III}}^2}{F_{1-(\alpha/2)}(f_1;f_2)} - s_{\mathrm{II}}^2 \right] \; \leqq \sigma_1^2 \leqq \; \frac{1}{n_2 n_3} \left[\frac{s_{\mathrm{III}}^2}{F_{\alpha/2}(f_1;f_2)} - s_{\mathrm{II}}^2 \right] \tag{7.5.20}$$

mit $f_1 = f_{\mathrm{III}} = n_1 - 1$ und $f_2 = f_{\mathrm{II}} = n_1(n_2 - 1)$.

Zahlenwerte für $F_{1-\alpha}(f_1; f_2)$ s. Tab. C 7 bis C 10.

Ist die Berechnung der Vertrauensbereiche für σ_2^2 und σ_1^2 nach (7.5.19) und (7.5.20) nicht durchführbar, dann erhält man grobe Bereiche unter Benutzung der Schätzwerte s_2^2 und s_1^2 und ihrer Varianzen

$$V\{s_2^2\} \approx \frac{2}{n_3^2} \left[\frac{s_{\mathrm{II}}^4}{f_{\mathrm{II}}} + \frac{s_{\mathrm{I}}^4}{f_{\mathrm{I}}} \right] \tag{7.5.21}$$

und

$$V\{s_1^2\} \approx \frac{2}{n_2^2 n_3^2} \left[\frac{s_{\mathrm{III}}^4}{f_{\mathrm{III}}} + \frac{s_{\mathrm{II}}^4}{f_{\mathrm{II}}} \right] \tag{7.5.22}$$

[vgl. Zerlegungstafel S. 139 und (5.2.12)].

7.6 Verteilungsunabhängige Testverfahren

a) Einfache Zerlegung

Zahl der Gruppen oder Stichproben $p > 2$

Zahl der Beobachtungen in der Gruppe i n_i

Gesamtzahl der Beobachtungen $n = \sum\limits_{i=1}^{p} n_i$.

---

[1] Vgl. Fußnote S. 112.

Erweiterter Median-Test

Einschränkung: Der Test darf nur durchgeführt werden, wenn für die h_{ij} nach (7.6.4) gilt: $h_{ij} \geqq 1$ für alle i und j und $h_{ij} \geqq 5$ für (etwa) 80% der Werte h_{ij}.

1. Die Beobachtungen aller Gruppen werden in *eine* Rangfolge gebracht, d. h. der Größe nach geordnet und — ausgehend vom kleinsten Wert — fortlaufend mit den Rangzahlen $1, 2, \ldots, n$ versehen. Sind die nach der Größe geordneten Werte $x_{(v)}$ bis $x_{(v+a)}$ gleich, dann erhält jeder dieser $(a + 1)$ Werte die Rangzahl $v + (a/2)$.

2. Der Zentralwert $\tilde{x}$ der *Rangzahlen* der Rangfolge 1. wird bestimmt (vgl. 5.1.18).

3. Für jede der p Gruppen i wird ausgezählt, wie viele der aus ihr stammenden Rangzahlen kleiner oder gleich $\tilde{x}$ bzw. größer als $\tilde{x}$ sind. Die sich ergebenden Häufigkeiten z_{i1} und z_{i2} werden in das folgende Schema eingetragen.

	Gruppe						insgesamt
	1	2	$\cdots$	i	$\cdots$	p	
Anzahl der Rangzahlen, die größer als $\tilde{x}$ sind	z_{11}	z_{21}	$\cdots$	z_{i1}	$\cdots$	z_{p1}	$\sum\limits_{i=1}^{p} z_{i1}$
Anzahl der Rangzahlen, die kleiner als oder gleich $\tilde{x}$ sind	z_{12}	z_{22}	$\cdots$	z_{i2}	$\cdots$	z_{p2}	$\sum\limits_{i=1}^{p} z_{i2}$
	n_1	n_2	$\cdots$	n_i	$\cdots$	n_p	$\sum\limits_{i=1}^{p} n_i = n$

$$(7.6.1)$$

4. Es gilt
$$z_{i1} + z_{i2} = n_i, \tag{7.6.2}$$

$$\sum_{i=1}^{p} z_{i1} + \sum_{i=1}^{p} z_{i2} = \sum_{i=1}^{p} n_i = n, \tag{7.6.3}$$

womit die Rechnung kontrolliert werden kann.

Hypothese H_1: Die p Gruppen oder Stichproben stammen aus der gleichen Grundgesamtheit.

Wenn H_1 gilt, dann ist die theoretische Besetzungszahl in der Gruppe i und Zeile j ($j = 1, 2$)

$$h_{ij} = \frac{n_i}{n} \sum_{i=1}^{p} z_{ij} \ . \tag{7.6.4}$$

Gegenhypothese	Die Hypothese H_1 wird verworfen für	
	Prüfgröße	Schwellenwert
Nicht alle p Gruppen oder Stichproben stammen aus der gleichen Gesamtheit	$\sum\limits_{j=1}^{2}\sum\limits_{i=1}^{p}\dfrac{(z_{ij}-h_{ij})^2}{h_{ij}} \quad > $ mit h_{ij} nach (7.6.4)	$\chi^2_{1-\alpha;\,f}$ mit $f = p - 1$	(7.6.5)

Zahlenwerte für $\chi^2_{1-\alpha;\,f}$ s. Tab. C 6 oder Nomogramme D 2 und D 3.

Test von Kruskal und Wallis

1. Die Beobachtungen aller p Gruppen werden in *eine* Rangfolge gebracht, d. h. der Größe nach geordnet und — ausgehend vom kleinsten Wert — fortlaufend mit den Rangzahlen $1, 2, \ldots, n$ versehen.

Sind die nach der Größe geordneten Werte $x_{(\nu)}$ bis $x_{(\nu+a)}$ gleich, dann erhält jeder dieser $(a + 1)$ Werte die Rangzahl $\nu + (a/2)$. Zu jeder Rangzahl wird die Nr. i der Gruppe vermerkt, in die der Merkmalwert gehört, dem diese Rangzahl zugeordnet wurde.

2. Für jede der p Gruppen wird die Summe R_i der aus ihr stammenden Rangzahlen gebildet.

3. Als Kontrolle benutzt man die Beziehung

$$\sum_{i=1}^{p} R_i = \tfrac{1}{2}n(n+1).\tag{7.6.6}$$

4. Man bildet

$$\sum_{i=1}^{p} n_i = n \quad \text{und} \quad \chi^2_K = \frac{12}{n(n+1)}\sum_{i=1}^{p}\frac{R_i^2}{n_i} - 3(n+1).\tag{7.6.7}$$

Gehören mehr als 25% *aller* Werte zu Bindungen (ties), d. h. zu Folgen gleicher Rangzahlen, dann ist χ^2_K

$$\chi^2_K = \left[\frac{12}{n(n+1)}\sum_{i=1}^{p}\frac{R_i^2}{n_i} - 3(n+1)\right]\frac{1}{C}\tag{7.6.8}$$

mit

$$C = 1 - \frac{1}{n^3 - n}\sum_{r=1}^{m}(t_r^3 - t_r)$$

$$= 1 - \frac{1}{(n-1)\,n\,(n+1)}\sum_{r=1}^{m}(t_r - 1)\,t_r(t_r + 1),\tag{7.6.9}$$

wobei m die Zahl der Bindungen und t_r die Anzahl gleicher Rangzahlen in der Bindung r ist.

Hypothese H_1: Die p Gruppen oder Stichproben stammen aus der gleichen Gesamtheit.

Gegenhypothese	Die Hypothese H_1 wird verworfen für	
	Prüfgröße	Schwellenwert
Nicht alle p Gruppen oder Stichproben stammen aus der gleichen Gesamtheit	a) $p = 3$; $n_1, n_2, n_3 \leqq 5$ $$\Phi_K \leqq \alpha;$$ wobei Φ_K zu χ_K^2 aus Tab. 7.6.1 entnommen wird b) alle sonstigen Fälle $$\chi_K^2 > \chi_{1-\alpha;f}^2$$ $$\text{mit } f = p - 1$$	

(7.6.10)

Zahlenwerte für $\chi_{1-\alpha;f}^2$ s. Tab. C 6 oder Nomogramme D 2 und D 3.

Tab. 7.6.1. *Zum Test (7.6.10) von Kruskal und Wallis*[1]

n_1	n_2	n_3	χ_K^2	Φ_K
2	1	1	2,7000	0,500
2	2	1	3,6000	,200
2	2	2	4,5714	,067
			3,7143	,200
3	1	1	3,2000	,300
3	2	1	4,2857	,100
			3,8571	,133
3	2	2	5,3572	,029
			4,7143	,048
			4,5000	,067
			4,4643	,105
3	3	1	5,1429	,043
			4,5714	,100
			4,0000	,129
3	3	2	6,2500	,011
			5,3611	,032
			5,1389	,061
			4,5556	,100
			4,2500	,121
3	3	3	7,2000	,004
			6,4889	0,011

n_1	n_2	n_3	χ_K^2	Φ_K
3	3	3	5,6889	0,029
			5,6000	,050
			5,0667	,086
			4,6222	,100
4	1	1	3,5714	,200
4	2	1	4,8214	,057
			4,5000	,076
			4,0179	,114
4	2	2	6,0000	,014
			5,3333	,033
			5,1250	,052
			4,4583	,100
			4,1667	,105
4	3	1	5,8333	,021
			5,2083	,050
			5,0000	,057
			4,0556	,093
			3,8889	,129
4	3	2	6,4444	,008
			6,3000	,011
			5,4444	,046
			5,4000	,051
			4,5111	,098
			4,4444	0,102

n_1	n_2	n_3	χ_K^2	Φ_K
4	3	3	6,7455	0,010
			6,7091	,013
			5,7909	,046
			5,7273	,050
			4,7091	,092
			4,7000	,101
4	4	1	6,6667	,010
			6,1667	,022
			4,9667	,048
			4,8667	,054
			4,1667	,082
			4,0667	,102
4	4	2	7,0364	,006
			6,8727	,011
			5,4545	,046
			5,2364	,052
			4,5545	,098
			4,4455	,103
4	4	3	7,1439	,010
			7,1364	,011
			5,5985	,049
			5,5758	,051
			4,5455	,099
			4,4773	,102
4	4	4	7,6538	,008
			7,5385	0,011

[1] Nach W. H. Kruskal and W. A. Wallis. Use of ranks in one-criterion variance analysis. J. Am. Stat. Ass. 47, 1952, S. 583 mit Berücksichtigung der Korrekturen in J. Am. Stat. Ass. 48, 1953, S. 910.

Tab. 7.6.1 (Fortsetzung)

n_1	n_2	n_3	χ^2_K	Φ_K
4	4	4	5,6923	0,049
			5,6538	,054
			4,6539	,097
			4,5001	,104
5	1	1	3,8571	,143
5	2	1	5,2500	,036
			5,0000	,048
			4,4500	,071
			4,2000	,095
			4,0500	,119
5	2	2	6,5333	,008
			6,1333	,013
			5,1600	,034
			5,0400	,056
			4,3733	,090
			4,2933	,122
5	3	1	6,4000	,012
			4,9600	,048
			4,8711	,052
			4,0178	,095
			3,8400	,123
5	3	2	6,9091	,009
			6,8218	,010
			5,2509	,049
			5,1055	,052
			4,6509	,091
			4.4945	,101
5	3	3	7,0788	,009
			6,9818	0,011

n_1	n_2	n_3	χ^2_K	Φ_K
5	3	3	5,6485	0,049
			5,5152	,051
			4,5333	,097
			4,4121	,109
5	4	1	6,9545	,008
			6,8400	,011
			4,9855	,044
			4,8600	,056
			3,9873	,098
			3,9600	,102
5	4	2	7,2045	,009
			7,1182	,010
			5,2727	,049
			5,2682	,050
			4,5409	,098
			4,5182	,101
5	4	3	7,4449	,010
			7,3949	,011
			5,6564	,049
			5,6308	,050
			4,5487	,099
			4,5231	,103
5	4	4	7,7604	,009
			7,7440	,011
			5,6571	,049
			5,6176	,050
			4,6187	,100
			4,5527	,102
5	5	1	7,3091	0,009

n_1	n_2	n_3	χ^2_K	Φ_K
5	5	1	6,8364	0,011
			5,1273	,046
			4,9091	,053
			4,1091	,086
			4,0364	,105
5	5	2	7,3385	,010
			7,2692	,010
			5,3385	,047
			5,2462	,051
			4,6231	,097
			4,5077	,100
5	5	3	7,5780	,010
			7,5429	,010
			5,7055	,046
			5,6264	,051
			4,5451	,100
			4,5363	,102
5	5	4	7,8229	,010
			7,7914	,010
			5,6657	,049
			5,6429	,050
			4,5229	,099
			4,5200	,101
5	5	5	8,0000	,009
			7,9800	,010
			5,7800	,049
			5,6600	,051
			4,5600	,100
			4,5000	0,102

b) Zweifache Zerlegung mit $n = 1$; Friedman-Test

Die Werte sollen in folgendem Schema vorliegen:

Zeile (z. B. Block vergleichbarer Versuchseinheiten)	Spalte (z. B. Stichprobe entsprechend einer Bedingung oder Behandlung)					
	1	2	$\cdots$	i	$\cdots$	p $(p > 3)$
1	x_{11}	x_{21}	$\cdots$	x_{i1}	$\cdots$	x_{p1}
2	x_{12}	x_{22}	$\cdots$	x_{i2}	$\cdots$	x_{p2}
$\vdots$	$\vdots$	$\vdots$	$\vdots$	$\vdots$	$\vdots$	$\vdots$
j	x_{1j}	x_{2j}	$\cdots$	x_{ij}	$\cdots$	x_{pj}
$\vdots$	$\vdots$	$\vdots$	$\vdots$	$\vdots$	$\vdots$	$\vdots$
q	x_{1q}	x_{2q}	$\cdots$	x_{iq}	$\cdots$	x_{pq}

$$(7.6.11)$$

Tab. 7.6.2. *Zum Friedman-Test*[1] *(7.6.15)*

$p = 3$

| $q = 2$ | | $q = 3$ | | $q = 4$ | | $q = 5$ | |
χ_r^2	Φ_r	χ_r^2	Φ_r	χ_r^2	Φ_r	χ_r^2	Φ_r
0	1,000	2,000	0,528	3,5	0,273	3,6	0,182
1	0,833	2,667	,361	4,5	,125	4,8	,124
3	0,500	4,667	,194	6,0	,069	5,2	,093
4	0,167	6,000	0,028	6,5	,042	6,4	,039
				8,0	0,0046	7,6	,024
						8,4	,0085
						10,0	0,00077

| $q = 6$ | | $q = 7$ | | $q = 8$ | | $q = 9$ | |
χ_r^2	Φ_r	χ_r^2	Φ_r	χ_r^2	Φ_r	χ_r^2	Φ_r
4,00	0,184	4,571	0,112	4,75	0,120	4,222	0,154
4,33	,142	5,429	,085	5,25	,079	4,667	,107
5,33	,072	6,000	,052	6,25	,047 ·	5,556	,069
6,33	,052	7,143	,027	6,75	,038	6,000	,057
7,00	,029	7,714	,021	7,00	,030	6,222	,048
8,33	,012	8,000	,016	7,75	,018	6,889	,031
9,00	,0081	8,857	,0084	9,00	,0099	8,000	,019
9,33	,0055	10,286	,0036	9,25	,0080	8,222	,016
10,33	0,0017	10,571	,0027	9,75	,0048	8,667	,010
		11,143	0,0012	10,75	,0024	9,556	,0060
				12,00	0,0011	10,667	,0035
						10,889	,0029
						11,556	0,0013

$p = 4$

| $q = 2$ | | $q = 3$ | | $q = 4$ | | | |
χ_r^2	Φ_r	χ_r^2	Φ_r	χ_r^2	Φ_r	χ_r^2	Φ_r
3,6	0,458	4,2	0,300	5,4	0,158	8,1	0,033
4,2	,375	5,0	,207	5,7	,141	8,4	,019
4,8	,208	5,4	,175	6,0	,105	8,7	,014
5,4	,167	5,8	,148	6,3	,094	9,3	,012
6,0	0,042	6,6	,075	6,6	,077	9,6	,0069
		7,0	,054	6,9	,068	9,9	,0062
		7,4	,033	7,2	,054	10,2	,0027
		8,2	,017	7,5	,052	10,8	,0016
		9,0	0,0017	7,8	0,036	11,1	0,00094

---

[1] Nach M. FRIEDMAN. The use of ranks to avoid the assumption of normality implicit in the analysis of variance. J. Am. Stat. Ass. 32, 1937, S. 675.

1. Die p Werte *jeder* der q Zeilen j werden in eine Rangfolge gebracht, d. h. der Größe nach geordnet und — ausgehend vom kleinsten Wert — fortlaufend mit den Rangzahlen $1, 2, \ldots, p$ versehen. Sind die nach der Größe geordneten Werte $x_{(\nu)}$ bis $x_{(\nu+a)}$ gleich, dann erhält jeder dieser $(a + 1)$ Werte die Rangzahl $\nu + (a/2)$. Die Werte x_{ij} jeder Zeile j werden im Schema durch ihre Rangzahlen r_{ij} $(i = 1, \ldots, p; p > 3)$ ersetzt.

2. Für jede der p Spalten i wird die Summe R_i der auf sie entfallenden Rangzahlen gebildet:

$$R_i = \sum_{j=1}^{q} r_{ij} \ . \tag{7.6.12}$$

3. Als Kontrolle benutzt man die Beziehung

$$\sum_{i=1}^{p} R_i = \tfrac{1}{2} q\, p\, (p + 1). \tag{7.6.13}$$

4. Man bildet $\quad \chi_r^2 = \dfrac{12}{q\, p(p + 1)} \sum_{i=1}^{p} R_i^2 - 3q(p + 1).$ $\qquad$ (7.6.14)

Hypothese H_1: Die p Spalten stammen aus der gleichen Gesamtheit (die Bedingungen oder Behandlungen haben gleiche Wirksamkeit).

Gegenhypothese	Die Hypothese H_1 wird verworfen für	
	Prüfgröße	Schwellenwert
Nicht alle p Spalten stammen aus der gleichen Gesamtheit	a) $p = 3;\quad q = 2, \ldots, 9$ $p = 4;\quad q = 2, \ldots, 4$ $\Phi_r \leqq \alpha$ wobei Φ_r zu χ_r^2 aus Tab. 7.6.2 entnommen wird. b) alle sonstigen Fälle $\chi_r^2 \; > \; \chi_{1-\alpha;\,f}^2$ mit $f = p - 1$	(7.6.15)

Zahlenwerte für $\chi_{1-\alpha;\,f}^2$ s. Tab. C 6 oder Nomogramme D 2 und D 3.

7.7 Kostenbetrachtung bei varianzanalytischen Modellen mit Zufallskomponenten

Bei dem mehrstufigen Schachtel- oder Stufenmodell (vgl. Abschn. 7.5) ist die Varianz σ_x^2 des Mittelwerts x nach (7.5.15)

$$\sigma_x^2 = \frac{\sigma_1^2}{n_1} + \frac{\sigma_2^2}{n_1 n_2} + \frac{\sigma_3^2}{n_1 n_2 n_3} + \cdots, \tag{7.7.1}$$

falls die Zahl n_ϱ der in Stufe ϱ entnommenen Einheiten klein gegen die Zahl N_ϱ der dort vorhandenen Einheiten bleibt;

$$n_\varrho \ll N_\varrho; \quad \varrho = 1; 2; 3; \dots \tag{7.7.2}$$

Sind die Kosten für die Entnahme *einer* Einheit der Stufe ϱ durch c_ϱ gegeben, dann sind die *Gesamtkosten* der Untersuchung

$$K = c_1 \, n_1 + c_2 \, n_1 \, n_2 + c_3 \, n_1 \, n_2 \, n_3 + \cdots. \tag{7.7.3}$$

Bei vorgeschriebener Varianz σ_x^2 (d. h. Genauigkeit) des Mittelwerts x,

$$\sigma_x^2 = V_0,$$

werden die Kosten K der Erhebung möglichst klein,

$$K = \mathrm{Min},$$

Bei vorgegebenen Gesamtkosten K der Untersuchung,

$$K = K_0, \tag{7.7.4}$$

wird die Varianz σ_x^2 des Mittelwerts x möglichst klein,

$$\sigma_x^2 = \mathrm{Min},$$

wenn man den Gesamtaufwand $\prod\limits_\varrho n_\varrho$ in der Stufe ϱ aus den Gleichungen berechnet

$$n_1 \quad = \frac{\sigma_1}{\sqrt{c_1}} \frac{S}{V_0}$$

$$n_1 \, n_2 \quad = \frac{\sigma_2}{\sqrt{c_2}} \frac{S}{V_0}$$

$$n_1 \, n_2 \, n_3 = \frac{\sigma_3}{\sqrt{c_3}} \frac{S}{V_0}$$

$$\vdots$$

$$n_1 \quad = \frac{\sigma_1}{\sqrt{c_1}} \frac{K_0}{S},$$

$$n_1 \, n_2 \quad = \frac{\sigma_2}{\sqrt{c_2}} \frac{K_0}{S},$$

$$n_1 \, n_2 \, n_3 = \frac{\sigma_3}{\sqrt{c_3}} \frac{K_0}{S}.$$

$$\vdots \tag{7.7.5}$$

Dabei ist die Hilfsgröße

$$S = \sqrt{c_1}\,\sigma_1 + \sqrt{c_2}\,\sigma_2 + \sqrt{c_3}\,\sigma_3 + \cdots. \tag{7.7.6}$$

Die geringsten für V_0 erforderlichen Kosten sind

$$K_{\min} = \frac{S^2}{V_0}$$

Die kleinste mit K_0 erreichbare Varianz für x ist

$$(\sigma_x^2)_{\min} = \frac{S^2}{K_0}. \tag{7.7.7}$$

Die Lösung für die n_ϱ bleibt ungeändert, wenn man σ_ϱ durch $\alpha\,\sigma_\varrho$ (mit $\alpha = \mathrm{konst}$) und c_ϱ durch $\beta^2\,c_\varrho$ (mit $\beta^2 = \mathrm{konst}$) ersetzt. Bemerkenswert ist, daß $n_2, n_3, \dots$ von V_0 bzw. K_0 ganz unabhängig sind und allein durch die Verhältnisse der σ- und c-Werte bestimmt werden

$$n_2 = \sqrt{\frac{c_1}{c_2}}\left(\frac{\sigma_2}{\sigma_1}\right), \tag{7.7.8}$$

$$n_3 = \sqrt{\frac{c_2}{c_3}}\left(\frac{\sigma_3}{\sigma_2}\right),$$

$$\vdots$$

Die Formeln für das Modell mit nur zwei Stufen sind auch bei der einfachen Zerlegung mit einer Einflußgröße (vgl. Abschn. 7.1) verwendbar. Dann hat man in den vorausgehenden Gleichungen $n_1 \equiv p$; $n_2 \equiv n$; $\sigma_1^2 \equiv \sigma_\xi^2$ und $\sigma_2^2 \equiv \sigma_\varepsilon^2$ zu setzen.

8 Korrelation

Korrelationsrechnung sollte nur dann durchgeführt werden, wenn die betrachteten Veränderlichen *Zufallsgrößen* sind. Kann eine der untersuchten Größen aus physikalischen oder technischen Gründen als von den übrigen abhängig angesehen werden, so sollte die Korrelationsrechnung durch eine Regressionsbetrachtung ergänzt werden.

8.1 Zweidimensionale Normalverteilung

a) Berechnung von *r* aus *n* Wertepaaren

Es liege eine Stichprobe (x_1, y_1), (x_2, y_2), ..., (x_n, y_n) aus einer zweidimensionalen Normalverteilung [vgl. Abschn. 4.5a)] mit unbekannter Korrelationszahl (Korrelationskoeffizient) ϱ vor.

Man berechnet die Mittelwerte $\bar{x}$ und $\bar{y}$ nach (5.1.12) oder (5.1.13); ferner die Hilfsgrößen

$$s_{xx} = (n-1)\,s_x^2 = \sum_{i=1}^n (x_i - \bar{x})^2\,; \qquad s_{yy} = (n-1)\,s_y^2 = \sum_{i=1}^n (y_i - \bar{y})^2$$

nach (5.1.22) und

$$s_{xy} = \sum_{i=1}^n (x_i - \bar{x})\,(y_i - \bar{y}) = \sum_{i=1}^n x_i\,y_i - \frac{1}{n}\left(\sum_{i=1}^n x_i\right)\left(\sum_{i=1}^n y_i\right)$$

$$= \sum_{i=1}^n (x_i - a)\,(y_i - b) - \frac{1}{n}\sum_{i=1}^n (x_i - a)\sum_{i=1}^n (y_i - b)$$

$$= \sum_{i=1}^n (x_i - a)\,(y_i - b) - n\,(\bar{x} - a)\,(\bar{y} - b), \qquad (8.1.1)$$

wobei a und b beliebige Bezugswerte (meist *glatte* Werte in der Nähe der Mittelwerte $\bar{x}$ und $\bar{y}$) sind.

Dann ist
$$r = \frac{s_{xy}}{\sqrt{s_{xx}\,s_{yy}}} \qquad (8.1.2)$$

ein (Maximum-Likelihood-)Schätzwert für den unbekannten Parameter ϱ. Die Korrelationszahlen ϱ und r ändern sich bei linearen Transformationen der x- und y-Werte nicht.

b) Berechnung von *r* bei gleichabständiger Klasseneinteilung

Werden die Stichprobenwerte in $k\,l$ Zellen mit den Mittelpunkten (x_i, y_j) $[i = 1, 2, \ldots, k;\ j = 1, 2, \ldots, l]$ zusammengefaßt, so läßt sich die Stichprobenverteilung in der Korrelationstabelle (8.1.3) darstellen.

Kl. Nr.		1	...	i	...	k	
Kl. Nr.	y ╲ x	x_1	...	x_i	...	x_k	
1	y_1	n_{11}	...	n_{i1}	...	n_{k1}	$n_{\cdot 1}$
2	y_2	n_{12}	...	n_{i2}	...	n_{k2}	$n_{\cdot 2}$
⋮	⋮	⋮	⋮	⋮	⋮	⋮	⋮
j	y_j	n_{1j}	...	n_{ij}	...	n_{kj}	$n_{\cdot j}$
⋮	⋮	⋮	⋮	⋮	⋮	⋮	⋮
l	y_l	n_{1l}	...	n_{il}	...	n_{kl}	$n_{\cdot l}$
		$n_{1\cdot}$	...	$n_{i\cdot}$	...	$n_{k\cdot}$	n

$$(8.1.3)$$

Hierin bezeichnet n_{ij} die Besetzungszahl der Zelle $(i;j)$.

Es ist
$$n_{i\cdot} = \sum_j n_{ij}, \qquad n_{\cdot j} = \sum_i n_{ij} . \tag{8.1.4}$$

Sind die Klassenbreiten c_x und c_y beide konstant und setzt man

$$v_i = \frac{x_i - a}{c_x}, \qquad w_j = \frac{y_j - b}{c_y}, \tag{8.1.5}$$

so ist die Korrelationszahl der Stichprobe durch

$$r = \frac{n \sum\limits_{i=1}^{k} \sum\limits_{j=1}^{l} n_{ij}\, v_i\, w_j - \left(\sum\limits_{i=1}^{k} n_{i\cdot}\, v_i \right) \left(\sum\limits_{j=1}^{l} n_{\cdot j}\, w_j \right)}{\sqrt{\left[n \sum\limits_{i=1}^{k} n_{i\cdot}\, v_i^2 - \left(\sum\limits_{i=1}^{k} n_{i\cdot}\, v_i \right)^2 \right] \left[n \sum\limits_{j=1}^{l} n_{\cdot j}\, w_j^2 - \left(\sum\limits_{j=1}^{l} n_{\cdot j}\, w_j \right)^2 \right]}} \tag{8.1.6}$$

gegeben.

$(a;b)$ bezeichnet eine Zellenmitte; v_i und w_j sind ganze Zahlen. Zweckmäßig wählt man für (a, b) entweder die Mitte der Zelle mit der größten Besetzungszahl oder die kleinsten Klassenmitten für x und y.

Das Quadrat $r^2 \equiv \hat{B}$ der Korrelationszahl r ist ein Schätzwert für das Bestimmtheitsmaß B. Das *Bestimmtheitsmaß* $B = \varrho^2$ gibt wegen (4.5.8)
$$V\{y\,|\,x\} = (1 - B)\, \sigma_y^2$$

den relativen Anteil der Varianz σ_y^2, um den die Varianz $V\{y\,|\,x\}$ der y-Werte in der bedingten Verteilung kleiner ist als in der Randverteilung, wenn Korrelation zwischen x und y besteht.

c) Testverfahren und Vertrauensbereiche

Ist in der zugrunde liegenden Normalverteilung die Korrelationszahl $\varrho = 0$, so genügt die Größe

$$t = \frac{r}{\sqrt{1 - r^2}} \sqrt{n - 2} \tag{8.1.7}$$

der t-Verteilung mit $f = n - 2$ Freiheitsgraden; vgl. Abschn. 3.3.

Bei einer beliebigen Korrelationszahl ϱ mit $|\varrho| < 1$ ist für $n \gtrless 25$ die Größe

$$z = \frac{1}{2} \ln \frac{1+r}{1-r} \tag{8.1.8}$$

(angenähert) normal verteilt mit dem Mittelwert

$$\zeta = \frac{1}{2} \ln \frac{1+\varrho}{1-\varrho} + \frac{\varrho}{2(n-1)} \tag{8.1.9}$$

und der Varianz

$$\sigma_z^2 = \frac{1}{n-3} \, . \tag{8.1.10}$$

Zur Umrechnung von r in z [oder von ϱ in ζ, wenn in (8.1.9) das zweite Glied vernachlässigbar ist] und umgekehrt s. Tab. C 16.

Ist $n \leq 25$, so ist die Verteilung von r dem folgenden *Tafelwerk* zu entnehmen:

F. N. DAVID. Tables of the Correlation Coefficient. Cambridge: University Press, 1938.

Test der Hypothese $\varrho = 0$ (Test der Hypothese, daß keine Korrelation vorhanden ist)

Gegenhypothese	Die Hypothese $\varrho = 0$ wird verworfen für	
	Prüfgröße	Schwellenwert
$\varrho > 0$ (einseitig)	$\dfrac{r}{\sqrt{1-r^2}} \sqrt{n-2} \quad >$	$t_{1-\alpha;\,f}$ mit $f = n-2$
$\varrho < 0$ (einseitig)	$\dfrac{r}{\sqrt{1-r^2}} \sqrt{n-2} \quad <$	$-t_{1-\alpha;\,f}$ mit $f = n-2$
$\varrho \neq 0$ (zweiseitig)	$\dfrac{|r|}{\sqrt{1-r^2}} \sqrt{n-2} \quad >$	$t_{1-(\alpha/2);\,f}$ mit $f = n-2$

$$\tag{8.1.11}$$

Zahlenwerte für $t_{1-\alpha;\,f}$ s. Tab. C 4 oder Nomogramm D 1.
Zahlenwerte für $t_{1-(\alpha/2);\,f}$ s. Tab. C 5.
Diesem Test ist der folgende gleichwertig:

Gegenhypothese	Die Hypothese $\varrho = 0$ wird verworfen für	
	Prüfgröße	Schwellenwert
$\varrho > 0$ (einseitig)	$r \quad >$	$r_{1-\alpha;\,n}$
$\varrho < 0$ (einseitig)	$r \quad <$	$-r_{1-\alpha;\,n}$
$\varrho \neq 0$ (zweiseitig)	$|r| \quad >$	$r_{1-(\alpha/2);\,n}$

$$\tag{8.1.12}$$

Zahlenwerte für $r_{1-\alpha;\,n}$ s. Nomogramm D 17.

Test der Hypothese $\varrho = \varrho_0$ (Verträglichkeit von r mit einem vorgegebenen Wert ϱ_0)

Gegenhypothese	Die Hypothese $\varrho = \varrho_0$ wird verworfen für	
	Prüfgröße	Schwellenwert
$\varrho > \varrho_0$ (einseitig)	$[z(r) - \zeta(\varrho_0)]\sqrt{n-3}$ $>$	$u_{1-\alpha};$ $\quad n \gtrsim 25$
$\varrho < \varrho_0$ (einseitig)	$[z(r) - \zeta(\varrho_0)]\sqrt{n-3}$ $<$	$-u_{1-\alpha};$ $\quad n \gtrsim 25$
$\varrho \neq \varrho_0$ (zweiseitig)	$\lvert z(r) - \zeta(\varrho_0)\rvert\sqrt{n-3}$ $>$	$u_{1-(\alpha/2)};$ $\quad n \gtrsim 25$

$$(8.1.13)$$

Zahlenwerte für $u_{1-\alpha}$ und $u_{1-(\alpha/2)}$ s. Tab. C 2 und C 3.

Für den zweiseitigen Test lassen sich die Schwellenwerte für kleinere n zu den Irrtumswahrscheinlichkeiten $\alpha = 5\%$ und $\alpha = 1\%$ ohne Rechenaufwand angenähert aus den Nomogrammen D 15 und D 16 bestimmen.

Test der Hypothese $\varrho_1 = \varrho_2$ (Vergleich zweier Korrelationszahlen)

Eine Stichprobe vom Umfang n_1 aus einer zweidimensionalen Normalverteilung besitze die Korrelationszahl r_1, eine Stichprobe vom Umfang n_2 aus einer weiteren Normalverteilung die Korrelationszahl r_2. Es ist zu prüfen, ob die Korrelationszahlen ϱ_1 und ϱ_2 der beiden Gesamtheiten übereinstimmen.

Gegenhypothese	Die Hypothese $\varrho_1 = \varrho_2$ wird verworfen für	
	Prüfgröße	Schwellenwert
$\varrho_1 > \varrho_2$ (einseitig)	$\dfrac{z(r_1) - z(r_2)}{\sqrt{1/(n_1-3)+1/(n_2-3)}}$ $>$	$u_{1-\alpha};$ $\quad (n_1; n_2) \gtrsim 25$
$\varrho_1 < \varrho_2$ (einseitig)	$\dfrac{z(r_1) - z(r_2)}{\sqrt{1/(n_1-3)+1/(n_2-3)}}$ $<$	$-u_{1-\alpha};$ $\quad (n_1; n_2) \gtrsim 25$
$\varrho_1 \neq \varrho_2$ (zweiseitig)	$\dfrac{\lvert z(r_1) - z(r_2)\rvert}{\sqrt{1/(n_1-3)+1/(n_2-3)}}$ $>$	$u_{1-(\alpha/2)};$ $\quad (n_1; n_2) \gtrsim 25$

$$(8.1.14)$$

Für $(n_1; n_2) \lesssim 50$ sollte bei diesem Test $n_1 \approx n_2$ sein.

Zahlenwerte für $u_{1-\alpha}$ und $u_{1-(\alpha/2)}$ s. Tab. C 2 und C 3.

Vertrauensbereich für ϱ

In (8.1.9) ist für genügend große n das zweite Glied vernachlässigbar. Dann enthält der Bereich

$$\tanh \zeta_U = \varrho_U \leqq \varrho \leqq \varrho_O = \tanh \zeta_O \qquad (8.1.15)$$

mit der Sicherheit $S = 1 - \alpha$ die Korrelationszahl ϱ der Gesamtheit. Zahlenmäßig findet man ϱ_U und ϱ_O, indem man

$$\zeta_U = z(r) - \frac{u_{1-(\alpha/2)}}{\sqrt{n-3}} \quad \text{und} \quad \zeta_O = z(r) + \frac{u_{1-(\alpha/2)}}{\sqrt{n-3}} \qquad (8.1.16)$$

mit Tab. C 16 transformiert.

Zahlenwerte für $u_{1-(\alpha/2)}$ s. Tab. C 3.

Den Nomogrammen D 15 und D 16 sind die Vertrauensbereiche für ϱ zu den statistischen Sicherheiten 95 % und 99 % auch für kleinere n angenähert zu entnehmen.

8.2 Mehrdimensionale Normalverteilung

a) Partielle Korrelation

Korrelationszahl ϱ der Gesamtheit

Es sei $(X_1, X_2, \ldots, X_q, X_{q+1}, \ldots, X_p)$ die Zufallsgröße einer p-dimensionalen Normalverteilung mit dem Mittelwert $(\mu_1, \mu_2, \ldots, \mu_p)$ und den Varianzen der Randverteilungen $V\{X_i\} = \sigma_i^2$. Um bei der Untersuchung der Abhängigkeit zweier Größen X_i und $X_j (i, j \leqq q)$ den Einfluß der Größen $X_{q+1}, \ldots, X_p$ auszuschließen, ist die Korrelation zwischen X_i und X_j in der bedingten Verteilung $(X_1, X_2, \ldots, X_q \mid X_{q+1} = x_{q+1}, \ldots, X_p = x_p)$ der ersten q Größen für gegebene Werte $x_{q+1}, \ldots, x_p$ der übrigen Größen zu bestimmen. Die Korrelationszahl in der bedingten Verteilung ist von den speziellen Werten $x_{q+1}, \ldots, x_p$ unabhängig. Sie wird mit $\varrho_{ij \cdot q+1, \ldots, p}$ bezeichnet und zur Unterscheidung von der gewöhnlichen Korrelationszahl ϱ_{ij} der zweidimensionalen Normalverteilung die *partielle Korrelationszahl* zwischen X_i und X_j bei festgehaltener Zufallsgröße $(X_{q+1}, \ldots, X_p)$ genannt. Stets ist $|\varrho_{ij \cdot q+1, \ldots, p}| \leqq 1$. Zu ihrer Berechnung dient die Rekursionsformel

$$\varrho_{ij \cdot q+1, \ldots, p} = \frac{\varrho_{ij \cdot q+2, \ldots, p} - \varrho_{i, q+1 \cdot q+2, \ldots, p}\, \varrho_{j, q+1 \cdot q+2, \ldots, p}}{\sqrt{1 - \varrho_{i, q+1 \cdot q+2, \ldots, p}^2}\, \sqrt{1 - \varrho_{j, q+1 \cdot q+2, \ldots, p}^2}} \qquad (8.2.1)$$

Insbesondere ist $\varrho_{ij \cdot p}$ durch die gewöhnlichen Korrelationszahlen zwischen den drei Größen X_i, X_j und X_p auszudrücken,

$$\varrho_{ij \cdot p} = \frac{\varrho_{ij} - \varrho_{ip}\, \varrho_{jp}}{\sqrt{1 - \varrho_{ip}^2}\, \sqrt{1 - \varrho_{jp}^2}} \, . \qquad (8.2.2)$$

Durch (8.2.1) wird die Berechnung der partiellen Korrelationszahlen auf die gewöhnlicher Korrelationszahlen zurückgeführt. Aus der Zurückführung geht hervor, daß verschwindende (gewöhnliche) Korrelation zwischen X_i und X_j sowie X_i (oder/und X_j) und sämtlichen Größen $X_{q+1}, \ldots, X_p$ ebenfalls $\varrho_{ij \cdot q+1, \ldots, p} = 0$ zur Folge hat.

Korrelationszahl r der Probe

Es sei $\qquad\qquad (x_{1\nu}, x_{2\nu}, \ldots, x_{p\nu}); \qquad\qquad \nu = 1, 2, \ldots, n$

eine Stichprobe vom Umfang n aus einer p-dimensionalen Normalverteilung. Dann ist der durch die Stichprobe bestimmte (Maximum-Likelihood-) Schätzwert $r_{ij \cdot q+1, \ldots, p}$ für die partielle Korrelationszahl $\varrho_{ij \cdot q+1, \ldots, p}$ zu berechnen aus

$$ r_{ij \cdot q+1, \ldots, p} = \frac{r_{ij \cdot q+2, \ldots, p} - r_{i, q+1 \cdot q+2, \ldots, p}\, r_{j, q+1 \cdot q+2, \ldots, p}}{\sqrt{1 - r^2_{i, q+1 \cdot q+2, \ldots, p}}\,\sqrt{1 - r^2_{j, q+1 \cdot q+2, \ldots, p}}} , \qquad (8.2.3) $$

d. h., man ersetzt in (8.2.1) alle $\varrho_{\alpha\beta \cdot q+\gamma \ldots, p}$ durch ihre Schätzwerte $r_{\alpha\beta \cdot q+\gamma, \ldots, p}$.

Verteilung von $r_{ij \cdot q+1, \ldots, p}$

Falls in der zugrunde liegenden Verteilung $\varrho_{ij \cdot q+1, \ldots, p}$ verschwindet, ist die Größe

$$ t = \frac{r_{ij \cdot q+1, \ldots, p}}{\sqrt{1 - r^2_{ij \cdot q+1, \ldots, p}}}\, \sqrt{n - (p - q) - 2} \qquad (8.2.4) $$

mit $f = [n - (p - q) - 2]$ Freiheitsgraden t-verteilt.

Für eine beliebige partielle Korrelationszahl $\varrho_{ij \cdot q+1, \ldots, p}$ der Gesamtheit mit $|\varrho_{ij \cdot q+1, \ldots, p}| < 1$ ist für $[n - (p - q)] \gtrless 25$ die Größe

$$ z = \frac{1}{2} \ln \frac{1 + r_{ij \cdot q+1, \ldots, p}}{1 - r_{ij \cdot q+1, \ldots, p}} \qquad (8.2.5) $$

(angenähert) normal verteilt mit dem Mittelwert

$$ \zeta = \frac{1}{2} \ln \frac{1 + \varrho_{ij \cdot q+1, \ldots, p}}{1 - \varrho_{ij \cdot q+1, \ldots, p}} + \frac{\varrho_{ij \cdot q+1, \ldots, p}}{2[n - (p - q) - 1]} \qquad (8.2.6) $$

und der Varianz

$$ \sigma^2_z = \frac{1}{n - (p - q) - 3} . \qquad (8.2.7) $$

Zur Umrechnung von $r_{ij \cdot} \ldots$ in z und von $\varrho_{ij \cdot} \ldots$ in ζ [wobei das zweite Glied in (8.2.6) vernachlässigt wird] s. Tab. C 16.

Test der Hypothese $\varrho_{ij \cdot q+1, \ldots, p} = 0$ (keine Korrelation zwischen X_i und X_j)

Gegenhypothesen, Prüfgrößen und Schwellenwerte ergeben sich, wenn in (8.1.11) bzw. (8.1.12) ϱ durch $\varrho_{ij \cdot q+1, \ldots, p}$, r durch $r_{ij \cdot q+1, \ldots, p}$ und n durch $n - (p - q)$ ersetzt wird.

Test der Hypothese $\varrho_{ij \cdot q+1, \ldots, p} = \varrho_0$ (Verträglichkeit von $r_{ij \cdot q+1, \ldots, p}$ mit einem vorgegebenen Wert ϱ_0)

Gegenhypothesen, Prüfgrößen und Schwellenwerte ergeben sich, wenn in (8.1.13) ϱ durch $\varrho_{ij \cdot q+1, \ldots, p}$, r durch $r_{ij \cdot q+1, \ldots, p}$ und n durch $n - (p - q)$ ersetzt wird.

Für den zweiseitigen Test lassen sich die Schwellenwerte auch für kleinere Werte $[n - (p - q)]$ zu den Irrtumswahrscheinlichkeiten $\alpha = 5\%$ und $\alpha = 1\%$ ohne Rechenaufwand angenähert aus den Nomogrammen D 15 und D 16 bestimmen, wenn dort ϱ durch $\varrho_{ij \cdot q+1, \ldots, p}$, r durch $r_{ij \cdot q+1, \ldots, p}$ und n durch $n - (p - q)$ ersetzt wird.

Test der Hypothese $\varrho_{ij \cdot q_1+1, \ldots, p_1}^{(1)} = \varrho_{ij \cdot q_2+1, \ldots, p_2}^{(2)}$ (Vergleich zweier partieller Korrelationszahlen)

Eine Stichprobe vom Umfang n_1 aus einer p_1-dimensionalen Normalverteilung besitze die partielle Korrelationszahl $r_{ij \cdot q_1+1, \ldots, p_1}^{(1)}$ [Ausschluß von $(p_1 - q_1)$ Größen], eine Stichprobe vom Umfang n_2 aus einer weiteren p_2-dimensionalen Verteilung die Korrelationszahl $r_{ij \cdot q_2+1, \ldots, p_2}^{(2)}$ [Ausschluß von $(p_2 - q_2)$ Größen]. Es ist zu prüfen, ob die partiellen Korrelationszahlen $\varrho_{ij \cdot q_1+1, \ldots, p_1}^{(1)}$ und $\varrho_{ij \cdot q_2+1, \ldots, p_2}^{(2)}$ der beiden Gesamtheiten übereinstimmen.

Gegenhypothesen, Prüfgrößen und Schwellenwerte ergeben sich, wenn in (8.1.14) ϱ_1 durch $\varrho^{(1)}$, ϱ_2 durch $\varrho^{(2)}$, r_1 durch $r^{(1)}$, r_2 durch $r^{(2)}$, n_1 durch $n_1 - (p_1 - q_1)$ und n_2 durch $n_2 - (p_2 - q_2)$ ersetzt wird.

Vertrauensbereich für $\varrho_{ij \cdot q+1, \ldots, p}$

In (8.2.6) ist für genügend große Werte $[n - (p - q)]$ das zweite Glied vernachlässigbar. Dann enthält der Bereich

$$\tanh \zeta_U = \varrho_U \leqq \varrho_{ij \cdot q+1, \ldots, p} \leqq \varrho_O = \tanh \zeta_O \qquad (8.2.8)$$

mit der Sicherheit $S = 1 - \alpha$ die partielle Korrelationszahl $\varrho_{ij \cdot q+1, \ldots, p}$ der Gesamtheit.

Zahlenmäßig findet man ϱ_U und ϱ_O, indem man

$$\zeta_U = z(r_{ij \cdot q+1, \ldots, p}) - \frac{u_{1-(\alpha/2)}}{\sqrt{n - (p - q) - 3}}$$

und $\qquad\qquad\qquad\qquad\qquad\qquad\qquad\qquad\qquad\qquad\qquad\qquad\qquad (8.2.9)$

$$\zeta_O = z(r_{ij \cdot q+1, \ldots, p}) + \frac{u_{1-(\alpha/2)}}{\sqrt{n - (p - q) - 3}}$$

mit Tab. C 16 transformiert.

Zahlenwerte für $u_{1-(\alpha/2)}$ s. Tab. C 3.

Den Nomogrammen D 15 und D 16 sind die Vertrauensbereiche zu den statistischen Sicherheiten 95% und 99% auch für kleinere Werte $[n - (p - q)]$ angenähert zu entnehmen. Hierbei ist ϱ durch $\varrho_{ij \cdot q+1, \ldots, p}$, r durch $r_{ij \cdot q+1, \ldots, p}$ und n durch $n - (p - q)$ zu ersetzen.

b) Multiple Korrelation

Multiple Korrelation der Gesamtheit

Es sei $(X_1, X_2, \ldots, X_q, X_{q+1}, \ldots, X_p)$ die Zufallsgröße einer p-dimensionalen Normalverteilung. Zur Untersuchung der Abhängigkeit zwischen einer Größe $X_i (1 \leq i \leq q)$ und der Zufallsgröße $(X_{q+1}, \ldots, X_p)$ ist die maximale Korrelation zwischen X_i und sämtlichen Linearkombinationen $\alpha_0 + \sum\limits_{j=q+1}^{p} \alpha_j X_j$ zu bestimmen. Die zugehörige Korrelationszahl $R_{i \cdot q+1, \ldots, p}$ heißt *multiple Korrelationszahl* zwischen X_i und $(X_{q+1}, \ldots, X_p)$. Es ist stets $0 \leq R_{i \cdot q+1, \ldots, p} \leq 1$. Es bedeutet $R_{i \cdot q+1, \ldots, p} = 0$, daß die Größen X_i und $X_j (j = q+1, \ldots, p)$ voneinander unabhängig sind, und $R_{i \cdot q+1, \ldots, p} = 1$, daß X_i als lineare Funktion der X_j, $(j = q+1, \ldots, p)$, darstellbar ist. Die multiple Korrelationszahl wird mit Hilfe der Formel

$$R_{i \cdot q+1, \ldots, p} = \sqrt{1 - \frac{\sigma_{i \cdot q+1, \ldots, p}^2}{\sigma_i^2}} \qquad (8.2.10)$$

berechnet. Hierin bezeichnet σ_i^2 die Varianz der Größe X_i und $\sigma_{i \cdot q+1, \ldots, p}^2$ die Varianz von X_i in der bedingten Verteilung $(X_1, X_2, \ldots, X_q \mid X_{q+1} = x_{q+1}, \ldots, X_p = x_p)$, also

$$\sigma_i^2 = V\{X_i\}, \qquad \sigma_{i \cdot q+1, \ldots, p}^2 = V\{X_i \mid X_{q+1} = x_{q+1}, \ldots, X_p = x_p\}.$$

$$(8.2.11)$$

Es ist $\sigma_{i \cdot q+1, \ldots, p}^2$ von den speziellen Werten $x_{q+1}, \ldots, x_p$ unabhängig. Das Quadrat $R_{i \cdot q+1, \ldots, p}^2 = B$ der multiplen Korrelationszahl heißt *Bestimmtheitsmaß* zwischen X_i und $X_{q+1}, \ldots, X_p$.

B gibt wegen

$$\sigma_{i \cdot q+1, \ldots, p}^2 = (1 - B)\, \sigma_i^2 \qquad (8.2.12)$$

den relativen Anteil (an der Varianz σ_i^2), um den die Varianz von X_i in der bedingten Verteilung kleiner ist als in der Randverteilung, wenn Korrelation zwischen X_i und $X_{q+1}, \ldots, X_p$ besteht.

Die Beziehung

$$\frac{\sigma_{i \cdot q+1, \ldots, p}^2}{\sigma_i^2} = \prod_{j=q+1}^{p} (1 - \varrho_{ij \cdot j+1, \ldots, p}^2) \qquad (8.2.13)$$

führt in Verbindung mit (8.2.10) und (8.2.1) die Berechnung der multiplen Korrelationszahl auf die Berechnung gewöhnlicher Korrelationszahlen zurück.

Eine weitere Möglichkeit zur Berechnung von $R_{i \cdot q+1, \ldots, p}$ ergibt sich auf folgende Weise. Man bildet den Mittelwert von X_i in der bedingten Verteilung $(X_1, \ldots, X_q \mid X_{q+1} = x_{q+1}, \ldots, X_p = x_p)$. Dieser

Mittelwert ist in x_{q+1} bis x_p linear und hat die Form

$$M\{X_i \mid X_{q+1} = x_{q+1}, \ldots, X_p = x_p\} = \beta_0 + \sum_{j=q+1}^{p} \beta_j x_j = Z_i \quad (8.2.14)$$

(Regressionsfunktion). Faßt man Z_i, d. h. die rechte Seite von (8.2.14) als Zufallsgröße auf, dann ist $M\{Z_i\} = \beta_0 + \sum_{j=q+1}^{p} \beta_j \mu_j$. Bildet man die Korrelationszahl zwischen Z_i und X_i nach (4.3.6), so findet man die gesuchte multiple Korrelationszahl $R_{i \cdot q+1, \ldots, p}$.

Multiple Korrelation einer Probe

Es sei

$$(x_{1\nu}, x_{2\nu}, \ldots, x_{p\nu}); \qquad \nu = 1, 2, \ldots, n$$

eine Stichprobe vom Umfang n aus einer p-dimensionalen Normalverteilung. Dann ist

$$\hat{R}_{i \cdot q+1, \ldots, p} = \sqrt{1 - \frac{\hat{\sigma}^2_{i \cdot q+1, \ldots, p}}{s_i^2}} \quad (8.2.15)$$

ein (Maximum-Likelihood-) Schätzwert für die multiple Korrelationszahl $R_{i \cdot q+1, \ldots, p}$ in der Gesamtheit. Dabei ist s_i^2 die Varianz von X_i in der Stichprobe, und $\hat{\sigma}^2_{i \cdot q+1, \ldots, p}$ ist der Schätzwert für die bedingte Varianz $\sigma^2_{i \cdot q+1, \ldots, p}$. Das Verhältnis $\hat{\sigma}^2_{i \cdot q+1, \ldots, p}/s_i^2$ läßt sich nach (8.2.13) berechnen, wenn man dort auf der rechten Seite alle Korrelationszahlen $\varrho_{ij \cdot \ldots}$ durch ihre Schätzwerte $r_{ij \cdot \ldots}$ ersetzt.

Eine weitere Möglichkeit zur Berechnung des Schätzwertes $\hat{R}_{i \cdot q+1, \ldots, p}$ bietet die Regressionsanalyse (vgl. Abschn. 9.2). Werden entsprechend den dort gemachten Angaben Schätzwerte $\hat{\beta}_j$ für die Regressionskoeffizienten der Regressionsfunktion $M\{X_i \mid X_{q+1} = x_{q+1}, \ldots, X_p = x_p\}$ berechnet, so gibt

$$\hat{\sigma}^2_{i \cdot q+1, \ldots, p} = \frac{1}{n-1} \sum_{\nu=1}^{n} \left[x_{i\nu} - \hat{\beta}_0 - \sum_{j=q+1}^{p} \hat{\beta}_j x_{j\nu} \right]^2 \quad (8.2.16)$$

den Schätzwert für die bedingte Varianz $\sigma^2_{i \cdot q+1, \ldots, p}$.

Test der Hypothese: Keine Abhängigkeit zwischen X_i und $X_{q+1}, \ldots, X_p$ oder $R_{i \cdot q+1, \ldots, p} = 0$

Gegenhypothese $R_{i \cdot q+1, \ldots, p} > 0$.

Ist in der Gesamtheit $R_{i \cdot q+1, \ldots, p} = 0$, so genügt die Prüfgröße

$$F_B = \frac{\hat{R}^2_{i \cdot q+1, \ldots, p}}{1 - \hat{R}^2_{i \cdot q+1, \ldots, p}} \frac{n-(p-q)-1}{p-q} \quad (8.2.17)$$

der F-Verteilung mit $f_1 = p - q$ und $f_2 = n - (p - q) - 1$ Freiheitsgraden.

Die Hypothese wird verworfen für

$$F_B > F_{1-\alpha}(f_1; f_2) \tag{8.2.18}$$

mit $f_1 = p - q$ und $f_2 = n - (p - q) - 1$.

Zahlenwerte für $F_{1-\alpha}(f_1; f_2)$ s. Tab. C 7 bis C 10.

8.3 Zweidimensionale nichtnormale Verteilungen

a) Prüfung der Unabhängigkeit in einer $(k \cdot l)$ Kontingenztafel bei quantitativen oder qualitativen Merkmalen

Eine Stichprobe (x_1, y_1), (x_2, y_2), $\ldots$, (x_ν, y_ν), $\ldots$, (x_n, y_n) aus einer zweidimensionalen (diskreten oder stetigen) Verteilung liege zu $k\,l$ Zellen geordnet in einer Korrelationstabelle (8.1.3) vor. Die x_i und y_j dieser Tabelle können entweder Klassenmitten eines quantitativen Merkmals oder Ausprägungen (Kategorien) eines qualitativen Merkmals sein.

Hypothese H_1: Die Merkmale X und Y sind unabhängig voneinander, d. h., das Merkmal X hat für alle Y dieselbe Verteilung;

$$W\{x' < X \leqq x'' \,|\, y' < Y \leqq y''\} = W\{x' < X \leqq x''\}.$$

Gegenhypothese H_2: Die Merkmale X und Y sind voneinander abhängig, d. h., das Merkmal X hat für unterschiedliche Y unterschiedliche Verteilungen;

$$W\{x' < X \leqq x'' \,|\, y' < Y \leqq y''\} \neq W\{x' < X \leqq x''\}$$

für bestimmte (x, y).

Der Test der Hypothese H_1 erfolgt mit Prüfgröße und Schwellenwert des χ^2-Tests (6.7.4), wobei die für die Werte $\bar{n}_{ij}$ nach (6.7.3) angegebenen Einschränkungen beachtet werden müssen.

Sonderfall $k = l = 2$:

Für $k = l = 2$ entsteht die nachstehende Vierfeldertafel.

Kl. Nr.		1	2	
Kl. Nr.	$y \diagdown x$	x_1	x_2	
1	y_1	n_{11}	n_{21}	$n_{\bullet 1}$
2	y_2	n_{12}	n_{22}	$n_{\bullet 2}$
		$n_{1\bullet}$	$n_{2\bullet}$	n

Der Test der Hypothese H_1 erfolgt mit Prüfgröße und Schwellenwert des exakten Tests von FISHER und YATES (6.6.3) für $n \leqq 20$ oder des χ^2-Tests (6.6.6) für $n > 20$. Dabei sind die Prüfgrößen statt mit den Besetzungszahlen $(x_1; y_1; n_1; x_2; y_2; n_2)$ aus (6.6.2) jetzt mit den Besetzungszahlen $(n_{11}; n_{21}; n._1; n_{12}; n_{22}; n._2)$ zu bilden.

b) Spearmansche Rangkorrelation

α) Es werden n Prüfeinheiten x_i, $i = 1, 2, \ldots, n$, nach dem Ergebnis der ersten Beurteilung geordnet, wobei ihnen die Rangzahlen l_i zugeteilt werden. Die zweite Einstufung (entweder nach einem anderen Merkmal oder durch einen anderen Beobachter) gibt die Rangzahlen k_i. Es sei $l_i \neq l_j$ und $k_i \neq k_j$ für $i \neq j$.

β) Es bezeichne (x_1, y_1), (x_2, y_2), $\ldots$, (x_n, y_n) eine Stichprobe unterschiedlicher x- und y-Werte ($x_i \neq x_j$, $y_i \neq y_j$ für $i \neq j$) aus einer zweidimensionalen Verteilung. Zu x_i sei die Rangzahl l_i gehörig, zu y_i die Rangzahl k_i (vgl. S. 35).

In beiden Fällen benutzt man die **Prüfgröße**

$$r_s = 1 - \frac{6 \sum_{i=1}^{n} (l_i - k_i)^2}{n(n^2 - 1)}. \tag{8.3.1}$$

Sie wird *Spearmansche Korrelationszahl* genannt. Es ist stets $-1 \leq r_s \leq 1$. Sind die Größen X und Y der zugrunde liegenden Gesamtheit unabhängig voneinander, so ist die SPEARMANsche Korrelationszahl r_s wie folgt verteilt:

1. Für $n \geq 20$ genügt

$$u = r_s \sqrt{n - 1} \tag{8.3.2}$$

(näherungsweise) der standardisierten Normalverteilung mit dem Mittelwert 0 und der Varianz 1.

2. Für $10 < n < 20$ ist die Größe

$$t = \frac{r_s}{\sqrt{1 - r_s^2}} \sqrt{n - 2} \tag{8.3.3}$$

mit $f = n - 2$ Freiheitsgraden annähernd t-verteilt.

3. Für $4 \leq n \leq 10$ sind in Tab. 8.3.1 aus der exakten Verteilung einige Schwellenwerte $a(n; \alpha)$ angegeben.

Tab. 8.3.1. *Schwellenwerte $a(n; \alpha)$ mit $W\{|r_s| \geq a\} \leq \alpha$ zum Test (8.3.4)*

α \ n	4	5	6	7	8	9	10
0,10	1	0,90	0,83	0,71	0,64	0,60	0,56
0,05	—	1	0,89	0,79	0,74	0,70	0,66
0,01	—	—	1	0,93	0,88	0,83	0,79

Test auf Unabhängigkeit

Hypothese H_1: Die Größen X und Y sind unabhängig voneinander,

$$W\{x' < X \leq x'' \,|\, y' < Y \leq y''\} = W\{x' < X \leq x''\}; \qquad (x, y \text{ bel.}).$$

Gegenhypothese H_2: Die Größen X und Y sind voneinander abhängig,

$$W\{x' < X \leqq x'' \,|\, y' < Y \leqq y''\} \,\neq\, W\{x' < X \leqq x''\}$$

für bestimmte (x, y).

Stichprobenumfang	Die Hypothese H_1 wird verworfen für		
	Prüfgröße		Schwellenwert
$n \geqq 20$	$|r_s|\,\sqrt{n-1}$	$>$	$u_{1-(\alpha/2)}$
$10 < n < 20$	$\dfrac{|r_s|}{\sqrt{1-r_s^2}}\,\sqrt{n-2}$	$>$	$t_{1-(\alpha/2);\,f}$ mit $f = n-2$
$4 \leqq n \leqq 10$	$|r_s|$	$\geqq$	$a(n;\alpha)$

$$(8.3.4)$$

Zahlenwerte für $u_{1-(\alpha/2)}$ und $t_{1-(\alpha/2);\,f}$ s. Tab. C 3 und C 5.
Zahlenwerte für $a(n;\alpha)$ s. Tab. 8.3.1.

Spearmansche Rangkorrelation bei Bindungen

Die Voraussetzungen $l_i \neq l_j$ und $k_i \neq k_j$ bzw. $x_i \neq x_j$ und $y_i \neq y_j$ für $i \neq j$ seien jetzt fallengelassen. Es sei beispielsweise $x_{(\nu)} = x_{(\nu+1)} = \cdots = x_{(\nu+c)}$. Diese $(c+1)$ übereinstimmenden Werte heißen eine *Bindung vom Ausmaß* $t = c+1$. Jedem der Werte wird die mittlere Rangzahl $(\nu) + (c/2)$ zugeordnet. Die Ausmaße der Bindungen in den y-Werten werden mit w bezeichnet. An Stelle von r_s wird hier die Prüfgröße

$$r_s' = 1 - \frac{6 \sum\limits_{i=1}^{n} (l_i - k_i)^2}{n(n^2-1) - (T_s + W_s)} \tag{8.3.5}$$

mit $\qquad T_s = \tfrac{1}{2} \sum\limits_{t} t(t^2-1) \quad$ und $\quad W_s = \tfrac{1}{2} \sum\limits_{w} w(w^2-1) \tag{8.3.6}$

verwendet. Sind die Größen X und Y der Gesamtheit unabhängig voneinander, so genügt für $n \geqq 20$

$$u = r_s'\,\sqrt{n-1} \tag{8.3.7}$$

(näherungsweise) der Normalverteilung mit Mittelwert 0 und Varianz 1, wenn T_s und W_s klein gegen $n(n^2-1)$ bleiben, d. h. wenn in jeder Randverteilung die Zahl der Bindungen *klein* gegen n ist und die Ausmaße der Bindungen *klein* bleiben.

c) Kendallsche Rangkorrelation

α) Es werden n Prüfeinheiten x_i, $i = 1, 2, \ldots, n$, nach dem Ergebnis der ersten Beurteilung geordnet, wobei ihnen die Rangzahlen l_i zugeteilt werden. Die zweite Einstufung (entweder nach einem anderen Merkmal oder durch einen anderen Beobachter) gibt die Rangzahlen k_i. Es sei $l_i \neq l_j$ und $k_i \neq k_j$ für $i \neq j$.

β) Es bezeichne (x_1, y_1), (x_2, y_2), $\ldots$, (x_i, y_i), $\ldots$, (x_n, y_n) eine Stichprobe unterschiedlicher x- und y-Werte $(x_i \neq x_j$, $y_i \neq y_j$ für $i \neq j)$ aus einer zweidimensionalen Verteilung. Zu x_i sei die Rangzahl l_i gehörig, zu y_i die Rangzahl k_i (vgl. S. 34 und 35).

In beiden Fällen sind durch

$$\xi_{ij} = \begin{cases} 1 & \text{für} \quad l_j - l_i > 0, \\ -1 & \text{für} \quad l_j - l_i < 0; \end{cases} \qquad j > i \qquad (8.3.8)$$

$$\eta_{ij} = \begin{cases} 1 & \text{für} \quad k_j - k_i > 0, \\ -1 & \text{für} \quad k_j - k_i < 0; \end{cases} \qquad j > i \qquad (8.3.9)$$

zwei weitere Zufallsgrößen definiert. Die hiermit gebildete Prüfgröße

$$\tau = \frac{2 \sum\limits_{\substack{i,j=1 \\ j>i}}^{n} \xi_{ij}\, \eta_{ij}}{n(n-1)} \qquad (8.3.10)$$

wird *Kendallsche Korrelationszahl* genannt. Es ist stets $-1 \leq \tau \leq 1$.

Zur Berechnung der Summe $S = \sum\limits_{\substack{i,j=1 \\ j>i}}^{n} \xi_{ij}\, \eta_{ij}$ dient das folgende einfache Verfahren: Die Rangzahlen l_i werden in aufsteigender Reihenfolge $1, 2, \ldots, n$ angeordnet und darunter werden die zugehörigen Rangzahlen $k^{(h)}$ gesetzt,

$$\begin{array}{c|l} l_i & 1, \quad 2 \quad , \ldots, n, \\ k_i & k^{(1)}, \ k^{(2)}, \ldots, k^{(n)}. \end{array}$$

Nun wird gezählt, wie viele Rangzahlen rechts von $k^{(1)}$ größer als $k^{(1)}$ sind; sodann, wie viele der rechts von $k^{(2)}$ stehenden Rangzahlen $k^{(2)}$ übersteigen, usf. Die Summe aller dieser Anzahlen sei P. Dann ist

$$S = 2P - \tfrac{1}{2} n(n-1) \qquad (8.3.11)$$

und folglich

$$\tau = \frac{4P}{n(n-1)} - 1. \qquad (8.3.12)$$

Sind die Größen X und Y der zugrunde liegenden Gesamtheit unabhängig voneinander, so ist die KENDALLsche Korrelationszahl τ wie folgt verteilt:

1. Für $n > 10$ genügt τ (näherungsweise) einer Normalverteilung mit dem Mittelwert 0 und der Varianz

$$\sigma_\tau^2 = \frac{2(2n+5)}{9n(n-1)}. \qquad (8.3.13)$$

2. Für $4 \leq n \leq 10$ sind in Tab. 8.3.2 aus der exakten Verteilung einige Schwellenwerte $a(n; \alpha)$ angegeben.

Tab. 8.3.2: *Schwellenwerte $a(n; \alpha)$ mit $W\{|\tau| \geqq a\} \leqq \alpha$ zum Test (8.3.14)*

α \\ n	4	5	6	7	8	9	10
0,10	1	0,80	0,73	0,62	0,57	0,50	0,47
0,05	—	1	0,87	0,71	0,64	0,56	0,51
0,01	—	—	1	0,91	0,79	0,72	0,64

Test auf Unabhängigkeit

Hypothese H_1: Die Größen X und Y sind unabhängig voneinander;

$$W\{x' < X \leqq x'' \,|\, y' < Y \leqq y''\} = W\{x' < X \leqq x''\}; \quad (x, y \text{ bel.}).$$

Gegenhypothese H_2: Die Größen X und Y sind voneinander abhängig;

$$W\{x' < X \leqq x'' \,|\, y' < Y \leqq y''\} \neq W\{x' < X \leqq x''\}$$

für bestimmte (x, y).

Stichprobenumfang	Die Hypothese H_1 wird verworfen für	
	Prüfgröße	Schwellenwert
$n > 10$	$|\tau|$ $>$	$\sigma_\tau \, u_{1-(\alpha/2)}$
$4 \leqq n \leqq 10$	$|\tau|$ $\geqq$	$a(n; \alpha)$

$$(8.3.14)$$

Zahlenwerte für $u_{1-(\alpha/2)}$ s. Tab. C 3.

Zahlenwerte für $a(n; \alpha)$ s. Tab. 8.3.2.

Kendallsche Rangkorrelation bei Bindungen

Die Voraussetzungen $l_i \neq l_j$ und $k_i \neq k_j$ bzw. $x_i \neq x_j$ und $y_i \neq y_j$ für $i \neq j$ seien jetzt fallengelassen. Es sei beispielsweise $x_{(\nu)} = x_{(\nu+1)} = \cdots = x_{(\nu+c)}$. Diese $(c + 1)$ übereinstimmenden Werte heißen eine *Bindung vom Ausmaß $t = c + 1$*. Jedem der Werte wird die mittlere Rangzahl $(\nu) + (c/2)$ zugeordnet. Die Ausmaße der Bindungen in den y-Werten werden mit w bezeichnet. An Stelle von (8.3.8) werden hier die Größen

$$\xi'_{ij} = \begin{cases} 1 & \text{für} \quad l_j - l_i > 0, \\ 0 & \text{für} \quad l_j - l_i = 0, \\ -1 & \text{für} \quad l_j - l_i < 0; \end{cases} \quad j > i \qquad (8.3.15)$$

und an Stelle von (8.3.9) die Größen

$$\eta'_{ij} = \begin{cases} 1 & \text{für} \quad k_j - k_i > 0, \\ 0 & \text{für} \quad k_j - k_i = 0, \\ -1 & \text{für} \quad k_j - k_i < 0; \end{cases} \quad j > i \qquad (8.3.16)$$

definiert. Die Prüfgröße

$$\tau' = \frac{2 \sum\limits_{\substack{i,j=1 \\ j>i}}^{n} \xi'_{ij} \eta'_{ij}}{\sqrt{n(n-1) - T_K} \, \sqrt{n(n-1) - W_K}} \qquad (8.3.17)$$

mit
$$T_K = \sum_t t(t-1) \quad \text{und} \quad W_K = \sum_w w(w-1) \qquad (8.3.18)$$

wird an Stelle von τ verwendet. Sind die Größen X und Y der Gesamtheit unabhängig voneinander, so genügt für $n > 10$ die Prüfgröße τ' (näherungsweise) der Normalverteilung mit dem Mittelwert 0 und — angenähert — der Varianz

$$\sigma_{\tau'}^2 \approx \sigma_\tau^2 = \frac{2(2n+5)}{9n(n-1)}, \qquad (8.3.19)$$

wenn in jeder Randverteilung die Zahl der Bindungen *klein* gegen n ist und die Ausmaße aller Bindungen *klein* bleiben.

8.4 Mehrdimensionale nichtnormale Verteilungen

α) Es werden n Prüfeinheiten x_ν ($\nu = 1, 2, \ldots, n$) insgesamt p mal (entweder nach p Merkmalen oder durch p Beobachter) beurteilt, wobei ihnen die Rangzahlen $k_{i\nu}$ ($i = 1, 2, \ldots, p; \nu = 1, 2, \ldots, n$) zugeteilt werden. Es sei zunächst in jeder Spalte $k_{i\nu} \neq k_{i\mu}$ für $\nu \neq \mu$. Die Summe aller Rangzahlen für die Prüfeinheit x_ν ist $k_{\cdot\nu} = \sum\limits_{i=1}^{p} k_{i\nu}$.

Prüfeinheit	Beurteilung						$\sum\limits_{i=1}^{p} k_{i\nu}$	(**) d'_ν
	1	...	i	...	p			
x_1	k_{11}	...	k_{i1}	...	k_{p1}		$k_{\cdot 1}$	d_1^2
$\vdots$	$\vdots$		$\vdots$		$\vdots$		$\vdots$	$\vdots$
x_ν	$k_{1\nu}$	...	$k_{i\nu}$	...	$k_{p\nu}$		$k_{\cdot\nu}$	d_ν^2
$\vdots$	$\vdots$		$\vdots$		$\vdots$		$\vdots$	$\vdots$
x_n	k_{1n}	...	k_{in}	...	k_{pn}		$k_{\cdot n}$	d_n^2
Ausmaß der Bindungen (soweit vorhanden)	$t_{1(\nu')}$ $t_{1(\nu'')}$ $\vdots$	(*) ...	$t_{i(\nu')}$ $t_{i(\nu'')}$ $\vdots$	(*) ...	$t_{p(\nu')}$ $t_{p(\nu'')}$ $\vdots$	(*)		$S = \sum\limits_{\nu=1}^{n} d_\nu^2$
	T_1	...	T_i	...	T_p		$\sum\limits_i T_i = T$	

(*) Spalten für die Werte $(t-1)\,t(t+1) = t(t^2-1)$ aus (8.4.5).
(**) Es ist $d_\nu = k_{\cdot\nu} - \frac{1}{2}p(n+1)$.

β) Es sei $(x_{1\nu}, x_{2\nu}, \ldots, x_{p\nu})$; $\nu = 1, 2, \ldots, n$ eine Stichprobe unterschiedlicher Werte ($x_{i\nu} \neq x_{i\mu}$ für $\nu \neq \mu$) aus einer p-dimensionalen Verteilung $(X_1, X_2, \ldots, X_p)$. Zu $x_{i\nu}$ sei die Rangzahl $k_{i\nu}$ (vgl. S. 34 und 35) gehörig.

Die aus den Rangzahlen gebildete Stichprobengröße

$$W = \frac{12 \sum\limits_{\nu=1}^{n} \left[\sum\limits_{i=1}^{p} k_{i\nu} - \frac{1}{2} p(n+1) \right]^2}{p^2 n(n^2-1)} = \frac{12 S}{p^2 (n-1) n(n+1)} \tag{8.4.1}$$

heißt *Kendallsche Übereinstimmungszahl*. Es ist stets $0 \leqq W \leqq 1$. Sind die Größen $X_1, X_2, \ldots, X_p$ der zugrunde liegenden Gesamtheit unabhängig voneinander, so ist die KENDALLsche Übereinstimmungszahl W wie folgt verteilt:

1. Für $p \geqq 3$ und $n > 7$ genügt die Größe

$$\chi^2 = p(n-1)\,W = \frac{12 S}{p\, n(n+1)} \tag{8.4.2}$$

(näherungsweise) der χ^2-Verteilung mit $f = n - 1$ Freiheitsgraden.

2. Für $3 \leqq p \leqq 20$ und $3 \leqq n \leqq 7$ sind in Tab. 8.4.1 einige Schwellenwerte $a(p; n; \alpha)$ angegeben.

Tab. 8.4.1. *Schwellenwerte $a(p; n; \alpha)$ mit $W\{W \geqq a\} \approx \alpha$ zum Test (8.4.3)*

n \\ α	p=3	4	5	6	8	10	15	20
3 0,05					0,38	0,30	0,20	0,15
0,01					0,52	0,43	0,29	0,22
4 0,05		0,62	0,50	0,42	0,32	0,26	0,17	0,13
0,01		0,77	0,64	0,55	0,43	0,35	0,24	0,18
5 0,05	0,72	0,55	0,45	0,38	0,29	0,23	0,16	0,12
0,01	0,84	0,68	0,57	0,49	0,38	0,31	0,21	0,16
6 0,05	0,66	0,51	0,42	0,35	0,27	0,22	0,14	0,11
0,01	0,78	0,63	0,52	0,45	0,35	0,28	0,19	0,15
7 0,05	0,62	0,48	0,39	0,33	0,25	0,20	0,14	0,10
0,01	0,74	0,59	0,49	0,42	0,32	0,26	0,18	0,14

Test auf Unabhängigkeit

Hypothese H_1: Die Größen $X_1, X_2, \ldots, X_p$ sind unabhängig voneinander,

$$W\{x_1' < X_1 \leqq x_1'', \ldots, x_p' < X_p \leqq x_p''\} = \prod_{i=1}^{p} W\{x_i' < X_i \leqq x_i''\}$$

$$(x_1, x_2, \ldots, x_p \quad \text{beliebig}).$$

Gegenhypothese H_2: Die Größen $X_1, X_2, \ldots, X_p$ sind abhängig voneinander,

$$W\{x_1' < X_1 \leqq x_1'', \ldots, x_p' < X_p \leqq x_p''\} \neq \prod_{i=1}^{p} W\{x_i' < X_i \leqq x_i''\}$$

für bestimmte $x_i (i = 1, 2, \ldots, p)$.

Stichprobenumfang	Die Hypothese H_1 wird verworfen für	
	Prüfgröße	Schwellenwert
$n > 7$	$p(n-1) \; W \; > \; \chi^2_{1-\alpha;f}$ mit $f = n-1$	
$3 \leqq n \leqq 7$	$W \; \geqq \; a(p; n; \alpha)$	

$$(8.4.3)$$

Zahlenwerte für $\chi^2_{1-\alpha;f}$ s. Tab. C 6 oder Nomogramme D 2 und D 3. Zahlenwerte für $a(p; n; \alpha)$ s. Tab. 8.4.1.

Kendallsche Übereinstimmungszahl bei Bindungen

Die Voraussetzungen $k_{i\nu} \neq k_{i\mu}$ bzw. $x_{i\nu} \neq x_{i\mu}$ für $\nu \neq \mu$ seien jetzt fallengelassen. Es sei $x_{i,(\nu)} = x_{i,(\nu+1)} = \cdots = x_{i,(\nu+c)}$. Diese $(c+1)$ übereinstimmenden Werte heißen eine *Bindung vom Ausmaß* $t_{i(\nu)} = c + 1$. Jedem der Werte wird die mittlere Rangzahl $(\nu) + (c/2)$ zugeordnet. An Stelle von W wird hier die Prüfgröße

$$W' = \frac{12 \sum\limits_{\nu=1}^{n} \left[\sum\limits_{i=1}^{p} k_{i\nu} - \tfrac{1}{2} p(n+1) \right]^2}{p^2 n(n^2-1) - p \sum\limits_{i} T_i} = \frac{12 S}{p^2 (n-1) n(n+1) - p T} \qquad (8.4.4)$$

mit $\qquad T_i = \sum\limits_{(\nu)} t_{i(\nu)} (t^2_{i(\nu)} - 1) \quad \text{und} \quad T = \sum\limits_{i} T_i \qquad (8.4.5)$

verwendet. Sind die Größen $X_1, X_2, \ldots, X_p$ der Gesamtheit unabhängig voneinander, so genügt für $p \geqq 3$ und $n > 7$

$$\chi^2 = p(n-1) \; W' \qquad (8.4.6)$$

(näherungsweise) der χ^2-Verteilung mit $n-1$ Freiheitsgraden, wenn in jeder Randverteilung die Zahl der Bindungen *klein* gegen n ist und die Ausmaße der Bindungen *klein* bleiben.

9 Regression

Regressionsrechnung dient dazu, die Abhängigkeit einer Zielgröße von einer oder mehreren Einflußgrößen zu untersuchen.

9.1 Einfache Regression

a) Modelle

1. Es sei $Y = \beta_0 + \beta_1 x + \varepsilon$ eine Zielgröße, die von einer (nicht zufälligen) Veränderlichen x linear abhängt. Die Veränderliche x ist

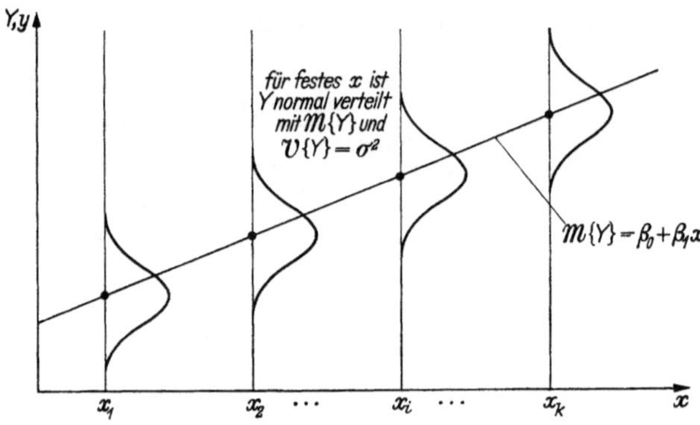

Abb. 9.1.1. Einfache Regression (Modell 1)

entweder die Einflußgröße z selbst oder eine Funktion von z, $x = f(z)$, die in manchen Fällen durch einen physikalisch oder technisch begründeten Zusammenhang gegeben ist. Der Zufallsanteil ε ist normalverteilt mit dem Mittelwert $M\{\varepsilon\} = 0$ und der Varianz $V\{\varepsilon\} = \sigma^2$.

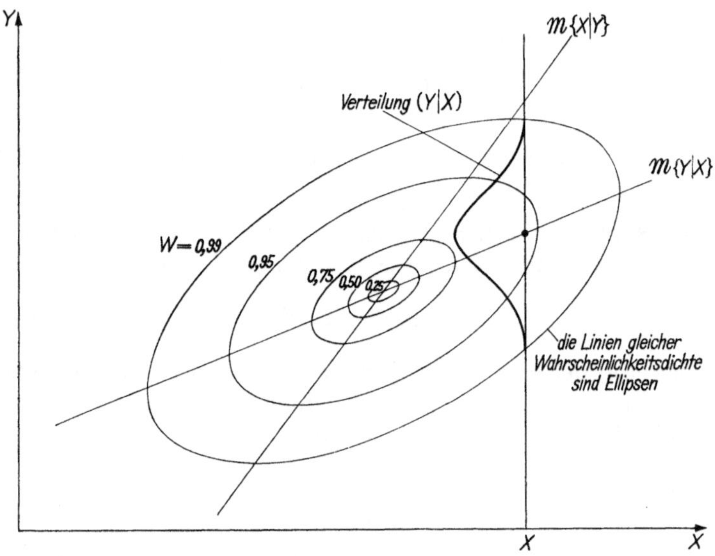

Abb. 9.1.2. Einfache Regression bei zweidimensionaler Normalverteilung (Modell 2). Innerhalb der elliptischen Bereiche liegen die Anteile W der Gesamtheit

Infolgedessen ist Y *bei festgehaltenem* x normalverteilt mit dem Mittelwert

$$M\{Y\} = \beta_0 + \beta_1 x \qquad (9.1.1)$$

und der Varianz

$$V\{Y\} = \sigma^2, \qquad (9.1.2)$$

vgl. Abb. 9.1.1.

2. Es sei Y die Zufallsgröße einer zweidimensionalen Normalverteilung $(Y; X)$. Dann gelten für den Mittelwert und die Varianz der Größe Y in der *bedingten* Verteilung $(Y \mid X)$ gleiche Beziehungen wie unter 1.; vgl. Abb. 9.1.2.

Die Beziehung (9.1.1) heißt *Regressionsfunktion (Regressionsgerade)*. Die Koeffizienten β_0 und β_1 werden als *Regressionskoeffizienten* bezeichnet.

b) Auswertung der Stichprobe

Es liege eine (einfache) Stichprobe der Größe $n = \sum\limits_{i=1}^{k} n_i$ mit $f_0(z_i) = x_i$ vor. Dabei ist $f_0(z) = x$ die gewählte Transformation der Einflußgröße, z. B. $\sqrt{z} = x$, $z^2 = x$, $\ldots$ Natürlich kann $f_0(z) = z = x$ sein.

	x_1	x_2	$\ldots$	x_i	$\ldots$	x_k	
Zahl der Beobachtungen	n_1	n_2	$\ldots$	n_i	$\ldots$	n_k	
Einzelwerte	y_{11}	y_{21}	$\ldots$	y_{i1}	$\ldots$	y_{k1}	(9.1.3)
	y_{12}	y_{22}	$\ldots$	y_{i2}	$\ldots$	y_{k2}	
	$\vdots$	$\vdots$		$\vdots$		$\vdots$	
	y_{1n_1}	y_{2n_2}	$\ldots$	y_{in_i}	$\ldots$	y_{kn_k}	
Mittelwert	$\bar{y}_1$	$\bar{y}_2$	$\ldots$	$\bar{y}_i$	$\ldots$	$\bar{y}_k$	

Es sei $k > 2$. Zum Zwecke der Auswertung werden folgende Hilfsgrößen berechnet:

$$S_x = \sum_{i=1}^{k} n_i x_i, \qquad \bar{x} = \frac{S_x}{n}, \qquad (9.1.4)$$

$$S_y = \sum_{i=1}^{k} \sum_{j=1}^{n_i} y_{ij}, \qquad \bar{y} = \frac{S_y}{n}, \qquad (9.1.5)$$

$$S_{xx} = \sum_{i=1}^{k} n_i x_i^2, \qquad S_{xy} = \sum_{i=1}^{k} \sum_{j=1}^{n_i} x_i y_{ij}, \qquad S_{yy} = \sum_{i=1}^{k} \sum_{j=1}^{n_i} y_{ij}^2, \qquad (9.1.6)$$

$$s_{xx} = S_{xx} - \frac{S_x^2}{n}; \qquad s_{xy} = S_{xy} - \frac{S_x S_y}{n}; \qquad s_{yy} = S_{yy} - \frac{S_y^2}{n}. \qquad (9.1.7)$$

Hiermit sind $\qquad\qquad b_1 = \dfrac{s_{xy}}{s_{xx}}$ $\qquad\qquad$ (9.1.8)

und $\qquad\qquad\qquad b_0 = \bar{y} - b_1\bar{x}$ $\qquad\qquad$ (9.1.9)

erwartungstreue (Maximum-Likelihood-) Schätzwerte für die Regressionskoeffizienten β_0 und β_1. Die geschätzte Regressionsgerade lautet also

$$\hat{y} = b_0 + b_1 x = \bar{y} + b_1(x - \bar{x}).$$ (9.1.10)

Diese Schätzfunktion gilt nur für x-Werte aus dem *untersuchten* Bereich.

Ferner ist

$$s^2 = \frac{1}{n-2} \sum_{i=1}^{k} \sum_{j=1}^{n_i} [y_{ij} - (b_0 + b_1 x_i)]^2$$

$$= \frac{s_{yy}}{n-2}\left(1 - \frac{s_{xy}^2}{s_{xx}\, s_{yy}}\right)$$ (9.1.11)

ein erwartungstreuer Schätzwert für die Varianz σ^2, falls die Modellvoraussetzung der linearen Abhängigkeit bei Modell 1 bzw. die der zweidimensionalen Normalverteilung bei Modell 2 erfüllt ist. Deshalb sollte dieser Schätzwert im Falle 1 nur gebildet werden, wenn die Hypothese der linearen Abhängigkeit *nicht* verworfen wird; vgl. (9.1.18).

Die Schätzwerte b_0 und b_1 sind normal verteilt mit den Mittelwerten

$$M\{b_0\} = \beta_0, \qquad M\{b_1\} = \beta_1$$ (9.1.12)

und den Varianzen

$$V\{b_0\} = \frac{S_{xx}}{s_{xx}}\,\frac{\sigma^2}{n}\,; \qquad V\{b_1\} = \frac{\sigma^2}{s_{xx}}\,.$$ (9.1.13)

Die Kovarianz zwischen den beiden Schätzwerten beträgt

$$C\{b_0; b_1\} = \frac{-\bar{x}}{s_{xx}}\,\sigma^2 = -\frac{S_x}{s_{xx}}\,\frac{\sigma^2}{n}\,.$$ (9.1.14)

Die Größe

$$\chi^2 = \frac{(n-2)\,s^2}{\sigma^2}$$ (9.1.15)

genügt der χ^2-Verteilung mit $f = n - 2$ Freiheitsgraden. Die Zufallsgröße s^2 ist unabhängig von den Größen b_0 und b_1.

c) Testverfahren

Test der Hypothese eines linearen Zusammenhanges zwischen Y und $x = f_0(z)$

Hypothese H_1: $M\{Y\} = \beta_0 + \beta_1 x$.

Die Prüfung der Hypothese H_1 ist nur möglich, falls $n > k$ ist.

Es ist

$$\sum_{i=1}^{k} \sum_{j=1}^{n_i} (y_{ij} - \bar{y}_i)^2 = Q_2 \quad \text{mit} \quad f_2 = (n - k) \ \text{Fr.gr.}$$ (9.1.16)

die Summe der quadrierten Abweichungen (S.d.q.A.) der beobachteten y_{ij} bezüglich der zugeordneten Mittelwerte $\bar{y}_i$ (vgl. 9.1.3) und

$$\sum_{i=1}^{k} n_i [\bar{y}_i - (b_0 + b_1 x_i)]^2 = Q_1 \quad \text{mit} \quad f_1 = (k-2) \quad \text{Fr.gr.} \qquad (9.1.17)$$

die S.d.q.A. der „beobachteten" Mittelwerte $\bar{y}_i$ (vgl. 9.1.3) bezüglich der Regressionsfunktion.

Gegenhypothese	Die Hypothese $M\{Y\} = \beta_0 + \beta_1 x$ wird verworfen für	
	Prüfgröße	Schwellenwert
$M\{Y\} \neq \beta_0 + \beta_1 x$	$\dfrac{Q_1/(k-2)}{Q_2/(n-k)} \quad >$	$F_{1-\alpha}(f_1; f_2)$ mit $f_1 = k-2$ $f_2 = n-k$

$$(9.1.18)$$

Zahlenwerte für $F_{1-\alpha}(f_1; f_2)$ s. Tab. C 7 bis C 10.

Wird die Hypothese H_1 *nicht verworfen*, dann liefert s^2 nach (9.1.11) den besten Schätzwert für σ^2. Wird die Hypothese H_1 verworfen, so schätzt man σ^2 durch $Q_2/(n-k)$. In diesem Falle ist — abgesehen von Fehlentscheidungen, die mit der Irrtumswahrscheinlichkeit α auftreten — der Ansatz $M\{Y\} = \beta_0 + \beta_1 x$ falsch und an seiner Stelle ein anderer Ansatz zu versuchen.

Beispielsweise kann man

1. die gewählte Merkmaltransformation $x = f_0(z)$ durch eine andere $x = f_1(z)$ ersetzen,

2. den linearen Ansatz durch zusätzliche Glieder mit x^2, x^3, ... erweitern,

3. weitere Einflußgrößen hinzunehmen.

Die Fälle 2. und 3. sind mit den Methoden der mehrfachen Regression (vgl. Abschn. 9.2) zu behandeln.

Test der Hypothese $\beta_1 = \beta_1^*$ (Verträglichkeit von b_1 mit einem vorgegebenen Wert β_1^*)

Gegenhypothese	Die Hypothese $\beta_1 = \beta_1^*$ wird verworfen für	
	Prüfgröße	Schwellenwert
$\beta_1 > \beta_1^*$ (einseitig)	$\dfrac{b_1 - \beta_1^*}{s} \sqrt{s_{xx}} \quad >$	$t_{1-\alpha; f}$ mit $f = n-2$
$\beta_1 < \beta_1^*$ (einseitig)	$\dfrac{b_1 - \beta_1^*}{s} \sqrt{s_{xx}} \quad <$	$-t_{1-\alpha; f}$ mit $f = n-2$
$\beta_1 \neq \beta_1^*$ (zweiseitig)	$\dfrac{|b_1 - \beta_1^*|}{s} \sqrt{s_{xx}} \quad >$	$t_{1-(\alpha/2); f}$ mit $f = n-2$

$$(9.1.19)$$

Zahlenwerte für $t_{1-\alpha; f}$ s. Tab. C 4 oder Nomogramm D 1.

Zahlenwerte für $t_{1-(\alpha/2); f}$ s. Tab. C 5.

Sonderfall: $\beta_1 = \beta_1^* = 0$, d. h., Y ist von x nicht abhängig.

Vergleich zweier Regressionskoeffizienten, $\beta_1^{(1)} = \beta_1^{(2)}$

Es seien $b_1^{(1)}$ und $b_1^{(2)}$ zwei Regressionskoeffizienten zu unabhängigen Stichproben vom Umfang n_1 bzw. n_2 aus Gesamtheiten mit gleicher Varianz σ^2. Die nach (9.1.11) aus den zwei Proben berechneten Schätzwerte für σ^2 sind $s_{(1)}^2$ und $s_{(2)}^2$. Es ist zu prüfen, ob die Regressionskoeffizienten $\beta_1^{(1)}$ und $\beta_1^{(2)}$ der beiden zugrunde liegenden Gesamtheiten übereinstimmen.

Gegenhypothese	Die Hypothese $\beta_1^{(1)} = \beta_1^{(2)}$ wird verworfen für	
	Prüfgröße	Schwellenwert
$\beta_1^{(2)} > \beta_1^{(1)}$ (einseitig)	$\dfrac{b_1^{(2)} - b_1^{(1)}}{\sqrt{\dfrac{(n_1 - 2)\,s_{(1)}^2 + (n_2 - 2)\,s_{(2)}^2}{n_1 + n_2 - 4}\left(\dfrac{1}{s_{xx}^{(1)}} + \dfrac{1}{s_{xx}^{(2)}}\right)}}\ >$	$t_{1-\alpha;\,f}$ mit $f = n_1 + n_2 - 4$
$\beta_1^{(2)} < \beta_1^{(1)}$ (einseitig)	$\dfrac{b_1^{(2)} - b_1^{(1)}}{\sqrt{\dfrac{(n_1 - 2)\,s_{(1)}^2 + (n_2 - 2)\,s_{(2)}^2}{n_1 + n_2 - 4}\left(\dfrac{1}{s_{xx}^{(1)}} + \dfrac{1}{s_{xx}^{(2)}}\right)}}\ <$	$-t_{1-\alpha;}$ mit $f = n_1 + n_2 - 4$
$\beta_1^{(2)} \neq \beta_1^{(1)}$ (zweiseitig)	$\dfrac{\left|b_1^{(2)} - b_1^{(1)}\right|}{\sqrt{\dfrac{(n_1 - 2)\,s_{(1)}^2 + (n_2 - 2)\,s_{(2)}^2}{n_1 + n_2 - 4}\left(\dfrac{1}{s_{xx}^{(1)}} + \dfrac{1}{s_{xx}^{(2)}}\right)}}\ >$	$t_{1-(\alpha/2);\,f}$ mit $f = n_1 + n_2 - 4$

$$(9.1.20)$$

Zahlenwerte für $t_{1-\alpha;\,f}$ s. Tab. C 4 oder Nomogramm D 1.
Zahlenwerte für $t_{1-(\alpha/2);\,f}$ s. Tab. C 5.

d) Vertrauensbereiche

Vertrauensbereich für β_0

Der Bereich

$$b_0 - t_{1-(\alpha/2);\,f}\, s\, \sqrt{\frac{S_{xx}}{n\,s_{xx}}}\ \leqq \beta_0 \leqq\ b_0 + t_{1-(\alpha/2);\,f}\, s\, \sqrt{\frac{S_{xx}}{n\,s_{xx}}} \qquad (9.1.21)$$

mit $f = n - 2$ enthält mit der Sicherheit $S = 1 - \alpha$ den Regressionskoeffizienten β_0 der Regressionsgeraden $M\{Y\} = \beta_0 + \beta_1\,x$.

Zahlenwerte für $t_{1-(\alpha/2);\,f}$ s. Tab. C 5.

Vertrauensbereich für β_1

Der Bereich

$$b_1 - t_{1-(\alpha/2);\,f}\, \frac{s}{\sqrt{s_{xx}}}\ \leqq \beta_1 \leqq\ b_1 + t_{1-(\alpha/2);\,f}\, \frac{s}{\sqrt{s_{xx}}} \qquad (9.1.22)$$

mit $f = n - 2$ enthält mit der Sicherheit $S = 1 - \alpha$ den Regressionskoeffizienten β_1 der Regressionsgeraden $M\{Y\} = \beta_0 + \beta_1\,x$.

Zahlenwerte für $t_{1-(\alpha/2);\,f}$ s. Tab. C 5.

Vertrauensbereich für σ^2

Der Bereich

$$\frac{(n-2)\,s^2}{\chi^2_{1-(\alpha/2);\,f}} \leq \sigma^2 \leq \frac{(n-2)\,s^2}{\chi^2_{(\alpha/2);\,f}} \tag{9.1.23}$$

mit $f = n - 2$ enthält mit der Sicherheit $S = 1 - \alpha$ die Varianz σ^2 der Einzelwerte Y um die Regressionsgerade $M\{Y\} = \beta_0 + \beta_1 x$.

Zahlenwerte für $\chi^2_{1-(\alpha/2);\,f}$ und $\chi^2_{(\alpha/2);\,f}$ s. Tab. C6 oder Nomogramme D 2 und D 3.

Vertrauensbereich für $M\{Y\}$

Der Bereich

$$\hat{y} - t_{1-(\alpha/2);\,f}\,\frac{s}{\sqrt{n}}\sqrt{1 + \frac{n\,(x - \bar{x})^2}{s_{xx}}} \leq M\{Y\} \leq$$

$$\leq \hat{y} + t_{1-(\alpha/2);\,f}\,\frac{s}{\sqrt{n}}\sqrt{1 + \frac{n\,(x - \bar{x})^2}{s_{xx}}} \tag{9.1.24}$$

mit $f = n - 2$ und $\hat{y} = b_0 + b_1 x$ enthält mit der Sicherheit $S = 1 - \alpha$ die Regressionsgerade $M\{Y\}$. Die Aussage gilt nur für x-Werte aus dem untersuchten Bereich.

Zahlenwerte für $t_{1-(\alpha/2);\,f}$ s. Tab. C 5.

Sonderfall $x = \bar{x}$

$$\hat{y} - t_{1-(\alpha/2);\,f}\,\frac{s}{\sqrt{n}} \leq M\{Y\} \leq \hat{y} + t_{1-(\alpha/2);\,f}\,\frac{s}{\sqrt{n}}\,. \tag{9.1.25}$$

An der Stelle $x = \bar{x}$ nimmt der Vertrauensbereich den kleinsten Wert an; dabei ist $\hat{y}(\bar{x}) = \bar{y}$.

e) Toleranzbereiche

Einseitig abgegrenzte Toleranzbereiche für Y

1. obere Toleranzgrenze: Der Bereich $-\infty \cdots (\hat{y} + k'_T\,s)$ mit $n \gtrless 20$ und

$$k'_T = \sqrt{2\,(n-2)}\,\times$$

$$\times\,\frac{u_{1-\gamma}\sqrt{2n-5} + u_{1-\alpha}\sqrt{u^2_{1-\gamma} + \dfrac{2n - 5 - u^2_{1-\alpha}}{n}\left[1 + \dfrac{n\,(x - \bar{x})^2}{s_{xx}}\right]}}{2n - 5 - u^2_{1-\alpha}}$$

$$\tag{9.1.26}$$

enthält mit der Sicherheit $S = 1 - \alpha$ zumindest den Anteil $(1 - \gamma)$ der Verteilung von Y.

2. untere Toleranzgrenze: Der Bereich $(\hat{y} - k'_T\,s) \ldots \infty$ mit $n \gtrless 20$ und k'_T nach (9.1.26) enthält mit der Sicherheit $S = 1 - \alpha$ zumindest den Anteil $(1 - \gamma)$ der Verteilung von Y.

Zahlenwerte für $u_{1-\gamma}$, $u_{1-\alpha}$ s. Tab. C 2.

Zweiseitig abgegrenzter Toleranzbereich für Y

Man berechnet die Hilfsgröße

$$n' = \frac{n}{1 + \dfrac{n(x - \bar{x})^2}{s_{xx}}} \cdot \qquad (9.1.27)$$

Der Bereich

$$(\hat{y} - k_T s) \ldots (\hat{y} + k_T s) \cdot$$

mit

$$k_T = r(n'; 1 - \gamma) \quad v(n - 2; 1 - \alpha) \qquad (9.1.28)$$

enthält mit der Sicherheit $S = 1 - \alpha$ zumindest den Anteil $(1 - \gamma)$ der Verteilung von Y, falls $n' \gtrsim 5$ ist.

Zahlenwerte für $r(n; 1 - \gamma)$ und $v(f; 1 - \alpha)$ entnimmt man Tab. C17, wobei $n = n'$ und $f = n - 2$ ist.

9.2 Mehrfache Regression

a) Modelle

1. Es sei
$$Y = \beta_0 + \beta_1 x_1 + \cdots + \beta_p x_p + \varepsilon \qquad (9.2.1)$$

eine Zielgröße, die von p (nicht zufälligen) Veränderlichen x_i linear abhängt. Die Veränderliche x_i ist entweder eine der Einflußgrößen z_i selbst oder eine Funktion der z_i, $x_i = f_i(z_1, z_2, \ldots, z_p)$, die in manchen Fällen durch einen physikalisch oder technisch begründeten Zusammenhang gegeben ist. Der Zufallsanteil ε ist normalverteilt mit dem Mittelwert $M\{\varepsilon\} = 0$ und der Varianz $V\{\varepsilon\} = \sigma^2$. Infolgedessen ist Y bei *festgehaltenem* x normalverteilt mit dem Mittelwert

$$M\{Y\} = \sum_{i=0}^{p} \beta_i x_i, \quad x_0 \equiv 1 \qquad (9.2.2)$$

und der Varianz

$$V\{Y\} = \sigma^2. \qquad (9.2.3)$$

Beispiele für den Ansatz (9.2.1) sind

$$Y = \beta_0 + \beta_1 z + \beta_2 z^2 + \varepsilon$$

mit $z = x_1$ und $z^2 = x_2$, sowie

$$Y = \beta_0 + \beta_1 z_1 + \beta_2 z_2 + \beta_3 z_1^2 + \beta_4 z_1 z_2 + \beta_5 z_2^2 + \varepsilon$$

mit $\quad z_1 = x_1, \quad z_2 = x_2, \quad z_1^2 = x_3, \quad z_1 z_2 = x_4, \quad z_2^2 = x_5.$

2. Es sei Y die Zufallsgröße einer $(p + 1)$-dimensionalen Normalverteilung $(Y, X_1, X_2, \ldots, X_p)$. Dann gelten für den Mittelwert und die Varianz der Größe Y in der bedingten Verteilung $(Y \mid X_1 = x_1, X_2 = x_2, \ldots, X_p = x_p)$ gleiche Beziehungen wie unter 1.

Die Beziehung (9.2.2) heißt *Regressionsfunktion* (*Regressionsebene*). Die Koeffizienten β_i werden als *Regressionskoeffizienten* bezeichnet.

b) Auswertung der Stichprobe

Es liege eine (einfache) Stichprobe vom Umfang $n = \sum\limits_{\varkappa=1}^{k} n_\varkappa$ vor. Dabei ist k die Zahl der beobachteten Wertetupel $(x_{1\varkappa}, x_{2\varkappa}, \ldots, x_{p\varkappa})$ und $\varkappa$ ihre laufende Nr.; ferner sei $n_\varkappa$ die Zahl der Meßwerte für die Zielgröße y an der Stelle $(x_{1\varkappa}, x_{2\varkappa}, \ldots, x_{p\varkappa})$:

$$
\begin{array}{ccc|ccc}
x_{11}, & x_{21}, & \ldots, x_{p1} & y_{11}, & y_{12}, & \ldots, y_{1n_1} \\
x_{12}, & x_{22}, & \ldots, x_{p2} & y_{21}, & y_{22}, & \ldots, y_{2n_2} \\
\vdots & \vdots & \vdots & \vdots & \vdots & \vdots \\
x_{1k}, & x_{2k}, & \ldots, x_{pk} & y_{k1}, & y_{k2}, & \ldots, y_{kn_k}
\end{array}
\tag{9.2.4}
$$

Die Funktionen $x_i = f_{i0}(z_1, z_2, \ldots, z_p)$ sind die gewählten Transformationen der Einflußgrößen. Es sei $k > (p+1)$. Zweckmäßig berechnet man die folgenden Hilfsgrößen $(i = 1, 2, \ldots, p)$, $(j = 1, 2, \ldots, p)$

$$
\left.
\begin{aligned}
S_i &= \sum_{\varkappa=1}^{k} n_\varkappa x_{i\varkappa} = n\,\bar{x}_i = S_{i0}; \quad & S_y &= \sum_{\varkappa=1}^{k} \sum_{\nu=1}^{n_\varkappa} y_{\varkappa\nu} = n\,\bar{y} = S_{y0}; \\[2mm]
S_{ii} &= \sum_{\varkappa=1}^{k} n_\varkappa x_{i\varkappa}^2; \quad & S_{ij} &= \sum_{\varkappa=1}^{k} n_\varkappa x_{i\varkappa} x_{j\varkappa} = S_{ji}; \quad (i \neq j) \\[2mm]
S_{iy} &= \sum_{\varkappa=1}^{k} \sum_{\nu=1}^{n_\varkappa} x_{i\varkappa} y_{\varkappa\nu} = S_{yi}; \quad & S_{yy} &= \sum_{\varkappa=1}^{k} \sum_{\nu=1}^{n_\varkappa} y_{\varkappa\nu}^2;
\end{aligned}
\right\}
\tag{9.2.5}
$$

und daraus

$$
\begin{aligned}
s_{ii} &= S_{ii} - \frac{S_i^2}{n}; \quad & s_{ij} &= S_{ij} - \frac{S_i S_j}{n} = s_{ji}; \\[2mm]
s_{iy} &= S_{iy} - \frac{S_i S_y}{n} = s_{yi}; \quad & s_{yy} &= S_{yy} - \frac{S_y^2}{n}.
\end{aligned}
\tag{9.2.6}
$$

Es ist s_{ii} die Summe der quadrierten Abweichungen (S.d.q.A.) aller $x_{i\varkappa}$ bezüglich ihres Mittelwerts $\bar{x}_i$; entsprechend lassen sich die übrigen Hilfsgrößen $s_{ij}, \ldots$ deuten.

Die *Normalgleichungen* zur Berechnung der Regressionskoeffizienten b_i sind entweder

$$
\begin{aligned}
b_0 S_{00} + b_1 S_{10} + \cdots + b_p S_{p0} &= S_{0y}; \quad S_{00} = n, \\
b_0 S_{01} + b_1 S_{11} + \cdots + b_p S_{p1} &= S_{1y}, \\
\vdots \qquad \vdots \qquad\quad \vdots \qquad\quad \vdots & \\
b_0 S_{0p} + b_1 S_{1p} + \cdots + b_p S_{pp} &= S_{py},
\end{aligned}
\tag{9.2.7}
$$

oder

$$\begin{aligned}
b_1\,s_{11} + b_2\,s_{21} + \cdots + b_p\,s_{p1} &= s_{1y}, \\
b_1\,s_{12} + b_2\,s_{22} + \cdots + b_p\,s_{p2} &= s_{2y}, \\
\vdots \qquad \vdots \qquad\qquad \vdots \qquad\quad \vdots & \\
b_1\,s_{1p} + b_2\,s_{2p} + \cdots + b_p\,s_{pp} &= s_{py}.
\end{aligned} \tag{9.2.8}$$

Für b_0 gilt dann

$$b_0 = \frac{1}{n}\left(S_y - \sum_{i=1}^{p} b_i\,S_i\right) = \bar{y} - \sum_{i=1}^{p} b_i\,\bar{x}_i. \tag{9.2.9}$$

Die geschätzte Regressionsebene lautet mit $x_0 \equiv 1$

$$\hat{y} = \sum_{i=0}^{p} b_i\,x_i = \bar{y} + \sum_{i=1}^{p} b_i(x_i - \bar{x}_i). \tag{9.2.10}$$

Diese Schätzfunktion gilt nur für x_i-Werte aus dem *untersuchten* Bereich. Ferner ist die Varianz s^2 der beobachteten Werte $y_{\varkappa\nu}$ um die Regressionswerte $\hat{y}_\varkappa = b_0 + \sum_{i=1}^{p} b_i\,x_{i\varkappa}$,

$$s^2 = \frac{1}{n-p-1} \sum_{\varkappa=1}^{k} \sum_{\nu=1}^{n_\varkappa} \left(y_{\varkappa\nu} - \sum_{i=0}^{p} b_i\,x_{i\varkappa}\right)^2, \tag{9.2.11}$$

ein erwartungstreuer Schätzwert für die Varianz σ^2, falls die Modellvoraussetzung der linearen Abhängigkeit bei Modell 1 bzw. die der $(p+1)$-dimensionalen Normalverteilung bei Modell 2 erfüllt ist.

Die Regressionskoeffizienten b_i lassen sich auch auf folgende Weise bestimmen. Es sei (c_{ij}) die zur Matrix (S_{ij}) inverse Matrix. Dann ist

$$b_i = \sum_{j=0}^{p} c_{ij}\,S_{jy}, \quad i = 0, 1, \ldots, p, \tag{9.2.12}$$

ein erwartungstreuer (Maximum-Likelihood-)Schätzwert für β_i. Die Elemente c_{ij} der inversen Matrix ergeben sich als Lösung der $(p+1)$ Gleichungssysteme für $j = 0, 1, \ldots, p$

$$\begin{aligned}
S_{00}\,c_{0j} + S_{01}\,c_{1j} + \cdots + S_{0p}\,c_{pj} &= 0; \quad S_{00} = n \\
S_{10}\,c_{0j} + S_{11}\,c_{1j} + \cdots + S_{1p}\,c_{pj} &= 0, \\
\vdots \qquad \vdots \qquad\qquad \vdots \qquad\quad \vdots & \\
S_{j0}\,c_{0j} + S_{j1}\,c_{1j} + \cdots + S_{jp}\,c_{pj} &= 1, \\
\vdots \qquad \vdots \qquad\qquad \vdots \qquad\quad \vdots & \\
S_{p0}\,c_{0j} + S_{p1}\,c_{1j} + \cdots + S_{pp}\,c_{pj} &= 0,
\end{aligned} \tag{9.2.13}$$

wobei auf der rechten Seite stets Nullen stehen, mit Ausnahme der Gleichung Nr. j.

Der Schätzwert b_i genügt einer Normalverteilung mit dem Mittelwert

$$M\{b_i\} = \beta_i \tag{9.2.14}$$

und der Varianz

$$V\{b_i\} = c_{ii}\,\sigma^2. \tag{9.2.15}$$

Die Kovarianz zwischen zwei Schätzwerten b_i und b_j beträgt

$$C\{b_i, b_j\} = c_{ij}\,\sigma^2. \tag{9.2.16}$$

Die Größe

$$\chi^2 = (n - p - 1)\,s^2/\sigma^2 \tag{9.2.17}$$

genügt der χ^2-Verteilung mit $(n - p - 1)$ Freiheitsgraden. Die Zufallsgröße s^2 ist unabhängig von den Größen b_i.

c) Testverfahren

Test der Hypothese eines linearen Zusammenhanges zwischen Y und den $x_i = f_{i0}(z_1, z_2, \ldots, z_p)$

Hypothese H_1: $M\{Y\} = \sum\limits_{i=0}^{p} \beta_i\, x_i;\qquad x_0 \equiv 1.$

Die Prüfung der Hypothese H_1 ist nur möglich, falls $n > k$ ist. Man berechnet die Gruppenmittelwerte

$$\bar{y}_\varkappa = \frac{1}{n_\varkappa} \sum_{\nu=1}^{n_\varkappa} y_{\varkappa\nu}. \tag{9.2.18}$$

Dann ist

$$\sum_{\varkappa=1}^{k} \sum_{\nu=1}^{n_\varkappa} (y_{\varkappa\nu} - \bar{y}_\varkappa)^2 = Q_2 \quad \text{mit} \quad f_2 = n - k \quad \text{Fr.gr.} \tag{9.2.19}$$

die Summe der quadrierten Abweichungen (S.d.q.A.) der beobachteten $y_{\varkappa\nu}$ bezüglich der zugeordneten Gruppenmittelwerte $\bar{y}_\varkappa$ und

$$\sum_{\varkappa=1}^{k} n_\varkappa \left(\bar{y}_\varkappa - \sum_{i=0}^{p} b_i\, x_{i\varkappa} \right)^2 = Q_1 \quad \text{mit} \quad f_1 = k - p - 1 \quad \text{Fr.gr.} \tag{9.2.20}$$

die S.d.q.A. der „beobachteten" Gruppenmittelwerte $\bar{y}_\varkappa$ bezüglich der geschätzten Regressionswerte $\hat{y}_\varkappa = b_0 + \sum\limits_{i=1}^{p} b_i\, x_{i\varkappa}$

Gegenhypothese	Die Hypothese $M\{Y\} = \sum\limits_{i=0}^{p} \beta_i\, x_i$ wird verworfen für	
	Prüfgröße	Schwellenwert
$M\{Y\} \neq \sum\limits_{i=0}^{p} \beta_i\, x_i$	$\dfrac{Q_1/(k - p - 1)}{Q_2/(n - k)} \quad >$	$F_{1-\alpha}(f_1; f_2)$ mit $f_1 = k - p - 1,$ $f_2 = n - k$

$$\tag{9.2.21}$$

Zahlenwerte für $F_{1-\alpha}(f_1; f_2)$ s. Tab. C 7 bis C 10.

Wird die Hypothese H_1 *nicht* verworfen, dann liefert (9.2.11) den besten Schätzwert für σ^2. Wird die Hypothese H_1 verworfen, so schätzt man σ^2 durch $Q_2/(n-k)$. In diesem Falle ist — abgesehen von Fehlentscheidungen, die mit der Irrtumswahrscheinlichkeit α auftreten — der Ansatz $M\{Y\} = \sum\limits_{i=0}^{p} \beta_i x_i$ falsch und an dessen Stelle ein anderer Ansatz zu versuchen.

Beispielsweise kann man

a) die gewählten Merkmaltransformationen

$$x_i = f_{i0}(z_1, z_2, \ldots, z_p) \quad \text{durch andere} \quad x_i = f_{i1}(z_1, z_2, \ldots, z_p)$$

ersetzen,

b) den linearen Ansatz durch zusätzliche Glieder mit Potenzen von x erweitern,

c) weitere Einflußgrößen hinzunehmen.

Test der Hypothese: Y ist von x_{q+1}, x_{q+2}, $\ldots$, x_p nicht abhängig; $\beta_{q+1} = \beta_{q+2} = \cdots = \beta_p = 0$

Dieser Test setzt voraus, daß die Hypothese eines linearen Zusammenhanges zwischen Y und den x_i gilt; er sollte also nur angewendet werden, wenn diese Hypothese nach (9.2.21) nicht verworfen wird.

Zur Durchführung des Testes wird die Regressionsrechnung mit den Größen $x_1, x_2, \ldots, x_q$ wiederholt, wobei die Größen $x_{q+1}, x_{q+2}, \ldots, x_p$ außer Betracht bleiben. Die lediglich mit $x_1, x_2, \ldots, x_q$ berechneten Hilfsgrößen und Schätzwerte werden durch einen Akzent gekennzeichnet. Die zur Matrix (S'_{ij}) mit

$$S'_{ij} = \sum_{\varkappa=1}^{k} n_\varkappa x_{i\varkappa} x_{j\varkappa}; \quad i, j = 0, 1, \ldots, q \qquad (9.2.22)$$

inverse Matrix (c'_{ij}) liefert dann für die in $M\{Y\}$ eingehenden $(q+1)$ Regressionskoeffizienten $\beta_0, \beta_1, \ldots, \beta_q$ die Schätzwerte

$$b'_i = \sum_{j=0}^{q} c'_{ij} S'_{jy}; \quad i = 0, 1, \ldots, q. \qquad (9.2.23)$$

Für die Varianz σ^2 folgt hiernach der Schätzwert

$$s'^2 = \frac{1}{n-q-1} \sum_{\varkappa=1}^{k} \sum_{\nu=1}^{n_\varkappa} \left[y_{\varkappa\nu} - \sum_{i=0}^{q} b'_i x_{i\varkappa} \right]^2. \qquad (9.2.24)$$

Der Hypothese steht die Gegenhypothese $\beta_l \neq 0$ für zumindest einen Index $l(l = q+1, q+2, \ldots, p)$ entgegen. Die Hypothese wird verworfen für

$$\frac{(n-q-1)\,s'^2 - (n-p-1)\,s^2}{(p-q)\,s^2} > F_{1-\alpha}(f_1; f_2) \qquad (9.2.25)$$

mit $f_1 = p - q$, $f_2 = n - p - 1$.

Zahlenwerte für $F_{1-\alpha}(f_1; f_2)$ s. Tab. C 7 bis C 10.

Vergleich zweier Regressionskoeffizienten $\beta_i^{(1)}$ und $\beta_j^{(2)}$

Es seien $b_i^{(1)}$ und $b_j^{(2)}$ zwei Regressionskoeffizienten zu unabhängigen Stichproben aus Gesamtheiten mit gleicher Varianz σ^2. Es ist zu prüfen, ob die Regressionskoeffizienten $\beta_i^{(1)}$ und $\beta_j^{(2)}$ der beiden zugrunde liegenden Gesamtheiten übereinstimmen. Unabhängig von der Numerierung sollen den Koeffizienten $\beta_i^{(1)}$ und $\beta_j^{(2)}$ die gleichen Einflußgrößen zugeordnet sein. In (9.2.26) bedeutet $f_1 = n_{(1)} - p_{(1)} - 1$ und $f_2 = n_{(2)} - p_{(2)} - 1$.

Gegenhypothese	Die Hypothese $\beta_i^{(1)} = \beta_j^{(2)}$ wird verworfen für	
	Prüfgröße	Schwellenwert
$\beta_j^{(2)} > \beta_i^{(1)}$ (einseitig)	$\dfrac{b_j^{(2)} - b_i^{(1)}}{\sqrt{\dfrac{f_1 s_{(1)}^2 + f_2 s_{(2)}^2}{f_1 + f_2}\,(c_{ii}^{(1)} + c_{jj}^{(2)})}}$	$> \quad t_{1-\alpha;f}$ mit $f = f_1 + f_2$
$\beta_j^{(2)} < \beta_i^{(1)}$ (einseitig)	$\dfrac{b_j^{(2)} - b_i^{(1)}}{\sqrt{\dfrac{f_1 s_{(1)}^2 + f_2 s_{(2)}^2}{f_1 + f_2}\,(c_{ii}^{(1)} + c_{jj}^{(2)})}}$	$< \quad -t_{1-\alpha;f}$ mit $f = f_1 + f_2$
$\beta_j^{(2)} \neq \beta_i^{(1)}$ (zweiseitig)	$\dfrac{|b_j^{(2)} - b_i^{(1)}|}{\sqrt{\dfrac{f_1 s_{(1)}^2 + f_2 s_{(2)}^2}{f_1 + f_2}\,(c_{ii}^{(1)} + c_{jj}^{(2)})}}$	$> \quad t_{1-(\alpha/2);f}$ mit $f = f_1 + f_2$

$$(9.2.26)$$

Zahlenwerte für $t_{1-\alpha;f}$ s. Tab. C 4 oder Nomogramm D 1.
Zahlenwerte für $t_{1-(\alpha/2);f}$ s. Tab. C 5.

d) Vertrauensbereiche

Vertrauensbereich für β_i

Der Bereich

$$b_i - t_{1-(\alpha/2);f}\, s \sqrt{c_{ii}} \;\leq \beta_i \leq\; b_i + t_{1-(\alpha/2);f}\, s \sqrt{c_{ii}} \qquad (9.2.27)$$

mit $f = n - p - 1$ enthält mit der Sicherheit $S = 1 - \alpha$ den Regressionskoeffizienten β_i der Regressionsfunktion $M\{Y\}$.

Zahlenwerte für $t_{1-(\alpha/2);f}$ s. Tab. C 5.

Vertrauensbereich für σ^2

Der Bereich

$$\frac{(n - p - 1)\, s^2}{\chi_{1-(\alpha/2);f}^2} \;\leq \sigma^2 \leq\; \frac{(n - p - 1)\, s^2}{\chi_{(\alpha/2);f}^2} \qquad (9.2.28)$$

mit $f = n - p - 1$ enthält mit der Sicherheit $S = 1 - \alpha$ die Varianz σ^2 um die Regressionsfläche $M\{Y\}$.

Zahlenwerte für $\chi_{1-(\alpha/2);f}^2$ und $\chi_{(\alpha/2);f}^2$ s. Tab. C 6 oder Nomogramme D 2 und D 3.

Vertrauensbereich für $M\{Y\}$

Hilfsgröße $\quad \displaystyle\sum_{i=0}^{p} \sum_{j=0}^{p} c_{ij}\, x_i'\, x_j' = A\ (x_0' \equiv 1;\, x_1';\, \ldots;\, x_p') = A,$ $\quad$ (9.2.29)

wobei $(x_0' \equiv 1;\, x_1',\, \ldots,\, x_p')$ ein beliebiger Punkt aus dem untersuchten Teilraum der Einflußgrößen $x_0 \equiv 1,\, x_1,\, \ldots,\, x_p$ ist.

Der Bereich

$$\hat{y} - t_{1-(\alpha/2);f}\ s\,\sqrt{A}\ \leqq M\{Y\} \leqq\ \hat{y} + t_{1-(\alpha/2);f}\ s\,\sqrt{A} \qquad (9.2.30)$$

mit $f = n - p - 1$ enthält mit der Sicherheit $S = 1 - \alpha$ die Regressionsfunktion $M\{Y\}$. Die Aussage gilt nur für Werte x_i' aus dem untersuchten Bereich.

Zahlenwerte für $t_{1-(\alpha/2);f}$ s. Tab. C 5.

e) Toleranzbereiche

Hilfsgröße $\quad \displaystyle\sum_{i=0}^{p} \sum_{j=0}^{p} c_{ij}\, x_i'\, x_j' = A\ (x_0' \equiv 1;\, x_1';\, \ldots;\, x_p') = A$ $\quad$ (9.2.31)

wie in (9.2.29).

Einseitig abgegrenzte Toleranzbereiche für Y

1. obere Toleranzgrenze: Der Bereich $-\infty \cdots (\hat{y} + k_T'\, s)$

mit $(n - p - 1) \gtrsim 20$ und

$$k_T' = \sqrt{2(n - p - 1)} \times$$

$$\times\ \frac{u_{1-\gamma}\sqrt{2(n - p) - 3} + u_{1-\alpha}\sqrt{u_{1-\gamma}^2 + A\,[2(n - p) - 3 - u_{1-\alpha}^2]}}{2(n - p) - 3 - u_{1-\alpha}^2} \qquad (9.2.32)$$

enthält mit der Sicherheit $S = 1 - \alpha$ zumindest den Anteil $(1 - \gamma)$ der Verteilung von Y.

2. untere Toleranzgrenze: Der Bereich $(\hat{y} - k_T'\, s) \cdots \infty$ mit $(n - p - 1) \gtrsim 20$ und k_T' nach (9.2.32) enthält mit der Sicherheit $S = 1 - \alpha$ zumindest den Anteil $(1 - \gamma)$ der Verteilung von Y.

Zahlenwerte für $u_{1-\gamma}$, $u_{1-\alpha}$ s. Tab. C 2.

Zweiseitig abgegrenzter Toleranzbereich für Y

Man berechnet die Hilfsgröße $n' = 1/A$ mit Hilfe von (9.2.29).

Der Bereich

$$(\hat{y} - k_T\, s) \ldots (\hat{y} + k_T\, s)$$

mit $\quad\quad\quad k_T = r(n';\, 1 - \gamma)\, v(n - p - 1;\, 1 - \alpha)$ $\quad$ (9.2.33) enthält mit der Sicherheit $S = 1 - \alpha$ zumindest den Anteil $(1 - \gamma)$ der Verteilung von Y, falls $n' \gtrless 5$ ist. Die Faktoren $r(n; 1 - \gamma)$ und $v(f; 1 - \alpha)$ sind Tab. C 17 zu entnehmen, wobei $n = n'$ und $f = n - p - 1$ ist.

10 Kontrollkarten

10.1 Kontrollkarten für meßbare Merkmale

a) Bestimmung der Prüfgrößen

Der Aufstellung einer Kontrollkarte geht normalerweise eine Voruntersuchung (Vorlauf) des Fertigungsganges voraus. Dazu werden — wie beim späteren Führen der eigentlichen Kontrollkarte auch — der Fertigung in (etwa) gleich großen zeitlichen Abständen Proben des gleichen Umfanges n entnommen. Meist wird n ungefähr bei 5 (oder größer) gewählt, und die Zahl k der Proben des Vorlaufs liegt etwa bei 20. Nach einem vor der Probenahme festgelegten Plan wird die Fertigung durch die Entnahme der Stichproben in Untergruppen (subgroups) geteilt. Die Wahl zweckmäßiger Untergruppen (rational subgroups) ist eine rein technische Angelegenheit[1]. Diese Unterteilung ist für die Arbeitsweise der Karte von entscheidender Bedeutung, denn von ihr hängt ab, was bei der zu überwachenden Fertigung als innewohnende Schwankung bzw. als nicht mehr zufällig erklärbare Abweichung angesehen wird.

Auswertung des Vorlaufs

Als *Lagemaß der Probe Nr.* i $(i = 1, 2, \ldots, k)$ bestimmt man entweder den *arithmetischen Mittelwert* $\bar{x}_i$ nach (5.1.12) oder den *Zentralwert* $\tilde{x}_i$ nach (5.1.18).

Als *Streumaß der Probe Nr.* i bestimmt man entweder *die Standardabweichung* s_i nach (5.1.19) oder *die Spannweite* R_i, d. h. die Differenz zwischen dem größten und dem kleinsten Merkmalwert, nach (5.1.32).

Lage und Streuung der Probe Nr. i kann man auch durch ihre *beiden* Extremwerte $x_{i\,\min}$ und $x_{i\,\max}$ kennzeichnen.

Als *Lagemaß des gesamten Vorlaufs* bestimmt man entweder den *arithmetischen Mittelwert* $\bar{\bar{x}}$ der k Mittelwerte $\bar{x}_i$ nach der Vorschrift

$$\bar{\bar{x}} = \frac{1}{k} \sum_{i=1}^{k} \bar{x}_i \tag{10.1.1}$$

oder den *Zentralwert* $\bar{\tilde{x}}$ der k Zentralwerte $\tilde{x}_i$.

---

[1] W. A. SHEWART: Economic Control of Quality of Manufactured Product. New York 1931.

Als Maß für die *Streuung innerhalb der „Untergruppen" des Vorlaufs*
bestimmt man entweder die *mittlere Standardabweichung $\bar{s}$* der k Standardabweichungen s_i,

$$\bar{s} = \frac{1}{k} \sum_{i=1}^{k} s_i, \tag{10.1.2}$$

oder die *mittlere Spannweite $\bar{R}$ der k* Spannweiten R_i,

$$\bar{R} = \frac{1}{k} \sum_{i=1}^{k} R_i, \tag{10.1.3}$$

oder den *Zentralwert $\tilde{R}$* der k Spannweiten R_i nach (5.1.18).

Zur Schätzung der Lage *und* Streuung des gesamten Vorlaufs be-
stimmt man die *mittleren Extremwerte* $\bar{x}_{\min}$ und $\bar{x}_{\max}$ der k Extremwerte $x_{i\,\min}$ und $x_{i\,\max}$ nach der Vorschrift

$$\bar{x}_{\min} = \frac{1}{k} \sum_{i=1}^{k} x_{i\,\min} \tag{10.1.4}$$

und

$$\bar{x}_{\max} = \frac{1}{k} \sum_{i=1}^{k} x_{i\,\max}. \tag{10.1.5}$$

Bei *ungestörtem* Vorlauf gelten die folgenden Gleichungen. Als ungestört kann ein Vorlauf gelten, wenn die betrachteten Prüfgrößen
(s. später) zwischen den Eingriffsgrenzen (s. später) liegen.
Für *beliebige* Ausgangsverteilungen mit dem Mittelwert μ ist

$$\bar{\bar{x}} \text{ ein Schätzwert für } \mu,$$

für *symmetrische* Ausgangsverteilungen ist

$$\tilde{x} \text{ ein Schätzwert für } \mu,$$

für *normale* Ausgangsverteilungen mit der Standardabweichung σ ist

$$\bar{s} \qquad \text{ein Schätzwert für} \qquad M\{s\} = c_2\,\sigma,$$

$$\bar{R} \qquad \text{ein Schätzwert für} \qquad M\{R\} = d_2\,\sigma,$$

$$\tilde{R} \qquad \text{ein Schätzwert für} \qquad Z\{R\} = \tilde{d}_2\,\sigma,$$

$$\bar{x}_{\min} \quad \text{ein Schätzwert für} \quad M\{\bar{x}_{\min}\} = \mu - \frac{d_2}{2}\sigma,$$

$$\bar{x}_{\max} \quad \text{ein Schätzwert für} \quad M\{\bar{x}_{\max}\} = \mu + \frac{d_2}{2}\sigma.$$

Zahlenwerte für c_2 s. Tab. C 18.

Zahlenwerte für d_2 und $\tilde{d}_2$ s. Tab. C 11.

b) Kontrollkarten ohne Berücksichtigung von Toleranzgrenzen

Die Prüfgröße z habe den Mittelwert μ_z und die Varianz σ_z^2. Ihre Schwellenwerte seien mit $z_{\alpha/2}$ und $z_{1-(\alpha/2)}$ bezeichnet. Ein Unter- oder Überschrei-

ten der Schwellenwerte oder „Kontrollgrenzen" deutet auf eine Störung des Fertigungsablaufs hin. Im allgemeinen wählt man als statistische Sicherheit S bei der Bestimmung der Kontrollgrenzen

$$S = 1 - \alpha = 0{,}99 = 99\,\% \,.$$

Benutzt man zur Abgrenzung Vielfache der Standardabweichung σ_z, so berechnet man die Kontrollgrenzen in der Regel mit dem Faktor 3 (s. Abb. 10.1.1). Wird eine der Kontrollgrenzen von der Prüfgröße z überschritten, so wird die Fertigung angehalten und nach der Ursache der Störung gesucht.

Zur Sicherheit $S = 1 - \alpha$ gehört die Wahrscheinlichkeit $\alpha = 1 - S$ für einen „Fehler erster Art", d. h. für ein Eingreifen in die Fertigung, wenn sie ungestört läuft.

Gelegentlich wird die Kontrollkarte durch „Warngrenzen" ergänzt, mit denen man weitergehenden Aufschluß über das Verhalten der Fertigung erhält. Im allgemeinen wählt man als statistische Sicherheit S_1 bei der Bestimmung der Warngrenzen

$$S_1 = 1 - \alpha_1 = 0{,}95 = 95\,\% \,.$$

Benutzt man zur Abgrenzung Vielfache der Standardabweichung σ_z, so berechnet man die Warngrenzen in der Regel mit dem Faktor 2 (s. Abb. 10.1.2).

Wenn nur einseitige Grenzen von praktischer Bedeutung sind, ist es am einfachsten, die gleichen Grenzen wie bei zweiseitiger Fragestellung zu verwenden. Man ändert dadurch lediglich die Sicherheiten $S = 1 - \alpha$ in $S' = 1 - (\alpha/2)$ ab.

Für die Handhabung einer Kontrollkarte mit Warn- und Kontrollgrenzen gelten folgende Entscheidungsregeln:

z überschreitet die Warngrenzen nicht, $$z_{WU} \leqq z \leqq z_{WO},$$	dann wird in den Arbeitsablauf nicht eingegriffen.
z überschreitet eine der Warngrenzen, liegt aber noch innerhalb der Kontrollgrenzen, $$z < z_{WU} \quad \text{oder} \quad z > z_{WO},$$ aber $$z_{KU} \leqq z \leqq z_{KO},$$	dann wird in den Arbeitsablauf noch nicht eingegriffen, jedoch bereits mit einer möglichen Störung gerechnet. Zweckmäßig entnimmt man sofort oder nach kurzer Zeit eine neue Probe.
z überschreitet eine der Kontrollgrenzen, $$z < z_{KU} \quad \text{oder} \quad z > z_{KO},$$	dann wird in den Arbeitsablauf eingegriffen und nach möglichen Störungen gesucht.

Je nachdem, ob die Kenngrößen der Fertigung (Mittelwert μ und Standardabweichung σ) bekannt oder als Sollwerte vorgegeben sind oder ob dafür aus dem Vorlauf gewonnene Schätzwerte verwendet werden, ergeben sich für die Berechnung der Grenzen unterschiedliche Möglichkeiten, von denen jedoch nicht alle in der Praxis angewendet werden.

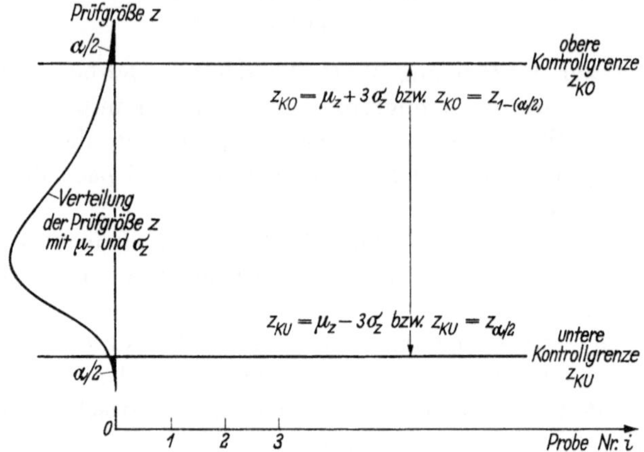

Abb. 10.1.1. Zur Aufstellung von Kontrollkarten ohne Berücksichtigung von Toleranzgrenzen

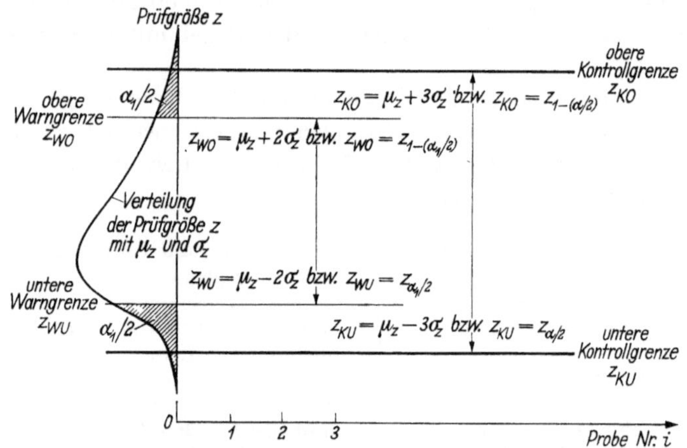

Abb. 10.1.2
Zur Aufstellung von Kontrollkarten (wie in Abb. 10.1.1, jedoch) mit Warn- und Kontrollgrenzen

Der Mittelwert μ des ungestörten Fertigungsablaufes			
ist bekannt oder als Sollwert vorgegeben	wird an Hand des Vorlaufes geschätzt aus		
1	2	3	4
μ	$\overline{\overline{x}}$	$\tilde{\overline{x}}$	$\overline{x}_{min}$ und $\overline{x}_{max}$

$$(10.1.6)$$

Die Standardabweichung σ des ungestörten Fertigungsablaufes				
ist bekannt oder als Sollwert vorgegeben	wird an Hand des Vorlaufes geschätzt aus			
1	2	3	4	5
σ	$\bar{s}$	$\bar{R}$	$\tilde{R}$	$\bar{x}_{\mathrm{min}}$ und $\bar{x}_{\mathrm{max}}$

$$(10.1.7)$$

Mittelwertkarte ($\bar{x}$-Karte) zur Überwachung der Fertigungslage

Prüfgröße $z = \bar{x}$;   Probengröße[1] $n \geqq 5$

Mittellinie	Grenzen berechnet mit	Warngrenzen	Eingriffsgrenzen (Kontrollgrenzen)	
		$S = 95\%$	3σ-Grenzen	$S = 99\%$
μ	σ	$\mu \pm 1{,}96\,\dfrac{\sigma}{\sqrt{n}}$	$\mu \pm 3\,\dfrac{\sigma}{\sqrt{n}}$	$\mu \pm 2{,}58\,\dfrac{\sigma}{\sqrt{n}}$
$\bar{\bar{x}}$	σ	$\bar{\bar{x}} \pm 1{,}96\,\dfrac{\sigma}{\sqrt{n}}$	$\bar{\bar{x}} \pm 3\,\dfrac{\sigma}{\sqrt{n}}$	$\bar{\bar{x}} \pm 2{,}58\,\dfrac{\sigma}{\sqrt{n}}$
$\bar{\bar{x}}$	$\bar{s}$	$\bar{\bar{x}} \pm 1{,}96\,\dfrac{\bar{s}}{c_2\sqrt{n}}$	$\bar{\bar{x}} \pm 3\,\dfrac{\bar{s}}{c_2\sqrt{n}}$	$\bar{\bar{x}} \pm 2{,}58\,\dfrac{\bar{s}}{c_2\sqrt{n}}$
$\bar{\bar{x}}$	$\bar{R}$	$\bar{\bar{x}} \pm A_w\bar{R}$	$\bar{\bar{x}} \pm A_2\bar{R}$	$\bar{\bar{x}} \pm A_k\bar{R}$

$$(10.1.8)$$

Zahlenwerte für c_2, A_w, A_2, A_k s. Tab. C 18.

Zentralwertkarte ($\tilde{x}$-Karte) zur Überwachung der Fertigungslage

Prüfgröße $z = \tilde{x}$;   Probengröße $n \gtrless 5$

Mittellinie	Grenzen berechnet mit	Warngrenzen	Eingriffsgrenzen (Kontrollgrenzen)	
		$S = 95\%$	3σ-Grenzen	$S = 99\%$
μ	σ	$\mu \pm 1{,}96\,\dfrac{c_n\,\sigma}{\sqrt{n}}$	$\mu \pm 3\,\dfrac{c_n\,\sigma}{\sqrt{n}}$	$\mu \pm 2{,}58\,\dfrac{c_n\,\sigma}{\sqrt{n}}$
$\tilde{x}$	σ	$\tilde{x} \pm 1{,}96\,\dfrac{c_n\,\sigma}{\sqrt{n}}$	$\tilde{x} \pm 3\,\dfrac{c_n\,\sigma}{\sqrt{n}}$	$\tilde{x} \pm 2{,}58\,\dfrac{c_n\,\sigma}{\sqrt{n}}$
$\tilde{x}$	$\tilde{R}$	$\tilde{x} \pm \tilde{A}_w\tilde{R}$	$\tilde{x} \pm \tilde{A}_2\tilde{R}$	$\tilde{x} \pm \tilde{A}_k\tilde{R}$

$$(10.1.9)$$

Zahlenwerte für c_n, $\tilde{A}_w$, $\tilde{A}_2$, $\tilde{A}_k$ s. Tab. C 18.

---

[1] Ist die Verteilung der x-Werte (nahezu) normal, dann gilt für n keine Einschränkung.

Standardabweichungskarte (s-Karte) zur Überwachung der Fertigungsstreuung

Prüfgröße $z \equiv s$;   Zahl der Freiheitsgrade der Einzelprobe $f = n - 1$

Grenzen berechnet mit	Warngrenzen		Eingriffsgrenzen (Kontrollgrenzen)	
	2σ-Grenzen	$S = 95\%$	3σ-Grenzen	$S = 99\%$
σ	$[c_2 \pm 2\sqrt{1 - c_2^2}]\,\sigma$	$\sigma\sqrt{\chi^2_{2,5\%;\,f}/f}$ $\sigma\sqrt{\chi^2_{97,5\%;\,f}/f}$	$B_1\,\sigma$ $B_2\,\sigma$	$\sigma\sqrt{\chi^2_{0,5\%;\,f}/f}$ $\sigma\sqrt{\chi^2_{99,5\%;\,f}/f}$
$\bar{s}$	$\dfrac{c_2 \pm 2\sqrt{1 - c_2^2}}{c_2}\,\bar{s}$	$\dfrac{\bar{s}}{c_2}\sqrt{\chi^2_{2,5\%;\,f}/f}$ $\dfrac{\bar{s}}{c_2}\sqrt{\chi^2_{97,5\%;\,f}/f}$	$B_3\,\bar{s}$ $B_4\,\bar{s}$	$\dfrac{\bar{s}}{c_2}\sqrt{\chi^2_{0,5\%;\,f}/f}$ $\dfrac{\bar{s}}{c_2}\sqrt{\chi^2_{99,5\%;\,f}/f}$

$$(10.1.10)$$

Zahlenwerte für $\chi^2_{1-\alpha;\,f}$ s. Tab. C 6 oder Nomogramme D 2 und D 3.
Zahlenwerte für c_2; B_1; B_2; B_3; B_4 s. Tab. C 18.

Spannweitenkarte (R-Karte) zur Überwachung der Fertigungsstreuung

Prüfgröße $z \equiv R$

Grenzen berechnet mit	Warngrenzen		Eingriffsgrenzen (Kontrollgrenzen)	
	2σ-Grenzen	$S = 95\%$	3σ-Grenzen	$S = 99\%$
σ	$[d_2 \pm 2\beta_n]\,\sigma$	$w_{2,5\%}(n)\,\sigma$ $w_{97,5\%}(n)\,\sigma$	$D_1\,\sigma$ $D_2\,\sigma$	$w_{0,5\%}(n)\,\sigma$ $w_{99,5\%}(n)\,\sigma$
$\bar{R}$	$[1 \pm 2\gamma_n]\,\bar{R}$	$\dfrac{w_{2,5\%}(n)}{d_2}\,\bar{R}$ $\dfrac{w_{97,5\%}(n)}{d_2}\,\bar{R}$	$D_3\,\bar{R}$ $D_4\,\bar{R}$	$\dfrac{w_{0,5\%}(n)}{d_2}\,\bar{R}$ $\dfrac{w_{99,5\%}(n)}{d_2}\,\bar{R}$
$\tilde{R}$	$\dfrac{d_2 \pm 2\beta_n}{\tilde{d}_2}\,\tilde{R}$	$\dfrac{w_{2,5\%}(n)}{\tilde{d}_2}\,\tilde{R}$ $\dfrac{w_{97,5\%}(n)}{\tilde{d}_2}\,\tilde{R}$	$\tilde{D}_3\,\tilde{R}$ $\tilde{D}_4\,\tilde{R}$	$\dfrac{w_{0,5\%}(n)}{\tilde{d}_2}\,\tilde{R}$ $\dfrac{w_{99,5\%}(n)}{\tilde{d}_2}\,\tilde{R}$

$$(10.1.11)$$

Zahlenwerte für D_1; D_2; D_3; D_4; $\tilde{D}_3$; $\tilde{D}_4$ s. Tab. C 18.

Zahlenwerte für d_2; $\tilde{d}_2$; β_n; γ_n; $w_{2,5\%}(n)$; $w_{97,5\%}(n)$; $w_{0.5\%}(n)$; $w_{99,5\%}(n)$ s. Tab. C 11.

Karte für die Variationszahl (Variationskoeffizient)

Prüfgröße $z \equiv \dfrac{s}{\bar{x}}$;   Probengröße $n > 10$

Bei bekanntem oder vorgegebenem Mittelwert μ und bekannter oder vorgegebener Standardabweichung σ des normalverteilten Merkmals x werden die Warngrenzen zu $S_1 = 1 - \alpha_1 = 0{,}95 = 95\%$ bzw. die 2σ-Grenzen mit $u_{1-\alpha_1} = 2$ und die Eingriffsgrenzen zu $S = 1 - \alpha = 0{,}99 = 99\%$ bzw. die 3σ-Grenzen mit $u_{1-\alpha} = 3$ unmittelbar den Gl. (5.2.24) und (5.2.25) für die Zufallsgrenzen der Variationszahl entnommen.

Werden die Werte μ und σ in einem Vorlauf durch $\bar{\bar{x}}$ und $\bar{s}$ geschätzt, dann ist vor Anwendung der Formeln (5.2.24) und (5.2.25) μ durch $\bar{\bar{x}}$ und σ durch $c_2\,\bar{s}$ des Vorlaufs zu ersetzen.

Zahlenwerte für c_2 s. Tab. C 18.

Extremwertkarte ohne Gang in der Fertigung

Prüfgrößen $z_1 = x_{min}$ und $z_2 = x_{max}$

Grenzen berechnet mit	Kontrollgrenzen ($3\,\sigma$-Grenzen)
σ	$\bar{x}_{min} - 3 d_4\,\sigma$ $\bar{x}_{max} + 3 d_4\,\sigma$
$\bar{R}$	$\bar{x}_{min} - 3\,\dfrac{d_4}{d_2}\,\bar{R}$ $\bar{x}_{max} + 3\,\dfrac{d_4}{d_2}\,\bar{R}$

$$(10.1.12)$$

Zahlenwerte für d_2 s. Tab. C 11.
Zahlenwerte für d_4 s. Tab. C 18.

c) Kontrollkarten zur Überwachung der „mittleren Lage" einer Fertigung mit vorgeschriebenen technischen Toleranzgrenzen

T_U und T_O seien die für das Merkmal vorgeschriebenen Toleranzgrenzen. Der Anteil der Fertigung unterhalb T_U oder oberhalb T_O, der Momentanwert des Schlechtanteils, sei p'. (Vgl. die entsprechende Abb. 11.2.1 bei einer einseitigen oberen Toleranzgrenze T_O und $p' = p$.)

Die Eingriffsgrenzen werden so berechnet, daß ein einseitiger Schlechtanteil (Momentanwert) $p' = p$ bei Verwendung der Prüfgröße z etwa mit der Sicherheit $S = 1 - \beta$ erkannt wird (Abb. 10.1.3). Zur Sicherheit $S = 1 - \beta$ gehört die Wahrscheinlichkeit $\beta = 1 - S$ für einen „Fehler zweiter Art", d. h. in die Fertigung nicht einzugreifen, wenn der Schlechtanteil p' die Schranke p erreicht oder überschritten hat.

Vorausgesetzt werden für $t = $ konst normalverteilte Merkmalwerte $x(t)$ mit

veränderlichem Mittelwert $\qquad M\{x(t)\} = \mu(t) \qquad\qquad (10.1.13)$

und (nahezu) konstanter Varianz $V\{x(t)\} = \sigma^2. \qquad\qquad (10.1.14)$

Der zeitliche Abstand für die Entnahme der Proben muß klein gegen den Zeitabstand sein, in dem sich $\mu(t)$ „merklich verändert".

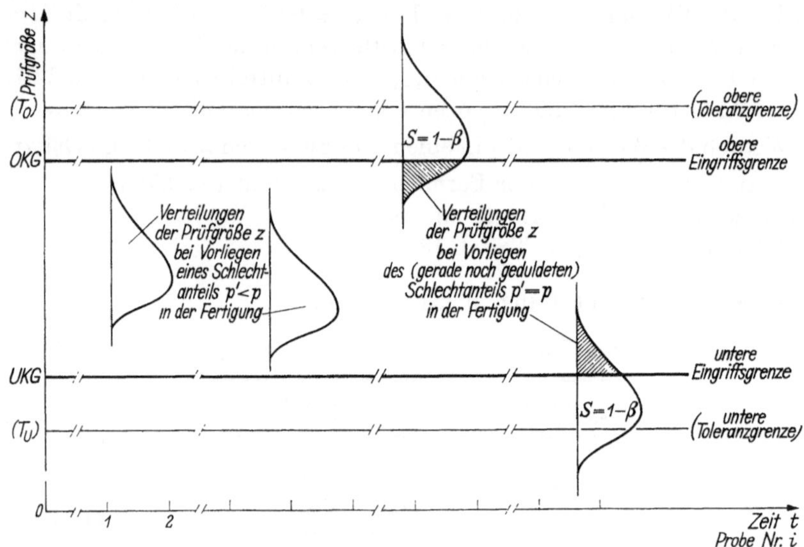

Abb. 10.1.3. Zur Aufstellung von Kontrollkarten bei vorgegebenen technischen Toleranzgrenzen

Der Abstand zwischen oberer Toleranzgrenze T_O und oberer Eingriffsgrenze OEG [bzw. zwischen unterer Toleranzgrenze T_U und unterer Eingriffsgrenze UEG] wird mit

$$a = T_O - OEG = UEG - T_U \qquad (10.1.15)$$

bezeichnet.

Das Verfahren ist nur brauchbar, wenn

$$T_O - T_U \gtrless 8\sigma \qquad (10.1.16)$$

ist.

Mittelwertkarte ($\bar{x}$-Karte) zur Überwachung der Fertigungslage

Prüfgröße $z \equiv \bar{x}$

Eingriffs-grenzen berechnet mit	Abstand a zur Berechnung der Eingriffsgrenzen $OEG = T_O - a$ bzw. $UEG = T_U + a$
σ	$\sigma\left[u_{1-p} + \dfrac{u_{1-\beta}}{\sqrt{n}}\right]$
$\bar{s}$	$\bar{s}\left[\dfrac{u_{1-p} + (u_{1-\beta}/\sqrt{n})}{c_2}\right]$
$\bar{R}$	$\bar{R}\left[\dfrac{u_{1-p} + (u_{1-\beta}/\sqrt{n})}{d_2}\right]$

$$(10.1.17)$$

Zahlenwerte für c_2 s. Tab. C 18.

Zahlenwerte für d_2 s. Tab. C 11.

Zahlenwerte für u_{1-p} und $u_{1-\beta}$ s. Tab. C 2.

Zentralwertkarte ($\tilde{x}$-Karte) zur Überwachung der Fertigungslage

Prüfgröße $z \equiv \tilde{x}$;　　Probengröße ungerade und $n \gtrless 5$

Eingriffs-grenzen berechnet mit	Abstand a zur Berechnung der Eingriffsgrenzen $OEG \bumpeq T_O - a$ bzw. $UEG \bumpeq T_U + a$	
σ	$\sigma\left[u_{1-p} + \dfrac{u_{1-\beta}\, c_n}{\sqrt{n}} \right]$	(10.1.18)
$\tilde{R}$	$\tilde{R}\left[\dfrac{u_{1-p} + (u_{1-\beta}\, c_n/\sqrt{n})}{\tilde{d}_2} \right]$	

Zahlenwerte für u_{1-p} und $u_{1-\beta}$ s. Tab. C 2.

Zahlenwerte für c_n s. Tab. C 18.

Zahlenwerte für $\tilde{d}_2$ s. Tab. C 11.

Extremwertkarte mit Gang in der Fertigung

Extremwertkarte mit Gang in der Fertigung

Prüfgrößen $z_1 \equiv x_{\max}$ und $z_2 \equiv x_{\min}$;

Probengröße normalerweise $5 \le n \le 10$

Eingriffs-grenzen berechnet mit	Abstand a zur Berechnung der Eingriffsgrenzen $OEG = T_O - a$ bzw. $UEG = T_U + a$	
σ	$\sigma[u_{1-p} - (d_2/2) + u_{1-\beta}\, d_4]$	(10.1.19)
$\bar{R}$	$\bar{R}\,\dfrac{u_{1-p} - (d_2/2) + u_{1-\beta}\, d_4}{d_2}$	

Zahlenwerte für u_{1-p} und $u_{1-\beta}$ s. Tab. C 2.

Zahlenwerte für d_2 s. Tab. C 11.

Zahlenwerte für d_4 s. Tab. C 18.

10.2 Kontrollkarten für die Zahl fehlerhafter Einheiten (Stücke)

Der Aufstellung einer Kontrollkarte geht normalerweise eine Voruntersuchung (Vorlauf) des Fertigungsvorganges voraus, wobei der Fertigung in (etwa) gleich großen zeitlichen Abständen insgesamt $k\,(\gtrsim 20)$ Proben gleicher Größe n entnommen werden; n muß dem vermuteten Schlechtanteil p der Fertigung angepaßt werden. Es sollte etwa $n\,p \gtrsim 1$ sein; bei $p = 0{,}01 = 1\%$ gibt $n\,p = 1$ die Probengröße n = 100.

Siehe auch die Vorbemerkungen zu Abschn. 10.1.

Als Qualitätsmaß der Probe Nr. i $(i = 1, 2, \ldots, k)$ bestimmt man entweder die Zahl x_i oder den relativen Anteil $\hat{p}_i = x_i/n$ der fehlerhaften Einheiten.

Als Qualitätsmaß des gesamten Vorlaufs bestimmt man entweder die mittlere Zahl $\bar{x}$ fehlerhafter Einheiten je Probe der Größe n,

$$\bar{x} = \frac{1}{k} \sum_{i=1}^{k} x_i , \qquad (10.2.1)$$

oder den mittleren Schlechtanteil

$$\bar{p} = \frac{1}{k} \sum_{i=1}^{k} \hat{p}_i = \frac{1}{k\,n} \sum_{i=1}^{k} x_i . \qquad (10.2.2)$$

Diese Werte dienen zur Berechnung der Eingriffsgrenzen. Sind Sollwerte vorgegeben, so sind diese an Stelle von $\bar{x}$ bzw. $\bar{p}$ zu verwenden.

x-Karte

a) Prüfgröße $z \equiv x$; Probengröße n beliebig.
Eingriffsgrenzen (Kontrollgrenzen)

$$x_U = n\,\hat{p}_U; \quad x_O = n\,\hat{p}_O. \qquad (10.2.3)$$

Die Werte $\hat{p}_U$ und $\hat{p}_O$ können als Zufallsgrenzen von $\hat{p}$ zu $p = \bar{p}$ den Nomogrammen D 11 und D 12 in Abhängigkeit von $S = 1 - \alpha$ und n entnommen werden; vgl. Anleitung auf S. 46.

b) Prüfgröße $z \equiv x$; Voraussetzung $n\,\bar{p} \gtrsim 4$.
Eingriffsgrenzen (Kontrollgrenzen)

$$x_U^O = \bar{x} \pm 3\,\sqrt{n\,\bar{p}(1 - \bar{p})}. \qquad (10.2.4)$$

$\hat{p}$-Karte

a) Prüfgröße $z \equiv \hat{p}$; Probengröße n beliebig.
Die Eingriffsgrenzen (Kontrollgrenzen) $\hat{p}_U$ und $\hat{p}_O$ können als Zufallsgrenzen von $\hat{p}$ zu $p = \bar{p}$ den Nomogrammen D 11 und D 12 in Abhängigkeit von $S = 1 - \alpha$ und n entnommen werden; vgl. Anleitung auf S. 46.

b) Prüfgröße $z \equiv \hat{p}$; Voraussetzung $n\,\bar{p} \gtrsim 4$.
Eingriffsgrenzen (Kontrollgrenzen)

$$\hat{p}_U^O = \bar{p} \pm 3\,\sqrt{\frac{\bar{p}(1 - \bar{p})}{n}}. \qquad (10.2.5)$$

10.3 Kontrollkarten für die Zahl der Fehler

Im Vorlauf wird der Fertigung k mal zufallsmäßig eine Prüfeinheit (Stichprobe) P entnommen und die Zahl $c_i (i = 1, 2, \ldots, k)$ der vorgefundenen Fehler je Prüfeinheit bestimmt.

c-Karte

Als Qualitätsmaß der Fertigung berechnet man aus dem Vorlauf die mittlere Fehlerzahl je Prüfeinheit

$$\bar{c} = \frac{1}{k} \sum_{i=1}^{k} c_i.$$

(10.3.1)

Prüfgröße $z \equiv c$.

Eingriffsgrenzen (Kontrollgrenzen)

a) Die Eingriffsgrenzen (Kontrollgrenzen) c_U und c_O können als Zufallsgrenzen von c zu $\mu = \bar{c}$ dem Nomogramm D 14 in Abhängigkeit von $S = 1 - \alpha$ entnommen werden; vgl. Anleitung auf S. 48.

b) $$c_U^O = \bar{c} \pm 3\sqrt{\bar{c}}, \quad \text{falls} \quad \bar{c} \gtrless 4.$$

(10.3.2)

u-Karte

Falls die Fehlerzahl der benutzten Prüfeinheit P auf eine gebräuchliche (glatte) Bezugseinheit B umgerechnet werden soll, wobei $P = n\,B$ ist, dann wird die Fehlerzahl je Bezugseinheit $u = c/n$.

Als Qualitätsmaß der Fertigung berechnet man jetzt aus dem Vorlauf die mittlere Fehlerzahl je Bezugseinheit

$$\bar{u} = \frac{1}{k} \sum_{i=1}^{k} u_i = \frac{1}{k\,n} \sum_{i=1}^{k} c_i.$$

(10.3.3)

Prüfgröße $z \equiv u = c/n$.

Eingriffsgrenzen (Kontrollgrenzen)

a) Die Eingriffsgrenzen (Kontrollgrenzen) u_U und u_O können in Abhängigkeit von $S = 1 - \alpha$ dem Nomogramm D 14 entnommen werden, indem man zu $\mu = n\,\bar{u}$ die Zufallsgrenzen x_U und x_O abliest. Dann ist $u_U = x_U/n$ und $u_O = x_O/n$.

b) $$u_U^O = \bar{u} \pm 3\sqrt{\frac{\bar{u}}{n}}, \quad \text{falls} \quad n\,\bar{u} \gtrless 4.$$

(10.3.4)

11 Prüfpläne

11.1 Allgemeines

Für eine vorgelegte Liefermenge (Gesamtheit) der Größe N soll beurteilt werden, wieweit ihre Qualität vorgegebenen Sollwerten entspricht (quality of conformance), so daß die Lieferung entweder angenommen oder abgelehnt werden kann.

Die Liefermenge wird entweder durch Prüfung aller Einheiten (Vollprüfung oder 100%-Prüfung) oder durch Prüfung einer Teilmenge unter Benutzung von Stichprobenprüfplänen beurteilt.

Ein Prüfplan ist eine Vorschrift, die angibt

a) die Zahl der Einheiten, die zur Prüfung aus der Liefermenge herangezogen werden sollen (Größe n der Stichprobe) und

b) die Entscheidungsregel, mit der man auf Grund der aus der Stichprobe gewonnenen Ergebnisse feststellt, ob die ganze Liefermenge angenommen oder abgelehnt werden soll.

Der Liefermenge kann entnommen werden

1. *eine* Stichprobe der Größe n_1, (*Einfachplan*),

2. zunächst eine Stichprobe der Größe n_1 und auf Grund der Ergebnisse dieser Stichprobe gegebenenfalls eine zweite Stichprobe der Größe n_2, (*Doppelplan*),

3. zunächst eine Stichprobe der Größe n, auf Grund deren Ergebnis gegebenenfalls eine zweite im allgemeinen gleich große (n), auf Grund der Ergebnisse der ersten beiden, gegebenenfalls eine dritte (n), allgemein auf Grund der Ergebnisse aller k vorhergehenden gegebenenfalls eine weitere $(k+1)$-te Stichprobe (n), (*Mehrfachplan*).

Wählt man beim Mehrfachplan als Größe der Einzelprobe $n = 1$, so entsteht ein *Folgeplan*. (Zuweilen unterscheidet man nicht streng zwischen Mehrfachplänen und Folgeplänen, sondern faßt beide unter den Sammelnamen Folgepläne bzw. Sequentialpläne zusammen.)

Folgeprüfung ist empfehlenswert, wenn die Kosten je geprüfte Einheit hoch liegen, so daß es darauf ankommt, die Größe der Probe möglichst klein zu halten.

Die Prüfpläne setzen zum Teil *messende Prüfung* (sampling by variables), zum Teil *Gut-Schlecht-Prüfung* (sampling by attributes) der entnommenen Einheiten voraus.

11.2 Einfachpläne für stetig veränderliche Merkmale
(messende Prüfung; sampling by variables)

a) Einseitig vorgegebene Toleranzgrenze T_U bzw. T_O

Die in diesem Abschnitt definierten „technischen Toleranzgrenzen" sind nicht mit den im Abschn. 5.4 erwähnten „statistischen Toleranzgrenzen" zu verwechseln.

Nach Abb. 11.2.1 sei μ der *Mittelwert* und σ^2 die *Varianz* der (nahezu) normalverteilten Merkmalwerte x in der Grundgesamtheit (Liefermenge). T_U bzw. T_O sei die für das Merkmal vorgeschriebene *einseitige untere* bzw. *obere Toleranzgrenze*. Der Anteil der Liefermenge jenseits von T_U bzw. T_O, der „*Schlechtanteil*", sei p; dann ist der „*Gutanteil*" $q = 1 - p$.

Die *Annahmekennlinie* $W(p)$ oder die Operations-Charakteristik eines Prüfplans gibt die Annahmewahrscheinlichkeit W einer Liefermenge in Abhängigkeit von ihrem Schlechtanteil p.

Liefermengen mit $p \leq p_1$ (*Gutgrenze*) gelten als „gut" und sollen durch den Plan mit der (großen) Wahrscheinlichkeit $W(p) \geq W(p_1)$

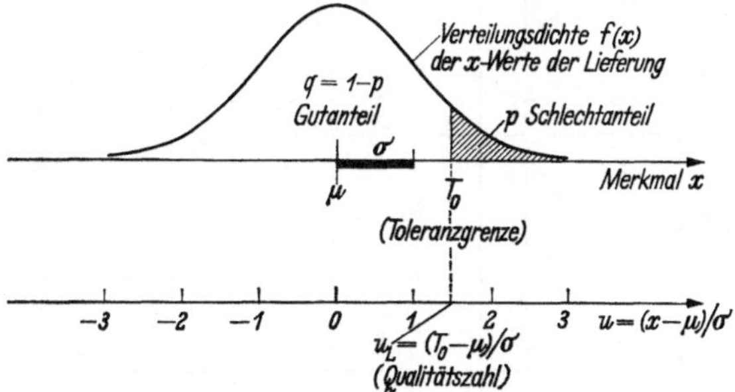

Abb. 11.2.1. Eine Liefermenge kann man wahlweise durch den Schlechtanteil p, den Gutanteil q oder die Qualitätszahl u_L mit $\Phi(u_L) = q$ kennzeichnen

$= 1 - \alpha$ angenommen werden; Liefermengen mit $p \geq p_2$ (*Schlechtgrenze*) gelten als „schlecht" und sollen durch den Plan mit der (großen) Wahrscheinlichkeit $1 - W(p) \geq 1 - W(p_2) = 1 - \beta$ zurückgewiesen werden.

Nach Abb. 11.2.1 kann man *die Beschaffenheit einer Liefermenge* entweder durch den *Gutanteil* q oder durch den *Schlechtanteil* p oder durch die *Qualitätszahl* u_L (quality index) kennzeichnen. Dabei sind die Qualitätszahlen bei Vorgabe von T_U bzw. T_O

$$u_L = \frac{\mu - T_U}{\sigma}$$

bzw.

$$u_L = \frac{T_O - \mu}{\sigma} \Bigg\} \qquad (11.2.1)$$

mit

$$\Phi(u_L) = q,$$

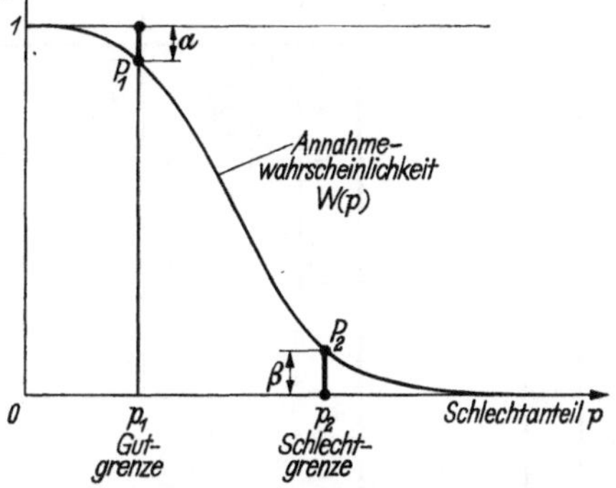

wobei $\Phi(u)$ die Summenfunktion der standardisierten Normalverteilung ist.

Abb. 11.2.2. Die Annahmekennlinie $W(p)$ eines Prüfplans wird durch die zwei Grundpunkte $P_1(p_1; 1 - \alpha)$ und $P_2(p_2; \beta)$ bestimmt

Die *Probengröße* n und der *Annahmefaktor* k zur Berechnung der Prüfgröße werden so bestimmt, daß der Prüfplan eine Annahmekennlinie hat, die durch die zwei vorgeschriebenen Punkte $P_1(p_1; 1 - \alpha)$ und $P_2(p_2; \beta)$ geht; Abb. 11.2.2. Dabei sind α [das *Risiko des Herstellers oder Lieferanten*] und β [das *Risiko des Abnehmers oder Käufers*] die der Gutgrenze p_1 und der Schlechtgrenze p_2 zugeordneten *Irrtumswahrscheinlichkeiten*, d. h. die Wahrscheinlichkeiten für falsche Entscheidungen (Ablehnung einer noch guten Liefermenge der Beschaffenheit $p = p_1$

Probengrößen, Prüfgrößen und Entscheidungsregeln bei Einfachplänen für messende Prüfung

1	2	3	4	5		6	
				Prüfgröße der Form z bei vorgeschriebener		Prüfgröße der Form Q bei vorgeschriebener	
Nr.	Plan	Annahmefaktor	Probengröße	unterer Toleranzgrenze T_U	oberer Toleranzgrenze T_O	unterer Toleranzgrenze T_U	oberer Toleranzgrenze T_O
1	$(\bar{x};\sigma)$	$k=\dfrac{u_{1-\beta}\,u_1+u_{1-\alpha}\,u_2}{u_{1-\alpha}+u_{1-\beta}}$	$n_\sigma=\left(\dfrac{u_{1-\alpha}+u_{1-\beta}}{u_1-u_2}\right)^2$ *	$z_\sigma=\bar{x}-k\,\sigma$	$z_\sigma=\bar{x}+k\,\sigma$	$Q_\sigma=\dfrac{\bar{x}-T_U}{\sigma}$	$Q_\sigma=\dfrac{T_O-\bar{x}}{\sigma}$
2	$(\bar{x};s)$		$n_s\approx n_\sigma[1+(k^2/2)]$ für $n_s\gtrapprox 10$	$z_s=\bar{x}-k\,s$	$z_s=\bar{x}+k\,s$	$Q_s=\dfrac{\bar{x}-T_U}{s}$	$Q_s=\dfrac{T_O-\bar{x}}{s}$
3	$(\bar{x};\bar{R})$	$K=k/\alpha_m$ **	$n_R\approx n_\sigma[1+(k\,\delta_m)^2]$ für $n_R\gtrapprox 15$	$z_R=\bar{x}-K\,\bar{R}$	$z_R=\bar{x}+K\,\bar{R}$	$Q_R=\dfrac{\bar{x}-T_U}{\bar{R}}\alpha_m$ $Q'_R=\dfrac{\bar{x}-T_U}{\bar{R}}$	$Q_R=\dfrac{T_O-\bar{x}}{\bar{R}}\alpha_m$ $Q'_R=\dfrac{T_O-\bar{x}}{\bar{R}}$
		Annahme für		$z\geqq T_U$	$z\leqq T_O$	$Q\geqq k$ bzw. $Q'\geqq K$	
		Ablehnung für		$z<T_U$	$z>T_O$	$Q<k$ bzw. $Q'<K$	

* Zahlenwerte für u_1 und u_2 erhält man aus $\Phi(u_1)=q_1=1-p_1$ und $\Phi(u_2)=q_2=1-p_2$ mit Hilfe von Tab. C 2.
Zahlenwerte für $u_{1-\alpha}$ und $u_{1-\beta}$ erhält man aus $\Phi(u_{1-\alpha})=1-\alpha$ und $\Phi(u_{1-\beta})=1-\beta$ mit Hilfe von Tab. C 2.

** Zahlenwerte für α_m s. Tab. C 11 Spalte 2; $\alpha_5=2{,}326$.

*** $\delta_m=\sqrt{m}\,\gamma_m$. Zahlenwerte für γ_m s. Tab. C 11 Spalte 4. Der Wert $\delta_5=0{,}831$ (bzw. $\delta_5^2=0{,}690$) kann in guter Näherung im Bereich $5\leqq m\leqq 16$ benutzt werden.

und Annahme einer bereits schlechten Liefermenge der Beschaffenheit $p = p_2$).

Eine der Lieferung entnommene *Zufallsprobe der Größe* n gibt die Meßwerte $x_1; x_2; \ldots; x_\nu; \ldots; x_n$.

Rechnerische Ermittlung von Prüfplänen

1. $(\bar{x}; \sigma)$-*Pläne:* Der unbekannte Mittelwert μ der Grundgesamtheit (Liefermenge) wird durch den Mittelwert $\bar{x}$ der Probe nach (5.1.12) geschätzt; die Standardabweichung σ der Grundgesamtheit ist bekannt.

2. $(\bar{x}; s)$-*Pläne:* Die unbekannten Parameter μ und σ der Grundgesamtheit (Liefermenge) werden mit Hilfe der entsprechenden Parameter $\bar{x}$ und s der Probe nach (5.1.12) und (5.1.19) geschätzt.

3. $(\bar{x}; \bar{R})$-*Pläne:* Die unbekannten Parameter μ und σ der Grundgesamtheit (Liefermenge) werden mit Hilfe der entsprechenden Parameter $\bar{x}$ und $\bar{R}$ der Probe geschätzt, wobei $\bar{R}$ die mittlere Spannweite von Unterproben ist. Dazu teilt man die Gesamtprobe n zufallsmäßig (z. B. unter Benutzung von Zufallszahlen, vgl. Tab. C 19) in l Unterproben $1, 2, \ldots, i, \ldots, l$ der Größe m, wobei natürlich $m\,l = n$ sein muß. Für jede Unterprobe i berechnet man die Spannweite R_i nach (5.1.32) und daraus die mittlere Spannweite $\bar{R}$,

$$\bar{R} = \frac{1}{l} \sum_{i=1}^{l} R_i. \tag{11.2.2}$$

Probengrößen, Prüfgrößen und Entscheidungsregeln siehe Übersicht auf S. 192.

Das doppelte Wahrscheinlichkeitsnetz zur Ermittlung von Prüfplänen

Ohne Rechnung findet man das Wertepaar $(n_\sigma; k)$ eines $(\bar{x}; \sigma)$-Plans im doppelten Wahrscheinlichkeitsnetz,[1] Abb. 11.2.3. In diesem Netz wird die Annahmekennlinie $W(p)$ eines solchen Prüfplans (Abb. 11.2.2) zu einer geraden Linie gestreckt. Man legt diese Gerade G im Netz durch die zwei Grundpunkte $P_1(p_1; 1 - \alpha)$ und $P_2(p_2; \beta)$ fest.

Die *Waagerechte durch* $W = 50\%$ ergibt durch den Schnittpunkt mit G auf der k-Teilung des oberen Randes den *Annahmefaktor* k. Am unteren Rand zeichnet man mit der *Grundlinie* 1 [bzw. 1/2] (wobei die Länge 1 auf der k-Teilung abzugreifen ist) das „*Ablesedreieck*" für n. Die Höhe dieses Dreiecks gibt auf der n-Teilung des *linken* [bzw. *rechten*] Randes die *Probengröße* n_σ.

Den bei einem $(\bar{x}; s)$-Plan oder $(\bar{x}; \bar{R})$-Plan *mit gleicher Annahmekennlinie* $W(p)$ erforderlichen größeren Aufwand n_s oder n_R findet

---

[1] Das Netz in der Größe DIN A 4 (Bestell-Nr. AWF 174a) und DIN A 3 (Bestell-Nr. AWF 174b) kann vom Beuth-Vertrieb GmbH, Berlin, Köln, Frankfurt (Main) bezogen werden.

man ohne Rechnung aus den Verhältniswerten n_s/n_σ und n_R/n_σ, die man
in Abb. 11.2.3 oben über k abliest.

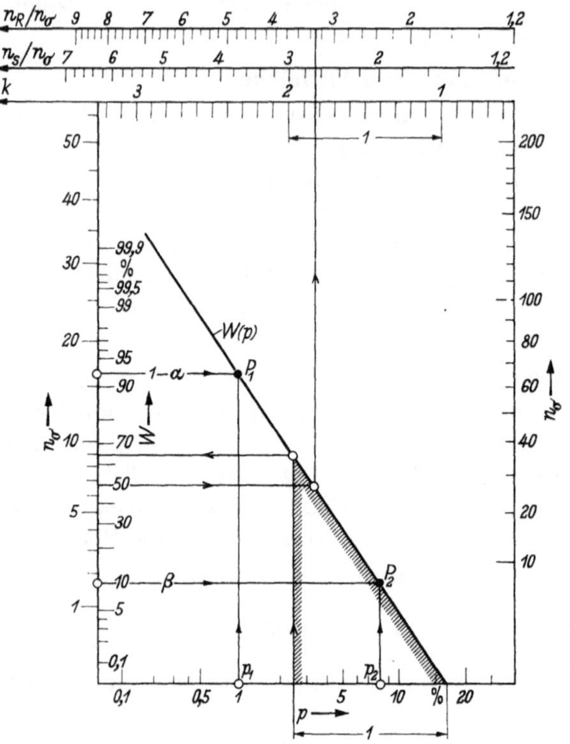

Abb. 11.2.3
Ermittlung der Kenngrößen $(n; k)$ eines Prüfplans im doppelten Wahrscheinlichkeitsnetz

Prüfplansammlungen

Der Military Standard 414[1], Sampling Procedures and Tables for Inspection
by Variables for Percent Defective (Washington 1957), enthält

$(\bar{x}; \sigma)$-Pläne im Teil D,

$(\bar{x}; s)$-Pläne im Teil B,

$(\bar{x}; \bar{R})$-Pläne im Teil C.

Die Beurteilung von Liefermengen durch ihre Gut- oder Schlechtanteile

Den mit *Form z* und *Form Q* bezeichneten Vorschriften (zur Beurteilung von Liefermengen durch die Prüfgrößen z oder Q) steht als weitere
Möglichkeit die Beurteilung durch Gut- oder Schlechtanteile zur Seite.

[1] Der Military Standard 414 kann vom Superintendent of Documents,
US Government Printing Office, Washington 25 D. C. bezogen werden.

Im allgemeinen schätzt man den Gutanteil q_L der Liefermenge durch $\hat{q} = \Phi(Q)$ und den Schlechtanteil p_L durch $\hat{p} = 1 - \Phi(Q)$, wobei Q die Qualitätszahl der Probe und Φ die Summenfunktion der standardisierten Normalverteilung ist. Diese Schätzwerte sind jedoch verzerrt. Die Verzerrung läßt sich beseitigen, indem man Q mit einem geeigneten Faktor λ multipliziert. Aus der Qualitätszahl Q der Probe (vgl. Übersicht auf S. 192) findet man so *nicht verzerrte Schätzwerte* q^* und p^* für Gut- und Schlechtanteil des Loses aus

$$q^* = \Phi(\lambda Q); \quad p^* = 1 - q^*. \tag{11.2.3}$$

Zahlenwerte für $\Phi(u)$ s. Tab. C 2.

Die „Verzerrungsfaktoren" λ der Qualitätszahl Q liegen nahe bei 1 und werden für $(\bar{x}; \sigma)$-Pläne genau, für die anderen in guter Näherung durch die folgenden Gleichungen gegeben

$$(\bar{x}; \sigma)\text{-Pläne} \quad \left| \quad \lambda_\sigma = \sqrt{\frac{n_\sigma}{n_\sigma - 1}} \quad\quad \approx 1 + \frac{1}{2n_\sigma - 2}; \right. \tag{11.2.4}$$

$$(\bar{x}; s)\text{-Pläne} \quad \left| \quad \lambda_s \approx \sqrt{\frac{2n_s - 1}{2n_s - u_L^2}} \quad\quad \approx 1 + \frac{(u_L^2 - 1)/2}{2n_s - u_L^2}; \right. \tag{11.2.5}$$

$$(\bar{x}; \bar{R})\text{-Pläne} \quad \left| \quad \lambda_R \approx \sqrt{\frac{n_R}{n_R - [1 + \delta_m^2(u_L^2 - 2)]}} \approx 1 + \frac{[1 + \delta_m^2(u_L^2 - 2)]}{2n_R - 2[1 + \delta_m^2(u_L^2 - 2)]}; \right.$$
$$\tag{11.2.6}$$

n_σ; n_s; n_R; m; δ_m vgl. Übersicht auf S. 192; u_L Qualitätszahl der Liefermenge, die man bei der Rechnung durch den Schätzwert Q_s bzw. Q_R (vgl. Übersicht auf S. 192) ersetzt.

p^* vergleicht man mit dem höchstzulässigen Wert M, wobei

$$M = 1 - \Phi(\lambda k) \tag{11.2.7}$$

ist. Für

$$\left.\begin{array}{c} p^* \leqq M \\ p^* > M \end{array}\right\rangle \text{wird die Liefermenge} \left\langle\begin{array}{l} \text{angenommen} \\ \text{zurückgewiesen.} \end{array}\right. \tag{11.2.8}$$

Zu dem verzerrten Schätzwert $\hat{p} = 1 - \Phi(Q)$ für den Schlechtanteil der Liefermenge findet man aus Abb. 11.2.4 und Abb. 11.2.5 die Verbesserungen $\Delta p_\sigma(p; n)$ [bei Benutzung eines $(\bar{x}; \sigma)$-Plans] bzw. $\Delta p_s(p; n)$ [bei Benutzung eines $(\bar{x}; s)$-Plans], die man an $\hat{p}$ anzubringen hat. Zur Ermittlung von Δp geht man mit $\hat{p}$ und n in die entsprechende Kurvenschar ein; es ist $p^* = \hat{p} + \Delta p$.

Die Verbesserungen Δp sind für *kleine* Proben n durchaus von Bedeutung. Für $n \gtrless 50$ sind sie im allgemeinen vernachlässigbar, wenn man nicht auf sehr feine Unterschiede der Größenordnung $\Delta p = 2\,^0/_{00}$ achten muß.

13*

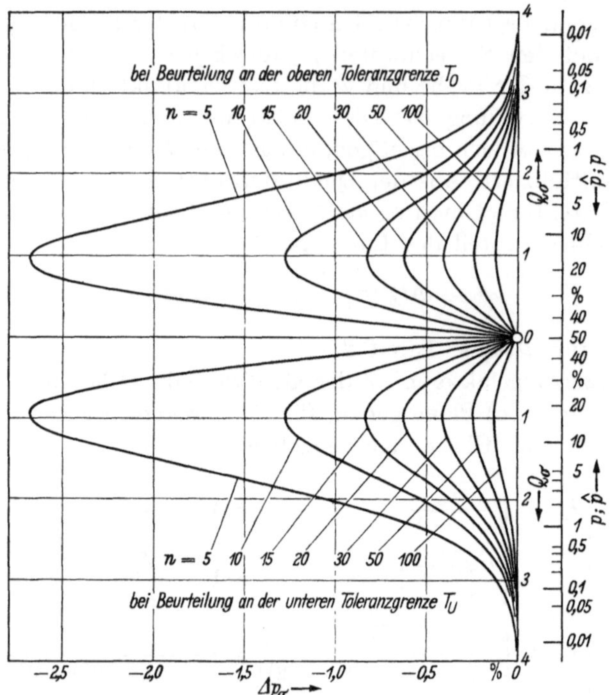

Abb. 11.2.4. Nomogramm zur Verbesserung des Schätzwerts $\hat{p}$ für den Schlechtanteil einer Liefermenge zu $p^* = \hat{p} + \Delta p_\sigma$; σ ist bekannt[1]

b) Zweiseitig vorgegebene Toleranzgrenzen $(T_U;\ T_O)$

Ist der Toleranzbereich $(T_O - T_U) > 6\sigma$, so kann man die Liefermenge mit der *gleichen* Zufallsprobe n durch z oder Q *getrennt* an der unteren Toleranzgrenze T_U und an der oberen T_O beurteilen, wie es vorstehend bei *einseitigen Grenzen* beschrieben worden ist.

Ist jedoch der Toleranzbereich $(T_O - T_U) \lesssim 6\sigma$, so ist die nur für *einseitige* Toleranzgrenzen geltende Lösung nicht geeignet. Man bestimmt dann aus den Qualitätszahlen der Probe, Q_U an der unteren und Q_O an der oberen Toleranzgrenze, unverzerrte Schätzwerte für die Schlechtanteile der Liefermenge, p_U^* unterhalb von T_U und p_O^* oberhalb von T_O. Die Summe $(p_U^* + p_O^*)$ vergleicht man mit einem zulässigen Höchstwert M, den man in den Tafeln des Military Standard 414 findet.

c) Durchschlupf und mittlerer Prüfaufwand

Neben der Annahmekennlinie $W(p)$ sind weitere Kenngrößen eines Prüfplans der *größte Durchschlupf* $p_{\max}$ und der *mittlere Prüfaufwand je Los $\bar{n}$*.

---

[1] Abb. 11.2.4 und 11.2.5 nach K. STANGE. Stichproben-Pläne für messende Prüfung. ASQ/AWF 5. BEUTH-Vertrieb Berlin (1962).

Von zahlreichen Liefermengen mit dem gleichen Schlechtanteil p wird
der Anteil W angenommen, der Anteil $(1 - W)$ abgelehnt. Wird nun (auf
Grund einer *zusätzlichen Vereinbarung*) jedes zunächst abgelehnte Los

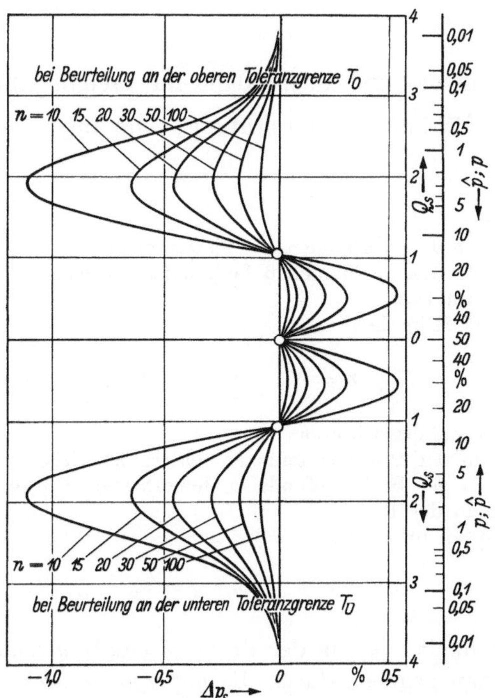

Abb. 11.2.5. Nomogramm zur Verbesserung des Schätzwerts $\hat{p}$ für den Schlechtanteil einer
Liefermenge zu $p^* = \hat{p} + \Delta p_s$; σ wird durch s geschätzt[1]

durch Vollprüfung „ausgelesen'' (wobei jedes schlechte Stück durch
ein gutes ersetzt wird) und dann *angenommen*, so ist der mittlere Schlechtanteil p_N nach der Prüfung für alle angenommenen Lose

$$p_N = p\,W(p). \qquad (11.2.9)$$

Dieser von p abhängige Wert p_N heißt *Durchschlupf*; er hat ein Maximum $p_{\max}$ über p, das man leicht findet, wenn die Annahmekennlinie $W(p)$ des Plans bekannt ist. Ein Prüfplan gewährleistet (unter der
obengenannten Zusatzvereinbarung), daß der *mittlere* Schlechtanteil p_N
der angenommenen Lose den größten Durchschlupf $p_{\max}$ nicht überschreitet. Der Schlechtanteil eines *einzelnen* angenommenen Loses kann
(unter Umständen erheblich) über $p_{\max}$ liegen.

---

[1] Siehe Fußn. 1, S. 196.

Unter der gleichen Zusatzvereinbarung des Auslesens abgelehnter Lose ist der *mittlere Prüfaufwand* $\bar{n}$ je Los in Abhängigkeit von p

$$\bar{n} = N - (N - n)\, W(p). \tag{11.2.10}$$

11.3 Einfach- und Doppelpläne für Ereigniszahlen

(Gut-Schlecht-Prüfung; Lehrenprüfung; sampling by attributes)

a) Allgemeines

N Losgröße
X Zahl der im Los vorhandenen fehlerfreien Stücke
Y Zahl der im Los vorhandenen fehlerhaften Stücke
$X/N = q$ Gutanteil im Los
$Y/N = p$ Schlechtanteil im Los

$$X + Y = N; \quad p + q = 1 \tag{11.3.1}$$

n Größe der Zufallsstichprobe
x Zahl der in der Probe gefundenen fehlerfreien Stücke
y Zahl der in der Probe gefundenen fehlerhaften Stücke
$x/n = \hat{q}$ Gutanteil in der Probe
$y/n = \hat{p}$ Schlechtanteil in der Probe

$$x + y = n; \quad \hat{p} + \hat{q} = 1. \tag{11.3.2}$$

Die Wahrscheinlichkeit $\varphi(y)$, in der Probe n gerade y schlechte Stücke zu finden, ist genau gegeben durch die *hypergeometrische Verteilung*

$$\varphi(y) = \frac{\binom{X}{x}\binom{Y}{y}}{\binom{N}{n}} = \varphi(y \,|\, n,\, Y,\, N); \tag{11.3.3}$$

vgl. Abschn. 2.2.

Wenn $n/N < 1/10$ bleibt (oder für $N \to \infty$), darf $\varphi(y)$ mit der *Binomialverteilung*

$$\varphi(y) = \binom{n}{y} p^y q^x = \binom{n}{y} p^y q^{n-y} = \varphi(y \,|\, n;\, p) \tag{11.3.4}$$

berechnet werden; vgl. Abschn. 2.3.

Ist außerdem p *klein*, dann darf $\varphi(y)$ mit der *Poisson-Verteilung* berechnet werden

$$\varphi(y) = \frac{\mu^y e^{-\mu}}{y!} = \varphi(y \,|\, \mu) \quad \text{mit} \quad \mu = n\, p; \tag{11.3.5}$$

vgl. Abschn. 2.4.

b) Einfachpläne

Die Prüfpläne sind gekennzeichnet durch *Probengröße* n und *Annahmezahl* a:

$$\text{Für} \left\langle \begin{matrix} y \leqq a \\ y > a \end{matrix} \right\rangle \text{wird das Los} \left\langle \begin{matrix} \text{angenommen} \\ \text{zurückgewiesen.} \end{matrix} \right.$$

Die Annahmewahrscheinlichkeit W eines Loses der Beschaffenheit p (Operations-Charakteristik) ist bei gegebenen Werten von N, n und a eine Funktion von p.

Allgemein gilt

$$W(p \,|\, N;\, n;\, a) = W(p) = \sum_{y=0}^{a} \varphi(y). \qquad (11.3.6)$$

In erster Näherung ist W von der Losgröße N *nicht* abhängig.

Operations-Charakteristiken $W(p\,|\,N;\,n;\,a)$ sind graphisch dargestellt bei C. R. CLARK and L. H. KOOPMANS: Graphs of the Hypergeometric O. C. and A. O. Q. Functions for Lot Sizes 10 to 225, Office of Technical Services, Department of Commerce, Washington 25, D. C., 1959.

Im Sonderfall der Binomialverteilung gilt

$$\begin{aligned} W(p) &= \sum_{y=0}^{a} \binom{n}{y} p^y q^{n-y} \\ &= 1 - \binom{n}{a}(n-a) \int_{0}^{p} x^a (1-x)^{n-a-1}\, dx \\ &= 1 - \frac{B_p(a+1;\, n-a)}{B(a+1;\, n-a)}, \end{aligned} \qquad (11.3.7)$$

wobei B die im Abschn. 3.7 erklärte Betafunktion ist.

Im Sonderfall der Poisson-Verteilung gilt

$$W(p) = \sum_{y=0}^{a} \frac{\mu^y}{y!}\, e^{-\mu} = 1 - \frac{1}{a!} \int_{0}^{\mu} t^a\, e^{-t}\, dt = 1 - \frac{\Gamma_\mu(a+1)}{\Gamma(a+1)}, \qquad (11.3.8)$$

wobei Γ die im Abschn. 3.6 erklärte Gammafunktion ist.

c) Doppelpläne

Prüfung mit zwei nacheinander gezogenen Proben. Die Pläne sind gekennzeichnet durch zwei Teilproben der Größe n_1 und n_2. Zu n_1 gehört die Annahmezahl a_1 und die Rückweiszahl $r_1 > (a_1 + 1)$. Zur Gesamtprobe $(n_1 + n_2)$ gehört die Annahmezahl a_2 (und die Rückweiszahl $r_2 = a_2 + 1$).

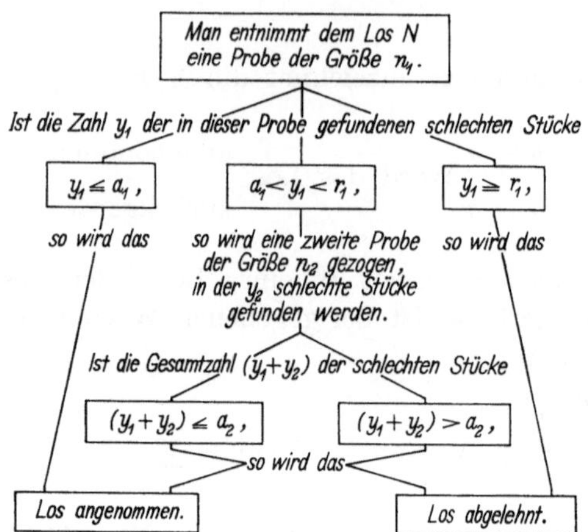

Die Wirkungsweise eines Doppelplans wird in Abb. 11.3.1 veranschaulicht, in der die Zahl y der fehlerhaften Einheiten über der Zahl n der geprüften Einheiten (Stichprobenebene) dargestellt ist.

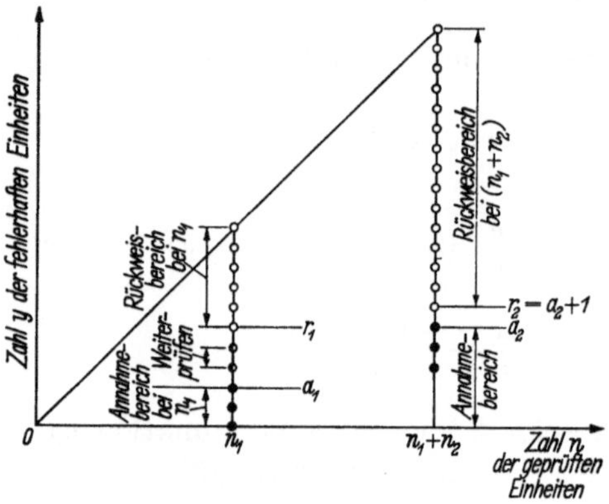

Abb. 11.3.1. Die Stichprobenebene zur Veranschaulichung eines Doppelplans mit $[n_1; a_1; r_1]$ und $[(n_1 + n_2); a_2; r_2 = a_2 + 1]$

Um die Zahl der frei wählbaren Parameter einzuschränken, wählt man beim Einsatz von Doppelplänen meist $r_1 = a_2 + 1$ und $n_2 = n_1$ oder $n_2 = 2n_1$, so daß die zwei Parameter r_1 und n_2 wegfallen.

Die Annahmewahrscheinlichkeit W eines Loses der Beschaffenheit p ist allgemein

$$W = W(p \,|\, N; n_1; a_1; r_1; n_2; a_2) \tag{11.3.9}$$

und mit den Einschränkungen

$$n/N < 1/10; \quad r_1 = a_2 + 1; \quad n_2 = n_1 \quad \text{oder} \quad n_2 = 2n_1,$$

$$W \approx W(p \,|\, n_1; a_1; a_2). \tag{11.3.10}$$

Allgemein gilt mit $\varphi(y)$ nach (11.3.3)

$$W = \sum_{y_1=0}^{a_1} \varphi(y_1 \mid n_1; \, Y; \, N) +$$

$$+ \sum_{y_1=a_1+1}^{r_1-1} \left[\varphi(y_1 \mid n_1; \, Y; \, N) \sum_{y_2=0}^{a_2-y_1} \varphi(y_2 \mid n_2; \, Y - y_1; \, N - n_1) \right] \quad (11.3.11)$$

und im Sonderfall der Binomialverteilung mit $\varphi(y)$ nach (11.3.4)

$$W \approx \sum_{y_1=0}^{a_1} \varphi(y_1 \mid n_1; \, p) + \sum_{y_1=a_1+1}^{a_2} \left[\varphi(y_1 \mid n_1; \, p) \sum_{y_2=0}^{a_2-y_1} \varphi(y_2 \mid n_2; \, p) \right]. \quad (11.3.12)$$

d) Ermittlung der Probengröße n und der Annahmezahl a eines Einfachplans bei vorgegebener Annahmekennlinie $W(p)$ mit Hilfe der arc sin-Transformation

Sind Probengröße n und Annahmezahl a so zu bestimmen, daß die Annahmekennlinie $W(p)$ nach Abb. 11.2.2 durch die zwei Grundpunkte $P_1(p_1; 1 - \alpha)$ und $P_2(p_2; \beta)$ geht, so ist für Gut-Schlecht-Prüfung oder Lehrenprüfung angenähert

$$n \approx \left(\frac{u_{1-\alpha} + u_{1-\beta}}{\varphi_2 - \varphi_1} \right)^2 - \frac{1}{\varphi_1 \varphi_2}. \quad (11.3.13)$$

Dabei bestimmt man das Wertepaar $(u_{1-\alpha}; u_{1-\beta})$ aus

$$\Phi(u_{1-\alpha}) = 1 - \alpha \quad \text{und} \quad \Phi(u_{1-\beta}) = 1 - \beta \quad (11.3.14)$$

und $(\varphi_1; \varphi_2)$ aus

$$\varphi_1 = 2 \text{ arc sin } \sqrt{p_1} \quad \text{und} \quad \varphi_2 = 2 \text{ arc sin } \sqrt{p_2}. \quad (11.3.15)$$

Zahlenwerte für $\Phi(u)$ bzw. $u(\Phi)$ s. Tab. C 2.

Zahlenwerte für $z = \text{arc sin } \sqrt{p}$ s. Tab. C 15.

Für kleine p ist ausreichend genau

$$\varphi_1 \approx 2 \sqrt{p_1} \quad \text{und} \quad \varphi_2 \approx 2 \sqrt{p_2}. \quad (11.3.16)$$

Für den in der Probe n zulässigen Schlechtanteil p^* gilt

$$2 \text{ arc sin } \sqrt{p^*} = \varphi^* \quad \text{oder} \quad p^* = \sin^2(\varphi^*/2), \quad (11.3.17)$$

wobei die transformierte *Trenngröße* φ^* aus

$$\varphi^* = \frac{1}{2}(\varphi_1 + \varphi_2)\left[1 - \frac{1}{2n\,\varphi_1\,\varphi_2} \right] + \frac{u_{1-\alpha} - u_{1-\beta}}{2\sqrt{n}} \quad (11.3.18)$$

berechnet wird.

Die Annahmezahl a wird

$$a = n\,p^* - \tfrac{1}{2}. \quad (11.3.19)$$

Eine andere Näherungslösung zur Bestimmung von n und a ergibt sich bei Benutzung des Mosteller-Tukey-Netzes, vgl. Beispiel 8.

e) Prüfplansammlungen

1. DODGE, H. F., and H. G. ROMIG: Sampling Inspection Tables: Single and Double Sampling. New York: Wiley 1959.

2. Military Standard: Sampling Procedures and Tables for Inspection by Attributes. Mil-Std-105 D $\equiv$ ABC Std 105. Washington: US Government Printing Office 1963.

3. Philips Standard-Stichprobensystem (auch abgedruckt im Anhang IV von Schaafsma-Willemze: Moderne Qualitätskontrolle. Eindhoven: Philips Techn. Bibl. 1959).

4. WAGNER, G., u. E. KALUZA: Abnahme mit Stichproben. AWF-Schrift I-3-1. Berlin und Köln: Beuth-Vertrieb 1959.

5. ASQ-Stichproben-Tabellen zur Attributprüfung. ASQ/AWF-Schrift 1. Berlin und Köln: Beuth-Vertrieb 1960.

11.4 Folgepläne (Folgetests) für stetig veränderliche Merkmale (messende Prüfung)

Die Merkmalwerte x seien normalverteilt mit dem Mittelwert $M\{x\} = \mu$ und der Varianz $V\{x\} = \sigma^2$.

a) Test zur Beurteilung des Schlechtanteils p oder des Mittelwerts μ einer Liefermenge bei bekannter Varianz σ^2 der Fertigung

Hypothese H_1: $\qquad p = p_1 \qquad$ bzw. $\quad \mu = \mu_1$;

Gegenhypothese H_2: $p = p_2 > p_1$ bzw. $\quad \mu = \mu_2 > \mu_1$.

Der Folgeplan wird so bestimmt, daß seine Annahmekennlinie W durch die vorgeschriebenen Punkte $(\mu_1; 1-\alpha)$ und $(\mu_2; \beta)$ bzw. $(p_1; 1-\alpha)$ und $(p_2; \beta)$ geht (vgl. S. 191 und Abb. 11.2.2).

Zwischen den Wertepaaren $(p_1; p_2)$ und $(\mu_1; \mu_2)$ besteht die Beziehung

$$\Phi\left(\frac{T-\mu_1}{\sigma}\right) = q_1 = 1 - p_1 \quad \text{und} \quad \Phi\left(\frac{T-\mu_2}{\sigma}\right) = q_2 = 1 - p_2, \quad (11.4.1)$$

wobei T die *einseitig* vorgeschriebene obere Toleranzgrenze ist.

Zahlenwerte für $\Phi(u)$ bzw. $u(\Phi)$ s. Tab. C 2.

Hilfsgrößen zur Auswertung:

$$\ln\left(\frac{1-\alpha}{\beta}\right) = A; \quad \ln\left(\frac{1-\beta}{\alpha}\right) = B, \qquad (11.4.2)$$

$$\frac{\mu_2-\mu_1}{\sigma^2} = C, \qquad (11.4.3)$$

$$a = \frac{A}{C}; \quad b = \frac{B}{C}; \qquad (11.4.4)$$

$$\psi = \tfrac{1}{2}(\mu_1 + \mu_2). \qquad (11.4.5)$$

In einer Versuchsreihe sei x_ν der (von Probe zu Probe) beobachtete Einzelwert und n die gerade erreichte Gesamtzahl der Beobachtungen.

Prüfgröße $$\sum_{\nu=1}^{n} x_\nu = X_n. \tag{11.4.6}$$

Entscheidungsregel

Rechnerische Auswertung. Gilt für das Wertepaar $(n; X_n)$ die Ungleichung

$$X_n \leqq \psi n - a, \qquad \text{so wird das Los angenommen;} \tag{11.4.7}$$

$$\psi n - a < X_n < \psi n + b, \text{ so wird weitergeprüft;} \tag{11.4.8}$$

$$X_n \geqq \psi n + b, \qquad \text{so wird das Los abgelehnt.} \tag{11.4.9}$$

Zeichnerische Auswertung. In der Prüfebene $(n; X_n)$ zeichnet man die (parallelen) Geraden

G_A für Annahme: $\qquad X_A = \psi n - a;$ $\hspace{2cm}$ (11.4.10)

G_R für Ablehnung: $\qquad X_R = \psi n + b,$ $\hspace{2cm}$ (11.4.11)

mit den Achsenabschnitten $(-a)$ und b auf der senkrechten Achse und dem Anstieg ψ.

Die Prüfung endet mit der Annahme des Loses, wenn der vom Nullpunkt aus wandernde Stichprobenpunkt $(n; X_n)$ die Annahmegerade G_A erreicht oder überschreitet. Die Prüfung endet mit der Ablehnung des Loses, wenn der Stichprobenpunkt $(n; X_n)$ die Rückweisgerade G_R erreicht oder überschreitet. Solange der Stichprobenpunkt $(n; X_n)$ im Indifferenzbereich zwischen

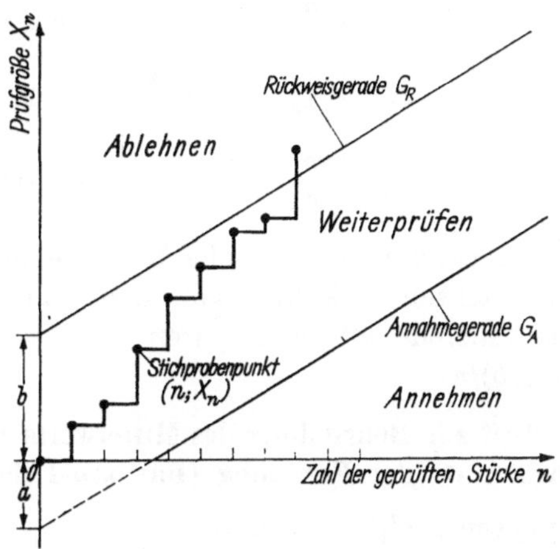

Abb. 11.4.1. Wirkungsweise eines Folgeplans bei zeichnerischer Auswertung

den Geraden G_A und G_R läuft, wird keine endgültige Entscheidung gefällt, sondern ein weiteres Stück geprüft (vgl. Abb. 11.4.1).

Annahmekennlinie und mittlerer Prüfaufwand

Die Gleichung der Annahmekennlinie $W(\mu)$ ist in Parameterform (Parameter τ oder $t = e^\tau$)

$$\mu = \mu(\tau) = \psi - \left(\frac{\sigma^2}{2}\right)\tau; \quad W = W(\tau) = \frac{1 - e^{b\tau}}{(1/e^{a\tau}) - e^{b\tau}}; \tag{11.4.12}$$

oder

$$\mu = \mu(t) = \psi - \left(\frac{\sigma^2}{2}\right)\ln t; \quad W = W(t) = \frac{1 - t^b}{(1/t^a) - t^b}. \tag{11.4.13}$$

Für $\tau \to 0$ oder $t \to 1$ ist $\mu = \psi$ und

$$W(\psi) = \frac{B}{A+B} = \frac{b}{a+b} \ . \tag{11.4.14}$$

Der Erwartungswert für n *bei gegebenem* μ, *der mittlere Prüfaufwand* über μ, ist

$$M\{n \mid \mu\} = \frac{b - (a+b)\,W(\mu)}{\mu - \psi} \ . \tag{11.4.15}$$

Für $\tau \to 0$ oder $t \to 1$ ist $\mu = \psi$ und

$$M\{n \mid \psi\} = \frac{A\,B\,\sigma^2}{(\mu_2 - \mu_1)^2} = \frac{A\,B}{C^2\,\sigma^2} = \frac{a\,b}{\sigma^2} \ . \tag{11.4.16}$$

Entscheidungsregel; $\bar{x}_n$ als Prüfgröße

Wählt man an Stelle von X_n *den Mittelwert* $\bar{x}_n = (1/n) \sum\limits_{\nu=1}^{n} x_\nu = (1/n)\,X_n$ als Prüfgröße, so gelten für $\bar{x}_n$ die drei Ungleichungen

$$\bar{x}_n \leqq \psi - \frac{a}{n} \qquad \text{für Annahme des Loses,} \tag{11.4.17}$$

$$\psi - \frac{a}{n} < \bar{x}_n < \psi + \frac{b}{n} \quad \text{für Weiterprüfen,} \tag{11.4.18}$$

$$\bar{x}_n \geqq \psi + \frac{b}{n} \qquad \text{für Ablehnung des Loses.} \tag{11.4.19}$$

In der $(n;\, \bar{x}_n)$-Ebene ist der Indifferenzbereich ein „Trichter", der sich mit wachsender Zahl n von Beobachtungen mehr und mehr verengt. Die „Mittellinie" des Trichters ist $\bar{x}_n = \psi$ und die Weite hat den Wert $(a+b)/n$.

b) Test zur Beurteilung des Mittelwerts μ bei unbekannter jedoch fester Varianz σ^2 der Fertigung (Barnard-Folgetest)

Hypothese H_1: $\mu = \mu_1$;

Gegenhypothese H_2: $\mu = \mu_2 = \mu_1 + D\sigma$.

Der Folgeplan wird so bestimmt, daß seine Annahmekennlinie $W(\mu)$ durch die vorgeschriebenen Punkte $(\mu_1;\, 1 - \alpha)$ und $(\mu_2;\, \beta)$ geht (vgl. S. 191 und Abb. 11.2.2). D ist der standardisierte Abstand $(\mu_2 - \mu_1)/\sigma$ der beiden Mittelwerte μ_1 und μ_2.

In einer Versuchsreihe sei x_ν der (von Probe zu Probe) beobachtete Einzelwert und n die gerade erreichte Gesamtzahl der Beobachtungen.

Prüfgröße $$U_n = \frac{\sum\limits_{\nu=1}^{n} (x_\nu - \mu_1)}{\sqrt{\sum\limits_{\nu=1}^{n} (x_\nu - \mu_1)^2}} \ ; \quad n > 2 \tag{11.4.20}$$

Entscheidungsregel

Rechnerische Auswertung. Gilt für das Wertepaar $(n; U_n)$ die Ungleichung

$$U_n \leqq U_1, \qquad \text{so wird das Los angenommen;} \qquad (11.4.21)$$

$$U_1 < U_n < U_2, \quad \text{so wird weitergeprüft;} \qquad (11.4.22)$$

$$U_2 \leqq U_n, \qquad \text{so wird das Los abgelehnt.} \qquad (11.4.23)$$

Zahlenwerte für U_1 und U_2 in Abhängigkeit von D und n für $\alpha = \beta = 0,05 = 5\%$ s. Tab. 11.4.2; S. 206.

Zeichnerische Auswertung. In der Prüfebene $(n; U_n)$ zeichnet man über n die mit n aufeinander zulaufenden Grenzkurven $U_1(n)$ für Annahme und $U_2(n)$ für Ablehnung.

Durchführung der Prüfung und Deutung der Ergebnisse wie in Abschn. 11.4a), S. 203.

c) Test zur Beurteilung des Schlechtanteils p oder der Varianz σ^2 bei bekanntem Mittelwert μ der Fertigung

Hypothese H_1: $p = p_1$ bzw. $\sigma^2 = \sigma_1^2$,

Gegenhypothese H_2: $p = p_2 > p_1$ bzw. $\sigma^2 = \sigma_2^2 > \sigma_1^2$.

Der Folgeplan wird so bestimmt, daß seine Annahmekennlinie W durch die vorgeschriebenen Punkte $(\sigma_1^2; 1 - \alpha)$ und $(\sigma_2^2; \beta)$ bzw. $(p_1; 1 - \alpha)$ und $(p_2; \beta)$ geht (vgl. S. 191 und Abb. 11.2.2).

Zwischen den Wertepaaren $(p_1; p_2)$ und $(\sigma_1^2; \sigma_2^2)$ besteht die Beziehung

$$\Phi\left(\frac{T - \mu}{\sigma_1}\right) = q_1 = 1 - p_1 \quad \text{und} \quad \Phi\left(\frac{T - \mu}{\sigma_2}\right) = q_2 = 1 - p_2, \quad (11.4.24)$$

wobei T die *einseitig* vorgeschriebene obere Toleranzgrenze ist.

Zahlenwerte für $\Phi(u)$ bzw. $u(\Phi)$ s. Tab. C 2.

Hilfsgrößen zur Auswertung:

$$\ln\left(\frac{1 - \alpha}{\beta}\right) = A; \qquad \ln\left(\frac{1 - \beta}{\alpha}\right) = B; \qquad (11.4.25)$$

$$\left(\frac{1}{\sigma_1^2} - \frac{1}{\sigma_2^2}\right) = \frac{\sigma_2^2 - \sigma_1^2}{(\sigma_1\sigma_2)^2} = C; \qquad (11.4.26)$$

$$\frac{2A}{C} = a; \qquad \frac{2B}{C} = b; \qquad (11.4.27)$$

$$\frac{\ln(\sigma_2/\sigma_1)^2}{C} = \psi. \qquad (11.4.28)$$

In einer Versuchsreihe sei x_ν der (von Probe zu Probe) beobachtete Einzelwert und n die gerade erreichte Gesamtzahl der Beobachtungen.

Prüfgröße $$\sum_{\nu=1}^{n} (x_\nu - \mu)^2 = S_n^2. \qquad (11.4.29)$$

Tab.[1] 11.4.2. *Zahlenwerte U_1 und U_2 in Abhängigkeit von D und n für $\alpha = \beta = 5\%$*

n	$D = 0,10$		$D = 0,25$		$D = 0,50$		$D = 0,75$		$D = 1,00$		$D = 1,50$		$D = 2,00$		$D = 3,00$		n
	U_1	U_2	U_1	U_2	U_1	U_2	U_1	U_2	U_1	U_2	U_1	U_2	U_1	U_2	U_1	U_2	
2					[−6,96]		[−3,90]	[2,60]	[−2,14]	[2,13]	−0,47	[1,69]	0,37	[1,56]	0,95	[1,46]	2
4					[−3,13]	[3,01]	−1,49	[2,30]	−0,53	[2,03]	0,51	1,84	1,03	1,82	1,50	1,85	4
6					−2,07	[2,73]	−0,76	2,20	0,03	2,04	0,91	2,01	1,43	2,06	1,90	2,19	6
8			[−4,32]	[4,24]	−1,51	2,56	−0,35	2,16	0,37	2,09	1,23	2,18	1,74	2,29	2,22	2,47	8
10			[−3,67]	[3,91]	−1,15	2,46	−0,07	2,16	0,63	2,16	1,49	2,34	2,00	2,49	2,50	2,73	10
15			−2,72	3,39	−0,57	2,34	0,44	2,23	1,11	2,34	2,01	2,70	2,54	2,94	3,10	3,29	15
20	[−6,68]		−2,17	3,10	−0,21	2,31	0,78	2,33	1,47	2,52	2,42	3,02	2,97	3,32			20
25	[−5,87]	[6,00]	−1,77	2,90	0,07	2,30	1,05	2,44	1,76	2,70	2,78	3,32	3,36	3,67			25
30	−5,27	[5,55]	−1,50	2,77	0,29	2,32	1,28	2,55	2,02	2,88	3,09	3,59	3,71	3,99			30
35	−4,81	5,19	−1,28	2,67	0,48	2,36	1,49	2,66	2,24	3,05	3,38	3,84	4,03	4,29			35
40	−4,44	4,91	−1,09	2,60	0,65	2,40	1,67	2,76	2,45	3,21	3,64	4,07	4,32	4,57			40
45	−4,14	4,67	−0,93	2,55	0,79	2,44	1,84	2,87	2,64	3,36	3,89	4,29	4,60	4,83			45
50	−3,88	4,47	−0,79	2,51	0,92	2,49	1,99	2,97	2,82	3,50	4,12	4,50	4,86	5,08			50
60	−3,47	4,15	−0,56	2,44	1,16	2,58	2,27	3,17	3,16	3,77							60
70	−3,16	3,90	−0,37	2,41	1,36	2,68	2,52	3,35	3,45	4,03							70
80	−2,88	3,70	−0,20	2,39	1,54	2,78	2,76	3,53	3,73	4,27							80
90	−2,66	3,55	−0,06	2,39	1,71	2,88	2,97	3,71	3,99	4,49							90
100	−2,47	3,41	0,07	2,39	1,87	2,97	3,17	3,87	4,24	4,70							100
150	−1,80	2,99	0,57	2,46	2,51	3,42	4,00	4,59	5,27	5,65							150
200	−1,38	2,77	0,93	2,57	3,03	3,83	4,75	5,23	6,15	6,48							200
	n_1	n_2	n_1	n_2	n_1	n_2	n_1	n_2	n_1	n_2	n_1	n_2	n_1	n_2	n_1	n_2	
	29	31	12	13	6	7	4	5	3	5	2	4	2	3	2	3	
	$\bar{n}_1$	$\bar{n}_2$	$\bar{n}_1$	$\bar{n}_2$	$\bar{n}_1$	$\bar{n}_2$	$\bar{n}_1$	$\bar{n}_2$	$\bar{n}_1$	$\bar{n}_2$	$\bar{n}_1$	$\bar{n}_2$	$\bar{n}_1$	$\bar{n}_2$	$\bar{n}_1$	$\bar{n}_2$	
	600	600	100	100	30	30	20	20	10	10	<10	<10	<10	<10	<5	<5	

n_1 und n_2 sind die kleinsten Werte der Probengröße, bei denen eine Entscheidung möglich ist, wenn $\mu = \mu_1$ bzw. $\mu = \mu_2$ gilt. $\bar{n}_1$ und $\bar{n}_2$ sind angenähert die Erwartungswerte von n bei Gültigkeit von $\mu = \mu_1$ bzw. $\mu = \mu_2$ (wegen $\alpha = \beta$ ist $\bar{n}_1 = \bar{n}_2$). Die in eckige Klammern [ ] gesetzten U-Werte sollen nur die Ermittlung von Zwischenwerten und das Zeichnen der Grenzkurven erleichtern.

[1] Nach O. L. DAVIES. The Design and Analysis of Industrial Experiments. London and Edinburgh: Oliver and Boyd 1960, S. 617—624. Dort können weitere Schwellenwerte entnommen werden, wobei $(U_1; U_n; U_2)$ durch $(U_0; U; U_1)$ ersetzt werden muß.

Entscheidungsregel

Rechnerische Auswertung. Gilt für das Wertepaar $(n; S_n^2)$ die Ungleichung

$$S_n^2 \;\leqq\; \psi\,n - a\,, \qquad\qquad \text{so wird das Los angenommen;} \qquad (11.4.30)$$

$$\psi_n - a \;<\; S_n^2 \;<\; \psi\,n + b\,, \quad \text{so wird weitergeprüft;} \qquad (11.4.31)$$

$$S_n^2 \;\geqq\; \psi\,n + b\,, \qquad\qquad \text{so wird das Los abgelehnt.} \qquad (11.4.32)$$

Zeichnerische Auswertung. In der Prüfebene $(n; S_n^2)$ zeichnet man die (parallelen) Geraden

$$G_A \text{ für Annahme:} \qquad S_A^2 = \psi\,n - a\,, \qquad\qquad (11.4.33)$$

$$G_R \text{ für Ablehnung:} \qquad S_R^2 = \psi\,n + b\,, \qquad\qquad (11.4.34)$$

mit den Achsenabschnitten $(-a)$ und b auf der senkrechten Achse und dem Anstieg ψ.

Durchführung der Prüfung und Deutung der Ergebnisse wie in Abschn. 11.4a), S. 203.

Annahmekennlinie und mittlerer Prüfaufwand

Die Gleichung der Annahmekennlinie $W(\sigma^2)$ ist in Parameterform (Parameter τ oder $t = e^\tau$)

$$\sigma^2 = \sigma^2(\tau) = \frac{1 - (1/e^{2\psi\tau})}{2\tau}\,; \qquad W = W(\tau) = \frac{1 - e^{b\tau}}{(1/e^{a\tau}) - e^{b\tau}}\,; \qquad (11.4.35)$$

oder

$$\sigma^2 = \sigma^2(t) = \frac{1 - (1/t^{2\psi})}{2\ln t}\,; \qquad W = W(t) = \frac{1 - t^b}{(1/t^a) - t^b}\,. \qquad (11.4.36)$$

Für $\tau \to 0$ oder $t \to 1$ gilt $\sigma^2 \to \psi$ und

$$W(\psi) = \frac{b}{a + b} = \frac{B}{A + B}\,. \qquad (11.4.37)$$

Der Erwartungswert für n bei gegebenem σ^2, der mittlere Prüfaufwand über σ^2, ist

$$M\{n\,|\,\sigma^2\} = \frac{b - (a + b)\,W(\sigma^2)}{\sigma^2 - \psi}\,. \qquad (11.4.38)$$

Für $\tau \to 0$ oder $t \to 1$ gilt $\sigma^2 \to \psi$ und

$$M\{n\,|\,\psi\} = \frac{a\,b}{2\,\psi^2}\,. \qquad (11.4.39)$$

Entscheidungsregel; s_n^2 als Prüfgröße

Wählt man an Stelle von S_n^2 die Varianz $s_n^2 = (1/n) \sum\limits_{\nu=1}^{n} (x_\nu - \mu)^2 = S_n^2/n$
als Prüfgröße, so gelten für s_n^2 die drei Ungleichungen

$$s_n^2 \leqq \;\; \psi - \frac{a}{n} \qquad\qquad \text{für Annahme des Loses,} \qquad (11.4.40)$$

$$\psi - \frac{a}{n} \; < s_n^2 < \;\; \psi + \frac{b}{n} \quad \text{für Weiterprüfen,} \qquad\qquad (11.4.41)$$

$$s_n^2 \geqq \;\; \psi + \frac{b}{n} \qquad\qquad \text{für Ablehnung des Loses.} \quad (11.4.42)$$

In der $(n; s_n^2)$-Ebene ist der Indifferenzbereich ein „Trichter", der sich
mit wachsender Zahl n der Beobachtungen mehr und mehr verengt. Die
„Mittellinie" des Trichters ist $s_n^2 = \psi$ und die Weite hat den Wert
$(a + b)/n$. Liegen σ_1^2 und σ_2^2 „nicht zu weit" auseinander, so ist in guter
Näherung $\psi \approx \frac{1}{2}(\sigma_1^2 + \sigma_2^2)$.

**d) Test zur Beurteilung der Varianz σ^2 bei unbekanntem jedoch festem
Mittelwert μ der Fertigung**

Hypothese H_1: $\sigma^2 = \sigma_1^2$;

Gegenhypothese H_2: $\sigma^2 = \sigma_2^2 > \sigma_1^2$.

Der Folgeplan wird so bestimmt, daß seine Annahmekennlinie $W(\sigma^2)$
durch die vorgeschriebenen Punkte $(\sigma_1^2; 1 - \alpha)$ und $(\sigma_2^2; \beta)$ geht (vgl.
S. 191 und Abb. 11.2.2).

Hilfsgrößen zur Auswertung. Mit σ_1^2, σ_2^2, α und β findet man die
Hilfsgrößen zur Auswertung aus (11.4.25) bis (11.4.28).

In einer Versuchsreiche sei x_ν der (von Probe zu Probe) beobachtete
Einzelwert und n die gerade erreichte Gesamtzahl der Beobachtungen.

Prüfgröße

$$\sum_{\nu=1}^{n} (x_\nu - \bar{x}_n)^2 = \sum_{\nu=1}^{n} x_\nu^2 - \frac{1}{n} \left(\sum_{\nu=1}^{n} x_\nu \right)^2 = S_n^2. \qquad (11.4.43)$$

Entscheidungsregel

Rechnerische Auswertung. Gilt für das Wertepaar $(n; S_n^2)$ die Ungleichung

$$S_n^2 \leqq \;\; \psi(n - 1) - a, \qquad\qquad \text{so wird das Los angenommen;}$$
$$(11.4.44)$$

$$\psi(n-1) - a \; < S_n^2 < \;\; \psi(n - 1) + b, \quad \text{so wird weitergeprüft;} \quad (11.4.45)$$

$$S_n^2 \geqq \;\; \psi(n - 1) + b, \qquad\qquad \text{so wird das Los abgelehnt.}$$
$$(11.4.46)$$

Zeichnerische Auswertung. In der Prüfebene $(n; S_n^2)$ zeichnet man die (parallelen) Geraden

G_A für Annahme: $\qquad S_A^2 = \psi(n-1) - a,$ $\qquad\qquad$ (11.4.47)

G_R für Ablehnung: $\qquad S_R^2 = \psi(n-1) + b,$ $\qquad\qquad$ (11.4.48)

mit den Achsenabschnitten $(-a)$ und b auf der senkrechten Achse und dem Anstieg ψ.

Durchführung der Prüfung und Deutung der Ergebnisse wie in Abschn. 11.4a), S. 203.

Annahmekennlinie und mittlerer Prüfaufwand

Die Gleichung der Annahmekennlinie $W_{\bar{x}}(\sigma^2)$ ergibt sich genau wie für den Test bei bekanntem μ aus (11.4.35) bis (11.4.37).

Der Erwartungswert für n *bei gegebenem* σ^2, der *mittlere Prüfaufwand* über σ^2, ist um eine Beobachtung größer als beim Test mit bekanntem μ,

$$M_{\bar{x}}\{n \mid \sigma^2\} = M\{n \mid \sigma^2\} + 1, \qquad (11.4.49)$$

wobei $M\{n \mid \sigma^2\}$ aus (11.4.38) und (11.4.39) bestimmt wird.

Entscheidungsregel; s_n^2 als Prüfgröße

Wählt man an Stelle von S_n^2 die Varianz $s_n^2 = \dfrac{1}{n-1}\sum_{v=1}^{n}(x_v - \bar{x}_n)^2$ $= S_n^2/(n-1)$ als Prüfgröße, so gelten für s_n^2 die drei Ungleichungen

$$s_n^2 \leqq \quad \psi - \frac{a}{n-1} \qquad\qquad \text{für Annahme,} \qquad (11.4.50)$$

$$\psi - \frac{a}{n-1} \quad < s_n^2 < \quad \psi + \frac{b}{n-1} \quad \text{für Weiterprüfen,} \quad (11.4.51)$$

$$s_n^2 \geqq \quad \psi + \frac{b}{n-1} \qquad\qquad \text{für Ablehnung.} \qquad (11.4.52)$$

In der $(n; s_n^2)$-Ebene ist der Indifferenzbereich ein „Trichter", der sich mit wachsender Zahl n der Beobachtungen mehr und mehr verengt. Die „Mittellinie" des Trichters ist $s_n^2 = \psi$ und die Weite hat den Wert $(a+b)/(n-1)$. Liegen σ_1^2 und σ_2^2 „nicht zu weit" auseinander, so ist in guter Näherung $\psi \approx \frac{1}{2}(\sigma_1^2 + \sigma_2^2)$.

e) Test zur Beurteilung des Schlechtanteils p oder der Qualitätszahl u einer Liefermenge bei unbekannter Varianz σ^2 der Fertigung (WAGR-Test[1])

Hypothese H_1: $\qquad p = p_1 \qquad\qquad$ bzw. $\quad u = u_1,$

Gegenhypothese H_2: $p = p_2 > p_1 \quad$ bzw. $\quad u = u_2 < u_1.$

---

[1] Dieser Test wird nach WALD, ARNOLD, GOLDBERG und RUSHTON benannt.

Der Folgeplan wird so bestimmt, daß seine Annahmekennlinie W durch die vorgeschriebenen Punkte $(p_1; 1 - \alpha)$ und $(p_2; \beta)$ bzw. $(u_1; 1 - \alpha)$ und $(u_2; \beta)$ geht (vgl. S. 191 und Abb. 11.2.2).

Zwischen den Wertepaaren $(p_1; p_2)$ und $(u_1; u_2)$ besteht die Beziehung

$$\Phi(u_1) = q_1 = 1 - p_1 \quad \text{und} \quad \Phi(u_2) = q_2 = 1 - p_2. \tag{11.4.53}$$

Zahlenwerte für $\Phi(u)$ bzw. $u(\Phi)$ s. Tab. C 2.

In einer Versuchsreihe sei x_ν der (von Probe zu Probe) beobachtete Einzelwert, n die gerade erreichte Gesamtzahl der Beobachtungen; $\bar{x}_n$ und s_n sind Mittelwert und Standardabweichung dieser n Meßwerte.

Prüfgröße

ist die Qualitätszahl Q_n der gerade erreichten Probe,

$$Q_n = \frac{T - \bar{x}_n}{s_n}. \tag{11.4.54}$$

Entscheidungsregel

Rechnerische Auswertung. Gilt für das Wertepaar $(n; Q_n)$ die Ungleichung

$$Q_n \geqq a_n, \qquad \text{so wird das Los angenommen;} \tag{11.4.55}$$

$$a_n > Q_n > b_n, \quad \text{so wird weitergeprüft;} \tag{11.4.56}$$

$$b_n \geqq Q_n, \qquad \text{so wird das Los abgelehnt.} \tag{11.4.57}$$

Hierbei sind die von n abhängigen Grenzen

$$a_n = \frac{A_n}{\sqrt{n}} \quad \text{und} \quad b_n = \frac{B_n}{\sqrt{n}}, \tag{11.4.58}$$

wobei die Hilfsgrößen A_n und B_n (vor Durchführung des Tests) aus den Gleichungen

$$\frac{\psi(n - 1; p_2; A_n/\sqrt{n - 1})}{\psi(n - 1; p_1; A_n/\sqrt{n - 1})} = \frac{\beta}{1 - \alpha}, \tag{11.4.59}$$

$$\frac{\psi(n - 1; p_2; B_n/\sqrt{n - 1})}{\psi(n - 1; p_1; B_n/\sqrt{n - 1})} = \frac{1 - \beta}{\alpha} \tag{11.4.60}$$

berechnet werden müssen.

$\psi(f; \delta; t)$ ist die Dichte der nichtzentralen t-Verteilung mit $f = n - 1$ Freiheitsgraden und dem Parameter δ (für die nichtzentrale Lage der Verteilung). Für $i = 1; 2$ gilt $\delta_i = \sqrt{n}\, u_i$ und $\Phi(u_i) = 1 - p_i$. Zur Lösung der Gl. (11.4.59) und (11.4.60) braucht man jedoch die Werte $p_{1; 2}$ *nicht* erst auf $\delta_{1; 2}$ umzurechnen, da die Dichte ψ nicht über $(f; \delta; t)$, sondern in Abhängigkeit von $(f; p; t/\sqrt{f})$ vertafelt ist. Infolgedessen geht man mit $f = n - 1$, $p = p_i$ und $t/\sqrt{f}$ in das Tafelwerk ein.[1] Zweckmäßig zeichnet man für einige fest gewählte Werte von n das Wahrscheinlichkeitsverhältnis

$$\lambda_n = \frac{\psi(n - 1; p_2; t/\sqrt{n - 1})}{\psi(n - 1; p_1; t/\sqrt{n - 1})} = \lambda_n(t) \qquad (11.4.61)$$

über t und schneidet die Kurve $\lambda_n = \lambda_n(t)$ mit den beiden Waagerechten bei $\lambda'_n = \beta/(1 - \alpha)$ und $\lambda''_n = (1 - \beta)/\alpha$. Die Schnittpunkte liefern auf der waagerechten t-Achse die gesuchten Hilfsgrößen A_n und B_n.

Zeichnerische Auswertung. In der Prüfebene $(n; Q_n)$ zeichnet man über n die mit n trichterförmig aufeinander zulaufenden Grenzkurven a_n für Annahme und b_n für Ablehnung.

Durchführung der Prüfung und Deutung der Ergebnisse wie in Abschn. 11.4a), S. 203.

11.5 Folgepläne (Folgetests) für Ereigniszahlen

a) Gut-Schlecht-Prüfung

Hypothese H_1: $p = p_1$;

Gegenhypothese H_2: $p = p_2 > p_1$.

Der Folgeplan wird so bestimmt, daß seine Annahmekennlinie $W(p)$ durch die vorgeschriebenen Punkte $(p_1; 1 - \alpha)$ und $(p_2; \beta)$ geht (vgl. S. 191 und Abb. 11.2.2); $q = 1 - p$; $q_1 = 1 - p_1$; $q_2 = 1 - p_2$. Aus der zu beurteilenden Liefermenge wird nacheinander Stück für Stück gezogen und geprüft:

Größe der gerade erreichten Probe n,

Zahl der schlechten Stücke in der Probe y_n.

(Die Probengröße, die zur Entscheidung führt, ist nicht von vornherein festgelegt, sondern ist selbst eine „Zufallsveränderliche".)

Hilfsgrößen zur Auswertung:

$$\log\left(\frac{1 - \alpha}{\beta}\right) = A, \quad \log\left(\frac{1 - \beta}{\alpha}\right) = B; \qquad (11.5.1)$$

$$\log(q_1/q_2) \;\; = Q, \quad \log(p_2/p_1) \;\; = P; \qquad (11.5.2)$$

$$a = \frac{A}{P + Q}, \qquad\qquad b = \frac{B}{P + Q}; \qquad (11.5.3)$$

$$\psi = \frac{Q}{P + Q}; \qquad (11.5.4)$$

alle Hilfsgrößen sind positiv.

---

[1] Die hier verwendeten Bezeichnungen entsprechen denen des Tafelwerks G. J. RESNIKOFF a. G. J. LIEBERMAN. Tables of the Non-Central t-Distribution. Stanford/California: Stanford University Press 1959.

14*

Entscheidungsregel

Rechnerische Auswertung. Gilt für das Wertepaar $(n; y_n)$ die Ungleichung

$$y_n \leqq \psi n - a, \qquad \text{so wird das Los angenommen;} \qquad (11.5.5)$$

$$\psi n - a < y_n < \psi n + b, \quad \text{so wird weitergeprüft;} \qquad (11.5.6)$$

$$y_n \geqq \psi n + b, \qquad \text{so wird das Los abgelehnt;} \qquad (11.5.7)$$

Zeichnerische Auswertung. In der Prüfebene $(n; y_n)$ nach Abb. 11.4.1 zeichnet man die (parallelen) Geraden

$$G_A \text{ für Annahme:} \qquad y_A = \psi n - a, \qquad (11.5.8)$$

$$G_R \text{ für Ablehnung:} \qquad y_R = \psi n + b, \qquad (11.5.9)$$

mit den Abschnitten $(-a)$ und b auf der senkrechten Achse und dem Anstieg ψ.

Durchführung der Prüfung und Deutung der Ergebnisse wie in Abschn. 11.4a), S. 203.

Annahmekennlinie und mittlerer Prüfaufwand

Die Gleichung der Annahmekennlinie $W(p)$ ist in Parameterform (Parameter τ oder $t = e^{\tau}$)

$$p = p(\tau) = \frac{e^{\psi \tau} - 1}{e^{\tau} - 1}; \quad W = W(\tau) = \frac{1 - e^{b\tau}}{(1/e^{a\tau}) - e^{b\tau}}; \quad (11.5.10)$$

oder

$$p = p(t) = \frac{t^{\psi} - 1}{t - 1}; \quad W = W(t) = \frac{1 - t^b}{(1/t^a) - t^b}. \quad (11.5.11)$$

Für $\tau \to 0$ oder $t \to 1$ ist $p = \psi$ und

$$W(\psi) = \frac{b}{a + b}. \qquad (11.5.12)$$

Der Erwartungswert für n bei gegebenem p, der *mittlere Prüfaufwand,* ist

$$M\{n \mid p\} = \frac{b - (a + b) W(p)}{p - \psi} = \frac{B - (A + B) W(p)}{P p - Q q}. \quad (11.5.13)$$

Für $\tau \to 0$ oder $t \to 1$ ist $p = \psi$ und

$$M\{n \mid \psi\} = \frac{a b}{\psi (1 - \psi)} = \frac{A B}{P Q}. \qquad (11.5.14)$$

Sonderfall:

Für gleiche Irrtumswahrscheinlichkeiten $\alpha = \beta$ ist $A = B$ und $a = b$. Dann wird $W(\psi) = 1/2$; d. h., $p = \psi$ ist die „indifferente Qualität".

b) Prüfung für (bezogene) Ereigniszahlen (poissonverteiltes Merkmal)

Hypothese H_1: $\qquad \mu = \mu_1$;

Gegenhypothese H_2: $\mu = \mu_2 > \mu_1$.

Der Folgeplan wird so bestimmt, daß seine Annahmekennlinie $W(\mu)$ durch die vorgeschriebenen Punkte $(\mu_1; 1 - \alpha)$ und $(\mu_2; \beta)$ geht (vgl. S. 191 und Abb. 11.2.2).

Aus der zu beurteilenden Liefermenge wird nacheinander Stück für Stück gezogen und geprüft:

Größe der gerade erreichten Probe n,

Größe der Ereigniszahl in dieser Probe x_n.

Hilfsgrößen zur Auswertung:

$$\ln\left(\frac{1-\alpha}{\beta}\right) = A; \quad \ln\left(\frac{1-\beta}{\alpha}\right) = B, \tag{11.5.15}$$

$$\ln(\mu_2/\mu_1) = P, \tag{11.5.16}$$

$$a = \frac{A}{P}; \quad b = \frac{B}{P}, \tag{11.5.17}$$

$$\psi = \frac{\mu_2 - \mu_1}{P}; \tag{11.5.18}$$

alle Hilfsgrößen sind positiv.

Entscheidungsregel

Rechnerische und zeichnerische Auswertung erfolgt wie im Abschnitt 11.5a), S. 212, mit x_n statt y_n als Prüfgröße.

Annahmekennlinie und mittlerer Prüfaufwand

Die Gleichung der Annahmekennlinie $W(\mu)$ *ist in Parameterform* (Parameter τ oder $t = e^{\tau}$)

$$\mu = \mu(\tau) = \frac{\psi \tau}{e^{\tau} - 1}; \quad W = W(\tau) = \frac{1 - e^{b\tau}}{(1/e^{a\tau}) - e^{b\tau}} \tag{11.5.19}$$

oder

$$\mu = \mu(t) = \frac{\psi \ln t}{t - 1}, \quad W = W(t) = \frac{1 - t^b}{(1/t^a) - t^b}. \tag{11.5.20}$$

Für $\tau \to 0$ oder $t \to 1$ ist $\mu = \psi$ und

$$W(\psi) = \frac{b}{a + b}. \tag{11.5.21}$$

Der Erwartungswert für n bei gegebenem μ, *der mittlere Prüfaufwand,* ist

$$M\{n \,|\, \mu\} = \frac{b - (a + b)\,W(\mu)}{\mu - \psi} = \frac{B - (A + B)\,W(\mu)}{\mu P - (\mu_2 - \mu_1)}. \tag{11.5.22}$$

Für $\tau \to 0$ oder $t \to 1$ ist $\mu = \psi$ und

$$M\{n \,|\, \psi\} = \frac{a\,b}{\psi} = \frac{A\,B}{P^2\,\psi}. \tag{11.5.23}$$

Sonderfall:

Für gleiche Irrtumswahrscheinlichkeiten $\alpha = \beta$ ist $A = B$ und $a = b$. Dann wird $W(\psi) = 1/2$; d. h., $\mu = \psi$ ist die „indifferente Qualität".

11.6 Gut-Schlecht-Prüfung bei kontinuierlicher Fertigung (Continuous Sampling)

Beurteilt werden mit diesen Plänen Herstellungsvorgänge, bei denen die gefertigten Stücke (Einheiten) stetig auf einem Förderband ablaufen (und nicht zu Liefermengen fester Größe N zusammengefaßt werden).

Die Untersuchung eines Stückes muß rasch durchführbar sein, weil der Prüfplan verlangt, daß abwechselnd (nach einer im folgenden erläuterten Vorschrift) Teilabschnitte der Fertigung entweder voll oder durch Stichproben geprüft werden.

a) Dodge-Plan (einstufig)

Man beginnt mit

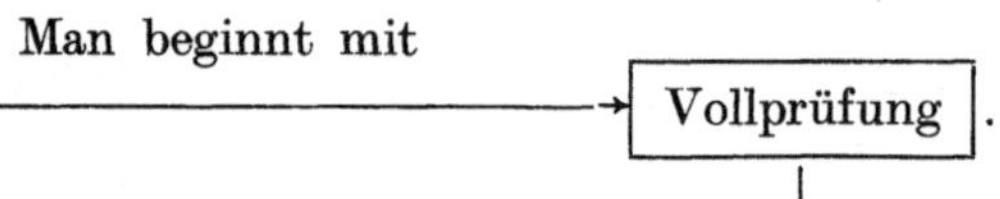

.

Werden dabei nacheinander i fehlerfreie Stücke gefunden, so geht man über zur

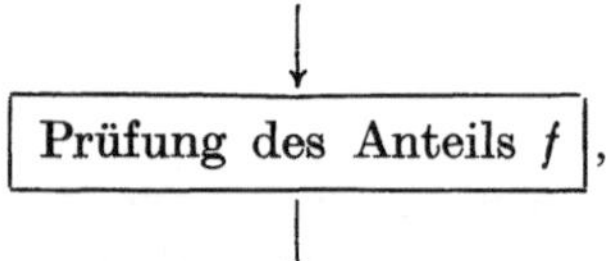

,

d. h., man unterteilt die Fertigung in Teilabschnitte der Länge $(1/f)$ und prüft aus jedem dieser Abschnitte zufallsmäßig *ein* Stück. Findet man dabei ein schlechtes Stück, so geht man sofort zur Vollprüfung zurück und beginnt den „Kreislauf" von neuem.

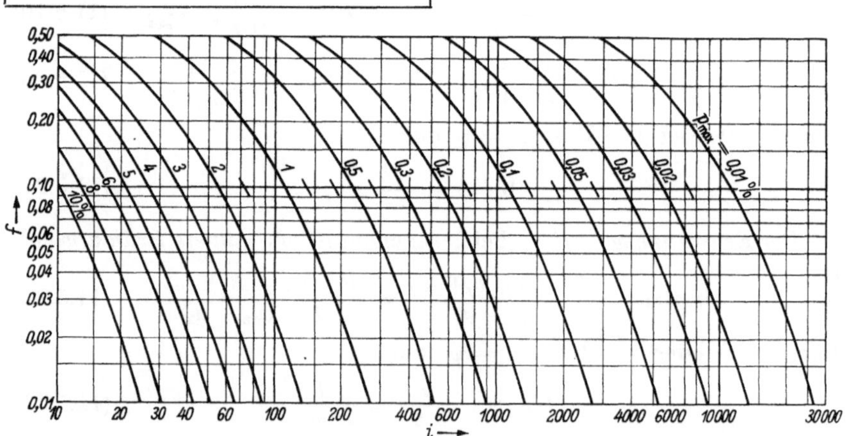

Abb. 11.6.1. f und i in Abhängigkeit von $p_{\max}$ für einstufige Pläne[1]

---

[1] Nach H. F. Dodge. A sampling inspection plan for continuous production. Ann. Math. Stat. 14, 1943, S. 264.

f und i werden so bestimmt, daß der Schlechtanteil p' der Fertigung nach der Prüfung im Mittel einen vorgeschriebenen Wert p_{max} (Durch-

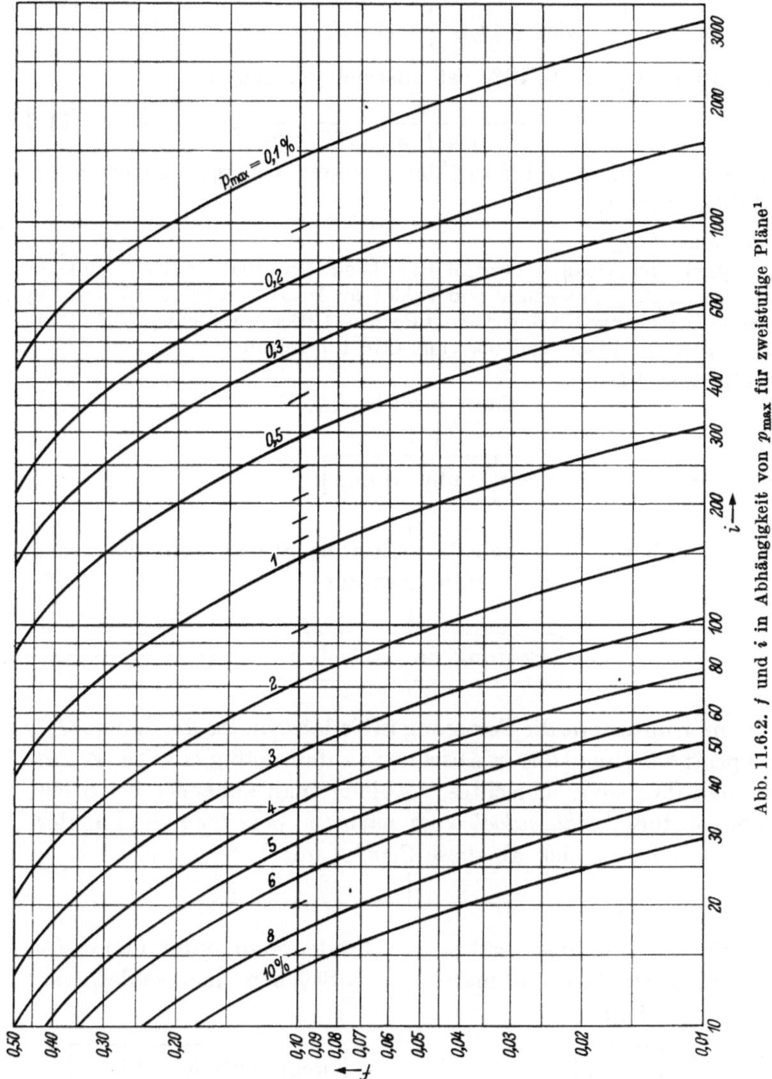

Abb. 11.6.2. f und i in Abhängigkeit von p_{max} für zweistufige Pläne[1]

schlupf; $AOQL$ = average outgoing quality limit) nicht übersteigt. p_{max} ist der Höchstwert, mit dem man bei Einsatz eines solchen Prüfplans in der „*Fertigung nach der Prüfung*" im Mittel rechnen muß, und

---

[1] Nach H. F. Dodge and M. N. Torrey. Additional continuous sampling inspection plans. Industrial Quality Control, VII, No. 5, 1951, S. 7.

zwar unabhängig von dem Schlechtanteil p, mit dem die tatsächliche „*Fertigung vor der Prüfung*" ankommt. Es gilt mit $q_{max} = 1 - p_{max}$

$$f = \frac{q_{max}^i}{q_{max}^i + \left(1 + \frac{1}{i}\right)^i (1 + i) \, (p_{max}/q_{max})} \, . \tag{11.6.1}$$

Für $i \gtrless 10$ und $p_{max} \lessgtr 10\%$ ist ausreichend genau

$$f = \frac{1\cdot}{1 + (i + 1) \, p_{max} \, e^{1 + (i + 1) \, p_{max}}} \, . \tag{11.6.2}$$

Zahlenwerte für f und i in Abhängigkeit von p_{max} entnimmt man Abb. 11.6.1, S. 214.

Prüfplansammlung:

Inspection and Quality Control Handbook (Interim) H 107: Single Level Continuous Sampling Procedures and Tables for Inspection by Attributes. Superintendent of Documents, US Government Printing Office, Washington 25, D. C., 1959.

Die einstufigen Pläne sind dort mit CSP-1 bezeichnet.

b) Zweistufige Pläne

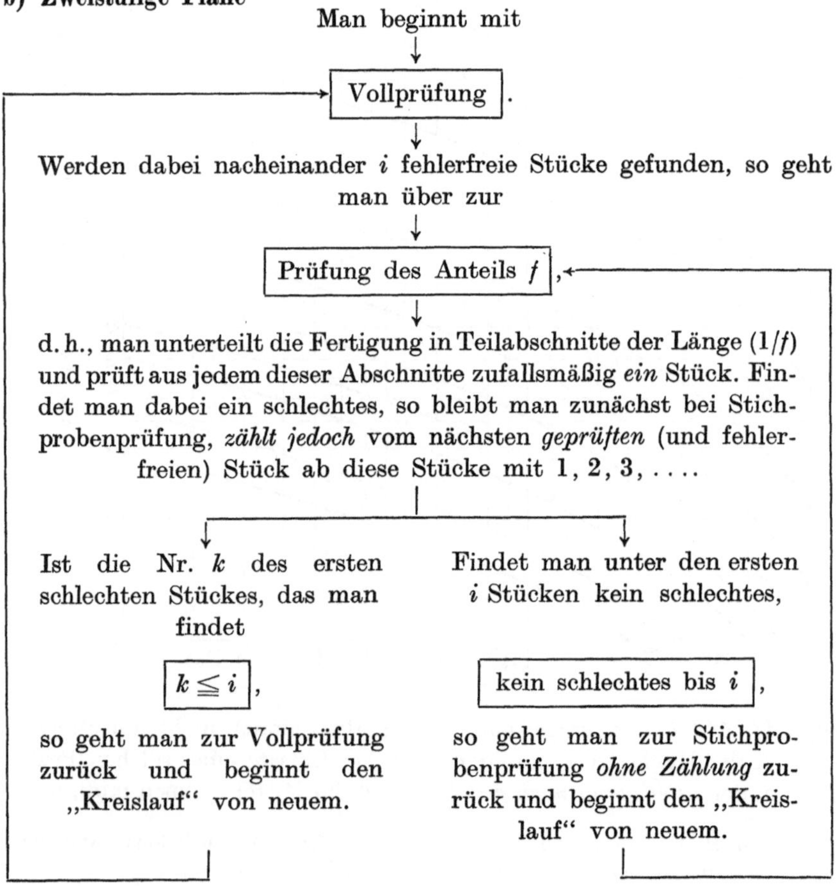

Man beginnt mit

↓

| Vollprüfung | .

↓

Werden dabei nacheinander i fehlerfreie Stücke gefunden, so geht man über zur

↓

| Prüfung des Anteils f |, ◄—

↓

d. h., man unterteilt die Fertigung in Teilabschnitte der Länge $(1/f)$ und prüft aus jedem dieser Abschnitte zufallsmäßig *ein* Stück. Findet man dabei ein schlechtes, so bleibt man zunächst bei Stichprobenprüfung, *zählt jedoch* vom nächsten *geprüften* (und fehlerfreien) Stück ab diese Stücke mit 1, 2, 3, ...

Ist die Nr. k des ersten schlechten Stückes, das man findet	Findet man unter den ersten i Stücken kein schlechtes,
$k \leqq i$,	kein schlechtes bis i ,
so geht man zur Vollprüfung zurück und beginnt den „Kreislauf" von neuem.	so geht man zur Stichprobenprüfung *ohne Zählung* zurück und beginnt den „Kreislauf" von neuem.

Zahlenwerte für f und i in Abhängigkeit von $p_{\max}$ entnimmt man Abb. 11.6.2, S. 215.

Prüfplansammlung:

Vgl. die Literaturangabe zu a).
Die zweistufigen Pläne sind dort mit CSP-2 bezeichnet.

c) Mehrstufige Pläne

Man beginnt mit

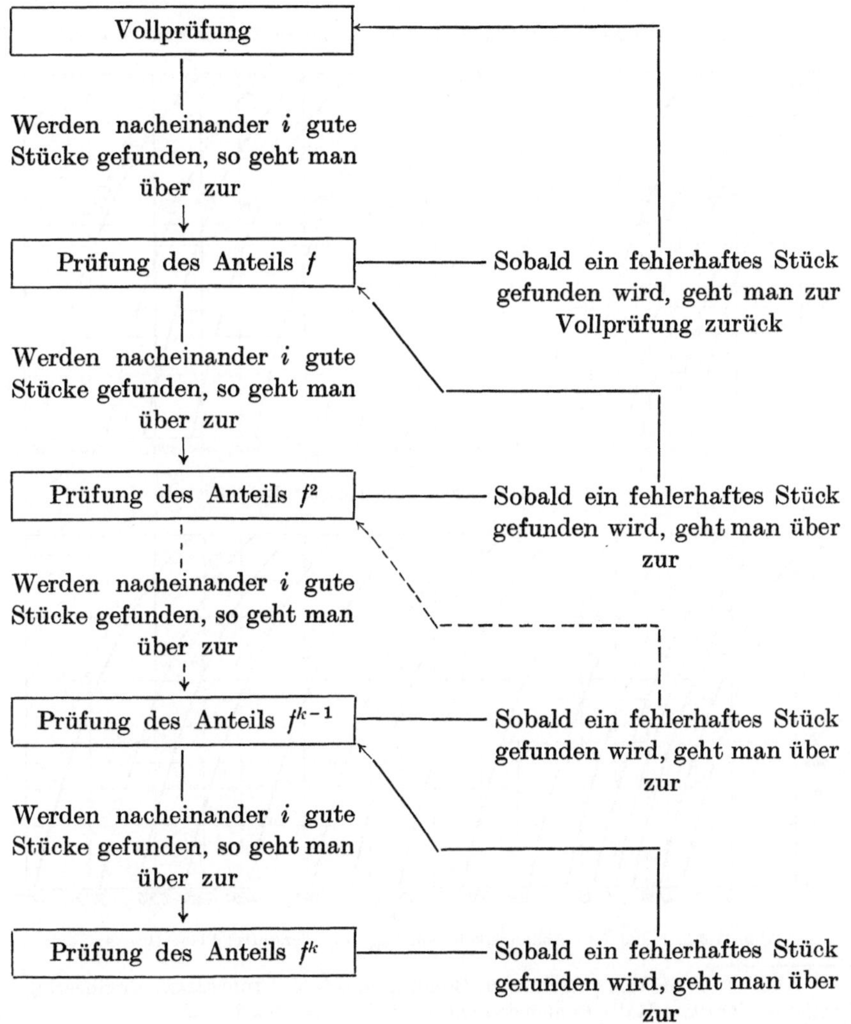

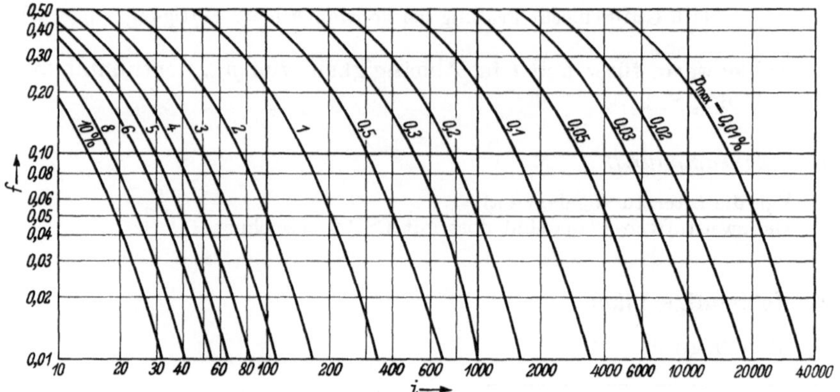

Abb. 11.6.3. f und i in Abhängigkeit von p_{max} für zweistufige Pläne ($k = 2$) [1]

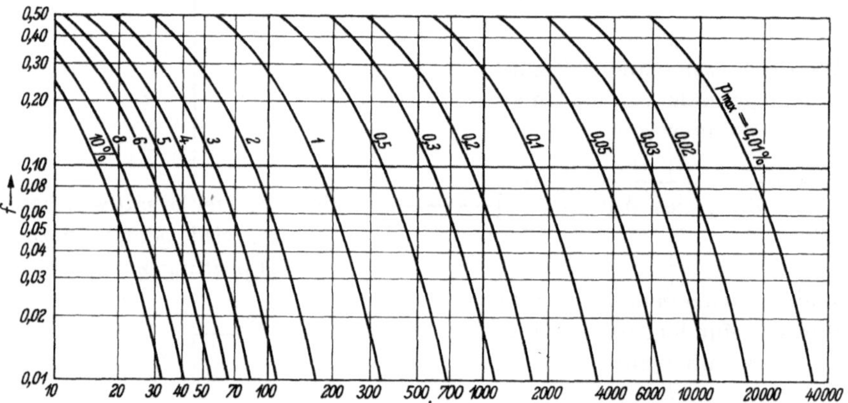

Abb. 11.6.4. f und i in Abhängigkeit von p_{max} für dreistufige Pläne ($k = 3$)

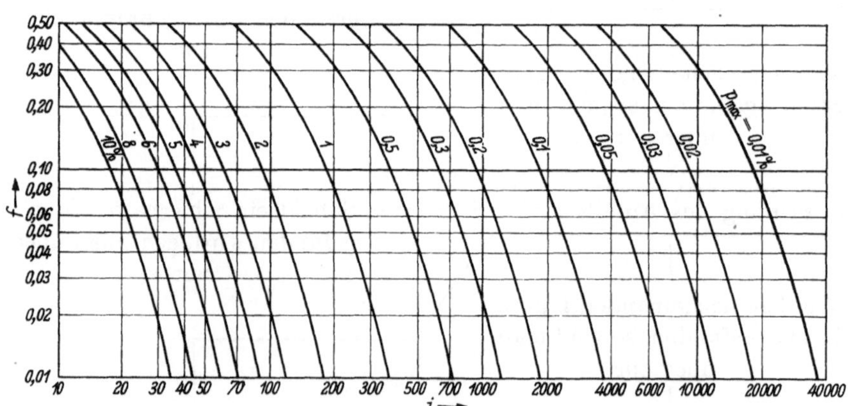

Abb. 11.6.5. f und i in Abhängigkeit von p_{max} für vierstufige Pläne ($k = 4$)

---

[1] Abb. 11.6.3 bis 11.6.5 nach A. H. Bowker and G. J. Lieberman. Engineering Statistics. Prentice-Hall: Englewood Cliffs, N. J., 1960, S. 538/539.

Zahlenwerte für f und i in Abhängigkeit von p_{max} für Pläne mit $k = 2$, $k = 3$ und $k = 4$ Stufen entnimmt man den Nomogrammen 11.6.3 bis 11.6.5.

Prüfplansammlung:

Inspection and Quality Control Handbook (Interim) H 106: Multi-Level Continuous Sampling Procedures and Tables for Inspection by Attributes. Superintendent of Documents, US Government Printing Office, Washington 25, D. C., 1958.

Diese Sammlung enthält mehrstufige Pläne, deren Entscheidungsregeln jedoch verwickelter als die im Schema auf S. 217 angegebenen Vorschriften sind. Nach Finden eines fehlerhaften Stückes in der Stufe k kehrt man nicht sofort zu Stufe $(k - 1)$ zurück, sondern macht die Entscheidung von der Prüfung weiterer vier Stücke abhängig.

11.7 Vergleich zweier Gesamtheiten mit Hilfe „ungleicher Paare"

Zu vergleichen seien zwei *Fertigungsvorgänge*, F' und F''. Um die Güte des einzelnen Vorgangs zu beurteilen, bildet man das Verhältnis k aus der Zahl $N\,q$ der fehlerfreien zu der Zahl $N\,p$ der fehlerhaften Einheiten (die in einem bestimmten Zeitabschnitt erzeugt wurden), $k = q/p$. Der einzelne Vorgang ist um so besser, je größer diese Maßzahl ist. Die Überlegenheit des Vorganges F'' gegen den Vorgang F' wird durch das Verhältnis v,

$$v = \frac{k''}{k'} = \frac{q'' \, p'}{p'' \, q'} \approx \frac{p'}{p''} \quad [\text{falls } (p'; p'') \ll 1], \qquad (11.7.1)$$

gemessen. Für $v = 1$ sind beide Verfahren gleich gut $(q'' = q')$. Für $v < 1$ ist F' besser, für $v > 1$ ist F'' besser. In der Umgebung von $v = 1$ liegt der indifferente Bereich, in dem es gleichgültig ist, wie die Entscheidung ausfällt.

Der Test soll die Hypothese F' ist besser als F'', d. h. $q' > q''$ oder $v < 1$, an der Stelle $v = v_1 < 1$ (wo sie richtig ist) mit der kleinen Wahrscheinlichkeit α und für $v = v_2 > 1$ (wo sie falsch ist) mit der großen Wahrscheinlichkeit $(1 - \beta)$ verwerfen. $P_1(v_1; 1 - \alpha)$ und $P_2(v_2; \beta)$ sind die für die Annahmekennlinie $W(v)$ vorgegebenen Grundpunkte.

Der Vorgang F' erzeugt mit der Wahrscheinlichkeit q' *fehlerfreie* Einheiten (die mit 0 bezeichnet werden) und mit der Wahrscheinlichkeit p' *fehlerhafte* Einheiten (die mit 1 bezeichnet werden). Man vergleicht F' und F'' *laufend paarweise*, wobei die Paare $(0; 0)$ oder $(0; 1)$ oder $(1; 0)$ oder $(1; 1)$ auftreten können. Alle „gleichen" Paare $(0; 0)$ und $(1; 1)$ mit entweder nur guten oder nur schlechten Einheiten, d. h. mit Einheiten gleicher Art, werden ausgeschieden. Die „ungleichen" Paare $(0; 1)$ und $(1; 0)$ mit Einheiten unterschiedlicher Art werden laufend gezählt. Der Test beruht nur auf diesen „ungleichen" Paaren.

In einer Versuchsreihe sei

x_n die gerade erreichte Zahl der Paare $(0; 1)$,

y_n die gerade erreichte Zahl der Paare $(1; 0)$,

$n = x_n + y_n$ die Gesamtzahl der „ungleichen" Paare.

Hilfsgrößen zur Auswertung ergeben sich aus (11.5.1) bis (11.5.4), wenn man dort q durch $1/(1 + v)$ und p durch $v/(1 + v)$ ersetzt.

Entscheidungsregel

Rechnerische Auswertung. Gilt für das Wertepaar $(n; y_n)$ die Ungleichung

$$y_n \leqq \ \psi n - a, \qquad \text{so gilt } F' \text{ als besser,} \qquad (11.7.2)$$

$$\psi n - a \ < y_n < \ \psi n + b, \quad \text{so wird weitergeprüft,} \qquad (11.7.3)$$

$$y_n \geqq \ \psi n + b, \qquad \text{so gilt } F'' \text{ als besser.} \qquad (11.7.4)$$

Zeichnerische Auswertung wie beim Folgetest Abschn. 11.5a).

Annahmekennlinie und mittlerer Prüfaufwand

Die Gleichung der Annahmekennlinie und der Erwartungswert für n ergeben sich aus (11.5.10) bis (11.5.14), wenn dort q durch $1/(1 + v)$ und p durch $v/(1 + v)$ ersetzt wird.

12 Funktionen von Zufallsgrößen
(Merkmaltransformation; Streuungsfortpflanzung)

12.1 Einfacher Zusammenhang; Merkmaltransformation

Transformation $z = f(x)$

x hat eine Verteilung mit

$$M\{x\} = \xi; \quad V\{x\} = \sigma_a^2 . \qquad (12.1.1)$$

Es sei $z = f(x)$, wobei $f(x)$ als stetig und eindeutig umkehrbar vorausgesetzt wird.

$$M\{z\} = \zeta; \quad V\{z\} = \sigma_z^2 . \qquad (12.1.2)$$

x ist das Ausgangsmerkmal und z das transformierte Merkmal.

Zusammenhang der Mittelwerte:

$$\zeta \approx f(\xi) + \frac{1}{2} f''(\xi)\, \sigma_x^2, \quad \text{falls} \quad \frac{\sigma_x}{\xi} \ll 1. \qquad (12.1.3)$$

Zusammenhang der Varianzen:

$$\sigma_z^2 \approx [f'(\xi)\, \sigma_x]^2 . \qquad (12.1.4)$$

Entsprechende Gleichungen gelten hier und im folgenden auch für die aus einer Stichprobe der Größe n berechneten *Schätzwerte* $\bar{x}$; s_x^2; $\bar{z}$; s_z^2; z. B.

$$\bar{z} \approx f(\bar{x}) + \frac{1}{2}\,\frac{n-1}{n}\,f''(\bar{x})\,s_x^2, \quad \text{falls} \quad \frac{s_x}{\bar{x}} \ll 1. \qquad (12.1.5)$$

$$s_z^2 \approx [f'(\bar{x})\,s_x]^2. \qquad (12.1.6)$$

In (12.1.9) ist dann das Gleichheitszeichen durch $\approx$ zu ersetzen.

Transformation	Mittelwert	Standard-abweichung bzw. Variationszahl	
Lineare Funktion $z = a \pm b\,x$	$\zeta = a \pm b\,\xi$	$\sigma_z = b\,\sigma_x$	(12.1.7)
Potenzfunktion $z = a\,x^k$ ($a=$ konst; k beliebig reell; $x > 0$)	$\zeta \approx \left[1 + \frac{1}{2}\,k(k-1)\left(\frac{\sigma_x}{\xi}\right)^2\right] a\,\xi^k$	$\dfrac{\sigma_z}{\zeta} \approx |k|\,\dfrac{\sigma_x}{\xi}$	(12.1.8)
$z = a\,x^2$ ($x > 0$)	$\dfrac{\zeta}{a\,\xi^2} = 1 + \left(\dfrac{\sigma_x}{\xi}\right)^2$	$\dfrac{\sigma_z}{\zeta} \approx 2\,\dfrac{\sigma_x}{\xi}$	(12.1.9)
$z = a\sqrt{x}$ ($x > 0$)	$\dfrac{\zeta}{a\sqrt{\xi}} \approx 1 - \dfrac{1}{8}\left(\dfrac{\sigma_x}{\xi}\right)^2$	$\dfrac{\sigma_z}{\zeta} \approx \dfrac{1}{2}\,\dfrac{\sigma_x}{\xi}$	(12.1.10)
$z = a/x$ ($x > 0$)	$\dfrac{\zeta}{a/\xi} \approx 1 + \left(\dfrac{\sigma_x}{\xi}\right)^2$	$\dfrac{\sigma_z}{\zeta} \approx \dfrac{\sigma_x}{\xi}$	(12.1.11)

arc sin-Transformation bei Binomialverteilung

Wenn x einer Binomialverteilung mit den Grundwahrscheinlichkeiten $(p; q)$ und der Probengröße n genügt, dann ist

$$M\{x\} = \xi = n\,p; \qquad V\{x\} = \sigma_x^2 = n\,p\,q. \qquad (12.1.12)$$

Die Merkmaltransformation

$$z = \sqrt{n}\,\text{arc sin}\,\sqrt{x/n} \qquad (12.1.13)$$

gibt
$$\zeta \approx \sqrt{n}\left[\text{arc sin}\,\sqrt{p} - \frac{1}{8n}\,\frac{q-p}{\sqrt{p\,q}}\right] \qquad (12.1.14)$$

$$\approx \sqrt{n}\,\text{arc sin}\,\sqrt{p} \quad \text{für genügend große } n, \qquad (12.1.15)$$

$$\sigma_z^2 \approx \tfrac{1}{4} \quad \text{bzw.} \quad \sigma_z \approx \tfrac{1}{2} \quad \text{unabhängig von } (p; q) \text{ und } n. \qquad (12.1.16)$$

Diese Transformation liegt dem *Mosteller-Tukey-Netz* (*Wurzelnetz*; *Binomialnetz*) zugrunde; vgl. Beispiel 8.

Zahlenwerte für $z = \text{arc sin}\,\sqrt{p}$ s. Tab. C 15.

Wurzeltransformation bei Poisson-Verteilung

Wenn x einer Poisson-Verteilung mit dem Mittelwert ξ genügt, dann ist

$$V\{x\} = \sigma_x^2 = \xi .$$

Die Merkmaltransformation

$$z = \sqrt{x} \tag{12.1.17}$$

gibt (für genügend große ξ)

$$\zeta \approx \sqrt{\xi}\left[1 - \frac{1}{8\,\xi}\right] \approx \sqrt{\xi}, \tag{12.1.18}$$

$$\sigma_z^2 \approx \tfrac{1}{4} \quad \text{bzw.} \quad \sigma_z \approx \tfrac{1}{2}. \tag{12.1.19}$$

log-Transformation bei Normalverteilung[1]

Ist

$$z = \ln\left(\frac{x - a}{b}\right); \quad a < x < \infty; \quad b > 0 \tag{12.1.20}$$

normal verteilt wie $NV(\mu;\sigma^2)$, dann hat das Ausgangsmerkmal x die Dichtefunktion

$$\varphi(x) = \frac{1}{\sqrt{2\pi}\,\sigma}\ \frac{1}{x - a}\ e^{-\frac{1}{2}\left(\frac{z(x) - \mu}{\sigma}\right)^2}, \tag{12.1.21}$$

den Zentralwert: $\qquad Z\{x\} = a + b\,e^{\mu}, \tag{12.1.22}$

den Mittelwert: $\qquad M\{x\} = a + b\,e^{\mu + (\sigma^2/2)}, \tag{12.1.23}$

die Varianz: $\qquad V\{x\} = b^2\,e^{2\mu + \sigma^2}(e^{\sigma^2} - 1). \tag{12.1.24}$

Aus den *Zufallsschranken*

$$z_O = \mu + u\,\sigma \quad \text{bzw.} \quad z_U = \mu - u\,\sigma \tag{12.1.25}$$

zur Sicherheit $S = 1 - \alpha$ für das transformierte Merkmal z erhält man die Zufallsschranken

$$x_O = a + b\,e^{\mu}\,e^{u\sigma} \quad \text{bzw.} \quad x_U = a + \frac{b\,e^{\mu}}{e^{u\sigma}} \tag{12.1.26}$$

zur gleichen Sicherheit $S = 1 - \alpha$ für das Ausgangsmerkmal x.

Man erhält *Schätzwerte* für die Kenngrößen $Z\{x\}$, $M\{x\}$, und $V\{x\}$, wenn man in (12.1.22) bis (12.1.24) μ durch $\bar{z}$ und σ^2 durch s_z^2 ersetzt.

Die Durchführung der Transformation (12.1.20) von x zu z empfiehlt sich, wenn vermutet wird, daß z normal verteilt ist (dies trifft oft zu, wenn das Merkmal x eine Zeit oder Lebensdauer ist).

---

[1] Die Transformation und die Berechnung von $Z\{x\}$, $M\{x\}$ und $V\{x\}$ kann mit BRIGGSschen Logarithmen ($\lg y$) durchgeführt werden, wenn man

$$\lg y = M \ln y \quad \text{bzw.} \quad e^y = 10^{My} \quad \text{mit} \quad M = \lg e \approx 0{,}43429$$

beachtet.

Die log-Transformation läßt sich bei Benutzung des *Wahrschein-lichkeitsnetzes mit logarithmischer Merkmalteilung* ohne Rechenarbeit durchführen; vgl. Beispiel 30.

Geometrischer, harmonischer, quadratischer Mittelwert

Transformiert man ein Ausgangsmerkmal x zu $z = f(x)$, so wird dem Mittelwert $\bar{z}$ (einer Probe der Größe n) durch die Transformation

$$\bar{z} = \frac{1}{n} \sum_{\nu=1}^{n} f(x_\nu) = f(M) \qquad (12.1.27)$$

ein „mittlerer" Wert M der n Ausgangswerte x_ν zugeordnet.

$f(x) = x$	$f(x) = \log x$	$f(x) = 1/x$	$f(x) = x^2$
	liefert für M den		
arithmetischen Mittelwert $\bar{x}$	geometrischen Mittelwert	harmonischen Mittelwert	quadratischen Mittelwert
$\bar{x} = \dfrac{1}{n} \sum\limits_{\nu=1}^{n} x_\nu$	$G = \sqrt[n]{\prod\limits_{\nu=1}^{n} x_\nu}$ $(x_\nu > 0)$	$H = \dfrac{n}{\sum\limits_{\nu=1}^{n}\left(\dfrac{1}{x_\nu}\right)}$ $(x_\nu > 0)$	$Q = \sqrt{\dfrac{1}{n} \sum\limits_{\nu=1}^{n} x_\nu^2}$
(12.1.28)	(12.1.29)	(12.1.30)	(12.1.31)

12.2 Mehrfacher Zusammenhang; Streuungsfortpflanzung

Die Merkmale $x_i (i = 1; 2; \ldots; k)$ haben Verteilungen mit den

Mittelwerten $\qquad\qquad M\{x_i\} \quad = \xi_i,$ $\qquad\qquad\qquad (12.2.1)$

Varianzen $\qquad\qquad V\{x_i\} \quad = \sigma_i^2,$ $\qquad\qquad\qquad (12.2.2)$

Kovarianzen $\qquad\quad C\{x_i; x_j\} = \varrho_{ij}\, \sigma_i\, \sigma_j,$ $\qquad\qquad (12.2.3)$

wobei ϱ_{ij} die Korrelationszahl zwischen x_i und x_j darstellt (vgl. Abschn. 4.3).

Es sei

$$z = f(x_1; x_2; \ldots; x_i; \ldots; x_k), \qquad (12.2.4)$$

$$M\{z\} = \zeta; \qquad V\{z\} = \sigma_z^2. \qquad (12.2.5)$$

Die partiellen Ableitungen der Funktion f an der Stelle $x_\lambda = \xi_\lambda$, $\lambda = 1; 2; \ldots; k$, seien

$$f_i = \left[\frac{\partial f}{\partial x_i}\right]_{x_\lambda = \xi_\lambda \text{ für alle } \lambda} \qquad (12.2.6)$$

und

$$f_{ij} = \left[\frac{\partial^2 f}{\partial x_i\, \partial x_j}\right]_{x_\lambda = \xi_\lambda \text{ für alle } \lambda} = f_{ji} . \qquad (12.2.7)$$

Zusammenhang der Mittelwerte

$$\zeta \approx f(\xi_1; \xi_2; \ldots; \xi_i; \ldots; \xi_k) + \tfrac{1}{2} \sum_{i=1}^{k} \sum_{j=1}^{k} f_{ij}\, \varrho_{ij}\, \sigma_i\, \sigma_j \qquad (12.2.8)$$

mit $\varrho_{ii} = 1$ und $\varrho_{ij} = \varrho_{ji}$.

Zusammenhang der Varianzen

$$\sigma_z^2 \approx \sum_{i=1}^{k} \sum_{j=1}^{k} f_i\, f_j\, \varrho_{ij}\, \sigma_i\, \sigma_j. \qquad (12.2.9)$$

Sonderfälle

a) *Linearkombination* von Zufallsgrößen

$$z = a + \sum_{i=1}^{k} b_i\, x_i, \qquad (12.2.10)$$

$$\zeta = a + \sum_{i=1}^{k} b_i\, \xi_i, \qquad (12.2.11)$$

$$\sigma_z^2 = \sum_{i=1}^{k} \sum_{j=1}^{k} b_i\, b_j\, \varrho_{ij}\, \sigma_i\, \sigma_j. \qquad (12.2.12)$$

b) alle x_i sind *stochastisch unabhängig voneinander*;

$$\varrho_{ij} = 0 \quad \text{für} \quad i \neq j. \qquad (12.2.13)$$

$$\zeta \approx f(\xi_1; \xi_2; \ldots; \xi_k) + \tfrac{1}{2} \sum_{i=1}^{k} f_{ii}\, \sigma_i^2, \qquad (12.2.14)$$

$$\sigma_z^2 \approx \sum_{i=1}^{k} f_i^2\, \sigma_i^2. \qquad (12.2.15)$$

Ist insbesondere $z = x_1\, x_2 \ldots \ldots x_k$, dann gilt

$$\zeta = \xi_1\, \xi_2 \ldots \ldots \xi_k. \qquad (12.2.16)$$

c) *drei Zufallsgrößen* $x_1 \equiv x$, $x_2 \equiv y$, $x_3 \equiv z$ mit den Mittelwerten

$$M\{x\} = \xi; \quad M\{y\} = \eta; \quad M\{z\} = \zeta. \qquad (12.2.17)$$

Die von x, y und z abhängige Zufallsgröße sei

$$w = f(x; y; z) \quad \text{mit} \quad M\{w\} = \omega; \quad V\{w\} = \sigma_w^2. \qquad (12.2.18)$$

$$\omega \approx f(\xi; \eta; \zeta) + \tfrac{1}{2}(f_{xx}\, \sigma_x^2 + f_{yy}\, \sigma_y^2 + f_{zz}\, \sigma_z^2) +$$
$$+ (f_{xy}\, \varrho_{xy}\, \sigma_x\, \sigma_y + f_{xz}\, \varrho_{xz}\, \sigma_x\, \sigma_z + f_{yz}\, \varrho_{yz}\, \sigma_y\, \sigma_z); \qquad (12.2.19)$$

$$\sigma_w^2 \approx f_x^2\, \sigma_x^2 + f_y^2\, \sigma_y^2 + f_z^2\, \sigma_z^2 +$$
$$+ 2(f_x\, f_y\, \varrho_{xy}\, \sigma_x\, \sigma_y + f_x\, f_z\, \varrho_{xz}\, \sigma_x\, \sigma_z + f_y\, f_z\, \varrho_{yz}\, \sigma_y\, \sigma_z); \qquad (12.2.20)$$

d) *zwei Zufallsgrößen:* $x_1 \equiv x$; $x_2 \equiv y$.

Es sei

$$M\{x\} = \xi; \qquad V\{x\} = \sigma_x^2;$$
$$M\{y\} = \eta; \qquad V\{y\} = \sigma_y^2; \qquad C\{x; y\} = \varrho\, \sigma_x\, \sigma_y \qquad (12.2.21)$$

und $\qquad z = f(x; y) \quad \text{mit} \quad M\{z\} = \zeta; \qquad V\{z\} = \sigma_z^2 \qquad (12.2.22)$

	Mittelwert	Varianz	
Summe oder Differenz $z = x \pm y$	$\zeta = \xi \pm \eta$	$\sigma_z^2 = \sigma_x^2 + \sigma_y^2 \pm 2\varrho\, \sigma_x\, \sigma_y$	$(12.2.23)$
Produkt $z = x\,y$	$\zeta = \xi\eta + \varrho\, \sigma_x\, \sigma_y$ $= \xi\eta\left[1 + \varrho\left(\dfrac{\sigma_x}{\xi}\right)\left(\dfrac{\sigma_y}{\eta}\right)\right]$	$\sigma_z^2 \approx \xi^2\sigma_y^2 + \eta^2\sigma_x^2 + 2\xi\eta\,\varrho\, \sigma_x\, \sigma_y$ $= (\xi\eta)^2\left[\left(\dfrac{\sigma_x}{\xi}\right)^2 + \left(\dfrac{\sigma_y}{\eta}\right)^2 + 2\varrho\left(\dfrac{\sigma_x}{\xi}\right)\left(\dfrac{\sigma_y}{\eta}\right)\right]$	$(12.2.24)$
Quotient $z = \dfrac{x}{y}$	$\zeta = \dfrac{\xi}{\eta}\left[1 + \left(\dfrac{\sigma_y}{\eta}\right)^2 - \varrho\left(\dfrac{\sigma_x}{\xi}\right)\left(\dfrac{\sigma_y}{\eta}\right)\right]$	$\sigma_z^2 \approx \left(\dfrac{\xi}{\eta}\right)^2\left[\left(\dfrac{\sigma_x}{\xi}\right)^2 + \left(\dfrac{\sigma_y}{\eta}\right)^2 - 2\varrho\left(\dfrac{\sigma_x}{\xi}\right)\left(\dfrac{\sigma_y}{\eta}\right)\right]$	$(12.2.25)$

Der Sonderfall, daß x und y stochastisch unabhängig voneinander sind, ergibt sich für $\varrho = 0$.

Alle Näherungsgleichungen gelten um so besser, je kleiner die Variationszahlen (σ_x/ξ) und (σ_y/η) sind. Für Variationszahlen (σ_x/ξ) und (σ_y/η) kleiner als $1/10$ gilt für die Mittelwerte ζ meist mit ausreichender Genauigkeit $\zeta \approx f(\xi; \eta)$.

B. Beispiele

Beispiel 1. Berechnung von Mittelwert, Zentralwert, Varianz, Standardabweichung und Variationszahl bei kleinem Stichprobenumfang

In der nachstehenden Zahlentafel sind zehn Meßwerte x_i (z. B. Abmessungen, Gewichte, Aschegehalte usw.) zur laufenden Nummer i aufgeführt; der Stichprobenumfang ist somit $n = 10$. Spalte 3 bringt die Abweichungen $(x_i - a)$ vom (zweckmäßig gewählten) Hilfswert $a = 1{,}50$ und Spalte 4 die Quadrate $(x_i - a)^2$. Für die zweite Berechnungsmöglichkeit (mit Rechenmaschine oder Quadratzahltafel) enthält Spalte 5 die Werte x_i^2.

1	2	3	4	5
i	x_i	$(x_i - a) \cdot 10^2$	$(x_i - a)^2 \cdot 10^4$	x_i^2
1	1,62	$+12$	144	2,6244
2	1,42	$-\ 8$	64	2,0164
3	1,58	$+\ 8$	64	2,4964
4	1,39	-11	121	1,9321
5	1,54	$+\ 4$	16	2,3716
6	1,35	-15	225	1,8225
7	1,50	0	0	2,2500
8	1,48	$-\ 2$	4	2,1904
9	1,57	$+\ 7$	49	2,4649
10	1,60	$+10$	100	2,5600
Summe	15,05	$+\ 5$	787	22,7287

Zur Berechnung von Mittelwert $\bar{x}$ und Standardabweichung s werden entweder $\sum (x_i - a) = 0{,}05$ und $\sum (x_i - a)^2 = 0{,}0787$ oder $\sum x_i = 15{,}05$ und $\sum x_i^2 = 22{,}7287$ benötigt. Im ersten Fall wird nach (5.1.13) und (5.1.20)

$$\bar{x} = 1{,}50 + \frac{1}{10} \cdot 0{,}05 = 1{,}505$$

und

$$s^2 = \frac{1}{9}\left(0{,}0787 - \frac{1}{10} \cdot 0{,}05^2\right) = \frac{1}{9} \cdot 0{,}07845 = 0{,}00872.$$

Im zweiten Fall erhält man mit (5.1.12) und (5.1.22)

$$\bar{x} = \frac{1}{10} \cdot 15{,}05 = 1{,}505$$

und

$$s^2 = \frac{1}{9}\left(22{,}7287 - \frac{1}{10} \cdot 15{,}05^2\right) = \frac{1}{9} \cdot 0{,}07845 = 0{,}00872.$$

Das Ergebnis ist: Mittelwert $\bar{x} = 1{,}505$; Varianz $s^2 = 0{,}00872$; Standardabweichung $s = 0{,}093$ und nach (5.1.35) Variationszahl $V = \dfrac{0{,}0934}{1{,}505} = 0{,}062 = 6{,}2\%$.

Zur Ermittlung des Zentralwerts $\tilde{x}$ und zur Verwendung des Näherungsverfahrens nach (5.1.16) werden die 10 Werte nach der Größe geordnet:

$x_{(1)}$	$x_{(2)}$	$x_{(3)}$	$x_{(4)}$	$x_{(5)}$	$x_{(6)}$	$x_{(7)}$	$x_{(8)}$	$x_{(9)}$	$x_{(10)}$
1,35	1,39	1,42	1,48	1,50	1,54	1,57	1,58	1,60	1,62

Der Zentralwert (Median) wird nach (5.1.18): $\tilde{x} = \frac{1}{2}(x_{(5)} + x_{(6)}) = 1{,}52$. Nach (5.1.2) wird $x(7) = \dfrac{x_{(3)} + x_{(4)}}{2} = 1{,}450$ und $x(8) = \dfrac{x_{(2)} + x_{(3)}}{2} = 1{,}405$, folglich $x\left(\dfrac{3}{4}n\right) = x(7{,}5) = \dfrac{1{,}450 + 1{,}405}{2} = 1{,}4275$.

Entsprechend ergibt sich $x(\frac{1}{4}n) = x(2{,}5) = 1{,}5825$. Nach (5.1.16) wird $\bar{x}_m = 1{,}505$ (zufällig in voller Übereinstimmung mit $\bar{x}$).

Für die Verwendung des Spannweitenverfahrens (5.1.34) zur Ermittlung der Standardabweichung s_R sind die Werte der Stichprobe in Untergruppen zu unterteilen. Dabei ist gegebenenfalls die Benutzung von Zufallszahlen, Zufallswürfeln oder dgl. erforderlich. Nach dem bei Tab. C 19 erwähnten Verfahren wird — beginnend mit z. B. Spalte 3, Zeile 36 von Tab. C19 — die Zahlenfolge 43; 76; 09; 99; 21; 86; 02; 42; 03; 41; 81 der Zeile 36 verwendet. Die erste Zahl wird durch 10, die zweite durch 9 usw. geteilt und jeweils der Rest — unter Weglassen der Null — genommen. Es fallen die Zahlen 3; 4; 1; 1; 3; 1; 2; 2; 1 an. Von den 10 Meßwerten der Urliste ist also der 3., d. h. 1,58, zu nehmen, dann von den übrigbleibenden der 4., d. h. 1,54, dann von den übrigbleibenden der 1., also 1,62, usw. Auf diese Weise erhält man als zufällige Anordnung der 10 Meßwerte die Reihenfolge

$$1{,}58;\ 1{,}54;\ 1{,}62;\ 1{,}42;\ 1{,}50;\quad 1{,}39;\ 1{,}48;\ 1{,}57;\ 1{,}35;\ 1{,}60.$$

Die ersten fünf Werte können nun als erste Gruppe, die zweiten fünf als zweite Gruppe genommen werden. Die Spannweiten sind $R_1 = 1{,}62 - 1{,}42 = 0{,}20$ und $R_2 = 1{,}60 - 1{,}35 = 0{,}25$, somit $\bar{R} = 0{,}225$. Nach (5.1.34) und Tab. C 11 wird $s_R = \dfrac{0{,}225}{2{,}326} = 0{,}097$ (gegenüber $s = 0{,}093$).

Beispiel 2. Berechnung von Mittelwert, Zentralwert, Varianz, Standardabweichung und Schiefe bei großem Stichprobenumfang (gleichabständige Klasseneinteilung)

Bei großem Stichprobenumfang faßt man zur Verringerung der Rechenarbeit ohne merkliche Einbuße an Genauigkeit die Einzelwerte klassenweise zusammen oder notiert sie, wenn es auf ihre Reihenfolge nicht ankommt, von vornherein in Form einer Strichliste. Die Abgrenzung der Klassen muß so vorgenommen werden, daß die Meßwerte eindeutig in die Klassen eingeordnet werden können. Zum Beispiel gehört bei der in der Zahlentafel des Beispiels gewählten Abgrenzung (nach rechts offene Klassen) der Meßwert $x = 260$ in die Klasse 6. Besteht die Meßreihe aus stark gerundeten Werten, dann müssen die Klassengrenzen mit Grenzen der Rundungsbereiche zusammenfallen.

1	2	3	4	5	6	7	8	9	10
j	untere Klassengrenzen	x_j	n_j	z_j	$z_j\,n_j$	$z_j^2\,n_j$	$z_j^3\,n_j$	B_j	H_j in %
1	210 ...	215	3	-7	-21	147	-1029	3	0,75
2	220 ...	225	5	-6	-30	180	-1080	8	2,00
3	230 ...	235	8	-5	-40	200	-1000	16	4,00
4	240 ...	245	15	-4	-60	240	-960	31	7,75
5	250 ...	255	25	-3	-75	225	-675	56	14,00
6	260 ...	265	29	-2	-58	116	-232	85	21,25
7	270 ...	275	52	-1	-52	52	-52	137	34,25
8	280 ...	285	48	0	0	0	0	185	46,25
9	290 ...	295	46	1	46	46	46	231	57,75
10	300 ...	305	40	2	80	160	320	271	67,75
11	310 ...	315	39	3	117	351	1053	310	77,50
12	320 ...	325	33	4	132	528	2112	343	85,75
13	330 ...	335	23	5	115	575	2875	366	91,50
14	340 ...	345	17	6	102	612	3672	383	95,75
15	350 ...	355	11	7	77	539	3773	394	98,50
16	360 ...	365	5	8	40	320	2560	399	99,75
17	370 ...	375	1	9	9	81	729	400	100,00
Summe			400 $\sum n_j$		382 $\sum z_j\,n_j$	4372 $\sum z_j^2\,n_j$	12112 $\sum z_j^3\,n_j$		

Die vorausgehende Zahlentafel bringt in Spalte 1 die Nummer j (von $j = 1$ bis $j = k = 17$) der Klasse, in Spalte 2 die Klassengrenzen mit der Klassenbreite $c = 10$ und in Spalte 3 die Klassenmitten x_j für die $n = 400$ Meßwerte (wie im ersten Beispiel etwa Abmessungen, Gewichte usw.). Es folgen die Besetzungszahlen n_j und die nach (5.1.11) verschlüsselten Klassenmitten z_j, wobei eine etwa in der Mitte gelegene Klasse als Bezugsklasse gewählt wurde. Die Spalten 6 und 7 mit den Werten $z_j\,n_j$ und $z_j^2\,n_j$ dienen der Berechnung von Mittelwert $\bar{x}$ und Standardabweichung s, während die Spalte 8 mit $z_j^3\,n_j$ nur benötigt wird, wenn die Schiefe ermittelt werden soll. Die Spalten 9 und 10 enthalten die absoluten und die relativen Summenhäufigkeiten B_j nach (5.1.8) und H_j nach (5.1.9).

Die Anwendung der Gl. (5.1.15) und (5.1.25) liefert mit $a = 285$:

$$\bar{x} = 285 + \frac{10}{400} \cdot 382 = 295;$$

$$s^2 = \frac{10^2}{399}\left(4372 - \frac{382^2}{400}\right) = 1004,3; \quad s = 31,7.$$

Für die Schiefe kommt mit (5.1.38)

$$g_1 = \frac{10^3}{31,7^3} \frac{400}{399 \cdot 398}\left(12\,112 - \frac{3}{400} \cdot 4372 \cdot 382 + \frac{2}{400^2} \cdot 382^3\right)$$

$$= \frac{10^3 \cdot 400 \cdot 283}{31,7^3 \cdot 399 \cdot 398} = 0,0224.$$

Der Zentralwert ergibt sich aus (5.1.10) mit $q = \frac{1}{2}$ und $\nu = j = 8$ zu

$$x\left(\frac{1}{2}n\right) = \tilde{x} = 290 + \frac{200 - 185}{46} \cdot 10 = 293,3.$$

Zur angenäherten Ermittlung von Mittelwert und Standardabweichung findet man mit (5.1.10)

$$x\left(\frac{1}{16}n\right) = x(25) = 340 + \frac{375 - 366}{17} \cdot 10 = 345,3$$

und entsprechend

$$x(100) = 317,4; \quad x(300) = 272,9; \quad x(375) = 246,0.$$

Mit (5.1.17) und (5.1.30) erhält man

$$\bar{x}_Q = \tfrac{1}{6}(345,3 + 317,4 + 2 \cdot 293,3 + 272,9 + 246,0) = 294,7$$

und

$$s_m = \tfrac{1}{4}(345,3 + \tfrac{3}{4} \cdot 317,4 - \tfrac{3}{4} \cdot 272,9 - 246,0) = 33,2$$

in ausreichender Übereinstimmung mit $\bar{x}$ und s.

Beispiel 3. Graphische Ermittlung von Mittelwert und Standardabweichung im Wahrscheinlichkeitsnetz [1]

Die Stichprobe muß aus einer zumindest angenähert normal verteilten Grundgesamtheit stammen; nur dann weisen die in das Wahrscheinlichkeitsnetz eingetragenen Punkte einen geradlinigen Verlauf auf. Andernfalls kann versucht werden, einen solchen Verlauf durch eine geeignete Merkmaltransformation (vgl. Abschn. 12) zu erreichen.

Kleiner Stichprobenumfang:

Die Meßwerte — hier die zehn Werte des Beispiels 1 — werden auf der Merkmalachse aufgezeichnet (vgl. Abb. B 3.1) und damit zugleich

---

[1] Das Wahrscheinlichkeitsnetz (auch mit logarithmisch geteilter Merkmalachse) wird z. B. von der Firma Schleicher und Schüll, 3352 Einbeck, sowie vom Ausschuß für Wirtschaftliche Fertigung, Frankfurt/Main, geliefert. Beim Statifix der Firma Faber Castell ist das Netz zum Dauergebrauch auf eine Kunststoffplatte aufgetragen.

der Größe nach geordnet. Zum geordneten Wert $x_{(i)}$ gehört als Ordinate
die Summenhäufigkeit $H_{(i)}(10)$ aus Tab. 5.1.3. Die Punkte $[x_{(i)}; H_{(i)}(10)]$
werden im Wahrscheinlichkeitsnetz angekreuzt. Durch die erhaltenen
Punkte wird nach Augenmaß eine ausgleichende Gerade gelegt; Abb.

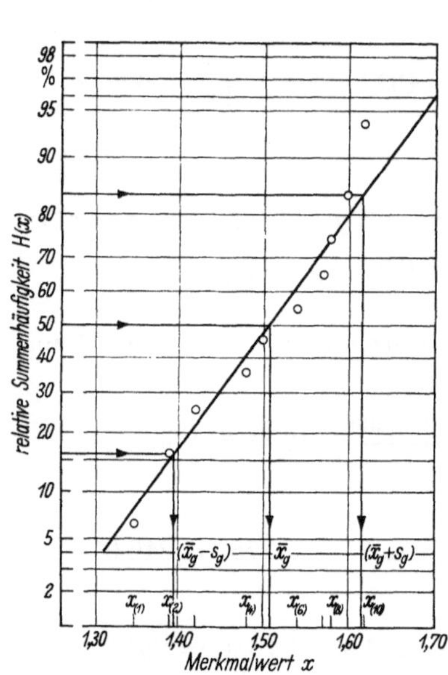

Abb. B 3.1. Summenlinie einer Stichprobe
aus $n = 10$ Einzelwerten

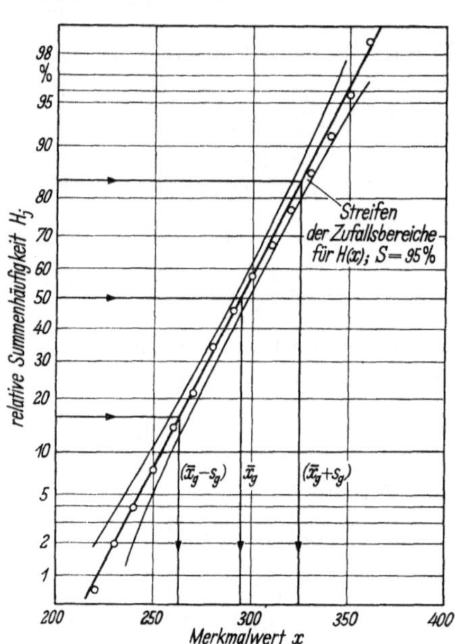

Abb. B 3.2. Summenlinie einer Stichprobe bei
Klasseneinteilung mit Zufallsbereichen für $H(x)$

B 3.1. Zu den relativen Summenhäufigkeiten 50%, 84,1% und 15,9%
liest man $\bar{x}_g = 1,507$, $(\bar{x}_g + s_g) = 1,618$ und $(\bar{x}_g - s_g) = 1,396$ ab. Mit
(5.1.31) erhält man $s_g = 0,111$.

Großer Stichprobenumfang:

Bei Stichproben großen Umfangs werden die Einzelwerte klassenweise zusammengefaßt und die relativen Summenhäufigkeiten zu den
oberen Klassengrenzen ausgerechnet. Das ist in Beispiel 2 in Spalte 10
der Tabelle bereits geschehen. Die dort ermittelten Summenhäufigkeiten
H_j wurden in Abb. B 3.2 über der jeweils zugehörigen oberen Klassengrenze x'_j abgetragen. Mittelwert $\bar{x}_g$ und Standardabweichung s_g ergeben
sich in derselben Weise wie bei kleinem Stichprobenumfang. Man findet
$\bar{x}_g = 295$ und $s_g = \frac{1}{2}(325 - 263) = 31$.

Faßt man die eingezeichnete Gerade als Summenlinie $\Phi(x)$ der Gesamtheit auf, so findet man den Zufallsbereich für die dem festen Merkmalwert
x zugeordnete Summenhäufigkeit H nach Abschn. 5.2 d); S. 50. Beispiels-

weise erhält man zu $\Phi = 10\%$, $n = 400$ und $S = 95\%$ aus Nomogramm D 11 oder aus Gl. (5.2.34) mit $p \equiv \Phi$

$$H_U = 7\%, \quad H_O = 13\%.$$

Auf diese Weise entstehen die in Abb. B 3.2 eingezeichneten Zufallsbereiche.

Beispiel 4. Zufallsschranken

Normalverteilung:

Für eine Grundgesamtheit sei aus Erfahrung bekannt, daß sie einer Normalverteilung $NV(100; 10^2)$ gehorcht, deren Mittelwert also $\mu = 100$ und deren Standardabweichung $\sigma = 10$ ist. Werden Stichproben vom Umfang $n = 8$ bzw. $n = 100$ gezogen, dann ist mit der statistischen Sicherheit $S = 1 - \alpha = 95\%$ damit zu rechnen, daß die in der folgenden Tabelle aufgeführten Kenngrößen unterhalb der zugehörigen einseitigen oberen Zufallsschranke liegen.

Kenngröße	obere Zufallsschranke bei einem Stichprobenumfang von		ermittelt nach
	$n = 8$	$n = 100$	
Größter Wert $x_{(n)}$ (Ausreißerschranke)	$x_{(n)O} = 100 +$ $+ 2{,}5 \cdot 10 = 125$	$x_{(n)O} = 100 +$ $+ 3{,}3 \cdot 10 = 133$	(5.2.5) und Nomogramm D 4
Mittelwert $\bar{x}$	$\bar{x}_O = 100 +$ $+ 1{,}645 \dfrac{10}{\sqrt{8}} = 105{,}8$	$\bar{x}_O = 100 +$ $+ 1{,}645 \dfrac{10}{\sqrt{100}} = 101{,}6$	(5.2.6) und Tab. C 2
Zentralwert $\tilde{x}$ (Median)	$\tilde{x}_O = 100 + 1{,}645 \times$ $\times \dfrac{1{,}159 \cdot 10}{\sqrt{8}} = 106{,}7$	$\tilde{x}_O = 100 + 1{,}645 \times$ $\times \dfrac{1{,}25 \cdot 10}{\sqrt{100}} = 102{,}1$	(5.2.8) und Tab. C 18 sowie (5.2.10)
Standardabweichung s	$s_O = \dfrac{10}{0{,}705} = 14{,}2$	$s_O = \dfrac{10}{0{,}897} = 11{,}1$	(5.2.17) und Nomogramm D 10
Spannweite R	$R_O = 4{,}29 \cdot 10 = 42{,}9$	—	(5.2.22) und Tab. C 11
Variationszahl V	$V_O = 14{,}2\%$	$V_O = 1{,}11 \dfrac{10}{100}$ $= 11{,}1\%$	für $n = 8$ nach JOHNSON und WELCH; für $n = 100$ mit (5.2.24) und (5.2.25)

Binomialverteilung:

Für eine Fertigung sei der durchschnittliche Schlechtanteil $M\{\hat{p}\} = p = 7{,}0\%$ bekannt. Um die einseitige obere Zufallsschranke $\hat{p}_O$ des Schlechtanteils in Stichproben des Umfanges $n = 75$ zur Sicherheit $S = 1 - \alpha = 95\%$ zu finden, berechnet man nach (5.2.35) mit Tab. C 15 und Tab. C 2

$$\hat{z}_O = \text{arc sin } \sqrt{0{,}07} + \frac{1{,}645}{2\sqrt{75}} = 0{,}2678 + 0{,}0949 = 0{,}3627$$

und erhält mit (5.2.37) und Tab. C 15

$$\hat{p}_O = 12{,}6\%\,.$$

Poisson-Verteilung:

Bei der Endprüfung eines Produktes treten auf Grund vorliegender Erfahrung durchschnittlich 1,7 Fehler je Stück auf. Für eine tägliche Fertigung von 150 Stück ist demnach der Mittelwert der Gesamtfehlerzahl $\mu = 150 \cdot 1{,}7 = 255$. Die obere Zufallsschranke x_O der gesamten Fehler-Zahl zur Sicherheit $S = 1 - \alpha = 99\%$ wird nach (5.2.40) und Tab. C 2

$$x_O = 255 + 0{,}5 + 2{,}326\sqrt{255} = 293 \text{ Fehler.}$$

Für die bei einer Tagesproduktion von 150 Stück ermittelte Zahl der Fehler je Stück ergibt sich die obere Zufallsschranke zu

$$\frac{1}{150}\, x_O = 1{,}95 \text{ Fehler/Stück.}$$

Dieses Ergebnis bedeutet natürlich *nicht*, daß an den Einzelstücken nur 0 oder 1 Fehler auftreten darf. Die obere Zufallsschranke y_O für die zahl y der Fehler je Einzelstück ist vielmehr nach (5.2.40)

$$y_O = 1{,}7 + 0{,}5 + 2{,}326\sqrt{1{,}7} = 5{,}2\,.$$

Beispiel 5. Vertrauensgrenzen bzw. -bereiche

Normalverteilung:

Die Werte von Beispiel 1 sind annähernd normal verteilt, da sich die zugehörige Summenlinie im Wahrscheinlichkeitsnetz recht gut durch eine Gerade annähern läßt (vgl. Beispiel 3). Bei der Festlegung der zweiseitigen Vertrauensbereiche können daher die für Normalverteilung gültigen Formeln benutzt werden. Man findet zu den Kenngrößen

$$\bar{x} = 1{,}505; \quad \tilde{x} = 1{,}52; \quad s = 0{,}093; \quad \bar{R} = 0{,}225 \quad (k = 2,\, m = 5)$$

mit $n = 10$, $f = 9$ zur Sicherheit $S = 1 - \alpha = 99\%$ ($\alpha/2 = 0{,}5\%$) die folgenden zweiseitig abgegrenzten Vertrauensbereiche:

Mittelwert μ [berechnet mit $\bar{x}$ nach (5.3.4) und Tab. C 5]

$$1{,}505 - 3{,}25\,\frac{0{,}0934}{\sqrt{10}} = 1{,}41 \;\leqq\; \mu \;\leqq\; 1{,}505 + 3{,}25\,\frac{0{,}0934}{\sqrt{10}} = 1{,}60;$$

Mittelwert μ [berechnet mit $\tilde{x}$ nach (5.3.9) und Tab. C 5 und C 18]

$$1{,}52 - 3{,}25 \cdot 1{,}175 \frac{0{,}0934}{\sqrt{10}}$$

$$= 1{,}41 \leqq \mu \equiv \zeta \leqq \quad 1{,}52 + 3{,}25 \cdot 1{,}175 \frac{0{,}0934}{\sqrt{10}} = 1{,}63;$$

Standardabweichung σ [berechnet mit s nach (5.3.13) und Tab. C 6]

$$\sqrt{\frac{9}{23{,}6}} \cdot 0{,}093 = 0{,}057 \quad \leqq \sigma \leqq \quad \sqrt{\frac{9}{1{,}74}} \cdot 0{,}093 = 0{,}212;$$

Standardabweichung σ [berechnet aus dem Spannweitendurchschnitt $\bar{R}$ nach (5.3.15) und Tab. C 3 und C 11]

$$\frac{0{,}225/2{,}326}{1 + 2{,}58 \cdot 0{,}371/\sqrt{2}} = 0{,}058 \quad \leqq \sigma \leqq \quad \frac{0{,}225/2{,}326}{1 - 2{,}58 \cdot 0{,}371/\sqrt{2}} = 0{,}299.$$

Binomialverteilung (s. auch Beispiel 8):

Bei der Prüfung von Drehteilen auf Maßhaltigkeit mittels Lehren hat eine Stichprobe der Größe $n = 60$ aus einer Gesamtheit großen Umfangs die Zahl $x = 5$ fehlerhafte Stücke, d. h. einen Schlechtanteil von $\hat{p} = 8{,}33\%$ ergeben. Die zugehörige einseitige obere Vertrauensgrenze p_O des Schlechtanteils p in der Gesamtheit errechnet sich nach (5.3.24) bei der statistischen Sicherheit $S = 1 - \alpha = 95\%$ zu

$$p_O = \frac{(5 + 1)\, F_{0{,}95}(f_1;\, f_2)}{(60 - 5) + (5 + 1)\, F_{0{,}95}(f_1;\, f_2)}$$

mit $\qquad f_1 = 2(5 + 1) = 12 \quad$ und $\quad f_2 = 2(60 - 5) = 110.$

Aus Tab. C 7 gewinnt man durch Interpolation den Wert $F_{0{,}95}(f_1;\, f_2) = 1{,}84$ und damit

$$p_O = 0{,}167 = 16{,}7\%.$$

Poisson-Verteilung:

Aus Erfahrung ist bekannt, daß die Zahl x der Noppen (Faserverknotungen) in Kammzugstücken (Bandstücken aus parallelisierter Wolle) bestimmten Gewichts poissonverteilt ist.

An einem Stück vom Gewicht $G = 10\,\mathrm{g}$ werden $x = 22$ Noppen gezählt. Nach (5.3.38) liegt der Mittelwert μ der Noppenzahl bezogen auf Stücke vom Gewicht $G = 10\,\mathrm{g}$ mit der Sicherheit $S = 95\%$ im Vertrauensbereich

$$22 - 0{,}5 + 0{,}25\, u_{97{,}5\%}^2 - u_{97{,}5\%} \sqrt{22 - 0{,}5} \quad \leqq \mu \quad \leqq$$

$$\leqq 22 + 0{,}5 + 0{,}25\, u_{97{,}5\%}^2 + u_{97{,}5\%} \sqrt{22 + 0{,}5};$$

mit $u_{97{,}5\%} = 1{,}96$ aus Tab. C 2. erhält man

$$13{,}4 \leqq \mu \leqq 32{,}8.$$

Nomogramm D 14 ergibt
$$14 \leq \mu \leq 33 \, .$$

Den Vertrauensbereich für die mittlere Noppenzahl λ bezogen auf Stücke vom Gewicht $G' = 1$ g erhält man aus dem Bereich für μ wegen $G' = G/10$, indem man durch 10 dividiert:

$$\frac{13{,}4}{10} \leq \lambda \leq \frac{32{,}8}{10} \, ,$$

$$1{,}34 \leq \lambda \leq 3{,}28 \, .$$

Werden an einem Stück vom Gewicht $G'' = 20$ g (also am doppelten Zählabschnitt, $t = 2$) $y = 37$ Noppen gezählt, dann erhält man den Vertrauensbereich für μ (bezogen auf Stücke vom Gewicht $G = 10$ g), indem man den Vertrauensbereich (5.3.38) mit y (anstelle von x) berechnet und durch $t = 2$ dividiert:

$$\tfrac{1}{2}\left[37 - 0{,}5 + 0{,}25\, u_{97,5\%}^2 - u_{97,5\%} \sqrt{37 - 0{,}5}\,\right] \leq \mu \leq$$

$$\leq \tfrac{1}{2}\left[37 + 0{,}5 + 0{,}25\, u_{97,5\%}^2 + u_{97,5\%} \sqrt{37 + 0{,}5}\,\right],$$

$$12{,}8 \leq \mu \leq 25{,}2 \, .$$

Aus Nomogramm D 14 erhält man mit $y = 37$ die Grenzen 25 und 50 und nach Division durch $t = 2$

$$12{,}5 \leq \mu \leq 25 \, .$$

Beliebige stetige Verteilung:

Bei der Prüfung eines Materials auf Dauerbeanspruchung wurden die in Spalte 1 der nachstehenden Tabelle aufgeführten 12 Meßwerte (Zahl der Beanspruchungszyklen bis zum Bruch) gefunden.

1	2	3	4	5	6	7
x_i	$x_i - 100$		$x_i - 92$		$x_i - 91$	
52	− 48	3	− 40	2	− 39	2
133	33	2	41	3	42	3,5
27	− 73	6	− 65	5	− 64	5
49	− 51	4	− 43	4	− 42	3,5
904	804	12	812	12	813	12
268	168	8	176	8	177	8
91	− 9	1	− 1	1	0	1
496	396	9	404	9	405	9
603	503	10	511	10	512	10
22	− 78	7	− 70	6,5	− 69	6
658	558	11	566	11	567	11
162	62	5	70	6,5	71	7

Die einseitige untere Vertrauensgrenze μ_U für den Mittelwert μ der Verteilung findet man, indem man nach Abschn. 5.3e) zu einem angenommenen Wert b die Abweichungen $(x_i - b)$ bildet. In Spalte 2 ist diese Rechnung mit $b = 100$ durchgeführt. Spalte 3 enthält die Rangzahlen der 12 Abweichungen, die sich bei Vernachlässigen des Vorzeichens ergeben. Die Summe R'' der zu negativen Abweichungen gehörenden Rangzahlen ist $R'' = 3 + 6 + 4 + 1 + 7 = 21$. Mit (5.3.39) ergibt sich zu der Sicherheit $S = 1 - \alpha = 95\%$ mit Tab. C 2

$$L'' = 21 - \frac{12(12 + 1)}{4} + 1,645 \sqrt{12(12 + 1)(24 + 1)/24}$$

$$= 21 - 39 + 21 = 3.$$

Die Spalten 4 bis 7 bringen die entsprechende Rechnung mit $b_1 = 92$ und $b_2 = 91$, für die $L_1'' = 18,5 - 18 = 0,5$ und $L_2'' = 16,5 - 18 = -1,5$ wird. Für die einseitige untere Vertrauensgrenze μ_U, bei der $L'' = 0$ sein muß, gilt somit

$$91 < \mu_U < 92.$$

Die einseitige untere Vertrauensgrenze ζ_U für den Zentralwert ζ der Verteilung findet man, indem man in Tab. C 14 zur Sicherheit $S = 1 - \alpha = 95\%$ und zu $n = 12$ den Wert $k(n; 1 - \alpha) = 2$ abliest. Dann wird

$$\zeta_U = x_{(k)} = x_{(2)} = 27.$$

Beispiel 6. Toleranzbereiche

Normalverteilte Gesamtheit mit bekannter Varianz:

Die Standardabweichung für den Durchmesser eines bestimmten Teiles ist aus früheren Überprüfungen der Fertigung bekannt und beträgt $\sigma = 0,084$ mm. Gleichzeitig wurde festgestellt, daß die Durchmesser in guter Näherung normal verteilt sind.

Bei der weiteren Fertigung wird einem Los der Größe $N = 10000$ eine Stichprobe von $n = 20$ Teilen entnommen, wobei sich der Mittelwert $\bar{x} = 4,13$ mm ergibt. Es interessiert der Toleranzbereich, in dem mit der statistischen Sicherheit $S = 1 - \alpha = 99\%$ mindestens der Anteil $(1 - \gamma) = 90\%$ des Loses liegt. Nach (5.4.2) ist der gesuchte Bereich gegeben durch

$$4,13 \pm u_{\alpha,\gamma} \cdot 0,084.$$

Dabei ist der Zahlenwert von $u_{\alpha,\gamma}$ mit $u_{1-(\alpha/2)} = u_{99,5\%} = 2,576$

(nach Tab. C 3) und $u_{1-(\alpha/2)}/\sqrt{n} = 0,575$ aus der Beziehung (5.4.3),

$$\frac{1}{\sqrt{2\pi}} \int\limits_{0,575 - u_{\alpha,\gamma}}^{0,575 + u_{\alpha,\gamma}} e^{-t^2/2}\, dt = 0,90,$$

zu bestimmen.

Mit (3.2.6), (3.2.7) und Tab. C 2 ergibt sich durch Probieren der Wert $u_{\alpha,\gamma} = 1{,}898$ und damit der Toleranzbereich zu $4{,}13 \pm 0{,}159$, also

$$3{,}97 \text{ mm} \leq x \leq 4{,}29 \text{ mm}.$$

Unbekannte normal verteilte Gesamtheit:

Für die Festigkeit eines Materials sei bekannt, daß die einzelnen Werte hinreichend genau einer Normalverteilung gehorchen. Eine Stichprobe der Größe $n = 75$ aus einem Los ergab bei der Überprüfung der Festigkeit folgende Werte: Mittelwert $\bar{x} = 120\,p$; Standardabweichung $s = 14{,}5\,p$. Gesucht wird die untere Toleranzschranke T_U der Festigkeit, oberhalb welcher mindestens der Anteil $(1 - \gamma) = 99\%$ des Loses mit der statistischen Sicherheit $S = 1 - \alpha = 99\%$ liegt. Mit (5.4.4) und Abb. 5.4.1 ergibt sich

$$T_U = 120 - 2{,}97 \cdot 14{,}5 = 77\,p.$$

Unbekannte stetige Verteilung:

Die Prüfung eines neuen Produktes lieferte in einer Stichprobe vom Umfang $n = 50$ für die untersuchte Eigenschaft den kleinsten Wert $x_{(1)} = 23{,}1$ und den größten Wert $x_{(50)} = 29{,}7$. Ein Test ergab, daß die der Stichprobe zugrunde liegende Verteilung nicht als normal angesehen werden kann. Aus Tab. 5.4.4 ist zu entnehmen, daß im Bereich von 23,1 bis 29,7 mit der statistischen Sicherheit $S = 1 - \alpha = 95\%$ mindestens der Anteil $(1 - \gamma) = 90\%$ der Gesamtheit liegt.

Beispiel 7. Ausreißerschranke

Aus einer Gesamtheit, die als angenähert normal verteilt angesehen werden kann, wurde eine Stichprobe der Größe $n = 12$ entnommen. Der Größe nach geordnet waren die Meßwerte

$x_{(1)}$	$x_{(2)}$	$x_{(3)}$	$x_{(4)}$	$x_{(5)}$	$x_{(6)}$	$x_{(7)}$	$x_{(8)}$	$x_{(9)}$	$x_{(10)}$	$x_{(11)}$	$x_{(12)}$
450	452	453	461	462	464	466	470	478	488	490	527

Zur Entscheidung der Frage, ob der verhältnismäßig weit nach oben abweichende Wert $x_{(12)} = 527$ als Ausreißer anzusehen ist, bildet man nach Tab. 5.5.1 die Prüfgröße

$$z_B = \frac{x_{(12)} - x_{(10)}}{x_{(12)} - x_{(2)}} = \frac{527 - 488}{527 - 452} = 0{,}520.$$

Nach Tab. 5.5.1 gehört zur statistischen Sicherheit $S = 1 - \alpha = 95\%$ und zu $n = 12$ der Schwellenwert $z_T = 0{,}546$. Die Prüfgröße z_B ist kleiner als dieser Schwellenwert z_T. Die Hypothese, daß alle Werte der Stichprobe aus *einer* Gesamtheit stammen, kann daher nicht verworfen werden.

Beispiel 8. Anwendung des Binomialpapiers

Mit dem Binomialpapier[1] von Mosteller-Tukey lassen sich eine Reihe von Aufgaben, die im Zusammenhang mit der Binomialverteilung auftreten, mit einer für die Praxis ausreichenden Genauigkeit bequem lösen. Für die Anwendbarkeit des Papiers gilt die Faustregel $n\,p\,q > 4$.

a) *Testen einer Hypothese; Zufallsstreifen:*

Aus einem Gemisch aus Wolle und Zellwolle wurden zufallsmäßig $n = 150$ Fasern entnommen. Unter ihnen fanden sich $x = 112$ Wollfasern. Es ist die Hypothese $p = 70\%$ ($p =$ Wollanteil nach der Faserzahl) gegen die Hypothese $p \neq 70\%$ bei der Sicherheit $S = 1 - \alpha = 99\%$ zu prüfen.

Dazu zeichnet man den Strahl s für $p = 70\%$ (entweder mit Hilfe der p-Teilung am oberen Rand oder mit Hilfe des Punktes $x = 70$ auf dem eingezeichneten Hilfskreis, vgl. Abb. B 8.1). Zur Abgrenzung des Zufallsstreifens zieht man Parallelen zu s im Abstand $u_{1-(\alpha/2)}\,\sigma = 2{,}58\sigma$, den man an der entsprechenden Hilfsteilung mit der Einheit σ abgreift. Der Punkt $P(n - x = 38,\ x = 112)$ liegt im Innern des Zufallsstreifens, daher wird die Hypothese $p = 70\%$ nicht verworfen.

Anmerkung: Das Binomialpapier, dessen Achsen Wurzelteilungen bis 600 bzw. 300 tragen, ist für Werte $n - x$ bis 6000 und x bis 3000 brauchbar, wenn man die angeschriebenen Abszissen- und Ordinatenwerte mit 10 multipliziert und $u\,\sigma$ auf der zugehörigen Hilfsteilung abgreift.

b) *Vertrauensbereich:*

Bei der mikroskopischen Bestimmung des Reifegrades von Baumwolle wurden von $n = 400$ Fasern $x = 83$ als unreif und $n - x = 317$ als reif eingeordnet. Gesucht wird der Vertrauensbereich $p_U \leqq p \leqq p_O$ für den Anteil p der unreifen Fasern ($S = 1 - \alpha = 95\%$).

Man zeichnet um den Stichprobenpunkt $Q(317;\ 83)$ einen Kreis mit dem Radius $r = u_{1-(\alpha/2)}\,\sigma = 1{,}96\sigma$ (vgl. Abb. B 8.1 und Tab. C 3). Vom Koordinatenanfangspunkt zeichnet man die Tangenten an diesen Kreis und verlängert sie bis zum Rand des Papiers (oder schneidet sie mit dem Hilfskreis). Man liest ab $p_U = 17\%$ und $p_O = 25\%$.

---

[1] Zu beziehen vom Verlag Schäfers Feinpapier, Plauen (Vogtl.), Bestell-Nr. 584 oder von der Codex Book Company, Inc., Norwood, Mass., USA, Bestell-Nr. 31 298 und 32 298.

c) *Plan für Gut-Schlecht-Prüfung:*

Die Annahmekennlinie eines Einfachplans für Gut-Schlecht-Prüfung soll durch die Grundpunkte

$$(p_1 = 5\%; \quad 1 - \alpha = 95\%)$$

und
$$(p_2 = 10\%; \quad 1 - \beta = 90\%)$$

gehen. Gesucht werden Probengröße n und Annahmezahl a.

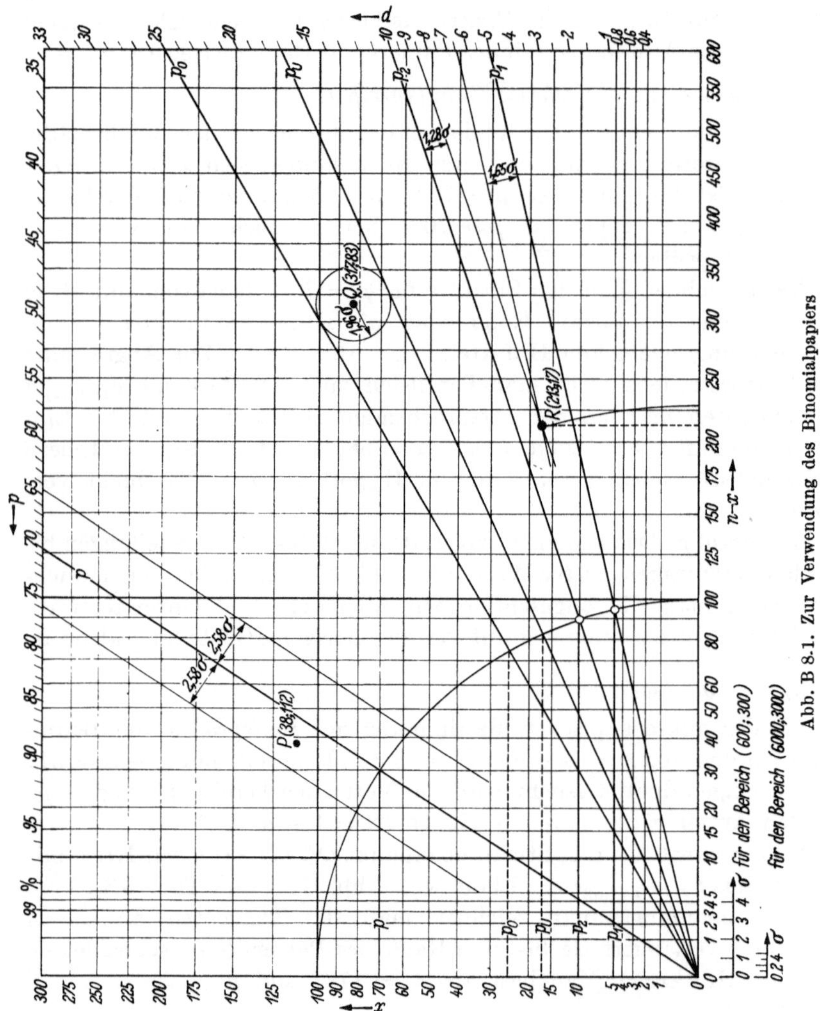

Abb. B 8.1. Zur Verwendung des Binomialpapiers

Man zeichnet die beiden Strahlen $p_1 = 5\%$ und $p_2 = 10\%$ (vgl. Abb. B 8.1) und die Parallelen im Abstand $u_{1-\alpha}\,\sigma = 1{,}65\sigma$ bzw. $u_{1-\beta}\,\sigma$

$= 1{,}28\sigma$ (Tab. C 2). Der Schnittpunkt $R(213; 17)$ dieser Parallelen liefert $n = 230$, $a = 17$.

Berechnet man die Irrtumswahrscheinlichkeiten α und β für den Plan $(230; 17)$ mit Hilfe der Binomialverteilung, so findet man $\alpha' = 4{,}2\%$ und $\beta' = 11{,}0\%$ anstelle der oben vorgeschriebenen Werte $\alpha = 5\%$ und $\beta = 10\%$.

Beispiel 9. Verträglichkeit zwischen Kenngröße einer Stichprobe und Sollwert

Normalverteilung:

Die Stichprobe des Beispiels 1 ergab den Mittelwert $\bar{x} = 1{,}505$. Für die Gesamtheit sei der Mittelwert $\mu = \mu_V = 1{,}60$ vorgeschrieben. Es ist zu prüfen, ob die Hypothese $\mu = \mu_V = 1{,}60$ auf Grund der Beobachtung $\bar{x} = 1{,}505$ zu verwerfen ist oder nicht (m.a.W. es soll entschieden werden, ob der beobachtete Mittelwert $\bar{x}$ und der vorgeschriebene Sollwert μ_V „miteinander verträglich" sind); Sicherheit der Aussage $S = 1 - \alpha = 99\%$.

Ersetzt man im Abschn. 6.1 (zweiseitige Fragestellung) ζ durch μ und z_B durch $\bar{x}$, so wird der als Kriterium dienende Vertrauensbereich für μ (nach Beispiel 5)

$$\mu_U = 1{,}41 \leqq \mu \leqq 1{,}60 = \mu_O.$$

Da der vorgeschriebene Wert 1,60 (gerade noch) in diesem Bereich liegt, wird die Hypothese $\mu = \mu_V = 1{,}60$ nicht verworfen.

Binomialverteilung:

Bei der in Beispiel 5 behandelten Prüfung möge der Schlechtanteil $p = p_V = 12\%$ in der Gesamtheit als (gerade noch zulässige) obere Grenze vorgeschrieben sein.

Es soll entschieden werden, ob man auf Grund des in der Probe gefundenen Schlechtanteils $\hat{p} = 8{,}3\%$ „sicher" ist ($S = 1 - \alpha = 95\%$), daß der Schlechtanteil p der zugehörigen Gesamtheit den Wert $p_V = 12\%$ nicht überschreitet. Aus Beispiel 5 folgt die obere Vertrauensgrenze $p_O = 16{,}7\%$ für p. Der Schlechtanteil p in der hinter der Probe mit $\hat{p} = 8{,}3\%$ stehenden Gesamtheit kann demnach bis zu 16,7% betragen.

Beispiel 10. Mittelwertvergleich bei zwei unabhängigen Stichproben

Normalverteilung der Meßwerte[1]:

Für zwei verschiedene photoelektrische Densitometer war zu untersuchen, wie weit sie vergleichbare Werte für die optische Dichte eines

---

[1] Nach G. WERNIMONT: Precision and Accuracy of Test Methods. American Society for Testing Materials, Special Technical Publication Nr. 103, 1950.

Films liefern. Dazu wurden mit beiden Instrumenten je sechs Messungen am gleichen Filmstreifen ausgeführt. Die Ergebnisse waren:

	Densitometer 1	Densitometer 2
Größe der Stichprobe	$n_1 = 6$	$n_2 = 6$
Einzelwerte	2,68 2,69 2,67 2,69 2,70 2,68	2,64 2,65 2,65 2,64 2,63 2,63
Mittelwert	$\bar{x}_1 = 2,685$	$\bar{x}_2 = 2,640$
Varianz	$s_1^2 = 1,1 \cdot 10^{-4}$	$s_2^2 = 0,8 \cdot 10^{-4}$
Spannweite	$R_1 = 3 \cdot 10^{-2}$	$R_2 = 2 \cdot 10^{-2}$

Der Versuch ist so angelegt worden, daß bis auf den zu prüfenden Einfluß der Meßinstrumente alle anderen Faktoren bei beiden Meßreihen gleich waren. Ferner spricht nichts gegen die Annahme, daß es sich um normal verteilte Meßwerte handelt. Schließlich besteht kein signifikanter Unterschied zwischen den Varianzen σ_1^2 und σ_2^2 der beiden Gesamtheiten, die hinter den Proben stehen [vgl. Beispiel 12]. Somit kann die Hypothese $\mu_1 = \mu_2$ (kein Unterschied zwischen den Geräten) gegen die Hypothese $\mu_1 \neq \mu_2$ (die Geräte arbeiten verschieden) mit dem t-Test nach (6.2.6) geprüft werden; Sicherheit $S = 95\%$. Aus (6.2.5) erhält man

$$s^2 = \frac{(6-1) \cdot 1,1 \cdot 10^{-4} + (6-1) \cdot 0,8 \cdot 10^{-4}}{6+6-2} = 0,95 \cdot 10^{-4}$$

und $\quad s = 0,975 \cdot 10^{-2}$.

Die Prüfgröße wird

$$\frac{|\bar{x}_1 - \bar{x}_2|}{s} \sqrt{\frac{n_1 n_2}{n_1 + n_2}} = \frac{2,685 - 2,640}{0,975 \cdot 10^{-2}} \sqrt{\frac{6 \cdot 6}{6+6}} = 8,0.$$

Sie ist größer als der Schwellenwert $t_{1-(\alpha/2);f}$ zur Sicherheit $S = 1 - \alpha = 95\%$ für $f = 6 + 6 - 2 = 10$,

$$t_{97,5\%;\,10} = 2,23, \quad \text{(s. Tab. C 5)},$$

so daß die Hypothese $\mu_1 = \mu_2$ zu verwerfen ist. Die beiden Densitometer stimmen nicht überein.

Zur Abgrenzung des Vertrauensbereichs für ihre mittlere Anzeigedifferenz $(\mu_1 - \mu_2) = \delta$ zur statistischen Sicherheit $S = 1 - \beta = 95\%$

berechnet man aus (6.2.7) die Grenzen

$$\delta_{o;\,U} = 4{,}5 \cdot 10^{-2} \pm 2{,}23 \cdot 0{,}975 \cdot 10^{-2} \sqrt{\frac{6+6}{6 \cdot 6}} = {<}\begin{matrix} 5{,}76 \cdot 10^{-2}; \\ 3{,}24 \cdot 10^{-2}. \end{matrix}$$

Damit gilt

$$3{,}24 \cdot 10^{-2} \leqq (\mu_1 - \mu_2) \leqq 5{,}76 \cdot 10^{-2}.$$

Das Spannweitenverfahren nach (6.2.8) benutzt die Prüfgröße

$$\frac{|\bar{x}_1 - \bar{x}_2|}{R_1 + R_2} = \frac{2{,}685 - 2{,}640}{3 \cdot 10^{-2} + 2 \cdot 10^{-2}} = 0{,}90.$$

Sie ist größer als der Schwellenwert zur Sicherheit $S = 1 - \alpha = 95\%$

$$k_{0{,}975}(6;\,6) = 0{,}250 \quad \text{nach Tab. 6.2.1,}$$

so daß die Entscheidung genau so wie oben lautet.

Der Vertrauensbereich der signifikanten Mittelwertsdifferenz $(\mu_1 - \mu_2)$ zur Sicherheit $S = 1 - \beta = 95\%$ wird mit (6.2.9)

$$3{,}25 \cdot 10^{-2} \leqq (\mu_1 - \mu_2) \leqq 5{,}75 \cdot 10^{-2}$$

in (zufällig) sehr guter zahlenmäßiger Übereinstimmung mit dem oben mit s abgegrenzten Bereich.

Beliebige stetige Verteilung der Meßwerte. Test von Mann-Whitney-Wilcoxon:

Vor und nach einer Änderung wurden für die zum Ausführen einer bestimmten Verrichtung benötigte Arbeitszeit je 10 Einzelwerte bestimmt. Da nicht damit zu rechnen ist, daß die Einzelwerte normal verteilt sind, so scheidet der t-Test für Vergleiche aus. Um festzustellen, ob die vorgenommene Änderung die Durchschnittszeit μ beeinflußt hat, wird die Hypothese $\mu_1 = \mu_2$ gegen die Hypothese $\mu_1 \neq \mu_2$ mit dem Test von MANN-WHITNEY-WILCOXON geprüft [vgl. den Hinweis auf weitere Tests hinter (6.3.1), S. 79, und Abschn. 6.10a)].

Dazu bringt man die Beobachtungen beider Stichproben in eine gemeinsame Rangfolge. Die folgende Tabelle enthält die Einzelzeiten (in 1/100 min) deshalb bereits nach der Größe geordnet.
Die Rangzahlen für die zusammenfallenden Einzelwerte (23; 23) und (29; 29) ergeben sich nach der Regel unter 1. von 6.10a) mit $\nu = 6$ bzw. $\nu = 11$ und $c = 1$. Setzt man die Summen R_1 und R_2 der Rangzahlen in (6.10.1) und (6.10.2) ein, so findet man:

$$U_1 = 10 \cdot 10 + [10(10 + 1)/2] - 82{,}5 = 72{,}5 \quad \text{und} \quad U_2 = 27{,}5,$$

wobei die Kontrolle (6.10.3) mit $U_1 + U_2 = 10 \cdot 10 = 100$ erfüllt ist. Nach (6.10.4) ist die Prüfgröße $U_{\min} = \min[72{,}5;\,27{,}5] = 27{,}5$

größer als der Schwellenwert $U(10; 10; 0,01/2) = 16$ zur Sicherheit $S = 1 - \alpha = 99\%$ (vgl. Tab. 6.10.1).

Die Annahme $\mu_1 = \mu_2$, daß die vorgenommene Änderung die durchschnittliche Arbeitszeit μ nicht beeinflußt hat, kann somit nicht ver-

Einzelzeiten		Rangzahl in der gemeinsamen Rangfolge	Rangzahlen der	
Stichprobe 1	Stichprobe 2		Stichprobe 1	Stichprobe 2
11		1	1	
	14	2		2
15		3	3	
	19	4		4
21		5	5	
23		6,5	6,5	
23		6,5	6,5	
	25	8		8
27		9	9	
28		10	10	
29		11,5	11,5	
	29	11,5		11,5
35		13	13	
	36	14		14
	39	15		15
	45	16		16
48		17	17	
	49	18		18
	55	19		19
	60	20		20
$n_1 = 10$	$n_2 = 10$		$R_1 = 82,5$	$R_2 = 127,5$

worfen werden. (Anmerkung: Da die Logarithmen $y = \lg t$ der Einzelzeiten t in guter Näherung normal verteilt sind, so darf man mit $M\{y\} = \eta$ die Hypothese $\eta_1 = \eta_2$ gegen $\eta_1 \neq \eta_2$ mit Hilfe der transformierten Merkmalwerte y nach dem t-Test beurteilen und kommt zum gleichen Ergebnis wie oben.)

Beispiel 11. Mittelwertvergleich bei zwei verbundenen Stichproben (paarweiser t-Test, Vorzeichen-Rangfolge-Test von Wilcoxon)

Ein bestimmtes Mittel zur Verbesserung der Scheuerbeständigkeit wurde bei $n = 10$ verschiedenen Materialarten angewandt und durch Prüfen des unbehandelten sowie des behandelten Materials bewertet. Die Versuchsergebnisse[1] sind in den Spalten 1 bis 3 der folgenden Tabelle enthalten.

---

[1] Vgl. O. L. Davies: The Design and Analysis of Industrial Experiments. London and Edinburgh: Oliver and Boyd 1954.

1	2	3	4	5
	Prüfwerte für das			
Material Nr. i	behandelte Material x_{i1}	unbehandelte Material x_{i2}	Differenz $d_i = x_{i1} - x_{i2}$	Rangzahl des Betrages $\vert d_i \vert$
1	14,7	12,1	$+2,6$	9
2	14,0	10,9	$+3,1$	10
3	12,9	13,1	$-0,2$	1,5
4	16,2	14,5	$+1,7$	7
5	10,2	9,6	$+0,6$	3,5
6	12,4	11,2	$+1,2$	6
7	12,0	9,8	$+2,2$	8
8	14,8	13,7	$+1,1$	5
9	11,8	12,0	$-0,2$	1,5
10	9,7	9,1	$+0,6$	3,5

Da zwischen den verschiedenen Materialarten zum Teil erhebliche Unterschiede bestehen, so kommt zu dem Einfluß der Behandlung noch der des Materials hinzu. Der zur Bewertung des angewandten Mittels erforderliche Mittelwertvergleich kann daher nicht mit dem t-Test nach (6.2.6), sondern nur durch paarweisen Vergleich der Werte x_{i1} und x_{i2} je eines Materials vorgenommen werden.

Wenn man voraussetzen darf, daß alle Beobachtungen aus Normalverteilungen stammen, dann ist der Test (6.2.22) bis (6.2.25) anwendbar.

Die Differenz d_i nach (6.2.22) steht in Spalte 4 der Tabelle. Mit (6.2.23) und (6.2.24) wird $\bar{d} = 1{,}27$ und $s_d^2 = 11{,}42/9 = 1{,}27$.

Zum Testen der Hypothese $\delta = 0$ [das verwendete Mittel beeinflußt die Scheuerbeständigkeit nicht] gegen die Hypothese $\delta > 0$ [das Mittel verbessert die Scheuerfestigkeit] dient die Prüfgröße

$$\frac{\bar{x}_1 - \bar{x}_2}{s_d} \sqrt{n} = \frac{\bar{d}}{s_d} \sqrt{n} = \frac{1{,}27}{1{,}13} \sqrt{10} = 3{,}55 \, .$$

Wählt man als Sicherheit $S = 1 - \alpha = 99\%$, so ist der zugeordnete Schwellenwert mit $f = n - 1 = 9$ aus Tab. C 4

$$t_{99\% \, ; \, 9} = 2{,}82 \, .$$

Da die Prüfgröße den Schwellenwert übertrifft, so ist die Hypothese $\delta = 0$ zu verwerfen. Das geprüfte Mittel verbessert die Scheuerbeständigkeit „signifikant".

Den Vertrauensbereich zur Sicherheit $S = 1 - \beta = 95\%$ für die durchschnittliche Zunahme der Prüfwerte berechnet man aus (6.2.26) mit $t_{97,5\%;9} = 2,26$ aus Tab. C 5 und

$$\delta_{O;\,U} = 1,27 \pm 2,26\,\frac{1,13}{\sqrt{10}}$$

zu

$$0,47 \leqq \delta \leqq 2,07\,.$$

Ist die Voraussetzung, daß die Differenzen d_i (angenähert) normal verteilt sind, nicht zulässig, dann wird der paarweise Mittelwertvergleich am besten mit dem Vorzeichen-Rangfolge-Test von WILCOXON vorgenommen [vgl. die Bemerkung am Schluß von Abschn. 6.3, S. 80, und Abschn. 6.10b)]; statistische Sicherheit $S = 1 - \alpha = 99\%$.

Es sei $\mu_2 = M\{x_{i2}\}$ der Mittelwert aller möglichen x_{i2} *vor* und $\mu_1 = M\{x_{i1}\}$ der Mittelwert *nach* Verwendung des Mittels (zur Verbesserung der Scheuerbeständigkeit). Ferner seien $\Phi(x_{i2}) = \Phi_2(x)$ und $\Phi(x_{i1}) = \Phi_1(x)$ die zugehörigen Summenfunktionen. Die Hypothese $\mu_1 = \mu_2$ ist in der Hypothese $\Phi_1(x) = \Phi_2(x)$ enthalten, so daß man die Beurteilung nach (6.10.13) vornehmen darf. Die Gegenhypothese lautet $\mu_1 > \mu_2$ bzw. $\Phi_1(x) < \Phi_2(x)$. Die für den Test benötigten Rangzahlen der Beträge $|d_i|$ sind in Spalte 5 der vorangegangenen Tabelle enthalten. Die Summen T_p bzw. T_n der zu positiven bzw. negativen Differenzen d_i gehörenden Rangzahlen werden

$$T_p = 52,0 \quad \text{und} \quad T_n = 3,0 \quad \text{mit} \quad T_p + T_n = \frac{10 \cdot 11}{2} = 55,$$

vgl. (6.10.12).

Die Prüfgröße ist $T_n = 3$. Den Schwellenwert findet man in Tab. 6.10.3 zu $T(\alpha;\,n) = T(1\%;\,10) = 5$. Wiederum ergibt sich, daß die Hypothese $\mu_1 = \mu_2$ zu verwerfen ist und ein signifikanter Einfluß des verwendeten Mittels besteht.

Beispiel 12. Vergleich von Varianzen bei (angenähert) normal verteilten Merkmalwerten in den Grundgesamtheiten

Zwei Stichproben:

Im Beispiel 10 mögen die Proben 1 und 2 mit $s_1^2 = 1,1 \cdot 10^{-4}$ und $s_2^2 = 0,8 \cdot 10^{-4}$ aus zwei Gesamtheiten mit den unbekannten Varianzen σ_1^2 und σ_2^2 entnommen sein. Die Hypothese $\sigma_1^2 = \sigma_2^2$ [die Proben stammen aus zwei Gesamtheiten mit gleicher Varianz] wird gegen die Hypothese $\sigma_1^2 \neq \sigma_2^2$ [die Proben stammen aus zwei Gesamtheiten mit unterschiedlicher Varianz] nach (6.4.3) mit Hilfe der Prüfgröße $F_B = s_1^2/s_2^2 = 1,38$ getestet. Zur Sicherheit $S = 1 - \alpha = 90\%$ und zu $f_1 = n_1 - 1 = 9$ und $f_2 = n_2 - 1 = 9$ ist der Schwellenwert $F_T = F_{95\%}(9;\,9) = 3,18$; (Tab. C 7). Da $F_B < F_T$ ist, wird die Hypothese $\sigma_1^2 = \sigma_2^2$ nicht verworfen. [Man hat auf Grund der vorliegenden zwei Proben keinen Grund, die Gleichheit der Varianzen σ_1^2 und σ_2^2 zu bezweifeln.]

Cochran-Test für k Stichproben:

An $k = 10$ Garnkörpern wurde mit je $n = 15$ Werten die Garnfestigkeit und deren Varianz ermittelt. Die Ergebnisse für die Varianz [pond²] waren

Garnkörper Nr. i	1	2	3	4	5	6	7	8	9	10
Varianz s_i^2	12,5	11,4	4,8	22,2	22,6	16,1	10,9	9,6	60,5	10,9

Der größte Wert $s_{(10)}^2 = s_9^2 = 60,5$ ist als „Ausreißer" verdächtig. Da die Festigkeit der Fäden aus dem gleichen Garnkörper (bei festem i) annähernd normal verteilt ist, kann mit Hilfe des Tests von COCHRAN geprüft werden, ob die Varianz σ_9^2 des zu Probe 9 gehörenden Garnkörpers mit der Varianz σ^2 der übrigen Garnkörper übereinstimmen kann oder nicht. Nach (6.4.12) berechnet man die Prüfgröße

$$\frac{s_{(10)}^2}{s_1^2 + s_2^2 + \cdots + s_{10}^2} = \frac{60,5}{12,5 + 11,4 + \cdots + 10,9} = 0,333.$$

Zu $k = 10$ und $n = 15$ und zur statistischen Sicherheit $S = 1 - \alpha = 95\%$ entnimmt man aus Abb. 6.4.2 den Schwellenwert $g_{95\%}(10; 15) = 0,21$. Er wird von dem Wert der Prüfgröße übertroffen, d. h., die Hypothese $\sigma_9^2 = \sigma^2$ ist zu verwerfen. Die Varianz der Festigkeit im Garnkörper 9 ist größer als in den übrigen Garnkörpern.

Bei Anwendung des einfachen Tests für gleiche Probengrößen erhält man mit der Prüfgröße $s_{(k)}^2/s_{(1)}^2 = 12,6$ nach (6.4.11) und dem Schwellenwert $v_{1-\alpha}(k; f) = 6,1$ nach Tab. 6.4.1 das gleiche Ergebnis.

Beispiel 13. Vergleich der Grundwahrscheinlichkeiten von Binomialverteilungen

Eine an $n_1 = 650$ Stücken vorgenommene Fertigungsprüfung erbrachte $x_1 = 26$ fehlerhafte Stücke. Daraufhin wurde der Fertigungsvorgang geändert. Die danach durchgeführte Prüfung lieferte von $n_2 = 800$ geprüften Stücken $x_2 = 21$ fehlerhafte. Die Abnahme der relativen Häufigkeit von $\hat{p}_1 = 26/650 = 4,0\%$ in der ersten auf $\hat{p}_2 = 21/800 = 2,6\%$ in der zweiten Stichprobe läßt vermuten, daß eine Verbesserung der Fertigung bewirkt worden ist. Diese Vermutung muß durch Vergleich der unbekannten Grundwahrscheinlichkeiten p_1 und p_2 überprüft werden, die hinter den Probenwerten $\hat{p}_1$ und $\hat{p}_2$ stehen. Man hat die Hypothese $p_1 = p_2$ gegen die Hypothese $p_1 > p_2$ zu testen. Wegen $n_1 + n_2 = 1450 > 40$ kann das χ^2-Näherungsverfahren angewendet werden. Als Sicherheit wird $S = 1 - \alpha = 99\%$ gewählt. Aus (6.6.4) findet man $\bar{p} = (26 + 21)/(650 + 800) = 0,0324$ und aus (6.6.5) die Häufigkeitstafel

	Probe 1	Probe 2
Stichprobenumfang	650	800
erwartete Zahl der Merkmalträger	21,1	25,9

Somit wird $x_1' = 25{,}5$ und $x_2' = 21{,}5$. Die nach (6.6.6) berechnete Prüfgröße

$$\frac{25{,}5 \cdot 800 - 21{,}5 \cdot 650}{\sqrt{0{,}0324 \cdot 0{,}9676 \cdot 650 \cdot 800 \cdot 1450}} = 1{,}32$$

ist kleiner als der Schwellenwert $u_{0,99} = 2{,}33$ (s. Tab. C 2).

Danach kann die Hypothese $p_1 = p_2$ [die Fertigung enthält vor und nach der Änderung den gleichen Schlechtanteil p] nicht verworfen werden, obwohl die Stichprobenergebnisse dies zunächst vermuten ließen. Nur durch weitere Beobachtungen könnte geklärt werden, ob vielleicht doch eine geringe Verbesserung erzielt worden ist, die sich bei dem obigen Vergleich noch nicht „signifikant" ausgewirkt hat.

Beispiel 14. Vergleich einer beobachteten mit einer vorgegebenen Verteilung

χ^2-*Test:*

Es ist die Hypothese zu prüfen, ob die Stichprobe des Beispiels 2 aus einer Normalverteilung stammt; statistische Sicherheit $S = 95\%$. (Die unbekannten Parameter μ und σ dieser Normalverteilung werden durch $\bar{x} = 295$ und $s = 31{,}7$ geschätzt.)

Dazu berechnet man die bei Gültigkeit dieser Hypothese zu erwartenden Besetzungszahlen h_j. Man bildet nach (3.2.2) die standardisierten Abweichungen $u_j' = (x_j' - \mu)/\sigma$ der oberen Klassengrenzen x_j' vom Mittelwert und findet nach (3.2.7)

$$h_j = n\,F(u_{j-1}';\,u_j') = n\,[\Phi(u_j') - \Phi(u_{j-1}')].$$

Für $j = 6$ ergibt sich z. B.

$$u_6' = \frac{270 - 295}{31{,}7} = -0{,}789 \quad \text{und} \quad u_5' = \frac{260 - 295}{31{,}7} = -1{,}104\,.$$

Aus Tab. C 2 erhält man damit

$$h_6 = 400\,[\Phi(-0{,}789) - \Phi(-1{,}104)] = 400\,(0{,}2152 - 0{,}1348) = 32{,}16.$$

Das Ergebnis der in dieser Weise für alle Klassen durchgeführten Berechnung ist in der nachstehenden Tabelle zusammengestellt.

Die Werte h_j lassen sich auch graphisch mit dem Wahrscheinlichkeitsnetz gewinnen. Die Normalverteilung $NV(295;\ 31,7^2)$ wird darin durch die Gerade dargestellt, welche durch die Punkte $(295 - 31,7;\ 15,9\%)$ und $(295 + 31,7;\ 84,1\%)$ geht. An dieser sind die den Klassengrenzen x_j' zugeordneten Summenwahrscheinlichkeiten $\varPhi(x_j')$ unmittelbar abzulesen.

Die folgende Tabelle enthält in Spalte 1 die Klassennummer j, in Spalte 2 die Klassengrenzen x_j'', in Spalte 3 die Besetzungszahlen h_j, die nach der Normalverteilung $NV(295;\ 31,7^2)$ zu erwarten sind, und in Spalte 4 die beobachteten Besetzungszahlen n_j des Beispiels 2. Die zur Berechnung der Prüfgröße nach (6.9.1) erforderlichen Werte stehen in Spalte 5 und 6. Dabei wurden die Besetzungszahlen bis zur Klassengrenze 220 und oberhalb der Klassengrenze 370 zusammengefaßt, damit die Voraussetzung b) für die Anwendbarkeit des χ^2-Tests erfüllt ist.

1	2	3	4	5	6
j	(untere) Klassengrenzen x_j''	h_j	n_j	$n_j - h_j$	$\dfrac{(n_j - h_j)^2}{h_j}$
	(unter 210)	1,5 ⎫	0		
1	210 ...	2,1 ⎬ 3,6	3	− 0,6	0,10
2	220 ...	4,5	5	0,5	0,06
3	230 ...	8,5	8	− 0,5	0,03
4	240 ...	14,6	15	0,4	0,01
5	250 ...	22,8	25	2,2	0,21
6	260 ...	32,2	29	− 3,2	0,32
7	270 ...	41,1	52	10,9	2,89
8	280 ...	47,7	48	0,3	0,00
9	290 ...	50,1	46	− 4,1	0,34
10	300 ...	47,7	40	− 7,7	1,24
11	310 ...	41,1	39	− 2,1	0,11
12	320 ...	32,2	33	0,8	0,02
13	330 ...	22,8	23	0,2	0,00
14	340 ...	14,6	17	2,4	0,39
15	350 ...	8,5	11	2,5	0,74
16	360 ...	4,5	5	0,5	0,06
17	370 ...	2,1 ⎫ 3,6	1	− 2,6	1,88
	(über 380)	1,5 ⎭	0		
	Summe	400,1	400		8,40

Die Prüfgröße ist $\sum_j (n_j - h_j)^2/h_j = 8,40$.

Der Schwellenwert $\chi^2_{1-\alpha;\,f}$ ergibt sich mit $f = k - a - 1 = 17 - 2 - 1 = 14$ zu $\chi^2_{95\%;\,14} = 23,7$ (Tab. C 6). Die Prüfgröße ist kleiner als der Schwellenwert. Deshalb wird die Hypothese, daß die Stichprobe des Beispiels 2 aus einer Normalverteilung stammt, nicht verworfen.

Kolmogoroff-Smirnow-Test:

Es ist die Hypothese zu prüfen, daß die Stichprobe des Beispiels 1 aus der Normalverteilung $NV(1{,}5; 0{,}1^2)$ mit $\mu = 1{,}5$ und $\sigma = 0{,}1$ stammt; statistische Sicherheit $S = 95\%$. Die Hypothese kann mit dem Kolmogoroff-Smirnow-Test (6.9.3) geprüft werden.

Dazu bildet man zu den der Größe nach geordneten zehn Stichprobenwerten $x_{(i)} \equiv x$ die Summenfunktion der Stichprobe $F_n(x) = i/n$; Spalte 3 der Tabelle. Spalte 4 enthält die Summenwahrscheinlichkeiten $\Phi_1(x)$ zu den zehn Stichprobenwerten $x_{(i)}$. Man findet sie mit Hilfe der standardisierten Werte $u_{(i)} = (x_{(i)} - \mu)/\sigma$ aus Tab. C 2.

1	2	3	4	5
i	$x_{(i)} \equiv x$	$F_n(x)$	$\Phi_1(x)$	$\lvert F_n(x) - \Phi_1(x) \rvert$
		0,00		
1	1,35	0,10	0,067	0,033
2	1,39	0,20	0,136	0,064
3	1,42	0,30	0,212	0,088
4	1,48	0,40	0,421	0,021
5	1,50	0,50	0,500	0
6	1,54	0,60	0,655	0,055
7	1,57	0,70	0,758	0,058
8	1,58	0,80	0,788	0,012
9	1,60	0,90	0,841	0,059
10	1,62	1,00	0,885	0,115

In Spalte 5 stehen die zur Bildung der Prüfgröße nach (6.9.3) benötigten Beträge der Differenzen $\lvert F_n(x) - \Phi_1(x) \rvert$. Die Prüfgröße Δ ist der größte dieser Werte; es ist $\Delta = 0{,}115$ kleiner als der Schwellenwert $D(95\%; 10) = 0{,}369$ (vgl. Tab. 6.9.1). Die Hypothese, daß die Stichprobe des Beispiels 1 aus der Normalverteilung $NV(1{,}5; 0{,}1^2)$ stammt, wird danach nicht verworfen.

Beispiel 15. Einfache Streuungszerlegung

An mehreren Stellen, z. B. auf mehreren gleichartigen Maschinen oder auf einer mehrköpfigen Maschine (mit vielen Köpfen), wird das gleiche Erzeugnis hergestellt.

Die Erzeugnisse aller Stellen i werden zur Gesamtfertigung vereinigt, in der das Merkmal den Mittelwert μ und die Standardabweichung σ hat. Die Stelle Nr. i erzeugt Merkmalwerte $x_{i\,\nu}$ [ν laufende Nr.] mit dem Mittelwert μ_i und der Standardabweichung σ_ε, die für alle Stellen als (nahezu) gleich angesehen wird. Die Mittelwerte μ_i der einzelnen Stellen weichen um die Beträge $\xi_i = \mu_i - \mu$ vom Gesamtmittelwert μ ab. Die Standardabweichung der Unterschiede ξ_i ist σ_ξ (vgl. Abb. 7.1.2).

Durch eine Versuchsreihe soll geklärt werden, ob die Streuung der Merkmalwerte in der Gesamtfertigung mehr von σ_ε oder mehr von σ_ξ herrührt. Dazu werden aus allen vorhandenen Stellen $p = 8$ zufällig ausgewählt und mit je $n = 5$ Meßwerten überprüft.

Man fand die folgenden Ergebnisse (die Einzelwerte wurden weggelassen):

		Nr. i der Arbeitsstelle								
		1	2	3	4	5	6	7	8	
Nr. ν der Beobachtung	1 $\vdots$ 5									
Mittelwert	$x_i.$	1,22	1,28	1,17	1,09	1,40	1,12	1,19	1,05	1,19 $= x..$
Varianz	$s_i^2 \, 10^4$	85	53	115	92	148	77	41	69	$0,0680 = \sum\limits_{i=1}^{p} s_i^2$

Der Gesamtmittelwert ist $x.. = 1,19$.

Die Auswertung wird nach dem Modell des Abschn. 7.1 b) vorgenommen (einfache Zerlegung bei Zufallskomponenten). Man findet

$$S_{(p)} = n \sum_{i=1}^{p} (x_i. - x..)^2 = 0,440,$$

$$S_{(n)} = \sum_{i=1}^{p} \sum_{\nu=1}^{n} (x_{i\nu} - x_i.)^2 = (n-1) \sum_{i=1}^{p} s_i^2 = 0,272$$

und die Zerlegungstafel

Varianz	S.d.q.A.	Zahl der Freiheitsgrade	Quotient	Der Quotient ist ein Schätzwert für
zwischen den Stellen	$S_{(p)} = 0,440$	$p - 1 \quad = 7$	$s_{II}^2 = 0,0629$	$\sigma_\varepsilon^2 + n\,\sigma_\xi^2$
innerhalb der Stellen	$S_{(n)} = 0,272$	$p(n-1) = 32$	$s_I^2 = 0,0085$	σ_ε^2
insgesamt	$S \quad = 0,712$	$p\,n - 1 \quad = 39$		

Dabei ist σ_ξ^2 die Varianz „zwischen den Arbeitsstellen"; σ_ε^2 ist die Varianz „innerhalb der Arbeitsstellen", d. h. die Varianz, mit der jeder Maschinenkopf arbeitet.

Test der Hypothese: $\sigma_\xi^2 = 0$, d. h., alle Maschinenköpfe arbeiten mit dem gleichen Mittelwert.

Prüfgröße nach (7.1.30) $\qquad F_B = s_{II}^2/s_I^2 = 7{,}40$.

Tafelwert nach (7.1.31) zur Sicherheit $S = 95\%$ (Tab. C 7)

$$F_T = F_{95\%}(f_1; f_2) = F_{95\%}(7; 32) = 2{,}31\,.$$

Da die Prüfgröße F_B größer als der Tafelwert F_T ist, wird die Hypothese $\sigma_\xi^2 = 0$ verworfen, d. h., die Maschinenköpfe arbeiten mit unterschiedlichen Mittelwerten μ_i.

Die unbekannten Varianzen werden geschätzt

$$\sigma_\varepsilon^2 \text{ durch } s_I^2 = 0{,}0085 \text{ oder } \sigma_\varepsilon \text{ durch } s_I = 0{,}092\,;$$

$$\sigma_\xi^2 \text{ durch } \frac{1}{n}(s_{II}^2 - s_I^2) = 0{,}0109 \text{ oder } \sigma_\xi \text{ durch } 0{,}104\,.$$

Abb. B 15.1 zeigt die Überlagerung von σ_ξ^2 und σ_ε^2 zur Gesamtvarianz σ^2. Die Untersuchung *der Fertigung* gibt nur Schätzwerte für σ^2 oder σ. Die *Versuchsreihe liefert zusätzlich Schätzwerte für die beiden Komponenten* σ_ξ^2 und σ_ε^2, aus denen sich σ^2 zusammensetzt.

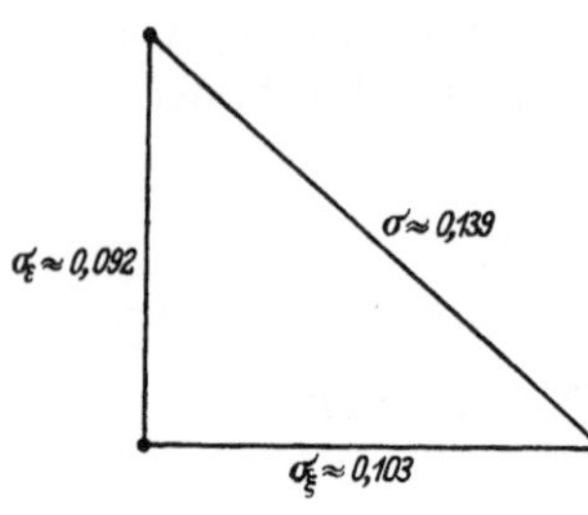

Abb. B 15.1
Überlagerung von Varianzen

Ist σ (im Vergleich zu den Lieferbedingungen oder Normvorschriften) zu groß, so liegt ein Teil der Fertigung außerhalb der Toleranzgrenzen. Dieser unerwünschte Zustand kann auf verschiedene Weise beseitigt werden:

a) Man erweitert den Toleranzbereich auf mindestens 6σ, wobei natürlich vorher untersucht werden muß, ob die Verwendungsfähigkeit der Teile noch gewährleistet ist.

b) Man fertigt weiter wie bisher und liest die unbrauchbaren Teile außerhalb der Toleranzgrenzen aus. Das ist meist eine teure Maßnahme, da man die gesamte Fertigung voll prüfen muß und einen Teil nicht verwenden kann.

c) Man verkleinert die Gesamtvarianz σ^2 des Herstellungsvorgangs, indem man „genauer fertigt". Dazu muß man

1. entweder *die Genauigkeit aller Fertigungsstellen* steigern [d. h. die Varianz σ_ε^2 „*innerhalb der Gruppen*" verkleinern] oder

2. die Mittelwerte μ_i der einzelnen Fertigungsstellen aneinander angleichen [d. h. die Varianz σ_ξ^2 „*zwischen den Gruppen*" verkleinern] oder

3. beides zugleich tun.

Da im vorliegenden Falle σ_ξ und σ_ε von *gleicher* Größenordnung sind, so sollte man sowohl σ_ξ als auch σ_ε gleichzeitig herabsetzen, wenn man σ verkleinern will.

Im allgemeinen ist die Verkleinerung der innewohnenden Schwankung σ_ε^2 sehr aufwendig, so daß man sich häufig darauf beschränken muß, σ_ξ^2 zu beeinflussen. Dabei ist der Einsatz von Kontrollkarten eine wertvolle Hilfe. Ist eine der Varianzen σ_ε^2 oder σ_ξ^2 groß gegen die andere, dann ist es nur sinnvoll, zunächst die größere der beiden herabzusetzen.

Beispiel 16. Zweifache Streuungszerlegung; eine Beobachtung je Zelle

Die nachstehende Zahlentafel[1] gibt Meßergebnisse wieder, die man bei der Untersuchung des spezifischen Gewichtes von Ziegeln erhielt. Zur Vereinfachung der Zahlenrechnung sind nicht die Meßwerte selbst,

Rechenblatt 1

Zonen-Nr. j	Ofen-Nr. i								$S_{\bullet j} = p\,z_{\bullet j}$	$S_{\bullet j}^2 = (p\,z_{\bullet j})^2$
	1	2	3	4	5	6	7	8		
1	4	2	5	2	8	13	4	4	42	1764
2	6	18	3	4	3	4	4	6	48	2304
3	8	14	10	12	6	10	7	7	74	5476
4	2	4	4	2	3	2	4	2	23	529
5	4	10	3	4	4	6	10	6	47	2209
6	6	2	5	6	3	6	6	2	36	1296
7	4	4	4	4	4	2	6	4	32	1024
8	12	8	8	4	6	4	4	9	55	3025
9	4	3	4	4	3	2	3	3	26	676
10	4	4	2	4	4	6	4	4	32	1024
11	4	5	4	7	7	7	4	6	44	1936
12	5	4	8	8	9	5	2	4	45	2025
13	16	4	10	8	8	6	8	5	65	4225
14	6	7	6	8	12	6	6	4	55	3025
15	0	4	4	6	6	5	4	5	34	1156
$S_{i\bullet} = q\,z_{i\bullet}$	85	93	80	83	86	84	76	71	658	31694
$S_{i\bullet}^2 = (q\,z_{i\bullet})^2$	7225	8649	6400	6889	7396	7056	5776	5041	54432	432964

sondern ihre mit dem Faktor 200 multiplizierten Differenzen gegen den angenäherten Mittelwert 2,30 aufgeführt. Die geprüften Ziegel stammten aus verschiedenen Brennöfen und aus verschiedenen Zonen, die man bei

---

[1] Nach L. H. C. TIPPETT: Technological Applications of Statistics. New York: Wiley 1950.

allen Öfen in gleicher Weise festgelegt hatte. Untersucht wurden $p = 8$ Öfen und $q = 15$ Zonen (Gesamtzahl der Meßwerte $p\,q = 120$).

Beschränkt man die Untersuchung (und alle daraus gezogenen Schlüsse) auf die ausgewählten 8 Öfen und 15 Brennzonen, so ist das Modell für zweifache Zerlegung mit *systematischen Komponenten* zu wählen; Abschn. 7.4 a). Faßt man jedoch die $p = 8$ Öfen als Probe aus einer Gesamtheit von P Öfen auf $(P \gg p)$, von denen jeder Q Brennzonen besitzt $(Q \gg q)$, dann ist zur Auswertung das Modell für zweifache Zerlegung mit *Zufallskomponenten* zu benutzen; Abschn. 7.4 b).

Rechenblatt 2

Zonen-Nr. j	Ofen-Nr. i								$\sum\limits_i$
	1	2	3	4	5	6	7	8	
1	16	4	25	4	64	169	16	16	314
2	36	324	9	16	9	16	16	36	462
3	64	196	100	144	36	100	49	49	738
4	4	16	16	4	9	4	16	4	73
5	16	100	9	16	16	36	100	36	329
6	36	4	25	36	9	36	36	4	186
7	16	16	16	16	16	4	36	16	136
8	144	64	64	16	36	16	16	81	437
9	16	9	16	16	9	4	9	9	88
10	16	16	4	16	16	36	16	16	136
11	16	25	16	49	49	49	16	36	256
12	25	16	64	64	81	25	4	16	295
13	256	16	100	64	64	36	64	25	625
14	36	49	36	64	144	36	36	16	417
15	0	16	16	36	36	25	16	25	170
$\sum\limits_j$	697	871	516	561	594	592	446	385	**4662**

Die Rechentechnik ist von der Wahl des Modells nicht abhängig. Man wertet die Versuchsreihe mit Hilfe der Rechenblätter 1 und 2 aus Abschn. 7.3 aus. Wegen $n = 1$ ist dabei $z_{ij} = S_{ij}$.

Es wird nach (7.3.22) bis (7.3.25)

$$B_S = 31\,694; \qquad A_S = 54\,432; \qquad C_S = D = 4662; \qquad S_{\cdot\cdot}^2 = 432\,964.$$

Die Gl. (7.3.26) bis (7.3.30) liefern der Reihe nach mit $n = 1$

$$S_{(p)} = 20{,}77; \qquad S_{(q)} = 353{,}72; \qquad S_{(pq)} = 679{,}48;$$

$$S_{(n)} = 0 \qquad\qquad \text{und} \qquad\qquad S = 1053{,}97.$$

Die Zerlegungstafel des Abschn. 7.4 für das Modell ohne Wechselwirkung, die man wegen $n = 1$ verwenden muß, lautet mit den oben berechneten Zahlenwerten:

Zerlegungstafel

1	2	3	4
Varianz	S.d.q.A.	Zahl der Freiheitsgrade	Quotient
zwischen den Öfen	20,77	7	$s_{IV}^2 = 2,97$
zwischen den Brennzonen	353,72	14	$s_{III}^2 = 25,27$
Rest	679,48	98	$s_{II}^2 = 6,93$
insgesamt	1053,97	119	—

Den weiteren Überlegungen wird das Modell mit systematischen Komponenten zugrunde gelegt; Abschn. 7.4a); als Sicherheit wird $S = 1 - \alpha = 95\%$ gewählt.

Test der Hypothese $\sum\limits_{i=1}^{8} \xi_i^2 = 0$ [es besteht kein Einfluß der Öfen auf das spezifische Gewicht der Ziegel]:

Da die Prüfgröße $s_{IV}^2/s_{II}^2 = F_B = 0,43$ kleiner als der Schwellenwert $F_T = F_{95\%}(7; 98) = 2,10$ ist, wird die Hypothese $\sum \xi_i^2 = 0$ *nicht* verworfen. Die Öfen beeinflussen das spezifische Gewicht der Ziegel nicht. Da wegen $s_{IV}^2 < s_{II}^2$ die Prüfgröße $F_B < 1$, der Schwellenwert F_T jedoch *stets* größer als 1 ist, kann man den Test ohne Zahlenrechnung durchführen.

Test der Hypothese $\sum\limits_{j=1}^{15} \eta_j^2 = 0$ [die Brennzonen beeinflussen das spezifische Gewicht nicht]:

Da die Prüfgröße $s_{III}^2/s_{II}^2 = 3,65$ größer als der Schwellenwert $F_T = F_{95\%}(14; 98) = 1,79$ ist, wird die Hypothese $\sum \eta_j^2 = 0$ verworfen. Einzelne Zonen liefern Ziegel, die in ihrem spezifischen Gewicht systematisch von den andern abweichen.

Beispiel 17. Korrelationsanalyse bei zweidimensionaler Normalverteilung[1]

Es ist zu untersuchen, ob die Drehung x[Anzahl je 50 cm] und die Einzwirnung y[mm je 25 cm Einspannlänge] an einem Reyon-Kreppgarn miteinander korreliert sind. Eine Stichprobe vom Umfang $n = 50$

---

[1] Nach U. GRAF u. H.-J. HENNING: Statistische Methoden bei textilen Untersuchungen. Berlin/Göttingen/Heidelberg: Springer 1960.

ergab die folgenden Beobachtungen:

x	y	x	y	x	y	x	y	x	y
1094	30,5	1153	33,8	1103	30,2	1155	33,4	1140	33,0
1118	32,2	1137	33,0	1153	33,2	1113	32,8	1136	33,8
1129	32,5	1123	32,2	1129	34,0	1118	31,3	1138	31,7
1144	32,6	1123	31,0	1137	31,7	1140	32,5	1092	32,1
1130	32,7	1149	33,9	1137	31,8	1125	31,0	1120	33,2
1095	31,8	1134	33,1	1141	31,3	1138	31,2	1155	32,1
1144	33,7	1117	30,8	1144	33,2	1116	31,5	1147	33,3
1156	33,2	1157	33,3	1150	33,5	1147	33,3	1119	31,0
1146	34,0	1128	30,8	1097	32,1	1121	32,3	1146	32,8
1111	32,2	1139	31,9	1133	33,2	1117	31,7	1110	30,0

Diese Werte werden mit den Klassenbreiten $c_x = 5$ und $c_y = 0{,}5$ in einer Korrelationstabelle (vgl. 8.1.3) zusammengefaßt. In den Zellen des stark umrandeten Teils der Tabelle stehen links unten die Besetzungszahlen der Zellen. Die Werte $v_i = (x_i - a)/c_x$ sind mit $a = 1135$, die Werte $w_j = (y_j - b)/c_y$ mit $b = 33{,}0$ gebildet worden. Rechts oben in den Zellen sind die Produkte $n_{ij}\, v_i\, w_j$ eingetragen. Am unteren bzw. rechten Rand der gesamten Tabelle stehen die Spalten- bzw. Zeilensummen dieser Werte. Summiert man diese Spalten- bzw. Zeilensummen wiederum auf, so findet man in beiden Fällen

$$\sum_i \sum_j n_{ij}\, v_i\, w_j = 272 \quad \text{(Rechenkontrolle!)}.$$

Mit den gewonnenen Größen erhält man nach (8.1.6) die Korrelationszahl

$$r = \frac{50 \cdot 272 - (-40)(-66)}{\sqrt{[50 \cdot 632 - (-40)^2][50 \cdot 314 - (-66)^2]}}$$

$$= \frac{13600 - 2640}{\sqrt{(31\,600 - 1600)(15\,700 - 4356)}}$$

$$= \frac{10960}{\sqrt{34\,032 \cdot 10^4}} = 0{,}594 \approx 0{,}59.$$

Es ist die Hypothese $\varrho = 0$, daß Drehung und Einzwirnung voneinander unabhängig sind, gegen die Hypothese $\varrho \neq 0$ zu prüfen. Zum Testen der Hypothese wird als Sicherheit $S = 1 - \alpha = 95\,\%$ gewählt. Für die Prüfgröße ergibt sich nach (8.1.11)

$$\frac{|r|}{\sqrt{1 - r^2}}\, \sqrt{n - 2} = 5{,}12.$$

Der benötigte Schwellenwert ist nach Tab. C 5

$$t_{0{,}975;\,48} = 2{,}01.$$

Kl. Nr. j \ y_j	x_i \ Kl. Nr. i	1	2	3	4	5	6	7	8	9	10	11	12	13	14	50		−66	314	272
		1090	1095	1100	1105	1110	1115	1120	1125	1130	1135	1140	1145	1150	1155	$n_{.j}$	w_j	$n_{.j}w_j$	$n_{.j}w_j^2$	$\sum_i n_{ij}v_iw_j$
1	30,0				36 1	30 1										2	−6	−12	72	66
2	30,5		40 1													1	−5	− 5	25	40
3	31,0						16 1	12 1	16 2	4 1		−4 1				6	−4	−24	96	44
4	31,5						24 2	9 1			0 1	−6 2				6	−3	−18	54	27
5	32,0	18 1	32 2			10 1		6 1	4 1		0 1	−2 1			−8 1	9	−2	−18	36	60
6	32,5							3 1		2 2		−1 1	−2 1			5	−1	− 5	5	2
7	33,0						0 1	0 1			0 3	0 1	0 2		0 2	10	0	0	0	0
8	33,5												6 3	3 1	8 2	6	1	6	6	17
9	34,0									−2 1	0 1		4 1	6 1	8 1	5	2	10	20	16
	50	1	3	0	1	2	4	5	3	4	6	6	7	2	6	$n_{i.}$				
		−9	− 8	−7	− 6	− 5	− 4	− 3	−2	−1	0	1	2	3	4	v_i				
	−40	−9	−24	0	− 6	−10	−16	−15	− 6	−4	0	6	14	6	24	$n_i\cdot v_i$				
	632	81	192	0	36	50	64	45	12	4	0	6	28	18	96	$n_i\cdot v_i^2$				
	272	18	72	0	36	40	40	30	20	4	0	−13	8	9	8	$\sum_j n_{ij}v_iw_j$				

Korrelationstabelle

Der Wert der Prüfgröße ist größer als der Schwellenwert. Die Hypothese, daß Drehung und Einzwirnung voneinander unabhängig sind, wird also verworfen.

Nach (8.1.12) und Nomogramm D 17 ergibt sich

$$r_{0,975;\,50} = 0{,}27 < |r| = 0{,}59,$$

was zum gleichen Ergebnis führt.

Es soll jetzt zur Sicherheit $S = 1 - \alpha = 95\%$ der Vertrauensbereich (8.1.15) für die Korrelationszahl ϱ der Gesamtheit berechnet werden. Aus Tab. C 16 findet man zu $r = 0{,}594$ den Wert $z(r) = 0{,}683$. Aus Tab. C 3 findet man zu $S = 1 - \alpha = 95\%$ den Wert $u_{1-(\alpha/2)} = 1{,}960$. Mit (8.1.16) ergibt sich

$$\zeta_U = 0{,}683 - \frac{1{,}960}{\sqrt{47}} = 0{,}397; \quad \zeta_O = 0{,}683 + \frac{1{,}960}{\sqrt{47}} = 0{,}969.$$

Hieraus folgt wiederum mit Hilfe von Tab. C 16,

$$\varrho_U = 0{,}38 \quad \text{und} \quad \varrho_O = 0{,}75.$$

Der Bereich $0{,}38 \leq \varrho \leq 0{,}75$ enthält also mit der Sicherheit $S = 95\%$ die Korrelationszahl ϱ der Gesamtheit.

Beispiel 18. Einfache Regressionsanalyse[1]

Es soll in Annäherung die Gesetzmäßigkeit gefunden werden, nach der die Zugfestigkeit Z von Beton bestimmter Zusammensetzung mit der Trockenzeit t ansteigt. Eine Stichprobe der Größe $n = 21$ ergab die folgenden Werte:

Zugfestigkeit z [kp/cm²] nach der Trockenzeit t [Tage]

t	1	2	3	7	28
	13,0	21,9	29,8	32,4	41,8
	13,3	24,5	28,0	30,4	42,6
z	11,8	24,7	24,1	34,5	40,3
			24,2	33,1	35,7
			26,2	35,7	37,3

Da die mittlere Festigkeit $f = M\{Z\}$ für $t = 0$ den Wert 0 besitzt und mit wachsender Zeit einem Grenzwert zustrebt, so liegt der Ansatz

$$f = a\, e^{-c/t}$$

nahe. Setzt man

$$1/t = x, \quad \lg f = \eta, \quad \lg a = \beta_0, \quad -c \lg e = \beta_1,$$

so geht die vorstehende Beziehung in

$$\eta = \beta_0 + \beta_1\, x$$

über.

---

[1] Nach A. HALD: Statistical Theory with Engineering Applications. New York: Wiley 1960.

Die Transformation $\lg f = \eta$ legt nahe zu untersuchen, ob die Transformation $\lg Z = y$ zu einer Zielgröße führt, die um den Mittelwert $\eta = \beta_0 + \beta_1 x$ mit der (unbekannten) Varianz σ^2 (annähernd) normal verteilt ist. Eine Überprüfung ergab, daß dies angenommen werden kann. Damit sind für die Größen $y = \lg Z$ und $x = 1/t$ die Voraussetzungen für die Anwendbarkeit des Modells 9.1 a)1. erfüllt.

Die transformierten Stichprobenwerte $x_i = 1/t_i$ und $y_{ij} = \lg z_{ij}$ sind im oberen Teil der Rechentafel eingetragen; im mittleren Teil wurden die Hilfsgrößen $S_x, \ldots$ nach (9.1.4) bis (9.1.7) berechnet.

Rechentafel [vgl. (9.1.3) bis (9.1.10)]

i	1	2	3	4	5	$\sum\limits_i$	
x_i	0,036	0,143	0,333	0,500	1,000		
y_{ij}	1,621	1,511	1,474	1,340	1,114		
	1,629	1,483	1,447	1,389	1,124		
	1,605	1,538	1,382	1,393	1,072		
	1,553	1,520	1,384				
	1,572	1,553	1,418				
n_i	5	5	5	3	3	$n = 21$	
$n_i x_i$	0,180	0,715	1,665	1,500	3,000	$S_x = 7{,}060$	$\bar{x} = 0{,}3362$
$n_i x_i^2$	0,0065	0,1022	0,5544	0,7500	3,0000	$S_{xx} = 4{,}4131$	$\dfrac{S_x^2}{n} = 2{,}3735$
$y_{i\cdot} = \sum\limits_j y_{ij}$	7,980	7,605	7,105	4,122	3,310	$S_y = 30{,}122$	$\bar{y} = 1{,}4344$
$\dfrac{y_{i\cdot}}{n_i} = \bar{y}_i$	1,596	1,521	1,421	1,374	1,103		
$\dfrac{y_{i\cdot}^2}{n_i} = n_i \bar{y}_i^2$	12,7361	11,5672	10,0962	5,6636	3,6520	43,7151	
$x_i y_{i\cdot}$	0,2873	1,0875	2,366	2,061	3,310	$S_{xy} = 9{,}1118$	$\dfrac{S_x S_y}{n} = 10{,}1267$
$\sum\limits_j y_{ij}^2$	12,7403	11,5701	10,1026	5,6654	3,6536	$S_{yy} = 43{,}7320$	$\dfrac{S_y^2}{n} = 43{,}2064$
	$s_{xx} = 2{,}0396,$	$s_{xy} = -1{,}0149,$	$s_{yy} = 0{,}5256$				
	$b_1 = -0{,}498,$	$b_0 = 1{,}602$					
$\hat{y}_i$	1,584	1,531	1,436	1,353	1,104		
$\bar{y}_i - \hat{y}_i$	0,012	−0,010	−0,015	0,021	−0,001		
$n_i(\bar{y}_i - \hat{y}_i)^2 10^6$	720	500	1125	1323	3	$Q_1 = 0{,}003671$ [vgl. (9.1.17)]	$Q_2 = S_{yy} - \sum\limits_i n_i \bar{y}_i^2 = 0{,}0169$ [vgl. (9.1.16)]

Aus der Rechentafel ergibt sich die geschätzte Regressionsgerade nach (9.1.10) zu

$$\hat{y} = 1{,}602 - 0{,}498\,x\,.$$

Der Schätzwert für die Varianz σ^2 ist nach (9.1.11)

$$s^2 = 0{,}0011\,.$$

Da nach (9.1.13) die Varianzen $V\{b_0\}$ und $V\{b_1\}$ „klein" gegen die Schätzwerte b_0 und b_1 sind, so stellen die aus $\lg \hat{a} = b_0$ und $-\hat{c}\lg e = b_1$ sich ergebenden Werte

$$\hat{a} = 40{,}0 \quad \text{und} \quad \hat{c} = 1{,}15$$

gut brauchbare Schätzwerte für die Konstanten a und c dar.

Test auf Linearität [*vgl.* (9.1.18)]:

Die aus Versuchen erschlossene Abhängigkeit der mittleren Zugfestigkeit f von der Trockenzeit t ist auf Stichhaltigkeit nachzuprüfen. Als Sicherheit wird $S = 1 - \alpha = 95\%$ gewählt. Die Zahl k der in die Untersuchung eingehenden verschiedenen Werte der unabhängigen Veränderlichen ist $k = 5$. Der Schwellenwert $F_{1-\alpha}(f_1; f_2)$ mit $f_1 = k - 2$ und $f_2 = n - k$ ist demnach $F_{0,95}(3; 16) = 3{,}24$. Für die Prüfgröße ergibt sich nach (9.1.16) und (9.1.17)

$$\frac{Q_1/(k-2)}{Q_2/(n-k)} = 1{,}16\,.$$

Der Wert der Prüfgröße ist kleiner als der Schwellenwert. Der gewählte Ansatz für den Zusammenhang zwischen mittlerer Zugfestigkeit und Trockenzeit ist hiernach statthaft.

Vertrauensbereich für β_0:

Es wird die Sicherheit $S = 1 - \alpha = 95\%$ zugrunde gelegt. Nach Tab. C 5 ergibt sich für $f = n - 2$ der Faktor $t_{1-(\alpha/2);\,19} = 2{,}09$. Hiermit und mit den bereits ermittelten Werten für b_0, s^2, S_{xx} und s_{xx} ergibt sich nach (9.1.21) der Bereich $1{,}580 \leqq \beta_0 \leqq 1{,}624$. Wegen $\lg a = \beta_0$ liegt die Konstante a demnach mit der Sicherheit $S = 95\%$ im Bereich

$$38{,}0 \leqq a \leqq 42{,}1\,.$$

Vertrauensbereich für β_1:

Es wird die Sicherheit $S = 1 - \alpha = 95\%$ zugrunde gelegt. Nach Tab. C 5 ergibt sich für $f = n - 2$ der Faktor $t_{1-(\alpha/2);\,19} = 2{,}09$. Hiermit und mit den bereits ermittelten Werten für b_1, s^2, s_{xx} ergibt sich nach (9.1.22) der Bereich $-0{,}547 \leqq \beta_1 \leqq -0{,}449$. Wegen $-c\lg e = \beta_1$ liegt die Konstante c demnach mit der Sicherheit $S = 95\%$ im Bereich

$$1{,}03 \leqq c \leqq 1{,}26\,.$$

Vertrauensbereich für η:

In gleicher Weise wie für β_0, β_1 bzw. a, c ergeben sich für die Trockenzeiten $t = 1$ und $t = 28$ nach (9.1.24) die Vertrauensbereiche zur Sicherheit $S = 95\%$ für η bzw. f. Es gilt für

$$t = 1: \qquad 1{,}068 \leqq \eta \leqq 1{,}140 \quad \text{bzw.} \quad 11{,}7 \leqq f \leqq 13{,}8;$$

$$t = 28: \qquad 1{,}563 \leqq \eta \leqq 1{,}605 \quad \text{bzw.} \quad 36{,}6 \leqq f \leqq 40{,}3\,.$$

Zweiseitige Toleranzbereiche [vgl. (9.1.27) und (9.1.28)]:

Die Forderung $n' \gtrless 5$ ist für $x = 0{,}036$ (oder $t = 28$) erfüllt; denn es ist nach (9.1.27)
$$n' = 10{,}9.$$

Es soll der Bereich ermittelt werden, in dem mit der Sicherheit $S = 1 - \alpha = 95\%$ nach einer Trockenzeit von $t = 28$ Tagen zumindest $(1 - \gamma) = 90\%$ der Zugfestigkeitswerte liegen. Aus Tab. C 17 findet man für die Faktoren $r(10{,}9; 90\%)$ und $v(19; 95\%)$ die Zahlenwerte

$$r = 1{,}7189 \quad \text{und} \quad v = 1{,}3704.$$

Damit wird
$$k_T = r\,v = 2{,}3556\,.$$

Hiermit ergibt sich zunächst, daß mindestens 90% der Verteilung von y mit der Sicherheit $S = 95\%$ in dem Bereich $1{,}506 \leqq y \leqq 1{,}662$ liegen. Wegen $y = \lg Z$ ist der entsprechende Bereich für die Zugfestigkeitswerte $32{,}1 \leqq Z \leqq 45{,}9$. Soll der Anteil der Zugfestigkeitswerte im Toleranzbereich mindestens 99% umfassen, so ergibt sich bei der Sicherheit $S = 95\%$ der Bereich $29{,}0 \leqq Z \leqq 50{,}8\,.$

Beispiel 19. Mehrfache Regressionsanalyse[1]

Die (auf eine Tonne) bezogene Walzzeit $Y\,[\min/t]$ auf einer Blockstraße ist im wesentlichen von drei Einflußgrößen abhängig: der Festigkeit des Walzgutes, dem Blockgewicht und der Kantenlänge des Endquerschnitts, auf den man auswalzt. Da man das eingesetzte Walzgut im praktischen Betrieb in drei „Walzschwierigkeitsgruppen" aufteilt, wird diese Unterteilung übernommen. Zur Quantifizierung dieses qualitativen Merkmals werden den drei Gruppen bei wachsender Schwierigkeit die Werte $z_1 = 0$; 1 und 2 beigelegt. Ferner wird (versuchsweise) angenommen, daß die bezogene Walzzeit (unter sonst gleichen Verhältnissen) linear mit der „Walzschwierigkeit" z_1 wächst.

Da bei kleinerem Blockgewicht in der gleichen Zeitspanne geringere Mengen des Walzgutes durchgesetzt werden, so gehören zu kleinen Blockgewichten große Walzzeiten und umgekehrt. Infolgedessen setzt man die bezogene Walzzeit verhältnisgleich zum Kehrwert $(1/z_2)$ des Blockgewichts. Die Gewichte z_2 sind in den Betriebsaufschreibungen in vier Gruppen festgehalten, die durch die „mittleren Werte" $z_2 = 4{,}6$; $3{,}7$; $1{,}8$ und $1{,}3$ gekennzeichnet werden.

---

[1] Das Beispiel ist in Anlehnung an die Arbeit von H. WELLNITZ und H. WEGE: Der Einsatz der technischen Statistik bei Zeitvorgaben (Arch. Eisenhüttenwes. 25, 1954, S. 499) entstanden.

Die wichtigste Einflußgröße ist der zu walzende Endquerschnitt. Je kleiner der Endquerschnitt, um so größer ist die erforderliche Walzzeit. Die Walzzeit wird (versuchsweise) verhältnisgleich zum Kehrwert $(1/z_3)$ der „Endkantenlänge" angesetzt. [Ein ebenfalls möglicher Ansatz wäre $Y \sim 1/z_3^2$.]

Nach der Neugestaltung der Walzenstraße wird vermutet, daß die bezogenen Walzzeiten für kleine Endquerschnitte kürzer als vorher sind, so daß es notwendig ist, die Vorgabezeiten für diese Endquerschnitte neu festzusetzen.

Das Ziel der vorliegenden Untersuchung ist, aus den Betriebsaufschreibungen (nach der Umstellung der Walzenstraße) eine Regressionsformel zur Berechnung der neuen Walzzeiten aufzustellen.

Nach den gewählten Ansätzen ist die mittlere Walzzeit durch die Gleichung

$$M\{Y\} = \beta_0 + \beta_1 z_1 + \beta_2 (1/z_2) + \beta_3 (1/z_3)$$

mit den drei Einflußgrößen z_1, z_2 und z_3 verknüpft.

Mit

$$z_1 \equiv x_1; \qquad \frac{1}{z_2} \equiv x_2; \qquad \frac{1}{z_3} \equiv x_3$$

wird der Ansatz linearisiert zu

$$M\{Y\} = \beta_0 + \beta_1 x_1 + \beta_2 x_2 + \beta_3 x_3.$$

Die weiteren, im Ansatz nicht erfaßten Einflußgrößen bewirken nach aller Erfahrung, daß auch die übrigen Voraussetzungen des Modells (9.2.1) (Normalverteilung des Zufallsanteils ε) erfüllt sind.

Betriebsaufschreibungen nach der Umstellung geben die folgenden $n = k = 3 \cdot 4 \cdot 6 = 72$ bezogenen Walzzeiten $y_\varkappa$ [min/t]:

Walz-schwie-rigkeit	x_1	Block-gewicht [t]	Kantenlänge [10^2 mm] x_3 / x_2	1,15 — 0,8696	1,30 — 0,7692	1,40 — 0,7143	1,60 — 0,6250	1,65 — 0,6061	1,70 — 0,5882
I	0	4,6	0,217	1,09	1,04	0,90	0,86	0,79	0,67
		3,7	0,270	1,17	1,11	0,96	0,92	0,83	0,72
		1,8	0,556	1,62	1,54	1,32	1,27	1,16	0,99
		1,3	0,769	2,03	1,93	1,65	1,58	1,45	1,24
II	1	4,6	0,217	1,29	1,23	1,06	1,02	0,93	0,80
		3,7	0,270	1,37	1,31	1,13	1,08	0,99	0,85
		1,8	0,556	1,84	1,77	1,51	1,45	1,32	1,15
		1,3	0,769	2,21	2,12	1,82	1,75	1,58	1,37
III	2	4,6	0,217	1,54	1,47	1,27	1,21	1,10	0,96
		3,7	0,270	1,62	1,55	1,34	1,27	1,17	1,01
		1,8	0,556	2,12	2,03	1,75	1,65	1,52	1,31
		1,3	0,769	2,43	2,33	2,00	1,90	1,75	1,50

Mit $x_0 \equiv 1$, $n_\varkappa = 1$ für $\varkappa = 1, 2, \ldots, k$ und $0 \leqq (i; j) \leqq 3$ erhält man aus (9.2.5) die Hilfsgrößen

$S_{oy} = 99,59$; $S_{1y} = 108,55$; $S_{2y} = 49,971$; $S_{3y} = 70,772$

und die Matrix der S_{ij}, $i, j = 0, 1, 2, 3$,

$$(S_{ij}) = \begin{pmatrix} 72,0000 & 72,0000 & 32,6160 & 50,0688 \\ 72,0000 & 120,0000 & 32,6160 & 50,0688 \\ 32,6160 & 32,6160 & 18,3687 & 22,6812 \\ 50,0688 & 50,0688 & 22,6812 & 35,5447 \end{pmatrix}.$$

Die hierzu inverse Matrix (c_{ij}) ergibt sich als Lösung der Gleichungen (9.2.13) zu

$$(c_{ij}) = \begin{pmatrix} 0,7571 & -0,0208 & -0,1261 & -0,9567 \\ -0,0208 & 0,0208 & 0,0000 & 0,0000 \\ -0,1261 & 0,0000 & 0,2783 & 0,0000 \\ -0,9567 & 0,0000 & 0,0000 & 1,3758 \end{pmatrix}.$$

Nach (9.2.12) folgen hiermit die Schätzwerte b_i für die Regressionskoeffizienten β_i:

$$b_0 = -0,862, \quad b_1 = 0,186, \quad b_2 = 1,349, \quad b_3 = 2,091.$$

Für die mittlere Walzzeit ergibt sich somit nach (9.2.10) die Schätzfunktion

$$\hat{y} = -0,862 + 0,186\, z_1 + 1,349\,\frac{1}{z_2} + 2,091\,\frac{1}{z_3};$$

vgl. Abb. B 19.1.

Der Schätzwert (9.2.11) für die Varianz σ^2 der Meßwerte $y_\varkappa$ um die Regressionsfunktion ist

$$s^2 = 0,916 \cdot 10^{-2}.$$

Die Hypothese, daß die Zielgröße y linear von den (transformierten) Einflußgrößen x_i abhängt, kann wegen $n = k$ nicht getestet werden.

Vertrauensbereiche für die Faktoren β_i findet man aus (9.2.27). Zur Sicherheit $S = 1 - \alpha = 95\%$ und $f = 72 - 3 - 1 = 68$ gehört bei zweiseitiger Abgrenzung der Tafel-

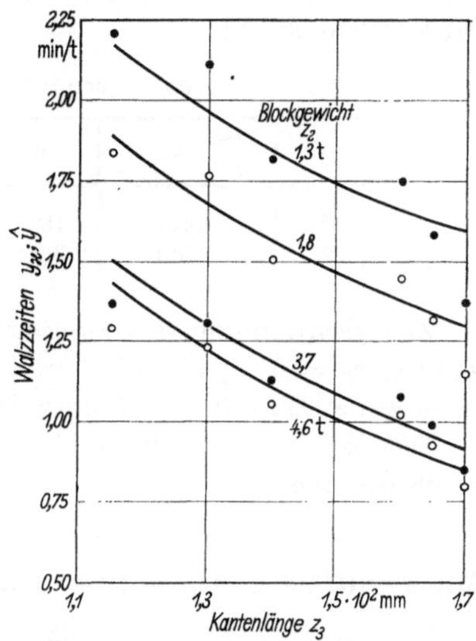

Abb. B 19.1. Beobachtete Walzzeiten $y_\varkappa$ und Regressionsfunktion $\hat{y}$ abhängig von der Kantenlänge z_3 und dem Blockgewicht z_2 für die Schwierigkeitsgruppe II

wert $t_{0,975;\,68} = 2,00$. Damit erhält man

$$-1,027 \leqq \beta_0 \leqq -0,697, \qquad 0,158 \leqq \beta_1 \leqq 0,214,$$

$$1,248 \leqq \beta_2 \leqq 1,450, \qquad 1,866 \leqq \beta_3 \leqq 2,316.$$

Für verschiedene Werte von x_1, x_2, x_3 sind in der nachstehenden Tabelle die zur Ermittlung von Vertrauens- und Toleranzbereichen be-

Werte der Hilfsgröße $A = \sum c_{ij}\, x_i\, x_j$

x_1	x_2	x_3 0,8696	0,7143	0,5882
0	0,217	0,0920	0,0507	0,0660
2	0,769	0,1042	0,0630	0,0783

nötigten Hilfsgrößen A berechnet. Des weiteren sind die Schätzwerte $\hat{y}$ für die Regressionsfunktion $M\{Y\}$ an den gleichen Stellen angeführt.

Schätzwerte $\hat{y}$ für die Regressionsfunktion $M\{Y\}$

x_1	x_2	x_3 0,8696	0,7143	0,5882
0	0,217	1,249	0,924	0,661
2	0,769	2,366	2,041	1,777

Hiermit ergeben sich nach (9.2.30) die 95%-Vertrauensbereiche für die Mittelwerte $M\{Y\}$:

95%-Vertrauensbereiche für $M\{Y\}$

x_1	x_2	x_3 0,8696	0,7143	0,5882
0	0,217	1,19…1,31	0,88…0,97	0,61…0,71
2	0,769	2,30…2,43	1,99…2,09	1,72…1,83

Zur Bestimmung des zweiseitigen Toleranzbereiches an der Stelle $x_0 = 1$, $x_1 = 0$, $x_2 = 0,217$, $x_3 = 0,8696$, der mindestens den Anteil $(1 - \gamma)$ der Einzelwerte Y enthält, findet man aus Tab. C 17 für $1 - \gamma = 95\%$, $S = 1 - \alpha = 95\%$, $A = 0,0920$, $1/A = 10,9$ und $f = n - p - 1 = 68$ die Werte

$$r = 2,047; \qquad v = 1,166; \qquad k_T = r\,v = 2,387.$$

Mit $s = 0,096$ und $\hat{y} = 1,249$ lautet der Toleranzbereich demnach

$$1,02 \leqq Y \leqq 1,48.$$

Dieser Bereich enthält mit der Sicherheit $S = 1 - \alpha = 95\%$ mindestens den Anteil $1 - \gamma = 95\%$ der Einzelwerte Y der (bezogenen) Walzzeiten.

Der entsprechende Toleranzbereich an der Stelle $x_0 \equiv 1$, $x_1 = 2$, $x_2 = 0{,}769$, $x_3 = 0{,}5882$ wird mit $A = 0{,}0783$, $1/A = 12{,}8$ und $k_T = 2{,}372$ schließlich $1{,}55 \leqq Y \leqq 2{,}00$.

Beispiel 20. Kontrollkarten für ein meßbares Merkmal

a) *Kontrollkarten ohne Berücksichtigung von Toleranzgrenzen:*

Beim Schmieden von Duraluminiumklemmen ist unter anderem die Spaltbreite der Teile für die weitere Verarbeitung von wesentlicher Bedeutung; hierfür soll eine $\bar{x}$- und eine R-Karte entworfen werden. Im ungestörten Vorlauf wurde das Abmaß $x\,[10^{-3}\,\text{mm}]$, d. h. die Differenz zwischen der Spaltbreite und dem Wert 8 mm, bei $k = 16$ Proben zu je $n = 5$ Teilen gemessen und anschließend der arithmetische Mittelwert $\bar{x}_i$ und die Spannweite R_i für jede Probe berechnet. Diese Werte sind in der folgenden Zahlentafel enthalten.[1]

Probe Nr. i	1	2	3	4	5	6	7	8	9	10
Mittelwert $\bar{x}_i$	761	766	760	775	788	775	760	763	768	766
Spannweite R_i	47	31	30	22	10	32	21	18	27	17

Probe Nr. i	11	12	13	14	15	$k = 16$	Summe
Mittelwert $\bar{x}_i$	769	766	766	769	774	758	12284
Spannweite R_i	38	35	17	26	14	24	409

Beispielsweise wurde $\bar{x}_{11} = 769$ und $R_{11} = 38$ aus den Abmaßen 749, 762, 778, 787 und 771 $[10^{-3}\,\text{mm}]$ der 11. Probe berechnet.

Nach (10.1.1) wird der Vorlaufmittelwert zu

$$\bar{\bar{x}} = \frac{1}{16} \cdot 12284 = 768 \quad [10^{-3}\,\text{mm}]$$

bestimmt. Der Spannweitenmittelwert des Vorlaufs ist nach (10.1.3)

$$\bar{R} = \frac{1}{16} \cdot 409 \approx 26 \quad [10^{-3}\,\text{mm}].$$

Die Grenzen der $\bar{x}$-Karte werden mit $\bar{\bar{x}}$ und $\bar{R}$ nach (10.1.8) und Tab. C 18 ermittelt:

$$\bar{x}_U = 768 - 0{,}377 \cdot 26 = 758 \quad [10^{-3}\,\text{mm}] \;\Big\}\; \text{Warngrenzen; für}$$
$$\bar{x}_O = 768 + 0{,}377 \cdot 26 = 778 \quad [10^{-3}\,\text{mm}] \;\Big\}\; S = 95\%$$

$$\bar{x}_U = 768 - 0{,}495 \cdot 26 = 755 \quad [10^{-3}\,\text{mm}] \;\Big\}\; \text{Kontrollgrenzen (Eingriffsgrenzen);}$$
$$\bar{x}_O = 768 + 0{,}495 \cdot 26 = 781 \quad [10^{-3}\,\text{mm}] \;\Big\}\; \text{für } S = 99\%$$

---

[1] Nach E. L. Grant: Statistical Quality Control. New York: McGraw-Hill 1952, S. 149.

Die Grenzen der R-Karte werden mit $\bar{R}$ nach (10.1.11) und Tab. C 18 und C 11 bestimmt:

$$R_U = \frac{0{,}85 \cdot 26}{2{,}326} = 10 \quad [10^{-3}\ \text{mm}]$$

$$R_O = \frac{4{,}20 \cdot 26}{2{,}326} = 47 \quad [10^{-3}\ \text{mm}] \left.\right\} \quad \text{Warngrenzen};\ \text{für } S = 95\%$$

$$R_U = \frac{0{,}55 \cdot 26}{2{,}326} = 6 \quad [10^{-3}\ \text{mm}]$$

$$R_O = \frac{4{,}89 \cdot 26}{2{,}326} = 55 \quad [10^{-3}\ \text{mm}] \left.\right\} \quad \text{Kontrollgrenzen (Eingriffsgrenzen)};\ \text{für } S = 99\%$$

Im allgemeinen sind nur die oberen Grenzen R_O von praktischer Bedeutung. $\bar{x}$- und R-Karte sind in Abb. B 20.1 und Abb. B 20.2 dargestellt worden.[1] Die $\bar{x}_i$- und R_i-Werte des Vorlaufs wurden eingetragen.

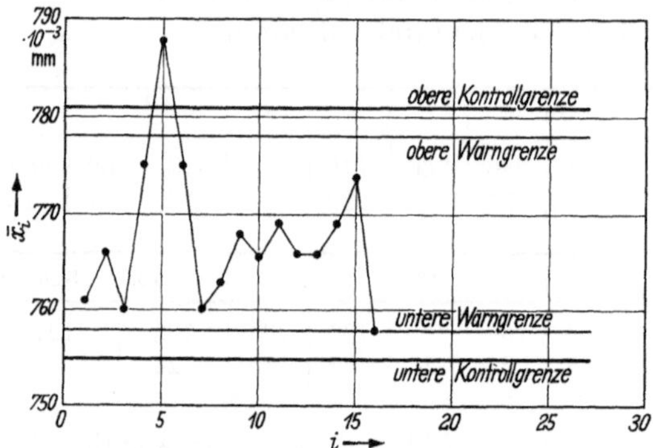

Abb. B 20.1. Beispiel für eine $\bar{x}$-Karte

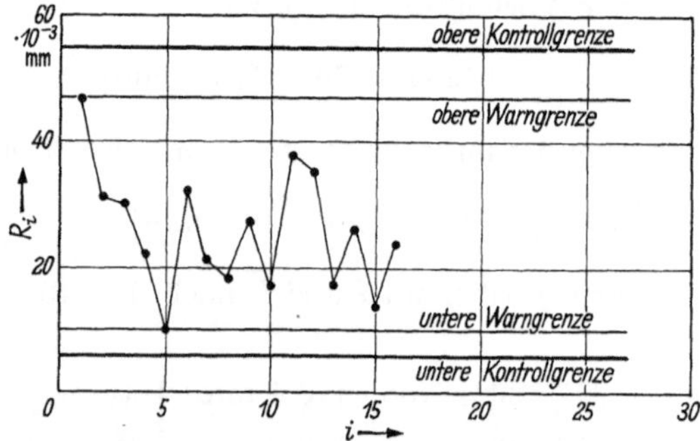

Abb. B 20.2. Beispiel für eine R-Karte

---

[1] Bei dieser und den folgenden Kontrollkarten sind die eingetragenen Punkte durch Geraden verbunden worden, damit die Schwankung der Prüfgröße mit dem Auge deutlich verfolgt werden kann. In der Praxis wird man die Punkte im allgemeinen nicht verbinden, da dann nur ihre Lage bezüglich der Eingriffsgrenzen von Interesse ist.

Die $\bar{x}$-Karte zeigt im Vorlauf nur einen einzigen die obere Kontrollgrenze überschreitenden $\bar{x}$-Wert, so daß mit den berechneten Kontroll- und Warngrenzen weitergearbeitet werden darf.

b) *Kontrollkarte zur Überwachung der „mittleren Lage" einer Fertigung mit vorgegebenen technischen Toleranzgrenzen:*

Für das Beispiel *a*) soll im folgenden eine $\bar{x}$-Karte bei Berücksichtigung vorgegebener technischer Toleranzgrenzen entworfen werden. Von der Konstruktionsabteilung wurden als technische Toleranzgrenzen für die Spaltbreite die Werte

$$T_U = 8{,}650 \text{ mm} \quad \text{und} \quad T_O = 8{,}900 \text{ mm}$$

festgelegt. Entstehende Schlechtanteile $p \geqq 5\%$ sollen durch Proben der Größe $n = 5$ mindestens mit der Wahrscheinlichkeit $S = 1 - \beta = 90\%$ entdeckt werden. Die Vorlaufmessungen wurden nach (10.1.1) zum Mittelwert $\bar{\bar{x}} = 8{,}768 \text{ mm}$ und nach (10.1.3) zur mittleren Spannweite $\bar{R} = 0{,}026 \text{ mm}$ zusammengefaßt.

Mit $\bar{R}$, Tab. C 2 und Tab. C 11 entsteht bei $n = 5$ für den Abstand a zwischen Toleranz- und Eingriffsgrenzen nach (10.1.17)

$$a = 0{,}026 \left[\frac{1{,}645 + (1{,}282/\sqrt{5})}{2{,}326} \right] = 0{,}025 \text{ mm}.$$

Die Eingriffsgrenzen berechnen sich mit (10.1.15) zu

$$UEG = 8{,}650 + 0{,}025 = 8{,}675 \text{ mm}, \quad OEG = 8{,}900 - 0{,}025 = 8{,}875 \text{ mm}.$$

Beispiel 21. Kontrollkarte für die Zahl fehlerhafter Einheiten (Stücke)

Im Anschluß an die Galvanisierung von Radschutzkappen soll eine Prüfung der Teile auf Oberflächenfehler durchgeführt werden. Es wird festgelegt, je Los 400 Prüflinge zu entnehmen und unter diesen die Zahl der fehlerhaften Kappen zu bestimmen. In der folgenden Zahlentafel[1] sind die Untersuchungsergebnisse von 25 Losen aus einer un-

Los Nr.	Zahl der fehlerhaften Stücke	Los Nr.	Zahl der fehlerhaften Stücke	Los Nr.	Zahl der fehlerhaften Stücke	Los Nr.	Zahl der fehlerhaften Stücke	Los Nr.	Zahl der fehlerhaften Stücke
i	x_i	i	x_i	i	x_i	i	x_i	i	x_i
1	1	6	9	11	4	16	2	21	1
2	3	7	4	12	8	17	0	22	5
3	8	8	8	13	1	18	5	23	2
4	7	9	3	14	6	19	9	24	3
5	2	10	6	15	5	20	4	25	3
									109

---

[1] Nach ASTM/STP 15-C: Manual on Quality Control of Materials. Philadelphia 1951, S. 84.

gestörten Fertigung wiedergegeben (Vorlauf). An Hand dieser Werte soll eine $\hat{p}$-Karte entworfen werden.

Mit $n = 400$, $k = 25$ und $\sum x_i = 109$ wird nach (10.2.2) der mittlere Schlechtanteil $\bar{p} = 0,0109 = 1,09\%$ gefunden.

Da $n\,\bar{p} > 4$ ist, können die Eingriffsgrenzen aus (10.2.5) bestimmt werden. Es ergibt sich

$$\hat{p}_U^O = 0,0109 \pm 3 \sqrt{\frac{0,0109\,(1 - 0,0109)}{400}}$$

$$\hat{p}_U = 0; \quad \hat{p}_O = 0,0265 = 2,65\%\,.$$

In Abb. B 21.1 ist die $\hat{p}$-Karte dargestellt. Die Ordinate enthält neben der Teilung für $\hat{p}$ zusätzlich eine Teilung für die Zahl x fehlerhafter

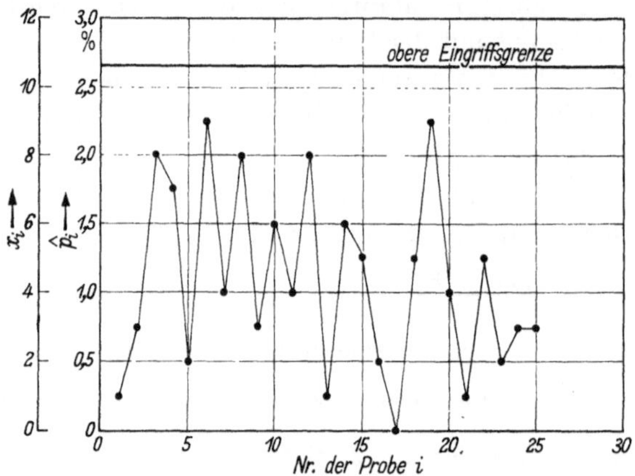

Abb. B 21.1. Beispiel für eine $\hat{p}$-Karte (x-Karte)

Stücke, so daß ein Umrechnen von x in $\hat{p}$ nicht erforderlich ist. Außerdem sind in diese Karte die x-Werte des Vorlaufs eingetragen worden. Im allgemeinen sind nur die oberen Grenzen $\hat{p}_O$ bzw. x_O von praktischer Bedeutung.

Beispiel 22. Kontrollkarte für die Zahl der Fehler

Ein Schweißer ist damit beauftragt, Leichtmetallteile miteinander zu verschweißen. Die Güte der Schweißung wird durch die Zahl der Schweißfehler je Naht beurteilt. Drei Tage lang wurden der Fertigung zu verschiedenen Zeitpunkten einzelne geschweißte Teile entnommen und auf Schweißfehler untersucht. Man fand die folgenden Ergebnisse[1]:

Tag	1								2								3							
Naht Nr. i	1	2	3	4	5	6	7	8	9	10	11	12	13	14	15	16	17	18	19	20	21	22	23	24
Fehlerzahl c_i	2	4	7	3	1	4	8	9	5	3	7	11	6	4	9	9	6	4	3	9	7	4	7	12

[1] Nach E. L. Grant: Statistical Quality Control. New York: McGraw-Hill 1946.

An Hand dieser Beobachtungen soll eine c-Karte zur laufenden Fertigungsüberwachung entworfen werden.

Nach (10.3.1) erhält man als mittlere Fehlerzahl je Schweißnaht mit $k = 24$ und $\sum c_i = 144$

$$\bar{c} = \frac{1}{24} \cdot 144 = 6{,}0 \text{ Fehler/Naht.}$$

Da $\bar{c} > 4$ ist, werden die Eingriffsgrenzen nach (10.3.2) bestimmt zu

$$c_U^O = 6{,}0 \pm 3 \sqrt{6{,}0},$$

$$c_U = 0; \quad c_O = 13{,}3.$$

In Abb. B 22.1 ist die c-Karte für dieses Beispiel dargestellt worden. Im allgemeinen ist nur die obere Grenze c_O von praktischer Bedeutung.

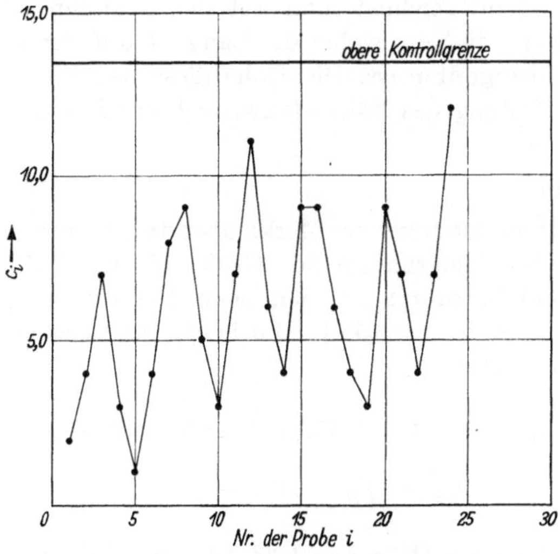

Abb. B 22.1. Beispiel für eine c-Karte

Beispiel 23. Ermittlung von Plänen für messende Prüfung mit Hilfe des doppelten Wahrscheinlichkeitsnetzes

Die einseitige obere Toleranzgrenze für die Merkmalwerte x sei $T_O = 173$. Der Anteil der Merkmalwerte oberhalb T_O wird als Schlechtanteil p bezeichnet. Der *Gutgrenze* des Plans $p_1 = 1\%$ wird die Annahmewahrscheinlichkeit $1 - \alpha = 93\%$ und der *Schlechtgrenze* $p_2 = 8\%$ die Rückweiswahrscheinlichkeit $1 - \beta = 90\%$ zugeordnet.[1]

---

[1] Die Zahlenwerte entsprechen einem der Pläne (Table D 1, Sample Size Code Letter I, AQL = 1%) aus dem Military Standard 414.

Man zeichnet im doppelten Wahrscheinlichkeitsnetz nach Abb. 11.2.3 die zwei „Grundpunkte"

und

$$P_1\,(p_1 = 1\% \,;\; W_1 = 1 - \alpha = 93\%)$$

$$P_2\,(p_2 = 8\% \,;\; W_2 = \beta = 10\%).$$

Die Gerade durch diese Punkte ist die Annahmekennlinie $W(p)$ des Prüfplans.

Ermittlung des Annahmefaktors k (Formeltabelle S. 192):

Die Waagerechte durch $W = 50\%$ liefert durch den Schnittpunkt mit der Geraden $W(p)$ auf der k-Teilung des oberen Randes den Annahmefaktor $k = 1{,}83$.

Ermittlung der Probengröße n_σ [für einen $(\bar{x};\, \sigma)$-Plan]:

Am unteren Rand zeichnet man mit der Grundlinie 1 [bzw. 1/2] das „Ablesedreieck" für n_σ, wobei die Länge 1 auf der k-Teilung des oberen Randes abzugreifen ist. Die Höhe dieses schraffierten Dreiecks gibt auf der n_σ-Teilung des linken [bzw. rechten] Randes die Probengröße $n_\sigma = 9$.

a) $(\bar{x};\, \sigma)$-*Plan:*

Die Standardabweichung σ der Merkmalwerte x ist bekannt; $\sigma = 10$. Man entnimmt der Liefermenge der Größe N eine Zufallsprobe der Größe $n_\sigma = 9$ und bestimmt aus den neun Meßwerten $x_1, x_2, \ldots, x_9$ ihren Mittelwert $\bar{x}$, z. B. $\bar{x} = 152{,}1$. Die *Prüfgröße* ist nach der Formeltabelle S. 192 entweder

$$z_\sigma = \bar{x} + k\,\sigma = 152{,}1 + 18{,}3 = 170{,}4$$

oder

$$Q_\sigma = (T_O - \bar{x})/\sigma = 2{,}09.$$

Da $z_\sigma < T_O = 173$ oder $Q_\sigma > k = 1{,}83$ ist, so wird die Liefermenge angenommen.

b) $(\bar{x};\, s)$-*Plan:*

Die unbekannte Standardabweichung σ der Merkmalwerte x wird durch die Standardabweichung s der Probe geschätzt.

Die erforderliche Probengröße n_s findet man aus n_σ, indem man das Verhältnis n_s/n_σ über k am oberen Rand des Netzes in Abb. 11.2.3 abliest. Für das vorausgehende Beispiel mit $k = 1{,}83$ findet man $n_s/n_\sigma = 2{,}7$. Mit $n_\sigma = 9$ ist demnach $n_s = 24$.

Man entnimmt der Liefermenge der Größe N eine Zufallsprobe der Größe $n_s = 24$ und berechnet aus den 24 Meßwerten $x_1, x_2, \ldots, x_{24}$ ihren Mittelwert $\bar{x}$ und ihre Standardabweichung s, z. B. $\bar{x} = 155{,}6$

und $s = 12{,}3$. Die *Prüfgröße* ist nach Formeltabelle S. 192 entweder

$$z_s = \bar{x} + k\,s = 155{,}6 + 1{,}83 \cdot 12{,}3 = 178{,}1$$

oder
$$Q_s = (T_O - \bar{x})/s = 1{,}42\,.$$

Da $z_s > T_O = 173$ oder $Q_s < k = 1{,}83$ ist, wird die Liefermenge zurückgewiesen.

c) $(\bar{x}; \bar{R})$-*Plan:*

Die unbekannte Standardabweichung σ der Merkmalwerte x wird durch die mittlere Spannweite $\bar{R}$ von l Unterproben der Größe m geschätzt; (Gesamtprobe $n = m\,l$).

Der *Annahmefaktor* ist jetzt $K = k/\alpha_m$, wobei α_m für $m = 5$ den Wert $\alpha_5 = 2{,}326$ hat (Tab. C 11). Für das vorausgehende Beispiel mit $k = 1{,}83$ wird $K = 0{,}79$.

Die erforderliche *Probengröße* n_R findet man aus n_σ, indem man das Verhältnis n_R/n_σ über k am oberen Rand des Netzes in Abb. 11.2.3 abliest. Für das vorausgehende Beispiel mit $k = 1{,}83$ findet man $n_R/n_\sigma = 3{,}3$. Mit $n_\sigma = 9$ ist demnach $n_R = 30$ (gegebenenfalls muß n_R auf eine durch $m = 5$ teilbare Zahl gerundet werden).

Man entnimmt der Liefermenge der Größe N zufallsmäßig eine Gesamtprobe der Größe $n_R = 30$, die man zufallsmäßig in $l = 6$ „Unterproben" der Größe $m = 5$ anordnet. Man berechnet den Mittelwert $\bar{x}$, ferner für die l Unterproben die l Spannweiten $R_1, R_2, \ldots, R_l$ und ihren Mittelwert $\bar{R}$, z. B. $\bar{x} = 148{,}3$ und $\bar{R} = 24{,}1$. Die Prüfgröße ist nach der Formeltabelle S. 192 entweder

$$z_R = \bar{x} + K\bar{R} = 148{,}3 + 0{,}79 \cdot 24{,}1 = 167{,}3$$

oder
$$Q'_R = (T_O - \bar{x})/\bar{R} = 1{,}02\,.$$

Da $z_R < T_O = 173$ oder $Q'_R > K = 0{,}79$ ist, wird die Liefermenge angenommen.

Beispiel 24. Bestimmung der Annahmekennlinie (Operations-Charakteristik) eines Einfachplans für messende Prüfung

Für ein Erzeugnis (z. B. Draht) ist die Abnahmeprüfung in folgender Form[1] vorgeschrieben: Man entnimmt der (großen) Liefermenge eine Zufallsprobe der Größe $n_s = 30$ und bestimmt aus den 30 Einzelwerten $x_1, x_2, \ldots, x_{30}$ ihren Mittelwert $\bar{x}$ und ihre Standardabweichung s (z. B. für die Zerreißfestigkeit x). Die Liefermenge wird angenommen, wenn die Prüfgröße $z_s = \bar{x} - k\,s \geq T_U$ ist, wobei T_U die einseitige untere Toleranzgrenze (der Festigkeit) ist. Im Beispiel sei $k = 2$ gegeben.

---

[1] Das Beispiel entspricht dem Plan mit Sample Size Code Letter J und $AQL = p_1 = 0{,}65\%$ aus dem Military Standard 414, Teil B.

Gesucht wird die Annahmekennlinie (Operations-Charakteristik) $W(p)$ des Plans, d. h. die Annahmewahrscheinlichkeit W in Abhängigkeit vom „Schlechtanteil" p der Liefermenge. (Der „Schlechtanteil" p ist im Beispiel der in der Liefermenge enthaltene Anteil von Drähten, deren Festigkeit die untere Toleranzgrenze T_U unterschreitet.)

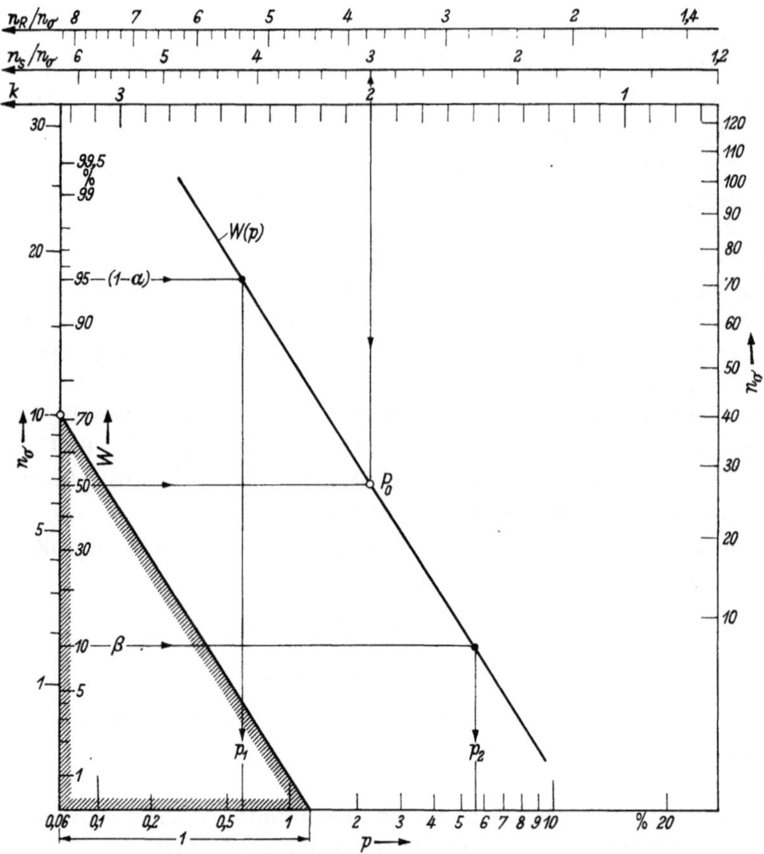

Abb. B 24.1. Bestimmung der Annahmekennlinie $W(p)$ eines $(\bar{x}; s)$-Plans bei gegebenem Wertepaar $n_s = 30$ und $k = 2$

Es handelt sich bei der Abnahmevorschrift[1] um einen $(\bar{x}; s)$-Plan nach Abschn. 11.2 mit der Probengröße $n_s = 30$ und dem Annahmefaktor $k = 2{,}0$.

Die Kennlinie $W(p)$ findet man ohne Rechnung mit Hilfe des doppelten Wahrscheinlichkeitsnetzes; Abb. B 24.1. Zu $k = 2{,}0$ liest man

---

[1] Siehe Fußn. S. 269.

auf der Teilung n_s/n_σ das Verhältnis $n_s/n_\sigma = 3{,}0$ ab. Ein $(\bar{x};\sigma)$-Plan *mit gleicher Kennlinie* benötigt demnach eine Probe der Größe $n_\sigma = n_s/3 = 10$.

Die Senkrechte durch $k = 2{,}0$ und die Waagerechte durch $W = 50\%$ schneiden sich in P_0, einem Punkt der gesuchten Kennlinie $W(p)$.

Die Höhe $n_\sigma = 10$ und die „Grundlinie" der Länge 1 (wobei die Länge 1 auf der k-Teilung abgegriffen wird) bestimmen das schraffierte „Ablesedreieck" für n_σ am unteren Rand des Netzes. Die Gerade durch P_0 parallel zur Hypothenuse des Ablesedreiecks ist die gesuchte Kennlinie $W(p)$ des Prüfplans $(n_s = 30;\ k = 2)$.

Man bringt $W(p)$ in die gewohnte Form, indem man an der Geraden $W(p)$ der Abb. B 24.1 einige Wertepaare $(p;\ W)$ abliest (z. B. $p = 1\%$; $W = 85\%$) und in das entzerrte, gleichförmig geteilte $(p;\ W)$-Netz der Abb. B 24.2 überträgt.

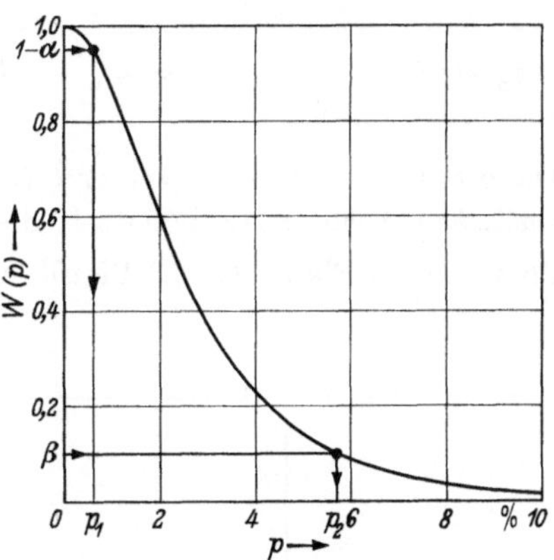

Abb. B 24.2. Die Annahmekennlinie $W(p)$ des $(\bar{x};\ s)$-Plans aus Abb. B 24.1. (bei gleichmäßig geteilten Achsen)

Für $\alpha = 5\%$ und $\beta = 10\%$ hat der Plan die Gutgrenze $p_1 = 0{,}6\%$ und die Schlechtgrenze $p_2 = 5{,}7\%$.

Beispiel 25. Schätzung der Schlechtanteile p_U und p_O im Los aus der Summengeraden G einer Probe der Größe n im einfachen Wahrscheinlichkeitsnetz

Für die Schlechtanteile (beispielsweise einer abgelehnten Liefermenge) findet man Schätzwerte mit Hilfe der Summengeraden G einer Probe im einfachen Wahrscheinlichkeitsnetz.

Man erhält diese Gerade G entweder nach 5.1a) γ) oder indem man G durch die Punkte

$$[\bar{x} \pm \sigma;\ (50 \pm 34)\%] \quad \text{oder} \quad [\bar{x} \pm s;\ (50 \pm 34)\%]$$

legt, je nachdem, ob man die Liefermenge mit einem $(\bar{x};\sigma)$-Plan oder einem $(\bar{x};\ s)$-Plan beurteilt.

Schneidet man die Senkrechten bei T_U und T_O mit G, so liest man an der senkrechten Wahrscheinlichkeitsteilung die Schätzwerte für die

Gut- oder Schlechtanteile ab. Die Schätzwerte für die Schlechtanteile sind nach Abb. B 25.1

unterhalb T_U: $\qquad \hat{p}_U = \Phi_U = \Phi(Q_U)$;

oberhalb T_O: $\qquad \hat{p}_O = 1 - \Phi_O = 1 - \Phi(Q_O)$;

insgesamt: $\qquad \hat{p} = \Phi_U + (1 - \Phi_O) = 1 - (\Phi_O - \Phi_U)$.

Diese Schätzwerte sind verzerrt (*nicht* erwartungstreu), d. h. *mit systematischen Fehlern* Δp behaftet, die von der Art des Prüfplans [$(\bar{x}; \sigma)$-Plan; $(\bar{x}; s)$-Plan; $(\bar{x}; \bar{R})$-Plan], von der Probengröße n und vom

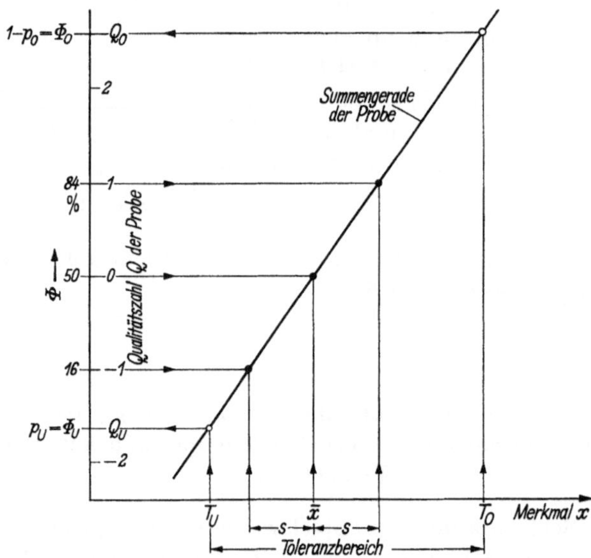

Abb. B 25.1. Zur Ermittlung der Schlechtanteile p_U und p_O außerhalb der Toleranzgrenzen T_U und T_O mit Hilfe der Summengeraden G einer Probe

Schlechtanteil p abhängen. Die Abb. 11.2.4 und 11.2.5 geben die Verbesserungen $\Delta p(p; n)$, die man an p anzubringen hat, wenn man $(\bar{x}; \sigma)$-Pläne oder $(\bar{x}; s)$-Pläne verwendet.

Ablesebeispiel zu Abb. B 25.1. Es sei die Summengerade G einer Probe der Größe $n = 15$ für einen $(\bar{x}; s)$-Plan ermittelt worden. Sie liefert beispielsweise aus einer (der Abb. B 25.1 entsprechenden) Zeichnung

die verzerrten Schätzwerte	$\hat{p}_U = 2{,}3\%$	$\hat{p}_O = 3{,}0\%$.
Die Verbesserungen findet man aus Abb. 11.2.5 über $(\hat{p}; n)$	$\Delta p_U \approx -0{,}6\%$	$\Delta p_O \approx -0{,}7\%$.
Die unverzerrten Schätzwerte sind also	$p_U^* = 1{,}7\%$	$p_O^* = 2{,}3\%$.
Der richtige Schätzwert für den Schlechtanteil des Loses ist demnach	$p^* = 4{,}0\%$ (gegenüber dem verzerrten Schätzwert $\hat{p} = 5{,}3\%$).	

(Der Military Standard 414 gibt in Table B 5 über $n = 15$, $Q_U = 2{,}00$ und $Q_O = 1{,}88$ die Werte $p_U^* = 1{,}62\%$ und $p_O^* = 2{,}34\%$, also insgesamt $p^* = 3{,}96\%$.)

Beispiel 26. Ermittlung eines Einfachplans für Gut-Schlecht-Prüfung

Die Annahmekennlinie $W(p)$ eines Plans für Gut-Schlecht-Prüfung soll durch die Grundpunkte[1] $(p_1 = 1\%\,; 1 - \alpha = 93\%)$ und $(p_2 = 8\%\,; \beta = 10\%)$ gehen. Dabei ist p_1 die Gutgrenze, p_2 die Schlechtgrenze und α, β sind die Wahrscheinlichkeiten für falsche Entscheidungen ($\alpha \equiv$ Erzeugerrisiko; $\beta \equiv$ Käuferrisiko).

Gesucht wird die Probengröße n und die Annahmezahl a.

Berechnung der Probengröße n:

Man findet aus (11.3.14) und (11.3.15) mit Hilfe der Tab. C 2 und C 15

$$u_{1-\alpha} = 1{,}476 \qquad \varphi_1 = 0{,}2004$$
$$u_{1-\beta} = 1{,}282 \qquad \varphi_2 = 0{,}5736$$
$$u_{1-\alpha} + u_{1-\beta} = 2{,}758 \qquad \varphi_2 + \varphi_1 = 0{,}7740$$
$$u_{1-\alpha} - u_{1-\beta} = 0{,}194 \qquad \varphi_2 - \varphi_1 = 0{,}3732$$
$$\left(\frac{u_{1-\alpha} + u_{1-\beta}}{\varphi_2 - \varphi_1}\right)^2 = 54{,}6; \qquad \varphi_1 \varphi_2 = 0{,}115.$$

Gl. (11.3.13) gibt $n \approx 54{,}6 - 8{,}7 \approx 46$.

Berechnung der Annahmezahl a:

Mit $n = 46$ findet man aus (11.3.18) zunächst die transformierte Trenngröße

$$\varphi^* = 0{,}3870 \left[1 - \frac{1}{2 \cdot 46 \cdot 0{,}115}\right] + \frac{0{,}097}{\sqrt{46}} = 0{,}3647.$$

Die Umkehrung der Transformation gibt nach (11.3.17) mit Tab. C 15

$$p^* = 0{,}033 \quad \text{und} \quad n\,p^* = 1{,}52.$$

---

[1] Die gewählten Zahlenwerte entsprechen denen des Beispiels 23.

Daraus findet man nach (11.3.19) die Annahmezahl $a = n\,p^* - 0{,}5 = 1$.
Man hat demnach aus der Liefermenge $n = 46$ Stück zu prüfen und das
Los zurückzuweisen, wenn man in der Probe 2 oder mehr fehlerhafte
Stücke findet.

Bestimmt man n und a *genau* mit Hilfe einer Tafel der Binomialverteilung, so erreicht man im vorliegenden Beispiel mit der Probengröße $n = 47$ und der Annahmezahl $a = 1$
an der Gutgrenze $p_1 = 1\%$ die Annahmewahrscheinlichkeit

$$(1 - \alpha) = 92{,}0\%,$$

an der Schlechtgrenze $p_2 = 8\%$ die Rückweiswahrscheinlichkeit

$$(1 - \beta) = 89{,}9\%.$$

Bessere Übereinstimmung zwischen diesen Werten und den Sollwerten $(1 - \alpha) = 93\%$ und $(1 - \beta) = 90\%$ ist nicht möglich, da sich
die Summenfunktion der Binomialverteilung nicht stetig, sondern
sprunghaft ändert. — Gl. (11.3.13) liefert mit dem Zusatzglied $-1/(\varphi_1\varphi_2)$
so gute Näherungswerte für n, daß sich die aufwendige genaue Rechnung
mit Hilfe der Binomialverteilung meist nicht lohnt.

**Beispiel 27. Bestimmung der Annahmekennlinie (Operations-Charak-
teristik) eines gegebenen Prüfplans $(N;\,n;\,a)$ für Gut-Schlecht-Prüfung**

Aus einer Liefermenge der Größe $N = 500$ wird eine Zufallsprobe
der Größe $n = 20$ gezogen. Die n Einheiten der Stichprobe werden z. B.
auf Maßhaltigkeit oder auf Untergewicht oder auf Fehlerfreiheit, …
geprüft. Die Lieferung wird angenommen, wenn die Zahl y der „schlechten" Einheiten in der Probe die Annahmezahl $a = 1$ nicht übersteigt,
also für $y = 0$ und $y = 1$.

Gesucht wird die Annahmekennlinie $W(p)$ des Prüfplans, d. h. die
Annahmewahrscheinlichkeit W in Abhängigkeit vom Schlechtanteil p
der Liefermenge.

Da die Probengröße $n = 20$ nur 4% der Liefermenge $N = 500$
beträgt, wird die Kennlinie $W(p)$ mit Hilfe der Binomialverteilung
berechnet. Einem Tafelwerk[1] entnimmt man für $n = 20$ und $a = 1$ für
verschiedene p-Werte nach (11.3.6) und (11.3.4) die Summenhäufigkeiten

$$W' = \Phi(1) = \varphi(0) + \varphi(1).$$

Die Ergebnisse sind in Spalte 2 der Zahlentafel enthalten.

Spalte 3 gibt die entsprechenden Werte, wenn man W mit Hilfe
der Poisson-Verteilung bestimmt. Dazu entnimmt man einem Tafel-

---

[1] Zum Beispiel: Tables of the Cumulative Binomial Probability Distribution.
Cambridge, Mass.: Harvard University Press 1955.

werk[1] für verschiedene $\mu = n\,p = 20\,p$ und $a = 1$ nach (11.3.6) und (11.3.5) die Summenhäufigkeiten

$$W'' = \Phi(1) = \varphi(0) + \varphi(1).$$

Das Beispiel bestätigt, daß sich die Binomialverteilung mit $(p;n)$ für „kleine" Werte von p sehr gut durch die (einfachere) Poisson-Verteilung mit $\mu = n\,p$ ersetzen läßt. Mit wachsendem p wird die Übereinstimmung

1	2	3
p [%]	mit Binomialverteilung $W'(p)$ in %	mit Poisson-Verteilung $W''(p)$ in %
0	100,0	100,0
1	98,3	98,2
2	94,0	93,8
3	88,0	87,8
4	81,0	80,9
5	73,6	73,6
6	66,0	66,3
8	51,7	52,5
10	39,2	40,6
12	28,9	30,8
15	17,6	19,9
20	6,9	9,2
25	2,4	4,0
30	0,8	1,7
40	0,1	0,3

zwischen beiden Verteilungen schlechter, da die Bedingung $1 - p = q \approx 1$ dann verletzt wird. Die Unterschiede zwischen W' und W'' sind jedoch auch hier für die praktische Verwendung nicht von Belang. Abbildung B 27.1 zeigt über p die Kennlinie $W'(p)$. Der gewählte Prüfplan $(20;1)$ ist nicht besonders „scharf". Der Käufer muß beispielsweise damit rechnen, daß Liefermengen mit dem Schlechtanteil $p = 10\%$ noch die Annahmewahrscheinlich-

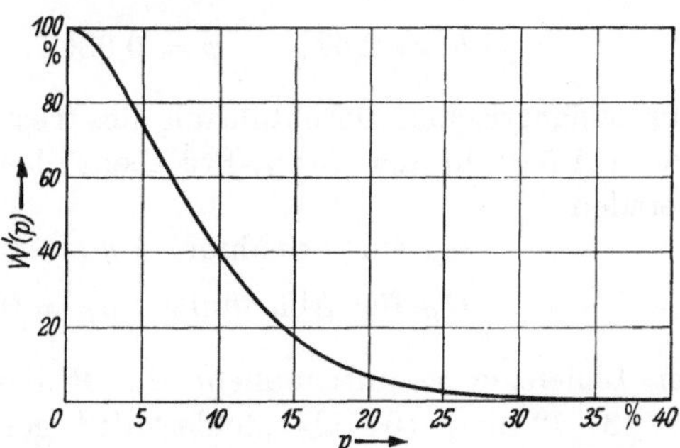

Abb. B 27.1. Die Annahmekennlinie des Prüfplans $(N = 500;\ n = 20;\ a = 1)$

---

[1] Zum Beispiel: Tables of the Individual and Cumulative Terms of Poisson Distribution. Princeton, N. J.: van Nostrand 1962.

keit $W' \approx 40\%$ haben, d. h., von 100 vorgelegten Losen mit $p = 10\%$ werden nach dem Prüfplan „im Mittel auf lange Sicht" 40 angenommen.

Beispiel 28. Folgeplan (Folgetest) für Gut-Schlecht-Prüfung

Hersteller und Käufer eines Erzeugnisses haben sich dahin verständigt, daß Liefermengen mit einem Schlechtanteil $p \leqq p_1 = 2\%$ (Gutgrenze) als „annehmbar", solche mit $p \geqq p_2 = 6\%$ (Schlechtgrenze) als „nicht annehmbar" gelten. Die den Grenzwerten p_1 und p_2 zugeordneten Wahrscheinlichkeiten für Fehlentscheidungen seien $\alpha = 5\%$ für (nicht erwünschte) Ablehnung eines guten Loses mit $p = p_1$ und $\beta = 5\%$ für (nicht erwünschte) Annahme eines schlechten Loses mit $p = p_2$.

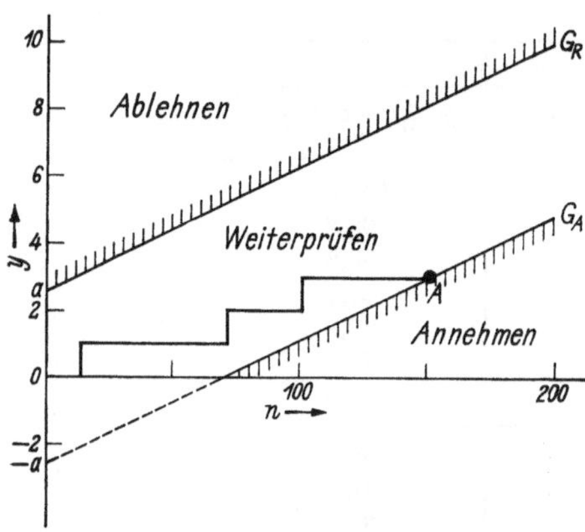

Abb. B 28.1. Zeichnerische Durchführung eines Folgetests für Gut-Schlecht-Prüfung

Der Liefermenge wird zufallsmäßig ein Stück nach dem anderen entnommen und geprüft (bis die Entscheidung über das Los fällt). Die Zahl der jeweils geprüften Stücke sei n; die Zahl der dabei gefundenen „schlechten" Stücke sei $y_n \equiv y$.

Zur Festlegung des Prüfplans berechnet man aus Gl. (11.5.1) bis (11.5.4) die Hilfsgrößen

$$A = B = 1{,}279; \quad Q = 0{,}01810; \quad P = 0{,}4771;$$

$$a = b = 2{,}58; \quad \psi = 0{,}0366.$$

Zur zeichnerischen Durchführung des Tests zeichnet man nach (11.5.8) und (11.5.9) in der $(n; y)$-Prüfebene der Abb. B 28.1 die parallelen Geraden

$$\begin{array}{l|l} G_A \text{ für Annahme} & y_A = 0{,}037\,n - 2{,}58; \\ G_R \text{ für Ablehnung} & y_R = 0{,}037\,n + 2{,}58; \end{array}$$

der Linienzug veranschaulicht die Prüfergebnisse, wobei die Stücke Nr. 13, 72 und 101 als „fehlerhaft" gefunden wurden. Solange der Linienzug zwischen G_A und G_R läuft, wird weitergeprüft. Bei Punkt A schneidet der Linienzug die Annahmegerade G_A. Mit der Entnahme und Untersuchung von $n_A = 152$ Einheiten endet die Prüfung mit der Annahme der Liefermenge.

Der aus Gl. (11.5.13) und (11.5.14) berechnete mittlere Prüfaufwand $M\{n|p\}$ ist über p in Abb. B 28.2 dargestellt. Der größte Wert 190 liegt an der Stelle $p = \psi$, d. h. bei der „indifferenten Qualität", für welche die Wahrscheinlichkeiten für Annahme und Ablehnung übereinstimmen. „Sehr gute" Liefermengen mit $p \leqq 1\%$ und „sehr schlechte" mit $p \geqq 7\%$ erfordern zur Beurteilung erheblich kleinere mittlere Prüfzahlen. In Abb. B 28.3 ist die Annahmekennlinie $W(\tau)$ nach (11.5.10) über $a\tau$ bzw. τ dargestellt; $p(\tau)$ ist nach (11.5.10) über τ eingezeichnet worden. Die p-Teilung in % unterhalb der τ-Achse wird nach dem durch die ein-

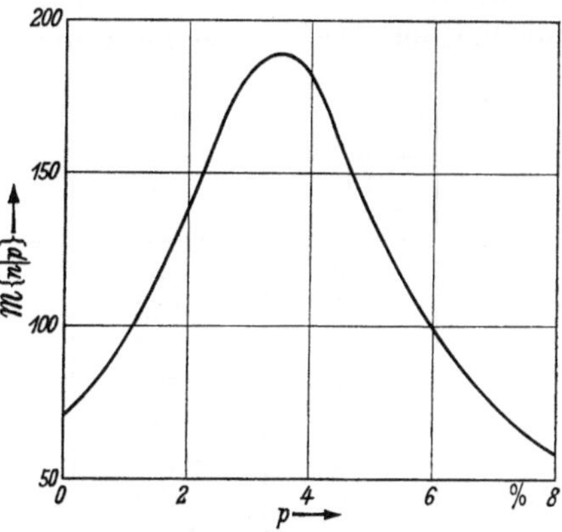

Abb. B 28.2
Der mittlere Prüfaufwand $M\{n|p\}$ bei einem Folgetest in Abhängigkeit vom Schlechtanteil p

getragenen Pfeile gekennzeichneten Verfahren aus $p(\tau)$ gefunden, so daß zugehörige τ- und p-Werte übereinander angeordnet sind. Auf diese Weise ist die Annahmekennlinie ebenfalls in Abhängigkeit von p gegeben.

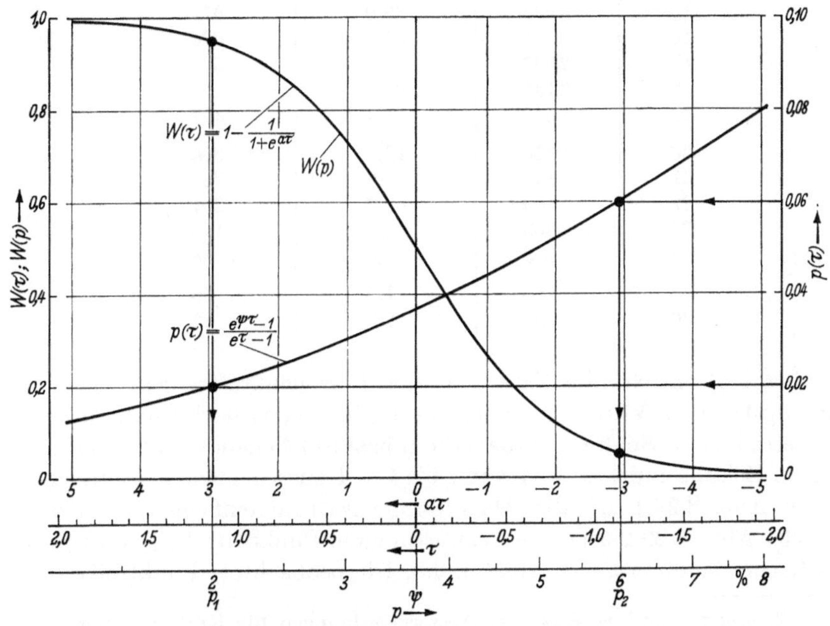

Abb. B 28.3. Zur Ermittlung der Annahmekennlinie $W(p)$

Beispiel 29. Abgangslinie im Lebensdauernetz

Die folgende Tabelle enthält einen Auszug aus der Abgangsordnung für Personenkraftwagen im Bundesgebiet 1954/56.[1]

1	2	3	4
Alter t [Jahre]	$N(t)$	$F(t) = N(t)/N_0$ [%]	$\lvert \Delta N/\Delta t \rvert$ [Wagen/Jahr]
0	10000	100	37
1	9963	99,6	60
2	9903	99,0	99
3	9804	98,0	157
4	9647	96,5	203
5	9444	94,4	274
6	9170	91,7	348
7	8822	88,2	423
8	8399	84,0	479
9	7920	79,2	546
10	7374	73,7	605
11	6769	67,7	663
12	6106	61,1	696
13	5410	54,1	714
14	4696	47,0	704
15	3992	39,9	671
16	3321	33,2	624
17	2697	27,0	564
18	2133	21,3	491
19	1642	16,4	427
20	1215	12,2	365
21	850	8,5	281
22	569	5,7	201
23	368	3,7	135
24	233	2,3	88
25	145	1,5	56
26	89	0,9	35

Spalte 2 enthält die Zahl $N(t)$ der Personenkraftwagen, die vom Anfangsbestand $N(0) = N_0 = 10000$ neuen Wagen nach t Jahren noch in Betrieb sind. Spalte 4 enthält die (absolute) Abgangsdichte $\lvert \Delta N/\Delta t \rvert$ der im Zeitabschnitt $\Delta t = 1$ von t bis $t + 1$ ausscheidenden Fahrzeuge.

In Abb. B 29.1 ist die Abgangslinie $N(t)$ im einfachen Netz dargestellt. Abb. B 29.2 zeigt die Auswertung der Punkte $[t; F(t) = N(t)/N_0]$ im Lebensdauernetz, vgl. Abschn. 3.8. Die beobachtete Punktreihe läßt

---

[1] E. SCHMITZ und H. KRÄMER: Absterbeordnungen für Kraftfahrzeuge, ihre Problematik, Berechnung und Anwendung. Essen 1958.

sich (nach Augenmaß) durch eine Gerade, die Abgangslinie $F(t)$, ausgleichen.

Zum relativen Bestand $F(T)$ = 36,8 % findet man auf der Waagerechten die kennzeichnende Lebensdauer $T = 15$ Jahre. Ein Maß für die Steilheit der Abgangslinie, den Exponenten α, findet man, indem man durch P am oberen Rand die Parallele zu $F(t)$ zeichnet. Das auf diese Weise entstehende „Ablesedreieck", dessen Grundlinie die Länge 1 hat, gestattet an der rechten Hilfsteilung das Ablesen des Parameters $\alpha = 2,5$. Zu α findet man auf der danebenstehenden

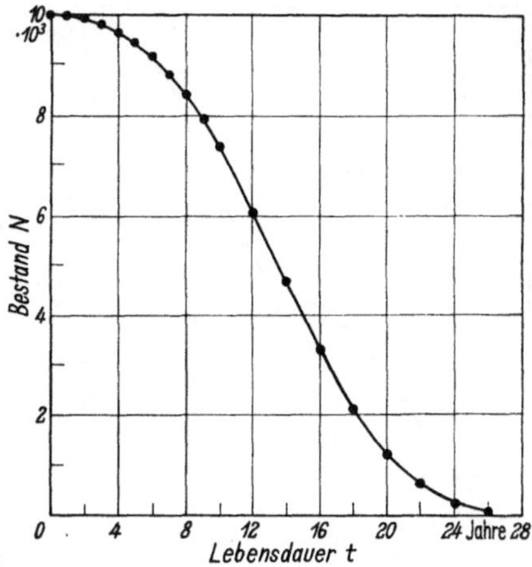

Abb. B 29.1
Abgangslinie für Personenkraftwagen

Funktionsteilung das Verhältnis $\bar{t}/T = 0,89$. Mit diesen Zahlenwerten ergibt sich als Abgangsfunktion

$$F(t) = \exp\left[-\left(\frac{t}{15}\right)^{2,5}\right]$$

bzw.

$$N(t) = 10\,000\,\exp\left[-\left(\frac{t}{15}\right)^{2,5}\right].$$

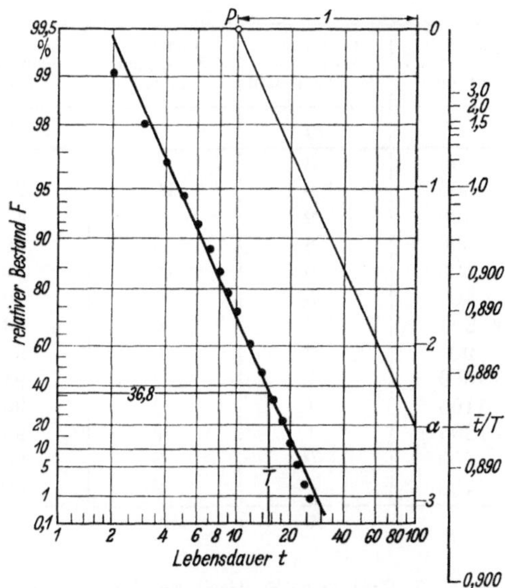

Abb. B 29.2. Abgangslinie für Personenkraftwagen im Lebensdauernetz

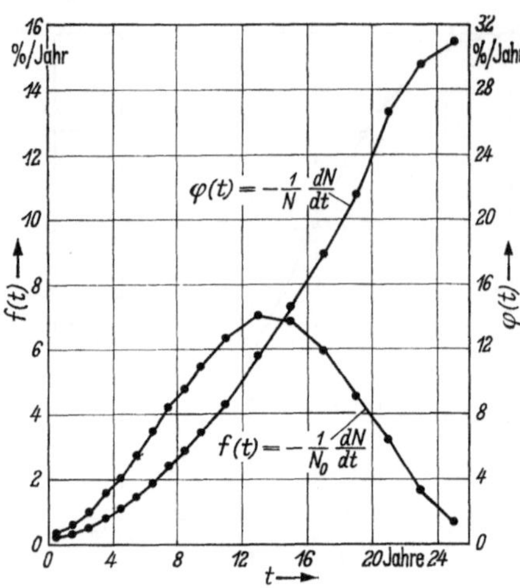

Abb. B 29.3. Relative Abgangsdichte von Personenkraftwagen. $f(t)$ bezogen auf den Anfangsbestand N_0; $\varphi(t)$ bezogen auf den jeweiligen Bestand N

Die mittlere Lebensdauer $\bar{t}$ wird

$$\bar{t} = (\bar{t}/T)\,T = 13,4 \text{ Jahre.}$$

In Abb. B 29.3 sind schließlich die Abgangsdichten

$$f(t) = -\frac{1}{N_0}\frac{dN}{dt} \text{ bezogen auf den}$$

Anfangsbestand N_0

und

$$\varphi(t) = -\frac{1}{N}\frac{dN}{dt} \text{ bezogen auf den}$$

jeweiligen Bestand N

dargestellt. Die Ableitung $f(t)$ ist die Dichtefunktion für die Verteilung der Lebensdauer t; $\varphi(t)$ ist die mit der Gebrauchszeit monoton wachsende Abgangswahrscheinlichkeit je Zeiteinheit.

Beispiel 30. Anwendung des logarithmischen Wahrscheinlichkeitsnetzes

Die Dauerbiegefestigkeit von Zellwollfasern wurde an 50 Fasern untersucht. Für die Zahl x der Doppelbiegungen bis zum Bruch ergab sich folgende Häufigkeitsverteilung:[1]

Zahl der Faserdoppelbiegungen bis zum Bruch	(absolute Häufigkeit) Besetzungszahl	relative Häufigkeit in %	Summenhäufigkeit in %
x'_j	n_j	h_j	H_j
100 · · · 200	3	6	6
· · · 300	9	18	24
· · · 400	9	18	42
· · · 500	8	16	58
· · · 600	6	12	70
· · · 700	5	10	80
· · · 800	3	6	86
· · · 900	3	6	92
· · · 1000	1	2	94
· · · 1100	1	2	96
· · · 1200	1	2	98
· · · 1300	0	0	98
· · · 1400	1	2	100
Summe	50	100	

---

[1] Nach U. GRAF u. H.-J. HENNING: Statistische Methoden bei textilen Untersuchungen. Berlin/Göttingen/Heidelberg: Springer 1960, S. 64.

Die Punkte $(x_j'; H_j)$ werden zunächst im gewöhnlichen Wahrscheinlichkeitsnetz eingetragen; Abb. B 30.1. Da sich die Punktfolge nur durch eine stark gekrümmte Kurve ausgleichen läßt, so sind die Merkmalwerte x nicht normal verteilt.

Da das Merkmal x eine Lebensdauer darstellt, wird vermutet, daß $z = \ln[(x - a)/b]$ nach (12.1.20) normal verteilt ist. Zunächst wird $a = 0$ und $b = 1$ gewählt. Die Umrechnung $z = \ln x$ ist nicht notwendig, wenn man eine logarithmisch geteilte Merkmalachse benutzt.[1]

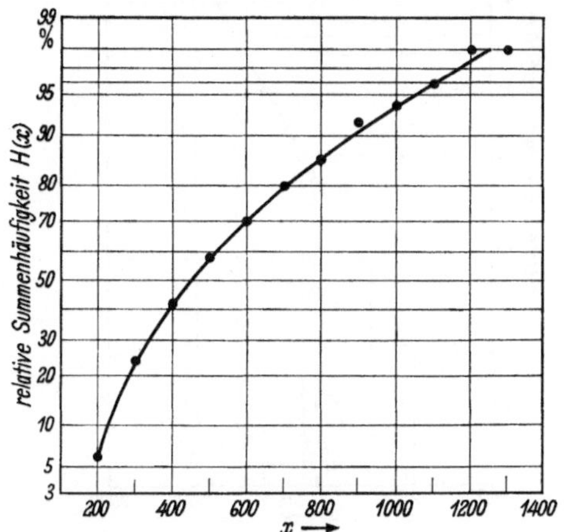

Abb. B 30.1. Die Summenlinie von x im gewöhnlichen Wahrscheinlichkeitsnetz ist keine Gerade

Abb. B 30.2 zeigt die Meßpunkte $(x_j'; H_j)$ bzw. $(z_j; H_j)$ im Wahrscheinlichkeitsnetz mit logarithmischer Merkmalteilung. Sie lassen sich gut durch eine Gerade ausgleichen; $z = \ln x$ kann demnach als normal verteilt angesehen werden.

Im allgemeinen ist die richtige Wahl von a nicht einfach. Falls für die Merkmalwerte x eine untere Grenze c existiert oder vermutet wird, so wird man $a = c$ wählen. Sonst muß man die Punkte $(x_j' - a; H_j)$ für einige a-Werte im logarithmischen Wahrscheinlichkeitsnetz darstellen und den Wert von a heraussuchen, für den die Punktfolge sich am besten durch eine Gerade ausgleichen läßt. Existiert für die Merkmalwerte x eine obere Grenze c, dann ist oft $z = \ln[(c - x)/b]$ normalverteilt.

Den Schätzwert $\tilde{x}$ für den Zentralwert $Z\{x\}$ der Lebensdauer findet man unmittelbar aus Abb. B 30.2, indem man bei $H = 50\%$ in das Netz eingeht; man findet $\tilde{x} = 440$. Auch den Vertrauensbereich für x zur Sicherheit $S = 1 - \alpha$, z. B. für $S = 90\%$, findet man angenähert ohne Rechnung in Abb. B 30.2, indem man bei $H_1 = \alpha/2 = 5\%$ und $H_2 = 1 - (\alpha/2) = 95\%$ in das Netz eingeht. Man findet $x_U = x_{5\%} = 190$ und $x_O = x_{95\%} = 1000$.

---

[1] Beispielsweise das Netz Nr. 297$\frac{1}{2}$ von Schleicher und Schüll, Einbeck/Han. Dieses Netz enthält die gleichmäßige Teilung für z der Abb. B 30.2 nicht.

Schätzwerte für Mittelwert $M\{x\}$ und Varianz $V\{x\}$ der Lebensdauer berechnet man entweder, indem man die Häufigkeitstafel der x-Werte nach (5.1.15) und (5.1.25) zu $\bar{x} = 506$ und $s_x = 264$ auswertet oder indem man $\bar{z}$ und s_z aus Abb. B 30.2 bestimmt und die Gleichungen

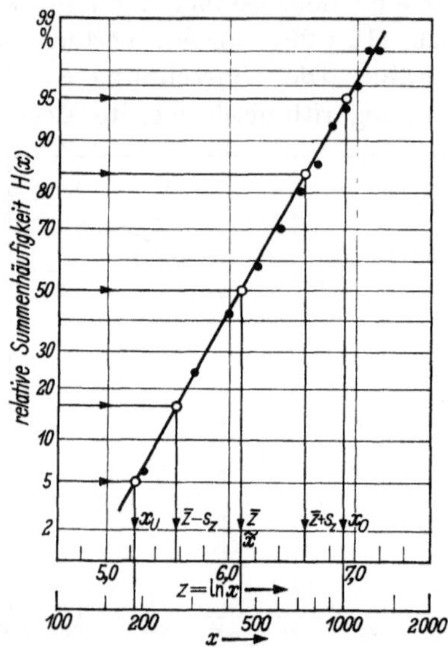

Abb. B 30.2. Die Summenlinie von x (aus Abb. B 30.1) kann im Wahrscheinlichkeitsnetz mit logarithmischer Merkmalteilung durch eine Gerade angenähert werden

(12.1.23) und (12.1.24) benutzt. Man findet zunächst $\bar{z} = 6{,}09$ und $s_z = 0{,}51$; mit $a = 0$ und $b = 1$ folgt aus (12.1.23) und (12.1.24)

$$\hat{M}\{x\} = e^{\bar{z} + (s_z^2/2)} = e^{6,22} = 502$$

und

$$\hat{V}\{x\} = \hat{s}_x^2 = e^{2\bar{z} + s_z^2}\left(e^{s_z^2} - 1\right) = e^{12,44}\left(e^{0,26} - 1\right) = 7{,}46 \cdot 10^4;$$

also $\hat{s}_x = 273$.

C. Tabellen

Häufig gebrauchte Konstanten

Zahl		Reziproker Wert		Logarithmus	
π	$= 3,14159$	$1/\pi$	$= 0,31831$	$\lg\pi$	$= 0,49715$
2π	$= 6,28319$	$1/2\pi$	$= 0,15915$	$\lg 2\pi$	$= 0,79818$
$\pi/2$	$= 1,57080$	$2/\pi$	$= 0,63662$	$\lg\pi/2$	$= 0,19612$
$\pi/4$	$= 0,78540$	$4/\pi$	$= 1,27324$	$\lg\pi/4$	$= 0,89509 - 1$
π^2	$= 9,86960$	$1/\pi^2$	$= 0,10132$	$\lg\pi^2$	$= 0,99430$
$\sqrt{\pi}$	$= 1,77245$	$1/\sqrt{\pi}$	$= 0,56419$	$\lg\sqrt{\pi}$	$= 0,24857$
$\sqrt{2\pi}$	$= 2,50663$	$1/\sqrt{2\pi}$	$= 0,39894$	$\lg\sqrt{2\pi}$	$= 0,39909$
$\sqrt{\pi/2}$	$= 1,25331$	$\sqrt{2/\pi}$	$= 0,79788$	$\lg\sqrt{\pi/2}$	$= 0,09806$
$\sqrt{\pi/4}$	$= 0,88623$	$\sqrt{4/\pi}$	$= 1,12838$	$\lg\sqrt{\pi/4}$	$= 0,94754 - 1$
e	$= 2,71828$	$1/e$	$= 0,36788$	$\lg e$	$= 0,43429$
e^2	$= 7,38906$	$1/e^2$	$= 0,13534$	$\lg e^2$	$= 0,86859$
$\sqrt{e}$	$= 1,64872$	$1/\sqrt{e}$	$= 0,60653$	$\lg\sqrt{e}$	$= 0,21715$
$\lg e$	$= 0,43429$	$\ln 10$	$= 2,30259$	$\lg\lg e$	$= 0,63778 - 1$
$1\ \mathrm{rad}$	$= 57,2958°$	$1°$	$= 0,01745$	$\lg 57,2958$	$= 1,75812$

Griechisches Alphabet

$$A\ B\ \Gamma\ \Delta\ E\ Z\ H\ \Theta\ I\ K\ \Lambda\ M\ N\ \Xi\ O\ \Pi\ P\ \Sigma\ T\ Y\ \Phi\ X\ \Psi\ \Omega$$

$$\alpha\ \beta\ \gamma\ \delta\ \varepsilon\ \xi\ \eta\ \vartheta\ \iota\ \varkappa\ \lambda\ \mu\ \nu\ \xi\ o\ \pi\ \varrho\ \sigma\ \tau\ \upsilon\ \varphi\ \chi\ \psi\ \omega$$

Alpha Beta Gamma Delta Epsilon Zeta Eta Theta Jota Kappa Lambda My Ny Xi Omikron Pi Rho Sigma Tau Ypsilon Phi Chi Psi Omega

Tabelle C 1. *Dichtefunktion*

$$\varphi(u) = \frac{1}{\sqrt{2\pi}}\, e^{-u^2/2}; \qquad \varphi(u) = \varphi(-u)$$

Ablesebeispiel: $\varphi(0{,}39) = 0{,}3697$

u	0,00	0,01	0,02	0,03	0,04
0,0	0,3989	0,3989	0,3989	0,3988	0,3986
0,1	,3970	,3965	,3961	,3956	,3951
0,2	,3910	,3902	,3894	,3885	,3876
0,3	,3814	,3802	,3790	,3778	,3765
0,4	,3683	,3668	,3653	,3637	,3621
0,5	,3521	,3503	,3485	,3467	,3448
0,6	,3332	,3312	,3292	,3271	,3251
0,7	,3123	,3101	,3079	,3056	,3034
0,8	,2897	,2874	,2850	,2827	,2803
0,9	,2661	,2637	,2613	,2589	,2565
1,0	,2420	,2396	,2371	,2347	,2323
1,1	,2179	,2155	,2131	,2107	,2083
1,2	,1942	,1919	,1895	,1872	,1849
1,3	,1714	,1691	,1669	,1647	,1626
1,4	,1497	,1476	,1456	,1435	,1415
1,5	,1295	,1276	,1257	,1238	,1219
1,6	,1109	,1092	,1074	,1057	,1040
1,7	,09405	,09246	,09089	,08933	,08780
1,8	,07895	,07754	,07614	,07477	,07341
1,9	,06562	,06438	,06316	,06195	,06077
2,0	,05399	,05292	,05186	,05082	,04980
2,1	,04398	,04307	,04217	,04128	,04041
2,2	,03547	,03470	,03394	,03319	,03246
2,3	,02833	,02768	,02705	,02643	,02582
2,4	,02239	,02186	,02134	,02083	,02033
2,5	,01753	,01709	,01667	,01625	,01585
2,6	,01358	,01323	,01289	,01256	,01223
2,7	,01042	,01014	,009871	,009606	,009347
2,8	,007915	,007697	,007483	,007274	,007071
2,9	0,005953	0,005782	0,005616	0,005454	0,005296

u	3,0	3,5	4,0	4,5	5,0	u
$\varphi(u)$	$4{,}432 \cdot 10^{-3}$	$8{,}727 \cdot 10^{-4}$	$1{,}338 \cdot 10^{-4}$	$1{,}598 \cdot 10^{-5}$	$1{,}487 \cdot 10^{-6}$	$\varphi(u)$

u	6,0	7,0	8,0	9,0	10,0	u
$\varphi(u)$	$6{,}076 \cdot 10^{-9}$	$9{,}135 \cdot 10^{-12}$	$5{,}052 \cdot 10^{-15}$	$1{,}028 \cdot 10^{-18}$	$7{,}695 \cdot 10^{-23}$	$\varphi(u)$

der Normalverteilung

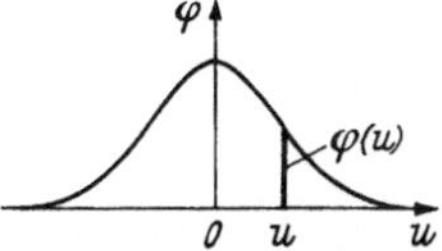

0,05	0,06	0,07	0,08	0,09	u
0,3984	0,3982	0,3980	0,3977	0,3973	0,0
,3945	,3939	,3932	,3925	,3918	0,1
,3867	,3857	,3847	,3836	,3825	0,2
,3752	,3739	,3725	,3712	,3697	0,3
,3605	,3589	,3572	,3555	,3538	0,4
,3429	,3410	,3391	,3372	,3352	0,5
,3230	,3209	,3187	,3166	,3144	0,6
,3011	,2989	,2966	,2943	,2920	0,7
,2780	,2756	,2732	,2709	,2685	0,8
,2541	,2516	,2492	,2468	,2444	0,9
,2299	,2275	,2251	,2227	,2203	1,0
,2059	,2036	,2012	,1989	,1965	1,1
,1826	,1804	,1781	,1758	,1736	1,2
,1604	,1582	,1561	,1539	,1518	1,3
,1394	,1374	,1354	,1334	,1315	1,4
,1200	,1182	,1163	,1145	,1127	1,5
,1023	,1006	,09893	,09728	,09566	1,6
,08628	,08478	,08329	,08183	,08038	1,7
,07206	,07074	,06943	,06814	,06687	1,8
,05959	,05844	,05730	,05618	,05508	1,9
,04879	,04780	,04682	,04586	,04491	2,0
,03955	,03871	,03788	,03706	,03626	2,1
,03174	,03103	,03034	,02965	,02898	2,2
,02522	,02463	,02406	,02349	,02294	2,3
,01984	,01936	,01888	,01842	,01797	2,4
,01545	,01506	,01468	,01431	,01394	2,5
,01191	,01160	,01130	,01100	,01071	2,6
,009094	,008846	,008605	,008370	,008140	2,7
,006873	,006679	,006491	,006307	,006127	2,8
0,005143	0,004993	0,004847	0,004705	0,004567	2,9

Näherungswerte zum Zeichnen der Glockenkurve der $N\,V\,(\mu;\,\sigma^2)$

$x =$	μ	$\mu \pm \dfrac{1}{2}\sigma$	$\mu \pm \sigma$	$\mu \pm \dfrac{3}{2}\sigma$	$\mu \pm 2\sigma$	$\mu \pm 3\sigma$
$y =$	$y_{\max}$	$\dfrac{7}{8}\,y_{\max}$	$\dfrac{5}{8}\,y_{\max}$	$\dfrac{2,5}{8}\,y_{\max}$	$\dfrac{1}{8}\,y_{\max}$	$\dfrac{1}{80}\,y_{\max}$

Die Glockenkurve $N\,V\,(\mu;\,\sigma^2)$ kann mit verschiedenen Abszissen- und Ordinatenmaßstäben unter Benutzung eines geeigneten Nomogramms (vgl. E. F. TAYLOR: Chart aid for drawing normal curves, Industrial Quality Control, XIX, No. 9, 1963, S. 33) einfach gezeichnet werden.

　　　　　　　　　　C. Tabellen

Tabelle C 2. Summenfunktion

$$\Phi(u) = \frac{1}{\sqrt{2\pi}} \int_{-\infty}^{u} e^{-t^2/2}\, dt; \qquad \Phi(u) = 1 - \Phi(-u)$$

Ablesebeispiel: $\Phi(0{,}76) = 0{,}776373$

u	0,00	0,01	0,02	0,03	0,04
0,0	0,500000	0,503989	0,507978	0,511966	0,515953
0,1	,539828	,543795	,547758	,551717	,555670
0,2	,579260	,583166	,587064	,590954	,594835
0,3	,617911	,621720	,625516	,629300	,633072
0,4	,655422	,659097	,662757	,666402	,670031
0,5	,691462	,694974	,698468	,701944	,705401
0,6	,725747	,729069	,732371	,735653	,738914
0,7	,758036	,761148	,764238	,767305	,770350
0,8	,788145	,791030	,793892	,796731	,799546
0,9	,815940	,818589	,821214	,823814	,826391
1,0	,841345	,843752	,846136	,848495	,850830
1,1	,864334	,866500	,868643	,870762	,872857
1,2	,884930	,886861	,888768	,890651	,892512
1,3	,903200	,904902	,906582	,908241	,909877
1,4	,919243	,920730	,922196	,923641	,925066
1,5	,933193	,934478	,935745	,936992	,938220
1,6	,945201	,946301	,947384	,948449	,949497
1,7	,955435	,956367	,957284	,958185	,959070
1,8	,964070	,964852	,965620	,966375	,967116
1,9	,971283	,971933	,972571	,973197	,973810
2,0	,977250	,977784	,978308	,978822	,979325
2,1	,982136	,982571	,982997	,983414	,983823
2,2	,986097	,986447	,986791	,987126	,987455
2,3	,989276	,989556	,989830	,990097	,990358
2,4	,991802	,992024	,992240	,992451	,992656
2,5	,993790	,993963	,994132	,994297	,994457
2,6	,995339	,995473	,995604	,995731	,995855
2,7	,996533	,996636	,996736	,996833	,996928
2,8	,997445	,997523	,997599	,997673	,997744
2,9	0,998134	0,998193	0,998250	0,998305	0,998359

u	3,0	3,5	4,0	4,5	5,0
$\Phi(u)$	$1 - 1{,}350 \cdot 10^{-3}$	$1 - 2{,}326 \cdot 10^{-4}$	$1 - 3{,}167 \cdot 10^{-5}$	$1 - 3{,}398 \cdot 10^{-6}$	$1 - 2{,}867 \cdot 10^{-7}$

$\Phi(u)$	50%	60%	70%	80%	90%	95%
u	0	0,253	0,524	0,842	1,282	1,645

Für $\Phi(u) = 1 - \alpha$ ergeben sich für u die Werte $u_{1-\alpha}$. Zahlenwerte $u_{1-\alpha} + 5$
Tafelwerks: FISHER and YATES. Statistical Tables for Biological, Agricultural and

der Normalverteilung

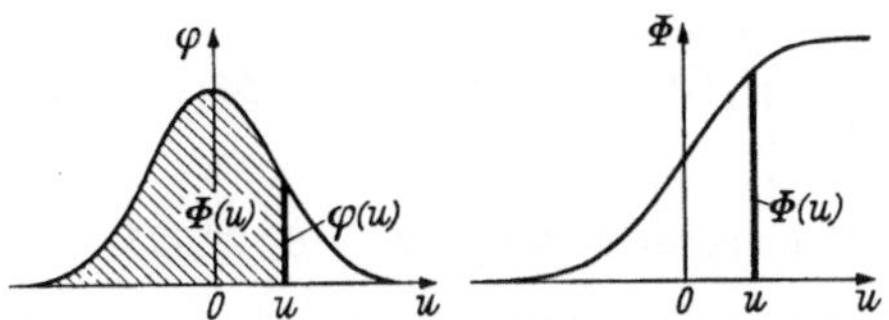

0,05	0,06	0,07	0,08	0,09	u
0,519 939	0,523 922	0,527 903	0,531 881	0,535 856	0,0
,559 618	,563 559	,567 495	,571 424	,575 345	0,1
,598 706	,602 568	,606 420	,610 261	,614 092	0,2
,636 831	,640 576	,644 309	,648 027	,651 732	0,3
,673 645	,677 242	,680 822	,684 386	,687 933	0,4
,708 840	,712 260	,715 661	,719 043	,722 405	0,5
,742 154	,745 373	,748 571	,751 748	,754 903	0,6
,773 373	,776 373	,779 350	,782 305	,785 236	0,7
,802 337	,805 105	,807 850	,810 570	,813 267	0,8
,828 944	,831 472	,833 977	,836 457	,838 913	0,9
,853 141	,855 428	,857 690	,859 929	,862 143	1,0
,874 928	,876 976	,879 000	,881 000	,882 977	1,1
,894 350	,896 165	,897 958	,899 727	,901 475	1,2
,911 492	,913 085	,914 657	,916 207	,917 736	1,3
,926 471	,927 855	,929 219	,930 563	,931 888	1,4
,939 429	,940 620	,941 792	,942 947	,944 083	1,5
,950 529	,951 543	,952 540	,953 521	,954 486	1,6
,959 941	,960 796	,961 636	,962 462	,963 273	1,7
,967 843	,968 557	,969 258	,969 946	,970 621	1,8
,974 412	,975 002	,975 581	,976 148	,976 705	1,9
,979 818	,980 301	,980 774	,981 237	,981 691	2,0
,984 222	,984 614	,984 997	,985 371	,985 738	2,1
,987 776	,988 089	,988 396	,988 696	,988 989	2,2
,990 613	,990 863	,991 106	,991 344	,991 576	2,3
,992 857	,993 053	,993 244	,993 431	,993 613	2,4
,994 614	,994 766	,994 915	,995 060	,995 201	2,5
,995 975	,996 093	,996 207	,996 319	,996 427	2,6
,997 020	,997 110	,997 197	,997 282	,997 365	2,7
,997 814	,997 882	,997 948	,998 012	,998 074	2,8
0,998 411	0,998 462	0,998 511	0,998 559	0,998 605	2,9

6,0	7,0	8,0	9,0	10,0	u
$1 - 9{,}866 \cdot 10^{-10}$	$1 - 1{,}280 \cdot 10^{-12}$	$1 - 6{,}221 \cdot 10^{-16}$	$1 - 1{,}129 \cdot 10^{-19}$	$1 - 7{,}620 \cdot 10^{-24}$	$\Phi(u)$

97,5 %	99 %	99,5 %	99,75 %	99,9 %	99,95 %	$\Phi(u)$
1,960	2,326	2,576	2,807	3,090	3,291	u

(Probits) zum Summenwert $\Phi(u) = 1 - \alpha$ erhält man einfach bei Benutzung des Medical Research. Edinburgh: Oliver and Boyd 1963, Table IX.

Tabelle C 3. *Fläche unter*

$$\Phi*(u) = \frac{1}{\sqrt{2\pi}} \int_{-u}^{+u} e^{-t^2/2}\, dt = 2\,\Phi(u) - 1;\ \ \Phi*(u) = -\Phi*(-u)$$

Ablesebeispiel: $\Phi*(1{,}22) = 0{,}777\,535$

u	0,00	0,01	0,02	0,03	0,04
0,0	0,0	0,007979	0,015957	0,023933	0,031907
0,1	,079656	,087591	,095517	,103434	,111340
0,2	,158519	,166332	,174129	,181908	,189670
0,3	,235823	,243439	,251032	,258600	,266143
0,4	,310843	,318194	,325515	,332804	,340063
0,5	,382925	,389949	,396936	,403888	,410803
0,6	,451494	,458138	,464742	,471305	,477827
0,7	,516073	,522296	,528475	,534610	,540700
0,8	,576289	,582060	,587784	,593461	,599092
0,9	,631880	,637177	,642427	,647629	,652782
1,0	,682689	,687505	,692272	,696990	,701660
1,1	,728668	,733001	,737286	,741524	,745714
1,2	,769861	,773721	,777535	,781303	,785025
1,3	,806399	,809804	,813165	,816482	,819755
1,4	,838487	,841460	,844392	,847283	,850133
1,5	,866386	,868957	,871489	,873983	,876440.
1,6	,890401	,892602	,894768	,896899	,898995
1,7	,910869	,912734	,914568	,916370	,918141
1,8	,928139	,929704	,931241	,932750	,934232
1,9	,942567	,943867	,945142	,946393	,947620
2,0	,954500	,955569	,956617	,957643	,958650
2,1	,964271	,965142	,965994	,966828	,967645
2,2	,972193	,972895	,973581	,974253	,974909
2,3	,978552	,979112	,979659	,980194	,980716
2,4	,983605	,984047	,984479	,984901	,985313
2,5	,987581	,987927	,988265	,988594	,988915
2,6	,990678	,990946	,991207	,991462	,991709
2,7	,993066	,993272	,993472	,993667	,993856
2,8	,994890	,995046	,995198	,995345	,995489
2,9	0,996268	0,996386	0,996500	0,996610	0,996718

u	3,0	3,5	4,0	4,5	5,0
$\Phi*(u)$	$1 - 2{,}700 \cdot 10^{-3}$	$1 - 4{,}653 \cdot 10^{-4}$	$1 - 6{,}334 \cdot 10^{-5}$	$1 - 6{,}795 \cdot 10^{-6}$	$1 - 5{,}733 \cdot 10^{-7}$

$\Phi*(u)$	50%	60%	70%	80%	90%	95%
u	0,675	0,842	1,036	1,282	1,645	1,960

Für $\Phi*(u) = 1 - \alpha$ ergeben

der Normalverteilung

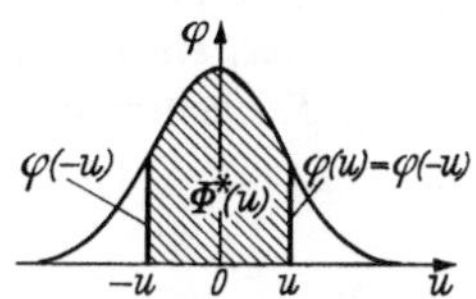

0,05	0,06	0,07	0,08	0,09	u
0,039878	0,047844	0,055806	0,063763	0,071713	0,0
,119235	,127119	,134990	,142847	,150691	0,1
,197413	,205136	,212840	,220522	,228184	0,2
,273661	,281153	,288618	,296055	,303463	0,3
,347290	,354484	,361645	,368773	,375866	0,4
,417681	,424521	,431322	,438085	,444809	0,5
,484308	,490746	,497142	,503496	,509806	0,6
,546745	,552745	,558700	,564609	,570472	0,7
,604675	,610211	,615700	,621141	,626534	0,8
,657888	,662945	,667954	,672914	,677826	0,9
,706282	,710855	,715381	,719858	,724287	1,0
,749856	,753951	,757999	,762000	,765954	1,1
,788700	,792331	,795915	,799455	,802949	1,2
,822984	,826170	,829313	,832413	,835471	1,3
,852941	,855710	,858438	,861127	,863776	1,4
,878858	,881240	,883585	,885893	,888165	1,5
,901057	,903086	,905081	,907043	,908972	1,6
,919882	,921592	,923273	,924924	,926546	1,7
,935686	,937114	,938516	,939892	,941242	1,8
,948824	,950004	,951162	,952296	,953409	1,9
,959636	,960601	,961548	,962474	,963382	2,0
,968445	,969227	,969993	,970743	,971476	2,1
,975551	,976179	,976792	,977392	,977979	2,2
,981227	,981725	,982212	,982687	,983152	2,3
,985714	,986106	,986489	,986862	,987226	2,4
,989228	,989533	,989830	,990120	,990402	2,5
,991951	,992186	,992415	,992638	,992855	2,6
,994040	,994220	,994394	,994564	,994729	2,7
,995628	,995764	,995895	,996023	,996148	2,8
0,996822	0,996924	0,997022	0,997118	0,997210	2,9

6,0	7,0	8,0	9,0	10,0	u
$1 - 1{,}973 \cdot 10^{-9}$	$1 - 2{,}560 \cdot 10^{-12}$	$1 - 1{,}244 \cdot 10^{-15}$	$1 - 2{,}257 \cdot 10^{-19}$	$1 - 1{,}524 \cdot 10^{-23}$	$\Phi^*(u)$

97,5%	99%	99,5%	99,75%	99,9%	99,95%	$\Phi^*(u)$
2,241	2,576	2,807	3,023	3,291	3,481	u

sich für u die Werte $u_{1-(\alpha/2)}$.

Tabelle C 4.[1] *Schwellenwerte $t_{1-\alpha;\,f}$ der t-Verteilung zur statistischen Sicherheit $S = 1 - \alpha$ (bei einseitiger Abgrenzung) in Abhängigkeit vom Freiheitsgrad f*

$$t_{1-\alpha} = -t_\alpha$$

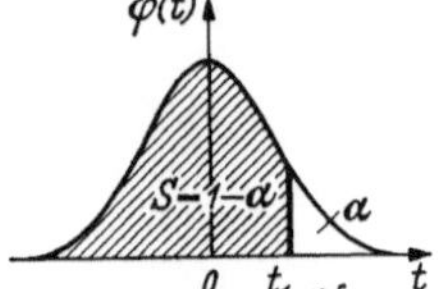

Freiheits-grad f	Statistische Sicherheit $S = 1 - \alpha$							Freiheits-grad f
	90 %	95 %	97,5 %	99 %	99,5 %	99,9 %	99,95 %	
1	3,078	6,314	12,71	31,82	63,66	318,3	636,6	1
2	1,886	2,920	4,303	6,965	9,925	22,33	31,60	2
3	1,638	2,353	3,182	4,541	5,841	10,21	12,92	3
4	1,533	2,132	2,776	3,747	4,604	7,173	8,610	4
5	1,476	2,015	2,571	3,365	4,032	5,893	6,869	5
6	1,440	1,943	2,447	3,143	3,707	5,208	5,959	6
7	1,415	1,895	2,365	2,998	3,499	4,785	5,408	7
8	1,397	1,860	2,306	2,896	3,355	4,501	5,041	8
9	1,383	1,833	2,262	2,821	3,250	4,297	4,781	9
10	1,372	1,812	2,228	2,764	3,169	4,144	4,587	10
11	1,363	1,796	2,201	2,718	3,106	4,025	4,437	11
12	1,356	1,782	2,179	2,681	3,055	3,930	4,318	12
13	1,350	1,771	2,160	2,650	3,012	3,852	4,221	13
14	1,345	1,761	2,145	2,624	2,977	3,787	4,140	14
15	1,341	1,753	2,131	2,602	2,947	3,733	4,073	15
16	1,337	1,746	2,120	2,583	2,921	3,686	4,015	16
17	1,333	1,740	2,110	2,567	2,898	3,646	3,965	17
18	1,330	1,734	2,101	2,552	2,878	3,610	3,922	18
19	1,328	1,729	2,093	2,539	2,861	3,579	3,883	19
20	1,325	1,725	2,086	2,528	2,845	3,552	3,850	20
21	1,323	1,721	2,080	2,518	2,831	3,527	3,819	21
22	1,321	1,717	2,074	2,508	2,819	3,505	3,792	22
23	1,319	1,714	2,069	2,500	2,807	3,485	3,768	23
24	1,318	1,711	2,064	2,492	2,797	3,467	3,745	24
25	1,316	1,708	2,060	2,485	2,787	3,450	3,725	25
26	1,315	1,706	2,056	2,479	2,779	3,435	3,707	26
27	1,314	1,703	2,052	2,473	2,771	3,421	3,690	27
28	1,313	1,701	2,048	2,467	2,763	3,408	3,674	28
29	1,311	1,699	2,045	2,462	2,756	3,396	3,659	29
30	1,310	1,697	2,042	2,457	2,750	3,385	3,646	30
40	1,303	1,684	2,021	2,423	2,704	3,307	3,551	40
50	1,299	1,676	2,009	2,403	2,678	3,261	3,496	50
60	1,296	1,671	2,000	2,390	2,660	3,232	3,460	60
80	1,292	1,664	1,990	2,374	2,639	3,195	3,416	80
100	1,290	1,660	1,984	2,364	2,626	3,174	3,390	100
200	1,286	1,652	1,972	2,345	2,601	3,131	3,340	200
500	1,283	1,648	1,965	2,334	2,586	3,107	3,310	500
∞	1,282	1,645	1,960	2,326	2,576	3,090	3,291	∞

[1] Tab. C 4 und C 5 nach E. T. FEDERIGHI: Extended tables of the percentage points of Student's t-distribution. J. Am. Stat. Ass. 54, 1959, S. 683.

Tabelle C 5. *Schwellenwerte* $t_{1-(\alpha/2);f}$ *der t-Verteilung zur statistischen Sicherheit* $S = 1 - \alpha$ *(bei zweiseitiger Abgrenzung) in Abhängigkeit vom Freiheitsgrad f*

$$t_{1-(\alpha/2)} = -t_{\alpha/2}$$

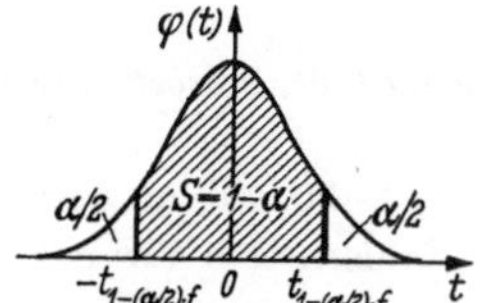

Freiheits-grad f	Statistische Sicherheit $S = 1 - \alpha$							Freiheits-grad f
	80 %	90 %	95 %	98 %	99 %	99,8 %	99,9 %	
1	3,078	6,314	12,71	31,82	63,66	318,3	636,6	1
2	1,886	2,920	4,303	6,965	9,925	22,33	31,60	2
3	1,638	2,353	3,182	4,541	5,841	10,21	12,92	3
4	1,533	2,132	2,776	3,747	4,604	7,173	8,610	4
5	1,476	2,015	2,571	3,365	4,032	5,893	6,869	5
6	1,440	1,943	2,447	3,143	3,707	5,208	5,959	6
7	1,415	1,895	2,365	2,998	3,499	4,785	5,408	7
8	1,397	1,860	2,306	2,896	3,355	4,501	5,041	8
9	1,383	1,833	2,262	2,821	3,250	4,297	4,781	9
10	1,372	1,812	2,228	2,764	3,169	4,144	4,587	10
11	1,363	1,796	2,201	2,718	3,106	4,025	4,437	11
12	1,356	1,782	2,179	2,681	3,055	3,930	4,318	12
13	1,350	1,771	2,160	2,650	3,012	3,852	4,221	13
14	1,345	1,761	2,145	2,624	2,977	3,787	4,140	14
15	1,341	1,753	2,131	2,602	2,947	3,733	4,073	15
16	1,337	1,746	2,120	2,583	2,921	3,686	4,015	16
17	1,333	1,740	2,110	2,567	2,898	3,646	3,965	17
18	1,330	1,734	2,101	2,552	2,878	3,610	3,922	18
19	1,328	1,729	2,093	2,539	2,861	3,579	3,883	19
20	1,325	1,725	2,086	2,528	2,845	3,552	3,850	20
21	1,323	1,721	2,080	2,518	2,831	3,527	3,819	21
22	1,321	1,717	2,074	2,508	2,819	3,505	3,792	22
23	1,319	1,714	2,069	2,500	2,807	3,485	3,768	23
24	1,318	1,711	2,064	2,492	2,797	3,467	3,745	24
25	1,316	1,708	2,060	2,485	2,787	3,450	3,725	25
26	1,315	1,706	2,056	2,479	2,779	3,435	3,707	26
27	1,314	1,703	2,052	2,473	2,771	3,421	3,690	27
28	1,313	1,701	2,048	2,467	2,763	3,408	3,674	28
29	1,311	1,699	2,045	2,462	2,756	3,396	3,659	29
30	1,310	1,697	2,042	2,457	2,750	3,385	3,646	30
40	1,303	1,684	2,021	2,423	2,704	3,307	3,551	40
50	1,299	1,676	2,009	2,403	2,678	3,261	3,496	50
60	1,296	1,671	2,000	2,390	2,660	3,232	3,460	60
80	1,292	1,664	1,990	2,374	2,639	3,195	3,416	80
100	1,290	1,660	1,984	2,364	2,626	3,174	3,390	100
200	1,286	1,652	1,972	2,345	2,601	3,131	3,340	200
500	1,283	1,648	1,965	2,334	2,586	3,107	3,310	500
∞	1,282	1,645	1,960	2,326	2,576	3,090	3,291	∞

Tabelle C 6[1]. *Schwellenwerte $\chi^2_{1-\alpha;f}$ der χ^2-Verteilung zur Wahrscheinlichkeit $1-\alpha$ in Abhängigkeit vom Freiheitsgrad f*

Für $f > 30$ gilt in guter Näherung $\quad \chi^2_{1-\alpha;f} \approx \frac{1}{2}(\sqrt{2f-1} + u_{1-\alpha})^2$;
Zahlenwerte für $u_{1-\alpha}$ s. Tab. C 2.

Freiheits-grad f	Wahrscheinlichkeit $1-\alpha$						
	0,1 %	0,5 %	1 %	2,5 %	5 %	10 %	30 %
1	$0{,}0^5157$	$0{,}0^4393$	$0{,}0^3157$	$0{,}0^3982$	$0{,}0^2393$	0,0158	0,148
2	$0{,}0^2200$	0,0100	0,0201	0,0506	0,103	0,211	0,713
3	0,0243	0,0717	0,115	0,216	0,352	0,584	1,42
4	0,0908	0,207	0,297	0,484	0,711	1,06	2,20
5	0,210	0,412	0,554	0,831	1,15	1,61	3,00
6	0,381	0,676	0,872	1,24	1,64	2,20	3,83
7	0,598	0,989	1,24	1,69	2,17	2,83	4,67
8	0,857	1,34	1,65	2,18	2,73	3,49	5,53
9	1,15	1,74	2,09	2,70	3,33	4,17	6,39
10	1,48	2,16	2,56	3,25	3,94	4,87	7,27
11	1,83	2,60	3,05	3,82	4,58	5,58	8,15
12	2,21	3,07	3,57	4,40	5,23	6,30	9,03
13	2,62	3,57	4,11	5,01	5,89	7,04	9,93
14	3,04	4,08	4,66	5,63	6,57	7,79	10,8
15	3,48	4,60	5,23	6,26	7,26	8,55	11,7
16	3,94	5,14	5,81	6,91	7,96	9,31	12,6
17	4,42	5,70	6,41	7,56	8,67	10,1	13,5
18	4,91	6,27	7,02	8,23	9,39	10,9	14,4
19	5,41	6,84	7,63	8,91	10,1	11,7	15,4
20	5,92	7,43	8,26	9,59	10,9	12,4	16,3
21	6,45	8,03	8,90	10,3	11,6	13,2	17,2
22	6,98	8,64	9,54	11,0	12,3	14,0	18,1
23	7,53	9,26	10,2	11,7	13,1	14,8	19,0
24	8,09	9,89	10,9	12,4	13,8	15,7	19,9
25	8,65	10,5	11,5	13,1	14,6	16,5	20,9
26	9,22	11,2	12,2	13,8	15,4	17,3	21,8
27	9,80	11,8	12,9	14,6	16,2	18,1	22,7
28	10,4	12,5	13,6	15,3	16,9	18,9	23,6
29	11,0	13,1	14,3	16,0	17,7	19,8	24,6
30	11,6	13,8	15,0	16,8	18,5	20,6	25,5
40	17,9	20,7	22,2	24,4	26,5	29,1	34,9
50	24,7	28,0	29,7	32,4	34,8	37,7	44,3
60	31,7	35,5	37,5	40,5	43,2	46,5	53,8
70	39,0	43,3	45,4	48,8	51,7	55,3	63,3
80	46,5	51,2	53,5	57,2	60,4	64,3	72,9
90	54,2	59,2	61,8	65,6	69,1	73,3	82,5
100	61,9	67,3	70,1	74,2	77,9	82,4	92,1

---

[1] Nach A. HALD and S. A. SINDBAEK: A table of percentage points of the χ^2-distribution. Skandinavisk Aktuarietidskrift 33, 1950, S. 168.

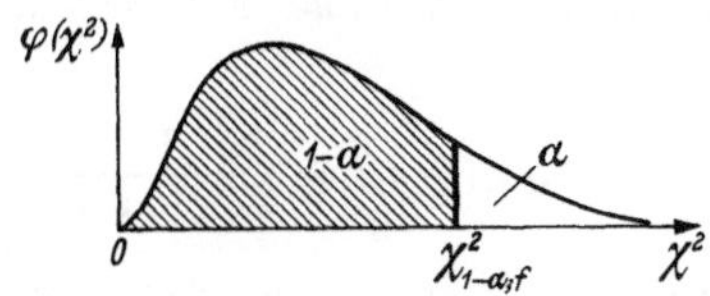

Wahrscheinlichkeit $1-\alpha$								Freiheits-grad f
50 %	70 %	90 %	95 %	97,5 %	99 %	99,5 %	99,9 %	
0,455	1,07	2,71	3,84	5,02	6,64	7,88	10,8	1
1,39	2,41	4,61	5,99	7,38	9,21	10,6	13,8	2
2,37	3,67	6,25	7,82	9,35	11,3	12,8	16,3	3
3,36	4,88	7,78	9,49	11,1	13,3	14,9	18,5	4
4,35	6,06	9,24	11,1	12,8	15,1	16,8	20,5	5
5,35	7,23	10,6	12,6	14,4	16,8	18,5	22,5	6
6,35	8,38	12,0	14,1	16,0	18,5	20,3	24,3	7
7,34	9,52	13,4	15,5	17,5	20,1	22,0	26,1	8
8,34	10,7	14,7	16,9	19,0	21,7	23,6	27,9	9
9,34	11,8	16,0	18,3	20,5	23,2	25,2	29,6	10
10,3	12,9	17,3	19,7	21,9	24,7	26,8	31,3	11
11,3	14,0	18,5	21,0	23,3	26,2	28,3	32,9	12
12,3	15,1	19,8	22,4	24,7	27,7	29,8	34,5	13
13,3	16,2	21,1	23,7	26,1	29,1	31,3	36,1	14
14,3	17,3	22,3	25,0	27,5	30,6	32,8	37,7	15
15,3	18,4	23,5	26,3	28,8	32,0	34,3	39,3	16
16,3	19,5	24,8	27,6	30,2	33,4	35,7	40,8	17
17,3	20,6	26,0	28,9	31,5	34,8	37,2	42,3	18
18,3	21,7	27,2	30,1	32,9	36,2	38,6	43,8	19
19,3	22,8	28,4	31,4	34,2	37,6	40,0	45,3	20
20,3	23,9	29,6	32,7	35,5	38,9	41,4	46,8	21
21,3	24,9	30,8	33,9	36,8	40,3	42,8	48,3	22
22,3	26,0	32,0	35,2	38,1	41,6	44,2	49,7	23
23,3	27,1	33,2	36,4	39,4	43,0	45,6	51,2	24
24,3	28,2	34,4	37,7	40,6	44,3	46,9	52,6	25
25,3	29,2	35,6	38,9	41,9	45,6	48,3	54,1	26
26,3	30,3	36,7	40,1	43,2	47,0	49,6	55,5	27
27,3	31,4	37,9	41,3	44,5	48,3	51,0	56,9	28
28,3	32,5	39,1	42,6	45,7	49,6	52,3	58,3	29
29,3	33,5	40,3	43,8	47,0	50,9	53,7	59,7	30
39,3	44,2	51,8	55,8	59,3	63,7	66,8	73,4	40
49,3	54,7	63,2	67,5	71,4	76,2	79,5	86,7	50
59,3	65,2	74,4	79,1	83,3	88,4	92,0	99,6	60
69,3	75,7	85,5	90,5	95,0	100,4	104,2	112,3	70
79,3	86,1	96,6	101,9	106,6	112,3	116,3	124,8	80
89,3	96,5	107,6	113,1	118,1	124,1	128,3	137,2	90
99,3	106,9	118,5	124,3	129,6	135,8	140,2	149,4	100

Tabelle C 7.[1] *Schwellenwerte $F_{1-\alpha}(f_1; f_2)$ der F-Verteilung zur statistischen Sicherheit graden f_1 und f_2*

$$F_{95\%}(f_1; f_2) = \frac{1}{F_{5\%}(f_2; f_1)}$$

[1] Tab. C 7 bis C 10 nach A. HALD: Statistical Tables and Formulas. New York: Wiley 1960, S. 50.

f_2 \ f_1	1	2	3	4	5	6	7	8	9	10	11	12	13	14	15
1	161	200	216	225	230	234	237	239	241	242	243	244	245	245	246
2	18,5	19,0	19,2	19,2	19,3	19,3	19,4	19,4	19,4	19,4	19,4	19,4	19,4	19,4	19,4
3	10,1	9,55	9,28	9,12	9,01	8,94	8,89	8,85	8,81	8,79	8,76	8,74	8,73	8,71	8,70
4	7,71	6,94	6,59	6,39	6,26	6,16	6,09	6,04	6,00	5,96	5,94	5,91	5,89	5,87	5,86
5	6,61	5,79	5,41	5,19	5,05	4,95	4,88	4,82	4,77	4,74	4,70	4,68	4,66	4,64	4,62
6	5,99	5,14	4,76	4,53	4,39	4,28	4,21	4,15	4,10	4,06	4,03	4,00	3,98	3,96	3,94
7	5,59	4,74	4,35	4,12	3,97	3,87	3,79	3,73	3.68	3,64	3,60	3,57	3,55	3,53	3,51
8	5,32	4,46	4,07	3,84	3.69	3,58	3,50	3,44	3,39	3,35	3,31	3,28	3,26	3,24	3,22
9	5,12	4,26	3,86	3,63	3,48	3,37	3,29	3,23	3,18	3,14	3,10	3,07	3,05	3,03	3,01
10	4,96	4,10	3,71	3,48	3,33	3,22	3,14	3,07	3,02	2,98	2,94	2,91	2,89	2,86	2,85
11	4,84	3,98	3,59	3,36	3,20	3,09	3,01	2,95	2,90	2,85	2,82	2,79	2,76	2,74	2,72
12	4,75	3,89	3,49	3,26	3,11	3,00	2,91	2,85	2,80	2,75	2,72	2,69	2,66	2,64	2,62
13	4,67	3,81	3,41	3,18	3,03	2,92	2,83	2,77	2,71	2,67	2,63	2,60	2,58	2,55	2,53
14	4,60	3,74	3,34	3,11	2,96	2,85	2,76	2,70	2,65	2,60	2,57	2,53	2,51	2,48	2,46
15	4,54	3,68	3,29	3,06	2,90	2,79	2,71	2,64	2,59	2,54	2,51	2,48	2,45	2,42	2,40
16	4,49	3,63	3,24	3,01	2,85	2,74	2,66	2,59	2,54	2,49	2,46	2,42	2,40	2,37	2,35
17	4,45	3,59	3,20	2,96	2,81	2,70	2,61	2,55	2,49	2,45	2,41	2,38	2,35	2,33	2,31
18	4,41	3,55	3,16	2,93	2,77	2,66	2,58	2,51	2,46	2,41	2,37	2,34	2,31	2,29	2,27
19	4,38	3,52	3,13	2,90	2,74	2,63	2,54	2,48	2,42	2,38	2,34	2,31	2,28	2,26	2,23
20	4,35	3,49	3,10	2,87	2,71	2,60	2,51	2,45	2,39	2,35	2,31	2,28	2,25	2,22	2,20
22	4,30	3,44	3,05	2,82	2,66	2,55	2,46	2,40	2,34	2,30	2,26	2,23	2,20	2,17	2,15
24	4,26	3,40	3,01	2,78	2,62	2,51	2,42	2,36	2,30	2,25	2,21	2,18	2,15	2,13	2,11
26	4,23	3,37	2,98	2,74	2,59	2,47	2,39	2,32	2,27	2,22	2,18	2,15	2,12	2,09	2,07
28	4,20	3,34	2,95	2,71	2,56	2,45	2,36	2,29	2,24	2,19	2,15	2,12	2,09	2,06	2,04
30	4,17	3,32	2,92	2,69	2,53	2,42	2,33	2,27	2,21	2,16	2,13	2,09	2,06	2,04	2,01
32	4,15	3,29	2,90	2,67	2,51	2,40	2,31	2,24	2,19	2,14	2,10	2,07	2,04	2,01	1,99
34	4,13	3,28	2,88	2,65	2,49	2,38	2,29	2,23	2,17	2,12	2,08	2,05	2,02	1,99	1,97
36	4,11	3,26	2,87	2,63	2,48	2,36	2,28	2,21	2,15	2,11	2,07	2,03	2,00	1,98	1,95
38	4,10	3,24	2,85	2,62	2,46	2,35	2,26	2,19	2,14	2,09	2,05	2,02	1,99	1,96	1,94
40	4,08	3,23	2,84	2,61	2,45	2,34	2,25	2,18	2,12	2,08	2,04	2,00	1,97	1,95	1,92
50	4,03	3,18	2,79	2.56	2,40	2,29	2,20	2,13	2,07	2,03	1,99	1,95	1,92	1,89	1,87
60	4,00	3,15	2,76	2,53	2,37	2,25	2,17	2,10	2,04	1,99	1,95	1,92	1,89	1,86	1,84
70	3,98	3,13	2,74	2,50	2,35	2,23	2,14	2,07	2,02	1,97	1,93	1,89	1,86	1,84	1,81
80	3,96	3,11	2,72	2,49	2,33	2,21	2,13	2,06	2,00	1,95	1,91	1,88	1,84	1,82	1,79
100	3,94	3,09	2,70	2,46	2,31	2,19	2,10	2,03	1,97	1,93	1,89	1,85	1,82	1,79	1,77
200	3,89	3,04	2,65	2,42	2,26	2,14	2,06	1,98	1,93	1,88	1,84	1,80	1,77	1,74	1,72
300	3,87	3,03	2,63	2,40	2,24	2,13	2,04	1,97	1,91	1,86	1,82	1,78	1,75	1,72	1,70
500	3,86	3,01	2,62	2,39	2,23	2,12	2,03	1,96	1,90	1,85	1,81	1,77	1,74	1,71	1.69
1000	3,85	3,00	2,61	2,38	2,22	2,11	2,02	1,95	1,89	1,84	1,80	1,76	1,73	1,70	1,68
∞	3,84	3,00	2,60	2,37	2,21	2,10	2,01	1,94	1,88	1,83	1,79	1,75	1,72	1,69	1,67

$S = 1 - \alpha = 95\%$ *(bei einseitiger Abgrenzung) in Abhängigkeit von den Freiheits-*

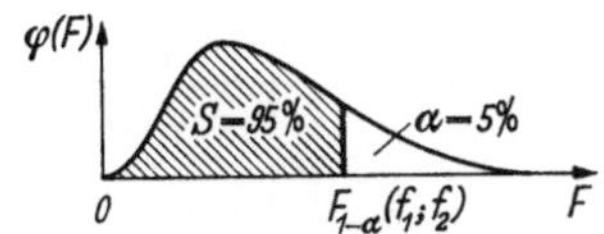

16	17	18	19	20	24	30	40	50	60	80	100	200	500	∞	f_1 / f_2
246	247	247	248	248	249	250	251	252	252	252	253	254	254	254	1
19,4	19,4	19,4	19,4	19,4	19,5	19,5	19,5	19,5	19,5	19,5	19,5	19,5	19,5	19,5	2
8,69	8,68	8,67	8,67	8,66	8.64	8,62	8,59	8,58	8,57	8,56	8,55	8,54	8.53	8,53	3
5,84	5,83	5,82	5,81	5,80	5,77	5,75	5,72	5,70	5,69	5,67	5,66	5,65	5,64	5,63	4
4,60	4,59	4,58	4,57	4,56	4,53	4,50	4,46	4,44	4.43	4,41	4,41	4,39	4,37	4,37	5
3,92	3,91	3,90	3,88	3,87	3,84	3,81	3,77	3,75	3,74	3,72	3,71	3,69	3,68	3,67	6
3,49	3,48	3,47	3,46	3,44	3,41	3,38	3,34	3,32	3,30	3,29	3,27	3,25	3,24	3,23	7
3,20	3,19	3,17	3,16	3,15	3,12	3,08	3,04	3,02	3,01	2,99	2,97	2,95	2.94	2,93	8
2,99	2,97	2,96	2,95	2,94	2,90	2,86	2,83	2,80	2.79	2,77	2,76	2,73	2,72	2,71	9
2,83	2,81	2,80	2,78	2,77	2,74	2,70	2,66	2,64	2,62	2,60	2,59	2,56	2,55	2,54	10
2,70	2,69	2,67	2,66	2,65	2,61	2,57	2,53	2,51	2,49	2,47	2,46	2,43	2,42	2,40	11
2,60	2,58	2,57	2,56	2,54	2,51	2,47	2,43	2,40	2,38	2,36	2,35	2,32	2,31	2,30	12
2,51	2,50	2,48	2,47	2,46	2,42	2,38	2,34	2,31	2,30	2,27	2,26	2,23	2,22	2,21	13
2,44	2,43	2,41	2,40	2,39	2,35	2,31	2,27	2,24	2,22	2,20	2,19	2,16	2,14	2,13	14
2,38	2,37	2,35	2,34	2,33	2,29	2,25	2,20	2,18	2,16	2,14	2,12	2,10	2,08	2,07	15
2,33	2,32	2,30	2,29	2,28	2,24	2,19	2,15	2,12	2,11	2,08	2,07	2,04	2,02	2,01	16
2,29	2,27	2,26	2,24	2,23	2,19	2,15	2,10	2,08	2,06	2,03	2,02	1,99	1,97	1,96	17
2,25	2,23	2 22	2,20	2,19	2,15	2,11	2,06	2,04	2,02	1,99	1.98	1 95	1,93	1,92	18
2,21	2,20	2,18	2,17	2,16	2,11	2,07	2,03	2,00	1,98	1,96	1,94	1,91	1,89	1,88	19
2,18	2,17	2,15	2,14	2,12	2,08	2,04	1,99	1,97	1,95	1,92	1,91	1,88	1,86	1,84	20
2,13	2,11	2,10	2,08	2,07	2,03	1,98	1,94	1,91	1,89	1,86	1,85	1,82	1,80	1,78	22
2,09	2,07	2,05	2,04	2,03	1,98	1,94	1,89	1,86	1,84	1,82	1,80	1,77	1,75	1,73	24
2,05	2,03	2,02	2,00	1,99	1,95	1,90	1,85	1,82	1,80	1,78	1,76	1,73	1,71	1,69	26
2,02	2,00	1,99	1,97	1,96	1,91	1,87	1,82	1,79	1,77	1,74	1,73	1,69	1,67	1,65	28
1,99	1,98	1,96	1,95	1,93	1,89	1,84	1,79	1,76	1,74	1,71	1,70	1,66	1,64	1,62	30
1,97	1,95	1,94	1,92	1,91	1,86	1,82	1,77	1,74	1,71	1,69	1,67	1,63	1,61	1,59	32
1,95	1,93	1,92	1,90	1,89	1,84	1,80	1,75	1,71	1,69	1,66	1,65	1,61	1,59	1,57	34
1,93	1,92	1,90	1,88	1,87	1,82	1,78	1,73	1,69	1,67	1,64	1,62	1,59	1,56	1,55	36
1,92	1,90	1,88	1,87	1,85	1,81	1,76	1,71	1,68	1,65	1,62	1,61	1,57	1,54	1,53	38
1,90	1,89	1,87	1,85	1,84	1,79	1,74	1,69	1,66	1,64	1,61	1,59	1,55	1,53	1,51	40
1,85	1,83	1,81	1,80	1,78	1,74	1,69	1,63	1,60	1,58	1,54	1,52	1,48	1,46	1,44	50
1,82	1,80	1,78	1,76	1,75	1,70	1,65	1,59	1,56	1,53	1,50	1,48	1,44	1,41	1,39	60
1,79	1,77	1,75	1,74	1,72	1,67	1,62	1,57	1,53	1,50	1,47	1,45	1.40	1,37	1,35	70
1,77	1,75	1,73	1,72	1,70	1,65	1,60	1,54	1,51	1,48	1,45	1,43	1,38	1,35	1,32	80
1,75	1,73	1,71	1,69	1,68	1,63	1,57	1,52	1,48	1,45	1,41	1,39	1,34	1,31	1,28	100
1,69	1,67	1,66	1,64	1,62	1,57	1,52	1,46	1,41	1,39	1,35	1,32	1,26	1,22	1,19	200
1,68	1,66	1,64	1,62	1,61	1,55	1,50	1,43	1,39	1,36	1,32	1,30	1,23	1,19	1,15	300
1,66	1,64	1,62	1,61	1,59	1,54	1,48	1,42	1,38	1,34	1,30	1,28	1,21	1,16	1,11	500
1,65	1,63	1,61	1,60	1,58	1,53	1,47	1,41	1,36	1,33	1,29	1,26	1,19	1,13	1,08	1000
1,64	1,62	1,60	1,59	1,57	1,52	1,46	1,39	1,35	1,32	1,27	1,24	1,17	1,11	1,00	∞

Tabelle C 8. *Schwellenwerte $F_{1-\alpha}(f_1; f_2)$ der F-Verteilung zur statistischen Sicherheit heitsgraden f_1 und f_2*

$$F_{97,5\,\%}(f_1; f_2) = \frac{1}{F_{2,5\,\%}(f_2; f_1)}$$

$f_2 \backslash f_1$	1	2	3	4	5	6	7	8	9	10	11	12	13	14	15
1	648	800	864	900	922	937	948	957	963	969	973	977	980	983	985
2	38,5	39,0	39,2	39,2	39,3	39,3	39,4	39,4	39,4	39,4	39,4	39,4	39,4	39,4	39,4
3	17,4	16,0	15,4	15,1	14,9	14,7	14,6	14,5	14,5	14,4	14,4	14,3	14,3	14,3	14,3
4	12,2	10,6	9,98	9,60	9,36	9,20	9,07	8,98	8,90	8,84	8,79	8,75	8,72	8,69	8,66
5	10,0	8,43	7,76	7,39	7,15	6,98	6,85	6,76	6,68	6,62	6,57	6,52	6,49	6,46	6,43
6	8,81	7,26	6,60	6,23	5,99	5,82	5,70	5,60	5,52	5,46	5,41	5,37	5,33	5,30	5,27
7	8,07	6,54	5,89	5,52	5,29	5,12	4,99	4,90	4,82	4,76	4,71	4,67	4,63	4,60	4,57
8	7,57	6,06	5,42	5,05	4,82	4,65	4,53	4,43	4,36	4,30	4,24	4,20	4,16	4,13	4,10
9	7,21	5,71	5,08	4,72	4,48	4,32	4,20	4,10	4,03	3,96	3,91	3,87	3,83	3,80	3,77
10	6,94	5,46	4,83	4,47	4,24	4,07	3,95	3,85	3,78	3,72	3,66	3,62	3,58	3,55	3,52
11	6,72	5,26	4,63	4,28	4,04	3,88	3,76	3,66	3,59	3,53	3,47	3,43	3,39	3,36	3,33
12	6,55	5,10	4,47	4,12	3,89	3,73	3,61	3,51	3,44	3,37	3,32	3,28	3,24	3,21	3,18
13	6,41	4,97	4,35	4,00	3,77	3,60	3,48	3,39	3,31	3,25	3,20	3,15	3,12	3,08	3,05
14	6,30	4,86	4,24	3,89	3,66	3,50	3,38	3,29	3,21	3,15	3,09	3,05	3,01	2,98	2,95
15	6,20	4,76	4,15	3,80	3,58	3,41	3,29	3,20	3,12	3,06	3,01	2,96	2,92	2,89	2,86
16	6,12	4,69	4,08	3,73	3,50	3,34	3,22	3,12	3,05	2,99	2,93	2,89	2,85	2,82	2,79
17	6,04	4,62	4,01	3,66	3,44	3,28	3,16	3,06	2,98	2,92	2,87	2,82	2,79	2,75	2,72
18	5,98	4,56	3,95	3,61	3,38	3,22	3,10	3,01	2,93	2,87	2,81	2,77	2,73	2,70	2,67
19	5,92	4,51	3,90	3,56	3,33	3,17	3,05	2,96	2,88	2,82	2,76	2,72	2,68	2,65	2,62
20	5,87	4,46	3,86	3,51	3,29	3,13	3,01	2,91	2,84	2,77	2,72	2,68	2,64	2,60	2,57
22	5,79	4,38	3,78	3,44	3,22	3,05	2,93	2,84	2,76	2,70	2,65	2,60	2,56	2,53	2,50
24	5,72	4,32	3,72	3,38	3,15	2,99	2,87	2,78	2,70	2,64	2,59	2,54	2,50	2,47	2,44
26	5,66	4,27	3,67	3,33	3,10	2,94	2,82	2,73	2,65	2,59	2,54	2 49	2,45	2,42	2,39
28	5,61	4,22	3,63	3,29	3,06	2,90	2,78	2,69	2,61	2,55	2,49	2,45	2,41	2,37	2,34
30	5,57	4,18	3,59	3,25	3,03	2,87	2,75	2,65	2,57	2,51	2,46	2,41	2,37	2,34	2,31
32	5,53	4,15	3,56	3,22	3,00	2,84	2,72	2,62	2,54	2,48	2,43	2,38	2,34	2,31	2,28
34	5,50	4,12	3,53	3,19	2,97	2,81	2,69	2,59	2,52	2,45	2,40	2,35	2,31	2,28	2,25
36	5,47	4,09	3,51	3,17	2,94	2,79	2,66	2,57	2,49	2,43	2,37	2,33	2,29	2,25	2,22
38	5,45	4,07	3,48	3,15	2,92	2,76	2,64	2,55	2,47	2,41	2,35	2,31	2,27	2,23	2,20
40	5,42	4,05	3,46	3,13	2,90	2,74	2,62	2,53	2,45	2,39	2,33	2,29	2,25	2,21	2,18
50	5,34	3,98	3,39	3,06	2,83	2,67	2,55	2,46	2,38	2,32	2,26	2,22	2,18	2,14	2,11
60	5,29	3,93	3,34	3,01	2,79	2,63	2,51	2,41	2,33	2,27	2,22	2,17	2,13	2,09	2,06
70	5,25	3,89	3,31	2,98	2,75	2,60	2,48	2,38	2,30	2,24	2,18	2,14	2,10	2,06	2,03
80	5,22	3,86	3,28	2,95	2,73	2,57	2,45	2,36	2,28	2,21	2,16	2,11	2,07	2,03	2,00
100	5,18	3,83	3,25	2,92	2,70	2,54	2,42	2,32	2,24	2,18	2,12	2,08	2,04	2,00	1,97
200	5,10	3,76	3,18	2,85	2,63	2,47	2,35	2,26	2,18	2,11	2,06	2,01	1,97	1,93	1,90
300	5,08	3,74	3,16	2,83	2,61	2,45	2,33	2,23	2,16	2,09	2,04	1,99	1,95	1,91	1,88
500	5,05	3,72	3,14	2,81	2,59	2,43	2,31	2,22	2,14	2,07	2,02	1,97	1,93	1,89	1,86
1000	5,04	3,70	3,13	2,80	2,58	2,42	2,30	2,20	2,13	2,06	2,01	1,96	1,92	1,88	1,85
∞	5,02	3,69	3,12	2,79	2,57	2,41	2,29	2,19	2,11	2,05	1,99	1,94	1,90	1,87	1,83

$S = 1 - \alpha = 97{,}5\%$ *(bei einseitiger Abgrenzung) in Abhängigkeit von den Frei-*

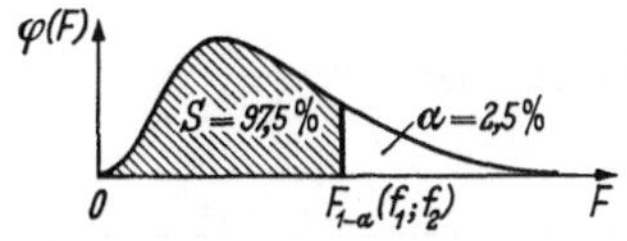

16	17	18	19	20	24	30	40	50	60	80	100	200	500	∞	f_1 / f_2
987	989	990	992	993	997	1001	1006	1008	1010	1012	1013	1016	1017	1018	1
39,4	39,4	39,4	39,4	39,4	39,5	39,5	39,5	39,5	39,5	39,5	39,5	39,5	39,5	39,5	2
14,2	14,2	14,2	14,2	14,2	14,1	14,1	14,0	14,0	14,0	14,0	14,0	13,9	13,9	13,9	3
8,64	8,62	8,60	8,58	8,56	8,51	8,46	8,41	8,38	8,36	8,33	8,32	8,29	8,27	8,26	4
6,41	6,39	6,37	6,35	6,33	6,28	6,23	6,18	6,14	6,12	6,10	6,08	6,05	6,03	6,02	5
5,25	5,23	5,21	5,19	5,17	5,12	5,07	5,01	4,98	4,96	4,93	4,92	4,88	4,86	4,85	6
4,54	4,52	4,50	4,48	4,47	4,42	4,36	4,31	4,28	4,25	4,23	4,21	4,18	4,16	4,14	7
4,08	4,05	4,03	4,02	4,00	3,95	3,89	3,84	3,81	3,78	3,76	3,74	3,70	3,68	3,67	8
3,74	3,72	3,70	3,68	3,67	3,61	3,56	3,51	3,47	3,45	3,42	3,40	3,37	3,35	3,33	9
3,50	3,47	3,45	3,44	3,42	3,37	3,31	3,26	3,22	3,20	3,17	3,15	3,12	3,09	3,08	10
3,30	3,28	3,26	3,24	3,23	3,17	3,12	3,06	3,03	3,00	2,97	2,96	2,92	2,90	2,88	11
3,15	3,13	3,11	3,09	3,07	3,02	2,96	2,91	2,87	2,85	2,82	2,80	2,76	2,74	2,72	12
3,03	3,00	2,98	2,96	2,95	2,89	2,84	2,78	2,74	2,72	2,69	2,67	2,63	2,61	2,60	13
2,92	2,90	2,88	2,86	2,84	2,79	2,73	2,67	2,64	2,61	2,58	2,56	2,53	2,50	2,49	14
2,84	2,81	2,79	2,77	2,76	2,70	2,64	2,58	2,55	2,52	2,49	2,47	2,44	2,41	2,40	15
2,76	2,74	2,72	2,70	2,68	2,63	2,57	2,51	2,47	2,45	2,42	2,40	2,36	2,33	2,32	16
2,70	2,67	2,65	2,63	2,62	2,56	2,50	2,44	2,41	2,38	2,35	2,33	2,29	2,26	2,25	17
2,64	2,62	2,60	2,58	2,56	2,50	2,44	2,38	2,35	2,32	2,29	2,27	2,23	2,20	2,19	18
2,59	2,57	2,55	2,53	2,51	2,45	2,39	2,33	2,30	2,27	2,24	2,22	2,18	2,15	2,13	19
2,55	2,52	2,50	2,48	2,46	2,41	2,35	2,29	2,25	2,22	2,19	2,17	2,13	2,10	2,09	20
2,47	2,45	2,43	2,41	2,39	2,33	2,27	2,21	2,17	2,14	2,11	2,09	2,05	2,02	2,00	22
2,41	2,39	2,36	2,35	2,33	2,27	2,21	2,15	2,11	2,08	2,05	2,02	1,98	1,95	1,94	24
2,36	2,34	2,31	2,29	2,28	2,22	2,16	2,09	2,05	2,03	1,99	1,97	1,92	1,90	1,88	26
2,32	2,29	2,27	2,25	2,23	2,17	2,11	2,05	2,01	1,98	1,94	1,92	1,88	1,85	1,83	28
2,28	2,26	2,23	2,21	2,20	2,14	2,07	2,01	1,97	1,94	1,90	1,88	1,84	1,81	1,79	30
2,25	2,22	2,20	2,18	2,16	2,10	2,04	1,98	1,93	1,91	1,87	1,85	1,80	1,77	1,75	32
2,22	2,19	2,17	2,15	2,13	2,07	2,01	1,95	1,90	1,88	1,84	1,82	1,77	1,74	1,72	34
2,20	2,17	2,15	2,13	2,11	2,05	1,99	1,92	1,88	1,85	1,81	1,79	1,74	1,71	1,69	36
2,17	2,15	2,13	2,11	2,09	2,03	1,96	1,90	1,85	1,82	1,79	1,76	1,71	1,68	1,66	38
2,15	2,13	2,11	2,09	2,07	2,01	1,94	1,88	1,83	1,80	1,76	1,74	1,69	1,66	1,64	40
2,08	2,06	2,03	2,01	1,99	1,93	1,87	1,80	1,75	1,72	1,68	1,66	1,60	1,57	1,55	50
2,03	2,01	1,98	1,96	1,94	1,88	1,82	1,74	1,70	1,67	1,62	1,60	1,54	1,51	1,48	60
2,00	1,97	1,95	1,93	1,91	1,85	1,78	1,71	1,66	1,63	1,58	1,56	1,50	1,46	1,44	70
1,97	1,95	1,93	1,90	1,88	1,82	1,75	1,68	1,63	1,60	1,55	1,53	1,47	1,43	1,40	80
1,94	1,91	1,89	1,87	1,85	1,78	1,71	1,64	1,59	1,56	1,51	1,48	1,42	1,38	1,35	100
1,87	1,84	1,82	1,80	1,78	1,71	1,64	1,56	1,51	1,47	1,42	1,39	1,32	1,27	1,23	200
1,85	1,82	1,80	1,77	1,75	1,69	1,62	1,54	1,48	1,45	1,39	1,36	1,28	1,23	1,18	300
1,83	1,80	1,78	1,76	1,74	1,67	1,60	1,51	1,46	1,42	1,37	1,34	1,25	1,19	1,14	500
1,82	1,79	1,77	1,74	1,72	1,65	1,58	1,50	1,44	1,41	1,35	1,32	1,23	1,16	1,09	1000
1,80	1,78	1,75	1,73	1,71	1,64	1,57	1,48	1,43	1,39	1,33	1,30	1,21	1,13	1,00	∞

Tabelle C 9. *Schwellenwerte $F_{1-\alpha}(f_1; f_2)$ der F-Verteilung zur statistischen Sicherheit graden f_1 und f_2*

$$F_{99\%}(f_1; f_2) = \frac{1}{F_{1\%}(f_2; f_1)}$$

f_2 \ f_1	1	2	3	4	5	6	7	8	9	10	11	12	13	14	15
	Man multipliziere die Zahlen der ersten Zeile ($f_2 = 1$) mit 10														
1	405	500	540	563	576	586	593	598	602	606	608	611	613	614	616
2	98,5	99,0	99,2	99,2	99,3	99,3	99,4	99,4	99,4	99,4	99,4	99,4	99,4	99,4	99,4
3	34,1	30,8	29,5	28,7	28,2	27,9	27,7	27,5	27,3	27,2	27,1	27,1	27,0	26,9	26,9
4	21,2	18,0	16,7	16,0	15,5	15,2	15,0	14,8	14,7	14,5	14,4	14,4	14,3	14,2	14,2
5	16,3	13,3	12,1	11,4	11,0	10,7	10,5	10,3	10,2	10,1	9,96	9,89	9,82	9,77	9,72
6	13,7	10,9	9,78	9,15	8,75	8,47	8,26	8,10	7,98	7,87	7,79	7,72	7,66	7,60	7,56
7	12,2	9,55	8,45	7,85	7,46	7.19	6,99	6,84	6,72	6,62	6,54	6,47	6,41	6,36	6,31
8	11,3	8,65	7,59	7,01	6,63	6,37	6,18	6,03	5,91	5,81	5,73	5,67	5,61	5,56	5,52
9	10,6	8,02	6,99	6,42	6,06	5,80	5,61	5,47	5,35	5,26	5,18	5,11	5,05	5,00	4,96
10	10,0	7,56	6,55	5,99	5,64	5,39	5,20	5,06	4,94	4,85	4,77	4,71	4,65	4,60	4,56
11	9,65	7,21	6,22	5,67	5,32	5,07	4,89	4,74	4,63	4,54	4,46	4,40	4,34	4,29	4,25
12	9,33	6,93	5,95	5,41	5,06	4,82	4,64	4,50	4,39	4,30	4,22	4,16	4,10	4,05	4,01
13	9,07	6,70	5,74	5,21	4,86	4,62	4,44	4,30	4,19	4,10	4,02	3,96	3,91	3,86	3,82
14	8,86	6,51	5,56	5,04	4,70	4,46	4,28	4,14	4,03	3,94	3,86	3,80	3,75	3,70	3,66
15	8,68	6,36	5,42	4,89	4,56	4,32	4,14	4,00	3,89	3,80	3,73	3,67	3,61	3,56	3,52
16	8,53	6,23	5,29	4,77	4,44	4,20	4,03	3,89	3,78	3,69	3,62	3,55	3,50	3,45	3,41
17	8,40	6,11	5,18	4,67	4,34	4,10	3,93	3,79	3,68	3,59	3,52	3,46	3,40	3,35	3,31
18	8,29	6,01	5,09	4,58	4,25	4,01	3,84	3,71	3,60	3,51	3,43	3,37	3,32	3,27	3,23
19	8,18	5,93	5,01	4,50	4,17	3,94	3,77	3,63	3,52	3,43	3,36	3,30	3,24	3,19	3,15
20	8,10	5,85	4,94	4,43	4,10	3,87	3,70	3,56	3,46	3,37	3,29	3,23	3,18	3,13	3,09
22	7,95	5,72	4,82	4,31	3,99	3,76	3,59	3,45	3,35	3,26	3,18	3,12	3,07	3,02	2,98
24	7,82	5,61	4,72	4,22	3,90	3,67	3,50	3,36	3,26	3,17	3,09	3,03	2,98	2,93	2,89
26	7,72	5,53	4,64	4,14	3,82	3,59	3,42	3,29	3,18	3,09	3,02	2,96	2,90	2,86	2,82
28	7,64	5,45	4,57	4,07	3,75	3,53	3,36	3,23	3,12	3,03	2,96	2,90	2,84	2,79	2,75
30	7,56	5,39	4,51	4,02	3,70	3,47	3,30	3,17	3,07	2,98	2,91	2,84	2,79	2,74	2,70
32	7,50	5,34	4,46	3,97	3,65	3,43	3,26	3,13	3,02	2,93	2,86	2,80	2,74	2,70	2,66
34	7,44	5,29	4,42	3,93	3,61	3,39	3,22	3,09	2,98	2,89	2,82	2,76	2,70	2,66	2,62
36	7,40	5,25	4,38	3,89	3,57	3,35	3,18	3,05	2,95	2,86	2,79	2,72	2,67	2,62	2,58
38	7,35	5,21	4,34	3,86	3,54	3,32	3,15	3,02	2,92	2,83	2,75	2,69	2,64	2,59	2,55
40	7,31	5,18	4,31	3,83	3,51	3,29	3,12	2,99	2,89	2,80	2,73	2,66	2,61	2,56	2,52
50	7,17	5,06	4,20	3,72	3,41	3,19	3,02	2,89	2,79	2,70	2,63	2,56	2,51	2,46	2,42
60	7,08	4,98	4,13	3,65	3,34	3,12	2,95	2,82	2,72	2,63	2,56	2,50	2,44	2,39	2,35
70	7,01	4,92	4,08	3,60	3,29	3,07	2,91	2,78	2,67	2,59	2,51	2,45	2,40	2,35	2,31
80	6,96	4,88	4,04	3,56	3,26	3,04	2,87	2,74	2,64	2,55	2,48	2,42	2,36	2,31	2,27
100	6,90	4,82	3,98	3,51	3,21	2,99	2,82	2,69	2,59	2,50	2,43	2,37	2,31	2,26	2,22
200	6,76	4,71	3,88	3,41	3,11	2,89	2,73	2,60	2,50	2,41	2,34	2,27	2,22	2,17	2,13
300	6,72	4,68	3,85	3,38	3,08	2,86	2,70	2,57	2,47	2,38	2,31	2,24	2,19	2,14	2,10
500	6,69	4,65	3,82	3,36	3,05	2,84	2,68	2,55	2,44	2,36	2,28	2,22	2,17	2,12	2,07
1000	6,66	4,63	3,80	3,34	3,04	2,82	2,66	2,53	2,43	2,34	2,27	2,20	2,15	2,10	2,06
∞	6,63	4,61	3,78	3,32	3,02	2,80	2,64	2,51	2,41	2,32	2,25	2,18	2,13	2,08	2,04

$S = 1 - \alpha = 99\,\%$ *(bei einseitiger Abgrenzung) in Abhängigkeit von den Freiheits-*

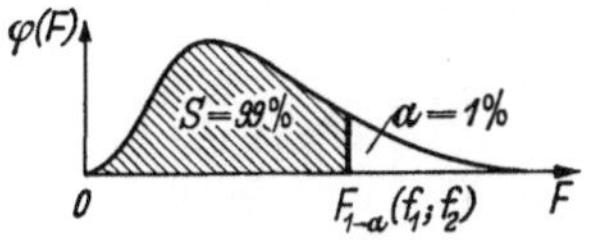

16	17	18	19	20	24	30	40	50	60	80	100	200	500	∞	f_1 / f_2
Man multipliziere die Zahlen der ersten Zeile ($f_2 = 1$) mit 10															
617	618	619	620	621	623	626	629	630	631	633	633	635	636	637	1
99,4	99,4	99,4	99,4	99,4	99,5	99,5	99,5	99,5	99,5	99,5	99,5	99,5	99,5	99,5	2
26,8	26,8	26,8	26,7	26,7	26,6	26,5	26,4	26,4	26,3	26,3	26,2	26,2	26,1	26,1	3
14,2	14,1	14,1	14,0	14,0	13,9	13,8	13,7	13,7	13,7	13,6	13,6	13,5	13,5	13,5	4
9,68	9,64	9,61	9,58	9,55	9,47	9,38	9,29	9,24	9,20	9,16	9,13	9,08	9,04	9,02	5
7,52	7,48	7,45	7,42	7,40	7,31	7,23	7,14	7,09	7,06	7,01	6,99	6,93	6,90	6,88	6
6,27	6,24	6,21	6,18	6,16	6,07	5,99	5,91	5,86	5,82	5,78	5,75	5,70	5,67	5,65	7
5,48	5,44	5,41	5,38	5,36	5,28	5,20	5,12	5,07	5,03	4,99	4,96	4,91	4,88	4,86	8
4,92	4,89	4,86	4,83	4,81	4,73	4,65	4,57	4,52	4,48	4,44	4,42	4,36	4,33	4,31	9
4,52	4,49	4,46	4,43	4,41	4,33	4,25	4,17	4,12	4,08	4,04	4,01	3,96	3,93	3,91	10
4,21	4,18	4,15	4,12	4,10	4,02	3,94	3,86	3,81	3,78	3,73	3,71	3,66	3,62	3,60	11
3,97	3,94	3,91	3,88	3,86	3,78	3,70	3,62	3,57	3,54	3,49	3,47	3,41	3,38	3,36	12
3,78	3,75	3,72	3,69	3,66	3,59	3,51	3,43	3,38	3,34	3,30	3,27	3,22	3,19	3,17	13
3,62	3,59	3,56	3,53	3,51	3,43	3,35	3,27	3,22	3,18	3,14	3,11	3,06	3,03	3,00	14
3,49	3,45	3,42	3,40	3,37	3,29	3,21	3,13	3,08	3,05	3,00	2,98	2,92	2,89	2,87	15
3,37	3,34	3,31	3,28	3,26	3,18	3,10	3,02	2 97	2,93	2,89	2,86	2,81	2,78	2,75	16
3,27	3,24	3,21	3,18	3,16	3,08	3,00	2,92	2,87	2,83	2,79	2,76	2,71	2,68	2,65	17
3,19	3,16	3,13	3,10	3,08	3,00	2,92	2,84	2,78	2,75	2,70	2,68	2,62	2,59	2,57	18
3,12	3,08	3,05	3,03	3,00	2,92	2,84	2,76	2,71	2,67	2,63	2,60	2,55	2,51	2,49	19
3.05	3,02	2,99	2,96	2,94	2,86	2,78	2,69	2,64	2,61	2,56	2,54	2,48	2,44	2,42	20
2,94	2,91	2,88	2,85	2,83	2,75	2,67	2,58	2,53	2,50	2,45	2,42	2,36	2,33	2,31	22
2,85	2,82	2,79	2,76	2,74	2,66	2,58	2,49	2,44	2,40	2,36	2,33	2,27	2,24	2,21	24
2,78	2,74	2,72	2,69	2,66	2,58	2,50	2,42	2,36	2,33	2,28	2,25	2,19	2,16	2,13	26
2,72	2,68	2,65	2,63	2,60	2,52	2,44	2,35	2,30	2,26	2,22	2,19	2,13	2,09	2,06	28
2,66	2,63	2,60	2,57	2,55	2,47	2,39	2,30	2,25	2,21	2,16	2,13	2,07	2,03	2,01	30
2,62	2,58	2,55	2,53	2,50	2,42	2,34	2,25	2,20	2,16	2,11	2,08	2,02	1,98	1,96	32
2,58	2,55	2,51	2,49	2,46	2,38	2,30	2,21	2,16	2,12	2,07	2,04	1,98	1,94	1,91	34
2,54	2,51	2,48	2,45	2,43	2,35	2,26	2,17	2,12	2,08	2,03	2,00	1,94	1,90	1,87	36
2,51	2,48	2,45	2,42	2,40	2,32	2,23	2,14	2,09	2,05	2,00	1,97	1,90	1,86	1,84	38
2,48	2,45	2,42	2,39	2,37	2,29	2,20	2,11	2,06	2,02	1,97	1,94	1,87	1,83	1,80	40
2,38	2,35	2,32	2,29	2,27	2,18	2,10	2,01	1,95	1,91	1,86	1,82	1,76	1,71	1,68	50
2,31	2,28	2,25	2,22	2,20	2,12	2,03	1,94	1,88	1,84	1,78	1,75	1,68	1,63	1,60	60
2,27	2,23	2,20	2,18	2,15	2,07	1,98	1,89	1,83	1,78	1,73	1,70	1,62	1,57	1,54	70
2,23	2,20	2,17	2,14	2,12	2,03	1,94	1,85	1,79	1,75	1,69	1,66	1,58	1,53	1,49	80
2,19	2,15	2,12	2,09	2,07	1,98	1,89	1,80	1,73	1,69	1,63	1,60	1,52	1,47	1,43	100
2,09	2,06	2,02	2,00	1,97	1,89	1,79	1,69	1,63	1,58	1,52	1,48	1,39	1,33	1,28	200
2,06	2,03	1,99	1,97	1,94	1,85	1,76	1,66	1,59	1,55	1,48	1,44	1,35	1,28	1,22	300
2,04	2,00	1,97	1,94	1,92	1,83	1,74	1,63	1,56	1,52	1,45	1,41	1,31	1,23	1,16	500
2,02	1,98	1,95	1,92	1,90	1,81	1,72	1,61	1,54	1,50	1,43	1,38	1,28	1,19	1,11	1000
2,00	1,97	1,93	1,90	1,88	1,79	1,70	1,59	1,52	1,47	1,40	1,36	1,25	1,15	1,00	∞

Tabelle C 10. *Schwellenwerte $F_{1-\alpha}(f_1; f_2)$ der F-Verteilung zur statistischen Sicherheit graden f_1 und f_2*

$$F_{99,5\,\%}(f_1; f_2) = \frac{1}{F_{0,5\,\%}(f_2; f_1)}$$

f_2 \ f_1	1	2	3	4	5	6	7	8	9	10	11	12	13	14	15
	Man multipliziere die Zahlen der ersten Zeile ($f_2 = 1$) mit 100														
1	162	200	216	225	231	234	237	239	241	242	243	244	245	246	246
2	198	199	199	199	199	199	199	199	199	199	199	199	199	199	199
3	55,6	49,8	47,5	46,2	45,4	44,8	44,4	44,1	43,9	43,7	43,5	43,4	43,3	43,2	43,1
4	31,3	26,3	24,3	23,2	22,5	22,0	21,6	21,4	21,1	21,0	20,8	20,7	20,6	20,5	20,4
5	22,8	18,3	16,5	15,6	14,9	14,5	14,2	14,0	13,8	13,6	13,5	13,4	13,3	13,2	13,1
6	18,6	14,5	12,9	12,0	11,5	11,1	10,8	10,6	10,4	10,2	10,1	10,0	9,95	9,88	9,81
7	16,2	12,4	10,9	10,0	9,52	9,16	8,89	8,68	8,51	8,38	8,27	8,18	8,10	8,03	7,97
8	14,7	11,0	9,60	8,81	8,30	7,95	7,69	7,50	7,34	7,21	7,10	7,01	6,94	6,87	6,81
9	13,6	10,1	8,72	7,96	7,47	7,13	6,88	6,69	6,54	6,42	6,31	6,23	6,15	6,09	6,03
10	12,8	9,43	8,08	7,34	6,87	6,54	6,30	6,12	5,97	5,85	5,75	5,66	5,59	5,53	5,47
11	12,2	8,91	7,60	6,88	6,42	6,10	5,86	5,68	5,54	5,42	5,32	5,24	5,16	5,10	5,05
12	11,8	8,51	7,23	6,52	6,07	5,76	5,52	5,35	5,20	5,09	4,99	4,91	4,84	4,77	4,72
13	11,4	8,19	6,93	6,23	5,79	5,48	5,25	5,08	4,94	4,82	4,72	4,64	4.57	4,51	4,46
14	11,1	7,92	6,68	6,00	5,56	5,26	5,03	4,86	4,72	4,60	4,51	4,43	4,36	4,30	4,25
15	10,8	7,70	6,48	5,80	5,37	5,07	4,85	4,67	4,54	4,42	4,33	4,25	4,18	4,12	4,07
16	10,6	7,51	6,30	5,64	5,21	4,91	4,69	4,52	4,38	4,27	4,18	4,10	4,03	3,97	3,92
17	10,4	7,35	6,16	5,50	5,07	4,78	4,56	4,39	4,25	4,14	4,05	3,97	3,90	3,84	3,79
18	10,2	7,21	6,03	5,37	4,96	4,66	4,44	4,28	4,14	4,03	3,94	3,86	3,79	3,73	3,68
19	10,1	7,09	5,92	5,27	4,85	4,56	4,34	4,18	4,04	3,93	3,84	3,76	3,70	3,64	3,59
20	9,94	6,99	5,82	5,17	4,76	4,47	4,26	4,09	3,96	3,85	3,76	3,68	3,61	3,55	3,50
22	9,73	6,81	5,65	5,02	4,61	4,32	4,11	3,94	3,81	3,70	3,61	3,54	3,47	3,41	3,36
24	9,55	6,66	5,52	4,89	4,49	4,20	3,99	3,83	3,69	3,59	3,50	3,42	3,35	3,30	3,25
26	9,41	6,54	5,41	4,79	4,38	4,10	3,89	3,73	3,60	3,49	3,40	3,33	3,26	3,20	3,15
28	9,28	6,44	5,32	4,70	4,30	4,02	3,81	3,65	3,52	3,41	3,32	3,25	3,18	3,12	3,07
30	9,18	6,35	5,24	4,62	4,23	3,95	3,74	3,58	3,45	3,34	3,25	3,18	3,11	3,06	3,01
32	9,09	6,28	5,17	4,56	4,17	3,89	3,68	3,52	3,39	3,29	3,20	3,12	3,06	3,00	2,95
34	9,01	6,22	5,11	4,50	4,11	3,84	3,63	3,47	3,34	3,24	3,15	3,07	3,01	2,95	2,90
36	8,94	6,16	5,06	4,46	4,06	3,79	3,58	3,42	3,30	3,19	3,10	3,03	2,96	2,90	2,85
38	8,88	6,11	5,02	4,41	4,02	3,75	3,54	3,39	3,25	3,15	3,06	2,99	2,92	2,87	2,82
40	8,83	6,07	4,98	4,37	3,99	3,71	3,51	3,35	3,22	3,12	3,03	2,95	2,89	2,83	2,78
50	8,63	5,90	4,83	4,23	3,85	3,58	3,38	3,22	3,09	2,99	2,90	2,82	2,76	2,70	2,65
60	8,49	5,80	4,73	4,14	3,76	3,49	3,29	3,13	3,01	2,90	2,82	2,74	2,68	2,62	2,57
70	8,40	5,72	4,65	4,08	3,70	3,43	3,23	3,08	2,95	2,85	2,76	2,68	2,62	2,56	2,51
80	8,33	5,67	4,61	4,03	3,65	3,39	3,19	3,03	2,91	2,80	2,72	2,64	2,58	2,52	2,47
100	8,24	5,59	4,54	3,96	3,59	3,33	3,13	2,97	2,85	2,74	2,66	2,58	2,52	2,46	2,41
200	8,06	5,44	4,41	3,84	3,47	3,21	3,01	2,85	2,73	2,63	2,54	2,47	2,40	2,35	2,30
300	8,00	5,39	4,37	3,80	3,43	3,17	2,97	2,81	2,69	2,59	2,51	2,43	2,37	2,31	2,26
500	7,95	5,36	4,33	3,76	3,40	3,14	2,94	2,79	2,66	2,56	2,48	2,40	2,34	2,28	2,23
1000	7,92	5,33	4,31	3,74	3,37	3,11	2,92	2,77	2,64	2,54	2,45	2,38	2,32	2,26	2,21
∞	7,88	5,30	4,28	3,72	3,35	3,09	2,90	2,74	2,62	2,52	2,43	2,36	2,29	2,24	2,19

$S = 1 - \alpha = 99{,}5\,\%$ *(bei einseitiger Abgrenzung) in Abhängigkeit von den Freiheits-*

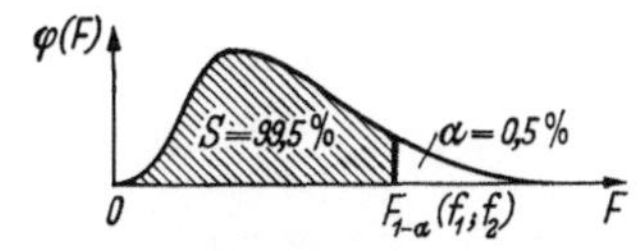

16	17	18	19	20	24	30	40	50	60	80	100	200	500	∞	f_1 / f_2
Man multipliziere die Zahlen der ersten Zeile ($f_2 = 1$) mit 100															
247	247	248	248	248	249	250	251	252	253	253	253	254	254	255	1
199	199	199	199	199	199	199	199	199	199	199	199	199	200	200	2
43,0	42,9	42,9	42,8	42,8	42,6	42,5	42,3	42,2	42,1	42,1	42,0	41,9	41,9	41,8	3
20,4	20,3	20,3	20,2	20,2	20,0	19,9	19,8	19,7	19,6	19,5	19,5	19,4	19,4	19,3	4
13,1	13,0	13,0	12,9	12,9	12,8	12,7	12,5	12,5	12,4	12,3	12,3	12,2	12,2	12,1	5
9,76	9,71	9,66	9,62	9,59	9,47	9,36	9,24	9,17	9,12	9,06	9,03	8,95	8,91	8,88	6
7,93	7,87	7,83	7,79	7,75	7,64	7,53	7,42	7,35	7,31	7,25	7,22	7,15	7.10	7,08	7
6,76	6,72	6,68	6,64	6,61	6,50	6,40	6,29	6,22	6,18	6,12	6,09	6,02	5,98	5,95	8
5,98	5,94	5,90	5,86	5,83	5,73	5,62	5,52	5,45	5,41	5,36	5,32	5,26	5,21	5,19	9
5,42	5,38	5,34	5,30	5,27	5,17	5,07	4,97	4,90	4,86	4,80	4,77	4,71	4,67	4,64	10
5,00	4,96	4,92	4,89	4,86	4,76	4,65	4,55	4,49	4,44	4,39	4,36	4,29	4,25	4,23	11
4,67	4,63	4,59	4.56	4,53	4,43	4,33	4,23	4,17	4.12	4,07	4,04	3.97	3,93	3,90	12
4,41	4,37	4,33	4.30	4,27	4,17	4,07	3 97	3,91	3,87	3,81	3,78	3,71	3,67	3,65	13
4,20	4,16	4,12	4,09	4,06	3,96	3,86	3,76	3,70	3,66	3,60	3,57	3,50	3,46	3,44	14
4,02	3,98	3,95	3,91	3,88	3,79	3,69	3,58	3,52	3,48	3,43	3,39	3,33	3,29	3,26	15
3,87	3,83	3,80	3,76	3,73	3,64	3,54	3,44	3,37	3,33	3,28	3,25	3,18	3,14	3,11	16
3,75	3,71	3,67	3,64	3,61	3,51	3,41	3,31	3,25	3,21	3,15	3,12	3,05	3,01	2,98	17
3,64	3,60	3,56	3,53	3,50	3,40	3,30	3,20	3,14	3,10	3,04	3,01	2,94	2,90	2,87	18
3,54	3,50	3,46	3,43	3,40	3,31	3,21	3,11	3,04	3,00	2,95	2,91	2,85	2,80	2,78	19
3,46	3,42	3,38	3,35	3,32	3,22	3,12	3,02	2,96	2,92	2,86	2,83	2,76	2,72	2,69	20
3,31	3,27	3.24	3,20	3,18	3,08	2,98	2,88	2,82	2,77	2,72	2,69	2,62	2,57	2,55	22
3,20	3,16	3,12	3,09	3,06	2,97	2,87	2,77	2,70	2,66	2,60.	2,57	2,50	2,46	2,43	24
3,11	3,07	3,03	3,00	2,97	2,87	2,77	2.67	2,61	2,56	2,51	2,47	2,40	2,36	2,33	26
3,03	2,99	2.95	2,92	2,89	2,79	2,69	2,59	2,53	2,48	2,43	2,39	2,32	2.28	2,25	28
2,96	2,92	2,89	2,85	2,82	2,73	2,63	2,52	2,46	2,42	2,36	2,32	2,25	2,21	2,18	30
2,90	2,86	2,83	2,80	2,77	2,67	2,57	2,47	2,40	2,36	2,30	2,26	2,19	2,15	2,11	32
2,85	2.81	2,78	2,75	2,72	2,62	2,52	2,42	2,35	2,30	2,25	2,21	2,14	2,09	2,06	34
2,81	2,77	2,73	2,70	2,67	2,58	2,48	2,37	2,30	2,26	2,20	2,17	2,09	2,04	2,01	36
2,77	2,73	2,70	2,66	2,63	2,54	2,44	2,33	2,27	2,22	2,16	2,12	2,05	2,00	1,97	38
2,74	2,70	2,66	2,63	2,60	2,50	2,40	2,30	2,23	2,18	2,12	2,09	2,01	1,96	1,93	40
2,61	2,57	2,53	2,50	2.47	2 37	2,27	2,16	2,10	2,05	1,99	1,95	1,87	1,82	1,79	50
2,53	2,49	2,45	2.42	2,39	2,29	2,19	2,08	2,01	1,96	1,90	1,86	1,78	1,73	1,69	60
2,47	2,43	2,39	2,36	2,33	2,23	2,13	2,02	1,95	1,90	1,84	1,80	1,71	1,66	1,62	70
2,43	2,39	2,35	2,32	2,29	2,19	2,08	1,97	1,90	1.85	1,79	1,75	1,66	1,60	1,56	80
2,37	2,33	2,29	2,26	2,23	2,13	2,02	1,91	1,84	1,79	1,72	1,68	1,59	1,53	1,49	100
2,25	2,21	2,18	2,14	2,11	2,01	1,91	1.79	1.71	1,66	1,59	1,54	1.44	1,37	1,31	200
2,21	2,17	2.14	2,10	2,07	1,97	1,87	1,75	1,67	1,61	1,54	1,50	1,39	1,31	1,25	300
2,19	2,14	2,11	2,07	2,04	1,94	1,84	1,72	1,64	1.58	1,51	1,46	1,35	1,26	1,18	500
2,16	2,12	2,09	2,05	2,02	1,92	1,81	1,69	1,61	1,56	1,48	1,43	1,31	1,22	1,13	1000
2,14	2,10	2,06	2,03	2,00	1,90	1,79	1,67	1,59	1,53	1,45	1,40	1,28	1,17	1,00	∞

Tabelle C 11[1]. *Schwellenwerte* $w_{1-\alpha}(n)$ *der Verteilung der*

1	2	3	4						
Proben-größe n	$M\{w\}$ $\alpha_n \equiv d_2(n)$	$\sigma\{w\}$ β_n	σ/M γ_n	0,1	0,5	1,0	2,5	5,0	10,0
2	1,128	0,853	0,756	0,00	0,01	0,02	0,04	0,09	0,18
3	1,693	0,888	0,525	0,06	0,13	0,19	0,30	0,43	0,62
4	2,059	0,880	0,427	0,20	0,34	0,43	0,59	0,76	0,98
5	2,326	0,864	0,371	0,37	0,55	0,67	0,85	1,03	1,26
6	2,534	0,848	0,335	0,53	0,75	0,87	1,07	1,25	1,49
7	2,704	0,833	0,308	0,69	0,92	1,05	1,25	1,44	1,68
8	2,847	0,820	0,288	0,83	1,08	1,20	1,41	1,60	1,84
9	2,970	0,808	0,272	0,97	1,21	1,34	1,55	1,74	1,97
10	3,078	0,797	0,259	1,08	1,33	1,47	1,67	1,86	2,09
11	3,173	0,787	0,248	1,19	1,45	1,58	1,78	1,97	2,20
12	3,258	0,778	0,239	1,29	1,55	1,68	1,88	2,07	2,30
13	3,336	0,770	0,231	1,39	1,64	1,77	1,98	2,16	2,39
14	3,407	0,762	0,224	1,47	1,72	1,86	2,06	2,24	2,47
15	3,472	0,755	0,217	1,55	1,80	1,93	2,14	2,32	2,54
16	3,532	0,749	0,212	1,62	1,88	2,01	2,21	2,39	2,61
17	3,588	0,743	0,207	1,69	1,94	2,07	2,27	2,45	2,67
18	3,640	0,738	0,203	1,76	2,01	2,14	2,34	2,52	2,73
19	3,689	0,733	0,199	1,82	2,07	2,20	2,39	2,57	2,79
20	3,735	0,729	0,195	1,88	2,13	2,25	2,45	2,63	2,84

[1] Tab. C 11 bis C 13 nach H. L. HARTER: Tables of range and studentized range. Ann. Math. Stat. 31, 1960, S. 1122.

standardisierten Spannweite $w = w(n) = \dfrac{R}{\sigma} = \dfrac{x_{(n)} - x_{(1)}}{\sigma} = u_{(n)} - u_{(1)}$

5									1
Wahrscheinlichkeit $(1 - \alpha)$ in %									
30,0	50,0	70,0	90,0	95,0	97,5	99,0	99,5	99,9	Probengröße n
	$\widetilde{d}_2(n)$								
0,54	0,95	1,47	2,33	2,77	3,17	3,64	3,97	4,65	2
1,14	1,59	2,09	2,90	3,31	3,68	4,12	4,42	5,06	3
1,53	1,98	2,47	3,24	3,63	3,98	4,40	4,69	5,31	4
1,82	2,26	2,73	3,48	3,86	4,20	4,60	4,89	5,48	5
2,04	2,47	2,94	3,66	4,03	4,36	4,76	5,03	5,62	6
2,22	2,65	3,10	3,81	4,17	4,49	4,88	5,15	5,73	7
2,38	2,79	3,24	3,93	4,29	4,60	4,99	5,25	5,82	8
2,51	2,92	3,35	4,04	4,39	4,70	5,08	5,34	5,90	9
2,62	3,02	3,46	4,13	4,47	4,78	5,16	5,42	5,97	10
2,72	3,12	3,55	4,21	4,55	4,86	5,23	5,49	6,04	11
2,82	3,21	3,63	4,28	4,62	4,92	5,29	5,55	6,09	12
2,90	3,28	3,70	4,35	4,68	4,99	5,35	5,60	6,14	13
2,97	3,36	3,77	4,41	4,74	5,04	5,40	5,65	6,19	14
3,04	3,42	3,83	4,47	4,80	5,09	5,45	5,70	6,23	15
3,11	3,48	3,89	4,52	4,85	5,14	5,49	5,74	6,27	16
3,17	3,54	3,94	4,57	4,89	5,18	5,54	5,78	6,31	17
3,22	3,59	3,99	4,61	4,93	5,22	5,57	5,82	6,35	18
3,27	3,64	4,03	4,65	4,97	5,26	5,61	5,86	6,38	19
3,32	3,69	4,08	4,69	5,01	5,30	5,65	5,89	6,41	20

Tabelle C 12. *Schwellenwerte* $q_{1-\alpha}(f; p)$ *der Verteilung der studentisierten Spannweite und* $x_{(1)}$ *die Extremwerte einer Stichprobe vom Umfang* p, *und* s_f *ist die Standard-gleichen Gesamtheit*

f \ p	2	3	4	5	6	7	8	9	10
1	18,0	27,0	32,8	37,1	40,4	43,1	45,4	47,4	49,1
2	6,09	8,33	9,80	10,9	11,7	12,4	13,0	13,5	14,0
3	4,50	5,91	6,83	7,50	8,04	8,48	8,85	9,18	9,46
4	3,93	5,04	5,76	6,29	6,71	7,05	7,35	7,60	7,83
5	3,64	4,60	5,22	5,67	6,03	6,33	6,58	6,80	7,00
6	3,46	4,34	4,90	5,31	5,63	5,90	6,12	6,32	6,49
7	3,34	4,17	4,68	5,06	5,36	5,61	5,82	6,00	6,16
8	3,26	4,04	4,53	4,89	5,17	5,40	5,60	5,77	5,92
9	3,20	3,95	4,42	4,76	5,02	5,24	5,43	5,60	5,74
10	3,15	3,88	4,33	4,65	4,91	5,12	5,31	5,46	5,60
11	3,11	3,82	4,26	4,57	4,82	5,03	5,20	5,35	5,49
12	3,08	3,77	4,20	4,51	4,75	4,95	5,12	5,27	5,40
13	3,06	3,74	4,15	4,45	4,69	4,89	5,05	5,19	5,32
14	3,03	3,70	4,11	4,41	4,64	4,83	4,99	5,13	5,25
15	3,01	3,67	4,08	4,37	4,60	4,78	4,94	5,08	5,20
16	3,00	3,65	4,05	4,33	4,56	4,74	4,90	5,03	5,15
17	2,98	3,63	4,02	4,30	4,52	4,71	4,86	4,99	5,11
18	2,97	3,61	4,00	4,28	4,50	4,67	4,82	4,96	5,07
19	2,96	3,59	3,98	4,25	4,47	4,65	4,79	4,92	5,04
20	2,95	3,58	3,96	4,23	4,45	4,62	4,77	4,90	5,01
24	2,92	3,53	3,90	4,17	4,37	4,54	4,68	4,81	4,92
30	2,89	3,49	3,85	4,10	4,30	4,46	4,60	4,72	4,82
40	2,86	3,44	3,79	4,04	4,23	4,39	4,52	4,64	4,74
60	2,83	3,40	3,74	3,98	4,16	4,31	4,44	4,55	4,65
120	2,80	3,36	3,69	3,92	4,10	4,24	4,36	4,47	4,56
∞	2,77	3,31	3,63	3,86	4,03	4,17	4,29	4,39	4,47

$q = (x_{(p)} - x_{(1)})/s_f$ zur Sicherheit $S = 95\%$ (bei einseitiger Abgrenzung). Dabei sind $x_{(p)}$ abweichung einer davon unabhängigen Stichprobe vom Umfang $n = f + 1$ aus der

11	12	13	14	15	16	17	18	19	20
50,6	52,0	53,2	54,3	55,4	56,3	57,2	58,0	58,8	59,6
14,4	14,8	15,1	15,4	15,7	15,9	16,1	16,4	16,6	16,8
9,72	9,95	10,15	10,35	10,53	10,69	10,84	10,98	11,11	11,24
8,03	8,21	8,37	8,53	8,66	8,79	8,91	9,03	9,13	9,23
7,17	7,32	7,47	7,60	7,72	7,83	7,93	8,03	8,12	8,21
6,65	6,79	6,92	7,03	7,14	7,24	7,34	7,43	7,51	7,59
6,30	6,43	6,55	6,66	6,76	6,85	6,94	7,02	7,10	7,17
6,05	6,18	6,29	6,39	6,48	6,57	6,65	6,73	6,80	6,87
5,87	5,98	6,09	6,19	6,28	6,36	6,44	6,51	6,58	6,64
5,72	5,83	5,94	6,03	6,11	6,19	6,27	6,34	6,41	6,47
5,61	5,71	5,81	5,90	5,98	6,06	6,13	6,20	6,27	6,33
5,51	5,62	5,71	5,80	5,88	5,95	6,02	6,09	6,15	6,21
5,43	5,53	5,63	5,71	5,79	5,86	5,93	6,00	6,06	6,11
5,36	5,46	5,55	5,64	5,71	5,79	5,85	5,92	5,97	6,03
5,31	5,40	5,49	5,57	5,65	5,72	5,79	5,85	5,90	5,96
5,26	5,35	5,44	5,52	5,59	5,66	5,73	5,79	5,84	5,90
5,21	5,31	5,39	5,47	5,54	5,61	5,68	5,73	5,79	5,84
5,17	5,27	5,35	5,43	5,50	5,57	5,63	5,69	5,74	5,79
5,14	5,23	5,32	5,39	5,46	5,53	5,59	5,65	5,70	5,75
5,11	5,20	5,28	5,36	5,43	5,49	5,55	5,61	5,66	5,71
5,01	5,10	5,18	5,25	5,32	5,38	5,44	5,49	5,55	5,59
4,92	5,00	5,08	5,15	5,21	5,27	5,33	5,38	5,43	5,48
4,82	4,90	4,98	5,04	5,11	5,16	5,22	5,27	5,31	5,36
4,73	4,81	4,88	4,94	5,00	5,06	5,11	5,15	5,20	5,24
4,64	4,71	4,78	4,84	4,90	4,95	5,00	5,04	5,09	5,13
4,55	4,62	4,69	4,74	4,80	4,85	4,89	4,93	4,97	5,01

Tabelle C 13. *Schwellenwerte* $q_{1-\alpha}(f; p)$ *der Verteilung der studentisierten Spann-sind* $x_{(p)}$ *und* $x_{(1)}$ *die Extremwerte einer Stichprobe vom Umfang* p, *und* s_f *ist die aus der gleichen Gesamtheit*

f \\ p	2	3	4	5	6	7	8	9	10
1	90,0	135	164	186	202	216	227	237	246
2	14,0	19,0	22,3	24,7	26,6	28,2	29,5	30,7	31,7
3	8,26	10,6	12,2	13,3	14,2	15,0	15,6	16,2	16,7
4	6,51	8,12	9,17	9,96	10,6	11,1	11,6	11,9	12,3
5	5,70	6,98	7,80	8,42	8,91	9,32	9,67	9,97	10,24
6	5,24	6,33	7,03	7,56	7,97	8,32	8,61	8,87	9,10
7	4,95	5,92	6,54	7,01	7,37	7,68	7,94	8,17	8,37
8	4,75	5,64	6,20	6,63	6,96	7,24	7,47	7,68	7,86
9	4,60	5,43	5,96	6,35	6,66	6,92	7,13	7,33	7,50
10	4,48	5,27	5,77	6,14	6,43	6,67	6,88	7,06	7,21
11	4,39	5,15	5,62	5,97	6,25	6,48	6,67	6,84	6,99
12	4,32	5,05	5,50	5,84	6,10	6,32	6,51	6,67	6,81
13	4,26	4,96	5,40	5,73	5,98	6,19	6,37	6,53	6,67
14	4,21	4,90	5,32	5,63	5,88	6,09	6,26	6,41	6,54
15	4,17	4,84	5,25	5,56	5,80	5,99	6,16	6,31	6,44
16	4,13	4,79	5,19	5,49	5,72	5,92	6,08	6,22	6,35
17	4,10	4,74	5,14	5,43	5,66	5,85	6,01	6,15	6,27
18	4,07	4,70	5,09	5,38	5,60	5,79	5,94	6,08	6,20
19	4,05	4,67	5,05	5,33	5,55	5,74	5,89	6,02	6,14
20	4,02	4,64	5,02	5,29	5,51	5,69	5,84	5,97	6,09
24	3,96	4,55	4,91	5,17	5,37	5,54	5,69	5,81	5,92
30	3,89	4,46	4,80	5,05	5,24	5,40	5,54	5,65	5,76
40	3,83	4,37	4,70	4,93	5,11	5,27	5,39	5,50	5,60
60	3,76	4,28	4,60	4,82	4,99	5,13	5,25	5,36	5,45
120	3,70	4,20	4,50	4,71	4,87	5,01	5,12	5,21	5,30
∞	3,64	4,12	4,40	4,60	4,76	4,88	4,99	5,08	5,16

weite $q = (x_{(p)} - x_{(1)})/s_f$ *zur Sicherheit* $S = 99\%$ *(bei einseitiger Abgrenzung). Dabei Standardabweichung einer davon unabhängigen Stichprobe vom Umfang* $n = f + 1$

11	12	13	14	15	16	17	18	19	20
253	260	266	272	277	282	286	290	294	298
32,6	33,4	34,1	34,8	35,4	36,0	36,5	37,0	37,5	38,0
17,1	17,5	17,9	18,2	18,5	18,8	19,1	19,3	19,6	19,8
12,6	12,8	13,1	13,3	13,5	13,7	13,9	14,1	14,2	14,4
10,48	10,70	10,89	11,08	11,24	11,40	11,55	11,68	11,81	11,93
9,30	9,49	9,65	9,81	9,95	10,08	10,21	10,32	10,43	10,54
8,55	8,71	8,86	9,00	9,12	9,24	9,35	9,46	9,55	9,65
8,03	8,18	8,31	8,44	8,55	8,66	8,76	8,85	8,94	9,03
7,65	7,78	7,91	8,03	8,13	8,23	8,33	8,41	8,50	8,57
7,36	7,49	7,60	7,71	7,81	7,91	7,99	8,08	8,15	8,23
7,13	7,25	7,36	7,47	7,56	7,65	7,73	7,81	7,88	7,95
6,94	7,06	7,17	7,27	7,36	7,44	7,52	7,59	7,67	7,73
6,79	6,90	7,01	7,10	7,19	7,27	7,35	7,42	7,49	7,55
6,66	6,77	6,87	6,96	7,05	7,13	7,20	7,27	7,33	7,40
6,56	6,66	6,76	6,85	6,93	7,00	7,07	7,14	7,20	7,26
6,46	6,56	6,66	6,74	6,82	6,90	6,97	7,03	7,09	7,15
6,38	6,48	6,57	6,66	6,73	6,81	6,87	6,94	7,00	7,05
6,31	6,41	6,50	6,58	6,66	6,73	6,79	6,85	6,91	6,97
6,25	6,34	6,43	6,51	6,59	6,65	6,72	6,78	6,84	6,89
6,19	6,29	6,37	6,45	6,52	6,59	6,65	6,71	6,77	6,82
6,02	6,11	6,19	6,26	6,33	6,39	6,45	6,51	6,56	6,61
5,85	5,93	6,01	6,08	6,14	6,20	6,26	6,31	6,36	6,41
5,69	5,76	5,84	5,90	5,96	6,02	6,07	6,12	6,17	6,21
5,53	5,60	5,67	5,73	5,79	5,84	5,89	5,93	5,97	6,02
5,38	5,44	5,51	5,56	5,61	5,66	5,71	5,75	5,79	5,83
5,23	5,29	5,35	5,40	5,45	5,49	5,54	5,57	5,61	5,65

Tabelle C 14.[1] *Zahlenwerte* $k(n; 1 - \alpha)$

n	$S = 1 - \alpha$					n	$S = 1 - \alpha$				
	90%	95%	97,5%	99%	99,5%		90%	95%	97,5%	99%	99,5%
1						41	15	14	13	12	11
2						42	16	15	14	13	12
3						43	16	15	14	13	12
4	0					44	17	16	15	13	13
5	0	0				45	17	16	15	14	13
6	0	0	0			46	18	16	15	14	13
7	1	0	0	0		47	18	17	16	15	14
8	1	1	0	0	0	48	19	17	16	15	14
9	2	1	1	0	0	49	19	18	17	15	15
10	2	1	1	0	0	50	19	18	17	16	15
11	2	2	1	1	0	51	20	19	18	16	15
12	3	2	2	1	1	52	20	19	18	17	16
13	3	3	2	1	1	53	21	20	18	17	16
14	4	3	2	2	1	54	21	20	19	18	17
15	4	3	3	2	2	55	22	20	19	18	17
16	4	4	3	2	2	56	22	21	20	18	17
17	5	4	4	3	2	57	23	21	20	19	18
18	5	5	4	3	3	58	23	22	21	19	18
19	6	5	4	4	3	59	24	22	21	20	19
20	6	5	5	4	3	60	24	23	21	20	19
21	7	6	5	4	4	61	24	23	22	20	20
22	7	6	5	5	4	62	25	24	22	21	20
23	7	7	6	5	4	63	25	24	23	21	20
24	8	7	6	5	5	64	26	24	23	22	21
25	8	7	7	6	5	65	26	25	24	22	21
26	9	8	7	6	6	66	27	25	24	23	22
27	9	8	7	7	6	67	27	26	25	23	22
28	10	9	8	7	6	68	28	26	25	23	22
29	10	9	8	7	7	69	28	27	25	24	23
30	10	10	9	8	7	70	29	27	26	24	23
31	11	10	9	8	7	71	29	28	26	25	24
32	11	10	9	8	8	72	30	28	27	25	24
33	12	11	10	9	8	73	30	28	27	26	25
34	12	11	10	9	9	74	30	29	28	26	25
35	13	12	11	10	9	75	31	29	28	26	25
36	13	12	11	10	9	76	31	30	28	27	26
37	14	13	12	10	10	77	32	30	29	27	26
38	14	13	12	11	10	78	32	31	29	28	27
39	15	13	12	11	11	79	33	31	30	28	27
40	15	14	13	12	11	80	33	32	30	29	28

[1] nach J. PRZYBOROWSKI and H. WILENSKI: Homogeneity of results in testing samples from Poisson series. Biometrika 31, 1939—40, S. 313 und E. S. PEARSON and H. O. HARTLEY: Biometrika Tables for Statisticians, Vol. I. Cambridge: University Press 1962, S. 185.

Tabelle C 15. *Werte für $y(p)$ zur Transformation $y = \text{arc sin}\sqrt{p}$ (y in Radiant).
In der Tabelle stehen die Werte von y zu dem p, das durch die Summe der Werte
der linken und der oberen Randspalte gebildet wird (z. B. arc sin $\sqrt{0{,}78} = 1{,}0826$).*

p	0,00	0,01	0,02	0,03	0,04	0,05	0,06	0,07	0,08	0,09
0,0	0,0000	0,1002	0,1419	0,1741	0,2014	0,2255	0,2475	0,2678	0,2868	0,3047
0,1	0,3218	0,3381	0,3537	0,3689	0,3835	0,3977	0,4115	0,4250	0,4381	0,4510
0,2	0,4636	0,4760	0,4882	0,5002	0,5120	0,5236	0,5351	0,5464	0,5576	0,5687
0,3	0,5796	0,5905	0,6013	0,6119	0,6225	0,6331	0,6435	0,6539	0,6642	0,6745
0,4	0,6847	0,6949	0,7051	0,7152	0,7253	0,7353	0,7454	0,7554	0,7654	0,7754
0,5	0,7854	0,7954	0,8054	0,8154	0,8254	0,8355	0,8455	0,8556	0,8657	0,8759
0,6	0,8861	0,8963	0,9066	0,9169	0,9273	0,9377	0,9483	0,9589	0,9695	0,9803
0,7	0,9912	1,0021	1,0132	1,0244	1,0357	1,0472	1,0588	1,0706	1,0826	1,0948
0,8	1,1071	1,1198	1,1326	1,1458	1,1593	1,1731	1,1873	1,2019	1,2171	1,2327
0,9	1,2490	1,2661	1,2840	1,3030	1,3233	1,3453	1,3694	1,3967	1,4289	1,4706
1,0	1,5708									

Tabelle C 16. *Werte für* $r(z)$ *zur Transformation* $z = \frac{1}{2} \ln \frac{1+r}{1-r}$; z. B. $r(0,26) = 0,2543$

z	0,00	0,01	0,02	0,03	0,04	0,05	0,06	0,07	0,08	0,09	z
0,0	0,0000	0,0100	0,0200	0,0300	0,0400	0,0500	0,0599	0,0699	0,0798	0,0898	0,0
0,1	,0997	,1096	,1194	,1293	,1391	,1489	,1586	,1684	,1781	,1877	0,1
0,2	,1974	,2070	,2165	,2260	,2355	,2449	,2543	,2636	,2729	,2821	0,2
0,3	,2913	,3004	,3095	,3185	,3275	,3364	,3452	,3540	,3627	,3714	0,3
0,4	,3800	,3885	,3969	,4053	,4136	,4219	,4301	,4382	,4462	,4542	0,4
0,5	,4621	,4699	,4777	,4854	,4930	,5005	,5080	,5154	,5227	,5299	0,5
0,6	,5370	,5441	,5511	,5581	,5649	,5717	,5784	,5850	,5915	,5980	0,6
0,7	,6044	,6107	,6169	,6231	,6291	,6351	,6411	,6469	,6527	,6584	0,7
0,8	,6640	,6696	,6751	,6805	,6858	,6911	,6963	,7014	,7064	,7114	0,8
0,9	,7163	,7211	,7259	,7306	,7352	,7398	,7443	,7487	,7531	,7574	0,9
1,0	,7616	,7658	,7699	,7739	,7779	,7818	,7857	,7895	,7932	,7969	1,0
1,1	,8005	,8041	,8076	,8110	,8144	,8178	,8210	,8243	,8275	,8306	1,1
1,2	,8337	,8367	,8397	,8426	,8455	,8483	,8511	,8538	,8565	,8591	1,2
1,3	,8617	,8643	,8668	,8692	,8717	,8741	,8764	,8787	,8810	,8832	1,3
1,4	,8854	,8875	,8896	,8917	,8937	,8957	,8977	,8996	,9015	,9033	1,4
1,5	,9051	,9069	,9087	,9104	,9121	,9138	,9154	,9170	,9186	,9201	1,5
1,6	,9217	,9232	,9246	,9261	,9275	,9289	,9302	,9316	,9329	,9341	1,6
1,7	,9354	,9366	,9379	,9391	,9402	,9414	,9425	,9436	,9447	,9458	1,7
1,8	,94681	,94783	,94884	,94983	,95080	,95175	,95268	,95359	,95449	,95537	1,8
1,9	,95624	,95709	,95792	,95873	,95953	,96032	,96109	,96185	,96259	,96331	1,9
2,0	,96403	,96473	,96541	,96609	,96675	,96740	,96803	,96865	,96926	,96986	2,0
2,1	,97045	,97103	,97159	,97215	,97269	,97323	,97375	,97426	,97477	,97526	2,1
2,2	,97574	,97622	,97668	,97714	,97759	,97803	,97846	,97888	,97929	,97970	2,2
2,3	,98010	,98049	,98087	,98124	,98161	,98197	,98233	,98267	,98301	,98335	2,3
2,4	,98367	,98400	,98431	,98462	,98492	,98522	,98551	,98579	,98607	,98635	2,4
2,5	,98661	,98688	,98714	,98739	,98764	,98788	,98812	,98835	,98858	,98881	2,5
2,6	,98903	,98924	,98946	,98966	,98987	,99007	,99026	,99045	,99064	,99083	2,6
2,7	,99101	,99118	,99136	,99153	,99170	,99186	,99202	,99218	,99233	,99248	2,7
2,8	,99263	,99278	,99292	,99306	,99320	,99333	,99346	,99359	,99372	,99384	2,8
2,9	0,99396	0,99408	0,99420	0,99431	0,99443	0,99454	0,99464	0,99475	0,99485	0,99496	2,9

	0,0	0,1	0,2	0,3	0,4	0,5	0,6	0,7	0,8	0,9	
3	0,99505	0,99595	0,99668	0,99728	0,99777	0,99818	0,99851	0,99878	0,99900	0,99918	3
4	0,99933	0,99945	0,99955	0,99963	0,99970	0,99975	0,99980	0,99983	0,99986	0,99989	4

Tabelle C 17[1]. *Faktoren r und v zur Abgrenzung zweiseitiger Toleranzbereiche bei Normalverteilung*

n	$r(n;\,1-\gamma)$			$v(f;\,1-\alpha)$		f
	$1-\gamma$			$S=1-\alpha$		
	0,90	0,95	0,99	0,95	0,99	
1	2,2844	2,6463	3,3266	15,9472	79,7863	1
2	2,0078	2,3624	3,0368	4,4154	9,9749	2
3	1,8979	2,2457	2,9128	2,9200	5,1113	3
4	1,8388	2,1815	2,8422	2,3724	3,6692	4
5	1,8019	2,1408	2,7963	2,0893	3,0034	5
6	1,7768	2,1127	2,7640	1,9154	2,6230	6
7	1,7587	2,0922	2,7399	1,7972	2,3769	7
8	1,7448	2,0765	2,7211	1,7110	2,2043	8
9	1,7340	2,0641	2,7066	1,6452	2,0762	9
10	1,7253	2,0541	2,6945	1,5931	1,9771	10
11	1,7182	2,0459	2,6845	1,5506	1,8980	11
12	1,7122	2,0390	2,6760	1,5153	1,8332	12
13	1,7071	2,0331	2,6688	1,4854	1,7792	13
14	1,7027	2,0280	2,6625	1,4597	1,7332	14
15	1,6990	2,0236	2,6571	1,4373	1,6936	15
16	1,6956	2,0197	2,6523	1,4176	1,6592	16
17	1,6926	2,0163	2,6480	1,4001	1,6288	17
18	1,6901	2,0132	2,6441	1,3845	1,6019	18
19	1,6877	2,0105	2,6407	1,3704	1,5778	19
20	1,6855	2,0080	2,6376	1,3576	1,5560	20
21	1,6837	2,0058	2,6348	1,3460	1,5363	21
22	1,6819	2,0037	2,6322	1,3353	1,5184	22
23	1,6803	2,0018	2,6298	1,3255	1,5020	23
24	1,6788	2,0001	2,6276	1,3165	1,4868	24
25	1,6775	1,9985	2,6256	1,3081	1,4729	25
26	1,6762	1,9971	2,6238	1,3002	1,4600	26
27	1,6750	1,9957	2,6221	1,2929	1,4479	27
28	1,6740	1,9945	2,6205	1,2861	1,4367	28
29	1,6730	1,9933	2,6190	1,2797	1,4263	29
30	1,6721	1,9922	2,6176	1,2737	1,4164	30
31	1,6712	1,9912	2,6163	1,2680	1,4072	31
32	1,6704	1,9902	2,6150	1,2627	1,3985	32
33	1,6696	1,9893	2,6138	1,2575	1,3903	33
34	1,6689	1,9885	2,6128	1,2528	1,3825	34
35	1,6682	1,9877	2,6118	1,2482	1,3751	35
36	1,6676	1,9869	2,6108	1,2438	1,3681	36
37	1,6670	1,9862	2,6098	1,2397	1,3615	37
38	1,6664	1,9855	2,6090	1,2358	1,3552	38
39	1,6658	1,9848	2,6082	1,2320	1,3491	39
40	1,6653	1,9842	2,6074	1,2284	1,3434	40

[1] nach A. WEISSBERG and G. H. BEATTY: Tables of tolerance-limit factors for normal distributions. Technometrics 2, 1960, S. 483.

Tabelle C 17. (Fortsetzung)

	$r(n;1-\gamma)$			$v(f;1-\alpha)$		
n	$1-\gamma$			$S=1-\alpha$		f
	0,90	0,95	0,99	0,95	0,99	
42	1,6643	1,9831	2,6059	1,2216	1,3326	42
44	1,6635	1,9820	2,6045	1,2154	1,3227	44
46	1,6627	1,9811	2,6033	1,2096	1,3136	46
48	1,6619	1,9802	2,6022	1,2042	1,3052	48
50	1,6612	1,9794	2,6012	1,1993	1,2973	50
52	1,6606	1,9787	2,6002	1,1946	1,2900	52
54	1,6600	1,9780	2,5993	1,1903	1,2832	54
56	1,6595	1,9773	2,5985	1,1862	1,2768	56
58	1,6590	1,9767	2,5977	1,1823	1,2708	58
60	1,6585	1,9762	2,5970	1,1787	1,2651	60
62	1,6581	1,9757	2,5963	1,1752	1,2598	62
64	1,6577	1,9752	2,5957	1,1720	1,2548	64
66	1,6573	1,9747	2,5951	1,1689	1,2500	66
68	1,6569	1,9743	2,5945	1,1660	1,2455	68
70	1,6566	1,9739	2,5940	1,1631	1,2411	70
72	1,6562	1,9735	2,5935	1,1605	1,2371	72
74	1,6559	1,9731	2,5930	1,1579	1,2331	74
76	1,6557	1,9728	2,5926	1,1555	1,2294	76
78	1,6554	1,9725	2,5921	1,1532	1,2258	78
80	1,6551	1,9722	2,5917	1,1510	1,2224	80
82	1,6548	1,9719	2,5914	1,1488	1,2191	82
84	1,6546	1,9716	2,5910	1,1467	1,2159	84
86	1,6544	1,9713	2,5906	1,1448	1,2129	86
88	1,6542	1,9711	2,5903	1,1429	1,2100	88
90	1,6540	1,9708	2,5900	1,1410	1,2072	90
92	1,6538	1,9706	2,5897	1,1393	1,2045	92
94	1,6536	1,9703	2,5894	1,1376	1,2019	94
96	1,6534	1,9701	2,5891	1,1359	1,1994	96
98	1,6532	1,9699	2,5889	1,1343	1,1970	98
100	1,6531	1,9697	2,5886	1,1328	1,1947	100
110	1,6523	1,9689	2,5874	1,1258	1,1841	110
120	1,6517	1,9681	2,5865	1,1198	1,1750	120
130	1,6512	1,9675	2,5857	1,1145	1,1670	130
140	1,6507	1,9670	2,5850	1,1098	1,1601	140
150	1,6503	1,9665	2,5844	1,1057	1,1539	150
160	1,6500	1,9661	2,5838	1,1020	1,1483	160
170	1,6497	1,9657	2,5834	1,0986	1,1433	170
180	1,6494	1,9654	2,5829	1,0956	1,1387	180
190	1,6492	1,9651	2,5826	1,0928	1,1345	190
200	1,6490	1,9649	2,5822	1,0902	1,1307	200

Tabelle C 17. (Fortsetzung)

	$r(n; 1-\gamma)$			$v(f; 1-\alpha)$		
n	$1-\gamma$			$S=1-\alpha$		f
	0,90	0,95	0,99	0,95	0,99	
220	1,6486	1,9644	2,5817	1,0856	1,1239	220
240	1,6483	1,9640	2,5812	1,0816	1,1181	240
260	1,6480	1,9637	2,5808	1,0782	1,1129	260
280	1,6478	1,9635	2,5804	1,0751	1,1084	280
300	1,6476	1,9632	2,5801	1,0724	1,1044	300
350	1,6472	1,9628	2,5795	1,0666	1,0959	350
400	1,6469	1,9624	2,5790	1,0620	1,0892	400
450	1,6467	1,9621	2,5787	1,0583	1,0837	450
500	1,6465	1,9619	2,5784	1,0551	1,0791	500
600	1,6462	1,9616	2,5780	1,0500	1,0717	600
700	1,6460	1,9614	2,5777	1,0461	1,0661	700
800	1,6459	1,9612	2,5774	1,0430	1,0616	800
900	1,6458	1,9611	2,5773	1,0405	1,0579	900
1 000	1,6457	1,9609	2,5771	1,0383	1,0547	1 000
2 000	1,6453	1,9605	2,5765	1,0268	1,0381	2 000
3 000	1,6451	1,9603	2,5763	1,0217	1,0309	3 000
4 000	1,6450	1,9602	2,5761	1,0188	1,0267	4 000
5 000	1,6450	1,9602	2,5761	1,0168	1,0238	5 000
10 000	1,6449	1,9601	2,5760	1,0118	1,0167	10 000
∞	1,6449	1,9600	2,5758	1,0000	1,0000	∞

Tabelle C 18. *Faktoren zur Berechnung*

n	$a_n \equiv c_2$	b_n	c_n	d_4	A_w	A_k	A_2	$\widetilde{A}_w$	$\widetilde{A}_k$	$\widetilde{A}_2$
2	0,798	0,603	1,000	0,826	1,229	1,615	1,880	1,460	1,919	2,235
3	0,886	0,463	1,160	0,748	0,668	0,887	1,023	0,825	1,084	1,263
4	0,921	0,389	1,092	0,709	0,476	0,625	0,729	0,541	0,711	0,828
5	0,940	0,341	1,198	0,670	0,377	0,495	0,577	0,465	0,611	0,711
6	0,952	0,308	1,136	0,648	0,316	0,415	0,483	0,368	0,484	0,564
7	0,959	0,282	1,214	0,627	0,274	0,361	0,419	0,339	0,446	0,519
8	0,965	0,262	1,159	0,614	0,243	0,320	0,373	0,288	0,379	0,441
9	0,969	0,246	1,223	0,600	0,220	0,289	0,337	0,274	0,361	0,420
10	0,973	0,232	1,175	0,588	0,201	0,265	0,308	0,241	0,317	0,369
11	0,975	0,221	1,229	0,577	0,186	0,245	0,285	0,233	0,307	0,357
12	0,978	0,211	1,190	0,569	0,174	0,228	0,266	0,210	0,276	0,321
13	0,979	0,202	1,233	0,561	0,163	0,214	0,249	0,204	0,268	0,312
14	0,981	0,194	1,195	0,555	0,154	0,202	0,235	0,186	0,245	0,285
15	0,982	0,187	1,237	0,549	0,146	0,192	0,223	0,183	0,240	0,280
16	0,983	0,181	1,202	0,543	0,139	0,182	0,212	0,169	0,222	0,259
17	0,985	0,175	1,238	0,538	0,132	0,174	0,203	0,166	0,218	0,254
18	0,985	0,170	1,207	0,533	0,127	0,167	0,194	0,155	0,204	0,238
19	0,986	0,165	1,239	0,529	0,122	0,160	0,187	0,153	0,201	0,234
20	0,987	0,161	1,212	0,525	0,117	0,154	0,180	0,144	0,189	0,220

Alle Faktoren setzen voraus, daß die Varianz s^2 nach der Gleichung

Manche Zahlenwerte können also von denen anderer Tafelwerke um den Faktor

der Grenzen bei Kontrollkarten

B_1	B_2	B_3	B_4	D_1	D_2	D_3	D_4	$\widetilde{D}_3$	$\widetilde{D}_4$	n
0	2,606	0	3,267	0	3,686	0	3,267	0	3,88	2
0	2,276	0	2,568	0	4,358	0	2,575	0	2,74	3
0	2,088	0	2,266	0	4,698	0	2,282	0	2,37	4
0	1,964	0	2,089	0	4,918	0	2,115	0	2,18	5
0,029	1,874	0,030	1,970	0	5,078	0	2,004	0	2,06	6
0,113	1,806	0,118	1,882	0,205	5,203	0,076	1,942	0,077	1,96	7
0,179	1,751	0,185	1,815	0,387	5,307	0,136	1,864	0,139	1,90	8
0,232	1,707	0,239	1,761	0,546	5,394	0,184	1,816	0,187	1,85	9
0,276	1,669	0,284	1,716	0,687	5,469	0,223	1,777	0,227	1,81	10
0,313	1,637	0,321	1,679	0,812	5,534	0,256	1,744	0,260	1,77	11
0,346	1,610	0,354	1,646	0,924	5,592	0,284	1,716	0,288	1,74	12
0,374	1,585	0,382	1,618	1,026	5,646	0,308	1,692	0,312	1,72	13
0,399	1,563	0,406	1,594	1,121	5,693	0,329	1,671	0,334	1,69	14
0,421	1,544	0,428	1,572	1,207	5,737	0,348	1,652	0,353	1,68	15
0,440	1,526	0,448	1,552	1,285	5,779	0,364	1,636	0,369	1,66	16
0,458	1,511	0,466	1,534	1,359	5,817	0,379	1,621	0,384	1,64	17
0,475	1,496	0,482	1,518	1,426	5,854	0,392	1,608	0,397	1,63	18
0,490	1,483	0,497	1,503	1,490	5,888	0,404	1,598	0,409	1,62	19
0,504	1,470	0,510	1,490	1,548	5,922	0,414	1,586	0,420	1,61	20

$$s^2 = \sum_{\nu=1}^{n} (x_\nu - \bar{x})^2/(n-1) \text{ berechnet wird.}$$

$\sqrt{n/(n-1)}$ abweichen.

Tabelle C 19[1]. Zufallszahlen

(Anm.: Neben der direkten Verwendung der Zufallszahlen sind abkürzende Verfahren möglich. Um beispielsweise n (numerierte) Objekte in eine zufällige Reihenfolge zu bringen, wird die erste Zufallszahl durch n geteilt und das erste Objekt mit dem gefundenen Rest ausgewählt. Für das zweite Objekt wird die nächste Zufallszahl durch $(n-1)$ geteilt und die Auswahl des zweiten Objekts mit dem dabei erhaltenen Rest unter den verbliebenen $(n-1)$ Objekten getroffen u. s. f.)

6977	6081	6733	6363	7124	2985	3434	8499	1989	3109
8377	8357	3350	4595	6235	6532	6556	8575	3370	1992
3034	9586	1765	8717	2363	4741	8509	4710	4886	2410
9903	9539	5787	8692	3367	8343	0942	5605	4772	4438
6955	8569	2111	7416	8660	9795	6551	2171	4123	5869
5483	0587	8690	2422	7334	3626	6218	3210	6876	2500
5733	4729	1443	6895	7864	3421	3390	6435	2518	5483
0126	9533	3548	2999	0951	1381	6696	6250	9404	3552
4329	9158	9291	2629	1976	5815	9556	9016	6604	5456
3776	8729	0478	4410	0551	0223	4173	8312	7975	6768
1539	0850	5347	2268	5847	3227	0650	8474	5658	7783
3390	5370	0046	5861	5215	0102	1071	6404	9787	8271
1562	6106	5840	8594	8217	5062	0410	7008	1476	0788
9408	3412	3881	4737	9370	1603	0916	6167	4329	9370
2306	4439	5476	3383	8966	8757	0861	1202	8422	4241
8196	8288	9236	8022	1886	1765	8925	6413	5370	0463
8489	5702	8822	5071	8599	2016	3681	2403	6983	0307
7652	6009	5347	2476	2345	9456	0441	4013	1246	3582
2450	3068	3892	7924	4594	5814	9135	1562	9506	7492
1464	2104	2222	4195	5376	7292	0876	3923	1368	9830
9256	5105	3984	1032	5298	4652	2534	8515	7818	1676
2337	5302	3016	7027	4269	7610	0337	7981	9892	0878
6127	2754	9052	6676	7836	5739	7486	2727	9952	7943
7703	5246	5965	7505	7656	0439	3194	3642	1598	6388
2380	8220	0781	5001	5831	0052	9742	3222	4256	5206
4934	0027	0957	8223	8835	6847	4963	4948	2015	3262
5658	7890	9610	4052	2378	7462	4422	2014	2629	2152
6628	4078	1603	1126	4666	1626	1835	0553	1377	5172
4022	8875	8190	1670	2429	6103	4391	8594	8410	2939
6969	0067	2907	9407	8325	9885	6218	2993	6816	1394
1936	8890	0633	4732	3074	0701	7147	9311	9060	5571
7533	7325	5710	6848	5280	0586	8167	3573	6810	4675
8545	7774	9637	6347	3831	7486	1553	2762	0008	7850
9191	3756	1190	2500	1048	9191	3495	2218	0800	0224
9651	2710	6095	8724	9870	3558	7113	2313	6895	1360
9210	8794	4376	0999	2186	0242	0341	8131	8013	3842
6579	6563	3003	3722	5070	8389	9928	9598	0942	5397
4706	3243	1047	7912	7290	2963	1499	6809	3941	5642
9916	7802	3249	6768	1470	4810	5634	9691	4261	6742
1766	8626	5498	5400	6187	9337	8545	9589	3318	6202
7033	9265	0140	1512	7125	5604	4247	4757	1612	9822
7608	9274	8733	5800	6832	2033	7325	8045	1446	5874
7860	3940	5331	2152	2743	0397	0002	2234	3623	9424
2108	3520	7825	8851	8164	2000	0431	7804	6695	5481
8131	8119	6655	4141	1524	8368	7519	0684	3119	5906
1646	4333	2559	7642	3995	9567	7486	2410	1202	8424
8135	9798	7880	7593	0972	3726	9904	9474	4503	5809

[1] nach D. B. Owen: Handbook of Statistical Tables. Reading, Mass.: Addison-Wesley 1962.

Tabelle C 19. (Fortsetzung)

4504	6317	6686	9799	8522	0263	0513	1232	3876	4689
6992	8960	1661	6955	8806	1820	1094	4449	2647	7032
7980	9474	4505	6737	8649	0260	4149	9547	5404	8054
9320	4692	0980	6212	8754	2656	2176	3618	2889	5056
4095	6550	1222	5071	8535	8915	0627	1278	9953	8740
1748	5279	5238	8754	2758	3071	4537	0408	3172	5864
9499	3649	8940	9451	6729	0584	7325	8256	3036	0813
4032	5945	8642	5506	4231	1404	5878	8886	4903	6983
0556	2822	3230	8247	7350	7186	5982	6155	3284	3129
2098	7991	3518	7761	8583	8441	8702	2517	4957	5450
7478	7461	3680	6107	6363	7017	8183	5191	1208	2977
7569	7655	5563	1499	7333	3311	3568	5062	0407	9708
0982	6840	4171	7387	7059	8947	3896	1428	4075	0262
6588	2958	6768	1709	0240	7609	9906	1174	7980	9157
3541	4892	9553	7565	5788	9109	7127	6145	7074	0802
3978	0755	1561	7850	8043	9185	9273	8103	3513	0738
6807	3074	0441	6711	9357	5627	1918	8617	6695	5377
4465	4907	5278	3479	5519	9740	4684	5860	6711	9120
6086	4619	5233	3980	6986	1871	4643	3638	1176	2387
3874	3751	2274	5384	2555	5351	8463	6268	0628	3250
0342	8660	9586	1765	8822	5069	7550	3275	7727	1272
4767	0418	6234	6324	5946	3686	9023	1787	6578	0545
8624	1120	4126	3277	8568	8975	4278	9870	3475	5242
1622	5612	0780	2711	6806	2492	5541	3906	4173	0951
8911	4110	8482	5838	7227	0222	0199	5175	8999	2583
1459	9816	7206	3453	5933	1031	4664	0494	7658	7008
1000	0465	2736	5739	7487	3146	6717	3114	0036	9442
3392	6604	5774	7099	3018	6235	6848	5173	9732	6907
0497	8904	4390	8068	7813	0390	5580	5250	7625	0327
0874	2929	2301	5618	6445	3090	1666	0457	7468	5742
2299	4202	9583	4311	5312	7982	9366	0117	1149	8733
4416	7488	3569	5167	2614	5529	2092	7068	6381	4797
4264	8400	7041	6713	3819	3073	8349	7980	9266	0563
5281	0828	5537	6161	3739	8713	0496	8653	5528	1586
7100	0641	4474	0478	6780	4497	9996	3459	8261	5321
7804	7032	6243	2113	0422	1780	4360	8180	5355	3028
5981	5104	3494	8037	7981	9896	2846	1741	2824	4696
1294	5844	1885	1451	1853	7985	2872	1388	2389	3986
4749	9640	1313	5475	2959	9821	8455	5580	5353	9208
3290	3608	6890	7752	0099	9386	0513	1807	5952	5723
2232	2816	9869	2785	3080	5250	7939	7072	9992	9660
1796	1888	2800	6833	2664	3503	4498	9353	9975	5835
1024	1013	0502	4407	0747	3017	5603	3302	8093	6712
7597	4956	9892	0983	7470	5569	8620	7828	7462	4426
1667	1399	2687	8019	6567	5020	6301	8216	1294	0082
1620	4690	0037	7308	4399	3543	6024	1015	1521	9420
2147	5719	2534	8509	4901	5936	2664	2775	6873	4189
7033	2977	3589	1894	9727	0458	5480	9265	3067	3785
7949	3159	4296	2094	5605	4561	2611	9372	0216	9201
5408	1029	3929	8691	0353	5290	9595	6774	8520	4537
7082	2284	1678	7460	3292	8516	8446	2694	6893	2257
9564	4284	9054	7319	1319	0788	5310	7058	7585	7851
7866	7259	6678	1814	6540	5222	7347	5401	6436	0971

Tabelle C 20. *Quadratzahlen und Quadratwurzeln von 1 bis 1215*

n	n^2	$\sqrt{n}$	n	n^2	$\sqrt{n}$	n	n^2	$\sqrt{n}$
1	1	1,0000	46	2116	6,7823	91	8281	9,5394
2	4	1,4142	47	2209	6,8557	92	8464	9,5917
3	9	1,7321	48	2304	6,9282	93	8649	9,6437
4	16	2,0000	49	2401	7,0000	94	8836	9,6954
5	25	2,2361	50	2500	7,0711	95	9025	9,7468
6	36	2,4495				96	9216	9,7980
7	49	2,6458	51	2601	7,1414	97	9409	9,8489
8	64	2,8284	52	2704	7,2111	98	9604	9,8995
9	81	3,0000	53	2809	7,2801	99	9801	9,9499
10	100	3,1623	54	2916	7,3485	100	10000	10,0000
			55	3025	7,4162			
11	121	3,3166	56	3136	7,4833	101	10201	10,0499
12	144	3,4641	57	3249	7,5498	102	10404	10,0995
13	169	3,6056	58	3364	7,6158	103	10609	10,1489
14	196	3,7417	59	3481	7,6811	104	10816	10,1980
15	225	3,8730	60	3600	7,7460	105	11025	10,2470
16	256	4,0000				106	11236	10,2956
17	289	4,1231	61	3721	7,8102	107	11449	10,3441
18	324	4,2426	62	3844	7,8740	108	11664	10,3923
19	361	4,3589	63	3969	7,9373	109	11881	10,4403
20	400	4,4721	64	4096	8,0000	110	12100	10,4881
			65	4225	8,0623			
21	441	4,5826	66	4356	8,1240	111	12321	10,5357
22	484	4,6904	67	4489	8,1854	112	12544	10,5830
23	529	4,7958	68	4624	8,2462	113	12769	10,6301
24	576	4,8990	69	4761	8,3066	114	12996	10,6771
25	625	5,0000	70	4900	8,3666	115	13225	10,7238
26	676	5,0990				116	13456	10,7703
27	729	5,1962	71	5041	8,4261	117	13689	10,8167
28	784	5,2915	72	5184	8,4853	118	13924	10,8628
29	841	5,3852	73	5329	8,5440	119	14161	10,9087
30	900	5,4772	74	5476	8,6023	120	14400	10,9545
			75	5625	8,6603			
31	961	5,5678	76	5776	8,7178	121	14641	11,0000
32	1024	5,6569	77	5929	8,7750	122	14884	11,0454
33	1089	5,7446	78	6084	8,8318	123	15129	11,0905
34	1156	5,8310	79	6241	8,8882	124	15376	11,1355
35	1225	5,9161	80	6400	8,9443	125	15625	11,1803
36	1296	6,0000				126	15876	11,2250
37	1369	6,0828	81	6561	9,0000	127	16129	11,2694
38	1444	6,1644	82	6724	9,0554	128	16384	11,3137
39	1521	6,2450	83	6889	9,1104	129	16641	11,3578
40	1600	6,3246	84	7056	9,1652	130	16900	11,4018
			85	7225	9,2195			
41	1681	6,4031	86	7396	9,2736	131	17161	11,4455
42	1764	6,4807	87	7569	9,3274	132	17424	11,4891
43	1849	6,5574	88	7744	9,3808	133	17689	11,5326
44	1936	6,6332	89	7921	9,4340	134	17956	11,5758
45	2025	6,7082	90	8100	9,4868	135	18225	11,6190

Tabelle C 20. (Fortsetzung)

n	n^2	$\sqrt{n}$	n	n^2	$\sqrt{n}$	n	n^2	$\sqrt{n}$
136	18496	11,6619	181	32761	13,4536	226	51076	15,0333
137	18769	11,7047	182	33124	13,4907	227	51529	15,0665
138	19044	11,7473	183	33489	13,5277	228	51984	15,0997
139	19321	11,7898	184	33856	13,5647	229	52441	15,1327
140	19600	11,8322	185	34225	13,6015	230	52900	15,1658
			186	34596	13,6382			
141	19881	11,8743	187	34969	13,6748	231	53361	15,1987
142	20164	11,9164	188	35344	13,7113	232	53824	15,2315
143	20449	11,9583	189	35721	13,7477	233	54289	15,2643
144	20736	12,0000	190	36100	13,7840	234	54756	15,2971
145	21025	12,0416				235	55225	15,3297
146	21316	12,0830	191	36481	13,8203	236	55696	15,3623
147	21609	12,1244	192	36864	13,8564	237	56169	15,3948
148	21904	12,1655	193	37249	13,8924	238	56644	15,4272
149	22201	12,2066	194	37636	13,9284	239	57121	15,4596
150	22500	12,2474	195	38025	13,9642	240	57600	15,4919
			196	38416	14,0000			
151	22801	12,2882	197	38809	14,0357	241	58081	15,5242
152	23104	12,3288	198	39204	14,0712	242	58564	15,5563
153	23409	12,3693	199	39601	14,1067	243	59049	15,5885
154	23716	12,4097	200	40000	14,1421	244	59536	15,6205
155	24025	12,4499				245	60025	15,6525
156	24336	12,4900	201	40401	14,1774	246	60516	15,6844
157	24649	12,5300	202	40804	14,2127	247	61009	15,7162
158	24964	12,5698	203	41209	14,2478	248	61504	15,7480
159	25281	12,6095	204	41616	14,2829	249	62001	15,7797
160	25600	12,6491	205	42025	14,3178	250	62500	15,8114
			206	42436	14,3527			
161	25921	12,6886	207	42849	14,3875	251	63001	15,8430
162	26244	12,7279	208	43264	14,4222	252	63504	15,8745
163	26569	12,7671	209	43681	14,4568	253	64009	15,9060
164	26896	12,8062	210	44100	14,4914	254	64516	15,9374
165	27225	12,8452				255	65025	15,9687
166	27556	12,8841	211	44521	14,5258	256	65536	16,0000
167	27889	12,9228	212	44944	14,5602	257	66049	16,0312
168	28224	12,9615	213	45369	14,5945	258	66564	16,0624
169	28561	13,0000	214	45796	14,6287	259	67081	16,0935
170	28900	13,0384	215	46225	14,6629	260	67600	16,1245
			216	46656	14,6969			
171	29241	13,0767	217	47089	14,7309	261	68121	16,1555
172	29584	13,1149	218	47524	14,7648	262	68644	16,1864
173	29929	13,1529	219	47961	14,7986	263	69169	16,2173
174	30276	13,1909	220	48400	14,8324	264	69696	16,2481
175	30625	13,2288				265	70225	16,2788
176	30976	13,2665	221	48841	14,8661	266	70756	16,3095
177	31329	13,3041	222	49284	14,8997	267	71289	16,3401
178	31684	13,3417	223	49729	14,9332	268	71824	16,3707
179	32041	13,3791	224	50176	14,9666	269	72361	16,4012
180	32400	13,4164	225	50625	15,0000	270	72900	16,4317

Tabelle C 20. (Fortsetzung)

n	n^2	$\sqrt{n}$	n	n^2	$\sqrt{n}$	n	n^2	$\sqrt{n}$
271	73441	16,4621	316	99856	17,7764	361	130321	19,0000
272	73984	16,4924	317	100489	17,8045	362	131044	19,0263
273	74529	16,5227	318	101124	17,8326	363	131769	19,0526
274	75076	16,5529	319	101761	17,8606	364	132496	19,0788
275	75625	16,5831	320	102400	17,8885	365	133225	19,1050
276	76176	16,6132				366	133956	19,1311
277	76729	16,6433	321	103041	17,9165	367	134689	19,1572
278	77284	16,6733	322	103684	17,9444	368	135424	19,1833
279	77841	16,7033	323	104329	17,9722	369	136161	19,2094
280	78400	16,7332	324	104976	18,0000	370	136900	19,2354
			325	105625	18,0278			
281	78961	16,7631	326	106276	18,0555	371	137641	19,2614
282	79524	16,7929	327	106929	18,0831	372	138384	19,2873
283	80089	16,8226	328	107584	18,1108	373	139129	19,3132
284	80656	16,8523	329	108241	18,1384	374	139876	19,3391
285	81225	16,8819	330	108900	18,1659	375	140625	19,3649
286	81796	16,9115				376	141376	19,3907
287	82369	16,9411	331	109561	18,1934	377	142129	19,4165
288	82944	16,9706	332	110224	18,2209	378	142884	19,4422
289	83521	17,0000	333	110889	18,2483	379	143641	19,4679
290	84100	17,0294	334	111556	18,2757	380	144400	19,4936
			335	112225	18,3030			
291	84681	17,0587	336	112896	18,3303	381	145161	19,5192
292	85264	17,0880	337	113569	18,3576	382	145924	19,5448
293	85849	17,1172	338	114244	18,3848	383	146689	19,5704
294	86436	17,1464	339	114921	18,4120	384	147456	19,5959
295	87025	17,1756	340	115600	18,4391	385	148225	19,6214
296	87616	17,2047				386	148996	19,6469
297	88209	17,2337	341	116281	18,4662	387	149769	19,6723
298	88804	17,2627	342	116964	18,4932	388	150544	19,6977
299	89401	17,2916	343	117649	18,5203	389	151321	19,7231
300	90000	17,3205	344	118336	18,5472	390	152100	19,7484
			345	119025	18,5742			
301	90601	17,3494	346	119716	18,6011	391	152881	19,7737
302	91204	17,3781	347	120409	18,6279	392	153664	19,7990
303	91809	17,4069	348	121104	18,6548	393	154449	19,8242
304	92416	17,4356	349	121801	18,6815	394	155236	19,8494
305	93025	17,4642	350	122500	18,7083	395	156025	19,8746
306	93636	17,4929				396	156816	19,8997
307	94249	17,5214	351	123201	18,7350	397	157609	19,9249
308	94864	17,5499	352	123904	18,7617	398	158404	19,9499
309	95481	17,5784	353	124609	18,7883	399	159201	19,9750
310	96100	17,6068	354	125316	18,8149	400	160000	20,0000
			355	126025	18,8414			
311	96721	17,6352	356	126736	18,8680	401	160801	20,0250
312	97344	17,6635	357	127449	18,8944	402	161604	20,0499
313	97969	17,6918	358	128164	18,9209	403	162409	20,0749
314	98596	17,7200	359	128881	18,9473	404	163216	20,0998
315	99225	17,7482	360	129600	18,9737	405	164025	20,1246

Tabelle C 20. (Fortsetzung)

n	n^2	$\sqrt{n}$	n	n^2	$\sqrt{n}$	n	n^2	$\sqrt{n}$
406	164836	20,1494	451	203401	21,2368	496	246016	22,2711
407	165649	20,1742	452	204304	21,2603	497	247009	22,2935
408	166464	20,1990	453	205209	21,2838	498	248004	22,3159
409	167281	20,2237	454	206116	21,3073	499	249001	22,3383
410	168100	20,2485	455	207025	21,3307	500	250000	22,3607
			456	207936	21,3542			
411	168921	20,2731	457	208849	21,3776	501	251001	22,3830
412	169744	20,2978	458	209764	21,4009	502	252004	22,4054
413	170569	20,3224	459	210681	21,4243	503	253009	22,4277
414	171396	20,3470	460	211600	21,4476	504	254016	22,4499
415	172225	20,3715				505	255025	22,4722
416	173056	20,3961	461	212521	21,4709	506	256036	22,4944
417	173889	20,4206	462	213444	21,4942	507	257049	22,5167
418	174724	20,4450	463	214369	21,5174	508	258064	22,5389
419	175561	20,4695	464	215296	21,5407	509	259081	22,5610
420	176400	20,4939	465	216225	21,5639	510	260100	22,5832
			466	217156	21,5870			
421	177241	20,5183	467	218089	21,6102	511	261121	22,6053
422	178084	20,5426	468	219024	21,6333	512	262144	22,6274
423	178929	20,5670	469	219961	21,6564	513	263169	22,6495
424	179776	20,5913	470	220900	21,6795	514	264196	22,6716
425	180625	20,6155				515	265225	22,6936
426	181476	20,6398	471	221841	21,7025	516	266256	22,7156
427	182329	20,6640	472	222784	21,7256	517	267289	22,7376
428	183184	20,6882	473	223729	21,7486	518	268324	22,7596
429	184041	20,7123	474	224676	21,7715	519	269361	22,7816
430	184900	20,7364	475	225625	21,7945	520	270400	22,8035
			476	226576	21,8174			
431	185761	20,7605	477	227529	21,8403	521	271441	22,8254
432	186624	20,7846	478	228484	21,8632	522	272484	22,8473
433	187489	20,8087	479	229441	21,8861	523	273529	22,8692
434	188356	20,8327	480	230400	21,9089	524	274576	22,8910
435	189225	20,8567				525	275625	22,9129
436	190096	20,8806	481	231361	21,9317	526	276676	22,9347
437	190969	20,9045	482	232324	21,9545	527	277729	22,9565
438	191844	20,9284	483	233289	21,9773	528	278784	22,9783
439	192721	20,9523	484	234256	22,0000	529	279841	23,0000
440	193600	20,9762	485	235225	22,0227	530	280900	23,0217
			486	236196	22,0454			
441	194481	21,0000	487	237169	22,0681	531	281961	23,0434
442	195364	21,0238	488	238144	22,0907	532	283024	23,0651
443	196249	21,0476	489	239121	22,1133	533	284089	23,0868
444	197136	21,0713	490	240100	22,1359	534	285156	23,1084
445	198025	21,0950				535	286225	23,1301
446	198916	21,1187	491	241081	22,1585	536	287296	23,1517
447	199809	21,1424	492	242064	22,1811	537	288369	23,1733
448	200704	21,1660	493	243049	22,2036	538	289444	23,1948
449	201601	21,1896	494	244036	22,2261	539	290521	23,2164
450	202500	21,2132	495	245025	22,2486	540	291600	23,2379

Tabelle C 20. (Fortsetzung)

n	n^2	$\sqrt{n}$	n	n^2	$\sqrt{n}$	n	n^2	$\sqrt{n}$
541	292681	23,2594	586	343396	24,2074	631	398161	25,1197
542	293764	23,2809	587	344569	24,2281	632	399424	25,1396
543	294849	23,3024	588	345744	24,2487	633	400689	25,1595
544	295936	23,3238	589	346921	24,2693	634	401956	25,1794
545	297025	23,3452	590	348100	24,2899	635	403225	25,1992
546	298116	23,3666				636	404496	25,2190
547	299209	23,3880	591	349281	24,3105	637	405769	25,2389
548	300304	23,4094	592	350464	24,3311	638	407044	25,2587
549	301401	23,4307	593	351649	24,3516	639	408321	25,2784
550	302500	23,4521	594	352836	24,3721	640	409600	25,2982
			595	354025	24,3926			
551	303601	23,4734	596	355216	24,4131	641	410881	25,3180
552	304704	23,4947	597	356409	24,4336	642	412164	25,3377
553	305809	23,5160	598	357604	24,4540	643	413449	25,3574
554	306916	23,5372	599	358801	24,4745	644	414736	25,3772
555	308025	23,5584	600	360000	24,4949	645	416025	25,3969
556	309136	23,5797				646	417316	25,4165
557	310249	23,6008	601	361201	24,5153	647	418609	25,4362
558	311364	23,6220	602	362404	24,5357	648	419904	25,4558
559	312481	23,6432	603	363609	24,5561	649	421201	25,4755
560	313600	23,6643	604	364816	24,5764	650	422500	25,4951
			605	366025	24,5967			
561	314721	23,6854	606	367236	24,6171	651	423801	25,5147
562	315844	23,7065	607	368449	24,6374	652	425104	25,5343
563	316969	23,7276	608	369664	24,6577	653	426409	25,5539
564	318096	23,7487	609	370881	24,6779	654	427716	25,5734
565	319225	23,7697	610	372100	24,6982	655	429025	25,5930
566	320356	23,7908				656	430336	25,6125
567	321489	23,8118	611	373321	24,7184	657	431649	25,6320
568	322624	23,8328	612	374544	24,7386	658	432964	25,6515
569	323761	23,8537	613	375769	24,7588	659	434281	25,6710
570	324900	23,8747	614	376996	24,7790	660	435600	25,6905
			615	378225	24,7992			
571	326041	23,8956	616	379456	24,8193	661	436921	25,7099
572	327184	23,9165	617	380689	24,8395	662	438244	25,7294
573	328329	23,9374	618	381924	24,8596	663	439569	25,7488
574	329476	23,9583	619	383161	24,8797	664	440896	25,7682
575	330625	23,9792	620	384400	24,8998	665	442225	25,7876
576	331776	24,0000				666	443556	25,8070
577	332929	24,0208	621	385641	24,9199	667	444889	25,8263
578	334084	24,0416	622	386884	24,9399	668	446224	25,8457
579	335241	24,0624	623	388129	24,9600	669	447561	25,8650
580	336400	24,0832	624	389376	24,9800	670	448900	25,8844
			625	390625	25,0000			
581	337561	24,1039	626	391876	25,0200	671	450241	25,9037
582	338724	24,1247	627	393129	25,0400	672	451584	25,9230
583	339889	24,1454	628	394384	25,0599	673	452929	25,9422
584	341056	24,1661	629	395641	25,0799	674	454276	25,9615
585	342225	24,1868	630	396900	25,0998	675	455625	25,9808

Tabelle C 20. (Fortsetzung)

n	n^2	$\sqrt{n}$	n	n^2	$\sqrt{n}$	n	n^2	$\sqrt{n}$
676	456976	26,0000	721	519841	26,8514	766	586756	27,6767
677	458329	26,0192	722	521284	26,8701	767	588289	27,6948
678	459684	26,0384	723	522729	26,8887	768	589824	27,7128
679	461041	26,0576	724	524176	26,9072	769	591361	27,7308
680	462400	26,0768	725	525625	26,9258	770	592900	27,7489
			726	527076	26,9444			
681	463761	26,0960	727	528529	26,9629	771	594441	27,7669
682	465124	26,1151	728	529984	26,9815	772	595984	27,7849
683	466489	26,1343	729	531441	27,0000	773	597529	27,8029
684	467856	26,1534	730	532900	27,0185	774	599076	27,8209
685	469225	26,1725				775	600625	27,8388
686	470596	26,1916	731	534361	27,0370	776	602176	27,8568
687	471969	26,2107	732	535824	27,0555	777	603729	27,8747
688	473344	26,2298	733	537289	27,0740	778	605284	27,8927
689	474721	26,2488	734	538756	27,0924	779	606841	27,9106
690	476100	26,2679	735	540225	27,1109	780	608400	27,9285
			736	541696	27,1293			
691	477481	26,2869	737	543169	27,1477	781	609961	27,9464
692	478864	26,3059	738	544644	27,1662	782	611524	27,9643
693	480249	26,3249	739	546121	27,1846	783	613089	27,9821
694	481636	26,3439	740	547600	27,2029	784	614656	28,0000
695	483025	26,3629				785	616225	28,0179
696	484416	26,3818	741	549081	27,2213	786	617796	28,0357
697	485809	26,4008	742	550564	27,2397	787	619369	28,0535
698	487204	26,4197	743	552049	27,2580	788	620944	28,0713
699	488601	26,4386	744	553536	27,2764	789	622521	28,0891
700	490000	26,4575	745	555025	27,2947	790	624100	28,1069
			746	556516	27,3130			
701	491401	26,4764	747	558009	27,3313	791	625681	28,1247
702	492804	26,4953	748	559504	27,3496	792	627264	28,1425
703	494209	26,5141	749	561001	27,3679	793	628849	28,1603
704	495616	26,5330	750	562500	27,3861	794	630436	28,1780
705	497025	26,5518				795	632025	28,1957
706	498436	26,5707	751	564001	27,4044	796	633616	28,2135
707	499849	26,5895	752	565504	27,4226	797	635209	28,2312
708	501264	26,6083	753	567009	27,4408	798	636804	28,2489
709	502681	26,6271	754	568516	27,4591	799	638401	28,2666
710	504100	26,6458	755	570025	27,4773	800	640000	28,2843
			756	571536	27,4955			
711	505521	26,6646	757	573049	27,5136	801	641601	28,3019
712	506944	26,6833	758	574564	27,5318	802	643204	28,3196
713	508369	26,7021	759	576081	27,5500	803	644809	28,3373
714	509796	26,7208	760	577600	27,5681	804	646416	28,3549
715	511225	26,7395				805	648025	28,3725
716	512656	26,7582	761	579121	27,5862	806	649636	28,3901
717	514089	26,7769	762	580644	27,6043	807	651249	28,4077
718	515524	26,7955	763	582169	27,6225	808	652864	28,4253
719	516961	26,8142	764	583696	27,6405	809	654481	28,4429
720	518400	26,8328	765	585225	27,6586	810	656100	28,4605

Tabelle C 20. (Fortsetzung)

n	n^2	$\sqrt{n}$	n	n^2	$\sqrt{n}$	n	n^2	$\sqrt{n}$
811	657721	28,4781	856	732736	29,2575	901	811801	30,0167
812	659344	28,4956	857	734449	29,2746	902	813604	30,0333
813	660969	28,5132	858	736164	29,2916	903	815409	30,0500
814	662596	28,5307	859	737881	29,3087	904	817216	30,0666
815	664225	28,5482	860	739600	29,3258	905	819025	30,0832
816	665856	28,5657				906	820836	30,0998
817	667489	28,5832	861	741321	29,3428	907	822649	30,1164
818	669124	28,6007	862	743044	29,3598	908	824464	30,1330
819	670761	28,6182	863	744769	29,3769	909	826281	30,1496
820	672400	28,6356	864	746496	29,3939	910	828100	30,1662
			865	748225	29,4109			
821	674041	28,6531	866	749956	29,4279	911	829921	30,1828
822	675684	28,6705	867	751689	29,4449	912	831744	30,1993
823	677329	28,6880	868	753424	29,4618	913	833569	30,2159
824	678976	28,7054	869	755161	29,4788	914	835396	30,2324
825	680625	28,7228	870	756900	29,4958	915	837225	30,2490
826	682276	28,7402				916	839056	30,2655
827	683929	28,7576	871	758641	29,5127	917	840889	30,2820
828	685584	28,7750	872	760384	29,5296	918	842724	30,2985
829	687241	28,7924	873	762129	29,5466	919	844561	30,3150
830	688900	28,8097	874	763876	29,5635	920	846400	30,3315
			875	765625	29,5804			
831	690561	28,8271	876	767376	29,5973	921	848241	30,3480
832	692224	28,8444	877	769129	29,6142	922	850084	30,3645
833	693889	28,8617	878	770884	29,6311	923	851929	30,3809
834	695556	28,8791	879	772641	29,6479	924	853776	30,3974
835	697225	28,8964	880	774400	29,6648	925	855625	30,4138
836	698896	28,9137				926	857476	30,4302
837	700569	28,9310	881	776161	29,6816	927	859329	30,4467
838	702244	28,9482	882	777924	29,6985	928	861184	30,4631
839	703921	28,9655	883	779689	29,7153	929	863041	30,4795
840	705600	28,9828	884	781456	29,7321	930	864900	30,4959
			885	783225	29,7489			
841	707281	29,0000	886	784996	29,7658	931	866761	30,5123
842	708964	29,0172	887	786769	29,7825	932	868624	30,5287
843	710649	29,0345	888	788544	29,7993	933	870489	30,5450
844	712336	29,0517	889	790321	29,8161	934	872356	30,5614
845	714025	29,0689	890	792100	29,8329	935	874225	30,5778
846	715716	29,0861				936	876096	30,5941
847	717409	29,1033	891	793881	29,8496	937	877969	30,6105
848	719104	29,1204	892	795664	29,8664	938	879844	30,6268
849	720801	29,1376	893	797449	29,8831	939	881721	30,6431
850	722500	29,1548	894	799236	29,8998	940	883600	30,6594
			895	801025	29,9166			
851	724201	29,1719	896	802816	29,9333	941	885481	30,6757
852	725904	29,1890	897	804609	29,9500	942	887364	30,6920
853	727609	29,2062	898	806404	29,9666	943	889249	30,7083
854	729316	29,2233	899	808201	29,9833	944	891136	30,7246
855	731025	29,2404	900	810000	30,0000	945	893025	30,7409

Tabelle C 20. (Fortsetzung)

n	n^2	$\sqrt{n}$	n	n^2	$\sqrt{n}$	n	n^2	$\sqrt{n}$
946	894916	30,7571	991	982081	31,4802	1036	1073296	32,1870
947	896809	30,7734	992	984064	31,4960	1037	1075369	32,2025
948	898704	30,7896	993	986049	31,5119	1038	1077444	32,2180
949	900601	30,8058	994	988036	31,5278	1039	1079521	32,2335
950	902500	30,8221	995	990025	31,5436	1040	1081600	32,2490
			996	992016	31,5595			
951	904401	30,8383	997	994009	31,5753	1041	1083681	32,2645
952	906304	30,8545	998	996004	31,5911	1042	1085764	32,2800
953	908209	30,8707	999	998001	31,6070	1043	1087849	32,2955
954	910116	30,8869	1000	1000000	31,6228	1044	1089936	32,3110
955	912025	30,9031				1045	1092025	32,3265
956	913936	30,9192	1001	1002001	31,6386	1046	1094116	32,3419
957	915849	30,9354	1002	1004004	31,6544	1047	1096209	32,3574
958	917764	30,9516	1003	1006009	31,6702	1048	1098304	32,3728
959	919681	30,9677	1004	1008016	31,6860	1049	1100401	32,3883
960	921600	30,9839	1005	1010025	31,7017	1050	1102500	32,4037
			1006	1012036	31,7175			
961	923521	31,0000	1007	1014049	31,7333	1051	1104601	32,4191
962	925444	31,0161	1008	1016064	31,7490	1052	1106704	32,4345
963	927369	31,0322	1009	1018081	31,7648	1053	1108809	32,4500
964	929296	31,0483	1010	1020100	31,7805	1054	1110916	32,4654
965	931225	31,0644				1055	1113025	32,4808
966	933156	31,0805	1011	1022121	31,7962	1056	1115136	32,4962
967	935089	31,0966	1012	1024144	31,8119	1057	1117249	32,5115
968	937024	31,1127	1013	1026169	31,8277	1058	1119364	32,5269
969	938961	31,1288	1014	1028196	31,8434	1059	1121481	32,5423
970	940900	31,1448	1015	1030225	31,8591	1060	1123600	32,5576
			1016	1032256	31,8748			
971	942841	31,1609	1017	1034289	31,8904	1061	1125721	32,5730
972	944784	31,1769	1018	1036324	31,9061	1062	1127844	32,5883
973	946729	31,1929	1019	1038361	31,9218	1063	1129969	32,6037
974	948676	31,2090	1020	1040400	31,9374	1064	1132096	32,6190
975	950625	31,2250				1065	1134225	32,6343
976	952576	31,2410	1021	1042441	31,9531	1066	1136356	32,6497
977	954529	31,2570	1022	1044484	31,9687	1067	1138489	32,6650
978	956484	31,2730	1023	1046529	31,9844	1068	1140624	32,6803
979	958441	31,2890	1024	1048576	32,0000	1069	1142761	32,6956
980	960400	31,3050	1025	1050625	32,0156	1070	1144900	32,7109
			1026	1052676	32,0312			
981	962361	31,3209	1027	1054729	32,0468	1071	1147041	32,7261
982	964324	31,3369	1028	1056784	32,0624	1072	1149184	32,7414
983	966289	31,3528	1029	1058841	32,0780	1073	1151329	32,7567
984	968256	31,3688	1030	1060900	32,0936	1074	1153476	32,7719
985	970225	31,3847				1075	1155625	32,7872
986	972196	31,4006	1031	1062961	32,1092	1076	1157776	32,8024
987	974169	31,4166	1032	1065024	32,1248	1077	1159929	32,8177
988	976144	31,4325	1033	1067089	32,1403	1078	1162084	32,8329
989	978121	31,4484	1034	1069156	32,1559	1079	1164241	32,8481
990	980100	31,4643	1035	1071225	32,1714	1080	1166400	32,8634

C. Tabellen

Tabelle C 20. (Fortsetzung)

n	n^2	$\sqrt{n}$	n	n^2	$\sqrt{n}$	n	n^2	$\sqrt{n}$
1081	1168561	32,8786	1126	1267876	33,5559	1171	1371241	34,2199
1082	1170724	32,8938	1127	1270129	33,5708	1172	1373584	34,2345
1083	1172889	32,9090	1128	1272384	33,5857	1173	1375929	34,2491
1084	1175056	32,9242	1129	1274641	33,6006	1174	1378276	34,2637
1085	1177225	32,9393	1130	1276900	33,6155	1175	1380625	34,2783
1086	1179396	32,9545				1176	1382976	34,2929
1087	1181569	32,9697	1131	1279161	33,6303	1177	1385329	34,3074
1088	1183744	32,9848	1132	1281424	33,6452	1178	1387684	34,3220
1089	1185921	33,0000	1133	1283689	33,6601	1179	1390041	34,3366
1090	1188100	33,0151	1134	1285956	33,6749	1180	1392400	34,3511
			1135	1288225	33,6898			
1091	1190281	33,0303	1136	1290496	33,7046	1181	1394761	34,3657
1092	1192464	33,0454	1137	1292769	33,7194	1182	1397124	34,3802
1093	1194649	33,0606	1138	1295044	33,7343	1183	1399489	34,3948
1094	1196836	33,0757	1139	1297321	33,7491	1184	1401856	34,4093
1095	1199025	33,0908	1140	1299600	33,7639	1185	1404225	34,4238
1096	1201216	33,1059				1186	1406596	34,4384
1097	1203409	33,1210	1141	1301881	33,7787	1187	1408969	34,4529
1098	1205604	33,1361	1142	1304164	33,7935	1188	1411344	34,4674
1099	1207801	33,1512	1143	1306449	33,8083	1189	1413721	34,4819
1100	1210000	33,1662	1144	1308736	33,8231	1190	1416100	34,4964
			1145	1311025	33,8378			
1101	1212201	33,1813	1146	1313316	33,8526	1191	1418481	34,5109
1102	1214404	33,1964	1147	1315609	33,8674	1192	1420864	34,5254
1103	1216609	33,2114	1148	1317904	33,8821	1193	1423249	34,5398
1104	1218816	33,2265	1149	1320201	33,8969	1194	1425636	34,5543
1105	1221025	33,2415	1150	1322500	33,9116	1195	1428025	34,5688
1106	1223236	33,2566				1196	1430416	34,5832
1107	1225449	33,2716	1151	1324801	33,9264	1197	1432809	34,5977
1108	1227664	33,2866	1152	1327104	33,9411	1198	1435204	34,6121
1109	1229881	33,3017	1153	1329409	33,9559	1199	1437601	34,6266
1110	1232100	33,3167	1154	1331716	33,9706	1200	1440000	34,6410
			1155	1334025	33,9853			
1111	1234321	33,3317	1156	1336336	34,0000	1201	1442401	34,6554
1112	1236544	33,3467	1157	1338649	34,0147	1202	1444804	34,6699
1113	1238769	33,3617	1158	1340964	34,0294	1203	1447209	34,6843
1114	1240996	33,3766	1159	1343281	34,0441	1204	1449616	34,6987
1115	1243225	33,3916	1160	1345600	34,0588	1205	1452025	34,7131
1116	1245456	33,4066				1206	1454436	34,7275
1117	1247689	33,4215	1161	1347921	34,0735	1207	1456849	34,7419
1118	1249924	33,4365	1162	1350244	34,0881	1208	1459264	34,7563
1119	1252161	33,4515	1163	1352569	34,1028	1209	1461681	34,7707
1120	1254400	33,4664	1164	1354896	34,1174	1210	1464100	34,7851
			1165	1357225	34,1321			
1121	1256641	33,4813	1166	1359556	34,1467	1211	1466521	34,7994
1122	1258884	33,4963	1167	1361889	34,1614	1212	1468944	34,8138
1123	1261129	33,5112	1168	1364224	34,1760	1213	1471369	34,8281
1124	1263376	33,5261	1169	1366561	34,1906	1214	1473796	34,8425
1125	1265625	33,5410	1170	1368900	34,2053	1215	1476225	34,8569

D. Nomogramme[1]

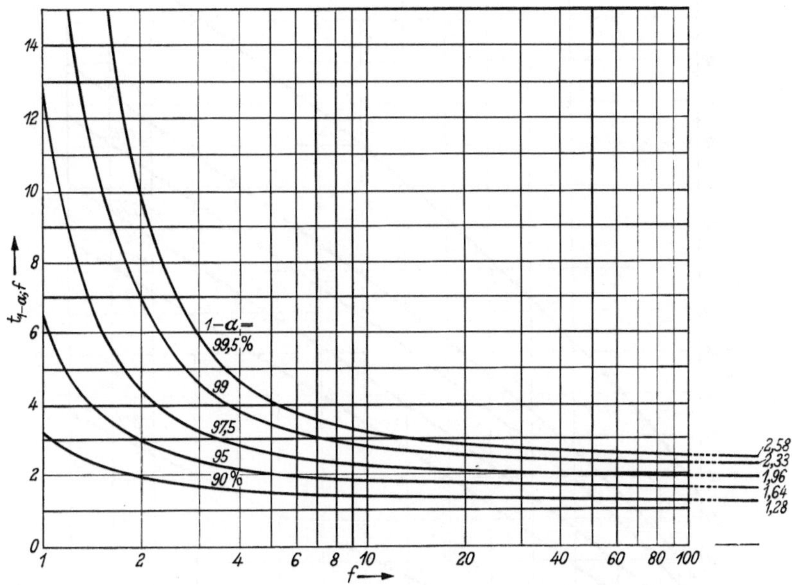

Nomogramm D 1. Schwellenwerte $t_{1-\alpha;\,f}$ der t-Verteilung zur statistischen Sicherheit $S = 1 - \alpha$ (bei einseitiger Abgrenzung) in Abhängigkeit vom Freiheitsgrad f

---

[1] Bei den Kurven sind nur die Ordinatenwerte über den ganzzahligen n- bzw. f-Werten von Bedeutung. Der Anschaulichkeit halber sind diese Punkte durch einen Kurvenzug verbunden.

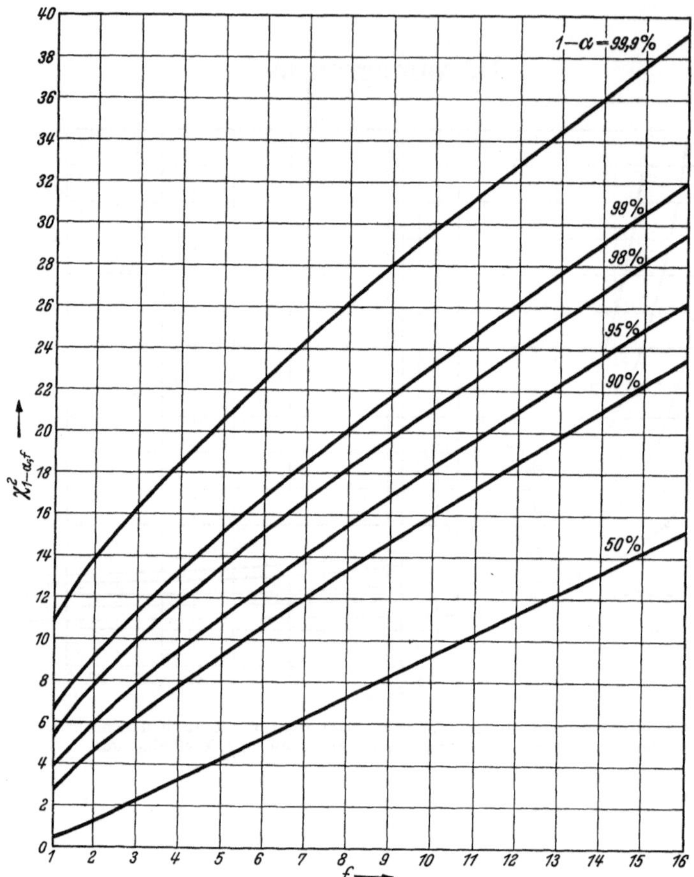

Nomogramm D 2. Schwellenwerte $\chi^2_{1-\alpha;f}$ der χ^2-Verteilung zur Wahrscheinlichkeit $1-\alpha \geqq 50\%$ in Abhängigkeit vom Freiheitsgrad f

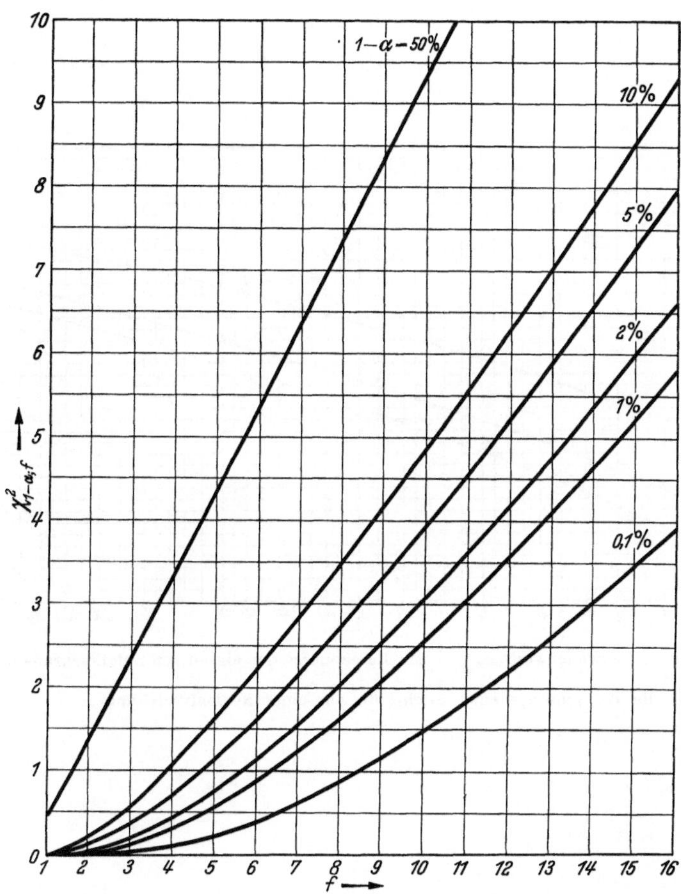

Nomogramm D 3. Schwellenwerte $\chi^2_{1-\alpha;\,f}$ der χ^2-Verteilung zur Wahrscheinlichkeit $1-\alpha \leqq 50\%$ in Abhängigkeit vom Freiheitsgrad f

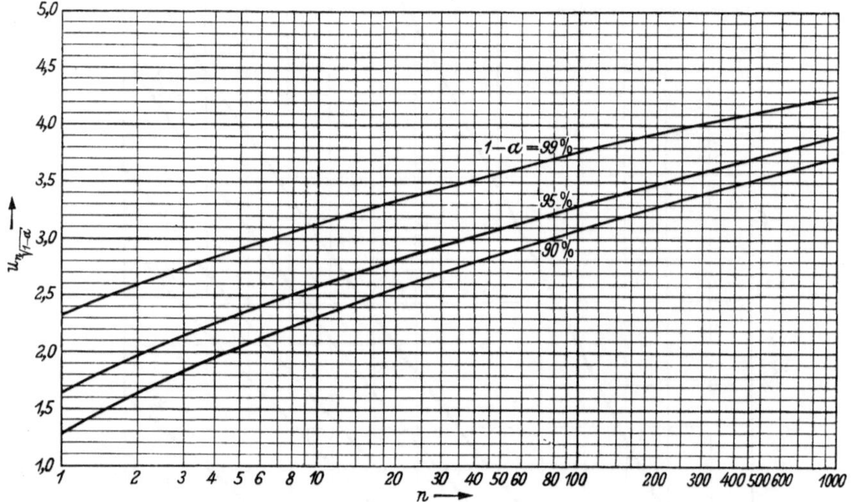

Nomogramm D 4. Schwellenwerte $u_{n\sqrt{1-\alpha}}$ zur Berechnung der einseitigen Zufallsschranken für die Extremwerte einer Stichprobe aus einer Normalverteilung

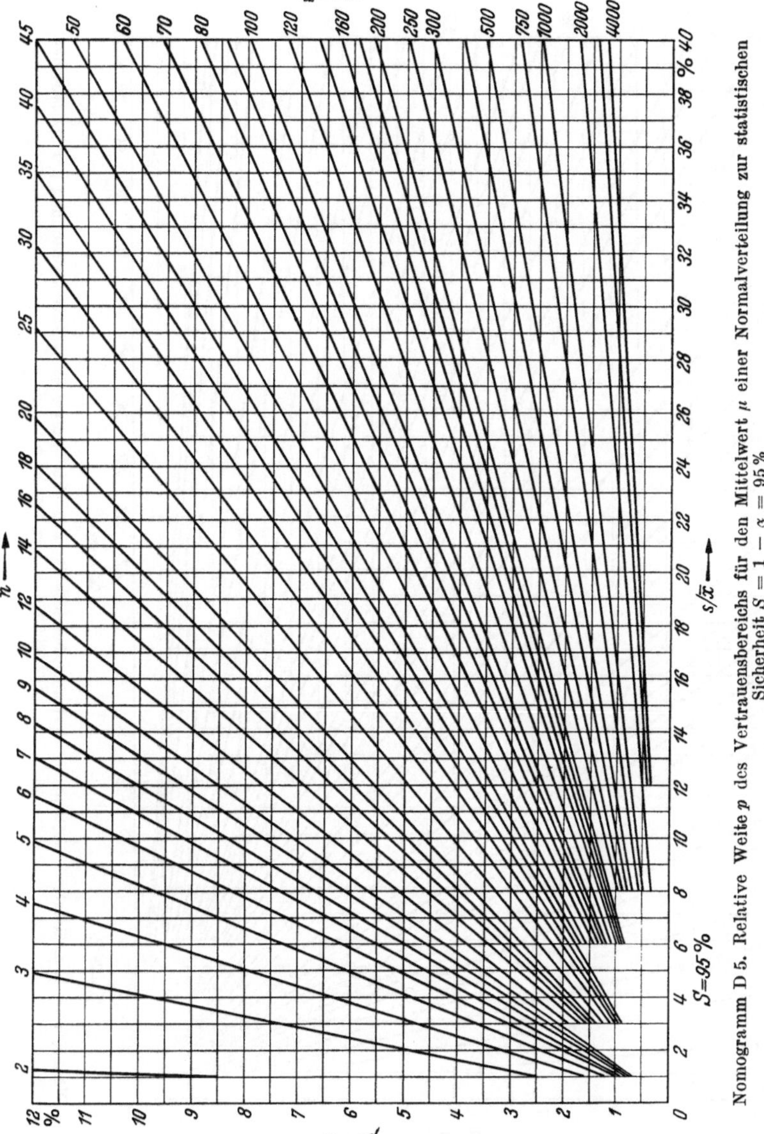

Nomogramm D 5. Relative Weite p des Vertrauensbereichs für den Mittelwert μ einer Normalverteilung zur statistischen Sicherheit $S = 1 - \alpha = 95\%$

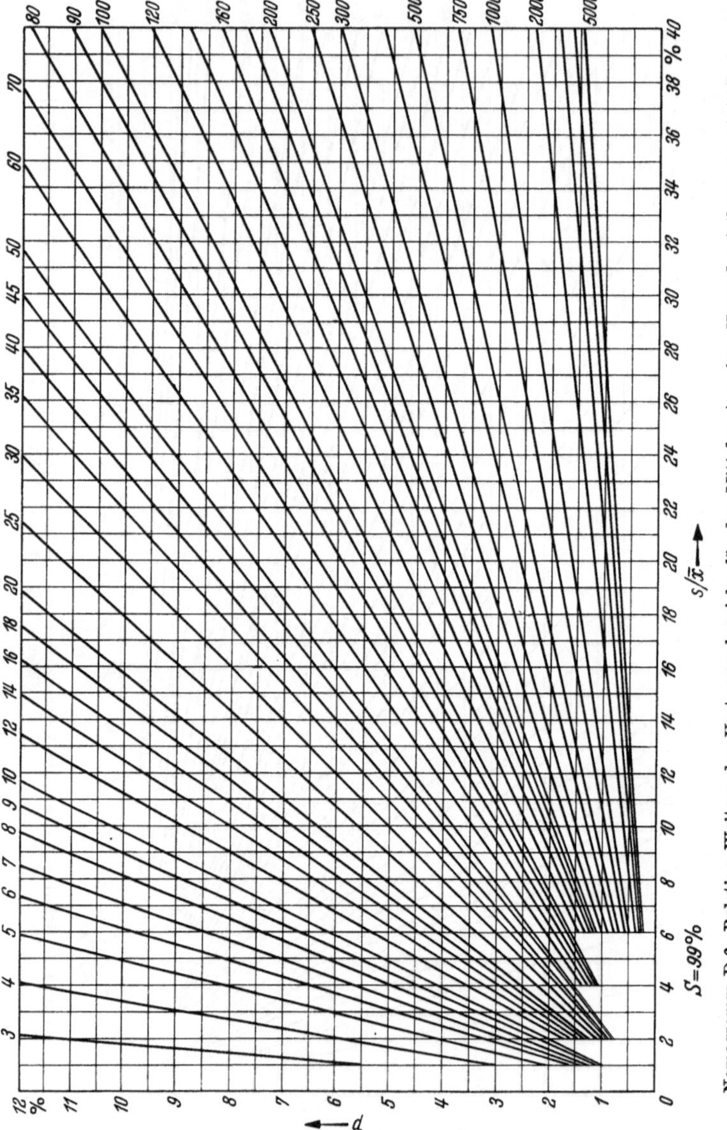

Nomogramm D 6. Relative Weite p des Vertrauensbereichs für den Mittelwert μ einer Normalverteilung zur statistischen Sicherheit $S = 1 - \alpha = 99\%$

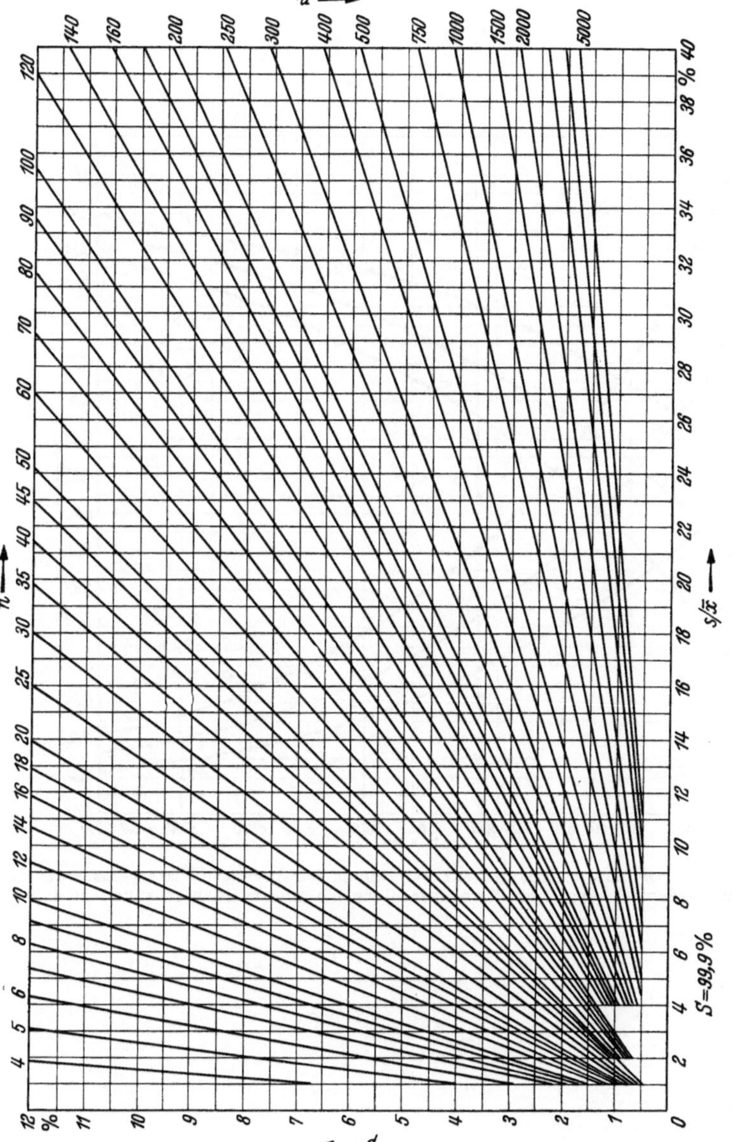

Nomogramm D 7. Relative Weite p des Vertrauensbereichs für den Mittelwert μ einer Normalverteilung zur statistischen Sicherheit $S = 1 - \alpha = 99{,}9\%$

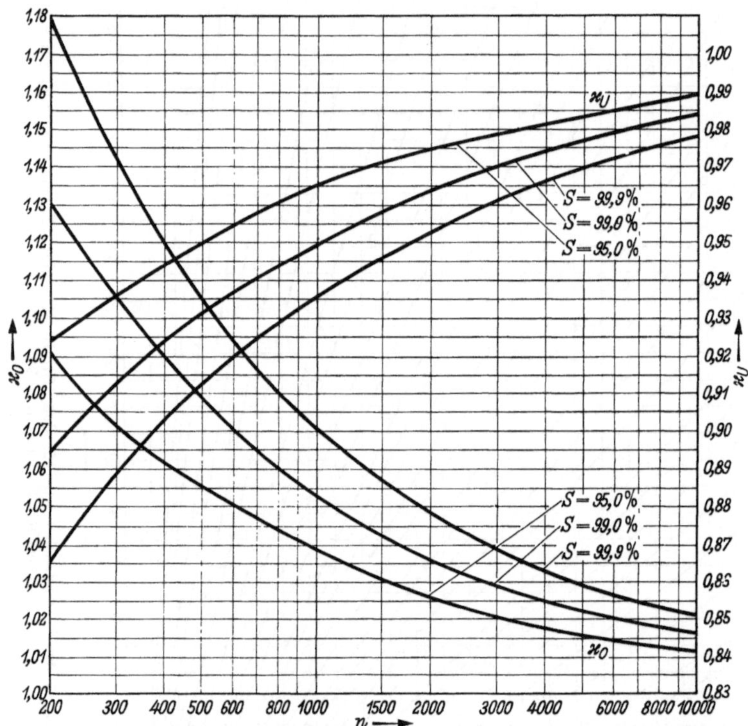

Nomogramm D 8. $\varkappa_U$- und $\varkappa_O$-Faktoren zur Berechnung der einseitigen Vertrauensgrenzen für die Standardabweichung σ der Normalverteilung bei großem Stichprobenumfang n

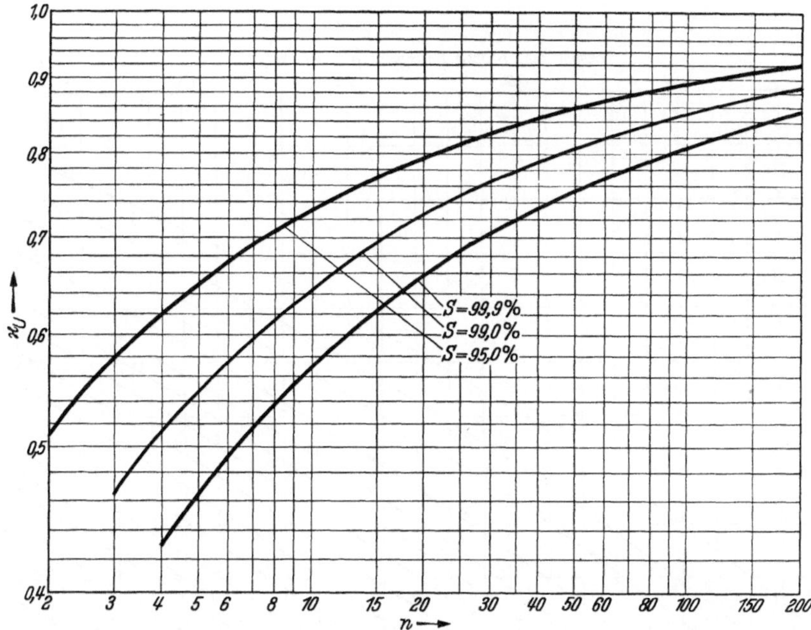

Nomogramm D 9. $\varkappa_U$-Faktor zur Berechnung der einseitigen unteren Vertrauensgrenze für die Standardabweichung σ der Normalverteilung bei kleinem Stichprobenumfang n

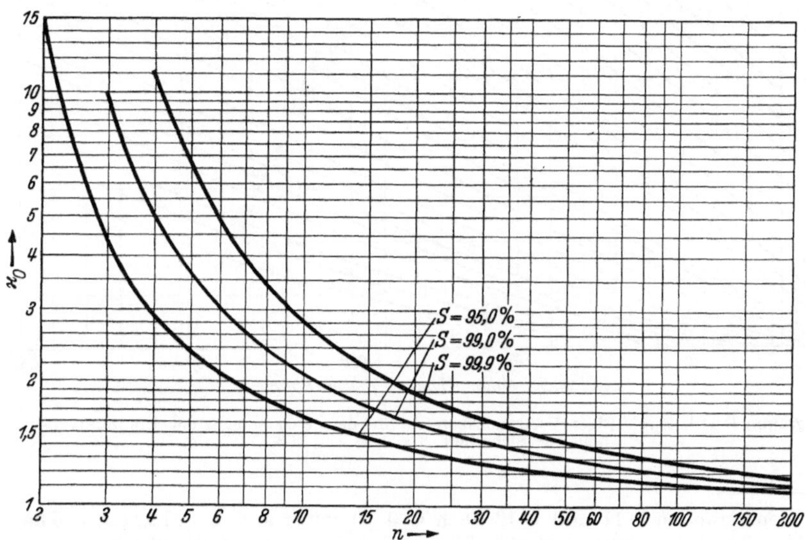

Nomogramm D 10. $\varkappa_O$-Faktor zur Berechnung der einseitigen oberen Vertrauensgrenze für die Standardabweichung σ der Normalverteilung bei kleinem Stichprobenumfang n

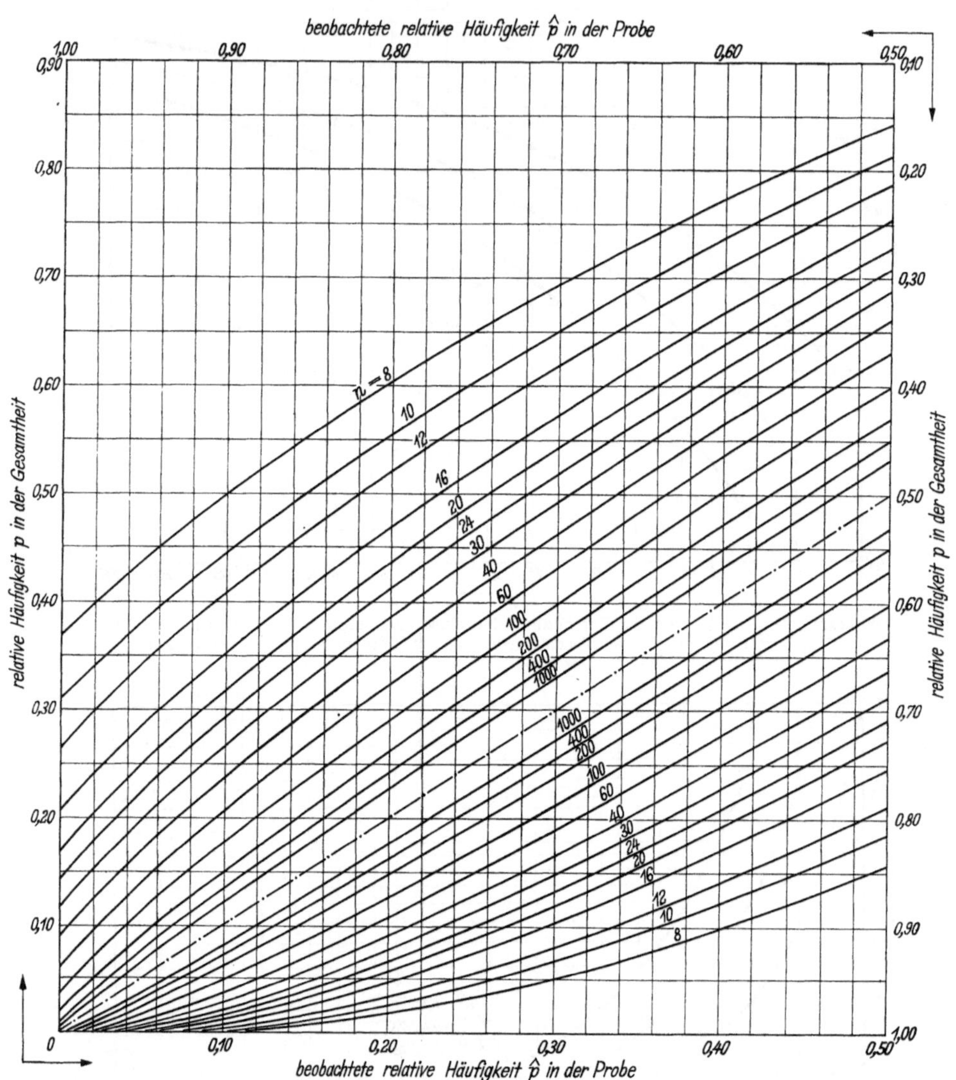

Nomogramm D 11[1]. Zweiseitiger Vertrauensbereich für den Parameter p der Binomialverteilung zur Sicherheit $S = 1 - \alpha = 95\%$

---

[1] Nomogramme D 11 und D 12 nach C. J. CLOPPER and E. S. PEARSON: The use of confidence or fiducial limits illustrated in the case of the binomial. Biometrika 26, 1934, S. 404, und E. S. PEARSON and H. O. HARTLEY: Biometrika Tables for Statisticians, Vol. I. Cambridge: University Press 1962.

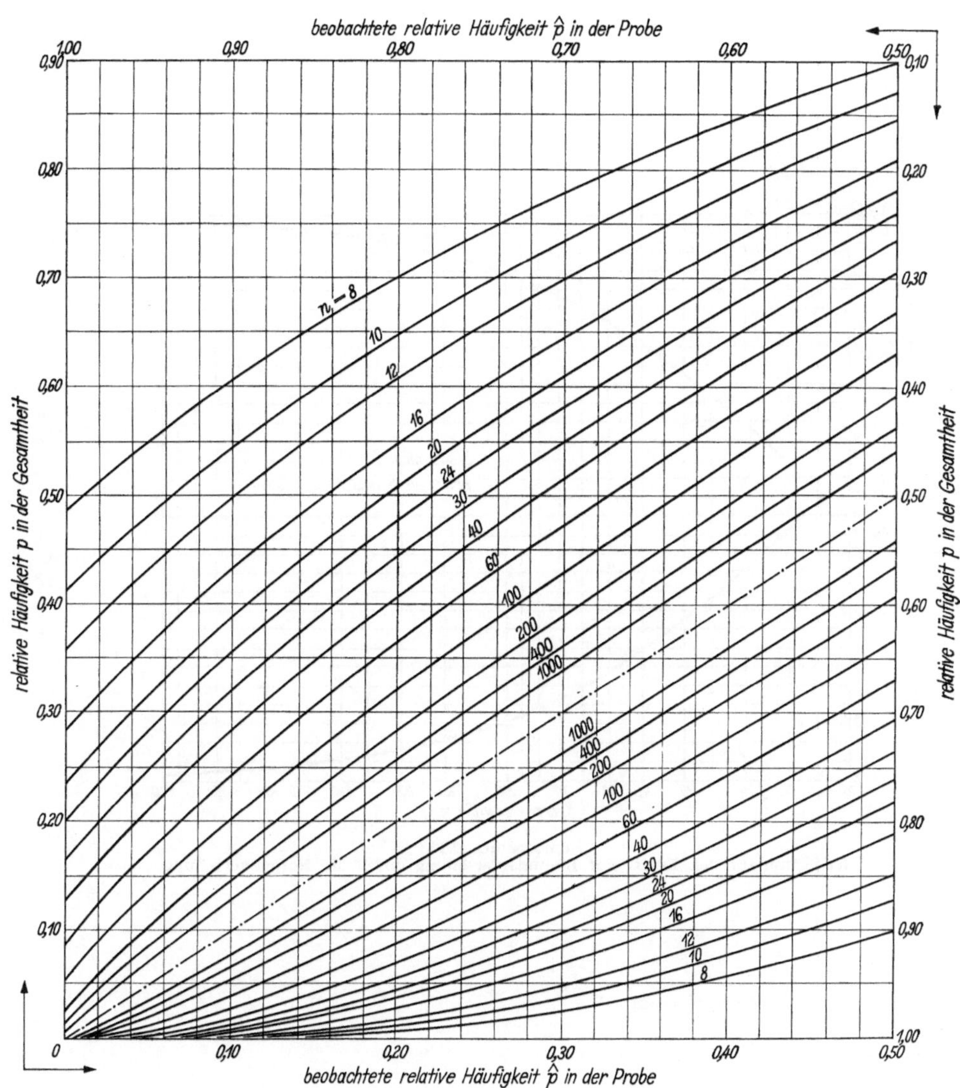

Nomogramm D 12. Zweiseitiger Vertrauensbereich für den Parameter p der Binomialverteilung zur Sicherheit $S = 1 - \alpha = 99\%$

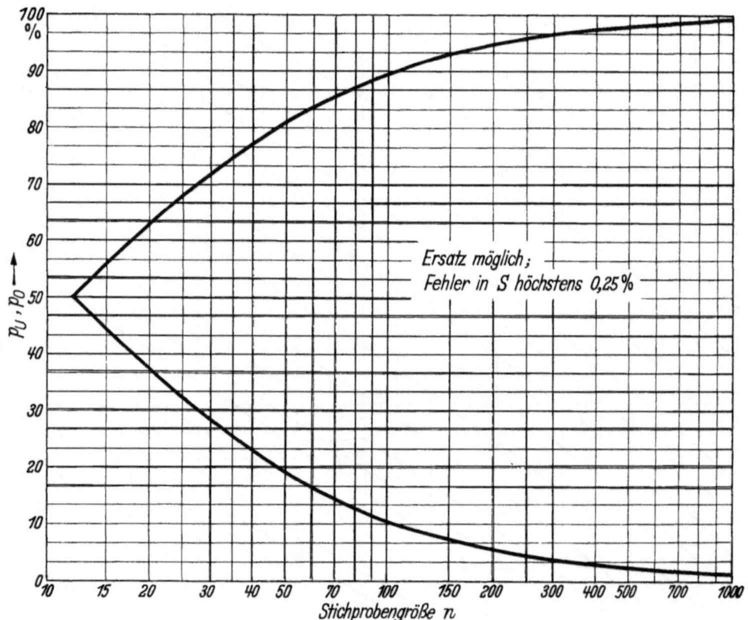

Nomogramm D 13
Kriterium für den Ersatz der Binomialverteilung durch die Normalverteilung

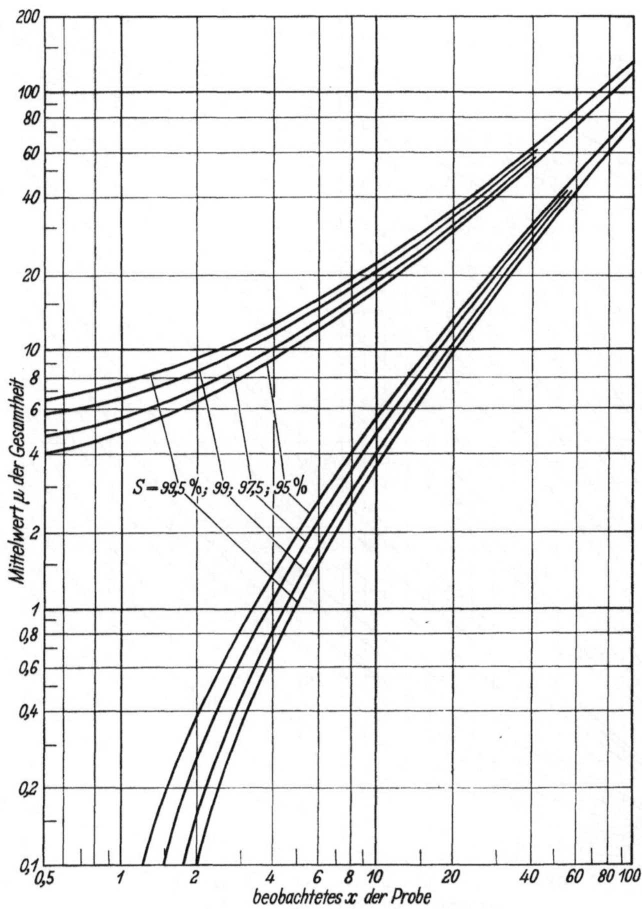

Nomogramm D 14. Einseitige Vertrauensgrenzen für den Mittelwert μ der Poisson-Verteilung zur Sicherheit $S = 1 - \alpha$

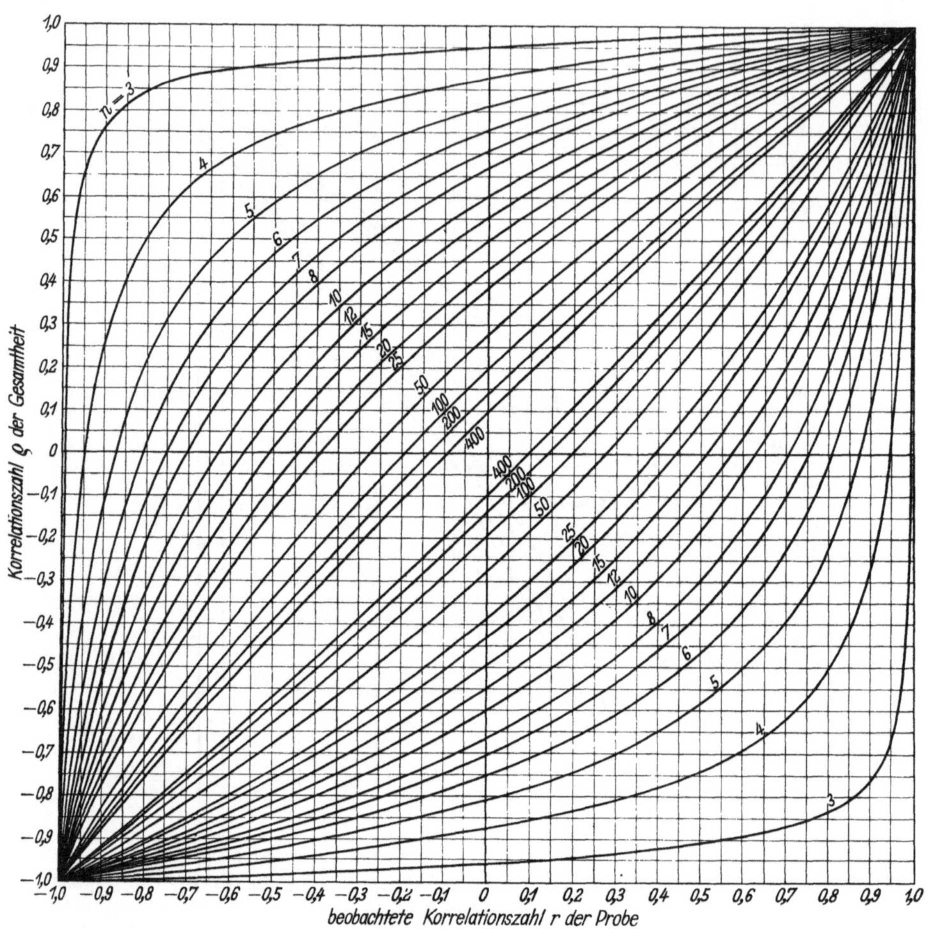

Nomogramm D 15[1]. Zweiseitiger Vertrauensbereich für die Korrelationszahl ϱ bei zweidimensionaler Normalverteilung zur Sicherheit $S = 1 - \alpha = 95\%$

---

[1] Nomogramme D 15 und D 16 nach F. N. DAVID. Tables of the Correlation Coefficient. Cambridge: University Press 1954.

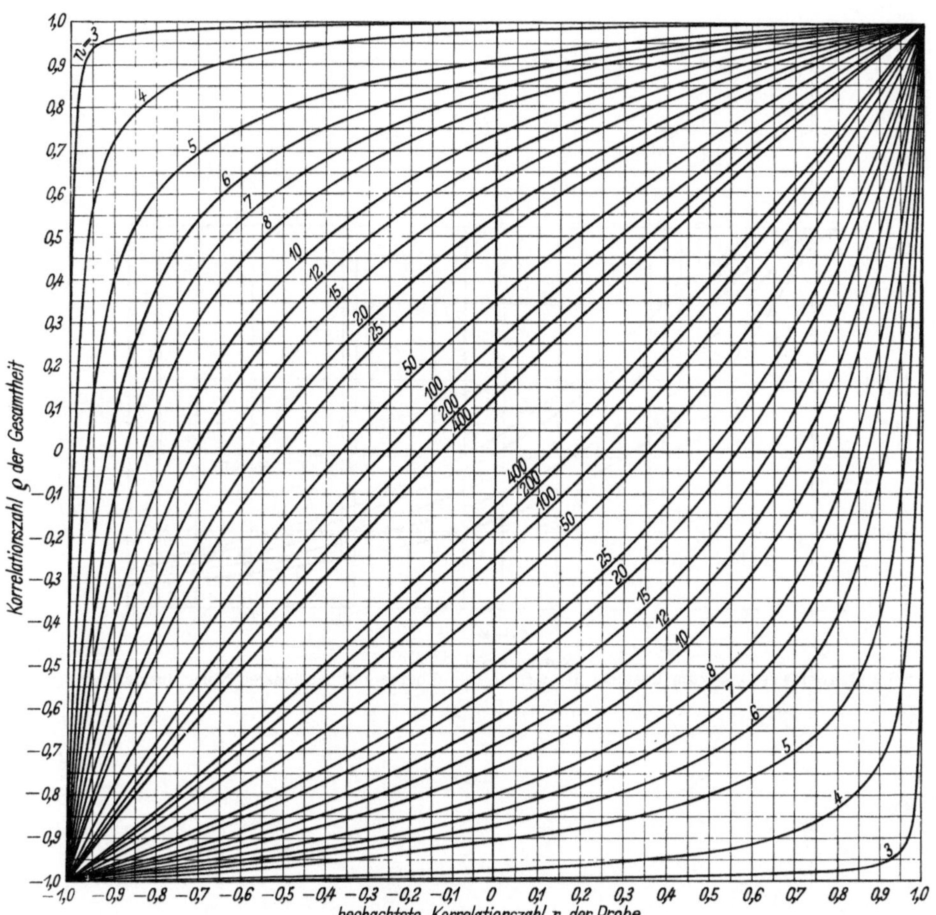

Nomogramm D 16. Zweiseitiger Vertrauensbereich für die Korrelationszahl ϱ bei zweidimensionaler Normalverteilung zur Sicherheit $S = 1 - \alpha = 99\%$

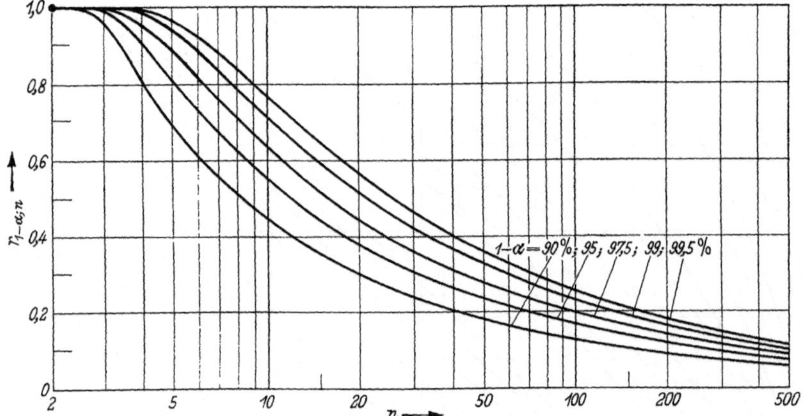

Nomogramm D 17

Schwellenwerte $r_{1-\alpha:\,n}$ zum Test der Hypothese $\varrho = 0$ bei zweidimensionaler Normalverteilung

Literaturverzeichnis

1 Einführende Darstellungen

[1.1] CROXTON, F. E., and D. J. COWDEN: Applied General Statistics. Englewood Cliffs, N. J.: Prentice-Hall 1960.

[1.2] DIXON, W. J., and F. J. MASSEY: Introduction to Statistical Analysis. New York: McGraw-Hill 1957.

[1.3] FLASKÄMPER, P.: Allgemeine Statistik. Hamburg: R. Meiner 1959.

[1.4] FRASER, D. A. S.: Statistics: An Introduction. New York: Wiley 1958.

[1.5] FREUDENTHAL, H.: Wahrscheinlichkeit und Statistik. München: Oldenbourg 1963.

[1.6] KEEPING, E. S.: Introduction to Statistical Inference. Princeton, N. J.: van Nostrand 1962.

[1.7] KELLERER, H.: Statistik im modernen Wirtschafts- und Sozialleben. Hamburg: Rowohlt 1960.

[1.8] KREYSZIG, E.: Statistische Methoden und ihre Anwendungen. Göttingen: Vandenhoeck & Ruprecht 1965.

[1.9] MORONEY, M. J.: Facts from Figures. Harmondsworth, Middlesex: Penguin Books 1962.

[1.10] PFANZAGL, J.: Allgemeine Methodenlehre der Statistik, 2 Bde. Berlin: de Gruyter 1964.

[1.11] RIDER, P. R.: An Introduction to Modern Statistical Methods. New York: Wiley 1948.

[1.12] STEEL, R. G. D., and J. H. TORRIE: Principles and Procedures of Statistics. New York: McGraw-Hill 1960.

[1.13] TIPPETT, L. H. C.: The Methods of Statistics. New York: Wiley 1952.

[1.14] WAUGH, A. E.: Elements of Statistical Method. New York: McGraw-Hill 1952.

[1.15] WAUGH, A. E.: Statistical Tables and Problems. New York: McGraw-Hill 1952.

[1.16] YULE, U., and M. G. KENDALL: An Introduction to the Theory of Statistics. London: Griffin 1958.

2 Mathematische Statistik und Wahrscheinlichkeitsrechnung

[2.1] ACKERMANN, W.-G.: Einführung in die Wahrscheinlichkeitsrechnung. Leipzig: Hirzel 1955.

[2.2] ARLEY, N., and K. R. BUCH: Introduction to the Theory of Probability and Statistics. New York: Wiley 1961.

[2.3] BARTLETT, M. S.: Essays on Probability and Statistics. London: Methuen 1962.

[2.4] BLACKWELL, D., and M. A. GIRSHICK: Theory of Games and Statistical Decisions. New York: Wiley 1954.

[2.5] BURINGTON, R. S., and D. C. MAY: Handbook of Probability and Statistics with Tables. Sandusky/Ohio: Handbook Publishers 1958.

[2.6] CRAMÉR, H.: Mathematical Methods of Statistics. Princeton: University Press 1961.

[2.7] CRAMÉR, H.: The Elements of Probability Theory and Some of Its Applications. New York: Wiley 1961.

[2.8] DAVID, F. N.: Probability Theory for Statistical Methods. Cambridge: University Press 1951.

[2.9] DUGUÉ, D.: Traité de Statistique Théorique et Appliquée. Paris: Masson 1958.

[2.10] DUGUÉ, D.: Arithmétique des Lois de Probabilités. Paris: Gauthier-Villars 1957.

[2.11] EHRENFELD, S., u. S. B. LITTAUER: Introduction to Statistical Method. New York: McGraw-Hill 1964.

[2.12] FELLER, W.: An Introduction to Probability Theory and Its Applications, Vol. I. New York: Wiley 1961.

[2.13] FISHER, R. A.: Contributions to Mathematical Statistics. New York: Wiley 1950.

[2.14] FISZ, M.: Wahrscheinlichkeitsrechnung und mathematische Statistik. Berlin: Deutscher Verlag der Wissenschaften 1962.

[2.15] FISZ, M.: Probability Theory and Mathematical Statistics. New York: Wiley 1963.

[2.16] GAUSS, C. F.: Abhandlungen zur Methode der kleinsten Quadrate. Würzburg: Physica-Verlag 1964.

[2.17] GEBELEIN, H.: Zahl und Wirklichkeit. Heidelberg: Quelle u. Meyer 1950.

[2.18] GNEDENKO, B. W.: Lehrbuch der Wahrscheinlichkeitsrechnung. Berlin: Akademie-Verlag 1962.

[2.19] GROSSMANN, W.: Grundzüge der Ausgleichsrechnung. Berlin/Göttingen/ Heidelberg: Springer 1961.

[2.20] GUMBEL, E. J.: Statistics of Extremes. New York: Columbia University Press 1960.

[2.21] HOEL, P. G.: Introduction to Mathematical Statistics. New York: Wiley 1961.

[2.22] HRISTOW, W. K.: Grundlagen der Wahrscheinlichkeitsrechnung, mathematischen Statistik und Methode der kleinsten Quadrate. Berlin: Verlag für Bauwesen 1961.

[2.23] KENDALL, M. G., and A. STUART: The Advanced Theory of Statistics. London: Griffin; Vol. 1, 1958; Vol. 2, 1961.

[2.24] KENNEY, J. F., and E. S. KEEPING: Mathematics of Statistics, 2 Bde. Princeton, N. J.: van Nostrand 1961.

[2.25] KRICKEBERG, K.: Wahrscheinlichkeitstheorie. Stuttgart: Teubner 1963.

[2.26] KULLBACK, S.: Information Theory and Statistics. New York: Wiley 1959.

[2.27] LINNIK, J. W.: Die Methode der kleinsten Quadrate in moderner Darstellung. Berlin: Deutscher Verlag der Wissenschaften 1961.

[2.28] LOÈVE, M.: Probability Theory. Princeton, N. J.: van Nostrand 1960.

[2.29] MISES, R. VON: Mathematical Theory of Probability and Statistics. New York: Academic Press 1964.

[2.30] MORGENSTERN, D.: Einführung in die Wahrscheinlichkeitsrechnung und mathematische Statistik. Berlin/Göttingen/Heidelberg: Springer 1964.

[2.31] MOSTELLER, F., R. E. K. ROURKE and G. B. THOMAS: Probability with Statistical Applications. Reading, Mass.: Addison-Wesley 1961.

[2.32] NEYMAN, J.: First Course in Probability and Statistics. New York: Holt, Rinehart and Winston 1960.

[2.33] PARZEN, E.: Modern Probability Theory and Its Applications. New York: Wiley 1960.

[*2.34*] RAIFFA, H., and R. SCHLAIFER: Applied Statistical Decision Theory. Boston: Harvard University 1961.

[*2.35*] RÉNYI, A.: Wahrscheinlichkeitsrechnung. Berlin: Deutscher Verlag der Wissenschaften 1962.

[*2.36*] RICHTER, H.: Wahrscheinlichkeitstheorie. Berlin/Göttingen/Heidelberg: Springer 1956.

[*2.37*] SANDEN, E. VON: Praktische Mathematik (mit besonderer Berücksichtigung von Statistik und Ausgleichsrechnung). Stuttgart: Teubner 1961.

[*2.38*] SCHMETTERER, L.: Einführung in die mathematische Statistik. Wien: Springer 1956.

[*2.39*] TUCKER, H. G.: An Introduction to Probability and Mathematical Statistics. New York: Academic Press 1962.

[*2.40*] USPENSKY, J. V.: Introduction to Mathematical Probability. New York: McGraw-Hill 1937.

[*2.41*] WAERDEN, B. L. VAN DER: Mathematische Statistik. Berlin/Göttingen/ Heidelberg: Springer 1965.

[*2.42*] WALD, A.: Statistical Decision Functions. New York: Wiley 1961.

[*2.43*] WALD, A.: Selected Papers in Statistics and Probability. Stanford, Cal.: University Press 1957.

[*2.44*] WEATHERBURN, C. E.: Mathematical Statistics. Cambridge: University Press 1961.

[*2.45*] WILKS, S. S.: Mathematical Statistics. New York: Wiley 1962.
Centre National de la Recherche Scientifique

[*2.46*] Le Calcul des Probabilités et ses Applications. Paris 1959.

3 Methodische Einzeldarstellungen

3.1 Qualitätskontrolle, Probenahme

[*3.1.1*] BOWKER, A. H., and H. P. GOODE: Sampling Inspection by Variables. New York: McGraw-Hill 1952.

[*3.1.2*] BURR, I. W.: Engineering Statistics and Quality Control. New York: McGraw-Hill 1953.

[*3.1.3*] CARSON, G. B. (Editor): Production Handbook. New York: Ronald Press 1959.

[*3.1.4*] COCHRAN, W. G.: Sampling Techniques. New York: Wiley 1963.

[*3.1.5*] COWDEN, D. J.: Statistical Methods in Quality Control. Englewood Cliffs, N. J.: Prentice-Hall 1957.

[*3.1.6*] DEMING, W. E.: Some Theory of Sampling. New York: Wiley 1961.

[*3.1.7*] DUNCAN, A. J.: Quality Control and Industrial Statistics. Homewood, Illinois: Irwin 1959.

[*3.1.8*] DUTSCHKE, W.: Qualitätsregelung in der Fertigung. Berlin/Göttingen/ Heidelberg: Springer 1964.

[*3.1.9*] EKAMBARAM, S. K.: The Statistical Basis of Quality Control Charts. London: Asia Publishing House 1960.

[*3.1.10*] EKAMBARAM, S. K.: The Statistical Basis of Acceptance Sampling. London: Asia Publishing House 1963.

[*3.1.11*] ENRICK, N. L.: Qualitätskontrolle im Industriebetrieb. München: Oldenbourg 1961.

[*3.1.12*] FEIGENBAUM, A. V.: Total Quality Control. New York: McGraw-Hill 1961.

[*3.1.13*] FREEMAN, H. A.: Industrial Statistics. New York: Wiley 1942.

[*3.1.14*] FREEMAN, H. A., M. FRIEDMAN, F. MOSTELLER and W. A. WALLIS: Sampling Inspection. New York: McGraw-Hill 1948.

[*3.1.15*] GRANT, E. L.: Statistical Quality Control. New York: McGraw-Hill 1964.

[*3.1.16*] HANSEN, M. H., W. N. HURWITZ and W. G. MADOW: Sample Survey Methods and Theory, 2 Vol. New York: Wiley 1953.

[*3.1.17*] JURAN, J. M., L. A. SEDER and F. M. GRYNA: Quality Control Handbook. New York: McGraw-Hill 1962.

[*3.1.18*] KELLERER, H.: Theorie und Technik des Stichprobenverfahrens. München: Deutsche Statistische Gesellschaft 1953.

[*3.1.19*] LIEBSCHER, U.: Graphische Hilfsmittel für die Statistische Qualitätskontrolle. Plauen: Schäfer 1963.

[*3.1.20*] LUSTIG, H., u. J. PFANZAGL: Industrielle Qualitätskontrolle. Wien: Österreichische Statistische Gesellschaft 1957.

[*3.1.21*] LUSTIG, H., J. PFANZAGL u. L. SCHMETTERER: Moderne Kontrolle. Wien: Österreichische Statistische Gesellschaft 1958.

[*3.1.22*] MACE, A. E.: Sample-Size Determination. New York: Reinhold 1964.

[*3.1.23*] MENGES, G.: Stichproben aus endlichen Gesamtheiten. Frankfurt/M.: Klostermann 1959.

[*3.1.24*] MOTHES, J.: Techniques Modernes de Controle des Fabrications. Paris: Dunod 1952.

[*3.1.25*] PEACH, P.: An Introduction to Industrial Statistics and Quality Control. Raleigh: Edward and Broughton 1947.

[*3.1.26*] RICE, W. B.: Control Charts in Factory Management. New York: Wiley 1955.

[*3.1.27*] RISSIK, H.: Quality Control in Production. London: Pitman 1947.

[*3.1.28*] RUTHERFORD, J. G.: Quality Control in Industry, Methods and Systems. London: Pitman 1948.

[*3.1.29*] SCHAAFSMA, A. H., u. F. G. WILLEMZE: Moderne Qualitätskontrolle. Eindhoven: Philips Techn. Bibl. 1961.

[*3.1.30*] SCHINDOWSKI, E., u. O. SCHÜRZ: Statistische Qualitätskontrolle — Kontrollkarten und Stichprobenpläne. Berlin: Verlag Technik 1965.

[*3.1.31*] SHEWART, W. A.: Economic Control of Quality of Manufactured Product. New York: van Nostrand 1931.

[*3.1.32*] STRAUCH, H.: Statistische Güteüberwachung. München: Hanser 1956.

[*3.1.33*] SUKHATME, P. V.: Sampling Theory of Surveys with Applications. Ames: Iowa State University Press 1960.

[*3.1.34*] UHLMANN, W.: Statistische Qualitätskontrolle. Stuttgart: Teubner 1965.

[*3.1.35*] WALD, A.: Sequential Analysis. New York: Wiley 1959.

[*3.1.36*] YATES, F.: Sampling Methods for Censuses and Surveys. London: Griffin 1960.

American Society for Quality Control

[*3.1.37*] ASQC Standard A 1 — 1951: Definitions and Symbols for Control Charts. New York 1951.

[*3.1.38*] ASQC Standard B 1 — 1958 und B 2 — 1958: Guide for Quality Control and Control Chart Method of Analyzing Data. New York 1958.

[*3.1.39*] ASQC Standard B 3 — 1958: Control Chart Method of Controlling Quality During Production. New York 1958.

[*3.1.40*] ASQC Standard A 2 — 1962: Definitions and Symbols for Acceptance Sampling by Attributes. Milwaukee 1962.

[*3.1.41*] ASQC/General Publications 3: The Span Plan Method, Process Capability Analyses. Milwaukee 1956.

[*3.1.42*] ASQC/General Publications 4: The Power to Detect a Single Slippage and the Probability of a Type One Error for the Upper Three-Sigma Limit Control Chart for Fraction Defective, No Standard Given. Milwaukee 1958.

[*3.1.43*] ASQC/General Publications 5: The Power to Detect a Single Slippage and the Probability of a Type One Error for the Upper Three-Sigma Limit Control Chart for Number of Defects, No Standard Given. Milwaukee 1961.

American Society for Testing Materials

[*3.1.44*] ASTM/STP 15-C: Manual on Quality Control of Materials. Philadelphia 1951.

[*3.1.45*] ASTM/STP 66: Discussion on Statistical Quality Control in Its Application to Specification Requirements. Philadelphia 1946.

[*3.1.46*] ASTM/STP 112: Symposium on the Rôle of Non-Destructive Testing in the Economics of Production. Philadelphia 1950.

[*3.1.47*] ASTM/STP 114: Symposium on Bulk Sampling. Philadelphia 1951.

[*3.1.48*] ASTM/STP 145: Symposium on Non-Destructive Testing. Philadelphia 1952.

[*3.1.49*] ASTM/STP 162: Symposium on Coal Sampling. Philadelphia 1954.

[*3.1.50*] ASTM/STP 213: Symposium on Nondestructive Testing. Philadelphia 1956.

[*3.1.51*] ASTM/STP 223: Symposium on Nondestructive Tests in the Field of Nuclear Energy. Philadelphia 1957.

[*3.1.52*] ASTM/STP 278: Nondestructive Testing in the Missile Industry. Philadelphia 1959.

[*3.1.53*] ASTM/STP 313: Manual on Fitting Straight Lines. Philadelphia 1962.

British Productivity Council

[*3.1.54*] Inpection in Industry. London 1953.

[*3.1.55*] The Control of Quality. London 1957.

[*3.1.56*] Anson, C. J.: Quality Control as a Tool for Production. London 1959.

[*3.1.57*] Sixteen Case Studies in Value Analysis. London 1964.

British Standards Institution

[*3.1.58*] British Standard 600: The Application of Statistical Methods to Industrial Standardization and Quality Control. London 1935.

[*3.1.59*] British Standard 1313: Fraction-Defective Charts for Quality Control. London 1947.

[*3.1.60*] British Standard 1957: Presentation of Numerical Values. London 1953.

[*3.1.61*] British Standard 2564: Control Chart Technique when Manufacturing to a Specification. London 1955.

[*3.1.62*] British Standard 2846: The Reduction and Presentation of Experimental Results. London 1957.

Deutsche Arbeitsgemeinschaft für Statistische Qualitätskontrolle

[*3.1.63*] ASQ/AWF 1: ASQ-Stichproben-Tabellen zur Attributprüfung. Berlin: Beuth-Vertrieb 1960.

[*3.1.64*] ASQ/AWF 2: Qualitätsüberwachung. Berlin: Beuth-Vertrieb 1961.

[*3.1.65*] ASQ/AWF 5: Stichprobenpläne für messende Prüfung. Berlin: Beuth-Vertrieb (1962).

[*3.1.66*] ASQ/AWF I-3-1: Abnahme mit Stichproben. Berlin: Beuth-Vertrieb 1959.

[*3.1.67*] ASQ/AWF II-2-1: Mittelwert und Streuung. Berlin: Beuth-Vertrieb 1959.

[*3.1.68*] ASQ/AWF II-3-1: Kontrollkarten. Berlin: Beuth-Vertrieb 1964.

US Government Printing Office

[*3.1.69*] MIL-STD-105 D: Sampling Procedures and Tables for Inspection by Attributes. Washington 1963.

[*3.1.70*] MIL-STD-414: Sampling Procedures and Tables for Inspection by Variables for Percent Defective. Washington 1957.

[*3.1.71*] Inspection and Quality Control Handbook (Interim) H 106: Multi-Level Continuous Sampling Procedures and Tables for Inspection by Attributes. Washington 1958.

[*3.1.72*] Inspection and Quality Control Handbook (Interim) H 107: Single-Level Continuous Sampling Procedures and Tables for Inspection by Attributes. Washington 1959.

[*3.1.73*] Supply and Logistics Handbook H 105: Administration of Sampling Procedures for Acceptance Inspection. Washington 1954.

Institution of Production Engineers

[*3.1.74*] IPE: Case Studies in Quality Control. London: Maxwell, Love u. Co. 1959.

Statistical Research Group

[*3.1.75*] SRG Report 255: Sequential Analysis of Statistical Data: Applications. New York: Columbia University Press 1945.

3.2 Testverfahren, Verteilungsfreie Methoden

[*3.2.1*] FRASER, D. A. S.: Nonparametric Methods in Statistics. New York: Wiley 1959.

[*3.2.2*] LEHMANN, E. L.: Testing Statistical Hypotheses. New York: Wiley 1959.

[*3.2.3*] LIENERT, G. A.: Verteilungsfreie Methoden in der Biostatistik. Meisenheim: Hain 1962.

[*3.2.4*] SIEGEL, S.: Nonparametric Statistics for the Behavioral Sciences. New York: McGraw-Hill 1956.

[*3.2.5*] WALSH, J. E.: Handbook of Nonparametric Statistics. Princeton, N. J.: van Nostrand; Vol. 1, 1962: Vol. 2, 1965.

3.3 Varianzanalyse und Versuchsplanung

[*3.3.1*] COCHRAN, W. G., u. G. M. COX: Experimental Designs. New York: Wiley 1957.

[*3.3.2*] COX, D. R.: Planning of Experiments. New York: Wiley 1961.

[*3.3.3*] DAVIES, O. L.: Design and Analysis of Industrial Experiments. London: Oliver and Boyd 1960.

[*3.3.4*] DUGUÉ, D., et M. GIRAULT: Analyse de Variance et Plans d'Expérience. Paris: Dunod 1959.

[*3.3.5*] FEDERER, W. T.: Experimental Design/Theory and Application. New York: Macmillan 1955.

[*3.3.6*] FINNEY, D. J.: Experimental Design and Its Statistical Basis. Chicago: University Press 1955.

[*3.3.7*] FINNEY, D. J.: An Introduction to the Theory of Experimental Design. Chicago: University Press 1960.

[*3.3.8*] FISHER, R. A.: The Design of Experiments. London: Oliver and Boyd 1960.

[*3.3.9*] FRUCHTER, B.: Introduction to Factor Analysis. Princeton, N. J.: van Nostrand 1954.

[*3.3.10*] GRAYBILL, F. A.: An Introduction to Linear Statistical Models, Vol. I. New York: McGraw-Hill 1961.

[*3.3.11*] GUENTHER, W. C.: Analysis of Variance. Englewood Cliffs, N. J.: Prentice-Hall 1964.

[*3.3.12*] KEMPTHORNE, O.: The Design and Analysis of Experiments. New York: Wiley 1960.

[*3.3.13*] LAWLEY, D. N., and A. E. MAXWELL: Factor Analysis as a Statistical Method. London: Butterworths 1963.

[*3.3.14*] LINDER, A.: Planen und Auswerten von Versuchen. Basel: Birkhäuser 1959.

[*3.3.15*] MANN, H. B.: Analysis and Design of Experiments, Analysis of Variance and Analysis of Variance Designs. New York: Dover Publications 1949.

[*3.3.16*] MITTENECKER, E.: Planung und statistische Auswertung von Experimenten. Wien: Deuticke 1963.

[*3.3.17*] MOOD, A. M.: Introduction to the Theory of Statistics. New York: McGraw-Hill 1950.

[*3.3.18*] POST, J. J.: Anleitung zur Planung und Auswertung von Feldversuchen mit Hilfe der Varianzanalyse. Berlin/Göttingen/Heidelberg: Springer 1952.

[*3.3.19*] QUENOUILLE, M. H.: The Design and Analysis of Experiment. London: Griffin 1953.

[*3.3.20*] SCHEFFÉ, H.: The Analysis of Variance. New York: Wiley 1961.

[*3.3.21*] THURSTONE, L. L.: Multiple-Factor Analysis. Chicago: University Press 1951.

[*3.3.22*] WINER, B. J.: Statistical Principles in Experimental Design. New York: McGraw-Hill 1962.

[*3.3.23*] YATES, F.: The Design and Analysis of Factorial Experiments. Farnham Royal, Bucks., England: Commonwealth Agricultural Bureaux 1958.

Centre Nationale de la Recherche Scientifique

[*3.3.24*] L'Analyse Factorielle et ses Applications. Paris 1955.

3.4 Korrelation und Regression

[*3.4.1*] ANDERSON, T. W.: An Introduction to Multivariate Statistical Analysis. New York: Wiley 1958.

[*3.4.2*] EZEKIEL, M., and K. A. FOX: Methods of Correlation and Regression Analysis. New York: Wiley 1959.

[*3.4.3*] KENDALL, M. G.: Rank Correlation Methods. London: Griffin 1955.

[*3.4.4*] WILLIAMS, E. J.: Regression Analysis. New York: Wiley 1959.

4 Einzelne Anwendungsgebiete

4.1 Statistische Methoden in den Natur- und Ingenieurwissenschaften

[*4.1.1*] ANDERSON, R. L., and T. A. BANCROFT: Statistical Theory in Research. New York: McGraw-Hill 1952.

[*4.1.2*] BARELLA, A.: Algunas Aplicaciones Textiles de la Estadistica no Parametrica. Tarrasa: Publicacione de la Escuela Tecnica Superior de Ingenieros Industriales 1960.

[*4.1.3*] BAUER, E. L.: A Statistical Manual for Chemists. New York: Academic Press 1960.

[*4.1.4*] BELL, D. A.: Statistical Methods in Electrical Engineering. London: Chapman & Hall 1953.

[*4.1.5*] BENNETT, C. A., and N. L. FRANKLIN: Statistical Analysis in Chemistry and the Chemical Industry. New York: Wiley 1961.

[*4.1.6*] BOWKER, A. H., and G. J. LIEBERMAN: Engineering Statistics. Englewood Cliffs, N. J.: Prentice-Hall 1959.

[*4.1.7*] BREARLEY, A., a. D. R. COX: An Outline of Statistical Methods for Use in the Textile Industry. Leeds: Wool Industries Research Association 1961.

[*4.1.8*] BROWNLEE, K. A.: Statistical Theory and Methodology in Science and Engineering. New York: Wiley 1960.

[*4.1.9*] CHEW, V.: Experimental Designs in Industry. New York: Wiley 1958.

[*4.1.10*] CHORAFAS, D. N.: Statistical Processes and Reliability Engineering. Princeton, N. J.: van Nostrand 1960.

[*4.1.11*] CZUBER, E.: Die statistischen Forschungsmethoden. Wien: Seidel 1938.

[*4.1.12*] DAEVES, K., u. A. BECKEL: Großzahl-Methodik und Häufigkeits-Analyse. Weinheim: Verlag Chemie 1958.

[*4.1.13*] DAEVES, K.: Rationalisierung durch Großzahl-Forschung. Düsseldorf: Verlag Stahleisen 1952.

[*4.1.14*] DAVIES, O. L.: Statistical Methods in Research and Production. London: Oliver and Boyd 1961.

[*4.1.15*] DEMING, W. E.: Statistical Adjustment of Data. New York: Dover Publications 1964.

[*4.1.16*] EISENHART, C., M. W. HASTAY and W. A. WALLIS: Selected Techniques of Statistical Analysis for Scientific and Industrial Research and Production and Management Engineering. New York: McGraw-Hill 1947.

[*4.1.17*] FINNEY, D. J.: An Introduction to Statistical Science in Agriculture. Copenhagen: Munksgaard 1962.

[*4.1.18*] FISHER, R. A.: Statistical Methods for Research Workers. London: Oliver and Boyd 1958.

[*4.1.19*] GORE, W. L.: Statistical Methods for Chemical Experimentation. New York: Interscience Publishers 1952.

[*4.1.20*] GRAF, U., u. H.-J. HENNING: Statistische Methoden bei textilen Untersuchungen. Berlin/Göttingen/Heidelberg: Springer 1960.

[*4.1.21*] HALD, A.: Statistical Theory with Engineering Applications. New York: Wiley 1960.

[*4.1.22*] HEINHOLD, J., u. K.-W. GAEDE: Ingenieur-Statistik. München: Oldenbourg 1964.

[*4.1.23*] HERDAN, G.: Small Particle Statistics. London: Butterworths 1960.

[*4.1.24*] JOHNSON, L. G.: The Statistical Treatment of Fatigue Experiments. Amsterdam: Elsevier 1964.

[*4.1.25*] JOHNSON, N. L., and F. C. LEONE: Statistics and Experimental Design in Engineering and the Physical Sciences, 2 Vol. New York: Wiley 1964.

[*4.1.26*] KLEMM, L., u. a.: Statistische Kontrollmethoden in der Textilindustrie. Leipzig: Fachbuchverlag 1960.

[*4.1.27*] KOHLWEILER, E.: Statistik im Dienste der Technik. München: Oldenbourg 1931.

[*4.1.28*] KREGELOH, H.: Statistische Verfahren für das Arbeitsstudium. München: Hanser 1962.

[*4.1.29*] LEINWEBER, P.: Mathematisch-Statistische Verfahren im Fabrikbetrieb. Berlin: Beuth-Vertrieb 1951.

[*4.1.30*] LINDER, A.: Statistische Methoden. Basel: Birkhäuser 1960.

[*4.1.31*] MASING, W.: Statistische Qualitätskontrolle in der Baumwollspinnerei. Stuttgart: Konradin-Verlag Robert Kohlhammer 1955.

[*4.1.32*] MONFORT, F.: Aspects Scientifiques de l'Industrie Lainière. Paris: Dunod 1960.

[*4.1.33*] NALIMOV, V. V.: The Application of Mathematical Statistics to Chemical Analysis. Oxford: Pergamon Press 1963.

[*4.1.34*] PLATH, E.: Die Betriebskontrolle in der Spanplattenindustrie. Berlin/Göttingen/Heidelberg: Springer 1963.

[*4.1.35*] SMIRNOW, N. W., u. I. W. DUNIN-BARKOWSKI: Mathematische Statistik in der Technik. Berlin: Deutscher Verlag der Wissenschaften 1963.

[*4.1.36*] Tippett, L. H. C.: Technological Applications of Statistics. New York: Wiley 1950.

[*4.1.37*] Volk, W.: Applied Statistics for Engineers. New York: McGraw-Hill 1958.

[*4.1.38*] Volkov, S. D.: Statistical Strength Theory. New York: Gordon and Breach 1962.

[*4.1.39*] Weibull, W.: Fatigue Testing and Analysis of Results. Oxford: Pergamon Press 1960.

[*4.1.40*] Wine, R. L.: Statistics for Scientists and Engineers. Englewood Cliffs, N. J.: Prentice-Hall 1964.

[*4.1.41*] Youden, W. J.: Statistical Methods for Chemists. New York: Wiley 1959.

4.2 Statistische Methoden in Medizin, Biologie, Psychologie, Pädagogik, Wirtschafts- und Sozialwissenschaften

[*4.2.1*] Anderson, O.: Probleme der statistischen Methodenlehre in den Sozialwissenschaften. Würzburg: Physica-Verlag 1962.

[*4.2.2*] Ferber, R.: Statistical Techniques in Market Research. New York: McGraw-Hill 1949.

[*4.2.3*] Ferguson, G. A.: Statistical Analysis in Psychology and Education. New York: McGraw-Hill 1959.

[*4.2.4*] Garrett, H. E.: Statistics in Psychology and Education. London: Longmans, Green and Co. 1962.

[*4.2.5*] Gebelein, H., u. H. J. Heite: Statistische Urteilsbildung, erläutert an Beispielen aus Medizin und Biologie. Berlin/Göttingen/Heidelberg: Springer 1951.

[*4.2.6*] Guilford, J. P.: Fundamental Statistics in Psychology and Education. New York: McGraw-Hill 1956.

[*4.2.7*] Kempthorne, O.: An Introduction to Genetic Statistics. New York: Wiley 1957.

[*4.2.8*] McNemar, Qu.: Psychological Statistics. New York: Wiley 1962.

[*4.2.9*] Rao, C. R.: Advanced Statistical Methods in Biometric Research. New York: Wiley 1952.

[*4.2.10*] Snedecor, G. W.: Statistical Methods Applied to Experiments in Agriculture and Biology. Ames: Iowa State University Press 1962.

[*4.2.11*] Stephan, F. F., and P. J. McCarthy: Sampling Opinions. New York: Wiley 1958.

[*4.2.12*] Strecker, H.: Moderne Methoden in der Agrarstatistik. Würzburg: Physica-Verlag 1957.

[*4.2.13*] Walker, H. M.: Statistische Methoden für Psychologen und Pädagogen. Weinheim: Beltz 1954.

[*4.2.14*] Wallis, W. A., u. H. V. Roberts: Methoden der Statistik. Freiburg: Haufe 1959.

[*4.2.15*] Weber, E.: Grundriß der biologischen Statistik für Naturwissenschaftler, Landwirte und Mediziner. Jena: Fischer 1964.

[*4.2.16*] Wert, J. E., C. O. Neidt and J. St. Ahmann: Statistical Methods in Educational and Psychological Research. New York: Appleton-Century-Crofts 1954.

5 Tafelwerke zur Statistik

[*5.1*] Fisher, R. A., and F. Yates: Statistical Tables for Biological, Agricultural and Medical Research. London: Oliver and Boyd 1963.

[*5.2*] Hald, A.: Statistical Tables and Formulas. New York: Wiley 1960.

[*5.3*] KOLLER, S.: Graphische Tafeln zur Beurteilung statistischer Zahlen. Darmstadt: Steinkopff 1953.

[*5.4*] OWEN, D. B.: Handbook of Statistical Tables. London: Addison-Wesley 1962.

[*5.5*] PEARSON, E. S., and H. O. HARTLEY: Biometrika Tables for Statisticians, Vol. I. Cambridge: University Press 1962.

[*5.6*] VIANELLI, S.: Prontuari per Calcoli Statistici, Tavole Numeriche e Complementi. Palermo: Abbaco 1959.

Hinweise auf Tafelwerke zu speziellen Verteilungen stehen am Ende des jeweiligen Abschnitts.

Weitere Hinweise auf Tafelwerke findet man bei

GREENWOOD, J. A., and H. O. HARTLEY: Guide to Tables in Mathematical Statistics. Princeton, N. J.: University Press 1962.

6 Statistische Zeitschriften

[*6.1*] Allgemeines Statistisches Archiv. Organ der Deutschen Statistischen Gesellschaft. Göttingen: Verlag Vandenhoeck und Ruprecht.

[*6.2*] Annals of Mathematical Statistics. The Official Journal of the Institute of Mathematical Statistics, Department of Statistics, Hayward, California: California State College.

[*6.3*] Applied Statistics. Journal of the Royal Statistical Society, Series C. London: Royal Statistical Society.

[*6.4*] Biometrics. Journal of the Biometric Society. Tucson (Arizona).

[*6.5*] Biometrika. The Biometrika Office. London: University College.

[*6.6*] Biometrische Zeitschrift. Zugleich Organ der Deutschen Region der Internationalen Biometrischen Gesellschaft. Berlin: Akademie-Verlag.

[*6.7*] Industrial Quality Control. Journal of the American Society for Quality Control. New York.

[*6.8*] Journal of Applied Probability. London: Applied Probability Trust and London Mathematical Society.

[*6.9*] Journal of the American Statistical Association. Washington: American Statistical Association.

[*6.10*] Journal of the Royal Statistical Society, Series A (General). London: Royal Statistical Society.

[*6.11*] Journal of the Royal Statistical Society, Series B (Methodological). London: Royal Statistical Society.

[*6.12*] Metrika. Internationale Zeitschrift für theoretische und angewandte Statistik. Wien und Würzburg: Physica Verlag.

[*6.13*] Qualitätskontrolle. Organ der Deutschen Arbeitsgemeinschaft für Statistische Qualitätskontrolle beim Ausschuß für Wirtschaftliche Fertigung e. V. Freiburg/Br. und Berlin: Haufe-Verlag.

[*6.14*] Revue de Statistique Appliquée. Paris: Institut de Statistique de l'Université de Paris.

[*6.15*] Sankhya, Series A und Series B. The Indian Journal of Statistics. Calcutta: Statistical Publishing Society.

[*6.16*] Sigma. Rotterdam: Stichting Kwaliteitsdienst voor de Industrie.

[*6.17*] Skandinavisk Aktuarietidskrift. Uppsala: Almqvist und Wiksell.

[*6.18*] Technometrics. A Journal of Statistics for the Physical, Chemical and Engineering Sciences. Richmond, Virginia: Technometrics Management Committee of the American Society for Quality Control and the American Statistical Association.

[*6.19*] Zeitschrift für Wahrscheinlichkeitstheorie und verwandte Gebiete. Berlin/
Heidelberg/New York: Springer-Verlag.

7 *Referate-Zeitschriften*

[*7.1*] Quality Control and Applied Statistics. Whippany, New Jersey: Abstract
Service, Executive Sciences Institute.
[*7.2*] Statistical Theory and Method, Abstracts. International Statistical Institute.
Edinburgh: Oliver and Boyd.

*Eine wesentliche Hilfe beim Lesen ausländischer Literatur aus dem Gebiet der Statistik
stellt das folgende Buch dar:*

KENDALL, M. G., and W. R. BUCKLAND: A Dictionary of Statistical Terms with
Combined Glossary in English, French, German, Italian, Spanish. Edinburgh:
Oliver and Boyd 1960.

Berichtigung

S. 64, unter der letzten Zeile ist zu **ergänzen**:

Ist die mit $x_{(n)}$ [bzw. $x_{(1)}$] im Zähler gebildete Prüfgröße $z_B > z_T$, dann wird $x_{(n)}$ [bzw. $x_{(1)}$] als Ausreißer fortgelassen.

S. 80, Gleichung (6.3.2) lautet **richtig**:

$$z \leqq k[n; 1 - (\alpha/2)]$$

Graf/Henning/Stange, Formeln und Tabellen, 2. Aufl.